Excel
函数、公式与图表

刘健忠　高建平　张铁军　编著

兵器工业出版社

内 容 简 介

本书以“零起点，百分百突破”为原则，带领读者学习Excel函数、公式和图表的运用技巧，其中小实例与大案例交互并存，再以“三步学习法”的模式进行讲解，无论是新手还是经常使用Excel的行家，都可以从本书中受益。

全书共分为3篇21章内容，基础知识部分介绍了电子表格的基本操作、数据的输入与编辑、公式运算基础操作、Excel中各函数功能解析、使用图表直观表现数据以及使用数据透视表分析数据等内容；行业案例部分介绍了函数、公式和图表在员工档案管理、考勤管理、销售数据管理、产品库存管理、企业日常费用支出与预算、企业往来账款管理与分析等领域的应用；技能提高部分介绍了文本与逻辑函数范例应用技巧、日期函数范例应用技巧、数学与统计函数范例应用技巧、财务函数范例应用技巧、查找与数据库函数范例应用技巧，以及图表创建、编辑与设置技巧等多个实用技能。

本书结构合理，图文并茂，既适合各行业办公人员和管理人员使用，也适合作为高职高专院校的学习教材，同时还可以作为Excel短训班的培训教材或辅导书。

图书在版编目（CIP）数据

Excel函数、公式与图表 / 刘健忠，高建平，张铁军编著. —北京：兵器工业出版社，2012.6

ISBN 978-7-80248-744-4

Ⅰ. ①E… Ⅱ. ①刘… ②高… ③张… Ⅲ. ①表处理软件 Ⅳ. ①TP391.13

中国版本图书馆CIP数据核字（2012）第095925号

出版发行：兵器工业出版社
发行电话：010-68962596，68962591
邮　　编：100089
社　　址：北京市海淀区车道沟10号
经　　销：各地新华书店
印　　刷：北京博图彩色印刷有限公司
版　　次：2012年7月第1版第1次印刷
印　　数：1-4 000

责任编辑：常小虹　焦昭君
封面设计：深度文化
责任校对：刘　伟
责任印制：王京华
开　　本：889mm×1194mm 1/32
印　　张：17.5
字　　数：640千字
定　　价：48.00元

前言

我们学习电脑是想掌握一些电脑实用技能，一方面是希望谋求一份好的工作，另一方面是辅助自己的办公所需。但无论学习电脑的目的是什么，都是为了提高自己的工作效率、操作能力、数据分析能力、数据表现能力，以及整体方案的综合把握能力。

本书从基础应用讲起，到行业应用的引导，再到实践技能，并且采用图解的方式，真正做到零起点，百分百突破。本书在编写过程中突出了如下优点。

夯实全面的基础

基础知识篇翔实地介绍了电子表格的基本操作、数据的输入与编辑、公式运算基础操作、各函数功能解析、使用图表直观表现数据、使用数据透视表分析数据等内容。该篇内容为新手量身打造，从零开始、由浅入深，使初学者能够真正掌握并熟练应用。

实用的行业案例

行业案例篇主要是结合日常办公中常用的函数、公式与图表应用案例，分别有函数、公式与图表在员工档案管理、考勤管理、销售数据管理、产品库存管理、企业日常费用支出与预算、企业往来账款管理与分析中的应用，以及设计动态图表来显示企业各分部支出费用情况和商品房的销售情况。这些精选的经典案例，以实用为宗旨，让读者真正做到学以致用。

精挑细选的技能

技能提高篇汇集了用户在使用Excel 2010时最常见的技巧，包括文本与逻辑函数范例应用技巧、日期函数范例应用技巧、数学与统计函数范例应用技巧、财务函数范例应用技巧、查找与数据库函数范例应用技巧，以及图表的创建、编辑与设置技巧。这些技巧的学习可以提高用户的工作效率，而且在工作中遇到问题时也可以通过本书来找到正常的解决方法。

贴切的三步学习法

通过贴切的三个学习步骤的规划，可以让读者非常有目的性、分阶段地学习，真正做到从零开始，快速提升操作水平。

- “基础知识”篇：突出“基础”，强调“实用”，循序渐进地介绍最实用的行业应用，并以全图解的方式来讲解基础功能。
- “行业案例”篇：紧密结合行业应用实际问题，有针对性地讲解办公软件在行业应用中的相关大型案例制作，便于读者直接拿来应用或举一反三。
- “技能提高”篇：精挑常用而又实用的操作技能，以提升办公人员的工作效率。

本书从策划到出版，倾注了出版社编辑们的心血，特在此表示衷心的感谢！

本书由诺立文化策划，刘健忠、高建平和张铁军编写。除此之外，还要对陈媛、陶婷婷、汪洋慧、彭志霞、彭丽、管文蔚、马立涛、张万红、陈伟、郭本兵、童飞、陈才喜、杨进晋、姜皓、曹正松、吴祖珍、陈超、龙建祥、张发凌等人表示深深的谢意！

尽管作者对书中的案例精益求精，但可能仍存在疏漏之处。如果您发现书中讲解错误或某个案例有更好的解决方案，请发电子邮件至bhpbangzhu@163.com。我们将尽快回复，且在本书再次印刷时予以修正。

再次感谢您的支持！

编著者

CONTENTS 目录

第1篇 基础知识

第1章 电子表格的基本操作

第2章 数据的输入与编辑

第3章　公式运算基础操作

第4章　Excel中各函数功能解析

第5章 使用图表直观表现数据

第6章　使用数据透视表分析数据

第2篇 行业案例

第7章 函数、公式、图表在员工档案管理中的应用

第8章　函数、公式、图表在考勤管理中的应用

第9章　函数、公式、图表在销售数据管理中的应用

第10章　函数、公式、图表在产品库存管理中的应用

第11章 函数、公式、图表在企业日常费用支出与预算中的应用

第12章 函数、公式、图表在企业往来账款管理与分析中的应用

第13章 设计动态图表——动态显示企业各分部支出费用情况

第14章 设计动态图表——动态显示商品房的销售情况

第3篇 技能提高

第15章 文本、逻辑函数范例应用技巧

第16章 日期函数范例应用技巧

第17章 数学、统计函数范例应用技巧

第18章 财务函数范例应用技巧

第19章　查找、数据库函数范例应用技巧

第20章 图表创建、编辑与设置技巧

第1篇 基础知识

第1章

电子表格的基本操作

1.1 工作簿的操作

要制作Excel表格，需要先创建工作簿，才能够对工作簿进行操作。操作工作簿需要掌握一些操作方法，如工作簿的创建、工作簿的保存方法以及更改工作簿的配色方案等。

1.1.1 新建工作簿

在Excel 2010中新建工作簿的方法有很多种，下面具体介绍各种创建工作簿的方法。

1. 使用快捷键新建工作簿

启动Excel 2010程序，按下快捷键Ctrl+N，即可快速创建一个空白的工作簿，如图1-1所示。

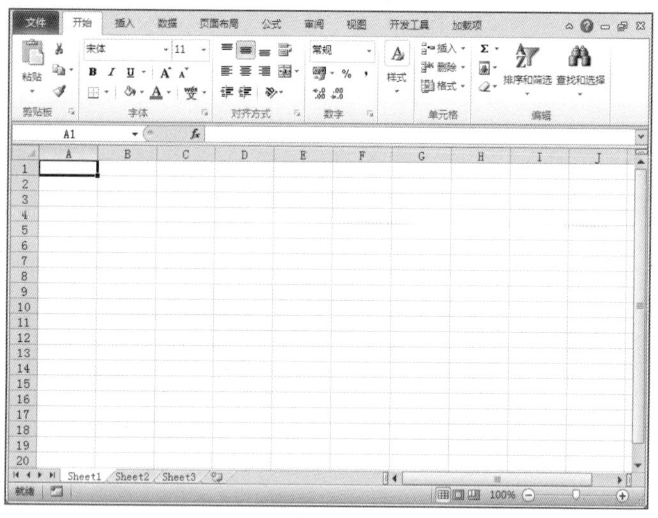

图1-1

2. 通过“开始”菜单中的Excel 2010启用程序来新建工作簿

❶ 在桌面上单击左下角的“开始”按钮，在展开的菜单中单击“所有程序”选项，再次展开下一级子菜单。

❷ 在展开的下拉菜单中，鼠标依次选择“Microsoft Office”|“Microsoft Excel 2010”命令（如图1-2所示），即可启用Microsoft Excel 2010，并新建表格。

图1-2

3. 在桌面上创建Excel 2010表格的快捷方式

❶ 在桌面上单击左下角的“开始”按钮，在展开的菜单中将鼠标依次指向“所有程序”|“Microsoft Office”|“Microsoft Excel 2010”命令，接着再单击鼠标右键，在展开的下拉菜单中选择“发送到”|“桌面快捷方式”命令，如图1-3所示。

❷ 系统会在桌面上创建“Microsoft Excel 2010”的快捷方式，双击即可新建Excel表格，如图1-4所示。

图1-3

图1-4

专家提示

在桌面上单击鼠标右键，在弹出的快捷菜单中选择“新建Excel 2010”命令，也可以在桌面上创建Excel 2010快捷方式，双击打开，新建表格。

4. 利用模板新建工作簿

❶ 启动Excel 2010程序，单击“文件”菜单，切换到Backstage视窗，在左侧窗格中单击“新建”选项，在右侧窗格的“可用模板”区域中单击“样本模板”选项，如图1-5所示。

❷ 接着在“样本模板”列表中选择需要的模板样式，如“零用金报销单”，如图1-6所示。

图1–5

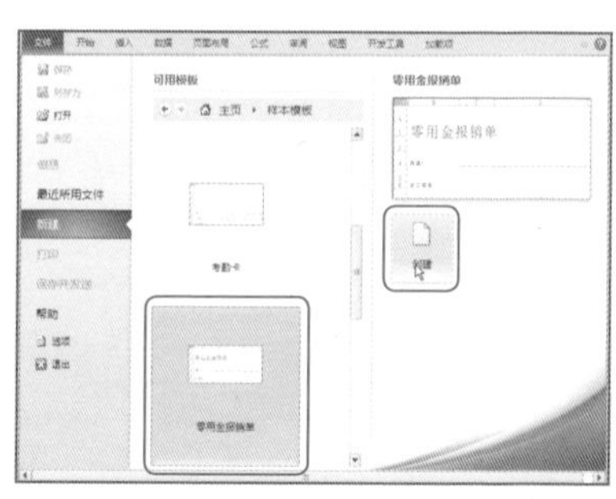
图1–6

❸ 单击“创建”按钮，即可新建一个基于所选模板的工作簿，如图1-7所示。

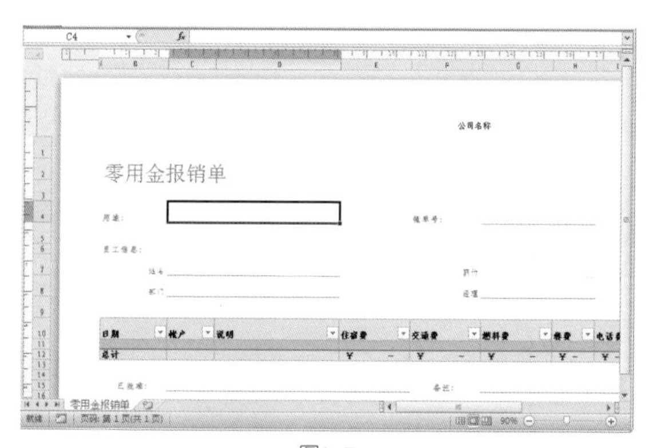
图1–7

专家提示

Excel 2010程序中提供了多种模板样式，用户可以根据这些模板快速地创建带有样式的工作簿，如“贷款分期付款”、“销售报表”、“个人月预算报表”等。

5. 使用联机模板新建工作簿

❶ 启动Excel 2010程序，单击“文件”菜单，切换到Backstage视窗，在左侧窗格中单击“新建”选项，在右侧窗格“可用模板”区域的“Office.com”列表中选择一种模板样式，如“库存控制”，如图1-8所示。

❷ 接着在打开的“库存控制”列表中选择一种模板，如“进货销货通知”如图1-9所示。

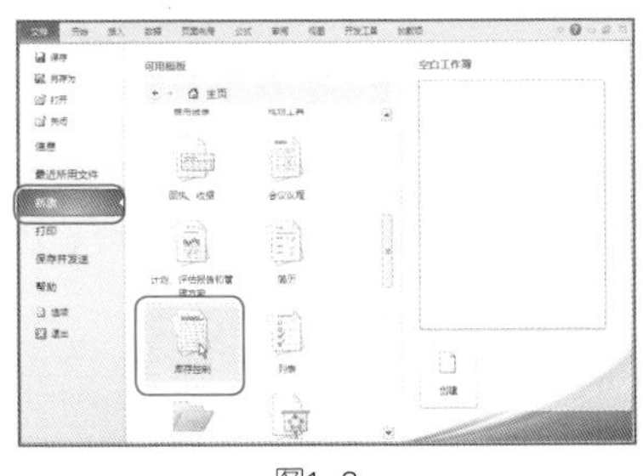

图1-8

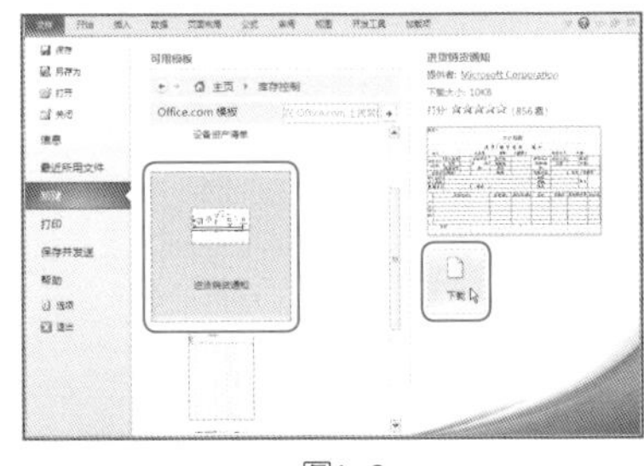

图1-9

3 单击“下载”按钮，即可弹出下载对话框开始下载模板，下载完成后，即可自动根据下载的模板建立工作簿，如图1-10所示。

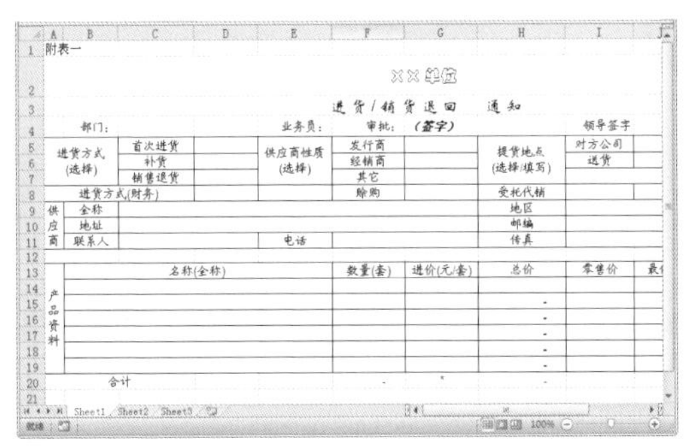

图1-10

专家提示

在使用联机模板时，需要电脑处于联机状态，才可顺利下载网站中的模板。

1.1.2　保存工作簿

新建工作簿之后，需要将其保存到指定的位置，下面介绍几种保存工作簿的方法。

1. 保存新建的工作簿

1 单击“文件”菜单，切换到Backstage视窗，在左侧窗格中单击“保存”按钮，如图1-11所示。

2 打开“另存为”对话框，在其中选择要保存的工作簿的位置，接着在“文件名”文本框中输入要保存工作簿的名称，在“保存类型”下拉列表中选择要保存的类型，如图1-12所示。

3 设置完成后单击“保存”按钮，即可保存工作簿。

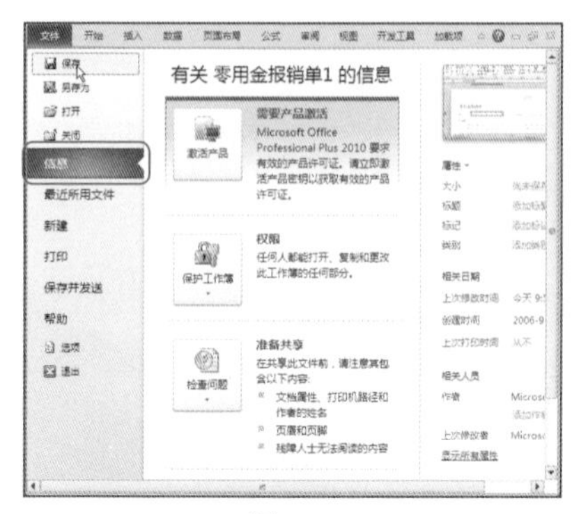

图1-11

图1-12

保存新建的表格时，系统会默认表格的文件名为“工作簿1.xls”。

如果将“保存”按钮添加到快速访问工具栏，可以直接在快速访问工具栏中单击“保存”按钮保存。

2. 保存已有工作簿

❶ 若用户在已新建的工作簿中输入了内容，或对模板进行了修改，需要将其保存，所做的更改才有效。

❷ 保存已有工作簿的方法与保存新建的工作簿相同，在Backstage视窗的左侧窗格单击“保存”按钮即可，此时不会打开“另存为”对话框，而是直接将它以原文件名保存于原位置上。

3. 另存为工作簿

❶ 对工作簿进行更改后可以将其保存到其他位置。单击“文件”菜单，切换到Backstage视窗，在左侧窗格中单击“另存为”按钮，如图1-13所示。

❷ 弹出“另存为”对话框，为文档设置需要保存的路径，单击“保存”按钮即可，如图1-14所示。

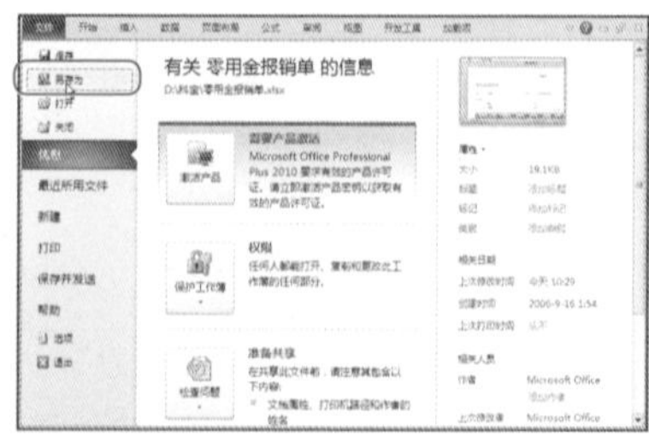

图1-13

图1-14

4. 另存为工作簿

在编辑工作簿时，如果需要快速保存工作簿，按快捷键Ctrl+S，即可将其进行保存。若保存的是新建工作簿，则会弹出“另存为”对话框；若是对已有工作簿进行修改，则会直接保存，而不弹出“另存为”对话框。

1.1.3　设置工作簿配色方案

默认情况下，Excel 2010工作簿的界面颜色是“银色”，用户可以将其更改为其他的颜色，具体操作方法如下。

❶ 打开Excel工作簿主界面，可以看到当前工作表用户界面的颜色为“银色”，如图1-15所示。

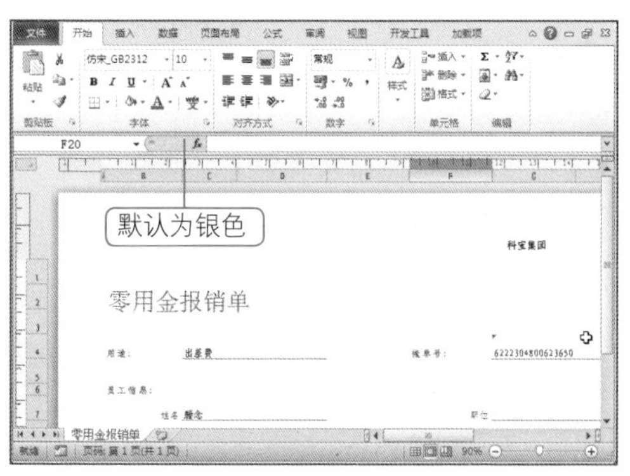

图1-15

❷ 单击“文件”菜单，切换到Backstage视图，在左侧窗格中单击“选项”选项，如图1-16所示。

❸ 打开“Excel选项”对话框，在右侧窗格中单击“配色方案”下拉按钮，在下拉列表中选择“蓝色”选项，如图1-17所示。

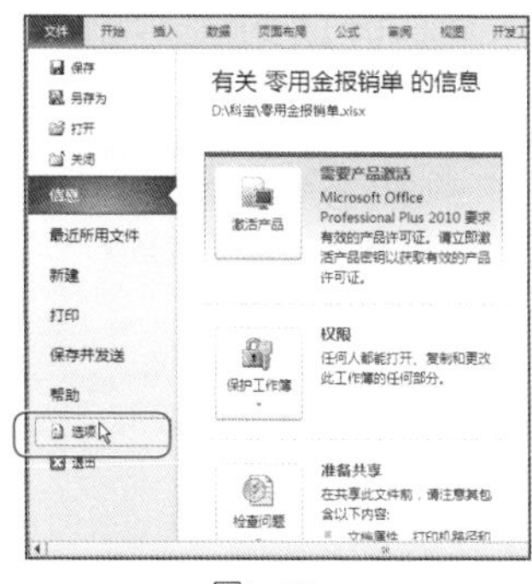

图1-16

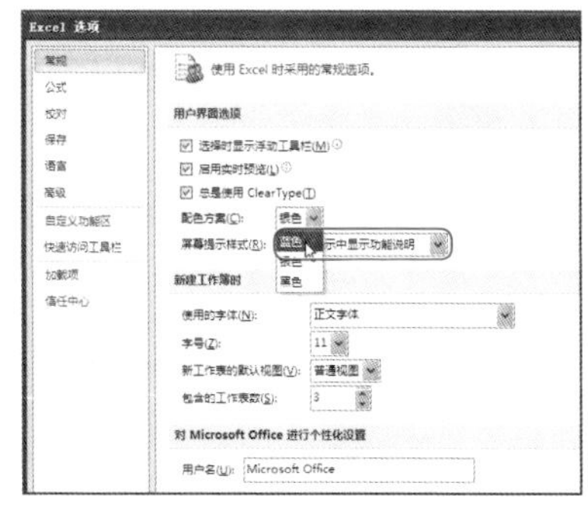

图1-17

4 单击“确定”按钮，可以看到用户界面颜色由原来的银色变为了蓝色，如图1-18所示。

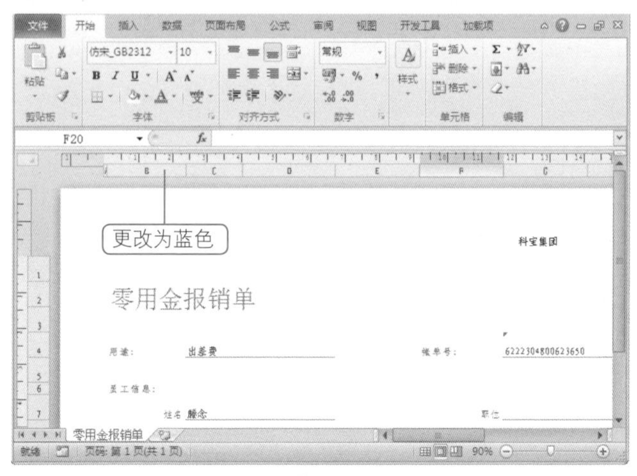

图1–18

5 如果在“配色方案”下拉列表中选择“黑色”选项，则可以将用户界面颜色更改为黑色，效果如图1-19所示。

图1–19

专家提示

系统默认界面颜色有三种，即银色、黑色和蓝色，用户可以根据自身喜好设置界面的颜色，在Office其他程序中，用户可以按照同样的方法设置界面颜色。

1.2　工作表的操作

一个工作簿是多张工作表组成的，对工作表的基本操作包括工作表的插入与删除、工作表的重命名、更改工作表标签颜色、复制或移动以及隐藏和显示工作表等。

1.2.1　插入与删除工作表

Excel工作簿默认只有3张工作簿，当需要使用的表格超过3张时，需要插入表格，如果某些工作表不需要使用时，可以删除工作表。

1. 插入工作表

打开工作表，单击工作表标签后面的“插入工作表”按钮（如图1-20所示），即可在当前工作表的最后插入新工作表，如图1-21所示。

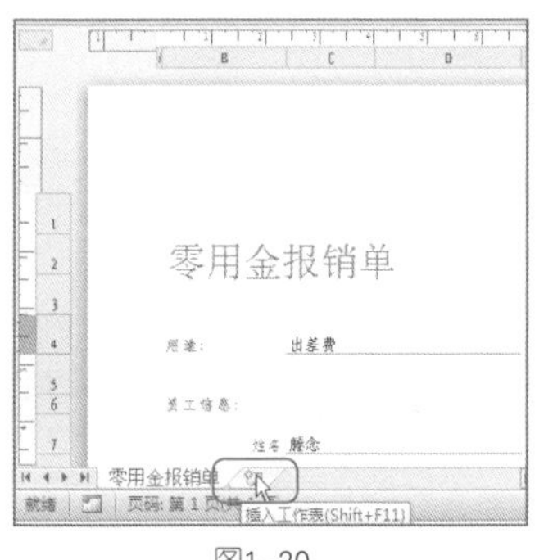

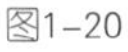

图1-20

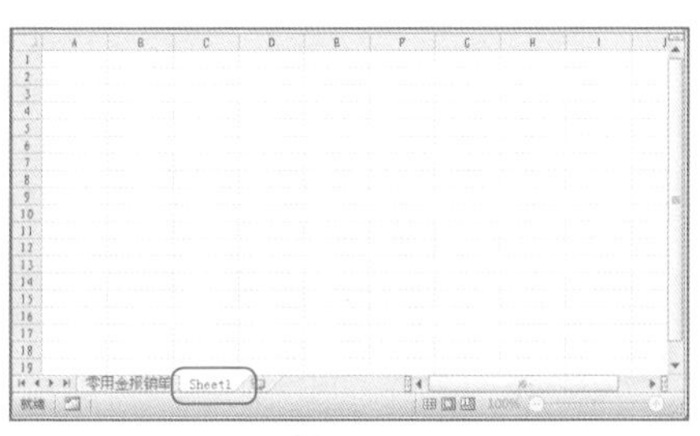

图1-21

专家提示

如果在指定的工作表标签上单击鼠标右键，在弹出的快捷菜单中选择“插入”命令，即可在当前工作表之前插入一张新工作表。

2. 删除工作表

❶ 在要删除的工作表标签上单击鼠标右键，在弹出的快捷菜单中选择“删除”命令，即可将该工作表删除，如图1-22所示。

❷ 在“开始”选项卡的“单元格”选项组中，单击“删除”按钮，在其下拉菜单中选择“删除工作表”命令，即可删除当前工作表，如图1-23所示。

图1-22

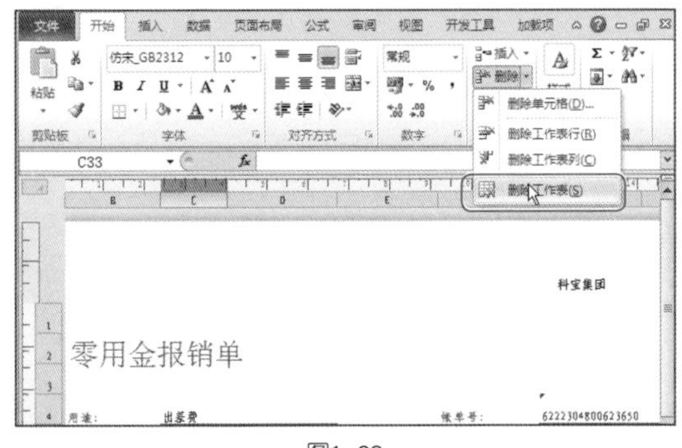

图1-23

3. 设置默认工作表数目

❶ 打开工作表，切换到Backstage视窗，在左侧窗格中单击“选项”选项。

❷ 打开“Excel选项”对话框，在右侧“新建工作簿时”选项组的“包含的工作表数”数值框中输入要更改的工作表数目，如“5”，如图1-24所示。

❸ 单击“确定”按钮，关闭Excel 2010程序后，再次启动，即可看到打开的工作簿中默认的数目已经改为5个，如图1-25所示。

图1-24

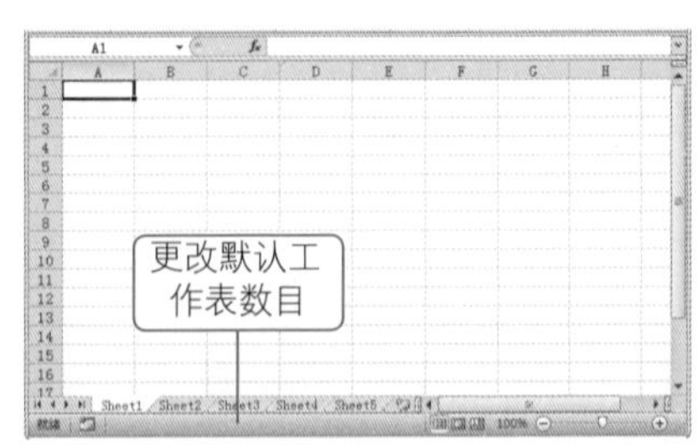

图1-25

更改默认工作表数目可以一次性设置工作表的数目，如在人力资源管理中创建“考勤管理表”时，需要设置30或31个工作表，可以省去手动插入的繁琐。

1.2.2　重命名工作表

Excel默认的3张工作表的名称分别为“Sheet1”、“Sheet2”和“Sheet3”，根据当前工作表中的内容不同，可以重新为其设置名称，以达到标识的作用。

❶ 打开工作簿，在需要重命名的工作表标签上单击鼠标右键，在弹出的快捷菜单中选择“重命名”命令，如图1-26所示。

❷ 工作表默认的Shtte2标签接口进入文字编辑状态，输入新名称，按Enter键即可完成对该工作表的重命名，如图1-27所示。

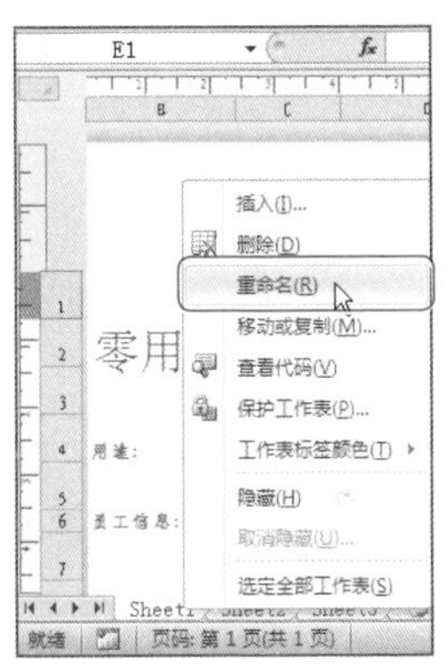

图1-26

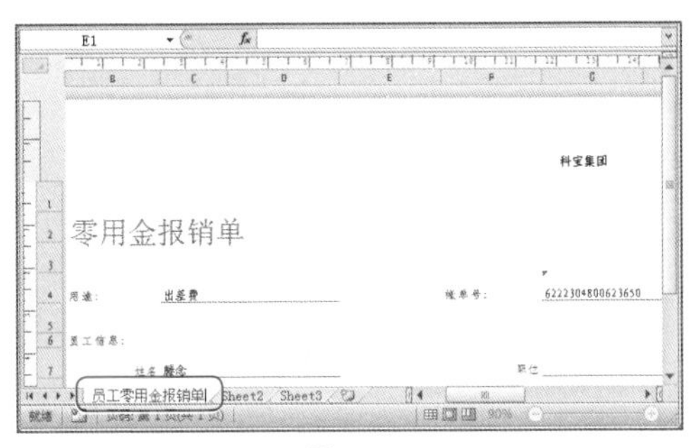

图1-27

专家提示

在需要重命名的工作表标签上双击鼠标，也可以进入文字编辑状态，重新命名工作表。

1.2.3　设置工作表标签颜色

在Excel 2010中，用户可以根据工作需要将工作表的标签设置为不同的颜色，具体操作方法如下。

❶ 打开工作簿，在需要设置的工作表标签上，单击鼠标右键，在弹出的快捷菜单中选择“工作表标签颜色”命令，在弹出的菜单中选择一种颜色。如：紫色，如图1-28所示。

❷ 选中要设置的颜色后，即可将工作表的标签改为紫色，效果如图1-29所示。

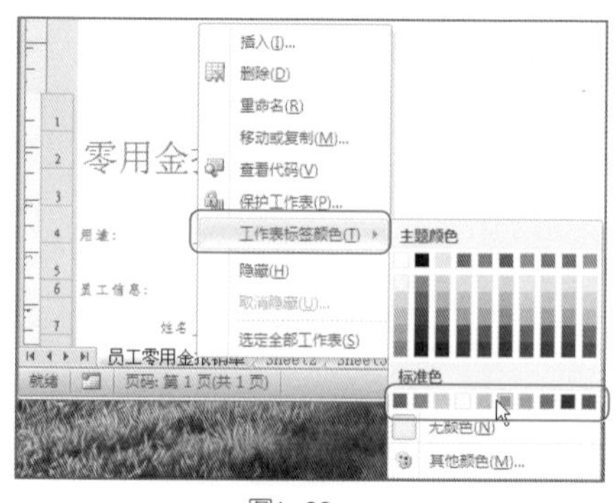

图1-28

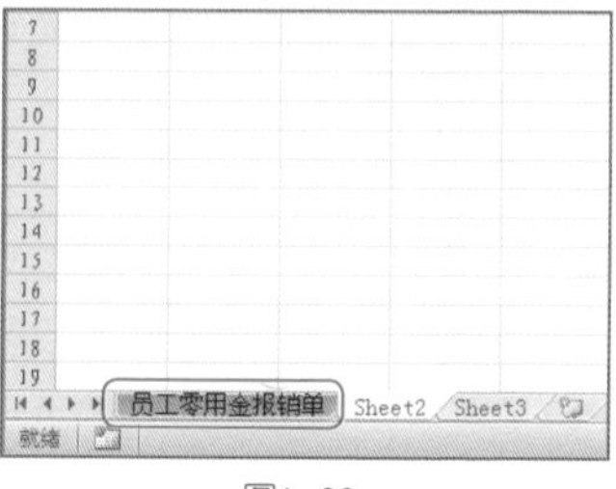

图1-29

1.2.4 移动与复制工作表

在Excel 2010中，用户可以根据工作需要调整工作表与工作表之间的排列顺序或对工作表进行复制。

1. 在工作簿内移动或复制工作表

❶ 打开工作簿，选择需要移动或复制的工作表标签，单击鼠标右键，在弹出的快捷菜单中选择“移动或复制”命令，如图1-30所示。

❷ 弹出“移动或复制工作表”对话框，在“下列选定工作表之前”列表框中选择要移动的位置，如“移至最后”，如图1-31所示。

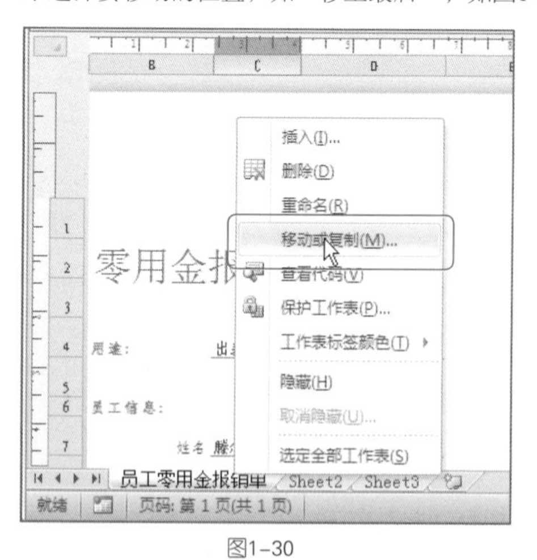

图1-30

图1-31

❸ 单击“确定”按钮，即可将工作表移动到工作簿最后，效果如图1-32所示。

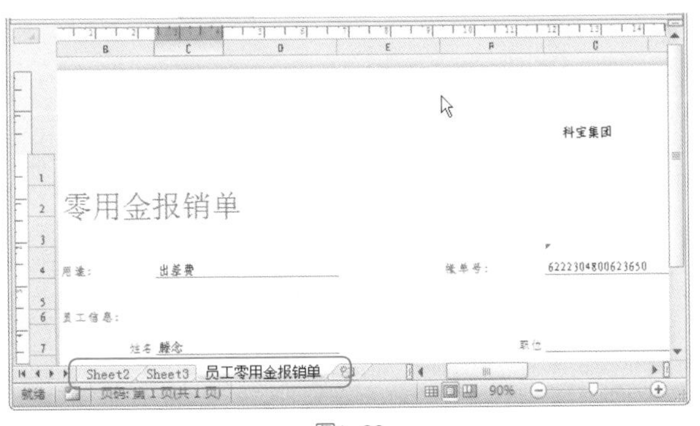

图1-32

专家提示

在“移动或复制工作表”对话框中选中“建立副本”复选框，即可在工作簿最后复制当前工作表。

2. 在工作簿间移动工作表

❶ 打开工作簿，选择需要移动或复制的工作表标签，单击鼠标右键，在弹出的快捷菜单中选择“移动或复制”命令，如图1-33所示。

❷ 弹出“移动或复制工作表”对话框，在“将选定工作表移至工作簿”下拉列表中选择工作表要移动的工作簿，接着选择工作表要移动的位置，如图1-34所示。

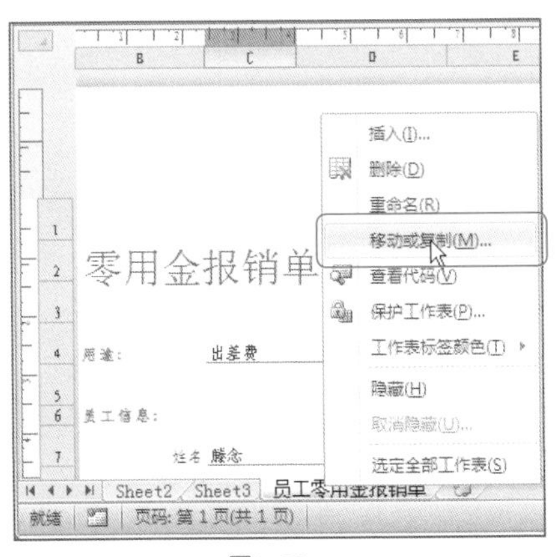

图1-33

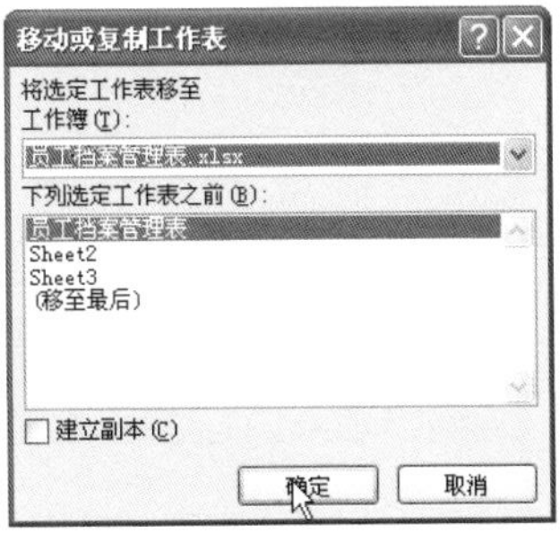

移动或复制工作表
将选定工作表移至
工作簿(T)：
员工档案管理表.xlsx
下列选定工作表之前(B)：
员工档案管理表
Sheet2
Sheet3
(移至最后)
建立副本(C)
确定
取消

图1-34

❸ 单击“确定”按钮，返回到目标工作簿中，即可看到选中的工作表已移动到指定的位置上，如图1-35所示。

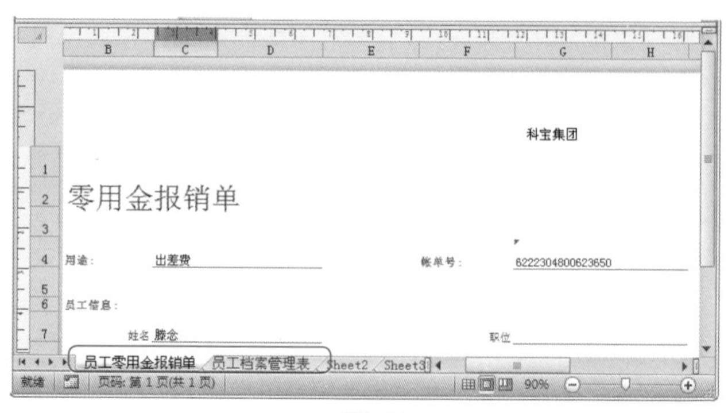

图1-35

专家提示

在“移动或复制工作表”对话框的“将选定工作表移至工作簿”下拉列表中选中“（新工作簿）”选项，即可将工作表移动到一个新工作簿中。

1.2.5 隐藏和显示工作表

在Excel 2010中，用户可以将含有重要数据的工作表隐藏起来，具体操作方法如下。

1. 隐藏工作表

❶ 打开工作簿，选择需要隐藏的工作表标签，单击鼠标右键，在弹出的快捷菜单中选择“隐藏”命令，如图1-36所示。

❷ 选中“隐藏”命令后，即可将当前的工作表隐藏起来，如图1-37所示。

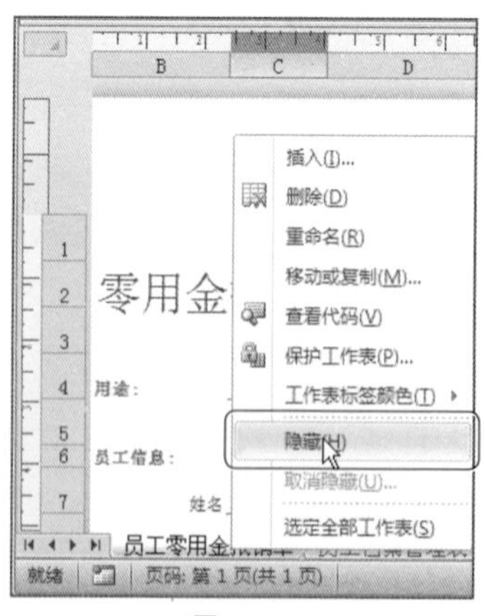

图1-36

	A	B	C	D	E
1					
2	编号	姓名	性别	年龄	入职时间
3	KB001	黄永明	男		2001-1-1
4	KB002	丁瑞丰			2001-1-1
5	KB003	庄尹丽			2003-1-1
6	KB004	黄觉			2005-1-15
7	KB005	侯淑娟			2003-1-15
8	KB006	王英爱			2001-1-15
9	K				2002-1-15
10	KB				2005-2-1
11	KB009	杨和平			2009-2-1
12	KB010	陈明			2009-2-1

图1-37

2. 显示工作表

❶ 打开工作簿，选择任意工作表标签，单击鼠标右键，在弹出的快捷菜单中选择“取消隐藏”命令，如图1-38所示。

❷ 打开“取消隐藏”对话框，选中要显示的工作表，单击“确定”按钮即可，如图1-39所示。

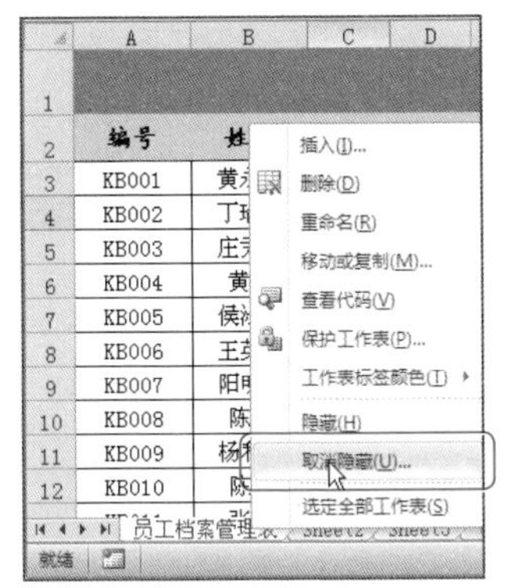

图1-38

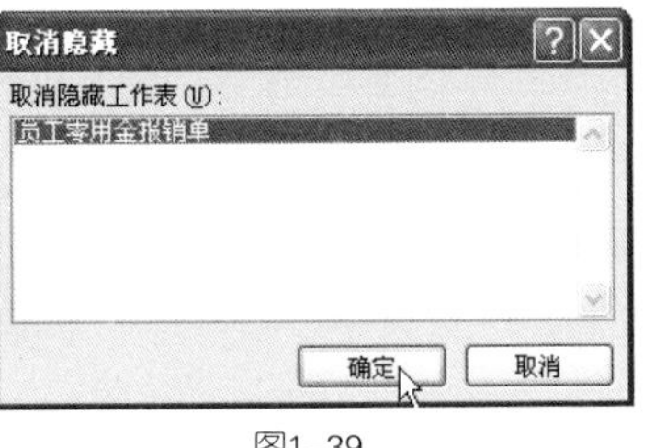

图1-39

专家提示

如果需要隐藏多个工作表，可以按住Ctrl键依次选中要隐藏工作表的标签并右击，在快捷菜单中选择“隐藏”命令即可隐藏多个工作表，但要显示隐藏的工作表时，只能一个一个显示。

1.2.6　调整工作表的显示比例

在编辑工作表时，用户可以根据需要调整工作表的显示比例，使其以25%、50%、75%比例或以自定义比例等显示，具体操作方法如下。

❶ 打开要调整比例的工作表，切换到“视图”选项卡，在“显示比例”选项组中单击“显示比例”选项，如图1-40所示。

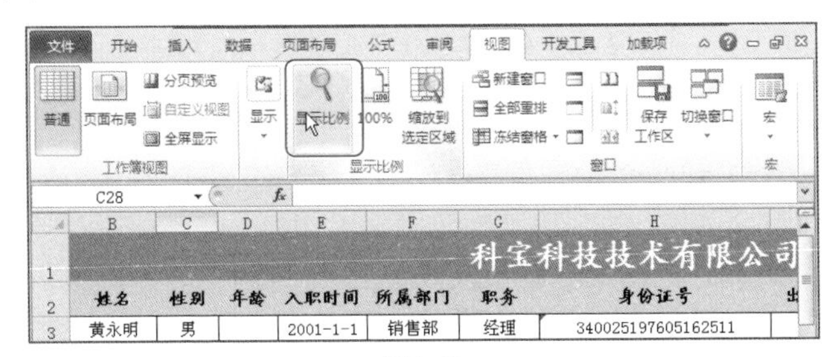

图1-40

❷ 打开“显示比例”对话框，在“缩放”选项组中选择要缩放的比例（如图1-41所示），单击“确定”按钮返回工作表中，工作表以设置的比例显示。

❸ 若用户希望工作表只显示当前选择的区域，可选中单元格区域，在“显示比例”对话框中选中“恰好容纳选定区域”单选按钮即可，设置后效果如图1-42所示。

图1-41

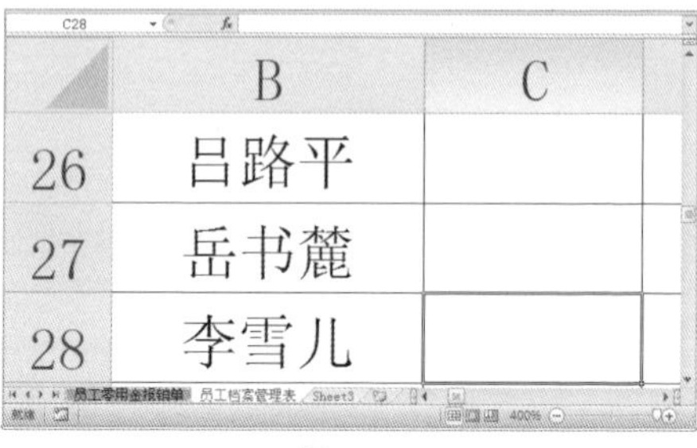

图1-42

专家提示

用户还可以在“显示比例”对话框中选中“自定义”单选按钮，接着在其后面的文本框中输入自定义的比例，设置完成后单击“确定”按钮，则工作表以定义的比例显示。

1.3 单元格的操作

单元格是组成工作表的元素，对工作表的操作实际就是对单元格的操作，对单元格的基本操作有插入、删除单元格、调整单元格的行列宽度等，熟练掌握单元格的基本操作，可以有效提高工作效率。

1.3.1 插入、删除单元格

Excel电子表格在编辑过程中有时需要不断地更改，如规划好框架后发现漏掉一个元素，此时需要插入单元格；有时规划好框架之后发现多余一个元素，此时需要删除单元格。

1. 插入单元格

❶ 打开工作表，选中要在其前面或上面插入单元格的单元格，如L2单元格，切换到“开始”选项卡，在“单元格”选项组中单击“插入”按钮，在其下拉菜单中选择“插入单元格”命令，如图1-43所示。

❷ 打开“插入”对话框，选择在选定单元格之前还是上面插入单元格，如图1-44所示。

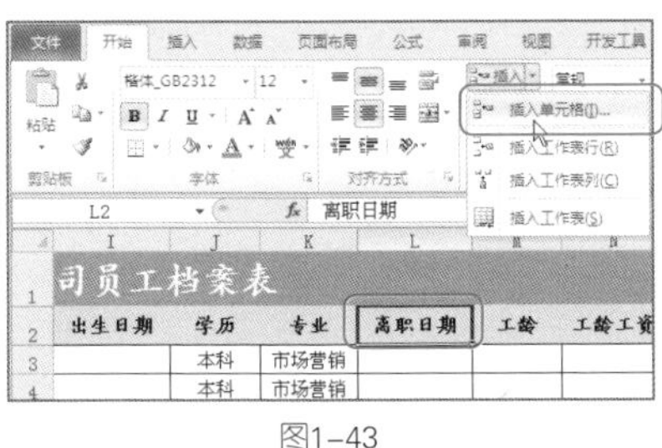

图1-43

插入

插入

活动单元格右移(I)

活动单元格下移(D)

整行(R)

整列(C)

确定 取消

图1-44

❸ 单击“确定”按钮，即可插入单元格，如图1-45所示。

司员工档案表

出生日期	学历	专业		离职日期	工龄	工龄工资	联系
	本科	市场营销				13256892633	
	本科	市场营销				15855125516	
	本科	机械营销				13665241236	
	大专	商务管理				13012365489	
	大专	电子商务				15623654562	
	本科	电子商务				13745632145	
	硕士	生产管理				13778785023	
	本科	商务管理				13845622588	
	中专	电子商务				13869532156	
	大专	电子商务				13947894123	
	本科	旅游管理				15714563285	

图1-45

2. 删除单元格

❶ 打开工作表，选中要删除的单元格并右击，在快捷菜单中选择“删除”命令，如图1-46所示。

❷ 打开“删除”对话框，选择删除后是下方单元格上移或右侧单元格左移（如图1-47所示），单击“确定”按钮，即可删除选定单元格。

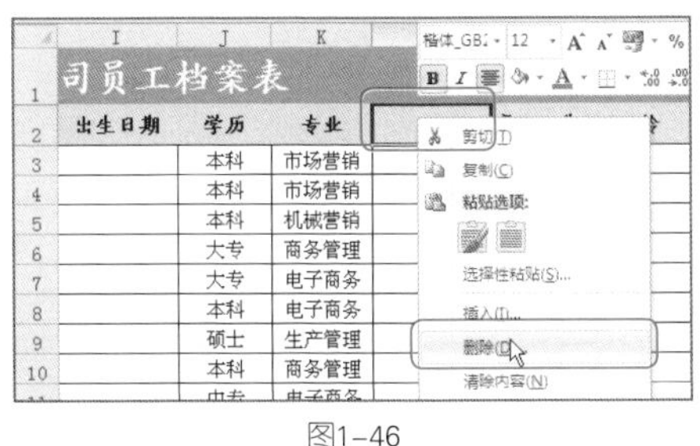

图1-46

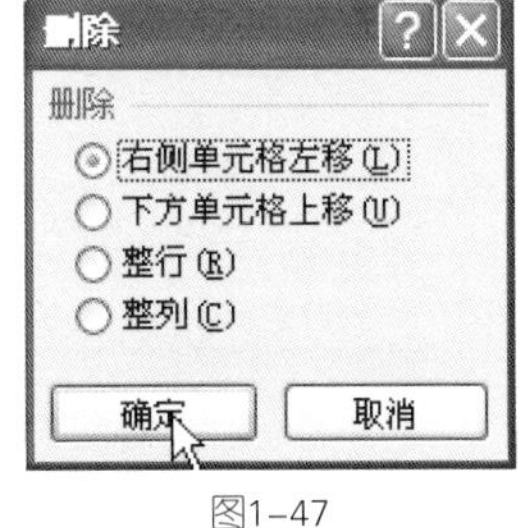

图1-47

专家提示

用户也可以在“开始”选项卡的“单元格”选项组中单击“删除”按钮，在其下拉菜单中选择“删除单元格”命令，打开“删除”对话框进行设置。

1.3.2 合并与拆分单元格

在表格编辑过程中，如果需要将两个或多个单元格合并成一个单元格，可以通过如下方法来实现。

1. 合并单元格

❶ 选中需要合并的单元格，切换到“开始”选项卡，在“对齐方式”选项组中单击“合并后居中”按钮，在其下拉菜单中选择一种合并方式，如“合并后居中”，如图1-48所示。

❷ 选中合并方式后，即可合并所选单元格，合并后的效果如图1-49所示。

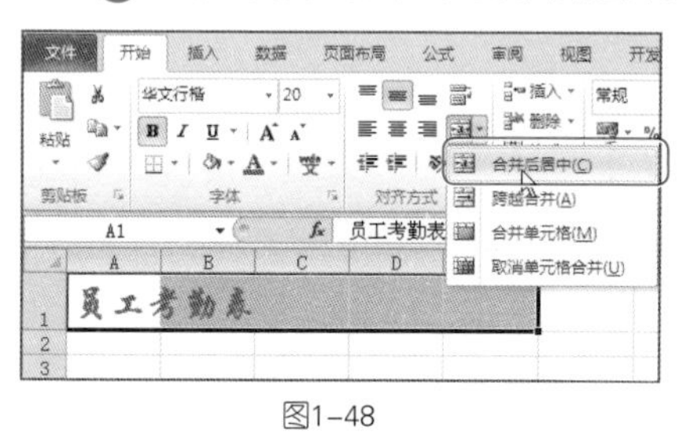

图1-48

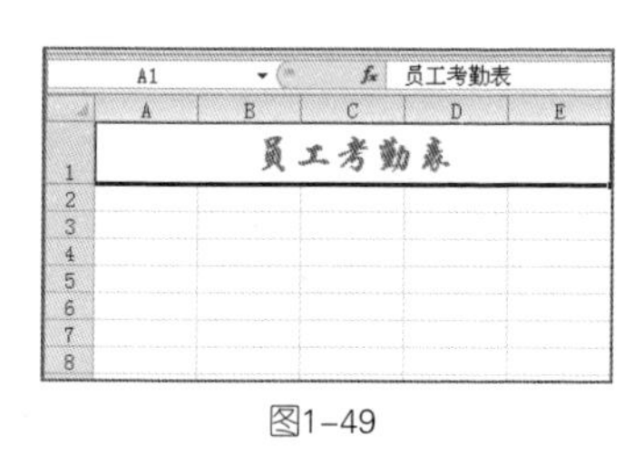

图1-49

2. 拆分单元格

❶ 选中需要拆分的单元格，切换到“开始”选项卡，在“对齐方式”选项组中单击“合并后居中”按钮，在其下拉菜单中选择“取消单元格合并”命令，如图1-50所示。

❷ 选中取消合并命令后，即可拆分所选单元格，拆分后的效果如图1-51所示。

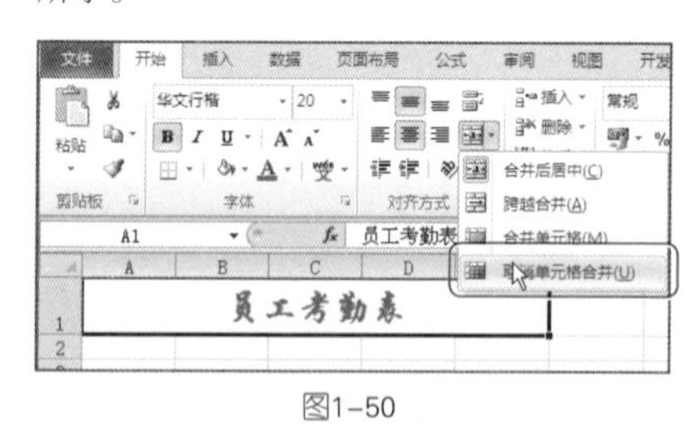

图1-50

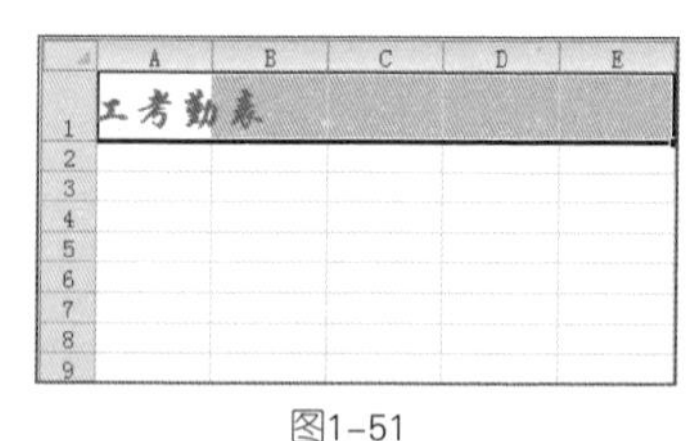

图1-51

1.3.3 插入行或列

在Excel工作表的实际操作中，经常需要插入行或列，下面介绍具体的操作方法。

1. 在指定位置插入行列

❶ 打开工作表，选中要插入行的单元格，切换到“开始”选项卡，在“单元格”选项组中单击“插入”按钮，在其下拉菜单中选择“插入工作表行”命令（如图1-52所示），即可在选中的单元格上面插入一行，如图1-53所示。

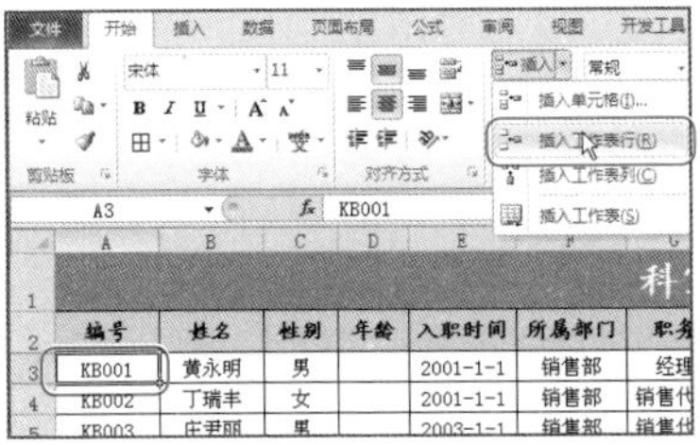

图1-52

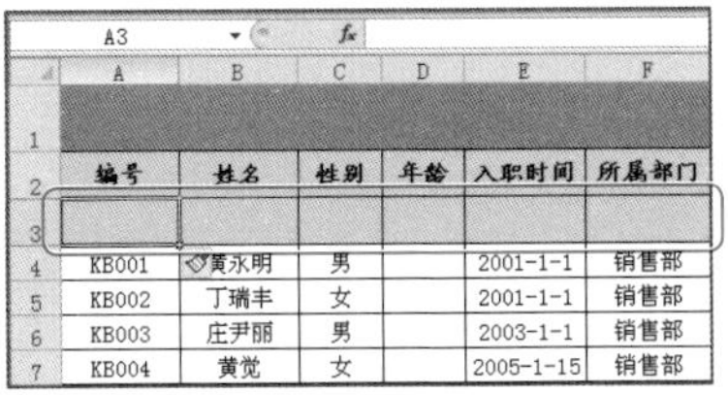

图1-53

❷ 在“单元格”选项组中单击“插入”按钮，在其下拉菜单中选择“插入工作表列”命令，即可在选中的单元格左侧插入一列，效果如图1-54所示。

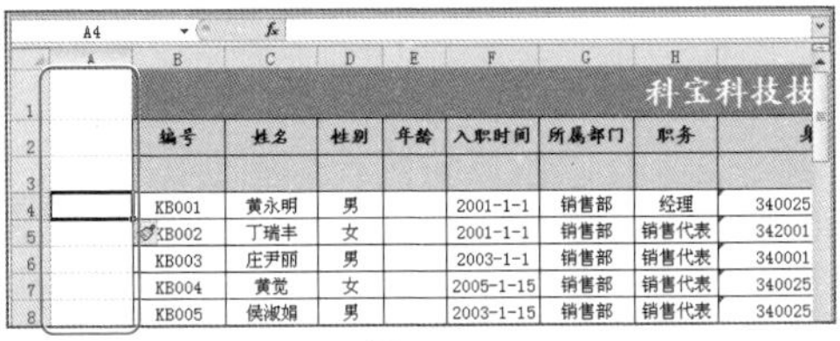

图1-54

专家提示

用户也可以在选中要插入行列的单元格后，在快捷菜单中选择“插入”命令，即可打开“插入”对话框，在对话框中可以选择插入行或列。

2. 一次性插入多个非连续的行或列

❶ 打开工作表，按住Ctrl键依次选中多个不连续的单元格，切换到“开始”选项卡，在“单元格”选项组中单击“插入”按钮，在其下拉菜单中选择“插入工作表行”命令，如图1-55所示。

❷ 此时在选中的单元格所在行的前面各插入了一个空白行，如图1-56所示。

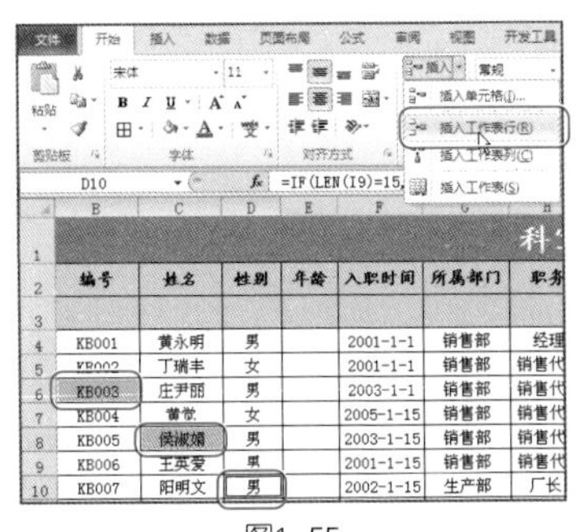

图1-55

	B	C	D	E	F	G
1						
2	编号	姓名	性别	年龄	入职时间	所属部门
3						
4	KB001	黄永明	男		2001-1-1	销售部
5	KB002	丁瑞丰	女		2001-1-1	销售部
6						
7	KB003	庄尹丽	男		2003-1-1	销售部
8	KB004	黄觉	女		2005-1-15	销售部
9						
10	KB005	侯淑娟	男		2003-1-15	销售部
11	KB006	王英爱	男		2001-1-15	销售部
12						
13	KB007	阳明文	男		2002-1-15	生产部

员工零用金报销单 员工档案管理表 Sheet3

图1-56

1.3.4 删除行或列

在插入行列后，或工作表中有不需要的行列，用户可以选择将其删除，具体操作方法如下。

❶ 打开工作表，选中要删除的行，切换到“开始”选项卡，在“单元格”选项组中单击“删除”按钮，在其下拉菜单中选择“删除工作表行”命令（如图1-57所示），即可删除所选行。

图1-57

❷ 打开工作表，选中要删除的列，切换到“开始”选项卡，在“单元格”选项组中单击“删除”按钮，在其下拉菜单中选择“删除工作表列”命令（如图1-58所示），即可删除所选列。

专家提示

用户也可以依次选中要删除的行或列后，在快捷菜单中选择“删除”命令，即可删除所选的行或列。

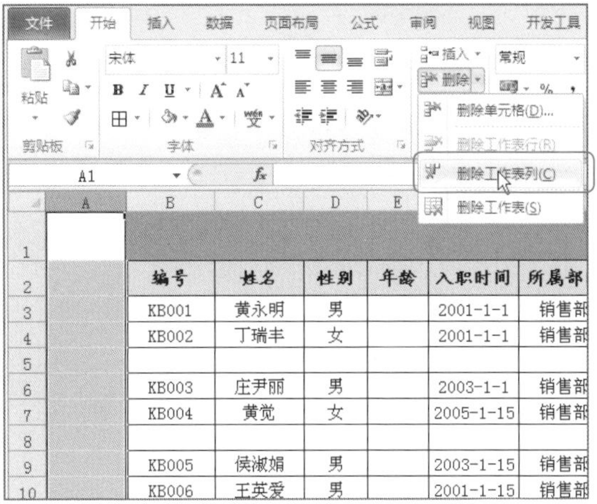

图1-58

1.3.5 调整行高和列宽

在工作表的编辑过程中，经常需要调整特定行的行高或列的列宽，下面介绍具体的操作方法。

1. 通过快捷键

❶ 打开工作表，选中需要调整行高的行，切换到“开始”选项卡，在“单元格”选项组中单击“格式”按钮，在其下拉菜单中选择“行高”命令，如图1-59所示。

❷ 弹出“行高”对话框，在“行高”文本框中输入要设置的行高值，如图1-60所示。

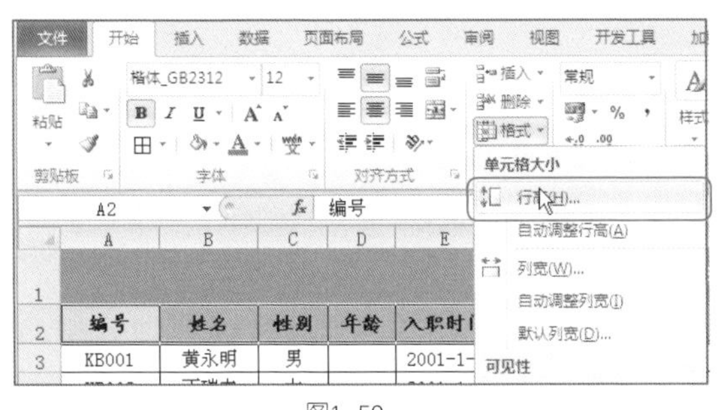

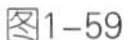

图1-59

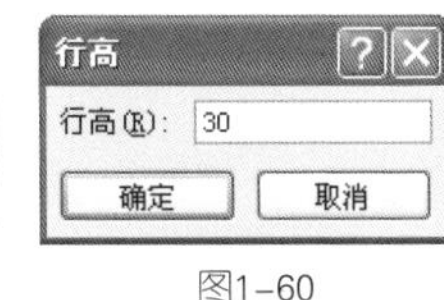

图1-60

❸ 单击“确定”按钮，即可完成对该行的行高调整，如图1-61所示。

图1-61

专家提示

调整列宽的方法与调整行高的方法一样，选中要调整列宽的列，在“格式”下拉列表中选择“列宽”选项，在弹出的“列宽”对话框中设置列宽值，即可调整单元格的列宽。

2. 通过鼠标调整

将鼠标放置在要调整的行标的下边线上，当光标变为÷形状时，向下拖动鼠标可以增加行高（如图1-62所示），反之减少行高。

图1-62

专家提示

按照相同的方法，将鼠标放置在列标的右边线上，当光标变为+形状时，向右拖动鼠标可以增加列宽，反之减小列宽。

1.3.6 隐藏含有重要数据的行或列

当工作表中某些行或列中包含重要数据，或显示的是一些资料数据时，可以根据实际需要将特定的行或列隐藏起来。

❶ 打开工作表，选中需要隐藏的行，切换到“开始”选项卡，在“单元格”选项组中单击“格式”按钮，在其下拉菜单中选择“隐藏和取消隐藏”命令，接着在弹出的子菜单中选择“隐藏行”命令，如图1-63所示。

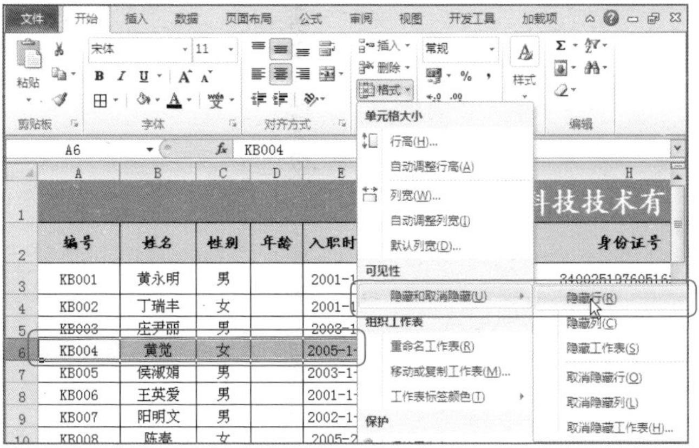

图1-63

❷ 选中“隐藏行”命令后，即可将选中的行隐藏起来，如图1-64所示。

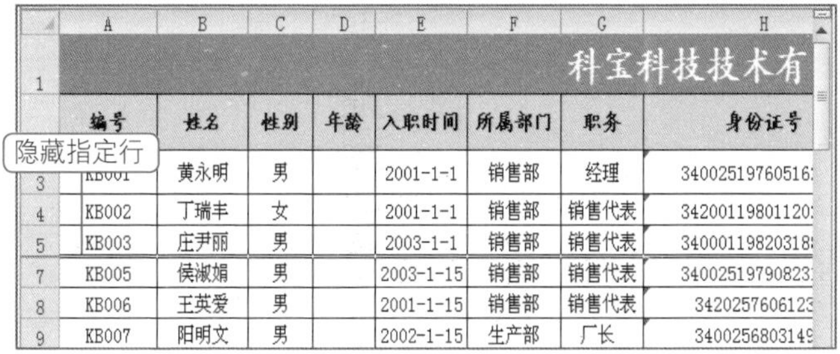

图1-64

动手练一练

隐藏列的方法与隐藏行的方法相同，只需在“格式”下拉列表中选择“隐藏和取消隐藏”选项，在弹出的菜单中选择“隐藏列”即可。

如果需要取消隐藏的行或列，在“隐藏和取消隐藏”选项菜单中选择“取消隐藏行”或“取消隐藏列”选项即可显示出隐藏的行或列。

读书笔记

第2章

数据的输入与编辑

2.1 输入各种不同类型的数据

在工作表中输入的数据类型有很多种，包括文本、数值、日期、特殊符号等，正确掌握快速输入数据的方法是制作表格的基础。

2.1.1 输入文本内容

在Excel 2010中输入的数字数据长度在12位以上时，会自动转变为科学记数格式，如图2–1所示。如果想要正常显示12位以上的数字，可以设置单元格格式为“文本”，具体操作方法如下。

G3 　f_x 　340025197605162000

	E	F	G	H	I
1	科宝科技技术有限公司员工档				
2	所属部门	职务	身份证号	出生日期	学历
3	销售部	经理	3.40025E+17		
4	销售部	销售代表			
5	销售部	销售代表			
6	销售部	销售代表			
7	销售部	销售代表			
8	销售部	销售代表			
9	生产部	厂长			

图2–1

❶ 选中要输入身份证号码的单元格区域，如G3:G32单元格区域，切换到“开始”选项卡，在“数字”选项组中单击 按钮，如图2-2所示。

❷ 打开“设置单元格格式”对话框，单击“数字”标签，在“分类”列表框中选中“文本”选项，如图2-3所示。

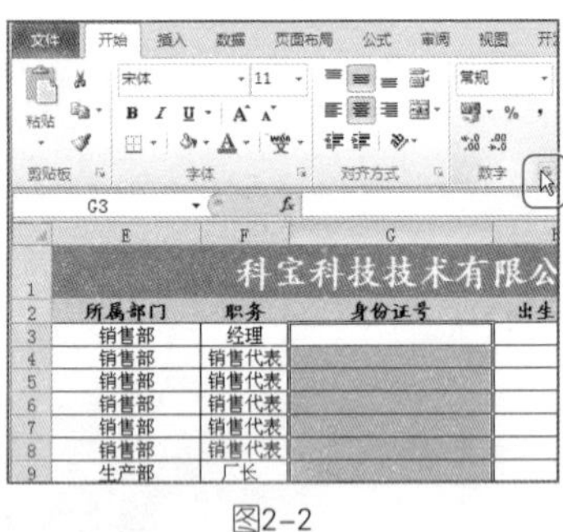

图2–2

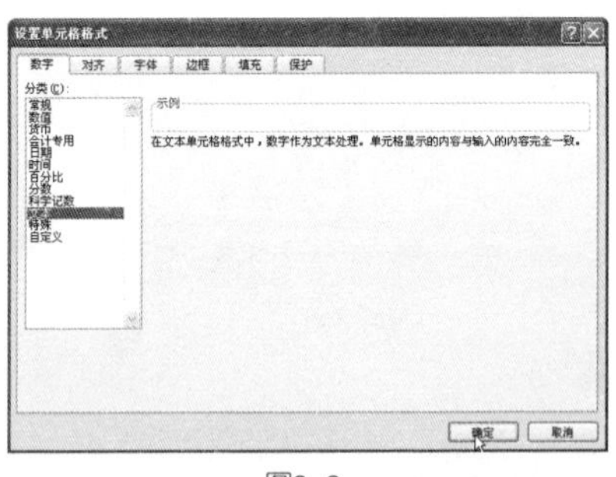

图2–3

❸ 单击“确定”按钮，在设置格式的单元格区域中输入身份证号码即可正确显示，效果如图2-4所示。

专家提示

要想正常显示12位以上的数字，除去设置单元格格式外，还可以先在英文状态下输入“' ”，接着再输入数字，按Enter键，即可正常显示出数字。

	E	F	G	H
1	科宝科技技术有限公司员			
2	所属部门	职务	身份证号	出生日期
3	销售部	经理	340025197605162511	
4	销售部	销售代表	342001198011202528	
5	销售部	销售代表		
6	销售部	销售代表		
7	销售部	销售代表		
8	销售部	销售代表		
9	生产部	厂长		
10	生产部	主管		
11	生产部	员工		

图2-4

2.1.2　输入数值

在进行销售数据统计和财务计算过程中，经常需要输入包含小数位的数值，用户可以设置输入限定小数位数的数值，具体有以下两种方法。

1. 设置单元格区域的数值包含的位数

❶ 选中要输入小数位数的单元格区域，如D3:D9单元格区域，切换到“开始”选项卡，在“数字”选项组中单击 按钮，如图2-5所示。

❷ 打开“设置单元格格式”对话框，单击“数字”标签，在“分类”列表框中选中“数值”选项，并根据需要设置小数位数，如“1”位，如图2-6所示。

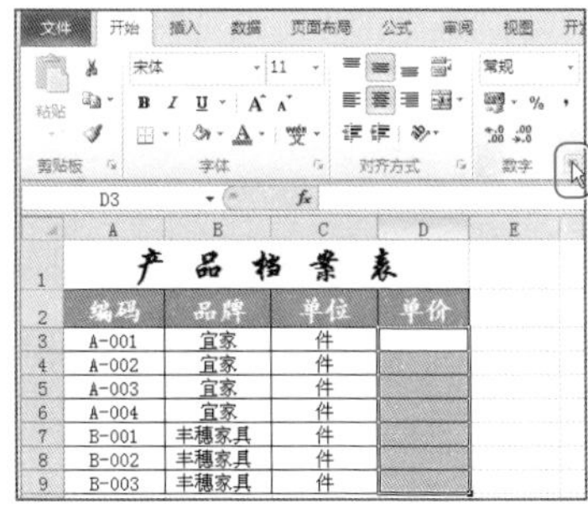

图2-5

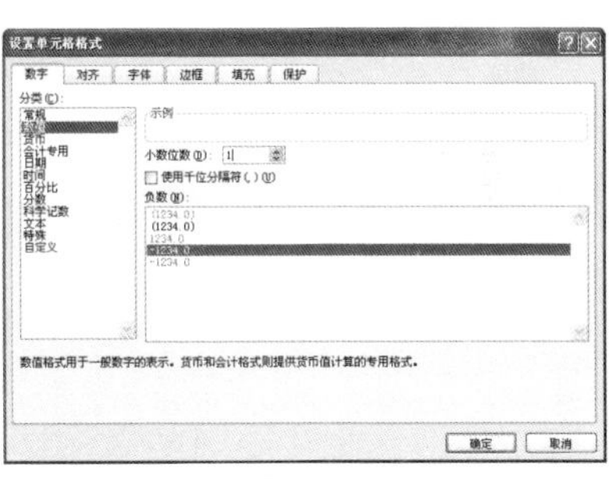

图2-6

❸ 单击“确定”按钮，在设置格式的单元格区域中，输入数字时会自动保留两位小数，效果如图2-7所示。

	A	B	C	D	E
1	产品档案表				
2	编码	品牌	单位	单价	
3	A-001	宜家	件	96.0	
4	A-002	宜家	件	165.0	
5	A-003	宜家	件	588.0	
6	A-004	宜家	件	450.0	
7	B-001	丰穗家具	件		
8	B-002	丰穗家具	件		
9	B-003	丰穗家具	件		

图2-7

2. 设置整张工作表数值小数包含位数并自动转换

❶ 打开工作表，单击“文件”标签，切换到Backstage视窗，在左侧窗格中单击“选项”选项，如图2-8所示。

❷ 打开“Excel选项”对话框，在左侧窗格中单击“高级”选项，在右侧窗格的“编辑选项”选项组中选中“自动插入小数点”复选框，接着在“位数”文本框中输入小数位数，如“3”，如图2-9所示。

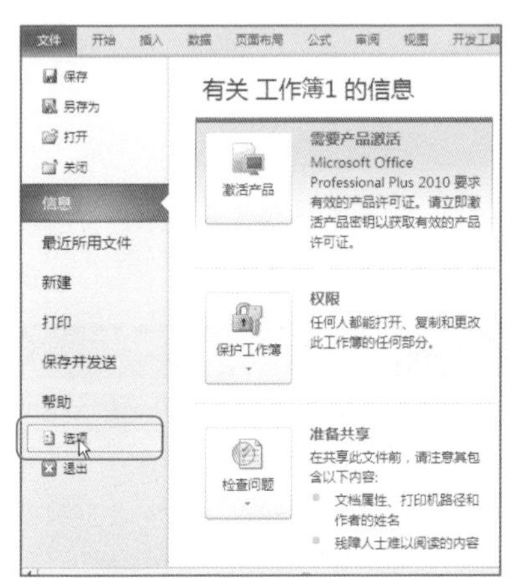

图2-8

图2-9

❸ 单击“确定”按钮，在需要输入小数的单元格中输入数值，如：输入“555”（如图2-10所示），按Enter键，系统自动转换为0.555，效果如图2-11所示。

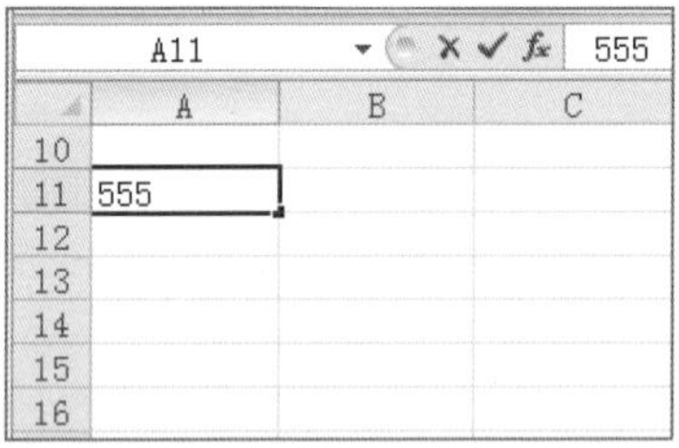

图2-10

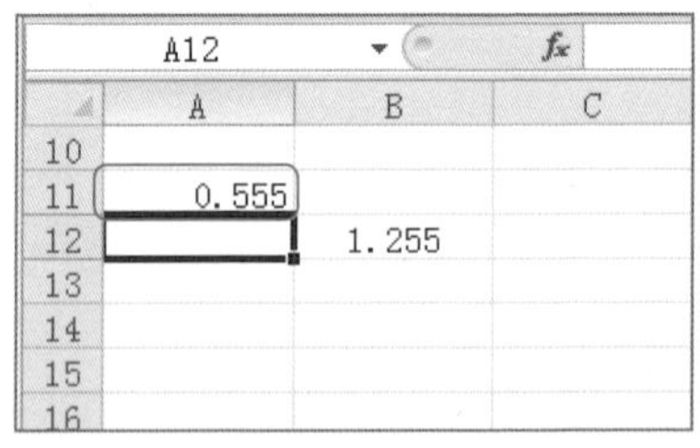

图2-11

专家提示

在Excel表格中录入数据时，如果大量的数据都是包含两位、三位或多位小数的，可以用以上方法设置输入整数自动转换为小数，从而提高数据编辑效率。

2.1.3　输入日期与时间

日期型和时间型数据经常出现在企业日常管理表中，根据不同的情况，输入的方法和效果也相同，下面具体介绍。

1. 输入当前日期和时间

❶ 选中要输入当前日期的单元格，在公式编辑栏中输入公式“=TODAY()”按Enter键，即可返回当前日期，效果如图2-12所示。

❷ 选中要输入当前时间的单元格，在公式编辑栏中输入公式“=TODAY()”按Enter键，即可返回当前日期，效果如图2-13所示。

A2	=TODAY()		
	A	B	C
1	当前系统日期		
2	2012-3-20		
3			
4			
5			
6			

图2-12

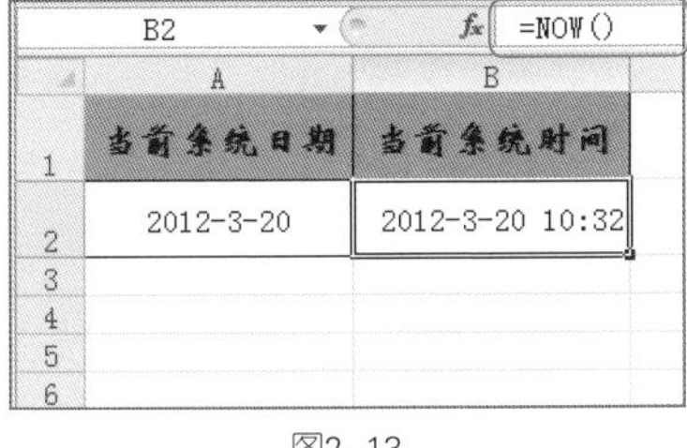

图2-13

专家提示

在单元格中同时按下快捷键Ctrl+;，即可输入系统当前日期。
在单元格中同时按下快捷键Ctrl+Shift+;，即可输入系统当前时间。

2. 让输入的日期和时间自动转换为指定类型

❶ 选中单元格区域，如C5:C14单元格区域，切换到“开始”选项卡，在“数字”选项组中单击 按钮，如图2-14所示。

❷ 打开“设置单元格格式”对话框，单击“数字”标签，在“分类”列表框中选中“日期”选项，接着在“类型”列表框中选择日期类型，如“2001年3月14日”，如图2-15所示。

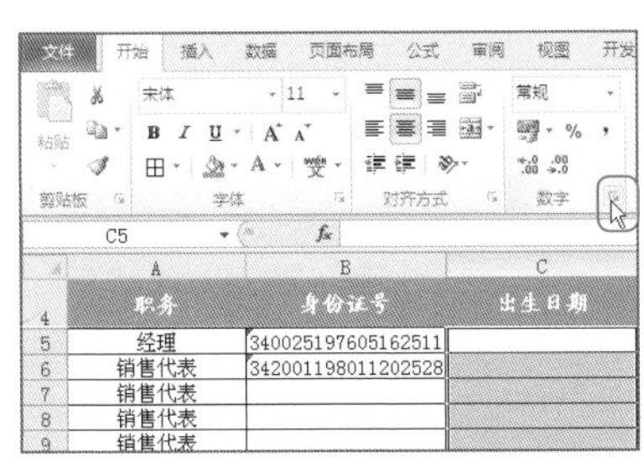

图2-14

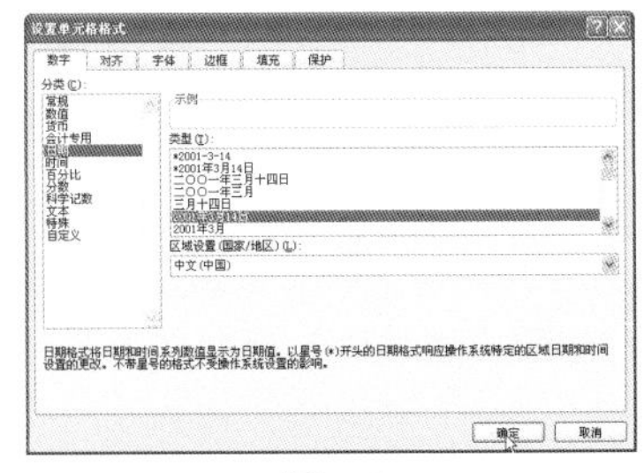

图2-15

❸ 单击“确定”按钮，在设置格式的单元格内输入“76-05-16”（如图2-16所示），按Enter键，系统自动转换为“1976年5月16日”，效果如图2-17所示。

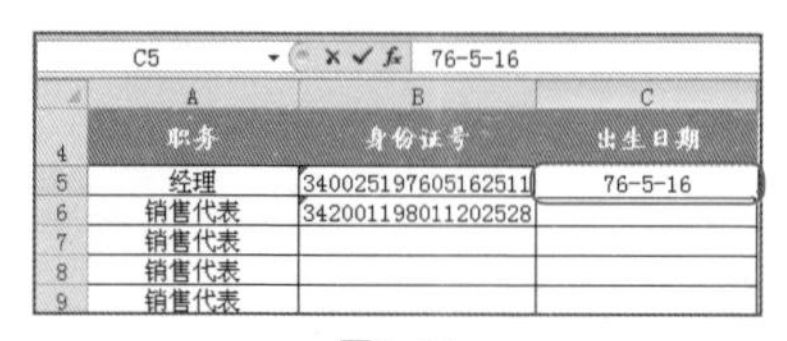

C5　76-5-16

	A	B	C
4	职务	身份证号	出生日期
5	经理	340025197605162511	76-5-16
6	销售代表	342001198011202528	
7	销售代表		
8	销售代表		
9	销售代表		

图2-16

	A	B	C
4	职务	身份证号	出生日期
5	经理	340025197605162511	1976年5月16日
6	销售代表	342001198011202528	
7	销售代表		
8	销售代表		
9	销售代表		

图2-17

专家提示

设置指定类型时间的方法与设置日期类型相同，在“设置单元格格式”对话框的“分类”列表框中单击“时间”选项，并选择需要的时间格式即可。

2.1.4 输入特殊符号

用户在编辑工作表时，有时会遇到一些特殊符号的输入，如：序列号、注册、商标等符号，这时候用户可以通过插入符号来完成，具体操作方法如下。

1. 通过工具栏插入特殊符号

❶ 选中需要输入特殊字符的单元格，切换到“插入”选项卡，在“符号”选项组中单击“符号”按钮，如图2-18所示。

❷ 打开“符号”对话框，单击“符号”标签，接着单击“字体”下拉列表框，在弹出的菜单中选择一种合适的字体，然后在下面的列表框中选择需要的符号，如图2-19所示。

图2-18

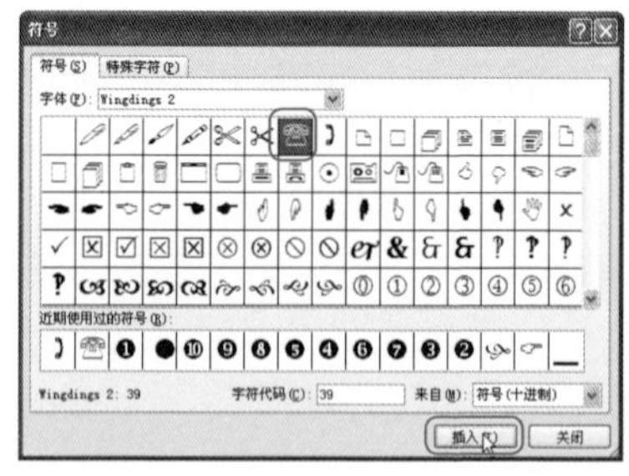

图2-19

❸ 单击“插入”按钮，即可将选中的符号插入到单元格中，如果需要继续插入其他符号，选中符号后单击“插入”按钮即可，插入后效果如图2-20所示。

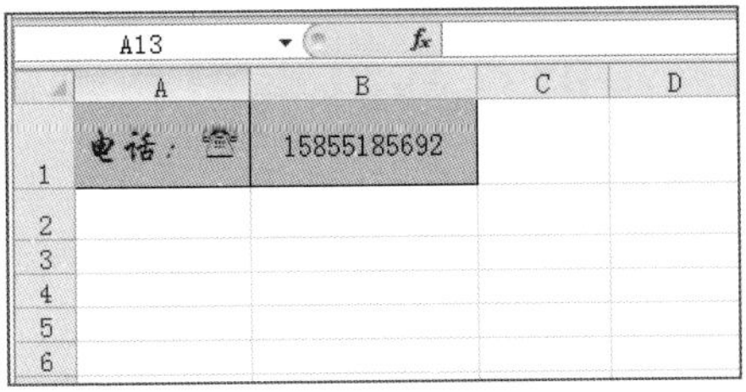

图2-20

2. 通过软键盘插入特殊符号

❶ 选中需要输入特殊字符的单元格，切换到任何一种中文输入法，使用鼠标右键单击软键盘图标，在弹出的快捷菜单中选择“表情&符号”|“特殊符号”命令，如图2-21所示。

❷ 打开“搜狗拼音输入法快捷输入”对话框，单击需要插入的特殊符号，如图2-22所示。

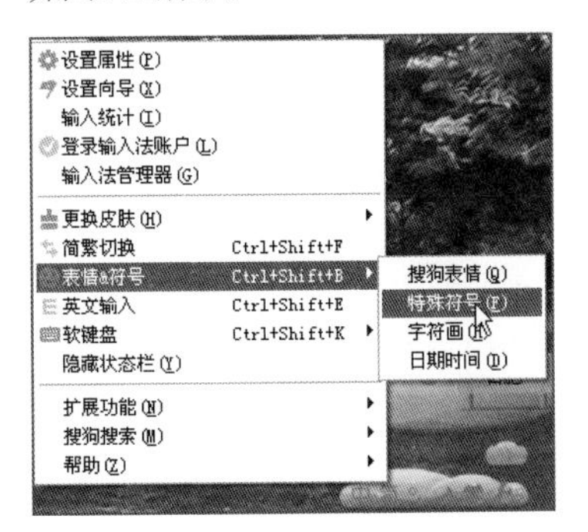

图2-21

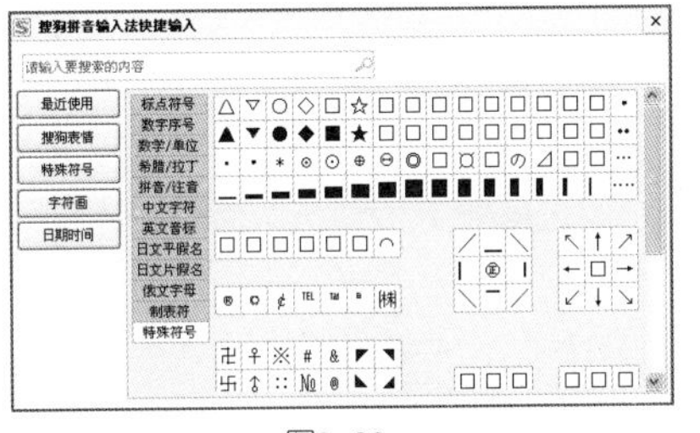

图2-22

❸ 设置完成后单击 × 按钮，关闭对话框，插入后的符号效果如图2-23所示。

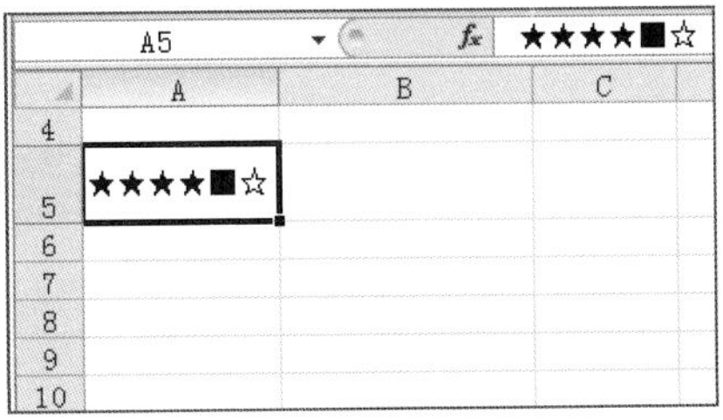

图2-23

专家提示

还有一些特殊符号可以直接按组合键输入到工作表中，如按快捷键Shift+2可以输入“@”符号，按快捷键Shift+7可以输入“&”符号。

2.2 以填充的方式批量输入数据

在Excel 2010中包含着一个实用的数据输入功能——数据填充。利用数据的填充功能，可以快速填充相同的数据、有规律的数据以及自定义的序列等。

2.2.1 快速填充相同的数据

在工作表特定的区域输入相同的数据时，可以使用数据的填充功能来重复输入相同的数据，具体操作方法如下。

1. 在连续单元格内填充

❶ 在D3单元格中输入产品单位“件”，接着将光标定位到D3单元格右下角，当光标变为黑色十字形时，按住鼠标左键不放，拖动鼠标向下填充，如图2-24所示。

❷ 拖动鼠标填充到D12单元格，松开鼠标左键，即可看到D3:D12单元格区域内的填充数据为“件”，效果如图2-25所示。

	B	C	D	E
1	产品档案表			
2	品牌	产品名称	单位	底价
3	宜家	储物柜书架	件	
4	宜家	韩式鞋柜		
5	宜家	韩式简约衣橱		
6	宜家	儿童床		
7	丰穗家具	时尚布艺转角布艺沙发		
8	丰穗家具	布艺转角沙发		
9	丰穗家具	田园折叠双人懒人沙发床		
10	丰穗家具	田园折叠双人懒人沙发床		
11	丰穗家具	单人折叠加长加宽懒人沙发		
12	名匠轩	梨木色高档大气茶几		
13	名匠轩	时尚五金玻璃茶几		

图2-24

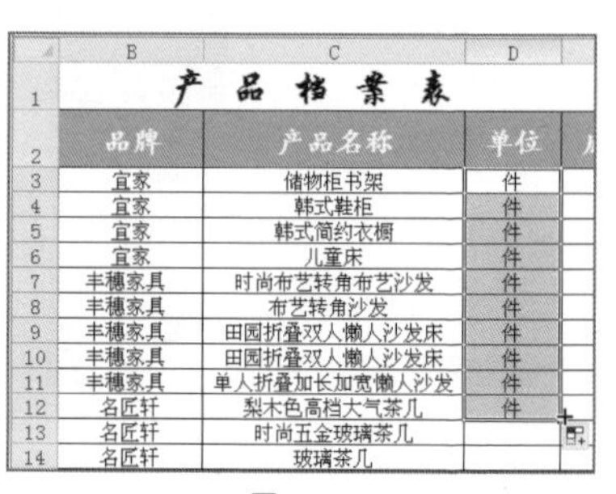

	B	C	D
1	产品档案表		
2	品牌	产品名称	单位
3	宜家	储物柜书架	件
4	宜家	韩式鞋柜	件
5	宜家	韩式简约衣橱	件
6	宜家	儿童床	件
7	丰穗家具	时尚布艺转角布艺沙发	件
8	丰穗家具	布艺转角沙发	件
9	丰穗家具	田园折叠双人懒人沙发床	件
10	丰穗家具	田园折叠双人懒人沙发床	件
11	丰穗家具	单人折叠加长加宽懒人沙发	件
12	名匠轩	梨木色高档大气茶几	件
13	名匠轩	时尚五金玻璃茶几	
14	名匠轩	玻璃茶几	

图2-25

2. 在不连续单元格内填充

❶ 打开工作表，选中第一个要输入数据的单元格，按住Ctrl键依次单击要输入数据的单元格，如图2-26所示。

❷ 松开Ctrl键，输入产品单位：件，在按住Ctrl键的同时按下Enter键，可以看到所有选中的单元格内全部输入了单位“件”，效果如图2-27所示。

专家提示

在连续的单元格内填充数据使用的是“填充柄”填充的方法，除了可以向下填充外，还可以向上、向左和向右分别填充。

图2-26

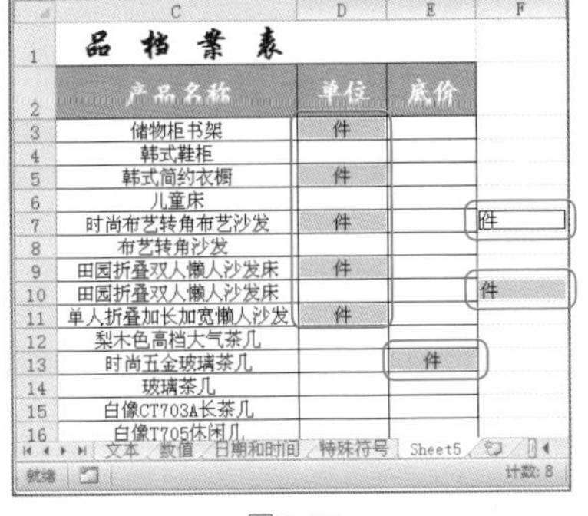

图2-27

2.2.2 快速填充有规律的数据

在特定的情况下，有些输入的数据是有规律的，利用数据的填充功能还可以对有规律的数据进行快速填充，具体操作方法如下。

1. 填充连续数据

❶ 在A3、A4单元格内分别输入产品的编号为“A-001”和“A-002”，接着选中A3:A4单元格区域，将光标定位到A4单元格右下角，当光标变为黑色十字形时，按住鼠标左键不放，拖动鼠标向下填充，如图2-28所示。

❷ 拖动鼠标填充到A12单元格，松开鼠标左键，即可看到A3:A12单元格区域内填充的数据为有规律的产品编号，效果如图2-29所示。

	A	B	C
1			产品档案表
2	编码	品牌	产品名称
3	A-001	宜家	储物柜书架
4	A-002	宜家	韩式鞋柜
5		宜家	韩式简约衣橱
6		宜家	儿童床
7		丰穗家具	时尚布艺转角布艺沙发
8		丰穗家具	布艺转角沙发
9		丰穗家具	田园折叠双人懒人沙发床
10		丰穗家具	田园折叠双人懒人沙发床
11		丰穗家具	单人折叠加长加宽懒人沙发
12		名匠轩	梨木色高档大气茶几
13		名匠轩	时尚五金玻璃茶几
14		名匠轩	玻璃茶几
15		名匠轩	白像CT703A长茶几
16		名匠轩	白像T705休闲几

向外拖动选定区域，可以扩展或填充序列；向内拖动则进行清除

图2-28

	A	B	C
1			产品档案表
2	编码	品牌	产品名称
3	A-001	宜家	储物柜书架
4	A-002	宜家	韩式鞋柜
5	A-003	宜家	韩式简约衣橱
6	A-004	宜家	儿童床
7	A-005	丰穗家具	时尚布艺转角布艺沙发
8	A-006	丰穗家具	布艺转角沙发
9	A-007	丰穗家具	田园折叠双人懒人沙发床
10	A-008	丰穗家具	田园折叠双人懒人沙发床
11	A-009	丰穗家具	单人折叠加长加宽懒人沙发
12	A-010	名匠轩	梨木色高档大气茶几
13		名匠轩	时尚五金玻璃茶几
14		名匠轩	玻璃茶几
15		名匠轩	白像CT703A长茶几
16		名匠轩	白像T705休闲几

图2-29

2. 按等差数列填充

❶ 打开工作表，在A2单元格中输入数据“2”，选中要填充等差数列的单

元格区域，切换到“开始”选项卡，在“编辑”选项组中单击“填充”按钮，在下拉列表中选择“系列”选项，如图2-30所示。

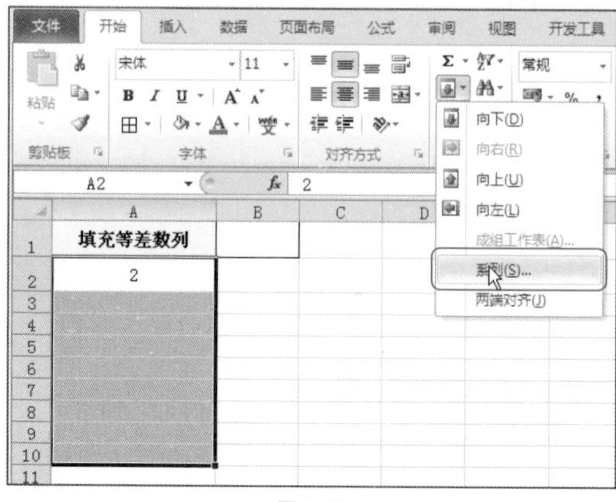

图2-30

❷ 打开“序列”对话框，在“序列产生在”选项组中选择“列”选项，在“类型”选项组中选择“等差序列”选项，在“步长值”文本框中输入“5”，如图2-31所示。

❸ 单击“确定”按钮，返回工作表中，即可看到单元格区域中数据按公差为5进行了填充，效果如图2-32所示。

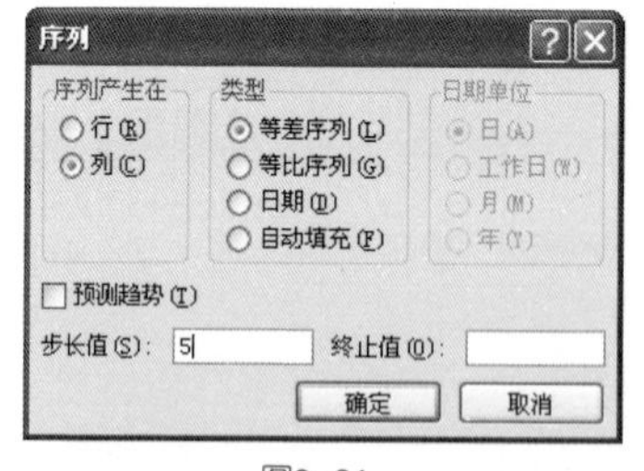

图2-31

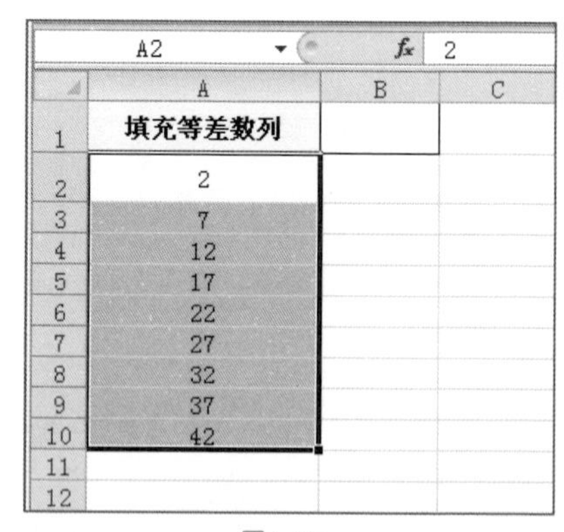

图2-32

3. 按等比数列填充

❶ 打开工作表，在B2单元格中输入数据“3”，选中要填充等比数列的单元格区域，切换到“开始”选项卡，在“编辑”选项组中单击“填充”按钮，在下拉列表中选择“系列”选项，如图2-33所示。

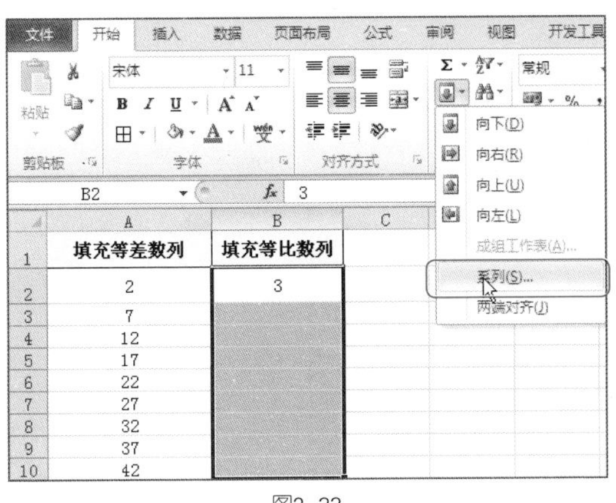

图2-33

❷ 打开“序列”对话框，在“序列产生在”选项组中选择“列”选项，在“类型”选项组中选择“等比序列”选项，在“步长值”文本框中输入“2”，如图2-34所示。

❸ 单击“确定”按钮，返回工作表中，即可看到单元格区域中数据按公比为2进行了填充，效果如图2-35所示。

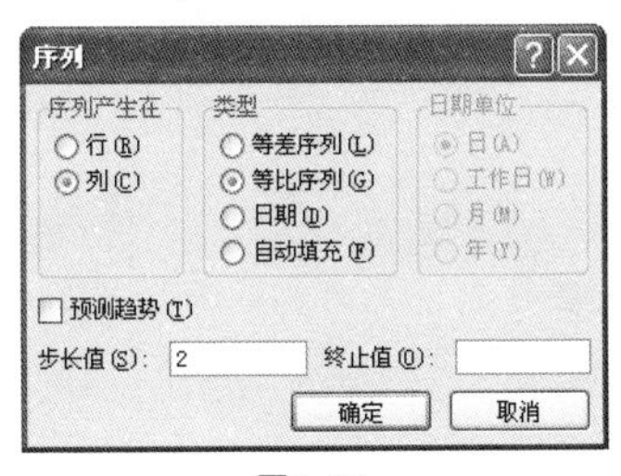

图2-34

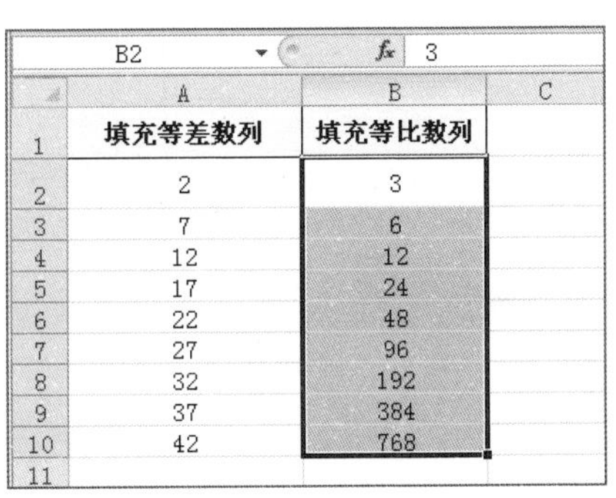

图2-35

4. 按日期进行填充

❶ 打开工作表，在C2单元格中输入日期“2012-3-10”，选中要填充等比数列的单元格区域，切换到“开始”选项卡，在“编辑”选项组中单击“填充”按钮，在下拉列表中选择“系列”选项，如图2-36所示。

❷ 打开“序列”对话框，在“序列产生在”选项组中选择“列”选项，在“类型”选项组中选择“日期”选项，如图2-37所示。

❸ 单击“确定”按钮，返回工作表中，即可看到单元格区域中数据按日期进行了填充，效果如图2-38所示。

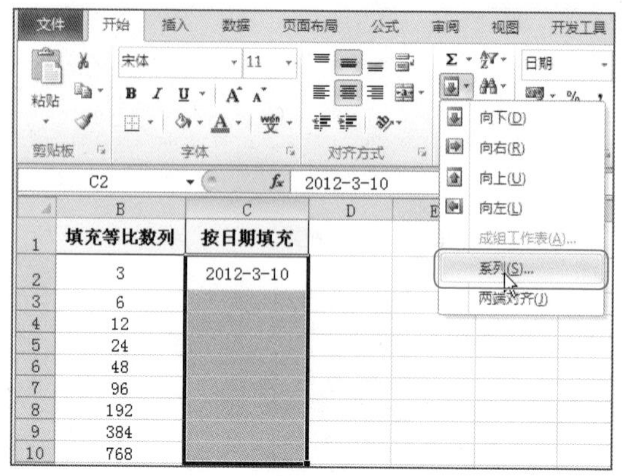

图2-36

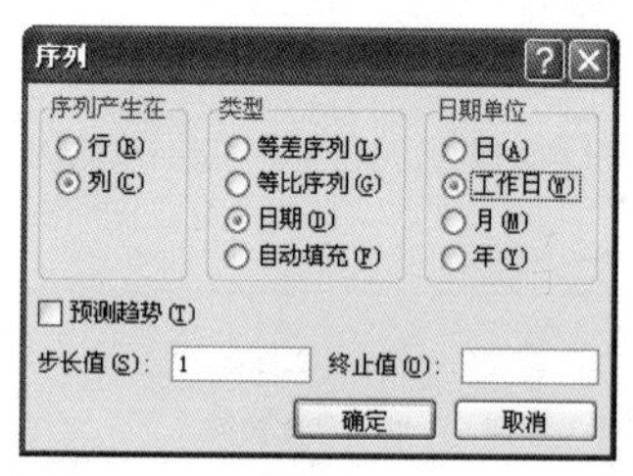

图2-37

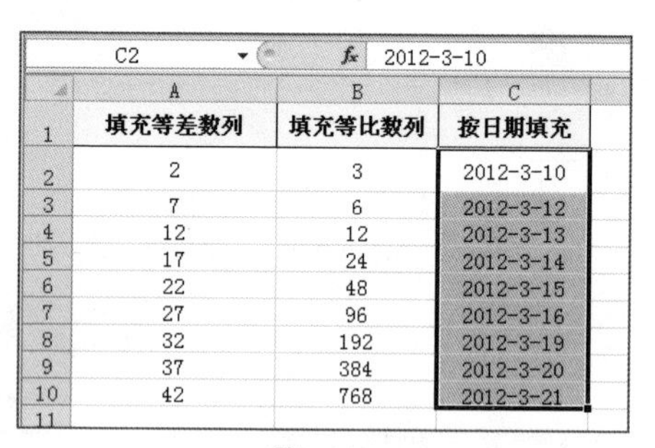

	A	B	C
1	填充等差数列	填充等比数列	按日期填充
2	2	3	2012-3-10
3	7	6	2012-3-12
4	12	12	2012-3-13
5	17	24	2012-3-14
6	22	48	2012-3-15
7	27	96	2012-3-16
8	32	192	2012-3-19
9	37	384	2012-3-20
10	42	768	2012-3-21

图2-38

动手练一练

在“序列”对话框中，用户还可以设置日期填充的其他单位，如“日”、“月”和“年”。

2.2.3 “自动填充选项”功能的使用

使用“自动填充选项”功能还可以自动选择想要填充的方式，如只填充格式，具体操作方法如下。

❶ 打开工作表，选中D1单元格，将光标定位到D1单元格右下角，当光标变为黑色十字形时，按住鼠标左键不放，拖动鼠标向下填充，如图2-39所示。

❷ 拖动鼠标填充到D10单元格，松开鼠标左键，即可看到D1:D10单元格区域填充了相同的内容，单击“自动填充选项”，在弹出的菜单中选择“仅填充格式，如图2-40所示。

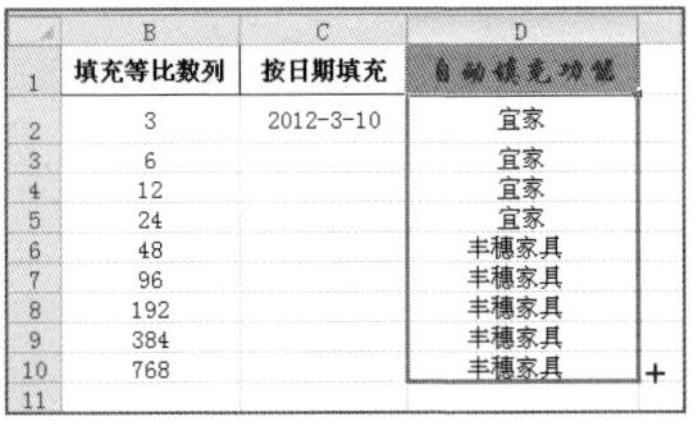

	B	C	D
1	填充等比数列	按日期填充	自动填充功能
2	3	2012-3-10	宜家
3	6		宜家
4	12		宜家
5	24		宜家
6	48		丰穗家具
7	96		丰穗家具
8	192		丰穗家具
9	384		丰穗家具
10	768		丰穗家具
11			

图2-39

	B	C	D	E	F
1	填充等比数列	按日期填充	自动填充功能		
2	3	2012-3-10	自动填充功能		
3	6		自动填充功能		
4	12		自动填充功能		
5	24		自动填充功能		
6	48		自动填充功能		
7	96		自动填充功能		
8	192		自动填充功能		
9	384		自动填充功能		
10	768		自动填充功能		

复制单元格(C)
仅填充格式(F)
不带格式填充(O)

图2-40

❸ 设置完成后，可以看到单元格区域恢复了原先内容，并对原先内容填充了D1单元格的格式，效果如图2-41所示。

	B	C	D	E
1	填充等比数列	按日期填充	自动填充功能	
2	3	2012-3-10	宜家	
3	6		宜家	
4	12		宜家	
5	24		宜家	
6	48		丰穗家具	
7	96		丰穗家具	
8	192		丰穗家具	
9	384		丰穗家具	
10	768		丰穗家具	
11				
12				

图2-41

动手练一练

“自动填充选项”有三个功能，分别是“复制单元格”、“仅填充格式”和“不带格式填充”，用户可以自己动手操作一下看会得出怎么样的效果。

2.2.4　自定义填充序列

用户如果在办公中需要经常输入特定的数据，如：销售人员姓名、产品名称等。此时可以使用Excel填充功能中的“自定义序列”功能来定义这些特定数据，并进行填充。

❶ 打开工作表，单击“文件”标签，切换到Backstage窗口，在左侧窗格中单击“选项”选项，如图2-42所示。

❷ 打开“Excel选项”对话框，在左侧窗格中选择“高级”选项，在右侧窗格的“常规”选项组中单击“编辑自定义列表”按钮，如图2-43所示。

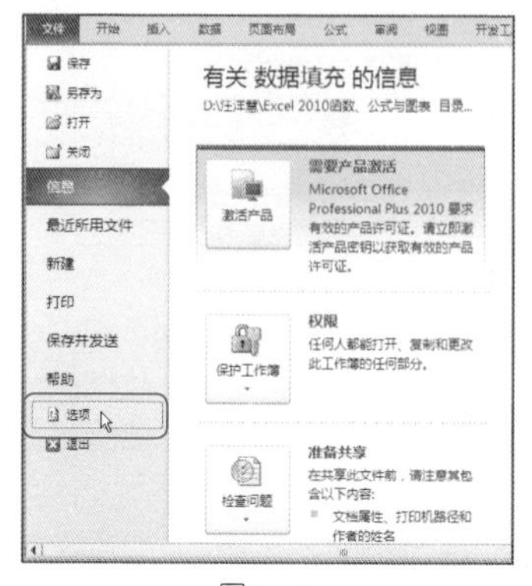

图2-42

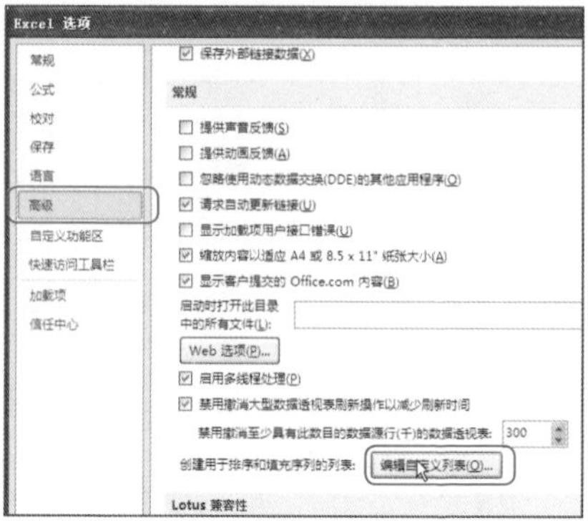

图2-43

❸ 打开“自定义序列”对话框，单击拾取器按钮（如图2-44所示）进入“自定义序列”数据源选择状态，在工作表中选中数据源，如图2-45所示。

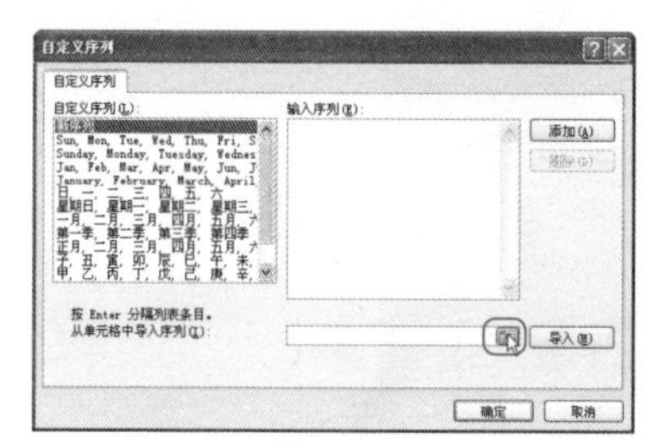

图2-44

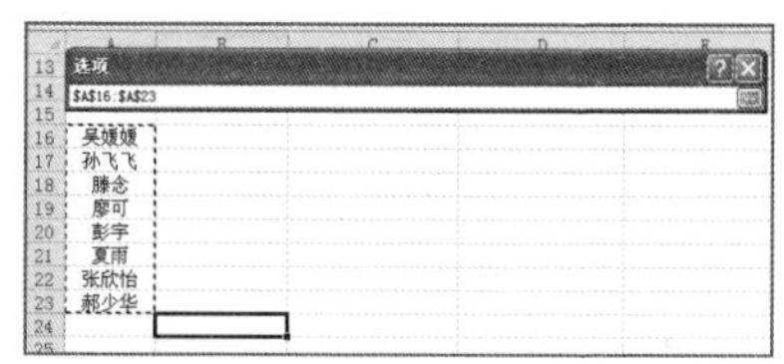

图2-45

❹ 选择完成后单击拾取器按钮返回“自定义序列”对话框中，单击“导入”按钮，即可将选择的数据源添加到“输入序列”列表框中，如图2-46所示。

❺ 设置完成后单击“确定”按钮，返回“Excel”对话框中，再次单击“确定”按钮，即可完成设置。

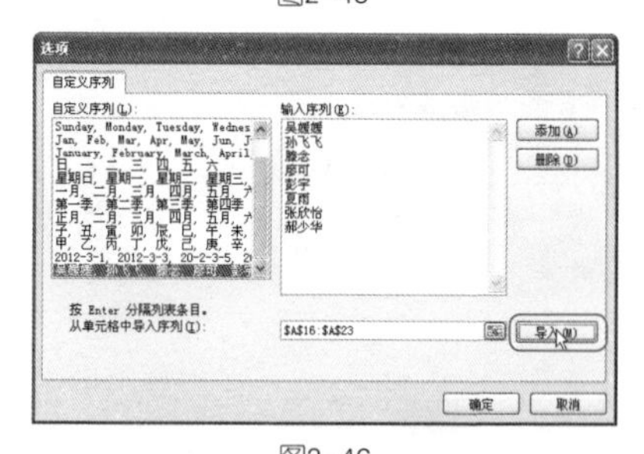

图2-46

❻ 在A3单元格中输入其中一位销售人员的姓名，如“吴媛媛”，将光标移动到A3单元格右下角，当光标变为黑色十字形时向下填充（如图2-47所示），释放鼠标即可填充其他销售人员的姓名，效果如图2-48所示。

专家提示

通过自定义数据填充序列，用户可以定义想要填充的数据，不需要时在“自定义序列”列表框中选中不需要的序列，单击“删除”按钮即可。

A3 | fx 吴媛媛

	A	B	C
1			销售人员业
2	姓名	销售数量	销售金额
3	吴媛媛	350	88400
4		220	149860
5		545	770240
6		450	159340
7		305	282280
8		302	121356
9		531	256313
10		220	253142

图2-47

	A	B	C
1			销售人员业
2	姓名	销售数量	销售金额
3	吴媛媛	350	88400
4	孙飞飞	220	149860
5	滕念	545	770240
6	廖可	450	159340
7	彭宇	305	282280
8	夏雨	302	121356
9	张欣怡	531	256313
10	郝少华	220	253142
11			

图2-48

2.3 编辑数据

将数据输入到单元格中后，需要进行相关的编辑操作，例如移动数据、修改数据、复制并粘贴数据、查找替换数据和删除数据等。

2.3.1 移动数据

移动数据是数据编辑过程中最常用的操作，运用这些操作可以很大程度上提高数据编辑效率。

❶ 打开工作表，选中需要移动的数据，按快捷键Ctrl+X，如图2-49所示。

❷ 选择需要移动的位置，按快捷键Ctrl+V即可移动数据，如图2-50所示。

	A	B	C
1			产 品 档 案
2	编码	品牌	产品名称
23	A-021	藤缘名居	天然藤编吊篮
24	A-022	藤缘名居	雷达椅
25	A-023	一点家居	仿古实木手工雕刻咖啡桌三件套
26	A-024	一点家居	韩式雕花梳妆台
27	A-025	一点家居	梓木韩式田园家具梳妆台
28	A-026	一点家居	成套餐桌椅子
29	A-027	一点家居	欧美式 椭圆餐桌
30	A-028	一点家居	美式乡村方形4人桌
31			
32			

图2-49

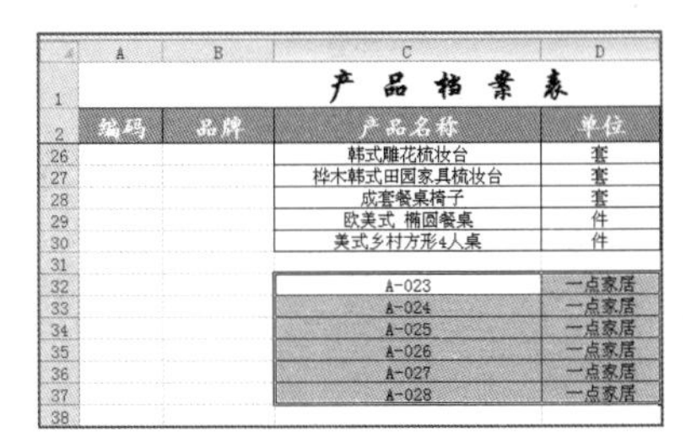

	A	B	C	D
1			产 品 档 案 表	
2	编码	品牌	产品名称	单位
26			韩式雕花梳妆台	套
27			梓木韩式田园家具梳妆台	套
28			成套餐桌椅子	套
29			欧美式 椭圆餐桌	件
30			美式乡村方形4人桌	件
31				
32			A-023	一点家居
33			A-024	一点家居
34			A-025	一点家居
35			A-026	一点家居
36			A-027	一点家居
37			A-028	一点家居
38				

图2-50

专家提示

选中需要移动的单元格或单元格区域，将鼠标放到选定区域的边框上，当鼠标呈现✥形状时，按住左键拖动鼠标到目标单元格或单元格区域，也可以移动数据。

2.3.2 修改数据

当在单元格中输入数据发生错误时，需要对错误数据进行修改，修改数据的方法有两种。

- 通过编辑栏修改数据。选中单元格后，单击编辑栏，然后在编辑栏内修改数据。
- 在单元格内修改数据。双击单元格，出现光标后，在单元格内对数据进行修改。

2.3.3 复制和粘贴数据

在数据编辑过程中，经常需要对数据进行复制粘贴等操作，为了减少重复输入，提高编辑效率，可以使用“复制”和“粘贴”功能来辅助操作。

1. 通过剪贴板来复制数据

❶ 打开工作表，切换到“开始”选项卡，在“剪贴板”选项组中单击“剪贴板”按钮，即可在编辑区域左侧显示“剪贴板”窗体，如图2-51所示。

❷ 选中要复制的数据，单击“剪贴板”选项组的“复制”按钮，即可将复制的数据显示在剪贴板列表中，如图2-52所示。

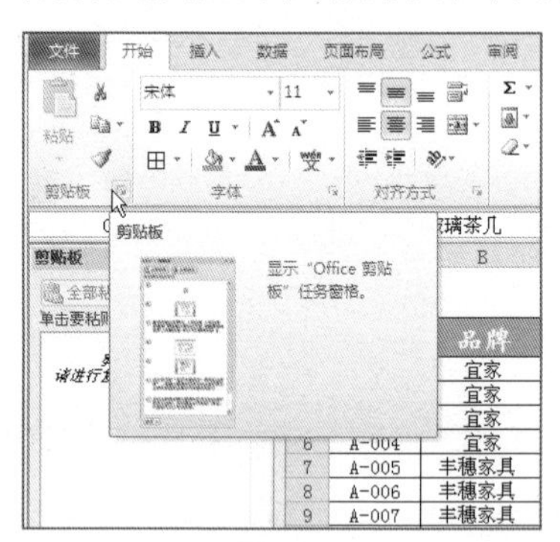

图2-51

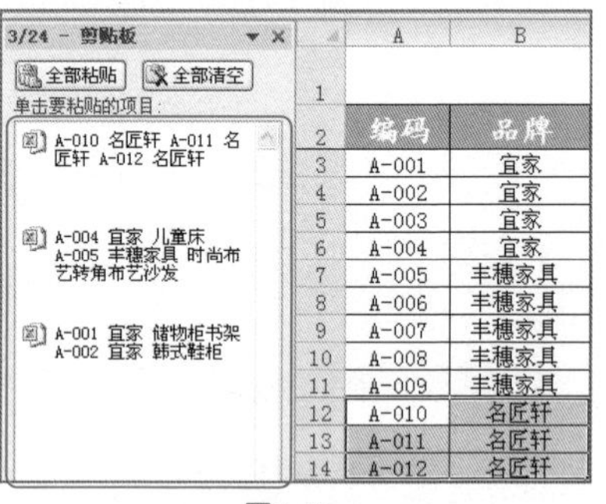

图2-52

❸ 将光标定位到要粘贴的单元格中，在剪贴板中选中要粘贴的数据，如图2-53所示。

❹ 单击鼠标右键，在弹出的快捷菜单中选择“粘贴”命令，即可将数据粘贴到目标单元格中，效果如图2-54所示。

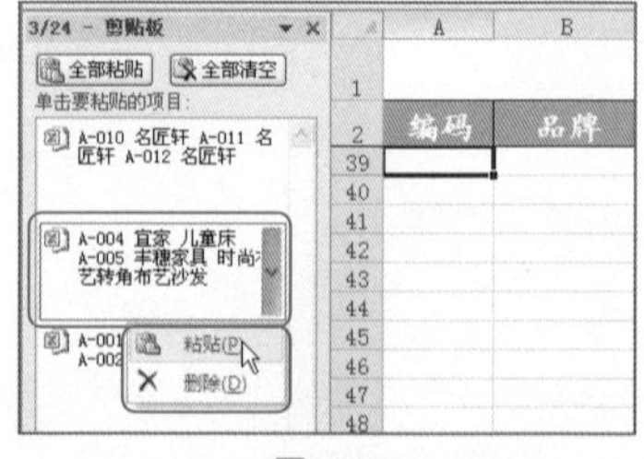

图2-53

图2-54

专家提示

当需要清除剪贴板中所有的复制数据时，可以在“剪贴板”窗体中单击“全部清空”按钮；若需要删除某个复制数据时，可以在该复制数据展开的下拉菜单中选中“删除”选项。

2. 使用快捷键来复制和粘贴数据

打开工作表，选择要复制的数据，按快捷键Ctrl+C复制（如图2-55所示），选择需要粘贴数据的位置，按快捷键Ctrl+V即可粘贴，如图2-56所示。

产品档案表

编码	品牌	产品名称	单位	底价
A-001	宜家	储物柜书架	件	
A-009	丰穗家具	单人折叠加长加宽懒人沙发	件	
A-010	名匠轩	梨木色高档大气茶几	件	
A-021	藤缘名居	天然藤编吊篮	件	
A-022	藤缘名居	雷达椅	件	

图2-55

产品档案表

编码	品牌	产品名称	单位	底价
A-001	宜家	储物柜书架	件	
A-009	丰穗家具	单人折叠加长加宽懒人沙发	件	
A-010	名匠轩	梨木色高档大气茶几	件	
A-021	藤缘名居	天然藤编吊篮	件	
A-022	藤缘名居	雷达椅	件	
A-009	丰穗家具	单人折叠加长加宽懒人沙发	件	
A-010	名匠轩	梨木色高档大气茶几	件	
A-021	藤缘名居	天然藤编吊篮	件	
A-022	藤缘名居	雷达椅	件	

图2-56

2.3.4　查找与替换数据

在日常办公中，可能随时需要调用某产品、部门的相关资料，如果资料所在工作表含有大量数据时可以使用“查找”功能辅助操作，同时可以对查找到的数据进行替换，在特定情况下，查找是前提，替换是目的，二者是互相依存的。

1. 普通数据的查找和替换

❶ 打开工作表，切换到“开始”选项卡，在“编辑”选项组中单击“查找和选择”按钮，在其下拉菜单中选择“查找”命令，如图2-57所示。

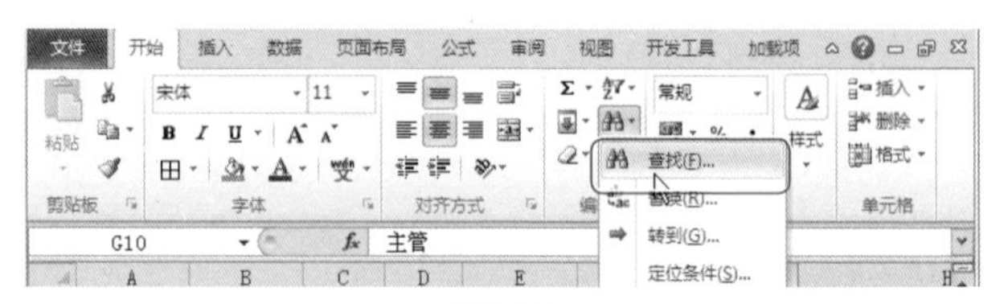

图2-57

图2-58

❷ 弹出“查找和替换”对话框，在“查找内容”文本框中输入查找信息，如图2-58所示。

❸ 单击“查找下一个”按钮，即可将光标定位到满足条件的单元格上（如图2-59所示），接着单击“查找下一个”按钮，可依次查找下一条满足条件的记录。

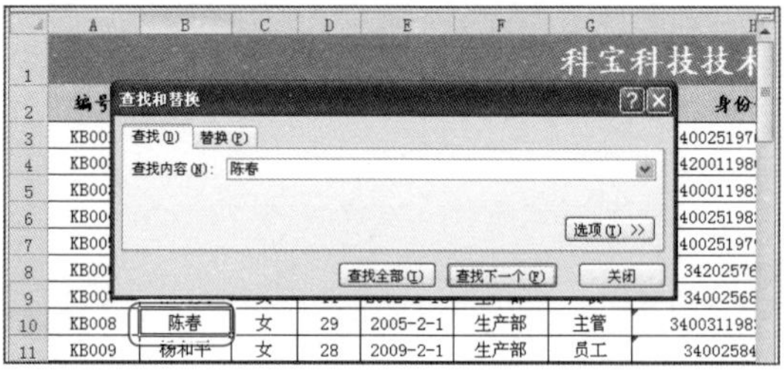

图2-59

❹ 单击“替换”标签，在“替换为”文本框中输入需要替换的信息，单击“替换”按钮即可替换当前选定的数据，如图2-60所示。

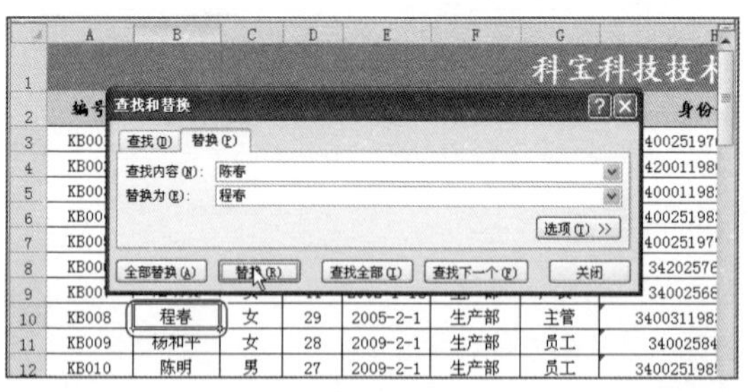

图2-60

专家提示

如果要指定所查找的工作表后的范围，可以在“查找”对话框中单击“选项”按钮，激活选项设置，即可设置查找的范围、对查找内容进行格式设置等。

2. 指定条件数据的查找

❶ 打开工作表，将光标定位到工作表的首行，切换到“开始”选项卡，在“编辑”选项组中单击“查找和选择”按钮，在其下拉菜单中选择“公式”命令，如图2-61所示。

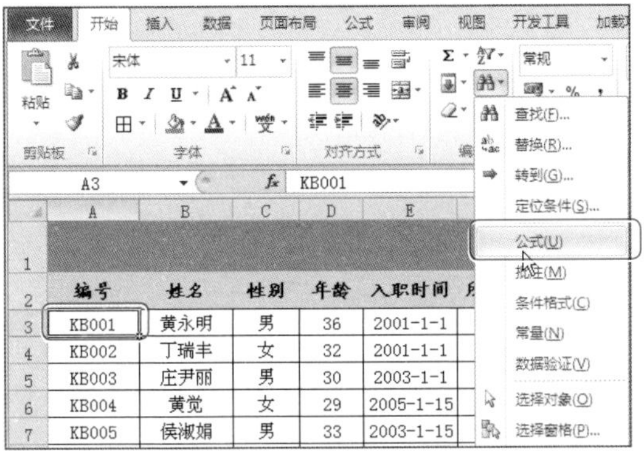

图2-61

❷ 选中“公式”选项后，系统自动选中计算公式的单元格区域，如图2-62所示。

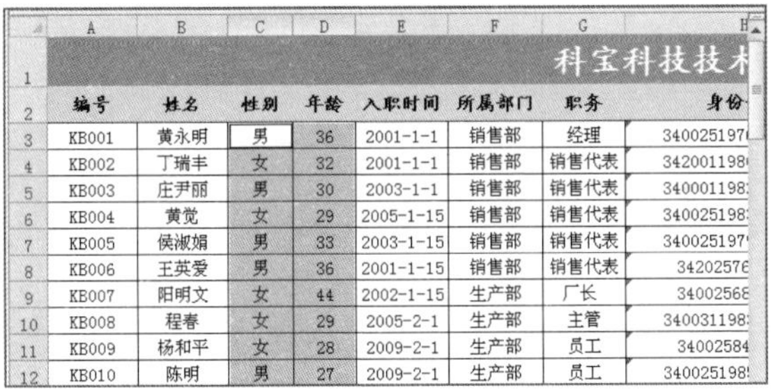

图2-62

专家提示

如果工作表中设置了条件格式或数据有效性，也可以在“查找和替换”下拉菜单中选择“条件格式”和“数据验证”选项进行查找。

3. 指定条件数据的替换

❶ 将“陈春”替换为“程春”后，单击“选项”选项，激活选项设置，如图2-63所示。

❷ 单击“格式”选项，打开“替换格式”对话框，单击“填充”标签，在

背景色列表中选择一种填充颜色，如“红色”，如图2-64所示。

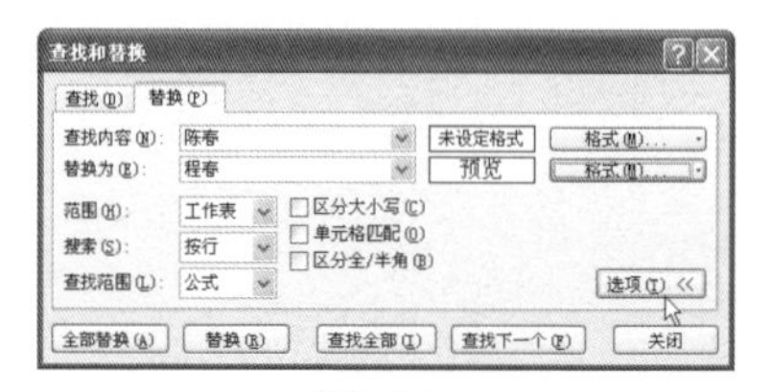

图2-63

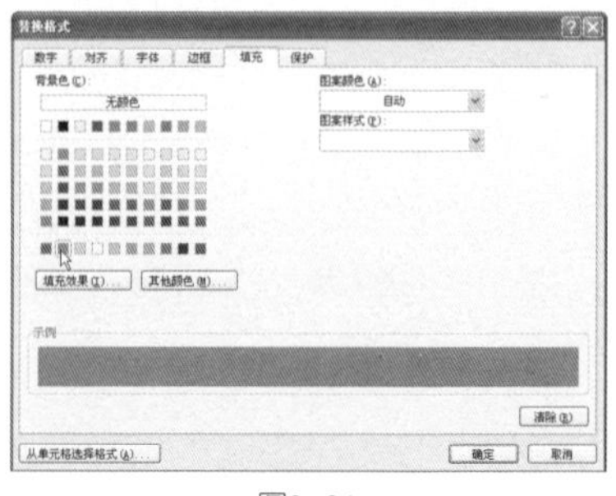

图2-64

❸ 单击“确定”按钮，返回到“查找和替换”对话框，可以看到预览效果，如图2-65所示。

❹ 单击“替换”按钮，即可用设置格式的“程春”替换工作表中的“陈春”，效果如图2-66所示。

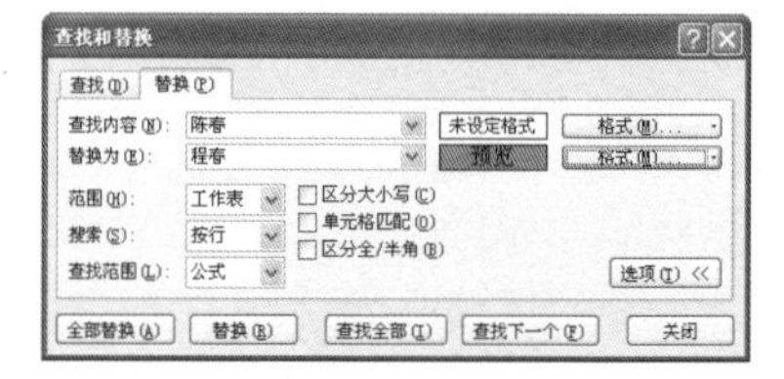

图2-65

2	编号	姓名	性别	年龄
3	KB001	黄永明	男	36
4	KB002	丁瑞丰	女	32
5	KB003	庄尹丽	男	30
6	KB004	黄觉	女	29
7	KB005	侯淑娟	男	33
8	KB006	王英爱	男	36
9	KB007	阳明文	女	44
10	KB008	程春	女	29
11	KB009	杨和平	女	28
12	KB010	陈明	男	27

图2-66

2.3.5 删除数据

当不需要工作表中的数据时，可以将其删除。选中需要删除的数据，按Delete键，即可将选中的数据删除。

2.3.6 数据条件格式的设置

当工作表中有大量数据时，可以使用“数据条件”功能显示出符合一定条件的数据，突出显示单元格规则是单元格、项目选取规则以及数据条、色阶和图标集等。

1. 突出显示单元格规则

❶ 打开工作表，选中要设置条件格式的单元格区域，切换到“开始”选项

卡，在“样式”选项组中单击“条件格式”按钮，在其下拉菜单中选择“突出显示单元格规则”命令，在弹出的子菜单中选择“大于”命令，如图2-67所示。

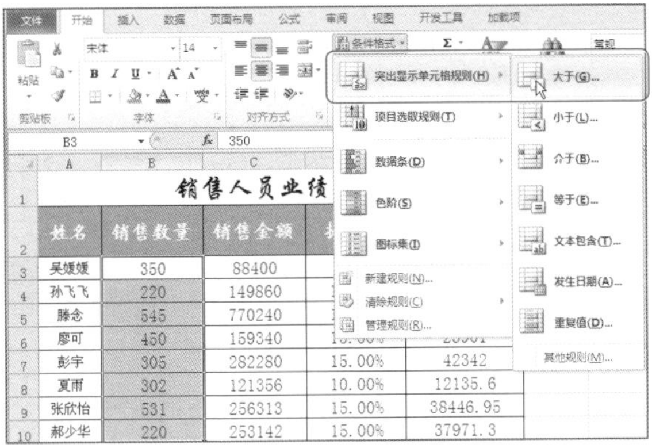

图2-67

❷ 打开“大于”对话框，在“为大于以下值的单元格设置格式”文本框中输入小于的数值，接着选择要设置的样式，如“浅红填充色深红色文本”，如图2-68所示。

❸ 单击“确定”按钮，返回工作表中，即可为大于350的单元格设置格式，如图2-69所示。

图2-68

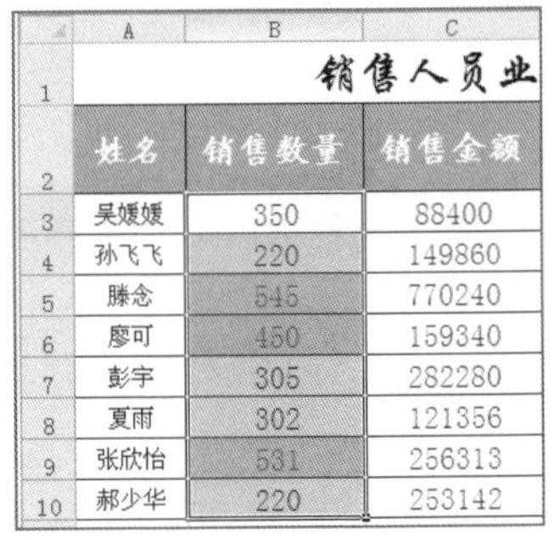

	A	B	C
1	销售人员业		
2	姓名	销售数量	销售金额
3	吴媛媛	350	88400
4	孙飞飞	220	149860
5	滕念	545	770240
6	廖可	450	159340
7	彭宇	305	282280
8	夏雨	302	121356
9	张欣怡	531	256313
10	郝少华	220	253142

图2-69

动手练一练

“突出显示单元格规则”下拉列表中包含有“小于”、“等于”、“介于”和“文本包含”等条件设置，用户可以自己动手试试。

2. 项目选取规则

❶ 打开工作表，选中要设置条件格式的单元格区域，切换到“开始”选项

卡，在“样式”选项组中单击“条件格式”按钮，在其下拉菜单中选择“项目选取规则”命令，在弹出的子菜单中选择“值最大的10项”命令，如图2-70所示。

图2-70

❷ 打开“10个最大的项”对话框，将数字“10”改成“3”，接着选择要设置的样式，如“黄填充色深黄色文本”，如图2-71所示。

❸ 单击“确定”按钮，返回工作表中，即可为数据大小排列前3位的单元格设置格式，如图2-72所示。

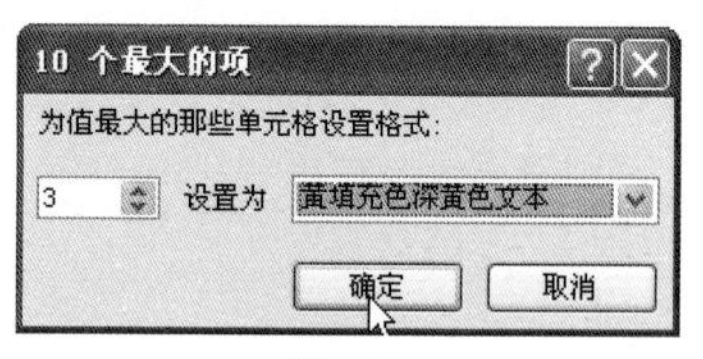

图2-71

姓名	销售数量	销售金额
吴媛媛	350	88400
孙飞飞	220	149860
滕念	545	770240
廖可	450	159340
彭宇	305	282280
夏雨	302	121356
张欣怡	531	256313
郝少华	220	253142

图2-72

动手练一练

“项目选取规则”下拉菜单中包含有“最小的10项”、“高于平均值”和“低于平均值”等条件设置，用户可以自己动手试试。

3. 数据条

❶ 打开工作表，选中要设置条件格式的单元格区域，切换到“开始”选项卡，在“样式”选项组中单击“条件格式”按钮，在其下拉菜单中选择“数据

条”命令，在弹出的子菜单中选择一种数据条样式，如图2-73所示。

图2-73

❷ 选中数据条样式后，即可为选择的单元格区域设置数据条格式，效果如图2-74所示。

	A	B	C	D	E
1	销售人员业绩分析				
2	姓名	销售数量	销售金额	提成率	业绩奖金
3	吴媛媛	350	88400	8.00%	7072
4	孙飞飞	220	149860	10.00%	14986
5	滕念	545	770240	15.00%	115536
6	廖可	450	159340	15.00%	23901
7	彭宇	305	282280	15.00%	42342
8	夏雨	302	121356	10.00%	12135.6
9	张欣怡	531	256313	15.00%	38446.95
10	郝少华	220	253142	15.00%	37971.3

图2-74

动手练一练

“条件格式”下还有“色阶”和“图标集”等条件格式的样式，用户可以自己动手练一练。

2.3.7　数据有效性

数据有效性的设置是指让指定单元格中所输入的数据满足一定的要求，如只能输入指定范围的整数、只能输入小数、只能输入特定长度的文本等，根据实际情况设置数据有效性后，可以有效防止在单元格中输入无效的数据。

1. 设置数据有效性

❶ 选中要设置数据有效性的单元格区域F3:F32，切换到“数据”选项卡下，接着在“数据工具”选项组中单击“数据有效性”按钮，并选择该项如图2-75所示。

图2-75

❷ 打开“数据有效性”对话框，在“允许”下拉列表中选择“序列”选项，接着在“来源”下拉列表中输入“生产部,销售部,人事部,行政部,财务部,后勤部”，如图2-76所示。

❸ 单击“确定”按钮，此时如果设置了数据有效性的单元格中输入的序列不在设置序列时，会弹出错误信息，如图2-77所示。

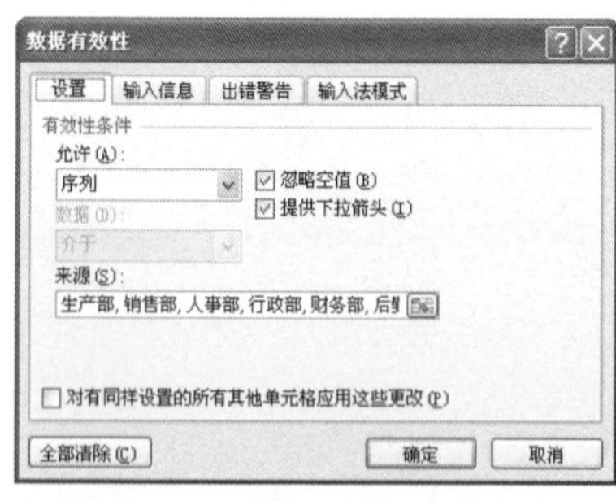

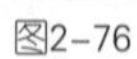
图2-76

图2-77

2. 设置输入提示信息

❶ 选中要设置数据有效性的单元格区域，如F3:F32，打开“数据有效性”对话框，切换到“输入信息”选项卡，在“标题”和“输入信息”文本框中输入要提示的信息，如图2-78所示。

❷ 单击“确定”按钮，在F3:F32单元格区域的任意一个单元格单击，即可在其旁边显示出提示信息，如图2-79所示。

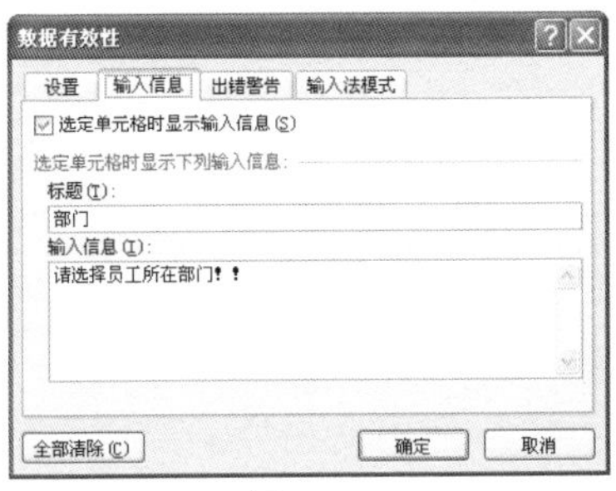

图2-78

	C	D	E	F	G
1	科宝				
2	性别	年龄	入职时间	所属部门	职务
3	男	36	2001-1-1		经理
4	女	32	2001-1-1		…表
5	男	30	2003-1-1		…表
6	女	29	2005-1-15		…表
7	男	33	2003-1-15		…表
8	男	36	2001-1-15		销售代表
9	女	44	2002-1-15		厂长
10	女	29	2005-2-1		主管

部门
请选择员工所在部门！！

图2-79

3. 设置数据输入错误后的警告提示信息

❶ 选中要设置数据有效性的单元格区域，如F3:F32，打开“数据有效性”对话框，切换到“出错警告”选项卡，在“样式”下拉列表中选择“警告”选项，接着在“标题”和“错误信息”文本框中输入要提示的信息，如图2-80所示。

❷ 单击“确定”按钮，当在F3:F32单元格范围内输入不在限制范围的数据时，即可弹出设置的警告信息，如图2-81所示。

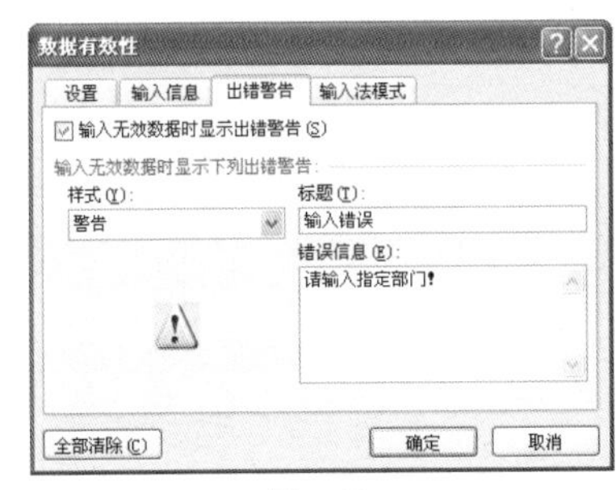

图2-80

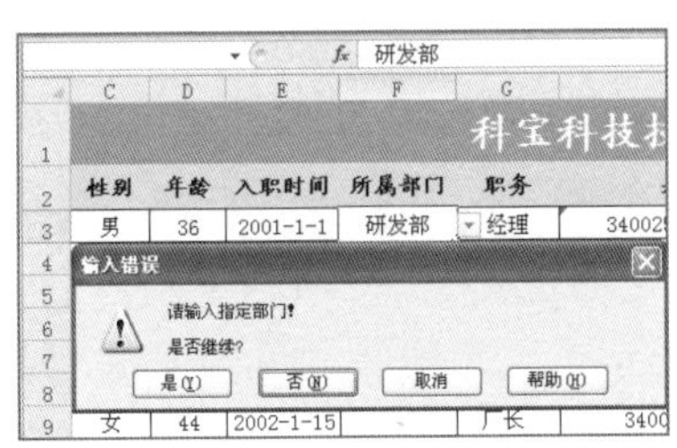

图2-81

读书笔记

第3章

公式运算基础操作

3.1 使用公式进行数据计算

要在Excel表格中进行数据的计算，需要依赖公式来完成。在使用公式时，需要引用单元格的值，并使用相关的函数来完成特定的计算。在公式中使用特定的函数可以简化公式的输入，同时完成一些特定的计算需求。

3.1.1 公式的运算符

运算符是公式的基本元素，也是必不可少的元素，每一个运算符代表一种运算。Excel 2010中有4类运算类型，每种运算符及其作用如表3-1所示。

表3-1 运算符及其作用

运算符类型	运算符	作 用	示 例
算术运算符	+	加法运算	6+1 或 A1+B1
	-	减法运算	6-1 或 A1-B1
	*	乘法运算	6*1 或 A1*B1
	/	除法运算	6/1 或 A1/B1
	%	百分比运算	80%
	^	乘幂运算	6^3
比较运算符	=	等于运算	A1=B1
	>	大于运算	A1>B1
	<	小于运算	A1<B1
	>=	大于或等于运算	A1>=B1
	<=	小于或等于运算	A1<=B1
	<>	不等于运算	A1<>B1
文本连接运算符	&	用于连接多个单元格中的文本字符串，产生一个文本字符串	A1&B1
引用运算符	:（冒号）	特定区域引用运算	A1:D8
	,（逗号）	联合多个特定区域引用运算	SUM(A1:B8,C5:D8)
	（空格）	交叉运算，即对两个共引用区域中共有的单元格进行运算	A1:B8 B1:D8

3.1.2 输入公式

要采用公式进行数据运算、统计、查询，首先要学习公式的输入与编辑，输入公式的方法有两种。

1. 配合“插入函数”向导输入公式

❶ 选中要输入公式的单元格，单击公式编辑栏中的 *fx* 按钮，如图3-1所示。

❷ 打开“插入函数”对话框，在“选择函数”列表中选择需要使用的函数，接着将光标定位到第一参数文本框中，设置参数，按照相同的方法设置其他参数，如图3-2所示。

D3 　*fx* 插入函数

	A	B	C	D
1	销售人员业绩分析			
2	姓名	销售数量	销售金额	提成率
3	吴媛媛	350	88400	
4	孙飞飞	220	149860	
5	滕念	545	770240	
6	廖可	450	159340	
7	彭宇	305	282280	

图3-1

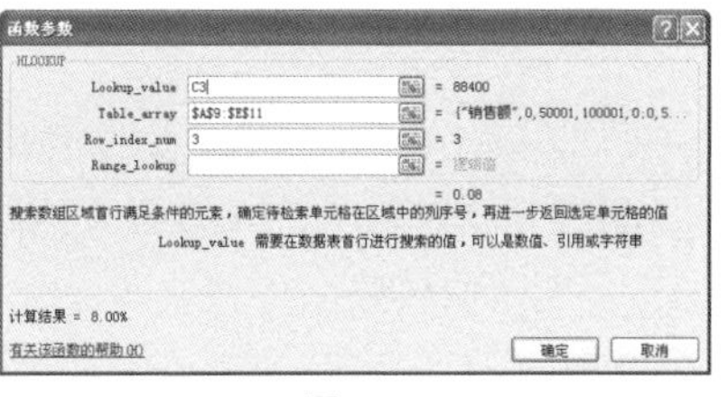

图3-2

❸ 设置完成后，单击“确定”按钮即可返回正确结果，且会在公式编辑栏中看到完成的公式，如图3-3所示。

D3 　*fx* =HLOOKUP(C3,$A$9:$E$11,3)

	A	B	C	D	E
1	销售人员业绩分析				
2	姓名	销售数量	销售金额	提成率	业绩奖金
3	吴媛媛	350	88400	8.00%	
4	孙飞飞	220	149860		
5	滕念	545	770240		
6	廖可	450	159340		
7	彭宇	305	282280		

图3-3

2. 手动输入公式

❶ 选中要输入公式的单元格，在公式编辑栏中输入“=”号，接着输入公式，如图3-4所示，此时可以看到该函数的所有参数，同时提示要设置的第一个参数。

HYPERLINK 　× ✓ *fx* =HLOOKUP(
HLOOKUP(**lookup_value**, table_array, row_index_num, [range_lookup])

	A	B	C	D	E
1	销售人员业绩分析				
2	姓名	销售数量	销售金额	提成率	业绩奖金
3	吴媛媛	350	88400	8.00%	
4	孙飞飞	220	149860	=HLOOKUP(	
5	滕念	545	770240		
6	廖可	450	159340		
7	彭宇	305	282280		
8					

图3-4

❷ 输入第一个参数，接着输入参数分隔符“,”此时第二个参数加粗显

示，提示要设置第二个参数，如图3-5所示。

HYPERLINK =HLOOKUP(C3,

HLOOKUP(lookup_value, table_array, row_index_num, [range_lookup])

	A	B	C	D	E
1	销售人员业绩分析				
2	姓名	销售数量	销售金额	提成率	业绩奖金
3	吴媛媛	350	88400	8.00%	
4	孙飞飞	220	149860	KUP(C3,	
5	滕念	545	770240		
6	廖可	450	159340		
7	彭宇	305	282280		
8					

图3-5

❸ 按照相同的方法依次设置每个参数。参数设置完成后，输入右括号表示该函数引用完成，如图3-6所示。

HYPERLINK =HLOOKUP(C4,$A$9:$E$11,3)

	A	B	C	D	E
1	销售人员业绩分析				
2	姓名	销售数量	销售金额	提成率	业绩奖金
3	吴媛媛	350	88400	8.00%	
4	孙飞飞	220	149860	E$11,3)	
5	滕念	545	770240		
6	廖可	450	159340		
7	彭宇	305	282280		
8					
9	销售额	0	50001	100001	150001
10		50000	100000	150000	
11	提成率	0.05	0.08	0.1	0.15
12					

图3-6

3.1.3 编辑公式

如果想要编辑单元格中的公式，可以使用以下3种方法进入单元格编辑状态并编辑公式，修改后按Enter键，确认即可。

- 在输入了公式且需要重新编辑公式的单元格中双击鼠标，此时即可进入公式编辑状态，直接重新编辑公式或对公式进行局部修改即可。
- 单击包含公式的单元格，然后按F2键，即可对公式进行编辑。
- 选中包含公式的单元格，然后单击公式栏，即可对公式进行编辑。

3.2 公式计算中单元格的引用

在使用公式进行数据运算时，除了将一些常量运用到公式外，最主要的是引用单元格中的数据进行计算，称为对数据源的引用。在引用数据源计算时，可以采用相对引用、绝对引用方式，还可以引用到其他工作表或工作簿中的数据。

3.2.1　引用相对数据源

在编辑公式时，当选择某个单元格或单元格区域参与运算时，其默认的引用方式是相对引用的方式，其显示为A1、A3:C3形式。采用相对方式引用的数据源，当将其公式复制到其他位置时，公式中的单元格地址会随之改变。

❶ 选中E3单元格，在公式栏中输入公式“=C3*D3”，如图3-7所示，可以看到公式引用了F3单元格的数据源。

❷ 按Enter键即可得到运算结果，将光标定位到单元格右下角，当出现黑色十字形时按住鼠标左键向下拖动复制公式，如图3-8所示。

HYPERLINK　=C3*D3

	C	D	E
1	销售人员业绩分析		
2	销售金额	提成率	业绩奖金
3	88400	8.00%	=C3*D3
4	149860	10.00%	
5	770240	15.00%	
6	159340	15.00%	
7	282280	15.00%	
8			
9	50001	100001	150001
10	100000	150000	
11	0.08	0.1	0.15

图3-7

E3　=C3*D3

	C	D	E
1	销售人员业绩分析		
2	销售金额	提成率	业绩奖金
3	88400	8.00%	7072
4	149860	10.00%	
5	770240	15.00%	
6	159340	15.00%	
7	282280	15.00%	
8			
9	50001	100001	150001
10	100000	150000	
11	0.08	0.1	0.15

图3-8

❸ 释放鼠标后，即可显示复制公式后的运算结果，选中E4单元格，在公式编辑栏中可以看到公式为“=C4*D4”，如图3-9所示。

❹ 选中E6单元格，在公式编辑栏中看到公式更改为“=C6*D6”，如图3-10所示。

E4　=C4*D4

	C	D	E
1	销售人员业绩分析		
2	销售金额	提成率	业绩奖金
3	88400	8.00%	7072
4	149860	10.00%	14986
5	770240	15.00%	115536
6	159340	15.00%	23901
7	282280	15.00%	42342
8			
9	50001	100001	150001
10	100000	150000	
11	0.08	0.1	0.15

图3-9

E6　=C6*D6

	C	D	E
1	销售人员业绩分析		
2	销售金额	提成率	业绩奖金
3	88400	8.00%	7072
4	149860	10.00%	14986
5	770240	15.00%	115536
6	159340	15.00%	23901
7	282280	15.00%	42342
8			
9	50001	100001	150001
10	100000	150000	
11	0.08	0.1	0.15

图3-10

3.2.2　引用绝对数据源

绝对数据源引用是指把公式拷贝或者填入到新位置，公式中的固定单元格地址保持不变。要对数据源采用绝对引用方式，需要使用“$”符号来标注，其显示为$I$4、$I$4:$K$10形式。

❶ 选中D3单元格，在公式栏中输入公式“=HLOOKUP(C3,$A$9:$E$11,3)”，如图3-11所示，可以看到公式引用了A9:E11单元格区域的数据源。

HYPERLINK =HLOOKUP(C3,$A$9:$E$11,3)

	A	B	C	D	E
1	销售人员业绩分析				
2	姓名	销售数量	销售金额	提成率	业绩奖金
3	吴媛媛	350	88400	E$11,3)	
4	孙飞飞	220	149860		
5	滕念	545	770240		
6	廖可	450	159340		
7	彭宇	305	282280		
8					
9	销售额	0	50001	100001	150001
10		50000	100000	150000	
11	提成率	0.05	0.08	0.1	0.15

图3-11

❷ 按Enter键即可得到运算结果，将光标定位到单元格右下角，当出现黑色十字形时按住鼠标左键向下拖动复制公式，释放鼠标后，即可显示复制公式后的运算结果。

❸ 选中D4单元格，在公式编辑栏中可以看到公式为“=HLOOKUP(C4,$A$9:$E$11,3)”，如图3-12所示。

D4 =HLOOKUP(C4,$A$9:$E$11,3)

	A	B	C	D	E
1	销售人员业绩分析				
2	姓名	销售数量	销售金额	提成率	业绩奖金
3	吴媛媛	350	88400	8.00%	7072
4	孙飞飞	220	149860	10.00%	14986
5	滕念	545	770240	15.00%	115536
6	廖可	450	159340	15.00%	23901
7	彭宇	305	282280	15.00%	42342
8					
9	销售额	0	50001	100001	150001
10		50000	100000	150000	
11	提成率	0.05	0.08	0.1	0.15

图3-12

❹ 选中D7单元格，在公式编辑栏中看到公式更改为“=HLOOKUP(C7,$A$9:$E$11,3)”，如图3-13所示。

D7 =HLOOKUP(C7,$A$9:$E$11,3)

	A	B	C	D	E
1	销售人员业绩分析				
2	姓名	销售数量	销售金额	提成率	业绩奖金
3	吴媛媛	350	88400	8.00%	7072
4	孙飞飞	220	149860	10.00%	14986
5	滕念	545	770240	15.00%	115536
6	廖可	450	159340	15.00%	23901
7	彭宇	305	282280	15.00%	42342
8					
9	销售额	0	50001	100001	150001
10		50000	100000	150000	
11	提成率	0.05	0.08	0.1	0.15

图3-13

在引用绝对数据源时，当向下复制公式时，采用绝对引用的数据源“$A$9:$E$11”未发生任何变化，而使用相对引用的D3单元格则会随着公式而发生相应的变化。

3.2.3 引用当前工作表之外的单元格

在进行公式运算时，很多时候都需要使用其他工作表中的数据源来参与计算。在引用其他工作表的数据进行计算时，需要按如下格式来引用：‘工作表名’！数据源地址。

❶ 选中D3单元格，在公式编辑栏中输入等号及函数，如图3-14所示。

HYPERLINK =SUMIF(

	A	B	C	D	E
1	销售人员业绩分析				
2	姓名	销售数量	销售金额	提成率	业绩奖金
3	吴媛媛	=SUMIF(	88400	8.00%	7072
4	孙飞飞		149860	10.00%	14986
5	滕念		770240	15.00%	115536
6	廖可		159340	15.00%	23901
7	彭宇		282280	15.00%	42342
8					

图3-14

❷ 单击“销售记录表”工作标签，切换到“销售记录表”中，选中参与计算的单元格，如图3-15所示。

HYPERLINK =SUMIF(销售记录表!$J$3:$J$100,A3,销售记录表!$H$3:$H$100)

SUMIF(range, criteria, [sum_range])

	A	B	C	D	E	F	
1	6月份销售						
2	日期	编码	品牌	产品名称	尺寸	单位	销售
3	6-1	A-001	宜家	储物柜书架	180*40*24	件	1
4	6-2	A-002	宜家	韩式鞋柜	80x50x30	件	1
5	6-5	A-003	宜家	韩式简约衣橱	800*450*1500	件	6
6	6-7	A-004	宜家	儿童床	28 *88 * 168	件	4
7	6-8	B-001	丰穗家具	时尚布艺转角布艺沙发	200*150	件	9
8	6-15	B-002	丰穗家具	布艺转角沙发	282*172	件	9
9	6-5	B-003	丰穗家具	田园折叠双人懒人沙发床	138*140	件	6
10	6-3	B-004	丰穗家具	田园折叠双人懒人沙发床	200*140	件	4
11	6-4	B-005	丰穗家具	单人折叠加长加宽懒人沙发	224*66*13cm	件	3
12	6-8	D-001	名匠轩	梨木色高档大气茶几	1200*700*380	件	6
13	6-12	D-002	名匠轩	时尚五金玻璃茶几	1300*700*400	件	1(
14	6-15	D-003	名匠轩	玻璃茶几	1200*650*440	件	8
15	6-1	D-004	名匠轩	白像CT703A长茶几	1350*700*380	件	9

销售记录表 产品销售数据分析 销售人员业绩分析 客户购买数据

编辑 计数：5 100%

图3-15

❸ 再输入其他预算符号和引用的数据源，如果还需要引用其他工作表中的数据来运算，可以按照相同的方法选取，按Enter键即可得到计算结果，如图3-16所示。

B3　=SUMIF(销售记录表!$J$3:$J$100,A3,销售记录表!$H$3:$H$100)

销售人员业绩分析				
姓名	销售数量	销售金额	提成率	业绩奖金
吴媛媛	350	88400	8.00%	7072
孙飞飞		149860	10.00%	14986
滕念		770240	15.00%	115536
廖可		159340	15.00%	23901
彭宇		282280	15.00%	42342

图3-16

3.3 公式计算中名称的使用

在Excel 2010中，用户可以使用定义名称的方法简化公式编辑和搜索要定位数据单元格区域，还可以对定义的名称进行管理等操作。

3.3.1 将单元格区域定义为名称

在工作表中，如果需要经常选择某些特定的单元格区域进行操作，则可以事先将这些特定的单元格区域定义为文字名称，当再次需要使用时，可以单击“名称框”右侧的下拉按钮，在其下拉列表中选择名称。

1. 利用名称框来定义名称

选中需要定义名称的单元格或单元格区域，如A3:A30，在“名称框”中输入需要的名称，如“编码”（如图3-17所示），接着按Enter键即可。

日期　2012-6-1

日期	编码	品牌	产品名称
6-1	001	宜家	储物柜书架
6-2	003	宜家	韩式简约衣橱
6-10	002	宜家	韩式鞋柜
6-9	004	宜家	儿童床
6-25	003	宜家	韩式简约衣橱
6-25	004	宜家	儿童床
6-25	001	宜家	储物柜书架

图3-17

2. 利用“名称功能”定义名称

❶ 打开工作表，选中需要定义名称的单元格或单元格区域，如B3:B30，单击“公式”选项卡，在“定义的名称”选项组中单击“定义名称”按钮，在其下拉菜单中选择“定义名称”命令，如图3-18所示。

❷ 打开“新建名称”对话框，在“新建名称”对话框的“名称”文本框中

输入要作为名称的内容，如“编码”。接着在“范围”下拉列表中可以选择该名称的适用范围，这里选择“工作薄”，表示该名称的适用范围是整个工作薄，如图3-19所示。

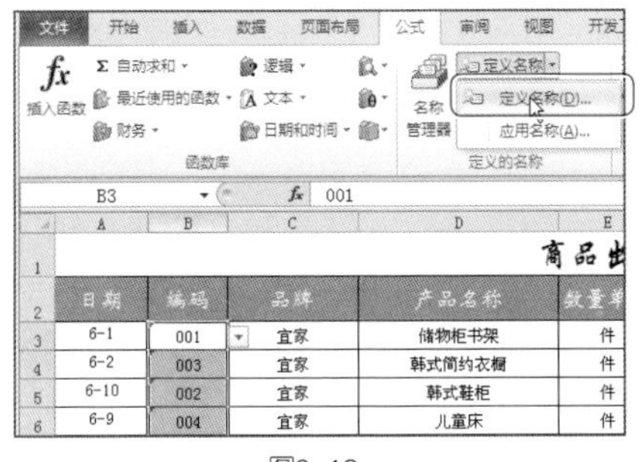

图3-18

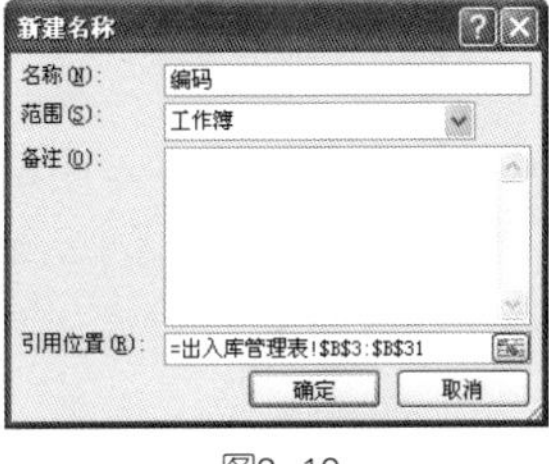

图3-19

❸ 单击“确定”按钮，即可完成对选定单元格区域名称的定义。

专家提示

选中单元格区域后直接会在“引用位置”文本框中显示，如果需要更改引用位置，可以将光标定位到“引用位置”文本框，接着在工作表中选择需要定义名称的单元格区域即可。

3. 根据选择内容定义名称

❶ 打开工作表，选中需要定义名称的单元格或单元格区域，如E2:E30，单击“公式”选项卡，在“定义的名称”选项组中单击“根据所选内容创建”选项，如图3-20所示。

❷ 打开“以选定区域创建名称”对话框，在“以下列选定区域的值创建名称”选项组中选中需要创建名称的复选框，如选中“首行”复选框，如图3-21所示。

图3-20

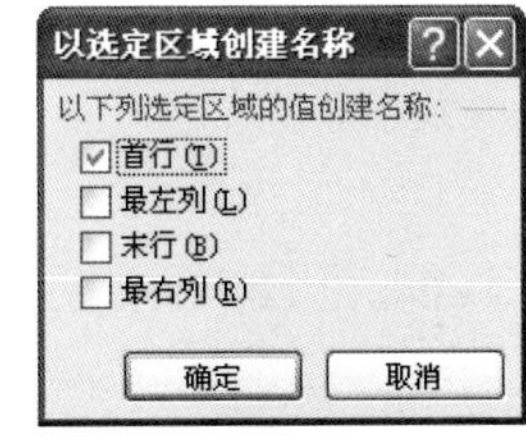

图3-21

❸ 单击“确定”按钮，即可完成对选定单元格区域名称的定义。

3.3.2 使用定义的名称进行数据计算

定义完名称后，若遇到需要使用公式计算时，可以直接引用定义的名称进行计算，如在“商品出入库查询表”中需要用定义的名称按日期计算出库的数量。

❶ 选中要显示结果的单元格，在公式编辑栏中输入公式的前面部分“=IF($A4=0,0,SUMPRODUCT((”，切换到“公式”选项卡，在“定义的名称”选项组中单击“用于公式”按钮，在其下拉菜单中选择需要应用的名称，如图3-22所示。

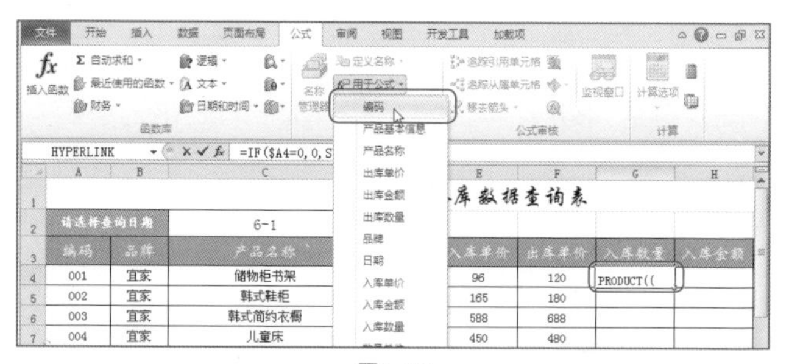

图3-22

❷ 接着在输入公式的后面部分，需要使用名称时按照相同的方法引用（如图3-23所示），输入完公式按Enter键，即可得出计算结果。

G4 =IF($A4=0,0,SUMPRODUCT((编码=$A4)*(DAY(日期)=DAY($C$2))*入库数量))

商品出入库数据查询表

请选择查询日期		6-1					
编码	品牌	产品名称	数量单位	入库单价	出库单价	入库数量	入库金额
001	宜家	储物柜书架	件	96	120	120	
002	宜家	韩式鞋柜	件	165	180		
003	宜家	韩式简约衣橱	件	588	688		
004	宜家	儿童床	件	450	480		
005	丰穗家具	时尚布艺转角布艺沙发	件	930	970		

图3-23

专家提示

如果没有定义名称，在公式编辑栏中需要采用“工作表名称!单元格区域”的引用格式。

3.3.3 将公式定义为名称

在Excel 2010中，不仅可以定义单元格区域的名称，还可以将公式定义成名称，具体操作方法如下。

❶ 打开工作表，切换到“公式”选项卡，在“定义的名称”选项组中单击“定义名称”选项。

❷ 打开“新建名称”对话框，输入名称，接着将“引用位置”中的区域直接删除，输入公式“=SUMPRODUCT((客户名称=客户购买数量明细!$A3)*(品牌=客户购买数量明细!B$2)*(销售数量))”，如图3-24所示。

❸ 单击“确定”按钮，即可完成公式的定义，在B3单元格中输入定义公式名称“=用户购买数量”，按Enter键即可得到计算结果，如图3-25所示。

图3-24

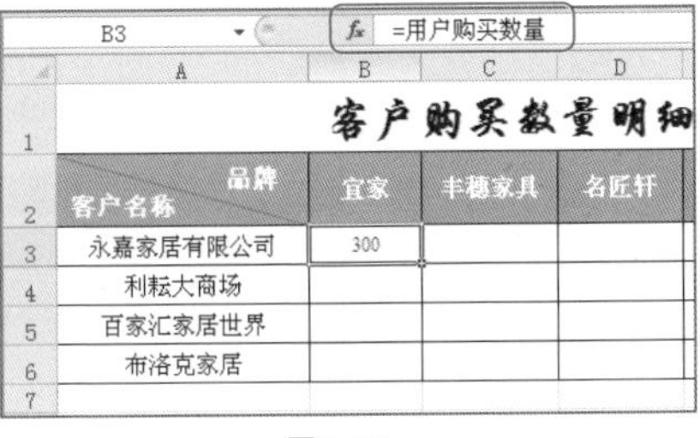

图3-25

3.3.4 名称管理

为单元格区域或公式定义名称后，用户还可以对定义的名称进行管理，如编辑定义名称和删除定义名称等。

❶ 打开工作表，切换到“公式”选项卡，在“定义的名称”选项组中单击“名称管理器”选项，如图3-26所示。

图3-26

❷ 打开“名称管理器”对话框，选中定义的名称，如“编码”，单击“编辑”按钮，如图3-27所示。

❸ 即可打开“编辑名称”对话框，可以对定义的名称进行编辑，如图3-28所示。

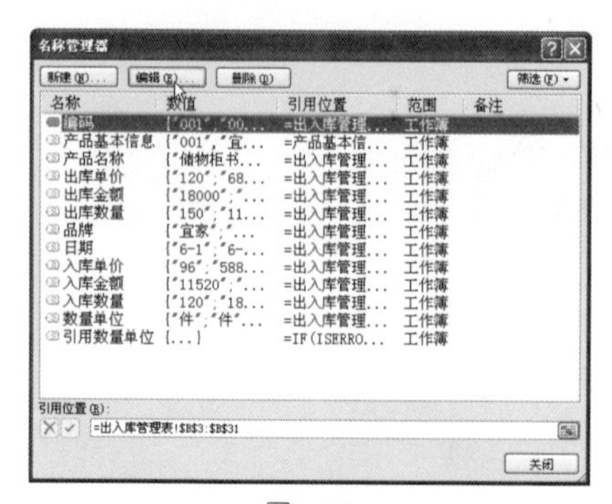

图3-27

图3-28

❹ 如果需要删除定义的名称，在“名称管理器”对话框中选中需要删除的名称，单击“删除”按钮即可，如图3-29所示。

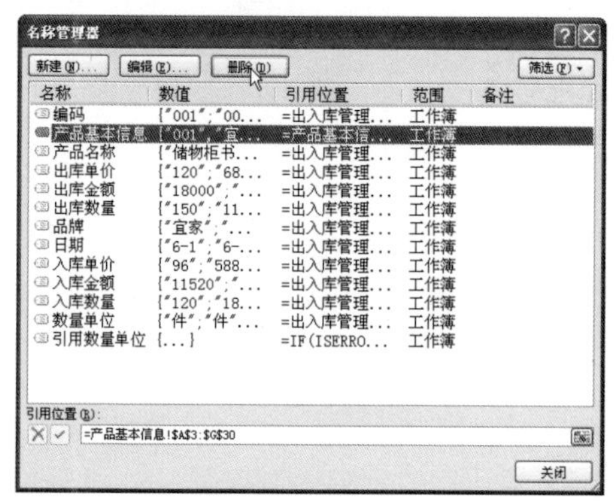

图3-29

3.4 公式审核工具的应用

Excel 2010中可以使用审核工具对公式进行审核、从而帮助用户快速地查找到问题的所在，审核工具的应用主要包括显示公式、追踪引用单元格、公式错误检查以及公式分部计算。

3.4.1 显示公式

通过Excel中的“显示公式”功能，可以快速地显示出当前工作表中所有的公式，具体操作方法如下。

❶ 打开工作表，切换到要显示公式的工作表中，切换到“公式”选项卡，在“公式审核”选项组中单击“显示公式”按钮，即可将工作表中所有公式显

示出来，如图3-30所示。

图3-30

❷ 如果要重新显示出数值，再次单击“显示公式”按钮即可。

3.4.2　追踪引用单元格

在使用公式进行数值计算过程中，可以通过“公式审核”功能中的“追踪引用单元格”来判断引用的数据源是否正确，具体操作方法如下。

❶ 选中设置公式的单元格，切换到“公式”选项卡，在“公式审核”选项组中单击“追踪引用单元格”按钮，即可使用箭头显示数据源引用指向，如图3-31所示。

图3-31

❷ 如果想要进一步查看引用的单元格是通过哪些单元格进行计算的，可以在“公式审核”选项组中单击“追综从属单元格”，效果如图3-32所示。

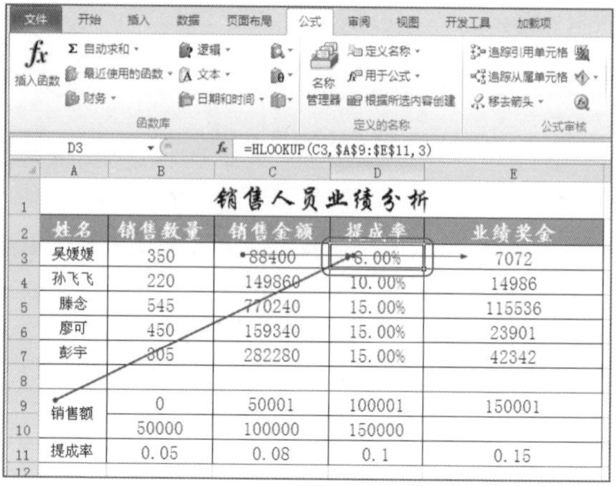

D3
=HLOOKUP(C3, $A$9:$E$11, 3)
销售人员业绩分析
姓名 销售数量 销售金额 提成率 业绩奖金
吴媛媛 350 88400 8.00% 7072
孙飞飞 220 149860 10.00% 14986
滕念 545 770240 15.00% 115536
廖可 450 159340 15.00% 23901
彭宇 805 282280 15.00% 42342
销售额 0 50001 100001 150001
50000 100000 150000
提成率 0.05 0.08 0.1 0.15

图3-32

3.4.3 使用“错误检查”功能辅助找寻公式错误原因

当设置公式出现错误值时，可以使用“错误检查”功能来逐一对错误值进行检查，并提示错误值产生的原因，具体操作如下。

❶ 选中任意单元格，在“公式”选项卡下的“公式审核”选项组中，单击“错误检查”按钮，如图3-33所示。

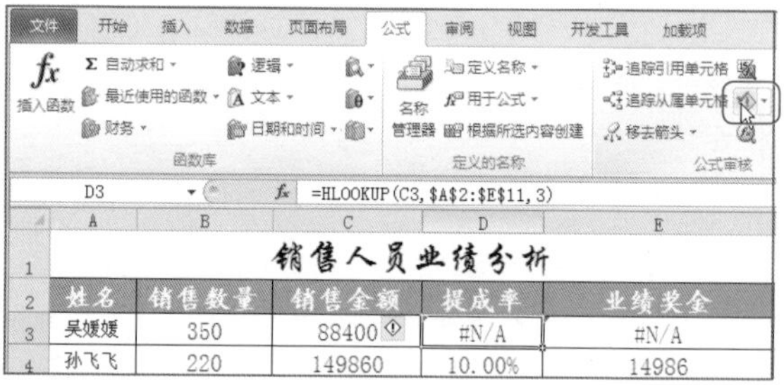

D3
=HLOOKUP(C3, $A$2:$E$11, 3)
销售人员业绩分析
姓名 销售数量 销售金额 提成率 业绩奖金
吴媛媛 350 88400 #N/A #N/A
孙飞飞 220 149860 10.00% 14986

图3-33

❷ 打开“错误检查”对话框，在其中可以看到提示信息，指出单元格D3中出现的错误。主要原因是“某个值对于该公式或函数不可用”错误，如图3-34所示。

错误检查
单元格 D3 中出错
=HLOOKUP(C3, $A$2:$E$11, 3)
“值不可用”错误
某个值对于该公式或函数不可用。
关于此错误的帮助(H)
追踪错误(T)
忽略错误(I)
在编辑栏中编辑(F)
选项(O)...
上一个(P)
下一个(N)

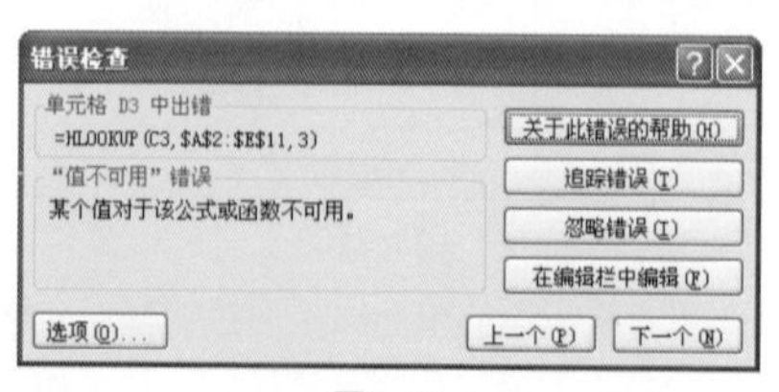

图3-34

3.4.4　使用“公式求值”功能逐步分解公式

使用“公式求值”功能可以分步求出公式的计算结果，如果公式没有错误，使用该功能可以便于对公式的理解，如果公式有错误，则可以方便快速地找出导致错误的发生具体是在哪一步。

❶ 打开工作表，选中显示单元格，在“公式”选项卡的“公式审核”选项组中，单击“公式求值”按钮，如图3-35所示。

图3-35

❷ 打开“公式求值”对话框，单击“步入”按钮，开始对公式逐一进行求值，首先对“C3”进行赋值，如图3-36所示。

❸ 单击“步出”按钮，按照赋值数据在销售记录表中进行查找，如图3-37所示。

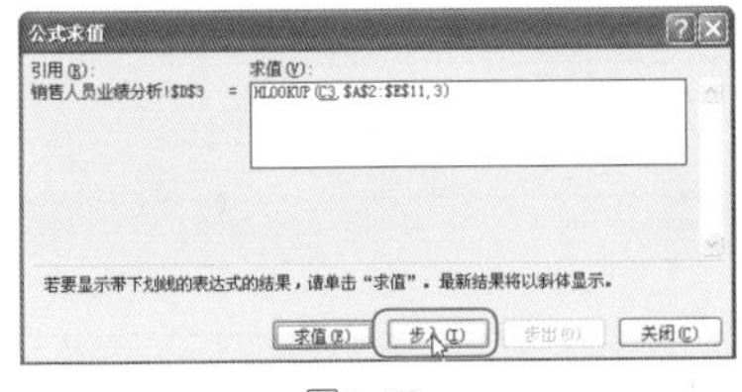

图3-36

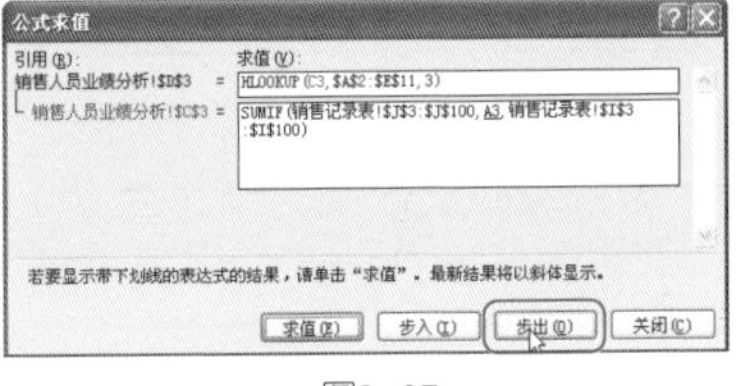

图3-37

❹ 单击“求值”按钮，即可返回计算结果，而此时显示错误值，如图3-38所示。

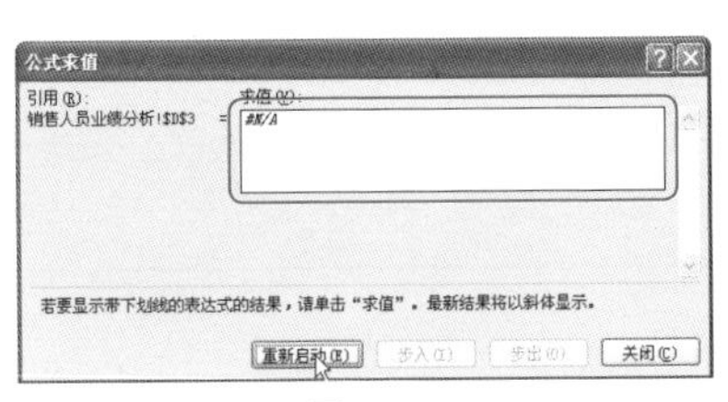

图3-38

读书笔记

第4章

Excel中各函数功能解析

4.1 函数基础

函数在一定程度上与公式有着密切的联系，但是函数功能比公式强大，可以解决很多公式不能解决的问题，在人力资源管理中经常应用到函数，需要熟练了解函数并掌握函数的输入技巧。

4.1.1 函数的构成

函数是应用于公式中的一个最重要的元素，有了函数的参与，可以解决很多复杂的运算如=IF(B3=0,0,C3/D3)。

函数的结果是以函数名称开始，如SUM、IF、COUNT等，接下来分别是左圆括号、以逗号分隔的参数和标志函数结束的右圆括号。如果函数以公式的形式出现，则需要在函数前面输入等号“=”，如表4-1所示为几种运算符。

表4-1 运算符及其作用

运算符类型	运算符	作 用	示 例
算术运算符	+	加法运算	6+1 或 A1+B1
	-	减法运算	6-1 或 A1-B1
	*	乘法运算	6*1 或 A1*B1
	/	除法运算	6/1 或 A1/B1
	%	百分比运算	80%
	^	乘幂运算	6^3
比较运算符	=	等于运算	A1=B1
	>	大于运算	A1>B1
	<	小于运算	A1<B1
	>=	大于或等于运算	A1>=B1
	<=	小于或等于运算	A1<=B1
	<>	不等于运算	A1<>B1
文本连接运算符	&	用于连接多个单元格中的文本字符串，产生一个文本字符串	A1&B1
引用运算符	:（冒号）	特定区域引用运算	A1:D8
	,（逗号）	联合多个特定区域引用运算	SUM(A1:B8,C5:D8)
	（空格）	交叉运算，即对两个共引用区域中共有的单元格进行运算	A1:B8 B1:D8

4.1.2 什么是函数参数

1. 函数参数定义

函数分有参数和无参数函数，函数的参数是指有参数的函数。函数的参数就是指函数名称后圆括号内的常量值、变量、表达式或函数。当定义函数时，这时的参数又称为形式参数，形式参数不能是常量值。当引用或调用该函数时，这时的参数又称为实际参数（实参）。形式参数的类型说明可在函数体与紧跟在函数之后的()之间，也可以在()之内，目前常见的是括号内。

2. 函数参数的类型

参数可以是数字、文本、逻辑值（TUUE或FALSE）、数组、错误值（如#N/A）或单元格引用，也可以是常量、公式或其他函数。给定的参数必须能产生有效的值。

- 数组：用于建立可产生多个结果或可对存放在行和列中的一组参数进行运算的单个公式。在Excel中常有两类数组：区域数组和常量数组。区域数组是一个矩形的单元格区域，该区域中的单元格共用一个公式；常量数组将一组给定的常量用作某个公式中的参数。
- 单元格引用：用于表示单元格在工作表所处位置的坐标值。例如在C列和第2行交叉处的单元格，其引用形式为C2。
- 常量：常量是直接输入到单元格或公式中的数字或文本值，或由名称所代表的数字或文本值。例如数值0.5、日期“12-4-22”、文本“入库金额”都是常量。公式或由公式得出的数值都不是常量。

4.1.3 函数类型

为了满足不同群体用户的运算要求，Excel 2010提供了13种函数类别，具体函数类型与功能如表4-2所示，用户还可以使用“函数帮助”功能学习函数。

表4-2 常见的函数种类

函数类别	功 能
逻辑函数	常用于判断真假值，或进行复合检验的函数
日期与时间函数	通过使用日期与时间函数，可以在公式中分析，并处理日期值和时间值的函数
数学和三角函数	对现有数据进行数字取整、求和、求平均值以及复杂运算的函数
查询和引用函数	在现有数据中查找特定数值和单元格的引用函数

（续表）

函数类别	功 能
信息函数	用于确定存储在单元格中的数据类型的函数
财务函数	进行财务运算的函数，例如，确定贷款的支付额、投资的未来值债券价值等
统计函数	用于对当前数据区域进行统计分析的函数
文本函数	用于对字符串进行提取、转换等的函数
数据库函数	按照特定条件对现有的数据进行分析的函数
工程函数	用于工程分析的函数
多维数据集函数	用于联机分析处理（OLAP）数据库的函数
加载宏的自定义函数	用于加载宏、自定义函数等
兼容性函数	新函数可以提供改进的精确度可以兼容以前版本的函数

在Excel 2010中，如果不知道或不了解某个函数的使用方法，可以使用Excel的帮助功能来实现。

❶ 打开工作表，切换到“公式”选项卡，然后单击“插入函数”选项，如图4-1所示。

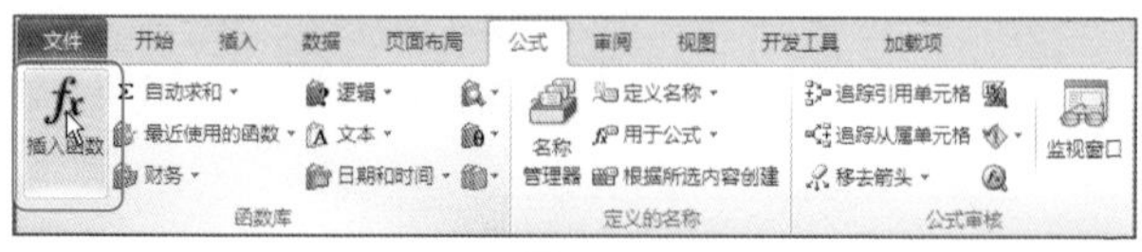

图4-1

❷ 弹出“插入函数”对话框，在“选择函数”列表框中选择需要了解的函数，如HYPERLINK函数，然后单击对话框左下角的“有关该函数的帮助”链接（如图4-2所示），弹出“Excel帮助”窗口，其中显示该函数的作用、语法及使用示例，如图4-3所示。

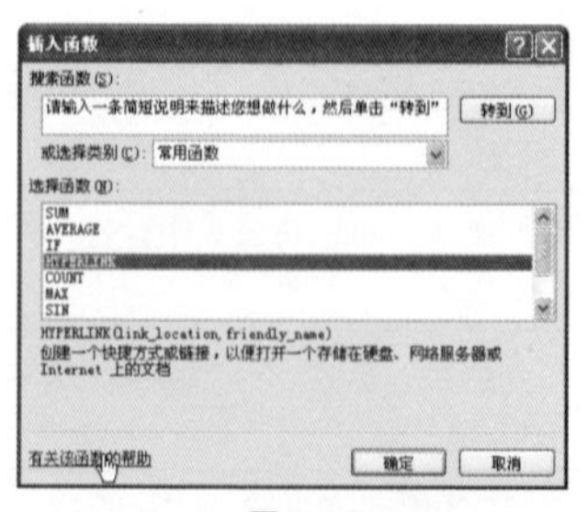

图4-2

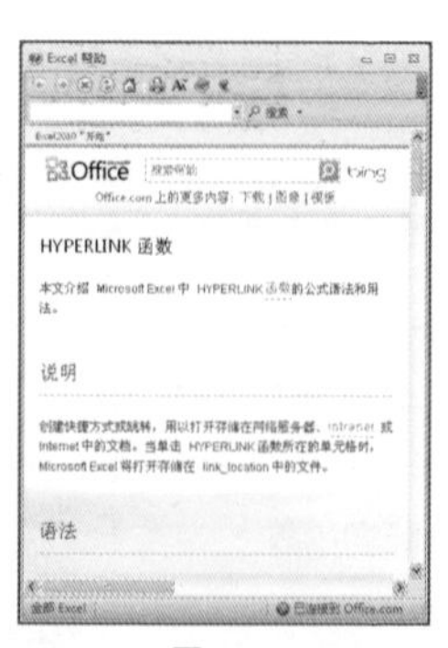

图4-3

4.1.4 使用工具栏按钮输入函数

使用工具栏按钮可以快速输入函数。单击工具栏上的“自动求和”按钮右侧的倒三角下拉菜单标志，用户可以选择求和、平均值、计数、最大值、最小值、其他函数6个快速输入常用函数的功能，默认为求和SUM函数，如图4-4所示。

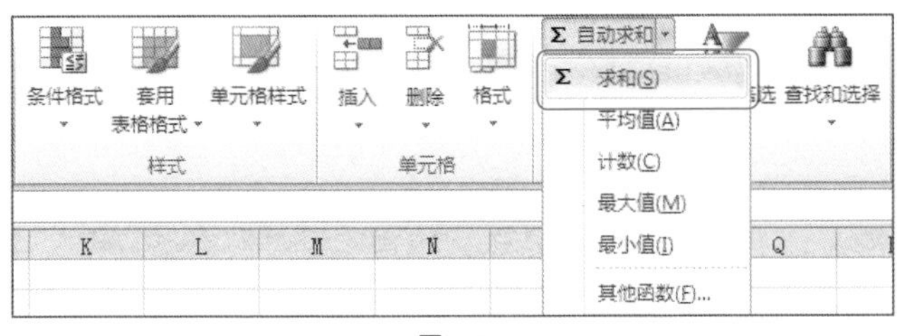

图4-4

4.1.5 如何选择合适的函数来解决问题

使用插入函数向导搜索函数时，可参照如下步骤。

❶ 单击“公式”选项卡中的“插入函数”按钮，弹出“插入函数”对话。

❷ 在“搜索函数”文本框中输入简要的功能描述，例如“十进制”，并单击“转到”按钮或按Enter键，该向导将列出相关函数列表，如图4-5所示。

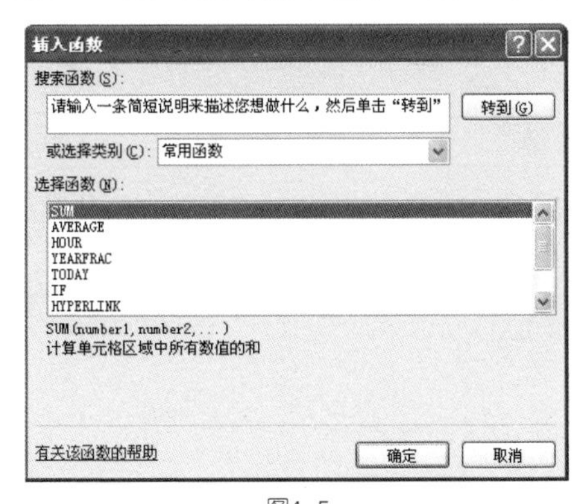

图4-5

❸ 在“选择函数”列表框中选取函数，列表下方将出现对应的函数简介；选择正确函数后单击“确定”按钮，即可在单元格中插入函数。在“插入函数”向导中，用户也可以通过选择“类别”来查找函数。

4.1.6 使用“插入函数”对话框输入函数

下面介绍如何使用“插入函数”对话框输入函数。

❶ 单击“公式”选项卡中的“插入函数”按钮，如图4-6所示。

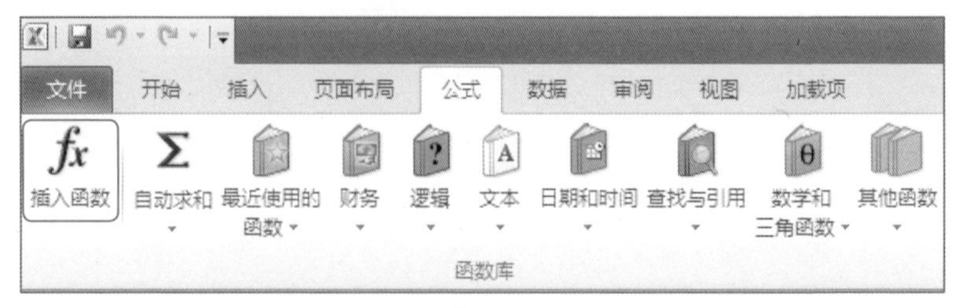

图4-6

❷ 弹出“插入函数”对话框，选择某个函数后，打开“函数参数”对话框，在该对话框中为函数指定参数值，然后单击“确定”按钮，完成函数的输入，如图4-7所示。

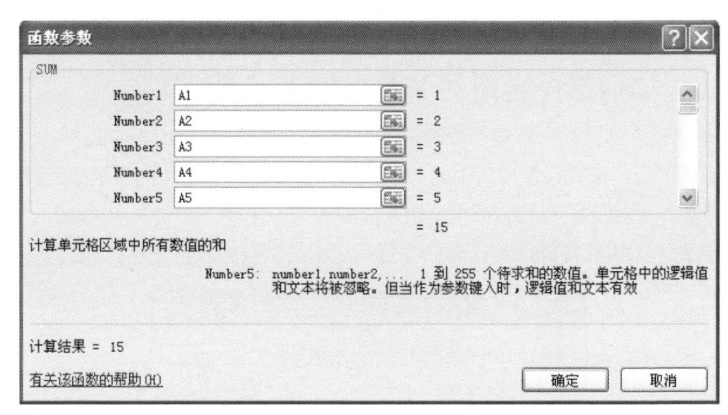

图4-7

4.1.7 使用自动完成功能输入函数

在Excel 2010中，可以使用手工输入函数，也可以使用插入函数向导输入。

❶ 想要在公式中输入SUM函数，那么先输入等号“=”，然后再输入字母S，Excel将显示一个包含首字母为S的函数下拉列表框，如图4-8所示。

图4-8

❷ 继续输入第二个字母U，列表将被筛选，仅显示前两个字母为SU的函数，如图4-9所示。

SUM　　=SU

	A	B	C
1	销售员	销售量	
2	葛丽	48	
3	王磊	58	
4	夏慧	69	
5	周国菊	47	
6	徐莹	120	
7	唐留云	82	
8			
9	统计	=SU	
10			

SUBSTITUTE　将字符串中的部分字符串以新字符串替换
SUBTOTAL
SUM
SUMIF
SUMIFS
SUMPRODUCT
SUMSQ
SUMX2MY2
SUMX2PY2
SUMXMY2

图4-9

❸ 此时可以有两种方法找到并输入SUM函数，一种方法就是接着输入一个字母M；另一种方法就是按两个向下箭头键，定位到SUM函数上，然后按TAB键将其输入到单元格中，而且还会自动输入一个左括号。输入函数的参数以及右括号，然后输入公式所需的其他内容，最后按Enter键完成公式的输入，如图4-10所示。

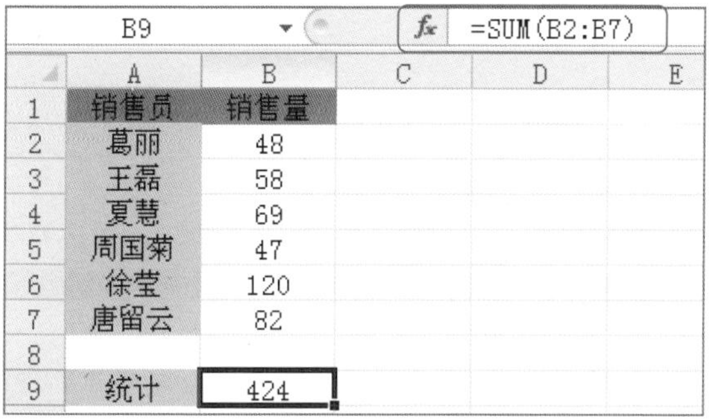

B9　　=SUM(B2:B7)

	A	B	C	D	E
1	销售员	销售量			
2	葛丽	48			
3	王磊	58			
4	夏慧	69			
5	周国菊	47			
6	徐莹	120			
7	唐留云	82			
8					
9	统计	424			

图4-10

4.1.8　为什么表格列标题显示的是数字而不是字母

打开Excel之后，列标题显示的是数字1、2、3而不是字母A、B、C，要恢复列标题用字母显示，可以通过取消“RICI”引用样式的选项设置，其具体操作如下。

❶ 单击“文件”选项卡，打开Backstage视窗，在左侧窗格中单击“选项”标签，打开“Excel 选项”对话框，在该对话框中单击左侧的“公式”选项。

❷ 在“使用公式”选项组中取消“RICI引用样式”复选框，单击“确定”按钮，如图4-11所示。

图4-11

4.1.9　如何不让函数提示信息遮掩到工作表的列号

在输入公式时，函数的提示信息会盖住列标，既影响表格阅览，又不便于选择相应的列。要关闭这个信息提示，可以通过设置Excel选项，其具体操作如下。

单击“文件”选项卡，打开Backstage视窗，在左侧窗格中单击“选项”标签，打开“Excel选项”对话框，在其中单击左侧的“高级”标签，在“显示”选项组中取消勾选“显示函数屏幕提示”复选框，即可关闭信息提示，如图4-12所示。

图4-12

4.2　函数错误值的解决方法

在使用公式进行运算、统计、查询时，经常会因为操作不当或设置事物而不能返回正确结果，此时在单元格中会显示出相应的错误值信息。当发现错误值时，要善于根据一些经常出现的错误信息分析检查公式，以便快速找到错误发生的原因。

4.2.1　“#####”错误值的处理

因为列宽不够，或者输入日期或时间为负数时导致输入的日期或时间不能完全显示返回“#####”错误值。

1. 改变列宽

❶ 当公式返回的结果为“#####”错误值时，主要是在输入日期和时间时，因为列宽不够，输入的内容不能完全显示所致。将光标移到B列和C列的交界处，当鼠标变成十字形状后，按住鼠标左键，向右进行列宽调整，如图4-13所示。

❷ 列宽调整为可以完全显示日期后，松开鼠标左键，即可正常显示日期，解决公式返回的“#####”错误值，如图4-14所示。

B4　宽度: 9.38 (80 像素) -22

	A	B	C	D	E
1	员工姓名	出生日期	性别	学历	年龄
2	黄永明	########	男	本科	52
3	丁瑞萍	########	女	本科	43
4	庄尹	########	男	本科	40
5	黄觉影	########	女	本科	32
6	侯书俊	########	男	本科	33
7	王英伟	########	男	本科	29
8					

图4-13

B4　fx　1971-8-22

	A	B	C	D	E
1	员工姓名	出生日期	性别	学历	年龄
2	黄永明	1960-1-19	男	本科	52
3	丁瑞萍	1968-7-26	女	本科	43
4	庄尹	1971-8-22	男	本科	40
5	黄觉影	1979-4-19	女	本科	32
6	侯书俊	1978-10-8	男	本科	33
7	王英伟	1982-7-12	男	本科	29
8					

图4-14

2. 将输入的日期和时间前的负号“-”取消

❶ 在输入日期时，因为错误地在日期前面输入了“-”，导致返回“#####”错误值，如图4-15所示。

❷ 将输入错误的日期前的“-”号取消，即可正确地显示输入的日期，如图4-16所示。

B3　fx　=-B1968-7-26

	A	B	C	D
1	员工姓名	出生日期	性别	学历
2	黄永明	1960-1-19	男	本科
3	丁瑞萍	#############	女	本科
4	庄尹	#############	男	本科
5	黄觉影	1979-4-19	女	本科
6	侯书俊	1978-10-8	男	本科
7	王英伟	1982-7-12	男	本科
8				
9				

图4-15

B4　fx　1971-8-22

	A	B	C	D
1	员工姓名	出生日期	性别	学历
2	黄永明	1960-1-19	男	本科
3	丁瑞萍	1968-7-26	女	本科
4	庄尹	1971-8-22	男	本科
5	黄觉影	1979-4-19	女	本科
6	侯书俊	1978-10-8	男	本科
7	王英伟	1982-7-12	男	本科
8				
9				

图4-16

4.2.2 “#DIV>0!”错误值的处理

当公式中的除数为0值或空白单元格时，将返回“#DIV/0!”错误值，如图4-17所示。

❶ 选中C3单元格，在公式编辑栏中输入公式“=IF(ISERROR(A42/B4),"",A4/B4)”，按Enter键即可解决“#DIV>0!”错误值，如图4-18所示。

	A	B	C
1	被除数	除数	商
2	200	4	50
3	250	0	#DIV/0!
4	200		#DIV/0!
5		5	0
6	0	0	#DIV/0!
7			#DIV/0!

图4-17

C3　=IF(ISERROR(A42/B4),"", A4/B4)

	A	B	C	D
1	被除数	除数	商	
2	200	4	50	
3	250	0		
4	200		#DIV/0!	
5		5	0	
6	0	0	#DIV/0!	
7			#DIV/0!	

图4-18

❷ 将光标定位到C3单元格右下角，当光标变为黑色十字形时，向下填充即可解决工作表中所有的“#DIV>0!”错误值，效果如图4-19所示。

C3　=IF(ISERROR(A42/B4),"", A4/B4)

	A	B	C	D
1	被除数	除数	商	
2	200	4	50	
3	250	0		
4	200		0	
5		5		
6	0	0		
7				
8				

图4-19

4.2.3 “#N/A”错误值

公式中引用的数据源不正确，或者不能使用。在使用VLOOKUP函数或其他函数进行数据查找时，找不到匹配的值是就会返回“#N/A”错误值。

1. 引用正确的数据源

❶ 在使用VLOOKUP函数进行数据查找时，找不到匹配的值时就会返回“#N/A”错误值，如图4-20所示。

❷ 选中B10单元格，在单元格中将错误的员工姓名更改为正确的“蔡静”，即可解决公式返回结果为“#N/A”错误值，如图4-21所示。

C10　=VLOOKUP(B10,A2:E7,5,FALSE)

	A	B	C	D	E
1	员工姓名	出生日期	性别	学历	年龄
2	蔡静	1976-05-16	女	本科	36
3	陈媛	1980-11-20	女	本科	32
4	王密	1982-03-18	男	本科	30
5	吕芬芬	1983-11-04	女	本科	29
6	路高泽	1979-08-23	男	本科	33
7	岳庆浩	1976-06-12	男	本科	36
8					
9		员工姓名	年龄		
10		李丽丽	#N/A		
11					

图4-20

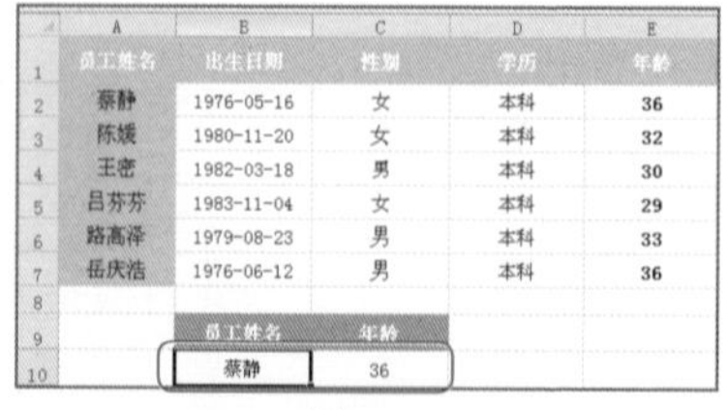

	A	B	C	D	E
1	员工姓名	出生日期	性别	学历	年龄
2	蔡静	1976-05-16	女	本科	36
3	陈媛	1980-11-20	女	本科	32
4	王密	1982-03-18	男	本科	30
5	吕芬芬	1983-11-04	女	本科	29
6	路高泽	1979-08-23	男	本科	33
7	岳庆浩	1976-06-12	男	本科	36
8					
9		员工姓名	年龄		
10		蔡静	36		

图4-21

2. 正确选取相同的行数和列数区域

❶ 在进行矩阵逆转换时，选取的目标区域的行数和列数与原本矩阵区域的行数和列数不一致，导致输入公式“=MINVERSE(A2:C4)”，接着按快捷键Ctrl+Shift+Enter后会返回“#N/A”错误值，如图4-22所示。

E2　　fx {=MINVERSE(A2:C4)}

	A	B	C	D	E	F	G
1	矩阵				逆矩阵		
2	1	2	3		4.5036E+15	-9.0072E+15	4.5036E+15
3	2	3	4		-9.0072E+15	1.80144E+16	-9.0072E+15
4	3	4	5		4.5036E+15	-9.0072E+15	4.5036E+15
5					#N/A	#N/A	#N/A
6							
7							

图4-22

❷ 正确选取E2:G4单元格区域后，输入公式“=MINVERSE(A2:C4)”，接着按快捷键Ctrl+Shift+Enter返回3*3行列式的逆矩阵，如图4-23所示。

E2　　fx {=MINVERSE(A2:C4)}

	A	B	C	D	E	F	G
1	矩阵				逆矩阵		
2	1	2	3		4.5036E+15	-9.0072E+15	4.5036E+15
3	2	3	4		-9.0072E+15	1.80144E+16	-9.0072E+15
4	3	4	5		4.5036E+15	-9.0072E+15	4.5036E+15
5							
6							

图4-23

4.2.4 “#NAME?”错误值

出现“#NAME?”错误值有多种原因，比如输入的函数和名称拼写错误或者在公式中引用文本时没有加双引号等。

1. 正确输入函数和名称

❶ 在使用AVERAGE函数进行数据查找时，如果函数输入错误为“VERAGE”，返回“#NAME?”错误值，如图4-24所示。

❷ 选中E2单元格，重新将“AVEAGE”改写为“AVERAGE”，按Enter键即可正确计算出学生平均成绩，如图4-25所示。

E2　　fx =AVERVGE(B2:D2)

	A	B	C	D	E
1	学生姓名	语文成绩	数学成绩	英语成绩	平均成绩
2	赵青青	78	89	56	#NAME?
3	李丽	58	55	50	#NAME?
4	孙飞华	76	71	80	#NAME?
5	王菲	68	56	45	#NAME?
6					

图4-24

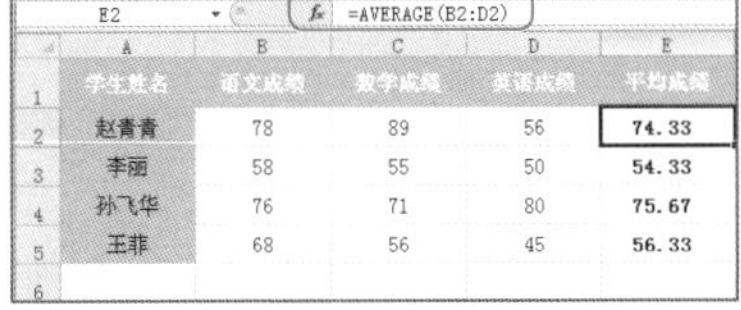

E2　　fx =AVERAGE(B2:D2)

	A	B	C	D	E
1	学生姓名	语文成绩	数学成绩	英语成绩	平均成绩
2	赵青青	78	89	56	74.33
3	李丽	58	55	50	54.33
4	孙飞华	76	71	80	75.67
5	王菲	68	56	45	56.33
6					

图4-25

2. 正确为引用文本添加双引号

❶ 在使用AVERAGE函数进行数据查找时，如果函数输入错误为“AVRAGE”，返回“#NAME?”错误值，如图4-26所示。

E2 =AVRAGE(B2:D2)

	A	B	C	D	E
1	学生姓名	语文成绩	数学成绩	英语成绩	平均成绩
2	廖晓	78	89	56	#NAME?
3	张丽君	58	55	50	#NAME?
4	吴华波	76	71	80	#NAME?
5	王飞	68	56	45	#NAME?
6					

图4-26

❷ 选中E2单元格，重新将“AVRAGE”改写为“AVERAGE”，按Enter键即可正确计算出学生的平均成绩，如图4-27所示。

E2 =AVERAGE(B2:D2)

	A	B	C	D	E
1	学生姓名	语文成绩	数学成绩	英语成绩	平均成绩
2	廖晓	78	89	56	74.33
3	张丽君	58	55	50	54.33
4	吴华波	76	71	80	75.67
5	王飞	68	56	45	56.33
6					

图4-27

3. 添加漏掉的冒号

❶ 在员工产品销售统计报表中，计算全年产品销售量时，将公式输入成“=SUM(B2E5)”，按Enter键将返回“#NAME?”错误值，如图4-28所示。

C7 =SUM(B2E5)

	A	B	C	D	E
1	员工姓名	第一季度销售量	第二季度销售量	第三季度销售量	第四季度销售量
2	廖晓	130	142	137	144
3	张丽君	133	138	134	141
4	吴华波	128	143	140	147
5	王飞	126	137	136	143
6					
7	统计全年产品销售量:		#NAME?		
8					
9					

图4-28

❷ 选中C7单元格，在英文状态下，在公式编辑栏中添加冒号为：=SUM(B2:E5)，按Enter键即可统计出全年产品销售量，如图4-29所示。

	A	B	C	D	E
1	员工姓名	第一季度销售量	第二季度销售量	第三季度销售量	第四季度销售量
2	廖晓	130	142	137	144
3	张丽君	133	138	134	141
4	吴华波	128	143	140	147
5	王飞	126	137	136	143
6					
7	统计全年产品销售量:		2199		
8					

C7 =SUM(B2:E5)

图4-29

4.2.5 “#NUM!”错误值

通常出现“#NUM!”错误值有两种原因：在公式中使用的函数引用了一个无效的参数或输入的公式所得出的数字太大或太小，无法在Excel中表示。

1. 引用无效参数

❶ 在求某数值的算术平均根，引用的数据为负数则会返回“#NUM！”错误值，如图4-30所示。

❷ 选中B3单元格，重新将公式更改为“=SQRT(ABS(A3))”，按Enter键即可返回正确结果，如图4-31所示。

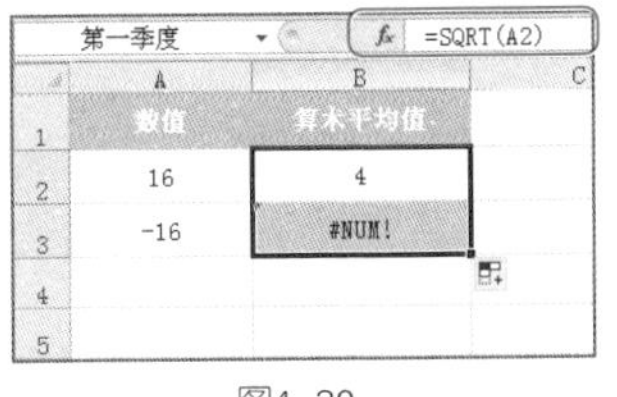

第一季度 =SQRT(A2)

	A	B	C
1	数值	算术平均值	
2	16	4	
3	-16	#NUM!	
4			
5			

图4-30

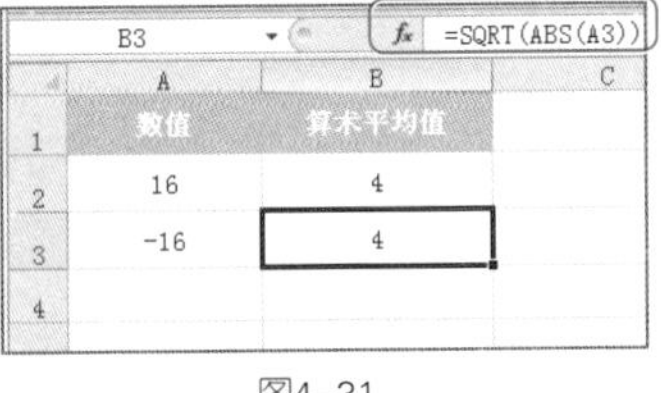

B3 =SQRT(ABS(A3))

	A	B	C
1	数值	算术平均值	
2	16	4	
3	-16	4	
4			

图4-31

2. 工资金额数值

❶ 在进行方根计算时，使用了较大的指数后会返回“#NUM！”错误值，如图4-32所示。

❷ 分别修改B2和B3单元格中的指数，使计算结果介于 -1*10309 到 1*10309之间，即可返回正确结果，如图4-33所示。

B2 3000

	A	B	C
1	底数	指数	结果
2	-2	3000	#NUM!
3	2	3000	#NUM!
4			

图4-32

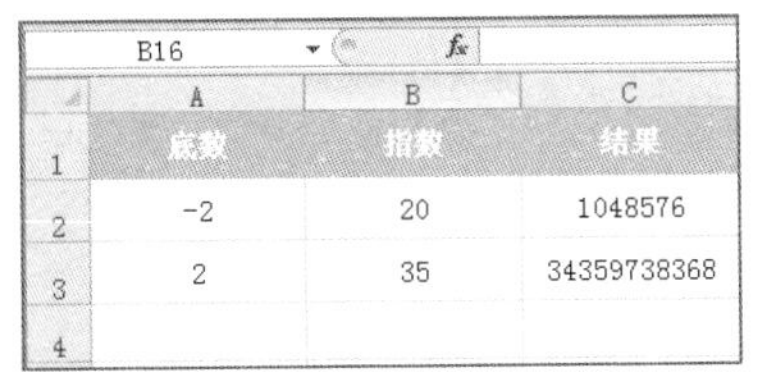

B16

	A	B	C
1	底数	指数	结果
2	-2	20	1048576
3	2	35	34359738368
4			

图4-33

4.2.6 “#VALUE!”错误值

出现“#VALUE!”错误值有多种原因，比如在公式中将文本类型的数据参与了数值运算或者在公式中函数引用的参数与语法不一致等其他原因。

1. 在公式中将文本类型的数据参与了数值运算

❶ 在计算销售员的销售金额时，参与计算的数值带上产品单位或单价单位，导致返回的结果出现“#VALUE!”错误值，如图4-34所示。

❷ 在B3和C2单元格中，分别将“套”和“元”文本去除掉，即可返回正确的计算结果，如图4-35所示。

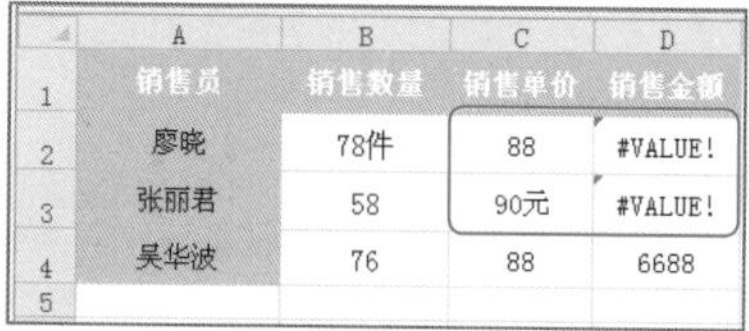

	A	B	C	D
1	销售员	销售数量	销售单价	销售金额
2	廖晓	78件	88	#VALUE!
3	张丽君	58	90元	#VALUE!
4	吴华波	76	88	6688
5				

图4-34

	A	B	C	D
1	销售员	销售数量	销售单价	销售金额
2	廖晓	78	88	6864
3	张丽君	58	90	5220
4	吴华波	76	88	6688
5				

图4-35

2. 在公式中函数引用的参数与语法不一致

❶ 在计算上半年的产品销售量时，在C6单元格中输入的公式为：“=SUM(B2:B5+C2:C5)”，按Enter键返回为“#VALUE!”错误值，如图4-36所示。

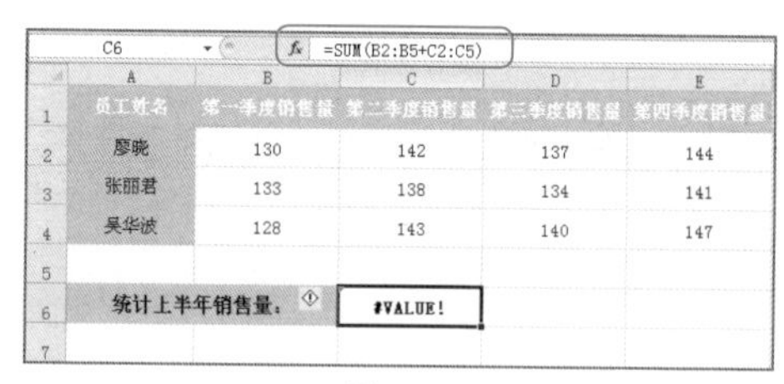

C6 =SUM(B2:B5+C2:C5)

	A	B	C	D	E
1	员工姓名	第一季度销售量	第二季度销售量	第三季度销售量	第四季度销售量
2	廖晓	130	142	137	144
3	张丽君	133	138	134	141
4	吴华波	128	143	140	147
5					
6	统计上半年销售量：		#VALUE!		
7					

图4-36

❷ 选中C6单元格，在公式编辑栏中重新更改公式为：=SUM(B2:B4:C2:C4)，按Enter键即可返回正确的计算结果，如图4-37所示。

C6 =SUM(B2:B4:C2:C4)

	A	B	C	D	E
1	员工姓名	第一季度销售量	第二季度销售量	第三季度销售量	第四季度销售量
2	廖晓	130	142	137	144
3	张丽君	133	138	134	141
4	吴华波	128	143	140	147
5					
6	统计上半年销售量：		814		
7					

图4-37

4.2.7 “#REF!”错误值

通常出现“#REF!”错误值是由于在公式计算中引用了无效的单元格。

❶ 在进行员工销售额计算时，公式中使用了无效的单元格引用（这因为原本引用了正确的数据源，之后因误操作将其删除所致），会使计算结果返回“#REF!”错误值，如图4-38所示。

❷ 如果“销售单价”列的数据在之前的操作中不小心删除，可以使用“撤销”按钮来恢复误删除的数据单元格，如图4-39所示。

C2　fx =B2*#REF!

	A	B	C	D
1	销售员	销售数量	销售金额	
2	廖晓	78	#REF!	
3	张丽君	58	#REF!	
4	吴华波	76	#REF!	

图4-38

C1　fx 销售单价

	A	B	C	D
1	销售员	销售数量	销售单价	销售金额
2	廖晓	78	88	6864
3	张丽君	58	90	5220
4	吴华波	76	88	6688

图4-39

4.2.8 “#NULL!”错误值

通常出现“#NULL!”错误值是由于在公式中使用了不正确的区域运算符。

❶ 在产品销售报表中，统计所有销售员的总销售金额时，使用的公式为“=SUM(B2:B4 C2:C4)”（中间没有使用正常的运算符“*”），按快捷键Ctrl+Shift+Enter后返回“#NULL!”错误值，如图4-40所示。

❷ 选中C6单元格，将公式重新输入为：=SUM(B2:B4*C2:C4)（添加“*”运算符），按快捷键Ctrl＋Shift＋Enter，即可返回正确的计算结果，如图4-41所示。

C6　fx {=SUM(B2:B4 C2:C4)}

	A	B	C
1	销售员	销售数量	销售单价
2	廖晓	78	88
3	张丽君	58	90
4	吴华波	76	88
5			
6	总销售金额：		#NULL!

图4-40

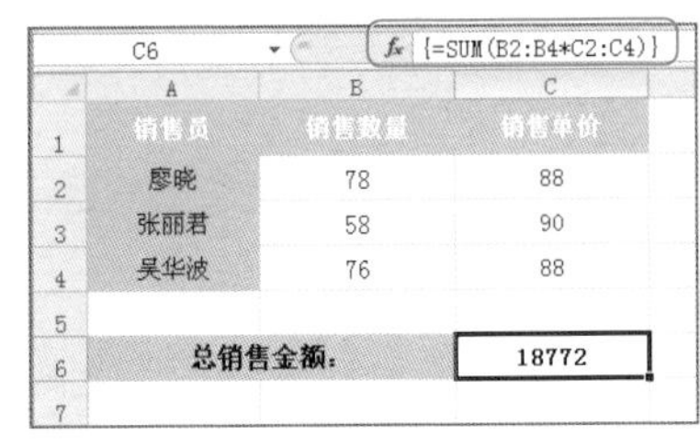

图4-41

读书笔记

第5章

使用图表直观表现数据

5.1 了解图表的组成

对于刚刚开始学习使用图表的用户来说，了解图表的各个组成部分，准确地选中各个组成部分，对于图表编辑的操作非常重要。因为在建立初始的图表后，为了获得最佳的表达效果，通常还需要按实际需要进行一系列的编辑操作，此时就需要准确地选中各个部分，然后才能进行编辑操作。图表各部分的名称如图5-1所示。

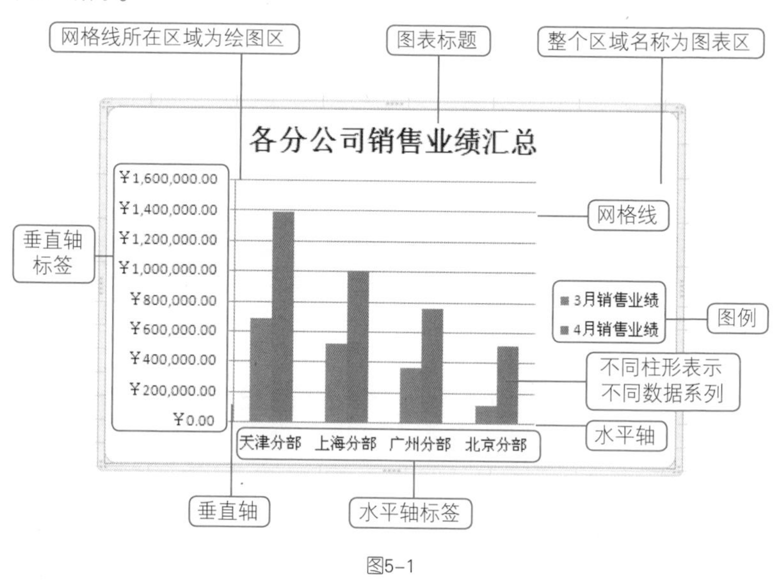

图5-1

1. 利用鼠标选择图表的各个对象

在图表的边线上单击鼠标左键选中整张图表，然后将鼠标移动到要选中的对象上，停顿两秒，可以出现提示文字（如图5-2所示），单击鼠标左键即可选中对象。

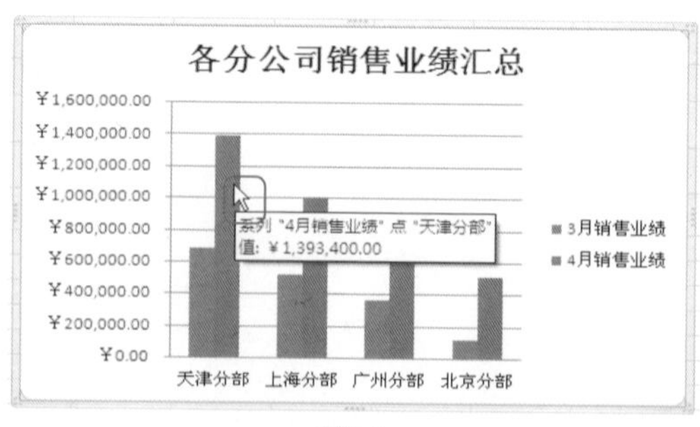

图5-2

2. 利用工具栏选择图表的各个对象

选中整张图表，切换到“格式”选项卡，在“当前所选内容”选项组中单击“图表区”下拉按钮，在其下拉列表中单击所需要选择的对象即可选中，如图5-3所示。

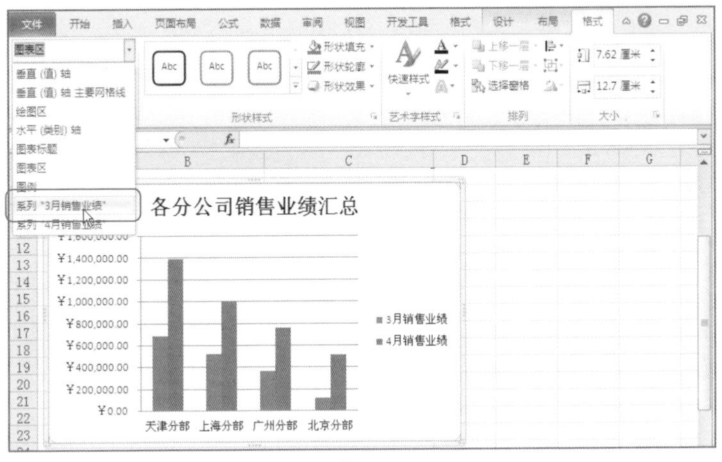

图5-3

5.2　将销售数据表现为图表格式

在销售管理中经常会建立很多的工作表来记录产品销售情况、销售人员的提成情况以及客户购买情况等，为了直观地显示出各种数据，可以将销售数据以图表的格式显示出来。

图5-4为某公司产品销售数据，用户可以建立图表来直观分析各品牌的销售数量或销售金额，具体操作方法如下。

产品销售数据分析		
品牌	销售数量	销售金额
宜家	350	88400
丰穗家具	220	149860
名匠轩	545	770240
藤缘名居	450	159340
一点家居	305	282280

图5-4

❶ 在工作表中，选中A2:A9、C2:C9单元格区域，单击“插入”选项卡，

在“图表”选项组中单击“饼图”按钮，打开下拉菜单，单击“分离型三维饼图”选项，如图5-5所示。

② 选中图表类型后，即可为选择的数据创建图表，在图表标题编辑框中重新输入图表标题，并对图表进行美化设置，效果如图5-6所示。

图5-5

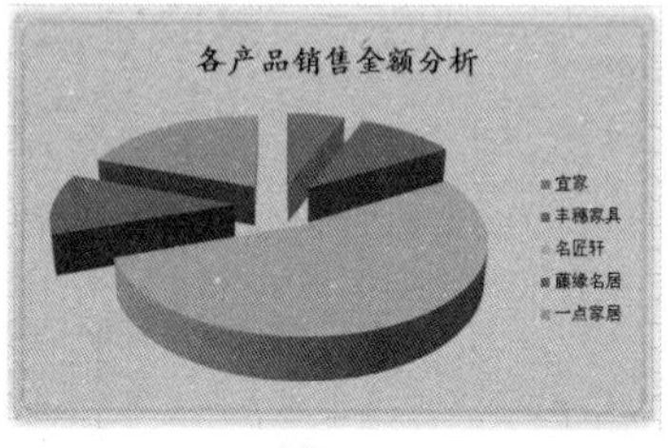

图5-6

动手练一练

用户还可以将其他的数据表现为图表形式，比如财务数据以及仓管数据等，在建立图表时要根据数据源的内容不同，选择合适的图表。

5.3 修改图表

为工作表中的数据源创建图表后，可以对图表进行修改操作，例如调整图表的位置和大小、对图表进行复制和删除、更改图表的类型、设置图表的布局以及更改图表的样式等。

5.3.1 图表大小和位置的调整

建立图表后，经常要根据需要更改图表的大小或者是对图表的位置进行调整，具体操作方法如下。

1. 直接更改图表显示大小

① 打开工作表，选中要更改的图表，将光标定位到上、下、左、右控点上，当鼠标变成双向箭头时，按住鼠标左键进行拖动即可调整图表宽度或高度，如图5-7所示。

② 在光标定位到拐角控点上，当鼠标变成双向箭头时，按住鼠标左键进行拖动，即可按比例调整图表大小，如图5-8所示。

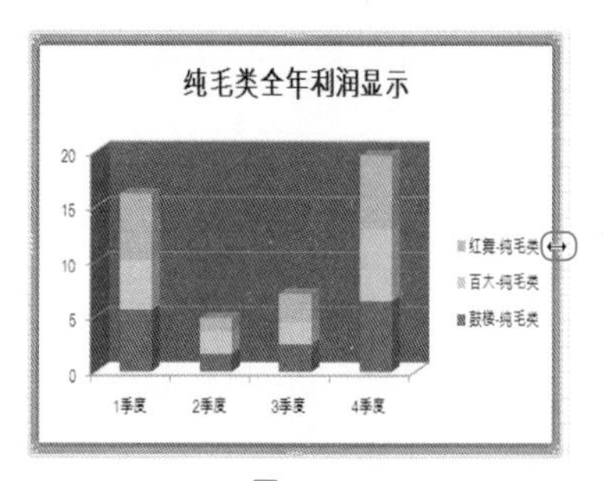

图5-7

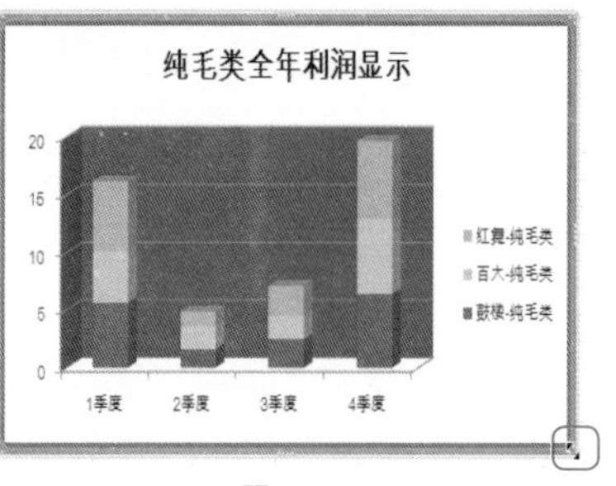

图5-8

专家提示

使用双向箭头更改图表的优点是可以快速地更改图表的大小，缺点是不能精确地设置图表的大小。

2. 在“格式”选项卡下更改图表显示大小

❶ 打开工作表，选中要更改的图表，切换到“图表工具”，单击“格式”选项卡，在“大小”选项组中输入需要更改图表的高度与宽度。如：将图表宽和高分别设置为“15厘米”、“20厘米”，如图5-9所示。

图5-9

❷ 设置完成后，返回工作表中，即可看到图表依据设置的宽和高进行了更改，效果如图5-10所示。

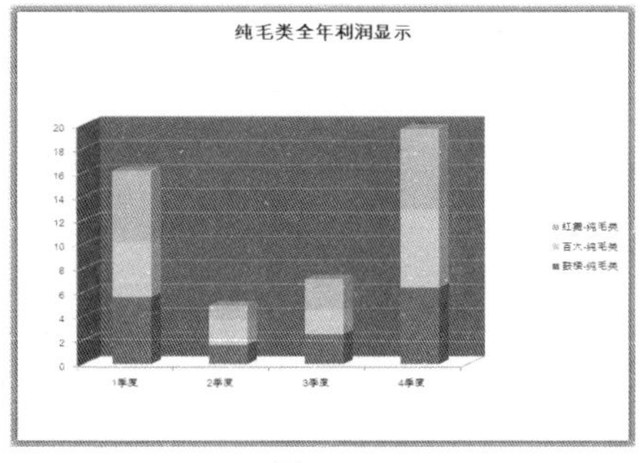

图5-10

3. 在工作表内移动图表

❶ 选中图表，当光标变为✣形状时，按住鼠标左键不放，拖动鼠标即可移动图表，如图5-11所示。

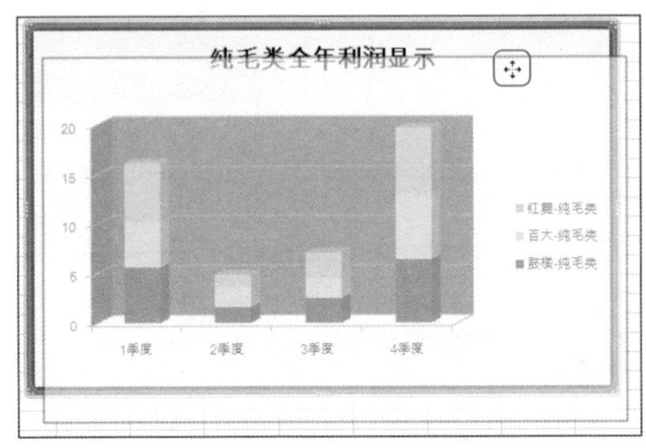

图5-11

❷ 选定移动位置后，松开鼠标左键，即可将鼠标移动到选定的位置。

4. 将图表移动到其他工作表中

❶ 打开工作表，选中图表，切换到“设计”选项卡，在“位置”选项组中单击“移动图表”按钮，如图5-12所示。

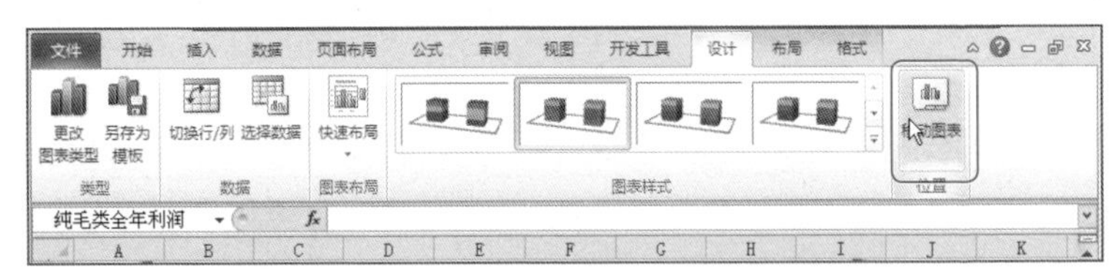

图5-12

❷ 打开“移动图表”对话框，在“选择放置图表的位置”选项组中选择要放置的位置，如将图表放置到“产品销售数据分析”工作表中，如图5-13所示。

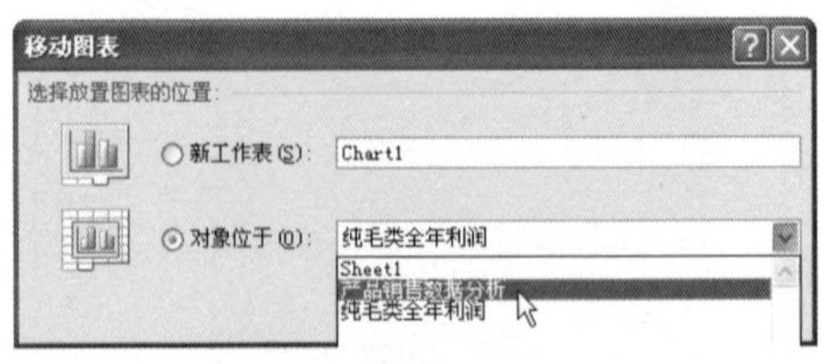

图5-13

❸ 单击“确定”按钮，返回工作表中，此时图表被移动到“产品销售数据分析”工作表中，如图5-14所示。

图5-14

动手练一练

用户还可以在“移动图表”对话框中选中“新工作表”单选按钮，即可将图表移动到一个新建的工作表“Chart1”中，使图表单独存在一个工作表。

5.3.2　图表的复制和删除

用户可以对复制的图表进行复制和删除操作，复制和删除图表的方法与复制删除数据的方法差不多，但用户还可以对图表的格式进行复制，下面具体介绍。

1. 复制图表

❶ 选中图表并右击，在快捷菜单中选择“复制”命令，如图5-15所示。

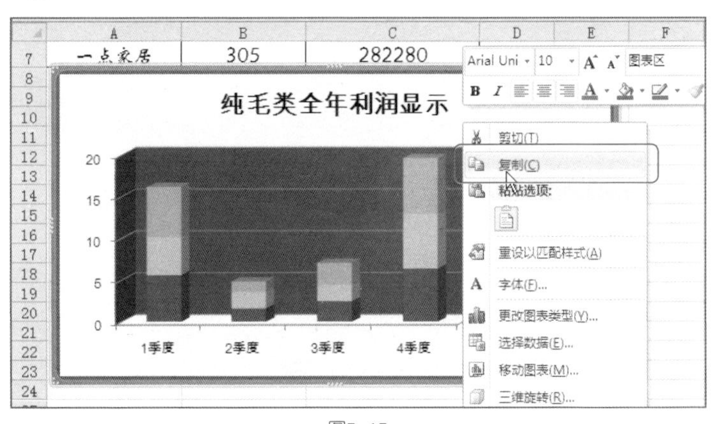

图5-15

❷ 选择要存放复制图表的位置，单击鼠标右键，在弹出的快捷菜单中选择“粘贴”命令即可。

动手练一练

用户还可以选中图表，切换到“开始”选项卡，在“剪贴板”选项组中单击“复制”选项按钮，即可对图表进行复制。

2. 复制图表格式

❶ 打开工作表，选中设置完成的图表，切换到“开始”选项卡，在“剪贴板”选项组中单击“复制”选项，如图5-16所示。

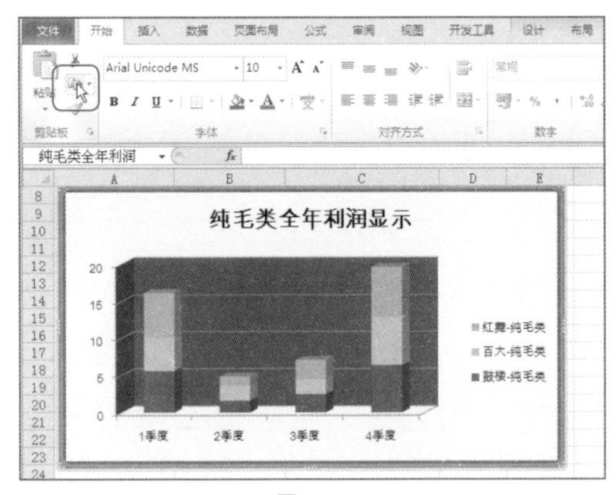

图5-16

❷ 选中要引用格式的图表，在“开始”菜单下选择“选择性粘贴”命令，如图5-17所示。

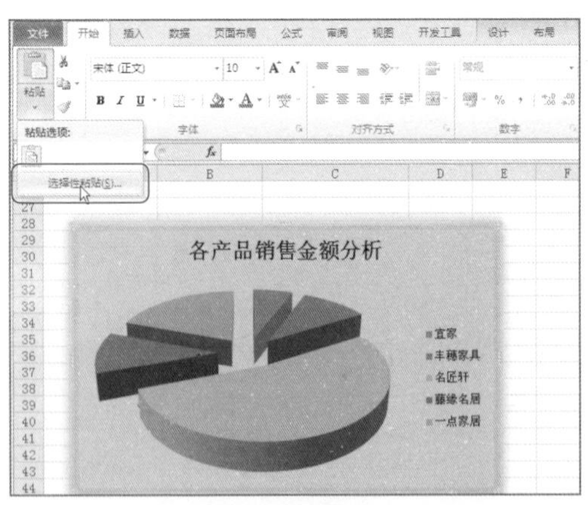

图5-17

❸ 打开“选择性粘贴”对话框，选中“格式”单选按钮，如图5-18所示。

4 单击“确定”按钮，返回工作表中，即可为选中的图表复制格式，效果如图5-19所示。

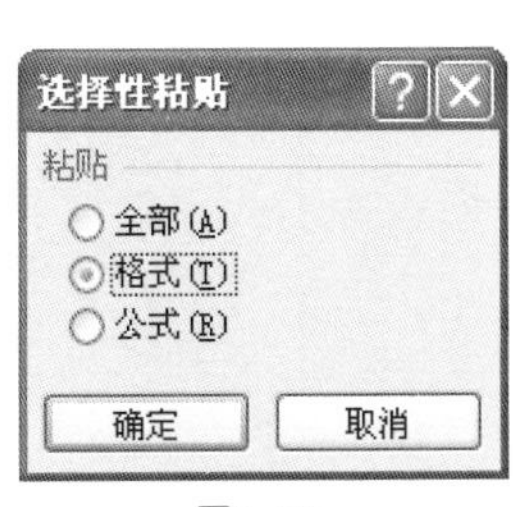

图5-18

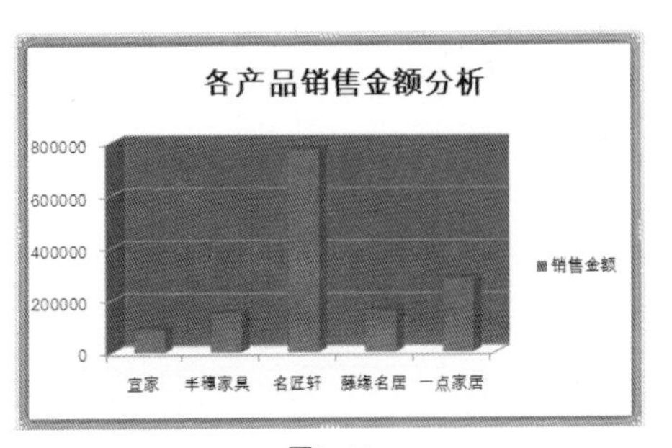

图5-19

专家提示

删除图表的方法很简单：选中图表，按Delete键，即可删除选中的图表。

5.3.3 图表类型的更改

在为工作表的数据建立图表后，如果感觉图表类型不利于观察，可以快速地更改其类型，具体操作方法如下。

1 打开工作表，选中要更改的图表，切换到“设计”选项卡，在“类型”选项组中单击“更改图表类型”按钮，如图5-20所示。

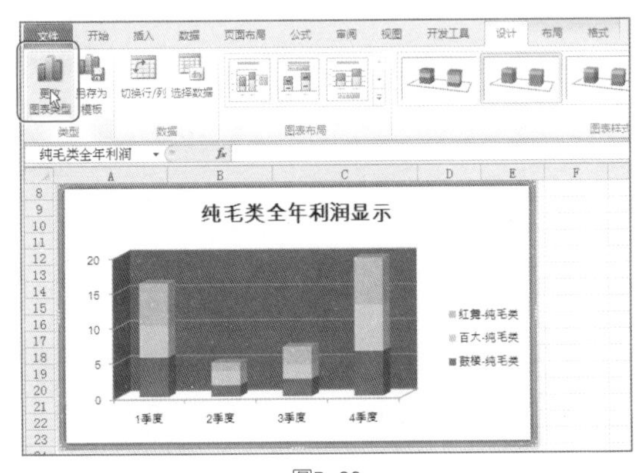

图5-20

2 打开“更改图表类型”对话框，在其中选中一种要更改的图表类型，如“堆积圆锥图”，如图5-21所示。

3 单击“确定”按钮，即可更改图表类型，效果如图5-22所示。

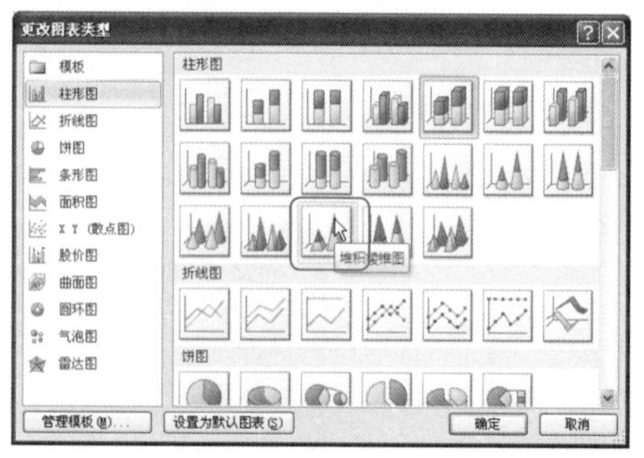

图5-21

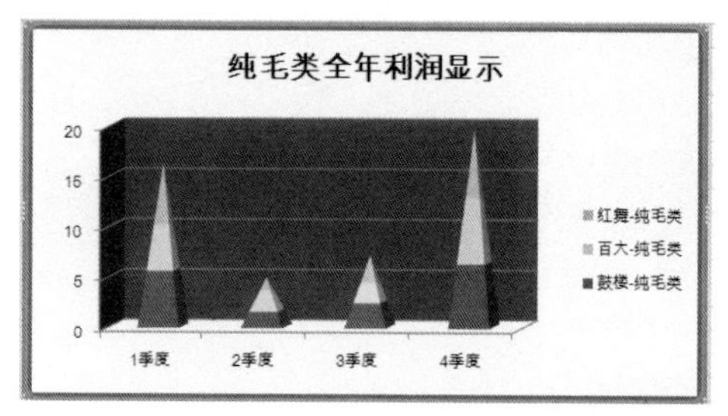

图5-22

专家提示

在更改图表类型时，注意选择的图表类型要适合当前数据源，避免新的图表类型不能完全表示出数据源中的数据。

5.3.4 将多张图表组合成一个对象

如果一个工作表中含有多张图表，用户可以将其组合成一个对象，具体操作方法如下。

❶ 打开工作表，按住Ctrl键选中多张图表并右击，在快捷菜单中选择“组合”|“组合”命令，如图5-23所示。

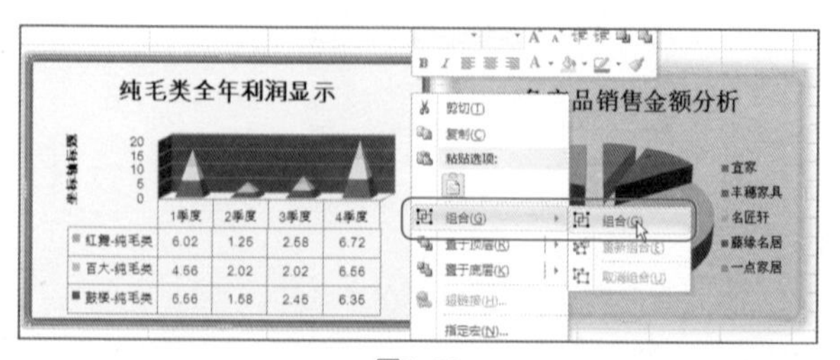

图5-23

❷ 返回工作表中，则可以看见图表被组合成一个对象，如图5-24所示。

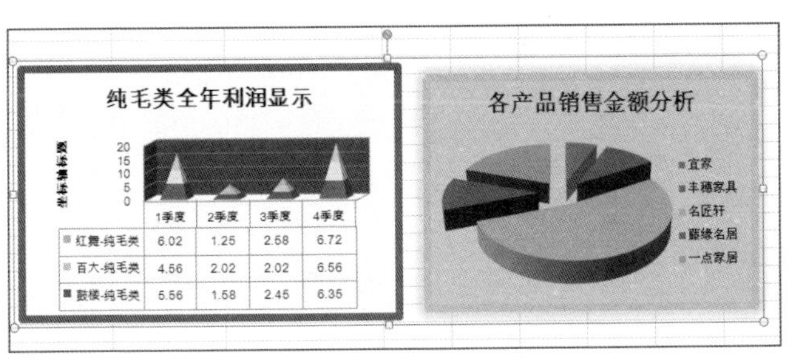

图5-24

专家提示

若想要取消组合的图表，可以在快捷菜单中选择“组合”|“取消组合”命令即可。

5.3.5　图表形状样式的设置

用户可以在“格式”选项卡下快速设置图表的形状样式，具体操作方法如下。

❶ 打开工作表，选中要更改的图表，切换到“格式”选项卡，在“形状样式”选项组中单击按钮，如图5-25所示。

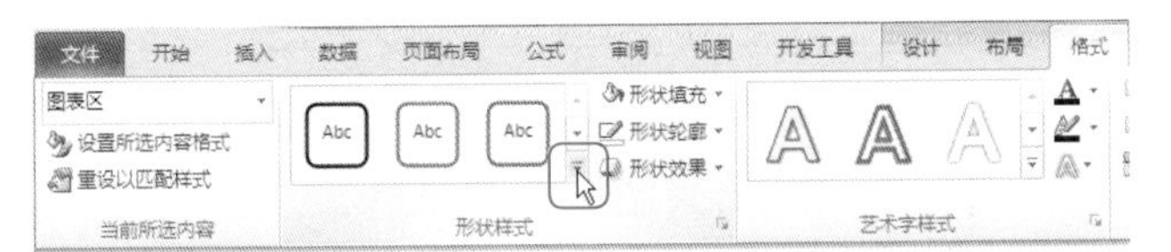

图5-25

❷ 打开“形状样式”下拉菜单，选择合适的形状样式，如“中等效果-橙色，强调颜色6”，如图5-26所示。

❸ 设置好图表样式后，即可对选中的图表应用设置的样式，效果如图5-27所示。

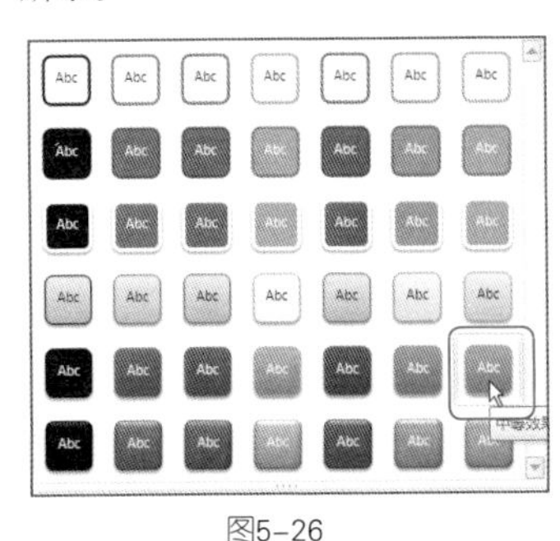

图5-26

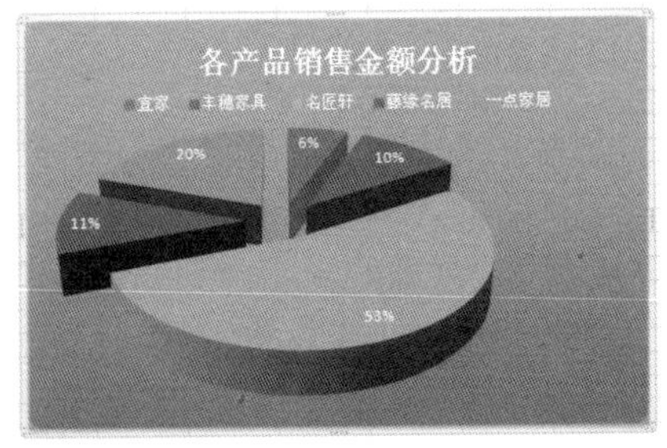

图5-27

5.3.6 将建立的图表转化为静态图片

在Excel 2010中，用户可以将工作表中建立的图表转化为静态的图片，并应用到其他地方，下面介绍具体方法。

❶ 打开工作表，切换到“开始”选项卡下，单击“剪贴板”选项组中的“复制”按钮，在其下拉菜单中选择“复制为图片”命令，如图5-28所示。

❷ 打开“复制图片”对话框，设置图片的质量，接着单击“确定”按钮，如图5-29所示。

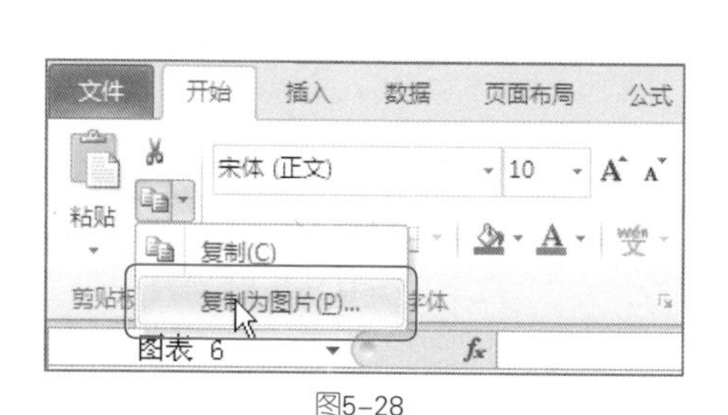

图5-28

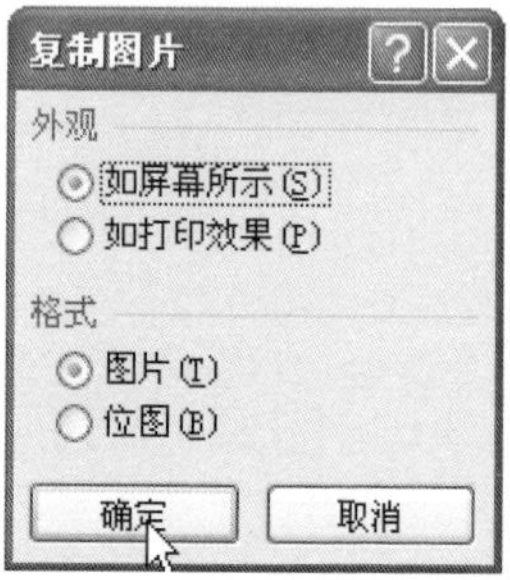

复制图片
外观
如屏幕所示(S)
如打印效果(P)
格式
图片(T)
位图(B)
确定
取消

图5-29

❸ 返回工作表中，在需要放置的位置按快捷键Ctrl+V执行“粘贴”命令，即可将图表转化为静态图片，如图5-30所示。

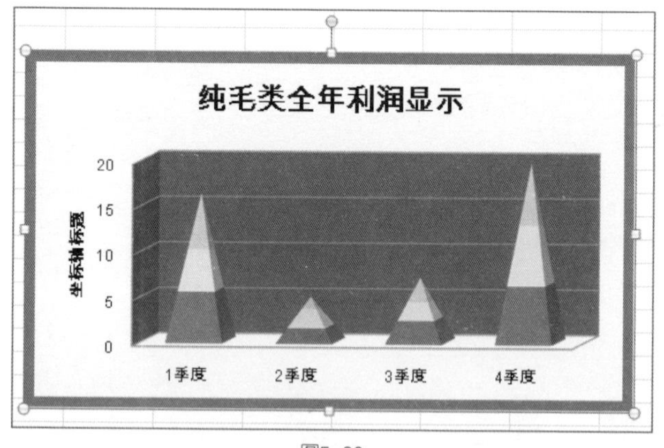

图5-30

专家提示

转化为静态图片的图表只能以图片的形式存在，不再具有图表的功能，用户不可以再对其进行更改。

5.4　设置图表

在“图表工具”的“布局”选项卡下，用户可以对图表进行设置，如添加图表标题、显示图例、添加坐标轴、网格线以及趋势线等。在“格式”选项卡下还可以设置图表区格式、绘图区格式等。

5.4.1　设置图表标题

图表标题用于表达图表反映的主题。默认建立的图表不包含标题，用户可以自行为图表添加标题，下面介绍具体操作方法。

❶ 打开工作表，选中未包含标题的图表，切换到“布局”选项卡下，在“标签”选项组中单击“图表标题”选项，在其下拉菜单中选择“图表上方”选项，如图5-31所示。

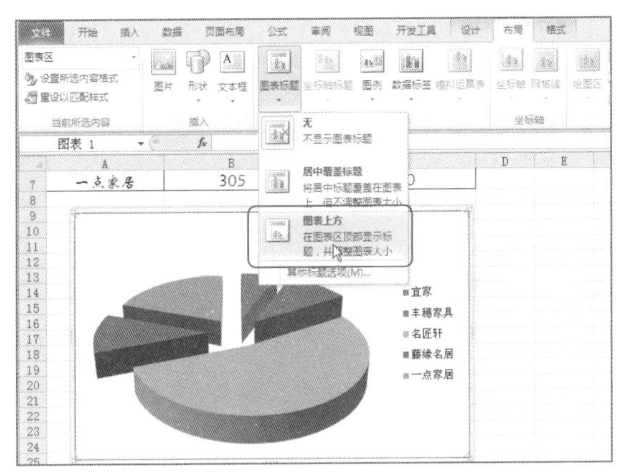

图5-31

❷ 返回工作表中，图表中会显示“图表标题”编辑框，如图5-32所示。

❸ 接着在标题框中输入图表标题即可，如“各产品销售金额分析”，如图5-33所示。

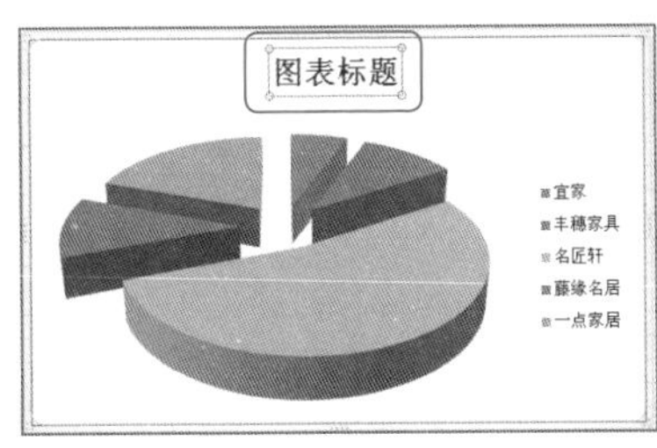

图5-32

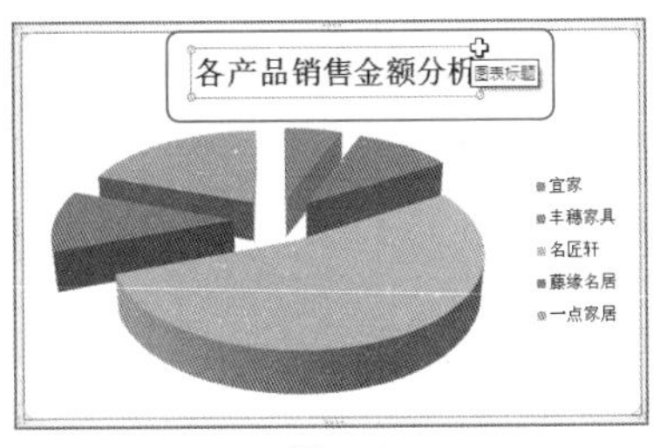

图5-33

专家提示

用户如果不想在图表中显示标题，在“图表标题”选项下拉菜单中选择“无”，即可将标题隐藏起来。

5.4.2 设置图例

图例默认显示在图表右侧位置，通过图表的布局可以根据实际需要重新设置图例的显示位置，下面介绍具体操作方法。

❶ 打开工作表，选中图表，切换到“布局”选项卡，在“标签”选项组中单击“图例”按钮，在其下拉菜单中选择一种显示方式，如“在顶部显示图例”命令，如图5-34所示。

图5-34

❷ 返回工作表中，则系统将图例显示在图表的顶部，如图5-35所示。

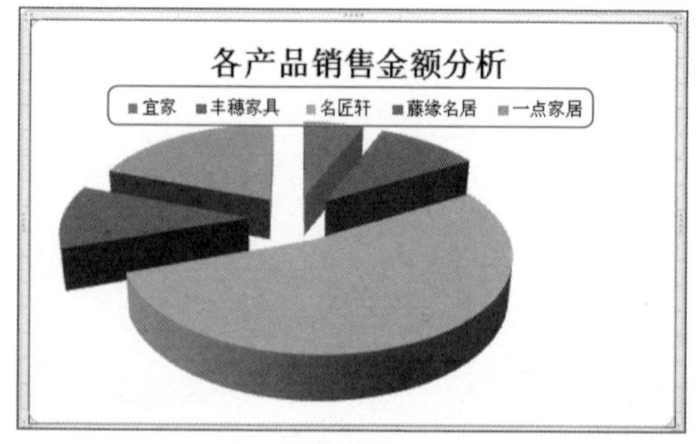

图5-35

在“图例”下拉菜单中有多种图例的显示方式，如“在左侧显示图例”、“在底部显示图例”、“左侧覆盖图例”、“在右侧覆盖图例”，用户可以自己动手调整。

5.4.3　设置图表区格式

默认创建的图表是没有设置图表区的格式的，为了达到美化图表的效果，用户可以设置图表区的填充格式，具体操作方法如下。

❶ 打开工作表，选中图表的图表区，切换到“格式”选项卡，在“形状样式”选项组中单击“形状填充”按钮，在其下拉菜单中选择需要填充的颜色，即可为图表区设置填充颜色，如图5-36所示。

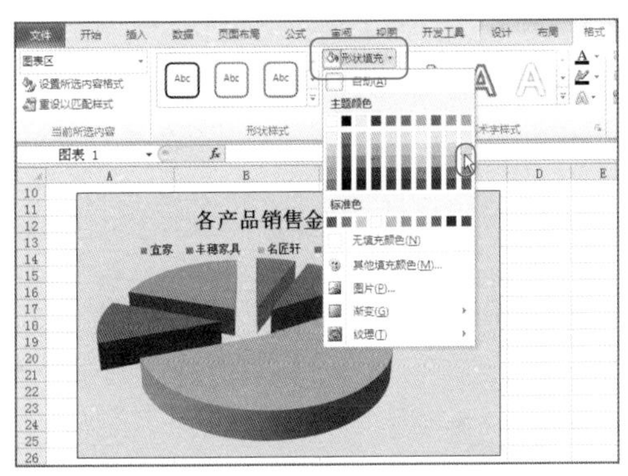

图5-36

❷ 单击“形状轮廓”按钮，在下拉菜单中选择一种轮廓颜色，如图5-37所示。

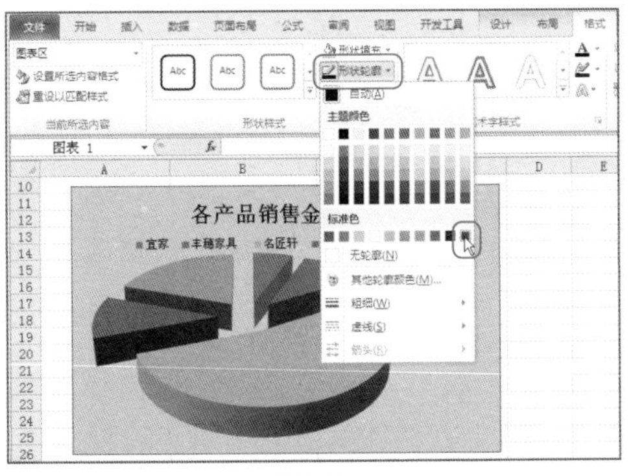

图5-37

❸ 可以在“形状轮廓”下拉菜单中单击“粗细”命令，在展开的子菜单中设置轮廓边线的宽度，如图5-38所示。

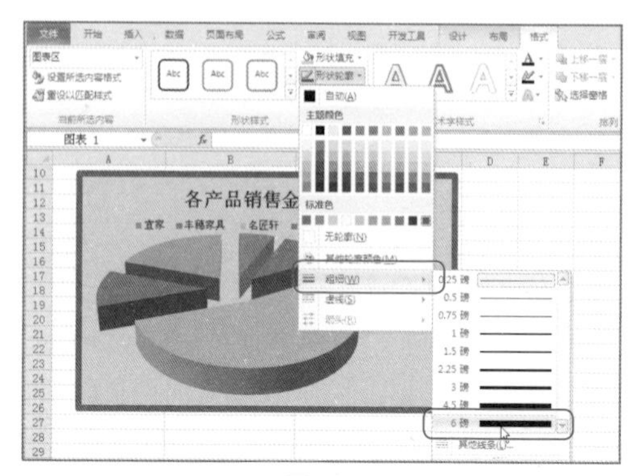

图5-38

❹ 单击“形状效果”按钮，在下拉菜单中选择“发光”效果，接着在弹出的子菜单中选择一种发光样式，如“紫色，18pt发光，强调文字4”，如图5-39所示。

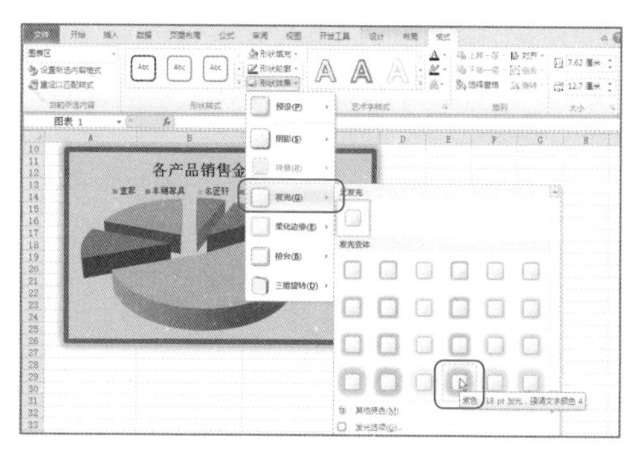

图5-39

❺ 在“形状效果”下拉菜单中单击“柔化边缘”选项，在弹出的子菜单中选择“10磅”，设置完成后效果如图5-40所示。

图5-40

用户可以自己动手设置图表表格区域的格式，以达到自己想要的美化图表的效果。

5.4.4　添加数据标签

默认创建的图表是没有添加数据标签的，用户可以手动添加数据标签，并设置数据标签的格式，具体操作方法如下。

❶ 打开工作表，选中要添加标签的图表，切换到“布局”选项卡，在“标签”选项组中单击“数据标签”按钮，在其下拉菜单中选择一种标签样式，如“最佳匹配”，如图5-41所示。

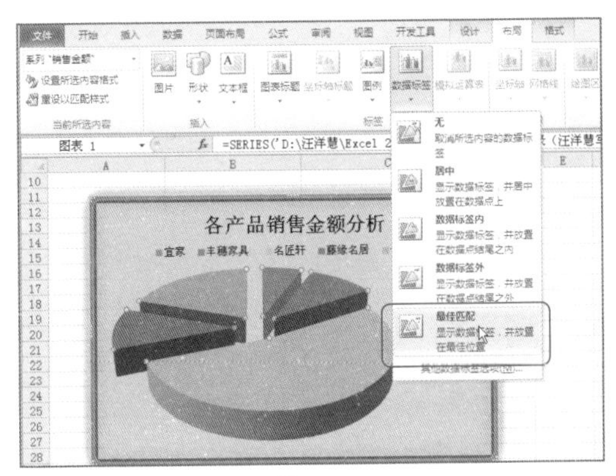

图5-41

❷ 返回工作表中，即可看见图表中添加了数据标签，如图5-42所示。

❸ 选中图表绘图区并右击，在快捷菜单中选择“设置数据标签格式”命令，如图5-43所示。

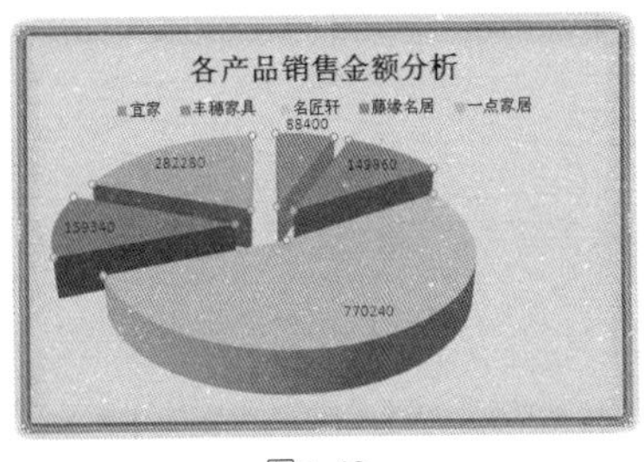

图5-42

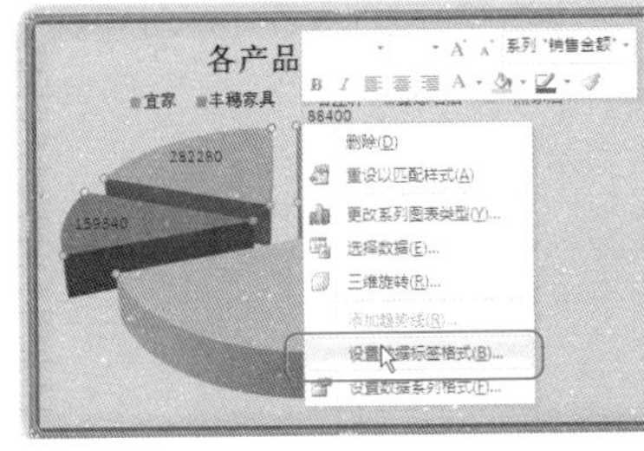

图5-43

❹ 打开“设置数据标签格式”对话框，在“标签包括”下取消选中“值”复选框，接着选中“百分比”复选框，如图5-44所示。

❺ 单击“确定”按钮，即可将图表数据标签设置为百分比形式，效果如图5-45所示。

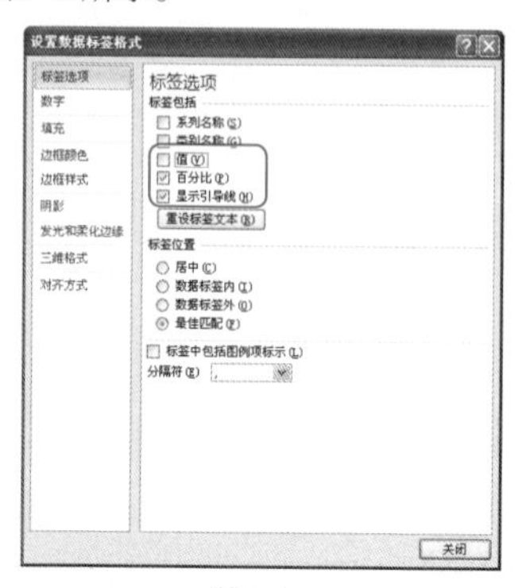

图5-44

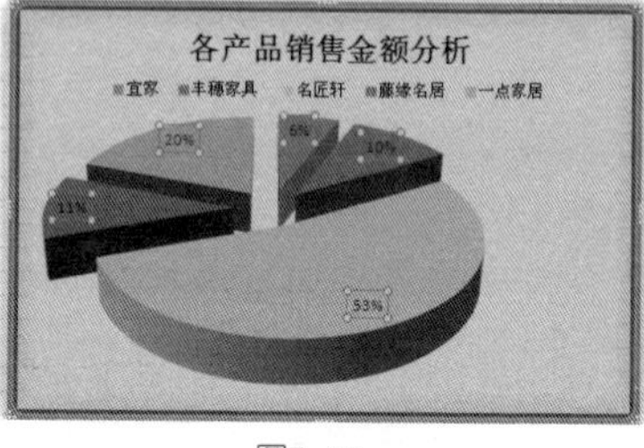

图5-45

专家提示

在使用柱形图或条形图时，只需要为数据添加数据标签即可，如果插入的是饼形图，则需要将数据标签以百分比形式显示出来，以方便看出扇形区域在饼形图中所占的比例。

5.4.5 设置数据系列格式

柱形图与条形图中每个分类中的各个系列是紧密连接显示的，用户可以设置数据系列格式进行分离，方法如下。

❶ 打开工作表，选中图表任意系列并右击，在快捷菜单中选择“设置数据系列格式”命令，如图5-46所示。

❷ 打开“设置数据系列格式”对话框，在右侧窗格中拖动“系列重叠”栏中的滑块为负值，如“-65%”，如图5-47所示。

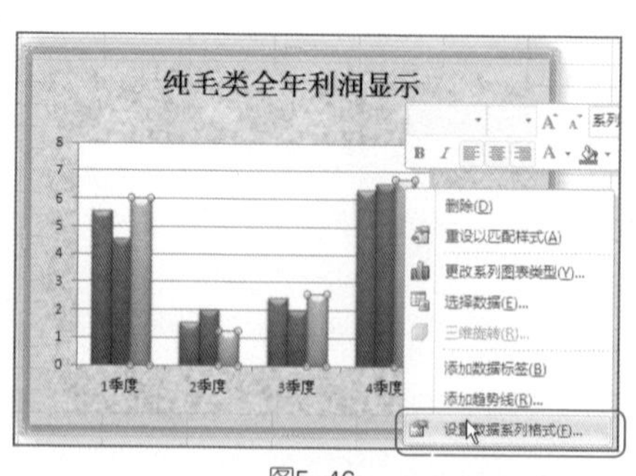

图5-46

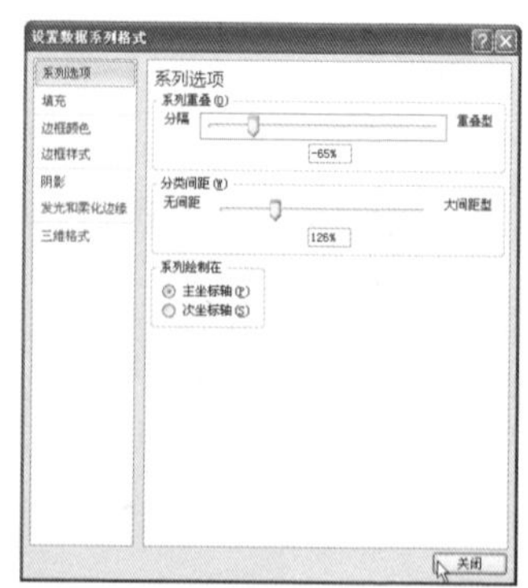

图5-47

❸ 设置完成后，单击“关闭”按钮，返回工作表中，即可看到数据系列分离显示，效果如图5-48所示。

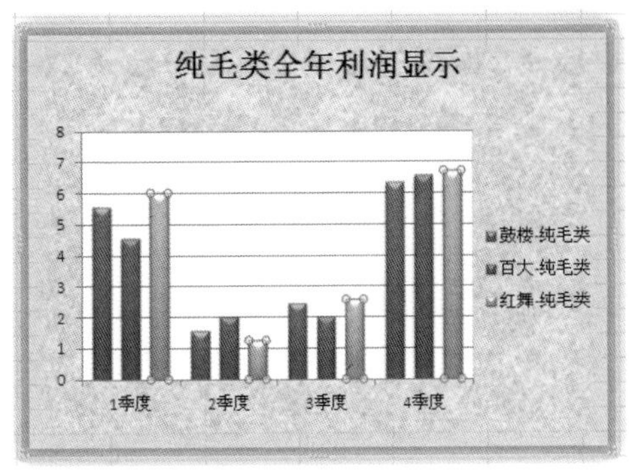

图5-48

专家提示

在饼形图中，可以利用“设置数据系统格式”来设置各个扇形区域的分离程度。

5.4.6　设置坐标轴

在图表操作中，用户可以为坐标轴添加标题，删除或者显示坐标轴，具体操作方法如下。

1. 删除坐标轴

❶ 打开工作表，选中图表的水平轴并右击，在快捷菜单中选择“删除”命令，如图5-49所示。

❷ 选中垂直轴并右击，在快捷菜单中选择“删除”命令，即可删除垂直轴，删除后的效果如图5-50所示。

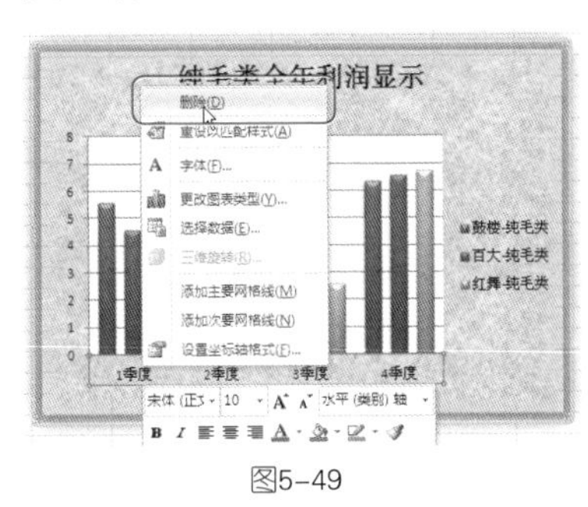

图5-49

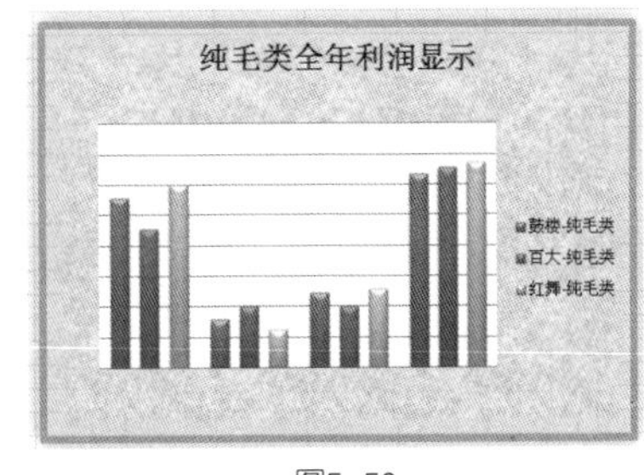

图5-50

专家提示

用户还可以在选中垂直轴或水平轴的时候，按Delete键，即可删除选中的坐标轴。

2. 恢复水平轴

❶ 打开工作表，选中图表，切换到“布局”选项卡，在“坐标轴”选项组中单击“坐标轴”按钮，在其下拉菜单中选择“主要横坐标轴”命令，在弹出的子菜单中选择“显示从右到左坐标轴”命令，如图5-51所示。

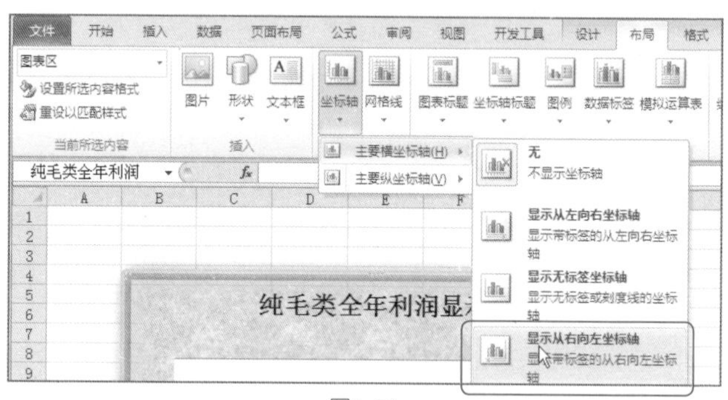

图5-51

❷ 返回工作表中，即可恢复图表的水平轴，如图5-52所示。

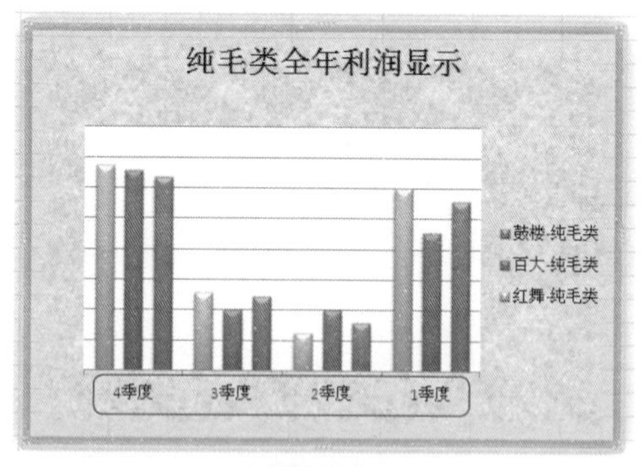

图5-52

3. 恢复垂直轴

❶ 打开工作表，选中图表，切换到“布局”选项卡，在“坐标轴”选项组中单击“坐标轴”按钮，在其下拉菜单中选择“主要纵坐标轴”命令，在弹出的子菜单中选择“显示默认坐标轴”命令，如图5-53所示。

图5-53

❷ 返回工作表中，即可恢复图表的水平轴，如图5-54所示。

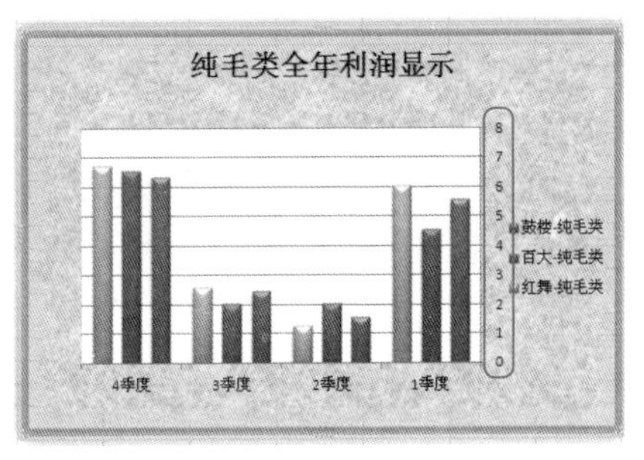

图5-54

5.4.7　设置网格线

网格线分为主要横网格线和主要竖网格线，又分别分为主要网格线和次要网格线，用户可以根据需要进行设置。

1. 将图表中的网格线更改为虚线条

❶ 打开工作表，选中图表中的网格线并右击，在快捷菜单中选择“设置网格线格式”命令，如图5-55所示。

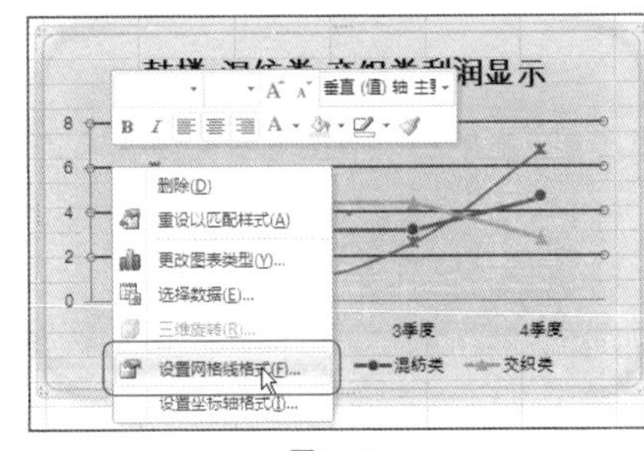

图5-55

❷ 打开“设置主要网格线格式”对话框，在左侧窗格中选择“线性”标签，在右侧窗格的“短划线类型”下拉列表中选择一种虚线样式，如图5-56所示。

❸ 单击“关闭”按钮，返回工作表中，即可看到网格线更改为虚线，效果如图5-57所示。

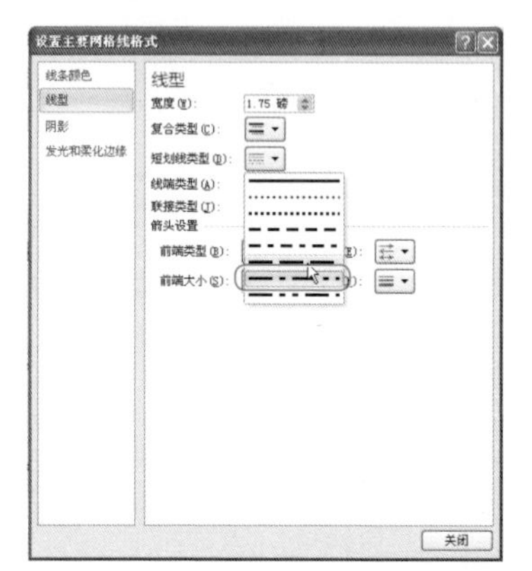

图5-56

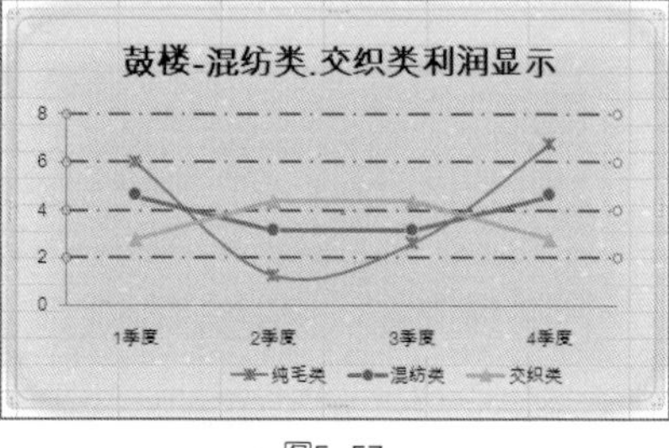

图5-57

2. 显示次网格线

❶ 打开工作表，选中图表中的网格线，切换到“布局”选项卡，在“坐标轴”选项组中单击“网格线”按钮，在其下拉菜单中选择“主要横网格线”命令，在弹出的子菜单中选择“次要网格线”命令，如图5-58所示。

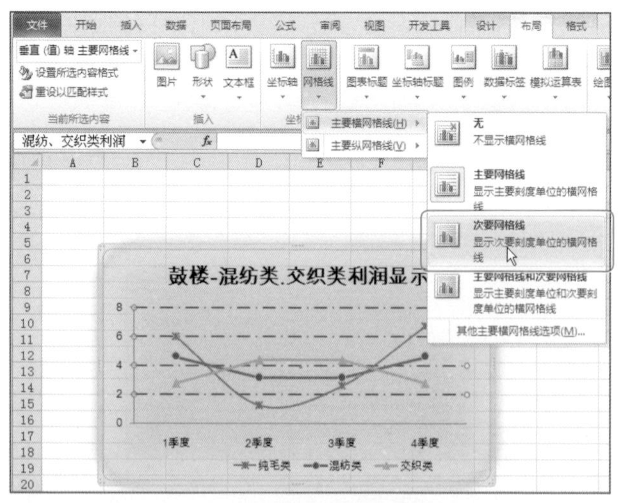

图5-58

❷ 返回工作表中，即可看见图表中显示出次要网格线，如图5-59所示。

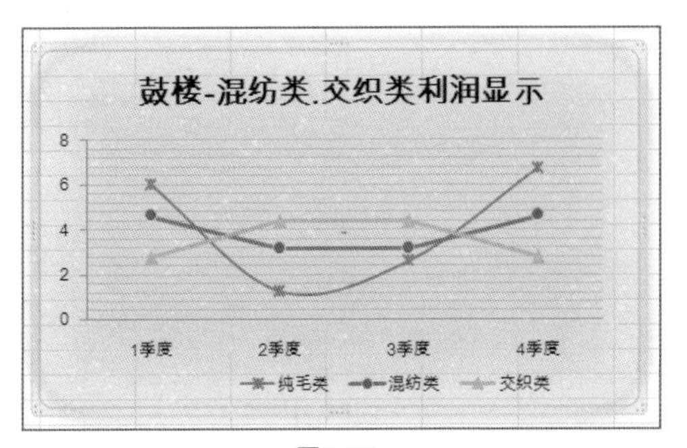

图5-59

3. 添加纵网格线

❶ 打开工作表，选中图表中的网格线，切换到“布局”选项卡，在“坐标轴”选项组中单击“网格线”按钮，在其下拉菜单中选择“主要纵网格线”命令，在弹出的子菜单中选择“主要网格线”或“次要网格线”命令，如图5-60所示。

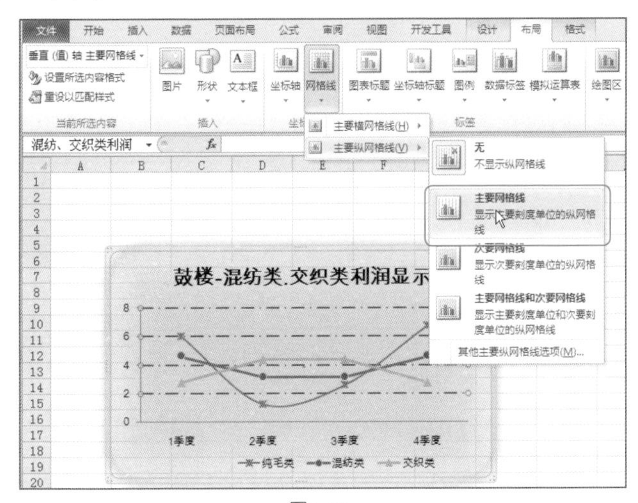

图5-60

❷ 返回工作表中，即可看见图表中依据设置显示出纵网格线，如图5-61所示。

专家提示

如果用户想取消显示的网格线，只要在“主要横网格线”或“主要纵网格线”下拉菜单中选择“无”命令，即可将图表中的网格线隐藏起来。

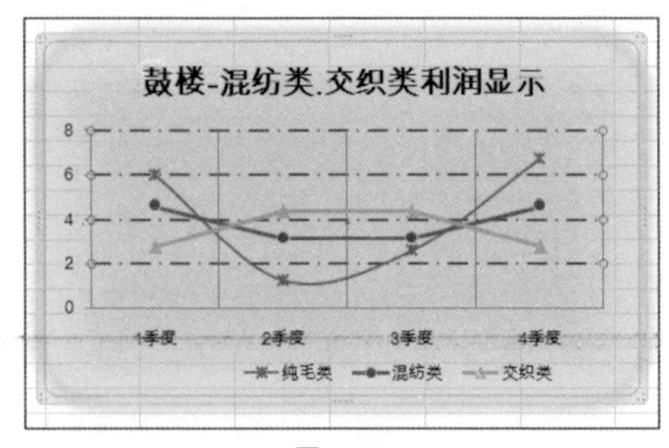

图5-61

5.4.8 添加涨/跌柱线

涨/跌柱线可以形象地表示系列的涨跌情况，若要快速地反应出数据各个系列间的涨跌情况，可以为图表添加涨/跌柱线，具体操作方法如下。

❶ 打开工作表，选中数据系列，切换到“布局”选项卡，单击“分析”选项组中的“涨/跌柱线”按钮，在其下拉菜单中选择“涨/跌柱线”命令，如图5-62所示。

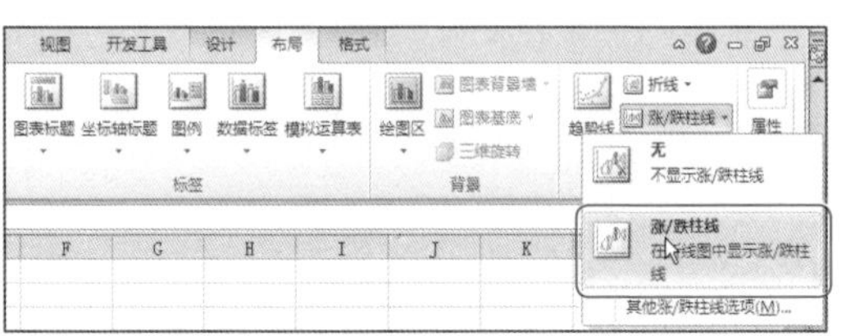

图5-62

❷ 设置完成后，返回工作表，即可为图表中各个数据点添加涨/跌柱线，如图5-63所示。

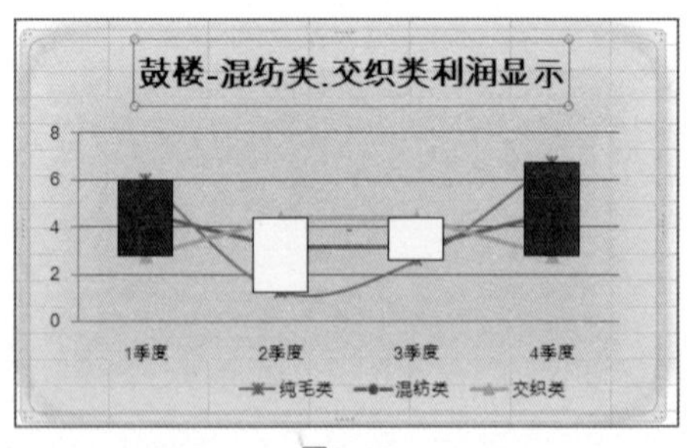

图5-63

专家提示

为图表添加涨/跌柱线之后，可以看到当图表的数据点上的数据呈上涨趋势时，显示实心的实体；当数据呈下降趋势时，显示空心的实体。

5.5　图表布局与样式套用

除了分别设置图表的布局和样式，用户还可以直接套用系统自带的图表的布局和样式。

5.5.1　图表布局的设置

“快速布局”功能是程序预设的方便快速套用的一些布局，利用这一功能可以快速地对图表的布局进行设置，具体操作方法如下。

❶ 打开工作表，选中建立的图表，切换到“设计”选项卡，在“图表布局”选项组中单击“快速布局”右侧的▾按钮，在其下拉列表框中选择一种布局样式，如图5-64所示。

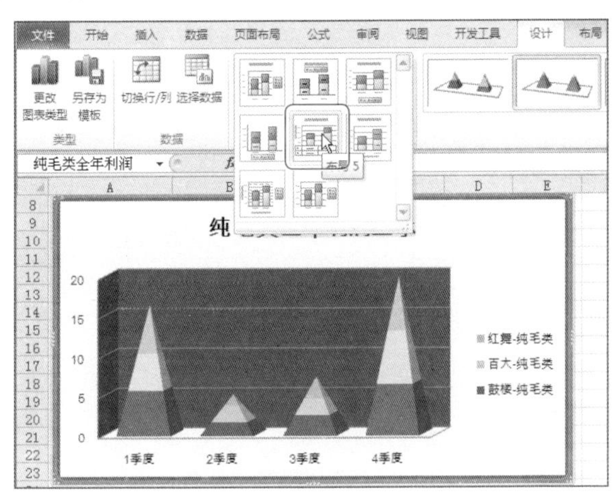

图5-64

❷ 设置完成后，返回工作表中，即可看到图表重新布局，如图5-65所示。

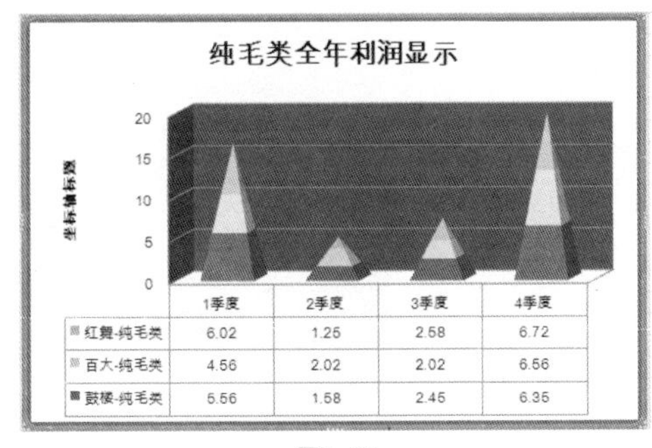

	1季度	2季度	3季度	4季度
红舞-纯毛类	6.02	1.26	2.58	6.72
百大-纯毛类	4.56	2.02	2.02	6.56
鼓楼-纯毛类	5.56	1.58	2.45	6.35

图5-65

专家提示

“图表布局”工具栏中列出的可套用的图表布局会根据当前图表的类型进行不同的显示。图表布局套用只是更改图表的布局格式，并不改变图表的表达目的。

5.5.2 图表样式的设置

“图表样式”下拉菜单中有很多种图表的样式，用户如果对创建的图表样式不满意，可以在“图表样式”下拉菜单下快速更改图表的样式，具体操作方法如下。

❶ 打开工作表，选中要更改的图表，切换到“设计”选项卡，在“图表样式”选项组中单击按钮，如图5-66所示。

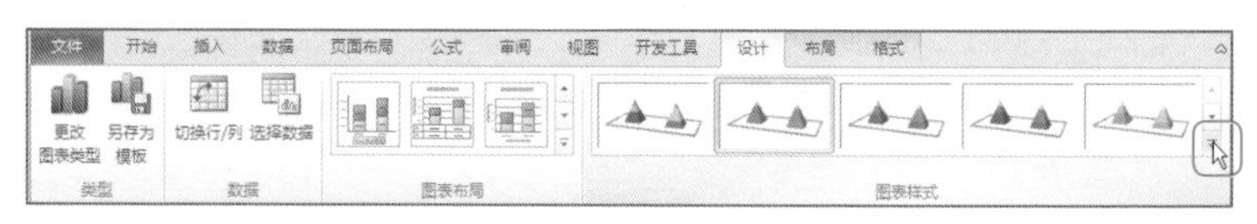

图5-66

❷ 打开“图表样式”下拉菜单，选择合适的图表样式，如“样式42”，如图5-67所示。

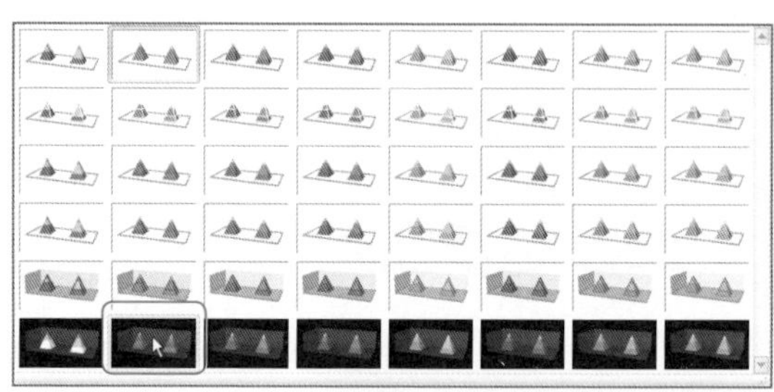

图5-67

❸ 设置好图表样式后，即可对选中的图表应用设置的样式，效果如图5-68所示。

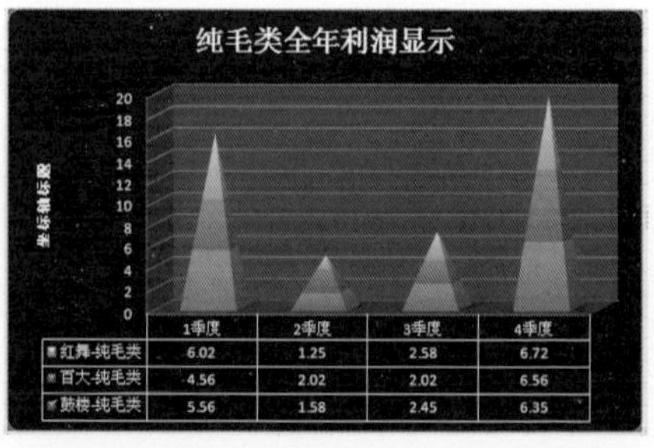

图5-68

专家提示

“图表样式”下拉菜单中有很多种样式，用户可以自己选择适合的样式运用到图表中。

第6章

使用数据透视表分析数据

6.1 数据透视表概述

数据透视表是一种对大量数据进行快速汇总和建立交叉列表的交互式表格，它不仅可以转换行和列以查看数据源的不同汇总结果，也可以显示不同页面以筛选数据，还可以根据需要显示区域中的细节数据。

6.1.1 什么是数据透视表

数据透视表是一种交互式的表，可以进行很多计算，如求和、计数以及求平均值等，所进行的计算和数据与数据透视表中的排列有关。

例如，可以水平或者垂直显示字段值，然后计算每一行或列的合计，也可以将字段值作为行号或列标，在每个行列交汇处汇总出各自的数量，然后计算小计和总计。

例如，如果要按季度来分析每个业务员的销售业绩，可以将业务员名称作为列标识放在数据透视表的顶端，将季度名称作为行标识放在表的左侧，然后对每一个雇员计算以季度分类的销售数量，放在每个行和列的交汇处。

之所以称为数据透视表，是因为可以动态地改变它们的版面布置，以便按照不同的方式分析数据，也可以重新安排行列标识和字段。每一次改变版面布置时，数据透视表会立即按照新的布置重新计算数据。另外，如果原始数据发生更改，数据透视表随之更新。

6.1.2 数据透视表的作用

数据透视表有机地综合了数据的排序、筛选、分类汇总等数据分析的优点，可方便地调整分类汇总的方式，灵活地以多种不同的方式展示数据的特征。建立数据表之后，通过鼠标拖动来调节字段的位置可以快速获得多种不同的统计结果，即表格具有动态性。另外，用户还可以根据数据透视表创建数据透视图，直观地显示数据透视表统计的结果。

6.1.3 何时应该使用数据透视表

对于数量众多、以流水账形式记录、结构复杂的工作表，为了将其中一些内在规律显示出来，可以将工作表重新组合并添加算法，即可以建立数据透视表。数据透视表是专门为以下用途而设计的。

- 以优化式查询大量数据。
- 对数据进行分类汇总和聚合，按分类和子分类对数据进行汇总，创建自定义算公式。

- 展开或折叠要关注结果的数据级别，查看感兴趣的区域汇总数据明细。
- 将行移动到列或将列移动到行（或“透视”），以查看源数据不同汇总。
- 对最有用的最关注的数据子集进行排序、筛选、分组和条件格式设置。
- 需要提供简明、有吸引力且带有批注的联机报表或打印报表。

6.2　了解数据透视表的结构

了解数据透视表的结构与数据透视表中的专业术语，是初学者学习数据透视表首先要学会的，对数据透视表的结构有所了解之后才能灵活运用。

6.2.1　数据透视表的结构

新建的数据透视表不包含任何数据，但当新建并保持选中状态时，其中已经包含了数据透视表的各个要素，如图6-1所示。

图6-1

6.2.2　数据透视表中的专业术语

数据透视表中的专业术语有“字段”、“项”、“Σ数值”和“报表筛选，下面逐一介绍。

1. 字段

字段是从源列表或数据库中的字段衍生的数据分类，即源数据表中的列标识都会产生相应的字段，如图6-2所示的“数据透视表字段列表”中的“品牌”、“销售金额”、“业务员”都是字段。

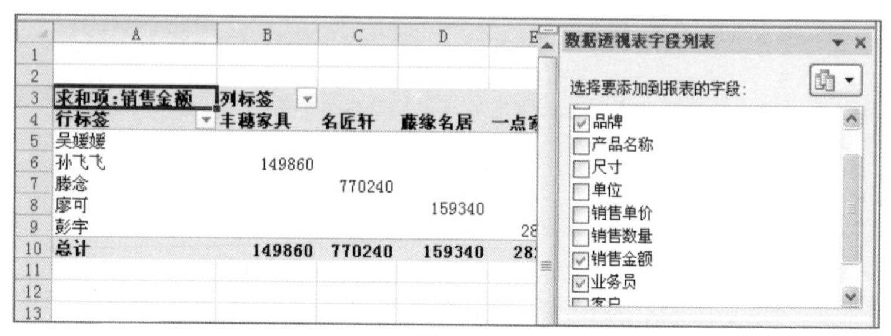

图6-2

对于字段列表中的字段，根据其设置不同又分为行字段、列字段和数值字段，如图6-2所示的数据透视表中的“品牌”为列字段，“业务员”为行字段，“销售金额”为数值字段。

2. 项

项是字段的子分类成员，如图6-3所示数据透视表中的“吴媛媛”、“孙飞飞”、“丰穗家具”、“名匠轩”等都称为项。

	A	B	C	D	E	F	G
1							
2							
3	求和项:销售金额	品牌					
4	业务员	丰穗家具	名匠轩	藤缘名居	一点家居	宜家	总计
5	吴媛媛					88400	88400
6	孙飞飞	149860					149860
7	滕念		770240				770240
8	廖可			159340			159340
9	彭宇				282280		282280
10	总计	149860	770240	159340	282280	88400	1450120

图6-3

3. ∑数值

∑数值是用来对数据字段中的值进行合并的计算类型。数据透视表中通常为包含数字的数据字段使用SUM函数，而为包含文本函数的字段使用COUNT函数。建立数据透视表并设置汇总后，可选择其他汇总函数，如AVERAGE、MIN、MAX和PRIDUCT函数。

4. 报表筛选

字段下拉列表中显示了可在字段中显示的项的列表，利用下拉列表中的选项可以进行数据的筛选，当包含▼按钮时，可以单击打开下拉列表，如图6-4、图6-5所示。

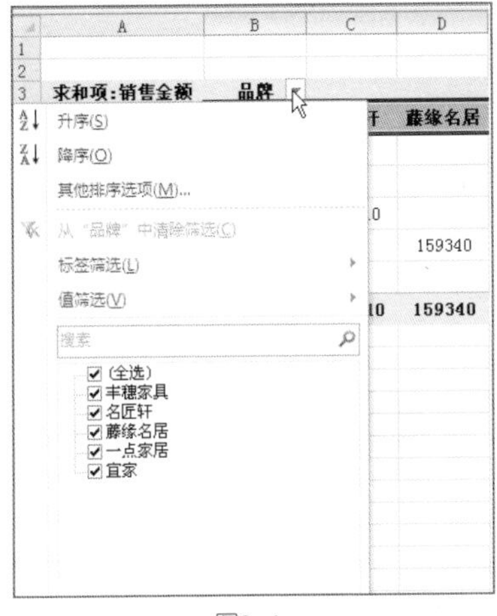

图6-4

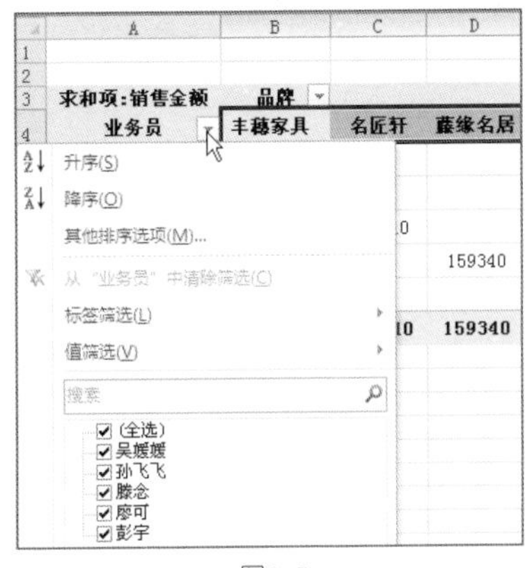

图6-5

6.3 创建数据透视表分析财务数据

数据透视表在财务数据中应用很多，而用数据透视表分析财务数据中的员工工资的统计和发放是最基本的一种。下面通过具体的操作来说明数据透视表的创建与字段的设置。

6.3.1 新建数据透视表

新建数据透视表对数据进行分析，需要准备好相关的数据，例如本例中的员工工资统计表，下面具体介绍如何依据“工资统计表”新建数据透视表。

❶ 打开数据源所在的工作表，切换到“插入”选项卡，在“表格”选项组中单击“数据透视表”按钮，在其下拉菜单中选择“数据透视表”命令，如图6-6所示。

❷ 弹出“创建数据透视表”对话框，默认选中“选择一个表或区域”选项，在“表/区域”文本框中显示了当前要建立为数据透视表的数据源，如图6-7所示。

图6-6

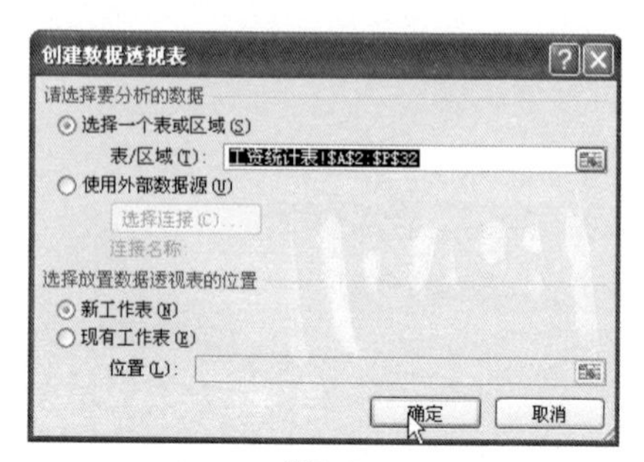

图6-7

❸ 保持默认设置，单击“确定”按钮，即可在当前工作表前面新建一个工作表，即创建了一个空白数据透视表，如图6-8所示。

图6-8

专家提示

建立了数据透视表之后，功能区会显示出“数据透视表工具”选项卡，该选项卡下包括“选项”和“设计”两个级联选项卡。选中数据透视表时会显示该选项卡，取消选中数据透视表时该选项卡自动隐藏。

6.3.2 通过设置字段得到统计结果

在Excel 2010中，系统默认建立的数据透视表只是一个框架，要得到相应的统计结果，如统计各部门应发工资总和，则需要根据实际合理地设置字段，具体操作方法如下。

❶ 在“数据透视表字段列表”任务窗格下单击“选择要添加到报表的字段”栏下的字段“部门”，在弹出的菜单中选择添加到的位置，如“添加到行标签”，如图6-9所示。

❷ 选择要添加的位置后，字段显示在指定位置，同时数据透视表中也相应地出现数据，如图6-10所示。

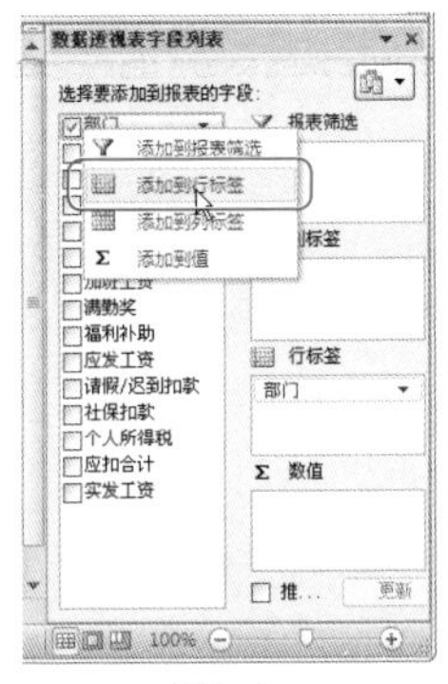

图6-9

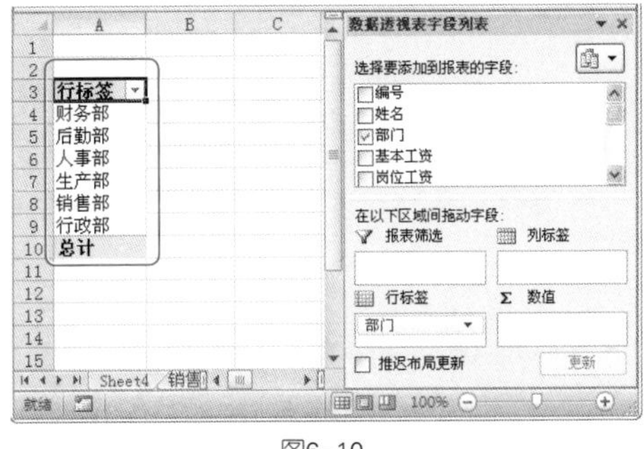

图6-10

❸ 按照相同的方法设置“实发工资”字段为“∑数值”标签，即可得出各个部门实发工资总和，如图6-11所示。

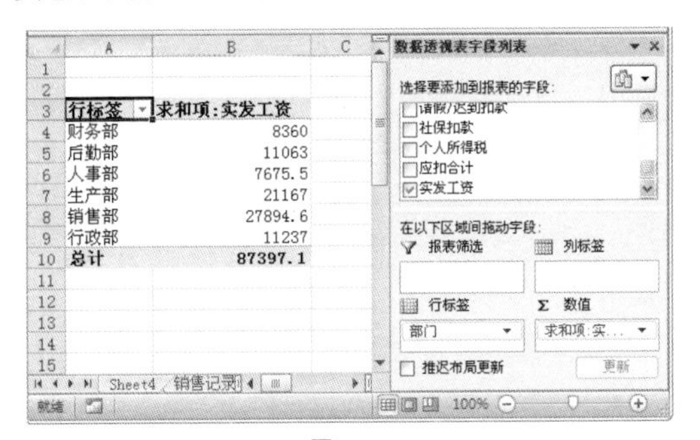

图6-11

6.4 调整数据透视表获取不同分析结果

在创建的数据透视表中，用户可以通过调整字段显示顺序、修改汇总方式等调整数据透视表，以达到获取不同分析的结果。

6.4.1 更改数据透视表字段布局

在“数据透视表字段列表”任务窗格中更改“行标签”、“列标签”或

“数值”区域中的字段，可以更改数据透视表的布局，即更改透视关系。

1. 分析销售人员的销售情况

设置“业务员”为行标签，“品牌”为列标签，“销售金额”为∑数值标签，设置后的统计结果如图6-12所示。

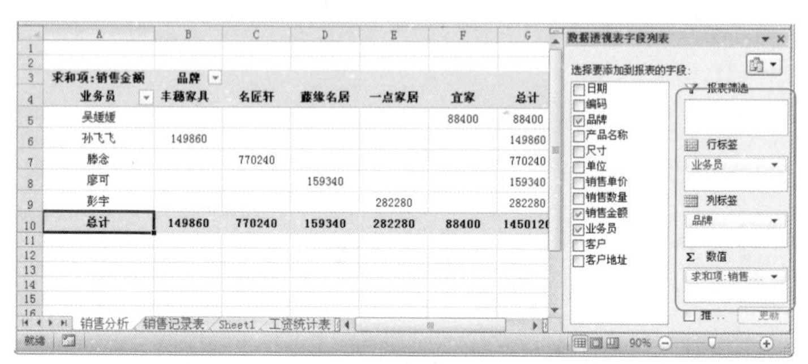

求和项:销售金额	品牌					
业务员	丰穗家具	名匠轩	藤缘名居	一点家居	宜家	总计
吴媛媛					88400	88400
孙飞飞	149860					149860
滕念		770240				770240
廖可			159340			159340
彭宇				282280		282280
总计	149860	770240	159340	282280	88400	1450120

图6-12

2. 分析不同日期的销售情况

设置“日期”为行标签，“品牌”为列标签，“销售金额”为∑数值标签，设置后的统计结果如图6-13所示。

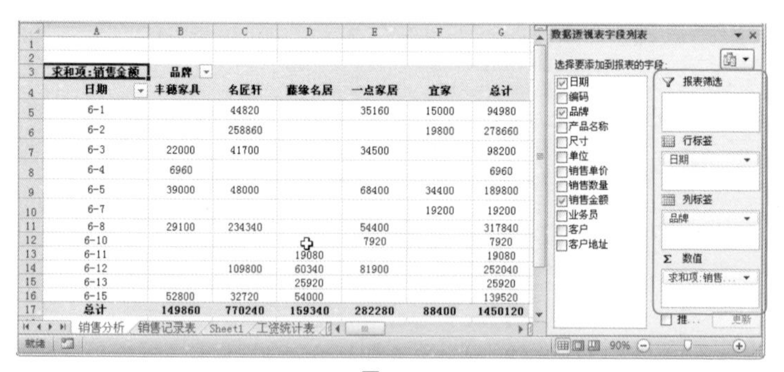

求和项:销售金额	品牌					
日期	丰穗家具	名匠轩	藤缘名居	一点家居	宜家	总计
6-1		44820		35160	15000	94980
6-2		258860			19800	278660
6-3	22000	41700		34500		98200
6-4	6960					6960
6-5	39000	48000		68400	34400	189800
6-7					19200	19200
6-8	29100	234340		54400		317840
6-10				7920		7920
6-11			19080			19080
6-12		109800	60340	81900		252040
6-13			25920			25920
6-15	52800	32720	54000			139520
总计	149860	770240	159340	282280	88400	1450120

图6-13

3. 分析不同客户的购买情况

设置“客户”为行标签，“销售数量”和“销售金额”为∑数值标签，设置后的统计结果如图6-14所示。

专家提示

通过对字段的设置，用户可以得到不同的分析统计结果，即更改数据透视表的字段布局。

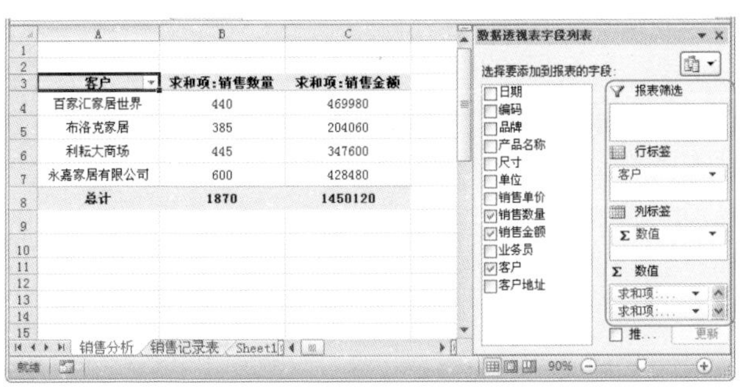

图6-14

6.4.2　调整字段显示顺序

在“数据透视表字段”窗格中，用户可以更改数据透视表字段的布局，使其以用户想要的方式显示出来。

❶ 打开数据透视表，在“数据透视表字段列表”窗格中单击下拉按钮，在其下拉列表中选择一种布局方式，如“字段节和区域节层叠”，如图6-15所示。

❷ 设置完成后，即可将字段布局更改为“字段节和区域节层叠”的显示方式，效果如图6-16所示。

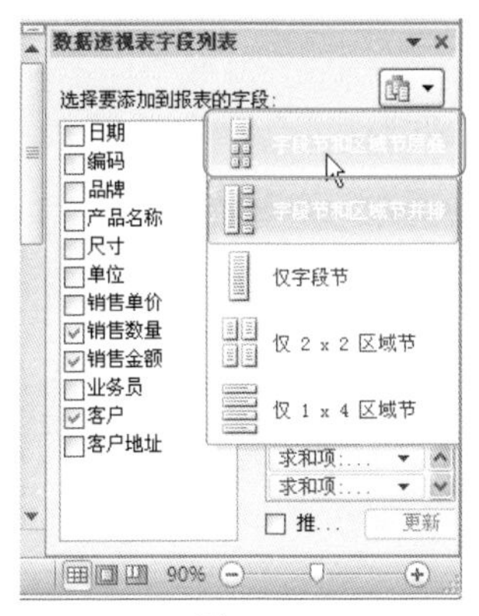

图6-15

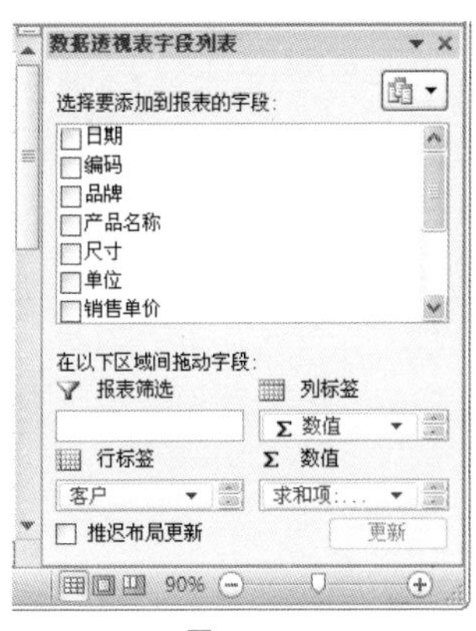

图6-16

专家提示

一般情况下都需要显示字段和区域，所以不经常使用“仅字段节”或“仅区域节”的显示方式。

6.4.3　修改汇总计算

默认情况下，创建的数据透视表对于汇总字段采用的都是“求和”的计算

方式，用户可以更改字段的分类汇总方式。

❶ 选中∑数值标签的“销售金额”字段并右击，在快捷菜单中选择“值字段设置”命令，如图6-17所示。

❷ 打开“值字段设置”对话框，将计算类型更改为“平均值”，如图6-18所示。

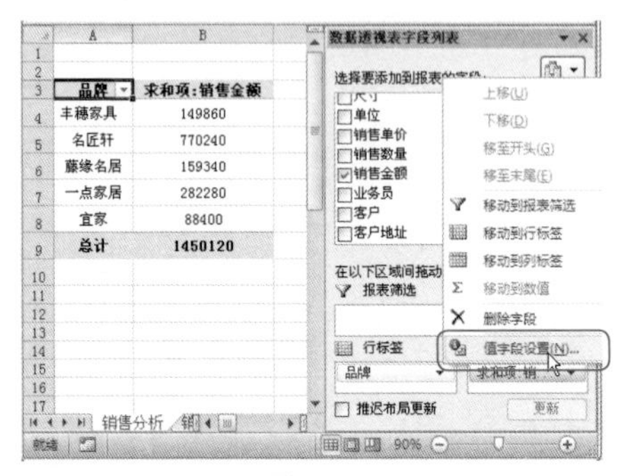

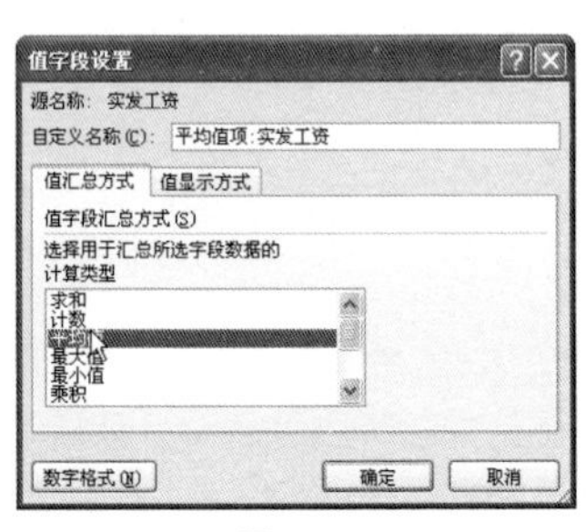

图6-17　　　　图6-18

❸ 设置完成后，单击“确定”按钮，即可将数据透视表中的统计结果更改为求平均值，效果如图6-19所示。

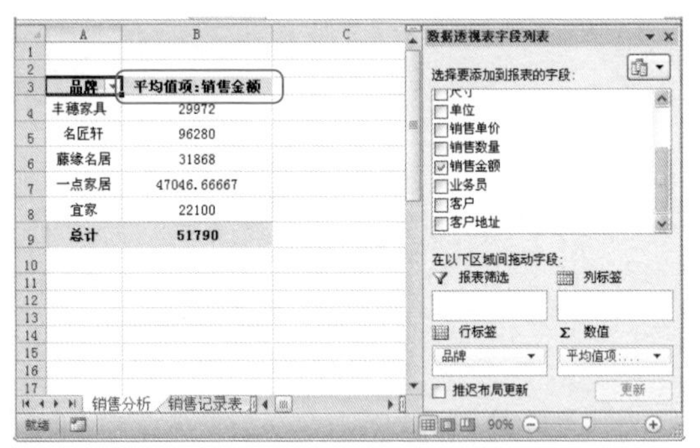

图6-19

动手练一练

“值字段设置”对话框中可以设置“计数”、“最大值”以及“最小值”等汇总方式。用户可以自己动手进行设置，以查看不同的计算结果。

6.4.4 数据透视表的更新

如果创建数据透视表的数据源发生了改变，想要数据透视表中的数据对源数据更新的话，可以使用数据透视表的更新功能。

❶ 打开数据透视表，切换到“选项”选项卡，在“数据”选项组中单击

“更新”按钮，在其下拉菜单中选择“全部刷新”命令，如图6-20所示。

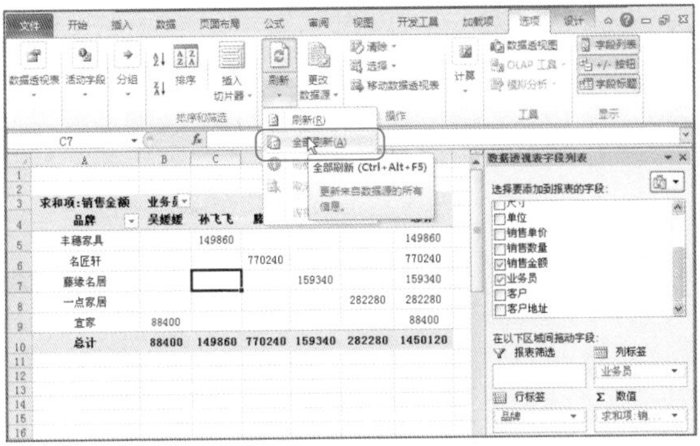

图6-20

❷ 设置完成后，数据透视表即可根据源数据进行更新。

6.5　显示明细数据

在Excel 2010中，通过设置可以在数据透视表中显示字段的明细数据，使透视表中的分析结果一目了然，在当前工作表中显示明细数据即将字段下方显示出明细数据，具体操作方法如下。

❶ 打开数据透视表，选中要显示明细数据的字段下的任意单元格，如：吴媛媛，单击“选项”选项卡，在“活动字段”选项组中单击“展开整个字段”选项，如图6-21所示。

❷ 打开“显示明细数据”对话框，在列表框中选择要显示明细数据所在的字段，如“销售单价”字段，如图6-22所示。

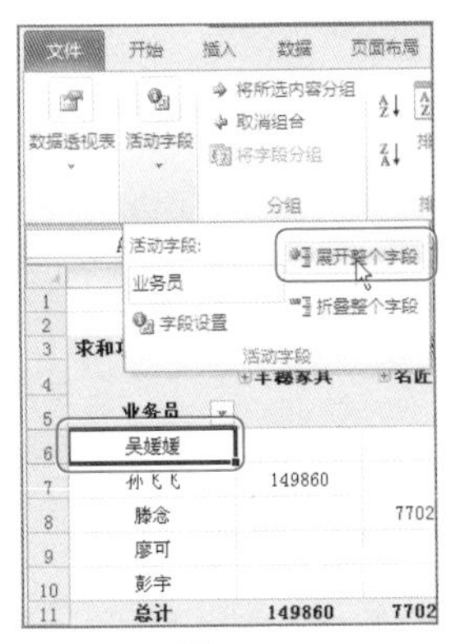

图6-21

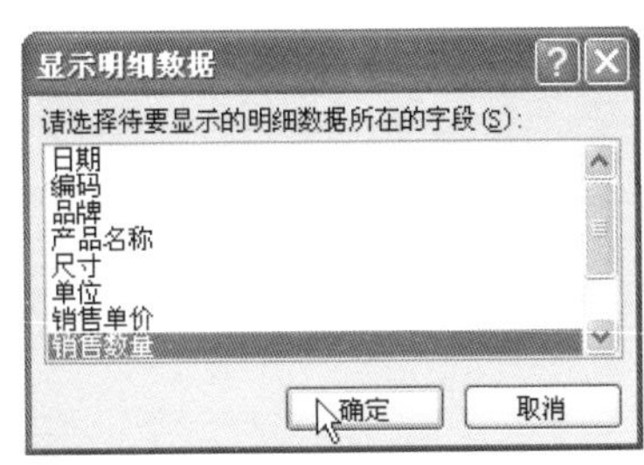

图6-22

③ 单击“确定”按钮，返回数据透视表，此时看到在数据透视表中可显示“行标签”下业务员所销售商品的所有数量的详细信息，如图6-23所示。

图6-23

专家提示

如果想要隐藏明细数据，在“活动字段”选项组中单击“折叠整个字段”选项即可。

6.6 数据透视表布局的更改及样式套用

在数据透视表中，用户可以更改数据透视表的布局，还可以根据系统内置的布局和样式，快速更改数据透视表的布局和样式，以达到美化的目的。

6.6.1 设置数据透视表分类汇总布局

在Excel 2010中，用户可以根据需要设置创建的数据透视表的分类汇总布局，具体操作方法如下。

① 打开工作表，选中数据透视表，切换到“设计”选项卡，单击“布局”选项组中的“分类汇总”按钮，在弹出的下拉菜单中选择一种布局，如“在组的顶部显示所有分类汇总”选项，如图6-24所示。

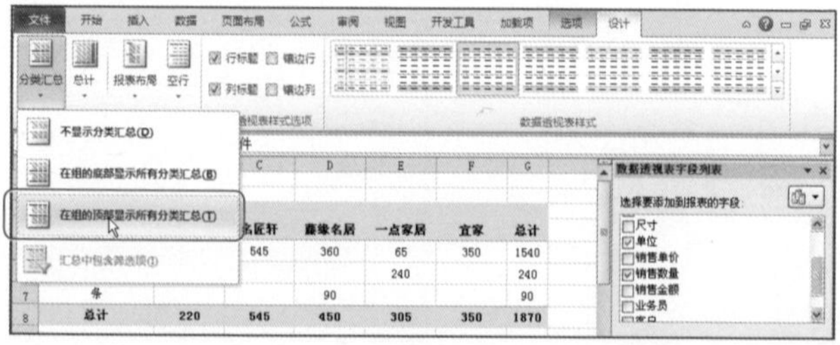

图6-24

❷ 设置完成后，即可更改数据透视表的分类汇总方式。

6.6.2　更改数据透视表默认布局

在Excel 2010中，用户为某个数据源创建的数据透视表会以系统默认布局显示，用户可以根据需要更改其默认布局，具体操作方法如下。

❶ 打开工作表，选中数据透视表，切换到“设计”选项卡，单击“布局”选项组中的“报表布局”按钮，在弹出的下拉菜单中选择一种布局，如“以表格形式显示”选项，如图6-25所示。

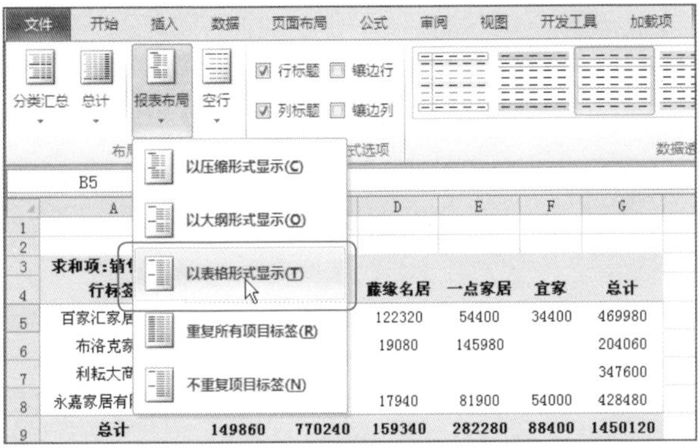

图6-25

❷ 返回工作表中，数据透视表的布局以表格形式显示出来，如图6-26所示。

	A	B	C	D	E	F	G
1							
2							
3	求和项：销售金额	品牌					
4	客户	丰穗家具	名匠轩	藤缘名居	一点家居	宜家	总计
5	百家汇家居世界		258860	122320	54400	34400	469980
6	布洛克家居	39000		19080	145980		204060
7	利耘大商场	36060	311540				347600
8	永嘉家居有限公司	74800	199840	17940	81900	54000	428480
9	总计	149860	770240	159340	282280	88400	1450120

图6-26

专家提示

“报表布局”下拉菜单中还有“以大纲形式显示”、“不重复项目标签”等布局，用户可以根据自己的需要选中合适的数据透视表布局。

6.6.3　通过套用样式快速美化数据透视表

在Excel 2010中，数据透视表和工作表一样，都提供了多种样式，用户可以通过套用样式来美化数据透视表，具体操作方法如下。

❶ 打开工作表，选中数据透视表，切换到“设计”选项卡，单击“数据透视表样式”下拉按钮，如图6-27所示。

❷ 在弹出的下拉列表中选择一种样式，如“数据透视表样式中等深浅4”样式选项，如图6-28所示。

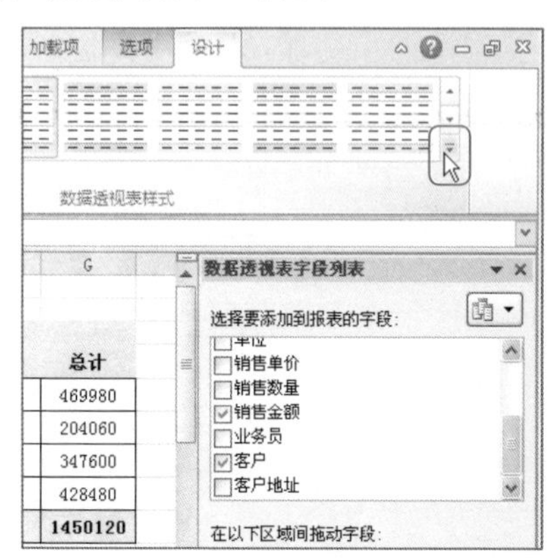

图6-27

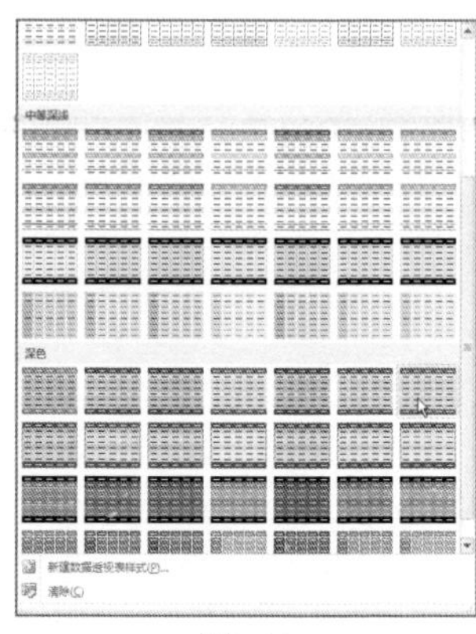

图6-28

❸ 返回工作表中，数据透视表依据所选样式美化，如图6-29所示。

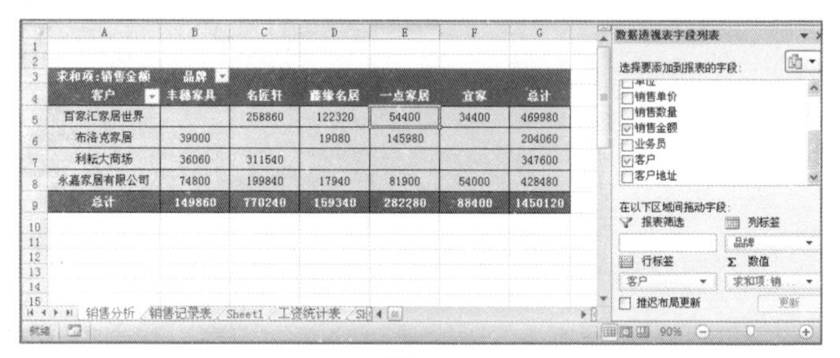

图6-29

专家提示

数据透视表样式分为“浅色”、“中等色”和“深色”三类，共85种样式，用户可以根据需要选择颜色类型，并在类型下选中想要的样式。

6.7 数据透视图的建立

虽然数据透视表具有比较全面的分析汇总功能，但是对于一般用户来说，它的布局显得很凌乱，很难一目了然，而采用数据透视图，则可以让用户非常直观地了解所需要的数据信息。

6.7.1　建立数据透视图

数据透视图可以直观地显示出数据透视表的内容，创建数据透视图的方法与创作图表的方法类似，具体操作方法如下。

❶ 选中数据透视表中的任意单元格，切换到“选项”选项卡，在“工具”选项组中单击“数据透视图”选项，如图6-30所示。

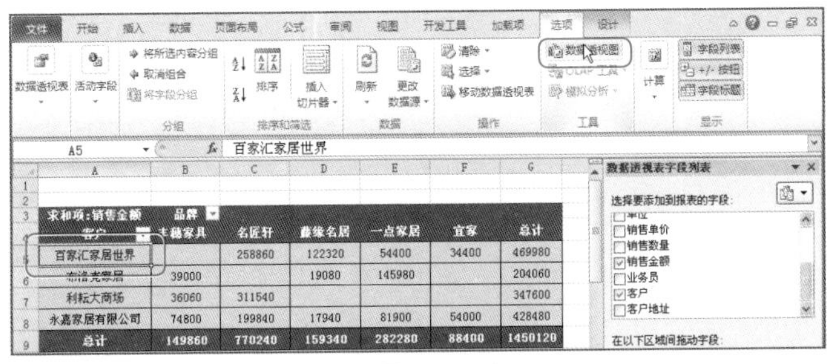

图6–30

❷ 打开“插入图表”对话框，在左侧窗格中选择“柱形图”标签，接着在右侧窗格中选择“簇状柱形图”，如图6-31所示。

❸ 单击“确定”按钮，返回数据透视表中，系统会依据选择的图形创建数据透视图，效果如图6-32所示。

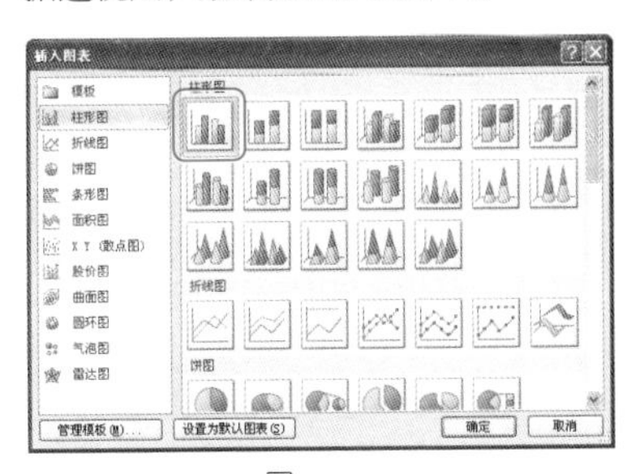

图6–31

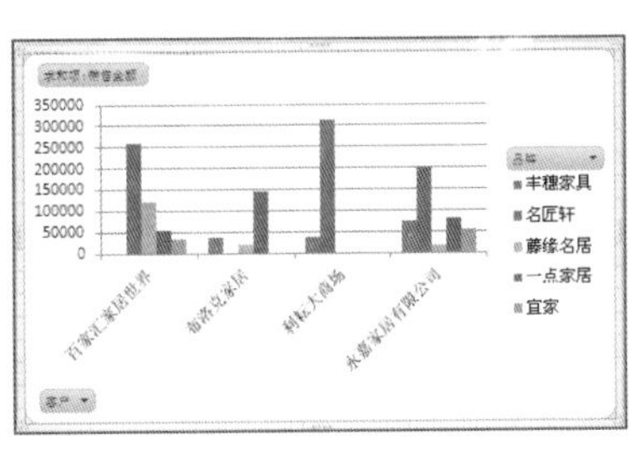

图6–32

6.7.2　通过“图表布局”功能快速设置图表布局

用户可以使用“图表布局”功能，快速设置创建的数据透视图的布局，具体操作方法如下。

❶ 打开工作表，选中建立的图表，切换到“设计”选项卡，在“图表布局容”选项组中单击“图表布局”按钮，在其下拉列表中选择一种布局样式，如“布局2”，如图6-33所示。

❷ 设置完成后，返回工作表中，即可看到图表重新布局，添加标题后的效果如图6-34所示。

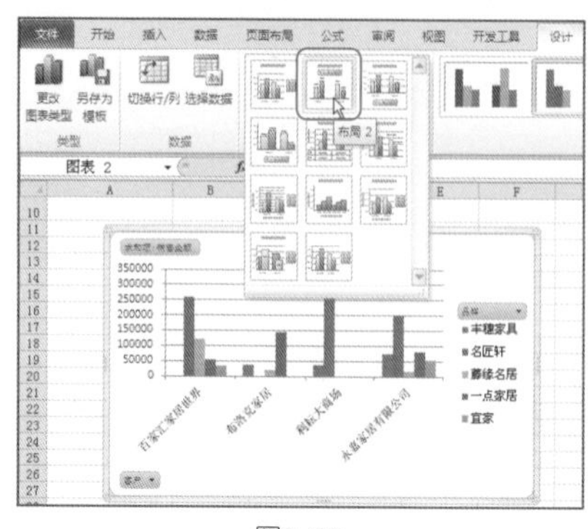

图6-33

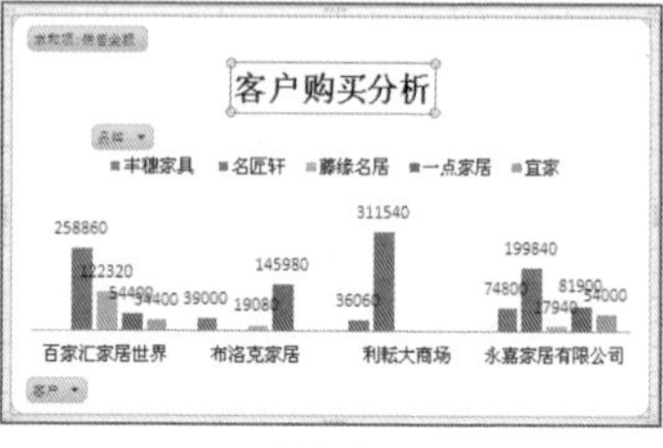

图6-34

6.7.3 通过“图表样式”功能快速设置图表样式

“图表样式”下拉菜单中有很多种图表的样式，用户如果对创建的图表样式不满意，可以在“图表样式”下拉菜单下快速地更改图表的样式，具体操作方法如下。

❶ 打开工作表，选中要更改的图表，切换到“设计”选项卡，在“图表样式”选项组中单击▾按钮，如图6-35所示。

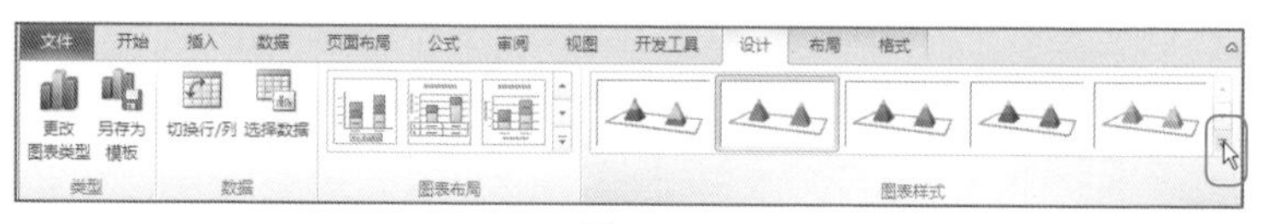

图6-35

❷ 打开“图表样式”下拉菜单，选择合适的图表样式，如“样式42”，如图6-36所示。

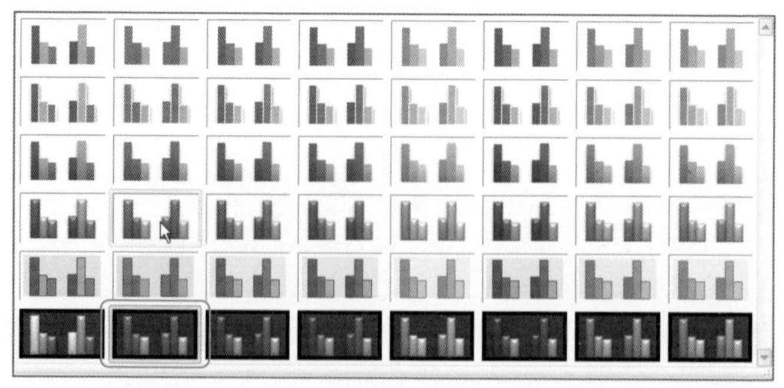

图6-36

❸ 设置好图表样式后，即可对选中的图表应用设置的样式，效果如图6-37所示。

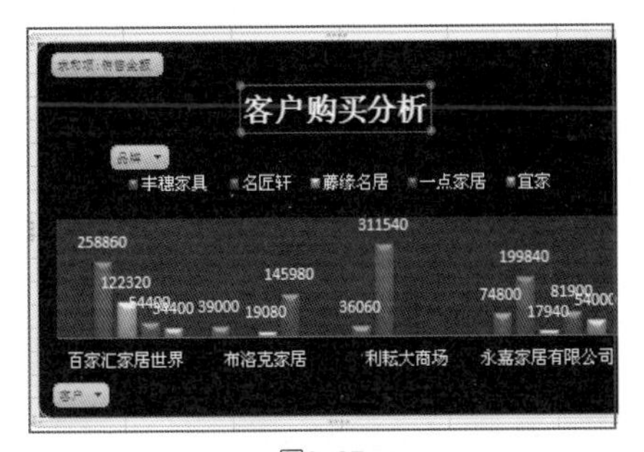

图6-37

6.7.4　更改数据透视图的图表类型

对于创建好的数据透视图，若是用户觉得图表的类型不能很好地满足其所表达的含义，可以重新更改图表的类型，具体操作方法如下。

❶ 打开数据透视表，选中创建的数据图并右击，在快捷菜单中选择“更改图表类型”命令，如图6-38所示。

❷ 打开“更改图表类型”对话框，在对话框中重新选择图表的类型，如“簇状柱形图”，如图6-39所示。

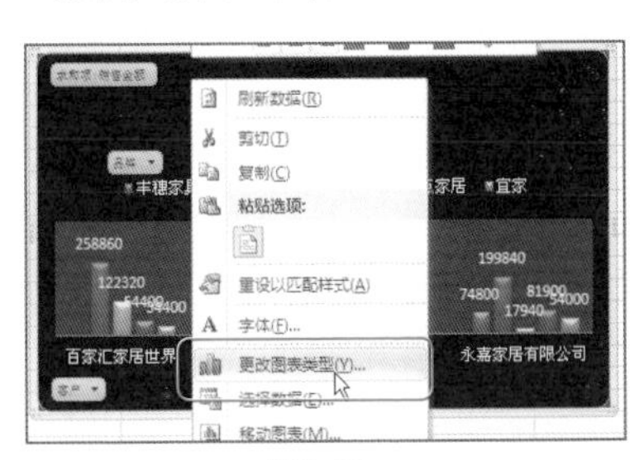

图6-38

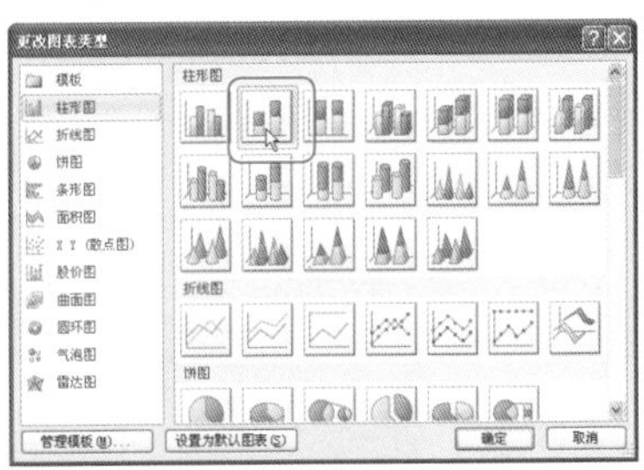

图6-39

❸ 单击“确定”按钮，返回数据透视表中，系统会依据选择的图形创建数据透视图，效果如图6-40所示。

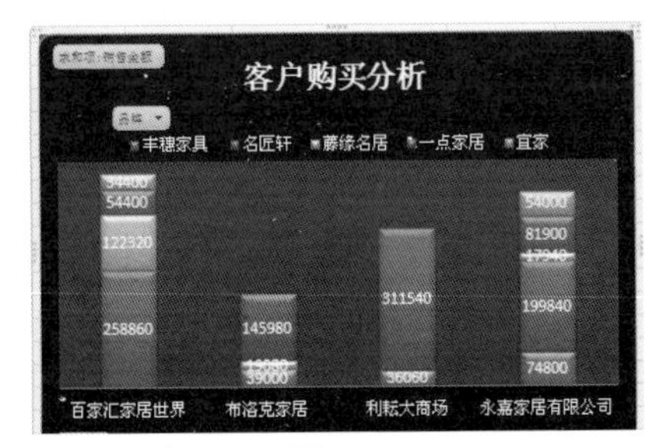

图6-40

6.7.5 在新工作表中显示数据透视图

对于创建好的数据透视图，用户可以使用图表的“移动功能”将其移动到新工作表中，具体操作方法如下。

❶ 打开数据透视表，选中创建的数据图，切换到“设计”选项卡，在“位置”选项组中单击“移动图表”按钮，如图6-41所示。

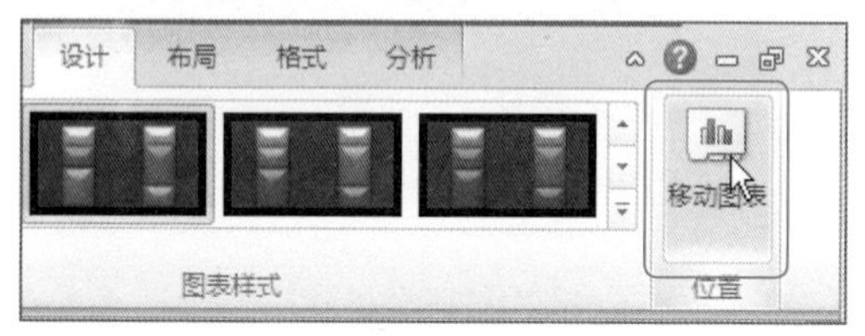

图6-41

❷ 打开“移动图表”对话框，在对话框中选中“新工作表”单选按钮，如图6-42所示。

图6-42

❸ 单击“确定”按钮，即可将图表移动到“Chart1”的工作表中单独显示，效果如图6-43所示。

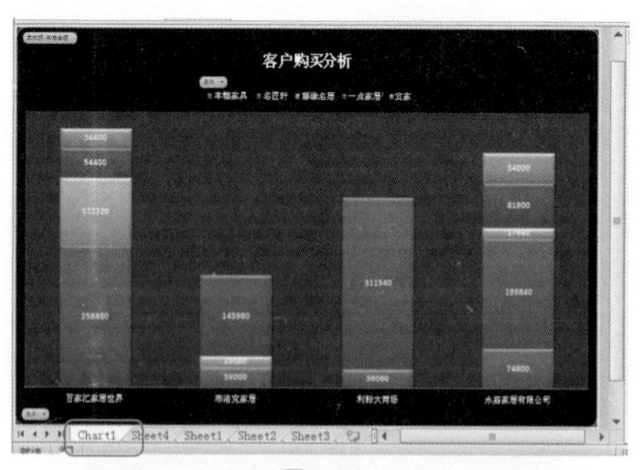

图6-43

第2篇 行业案例

第7章

函数、公式、图表在员工档案管理中的应用

实例概述与设计效果展示

人事管理是企业管理中的一个重要部分，因此人事管理过程中涉及到多项数据的处理。本实例中将介绍如何运用Excel 2010软件来设计一份完整的“员工档案管理”工作簿，学习了本工作簿的设计后，用户可以完成类似“企业培训统计”等工作表的设计。

如下图是设计完成的工作簿各个主要部分，用户可以清楚地了解该工作簿包含的设计重点是什么。

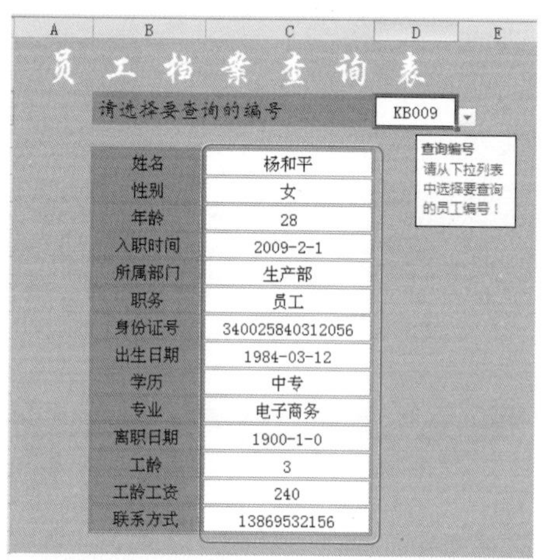

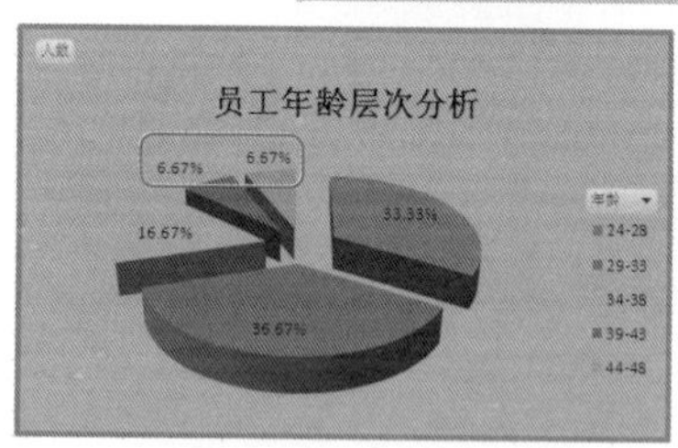

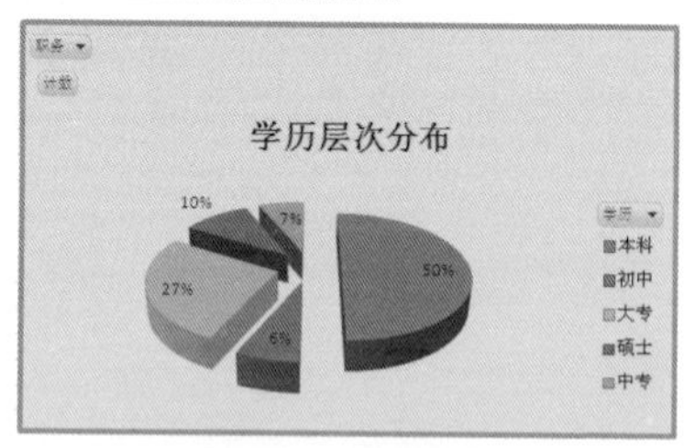

实例设计过程

为了方便讲解，这里将整个“员工档案管理表”工作簿的制作过程分为几大步骤：建立员工档案管理表→依据管理表建立员工档案查询→创建数据透视表→分析员工学历层次→分析员工年龄层次，建议初学者按步骤进行操作，稍微熟练的读者也可以根据需要查看其中的某几个部分。

7.1　设计员工档案管理表

员工档案信息通常包括员工编号、姓名、性别、年龄、所在部门、所属职位、技术职务、户口所在地、出生日期、身份证号、学历、入职时间、离职时间、工龄等，因此在建立档案管理表前需要将该张表格需要包含的要素拟订出来，以完成表格框架的规划。

7.1.1　建立员工档案表框架

先要在Excel 2010中创建“员工档案管理表”工作簿，这里来看具体的操作方法。

❶ 启动Excel 2010程序，默认建立了名为Book1的工作簿，单击“保存”按钮，打开“另存为”对话框。设置工作簿的保存位置，并设置保存名称为“员工档案管理表”，单击“保存”按钮，如图7-1所示。

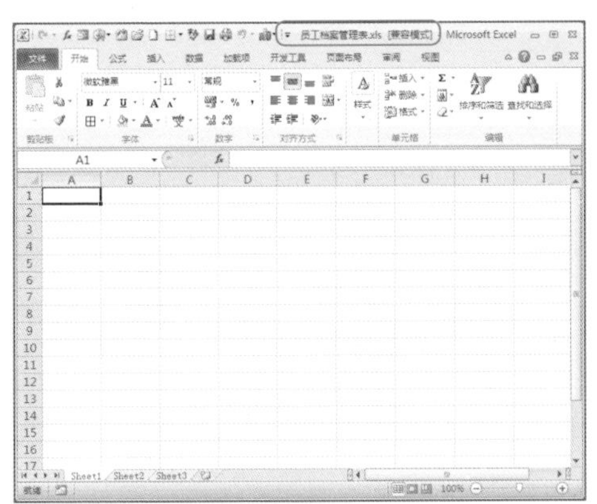

图7-1

❷ 在“Sheet1”工作表标签上双击鼠标左键，如图7-2所示。

❸ 重新输入新的工作表名称为“员工档案管理表”，如图7-3所示。

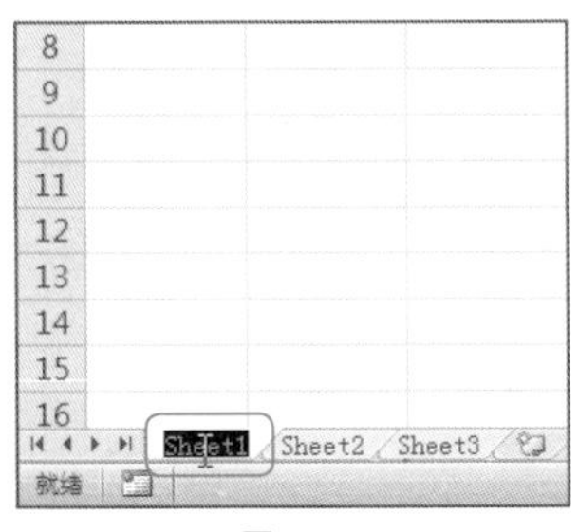

图7-2

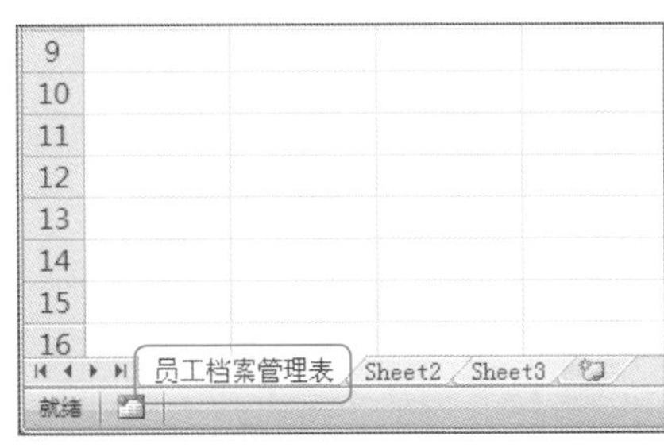

图7-3

将新建的Excel工作表保存，一是设定工作簿的名称，二是为了保护工作表，在编辑的过程中再次单击“保存”按钮，可以防止由于外在原因导致的数据丢失。

7.1.2 表头文字和列标识输入与文字格式设置

完成了“员工档案管理表”工作簿的创建后，就可以在工作表中输入表头文字和列标识，并对文字进行文字格式设置。

❶ 在A1和A2单元格中，分别输入表格标题事先规划好的各项列标识，如图7-4所示。

图7-4

❷ 选中第一行中从A1单元格开始直至列标识结束的单元格区域，在“对齐方式”选项组中单击“合并后居中”按钮，以将表格标题合并居中，如图7-5所示。

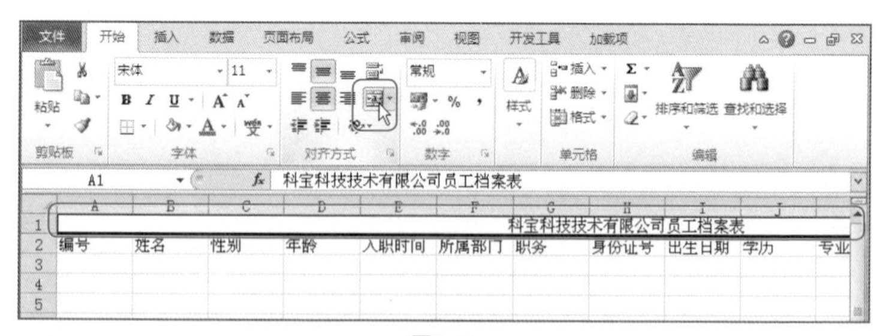

图7-5

❸ 保持对合并后单元格的选中状态，在“字体”选项组中单击“字体”下拉按钮，选择字体；单击“字号”下拉按钮，选择字号，如图7-6所示。

❹ 按照与上面相同的方法，分别在“开始”菜单的“字体”选项组中设置列标识的文字格式，设置后如图7-7所示。

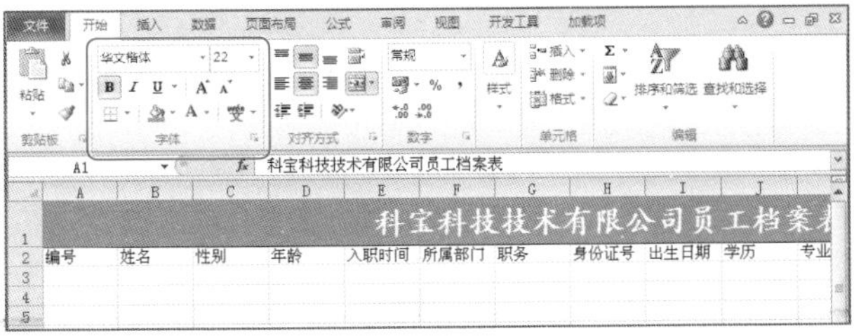

图7-6

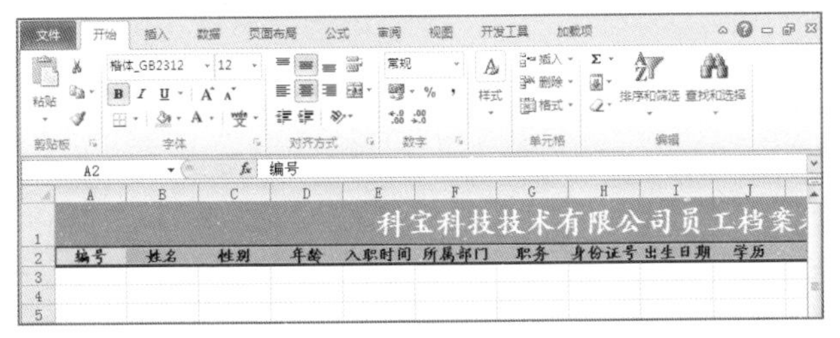

图7-7

❺ 选中要调整的列，将光标定位在右侧边线上，当出现双向箭头时，按住鼠标左键向右拖动增大列宽，向左拖动减小列宽，如图7-8所示。

❻ 选中要调整的行，将光标定位在下侧边线上，当出现双向箭头时，按住鼠标左键向下拖动增大行高，向上拖动减小行高，如图7-9所示。

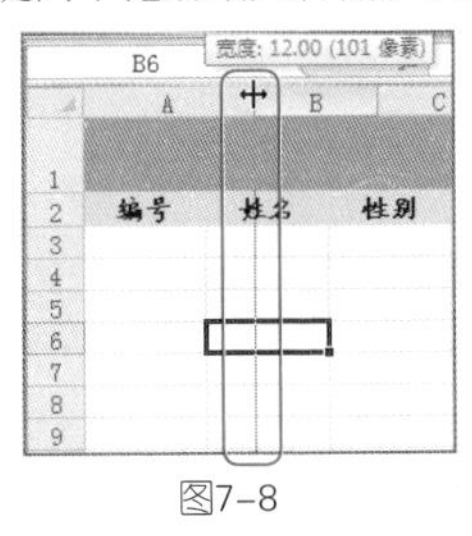

图7-8

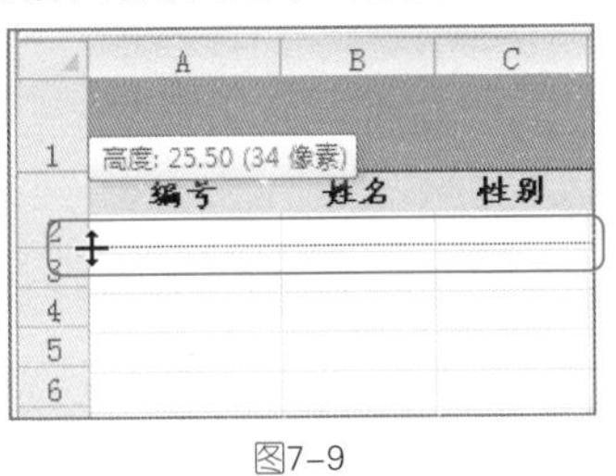

图7-9

❼ 按照相同方法根据实际需要依次调整列标识各列的列宽，调整完成，完成的表头信息如图7-10所示。

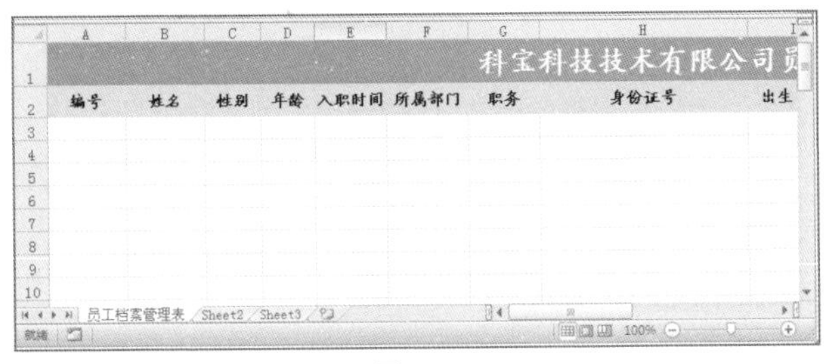

图7-10

设置好列标识的行高和列宽后，用户可以选中工作表编辑区域，切换到“开始”选项卡，在“单元格”选项组中单击“格式”按钮，在其下拉菜单中选择“行高”命令，一次性设置编辑区域的行高。

7.1.3 表格区域单元格格式及数据有效性设置

创建好员工档案管理表的框架后，用户可以对单元格设置数据有效性来指定输入某一类型的数据。

❶ 在A列中输入前两个编号，选中A3:A4单元格区域，将光标定位到右下角，出现黑色十字形时，按住鼠标右键向下拖动（如图7-11所示），释放鼠标即可实现快速填充员工编号，如图7-12所示。

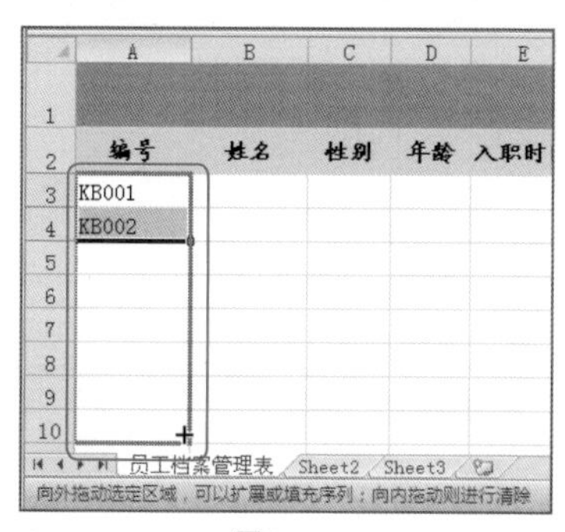

图7-11

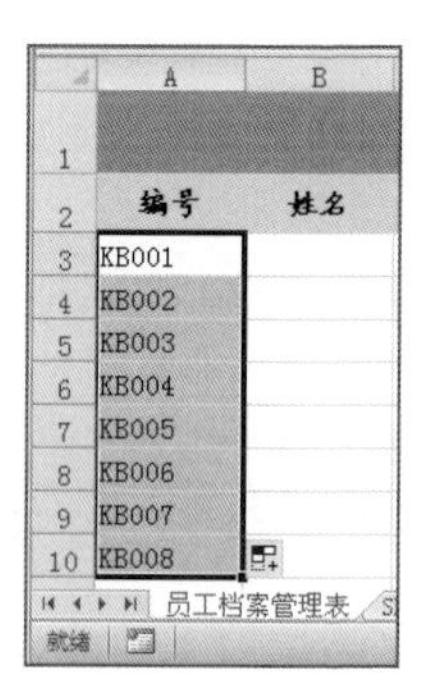

图7-12

❷ 选中“所属部门”列单元格区域，在“数据”选项卡的“数据工具”选项组中单击“数据有效性”按钮（如图7-13所示），打开“数据有效性”对话框。

图7-13

❸ 在“允许”下拉列表中选择“序列”选项，设置来源为“生产部,销售部,人事部,行政部,财务部,后勤部”，如图7-14所示。

❹ 切换到“输入信息”标签下，在“输入信息”文本框中输入提示信息（该提示信息用于当选中单元格时显示的提示文字），如图7-15所示。

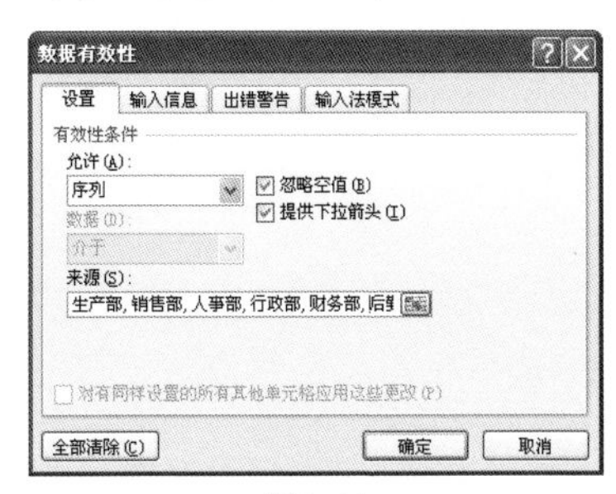

图7-14

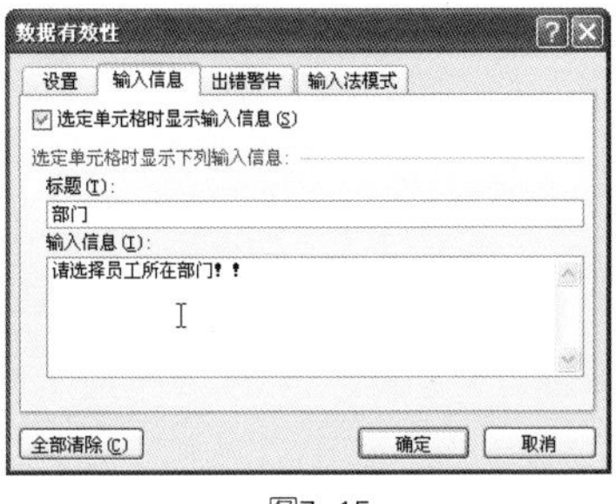

图7-15

❺ 设置完成后，关闭“数据有效性”对话框。在工作表中选中设置了数据有效性的单元格时会显示提示信息并出现下拉按钮（如图7-16所示），单击下拉按钮可显示出可供选择的部门，如图7-17所示。

图7-16

图7-17

❻ 选中“身份证号”列的单元格区域，在“开始”选项卡的“数字”下拉菜单中选择“文本”命令，即设置该列单元格的格式为“文本”格式，如图7-18所示。

❼ 保持“身份证号”列单元格区域的选中状态，在“数据”选项卡的“数据工具”选项组中单击“数据有效性”按钮，打开“数据有效性”对话框，在“允许”下拉列表中选择“自定义”选项，在“公式”文本框中输入“=OR(LEN(C4)=15,LEN(C4)=18)”，如图7-19所示。

❽ 切换到“输入信息”选项卡，设置选中该单元格显示的提示文字（如图7-20所示），接着切换到“出错警告”选项卡，设置当输入了不满足条件的身份证号码时弹出的错误提示，如图7-21所示。

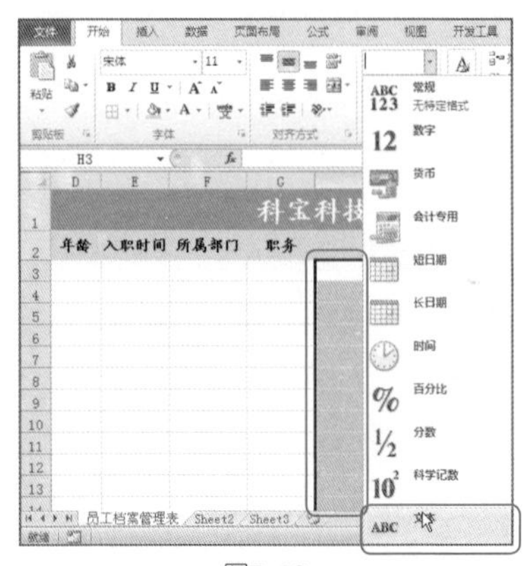

图7-18

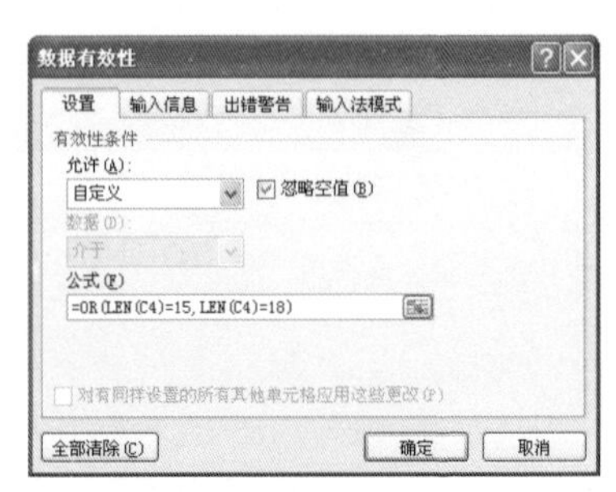

图7-19

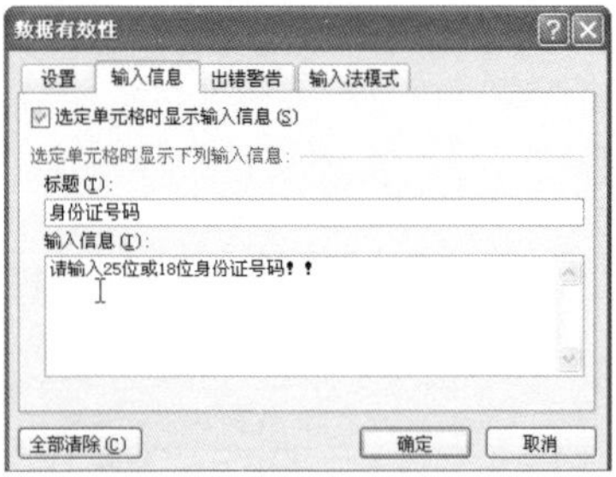

图7-20

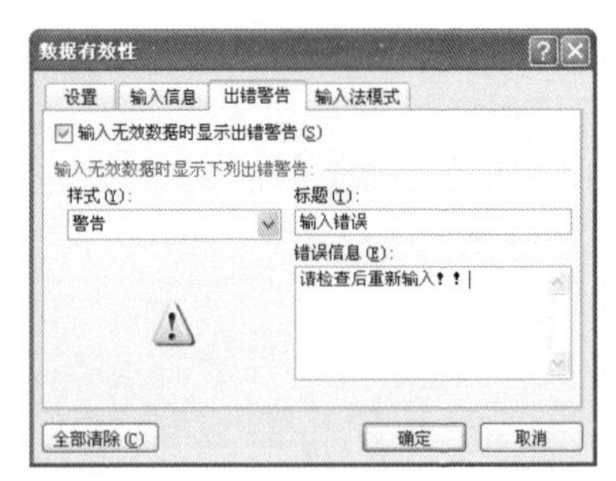

图7-21

❾ 设置完成后，单击“确定”按钮回到工作表中，选中“身份证号”列中设置了数据有效性的任意单元格，都会显示提示文字，如图7-22所示。

❿ 当在“身份证号”列设置了数据有效性的任意单元格中输入的位数不是15位或18位时，则会弹出错误提示，如图7-23所示。

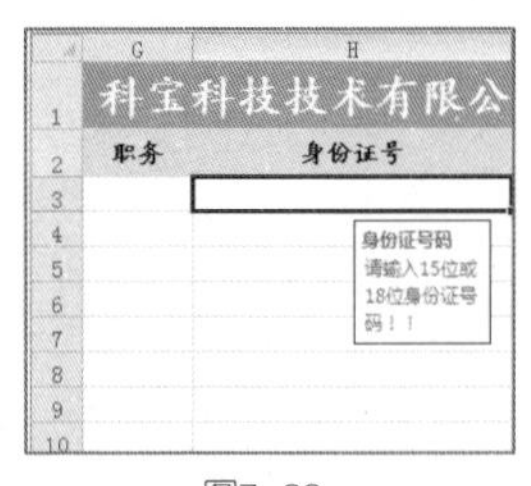

图7-22

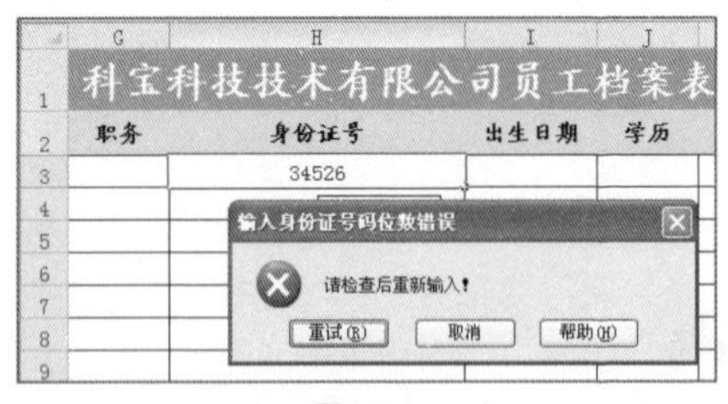

图7-23

专家提示

完成表格的相关设置之后，接着则需要手工输入一些基本数据，包括员工姓名、所属部门、职务、身份证号码、学历、入职时间、联系方式等数据。

7.1.4　设置公式自动返回相关信息

为了体现出表格的自动化功能，上面建立的员工档案表信息可以返回性别、出生日期信息，通过入职日期可以计算工龄等。

1. 设置返回性别、年龄、出生日期的公式

❶ 选中C3单元格，在编辑栏中输入公式：

```
=IF(LEN(H3)=15,IF(MOD(MID(H3,15,1),2)=1,"男","女"),IF(MOD(MID(H3,17,1),2)=1,"男","女"))
```

按Enter键，即可从第一位员工的身份证号码中判断出该员工的性别。

❷ 将鼠标移至单元格右下角，光标变成黑色十字形时，按住鼠标左键向下拖动进行公式填充，从而快速得出每位员工的性别，如图7-24所示。

C3　=IF(LEN(H3)=15,IF(MOD(MID(H3,15,1),2)=1,"男","女"),IF(MOD(MID(H3,17,1),2)=1,"男","女"))

科宝科技技术有限公司员

编号	姓名	性别	年龄	入职时间	所属部门	职务	身份证号	出生日
KB001	黄永明	男		2001-1-1	销售部	经理	340025197605162511	
KB002	丁瑞丰	女		2001-1-1	销售部	销售代表	342001198011202528	
KB003	庄尹丽	男		2003-1-1	销售部	销售代表	340001198203188452	
KB004	黄觉	女		2005-1-15	销售部	销售代表	340025198311043224	
KB005	侯淑娟	男		2003-1-15	销售部	销售代表	340025197908231235	
KB006	王英爱	男		2001-1-15	销售部	销售代表	342025760612321	
KB007	阳明文	女		2002-1-15	生产部	厂长	340025680314952	
KB008	陈春	女		2005-2-1	生产部	主管	340031198309126285	
KB009	杨和平	女		2009-2-1	生产部	员工	340025840312056	
KB010	陈明	男		2009-2-1	生产部	员工	340025198502138578	
KB011	张刚	男		2009-2-15	生产部	员工	340025198602158573	
KB012	韦余强	男		2009-3-1	生产部	员工	342031830214857	
KB013	邓晓兰	男		2009-3-1	生产部	员工	342025830213857	
KB014	罗婷	男		2009-3-15	人事部	主管	340025198402178573	

员工档案管理表　Sheet2　Sheet3　就绪　计数: 14　100%

图7-24

公式分析

=IF(LEN(H3)=15,IF(MOD(MID(H3,15,1),2)=1,"男","女"),IF(MOD(MID(H3,17,1),2)=1,"男","女"))

① “LEN(H3)=15”，判断身份证号码是否为15位。如果是，执行“IF(MOD(MID(H3,15,1),2)=1,"男","女")”；反之，执行“IF(MOD(MID(H3,17,1),2)=1,"男","女")”。

② “IF(MOD(MID(H3,15,1),2)=1,"男","女")”，判断15位身份证号码的最后一位是否能被2整除，即判断其是奇数还是偶数。如果不能整除返回“男”，否则返回“女”。

③ “IF(MOD(MID(H3,17,1),2)=1,"男","女")”，判断18位身份证号码的倒数第二位是否能被2整除，即判断其是奇数还是偶数。如果不能整除返回“男”，否则返回“女”。

❸ 选中I3单元格，输入公式：

```
=IF(LEN(H3)=15,CONCATENATE("19",MID(H3,7,2),"-",MID(H3,9,2),"-",MID(H3,11,2)),CONCATENATE(MID(H3,7,4),"-",MID(H3,11,2),"-",MID(H3,13,2)))
```

按Enter键，即可从第一位员工的身份证号码中判断出该员工的出生日期。

❹ 选中I3单元格，将鼠标移至单元格右下角，光标变成黑色十字形时，按住鼠标左键向下拖动进行公式填充，从而快速得出每位员工的出生日期，如图7-25所示。

I3 =IF(LEN(H3)=15,CONCATENATE("19",MID(H3,7,2),"-",MID(H3,9,2),"-",MID(H3,11,2)),CONCATENATE(MID(H3,7,4),"-",MID(H3,11,2),"-",MID(H3,13,2)))

科宝科技技术有限公司员工档案表

性别	年龄	入职时间	所属部门	职务	身份证号		学历	专
男		2001-1-1	销售部	经理	340025197605162511	1976-05-16	本科	市场
女		2001-1-1	销售部	销售代表	342001198011202528	1980-11-20	本科	市场
男		2003-1-1	销售部	销售代表	340001198203188452	1982-03-18	本科	机械
女		2005-1-15	销售部	销售代表	340025198311043224	1983-11-04	大专	商务
男		2003-1-15	销售部	销售代表	340025197908231235	1979-08-23	大专	电子
男		2001-1-15	销售部	销售代表	342025760612321	1976-06-12	本科	电子
女		2002-1-15	生产部	厂长	340025680314952	1968-03-14	硕士	生产
女		2005-2-1	生产部	主管	340031198309126285	1983-09-12	本科	商务
女		2009-2-1	生产部	员工	340025840312056	1984-03-12	中专	电子
男		2009-2-1	生产部	员工	340025198502138578	1985-02-13	大专	电子
男		2009-2-15	生产部	员工	340025198602158573	1986-02-15	本科	旅游
男		2009-3-1	生产部	员工	342031830214857	1983-02-14	大专	机械
男		2009-3-1	生产部	员工	342025830213857	1983-02-13	专	数

员工档案管理表 Sheet2 Sheet3

就绪 计数: 13 100%

图7-25

公式分析

```
=IF(LEN(H3)=15,CONCATENATE("19",MID(H3,7,2),"-",MID(H3,9,2),"-",MID(H3,11,2)),CONCATENATE(MID(H3,7,4),"-",MID(H3,11,2),"-",MID(H3,13,2)))
```

① “(LEN(H3)=15”，判断身份证是否为15位。如果是，执行“CONCATENATE("19",MID(H3,7,2),"-",MID(H3,9,2),"-",MID(H3,11,2))”；反之，执行“CONCATENATE(MID(JH3,7,4),"-",MID(H3,11,2),"-",MID(H3,13,2))”。

② “CONCATENATE("19",MID(H3,7,2),"-",MID(H3,9,2),"-",MID(H3,11,2))”，对“19”和从15位身份证中提取的“年份”、“月”、“日”进行合并。因为15位身份让号码中出生年份不包含“19”，所以使用CONCATENATE函数“19”与函数求得的值合并。

③ “CONCATENATE(MID(H3,7,4),"-",MID(H3,11,2),"-",MID(H3,13,2))”，对从18位身份证中提取的“年份”、“月”、“日”进行合并。

❺ 选中D3单元格，输入公式：

```
=YEAR(TODAY())-YEAR(I3)
```

按Enter键，即可计算出第一位员工的年龄。

6 选中D3单元格，向下复制公式即可得到所有员工的年龄，如图7-26所示。

D3 =YEAR(TODAY())-YEAR(I3)

科宝科技技术有限公司员								
编号	姓名	性别	年龄	入职时间	所属部门	职务	身份证号	
KB001	黄永明	男	36	2001-1-1	销售部	经理	340025197605162511	1976-0
KB002	丁瑞丰	女	32	2001-1-1	销售部	销售代表	342001198011202528	1980-1
KB003	庄尹丽	男	30	2003-1-1	销售部	销售代表	340001198203188452	1982-0
KB004	黄觉	女	29	2005-1-15	销售部	销售代表	340025198311043224	1983-1
KB005	侯淑娟	男	33	2003-1-15	销售部	销售代表	340025197908231235	1979-0
KB006	王英爱	男	36	2001-1-15	销售部	销售代表	342025760612321	1976-0
KB007	阳明文	女	44	2002-1-15	生产部	厂长	340025680314952	1968-0
KB008	陈春	女	29	2005-2-1	生产部	主管	340031198309126285	1983-0
KB009	杨和平	女	28	2009-2-1	生产部	员工	340025840312056	1984-0
KB010	陈明	男	27	2009-2-1	生产部	员工	340025198502138578	1985-0
KB011	张刚	男	26	2009-2-15	生产部	员工	340025198602158573	1986-0
KB012	韦余强	男	29	2009-3-1	生产部	员工	342031830214857	1983-0
KB013	邓晓兰	男	29	2009-3-1	生产部	员工	342025830213857	1983-0
KB014	罗婷	男	28	2009-3-15	人事部	主管	340025198402178573	1984-0
KB015	杨增	男	24	09-3-15	人事部	人事专员	340025198802138578	1988-0

员工档案管理表 Sheet2 Sheet3
就绪 平均值: 30.66666667 计数: 15 求和: 460 100%

图7-26

2. 设置计算工龄及工龄工资的公式

根据入职时间、离职时间计算工龄。其计算要求是，如果该员工离职，其工龄为离职时间减去入职时间；如果该员工未离职，其工龄为当前时间减去入职时间；根据入职时间、离职时间自动追加工龄工资。其计算要求是，每达到一整年即追加80元工龄工资。

1 选中M3单元格，输入公式：

```
=IF(L3<>"",YEAR(L3)-YEAR(E3),(YEAR(TODAY())-YEAR(E3)))
```

按Enter键，即可计算出第一位员工的工龄。

2 选中M3单元格，向下复制公式即可得到所有员工的工龄，如图7-27所示。

```
M3 =IF(L3<>"",YEAR(L3)-YEAR(E3),(YEAR(TODAY())-YEAR(E3)))
```

科宝科技技术有限公司员工档案表							
职务	身份证号		学历	专业	离职日期	工龄	工龄工资
经理	340025197605162511	1976-05-16	本科	市场营销		11	
销售代表	342001198011202528	1980-11-20	本科	市场营销		11	
销售代表	340001198203188452	1982-03-18	本科	机械营销		9	
销售代表	340025198311043224	1983-11-04	大专	商务管理	2011-12-31	6	
销售代表	340025197908231235	1979-08-23	大专	电子商务		9	
销售代表	342025760612321	1976-06-12	本科	电子商务		11	
厂长	340025680314952	1968-03-14	硕士	生产管理		10	
主管	340031198309126285	1983-09-12	本科	商务管理		7	
员工	340025840312056	1984-03-12	中专	电子商务		3	
员工	340025198502138578	1985-02-13	大专	电子商务		3	
员工	340025198602158573	1986-02-15	本科	旅游管理	2011-11-25	2	
员工	342031830214857	1983-02-14	大专	机械制造		3	
员工	342025830213857	1983-02-13	中专	数控		3	
主管	340025198402178573	1984-02-17	本科	秘书学		3	
人事专员	340025198802138578	1988-02-13	本科	人力资源		3	

员工档案管理表 Sheet2 Sheet3
就绪 平均值: 6.266666667 计数: 15 求和: 94 100%

图7-27

公式分析

=IF(L3<>"",YEAR(L3)-YEAR(E3),(YEAR(TODAY())-YEAR(E3)))

如果L3单元格中填入了离职时间，那么其工龄为“离职时间-入职时间”；如果未填入离职时间，表示当前在职，其工龄为“当前时间-入职时间”。

③ 选中N3单元格，输入公式：

=IF(L3<>"",(DATEDIF(E3,L3,"y")*100),(DATEDIF(E3,TODAY(),"y")*100))

按Enter键，即可计算出第一位员工的工龄工资。

④ 选中N3单元格，向下复制公式即可得到所有员工的工龄工资，如图7-28所示。

N3 =IF(L3<>"",(DATEDIF(E3,L3,"y")*100),(DATEDIF(E3,TODAY(),"y")*100))

科宝科技技术有限公司员工档案表

性别	年龄	入职时间	所属部门	职务	身份证号	出生日期	学历	专业	离职日期	工龄	工龄工资
男	36	2001-1-1	销售部	经理	340025197605162511	1976-05-16	本科	市场营销		11	1100
女	32	2001-1-1	销售部	销售代表	342001198011202528	1980-11-20	本科	市场营销		11	1100
男	30	2003-1-1	销售部	销售代表	340001198203188452	1982-03-18	本科	机械营销		9	900
女	29	2005-1-15	销售部	销售代表	340025198311043224	1983-11-04	大专	商务管理	2011-12-31	6	600
男	33	2003-1-15	销售部	销售代表	340025197908231235	1979-08-23	大专	电子商务		9	900
男	36	2001-1-15	销售部	销售代表	342025760612321	1976-06-12	本科	电子商务		11	1100
女	44	2002-1-15	生产部	厂长	340025680314952	1968-03-14	硕士	生产管理		10	1000
女	29	2005-2-1	生产部	主管	340031198309126285	1983-09-12	本科	商务管理		7	700
女	28	2009-2-1	生产部	员工	340025840312056	1984-03-12	中专	电子商务		3	300
男	27	2009-2-1	生产部	员工	340025198502138578	1985-02-13	大专	电子商务		3	300
男	26	2009-2-15	生产部	员工	340025198602158573	1986-02-15	本科	旅游管理	2011-11-25	2	200
男	29	2009-3-1	生产部	员工	342031830214857	1983-02-14	大专	机械制造		3	300
男	29	2009-3-1	生产部	员工	342025830213857	1983-02-13	中专	数控		3	300
男	28	2009-3-15	人事部	主管	340025198402178573	1984-02-17	本科	秘书学		3	300
男	24	2009-3-15	人事部	人事专员	340025198802138578	1988-02-13	本科	人力资源		3	300
女	34	2003-3-1	人事部	人事专员	340025197803170540	1978-03-17	本科	人力资源		9	900
女	30	2004-3-1	人事部	人事助理	340042198210160527	1982-10-16	本科	教育学		8	800
女	27	2010-3-1	行政部	副总	340025198506100224	1985-06-10	硕士	法律		2	200
女	37	2001-3-1	行政部	主管	340025197503240647	1975-03-24	本科	行政管理		11	1100
男	27	2005-3-15	行政部	文员	340025198504160277	1985-04-16	大专	法律文秘		7	700
男	25	2010-3-15	行政部	内勤	340042198707060197	1987-07-06	本科	金融管理		2	200
男	26	2010-3-15	财务部	主办会计	342701860213857	1986-02-13	硕士	会计		2	200
男	42	2002-4-1	财务部	会计	342701197002178573	1970-02-17	本科	会计		10	1000
女	30	2007-4-8	财务部	会计	342701198202148521	1982-02-14	本科	金融管理		5	500
女	27	2010-4-15	财务部	会计助理	342701198504018543	1985-04-01	大专	新闻学		2	200

图7-28

公式分析

=IF(L3<>"",(DATEDIF(E3,L3,"y")*100),(DATEDIF(E3,TODAY(),"y")*100))

如果L3单元格中填入了离职时间，其工龄工资为“(离职时间-入职时间)*100”；如果未填入离职时间，表示当前在职，其工龄工资为“(当前时间-入职时间) *100”。

7.2 建立工作表用于查询员工档案

建立了员工档案表之后，通常需要查询某位员工的档案信息，如果企业员工较多，可以利用Excel中的函数功能建立一个查询表，当需要查询某位员工的档案时，只需要输入其编号即可快速查询。

7.2.1　建立员工档案查询表框架

员工档案查询表包含“员工档案管理表”表格中的信息，在制作的时候可以直接引用“员工档案管理表”。

❶ 在“Sheet2”工作表标签上双击鼠标，输入工作表名称为“档案查询”。

❷ 在工作表中表格的标题使用员工档案记录表中的各项列标识，如图7-29所示。

❸ 设置表格中的文字格式，并设置特定区域的边框底纹效果，设置完成后表格如图7-30所示。

图7-29

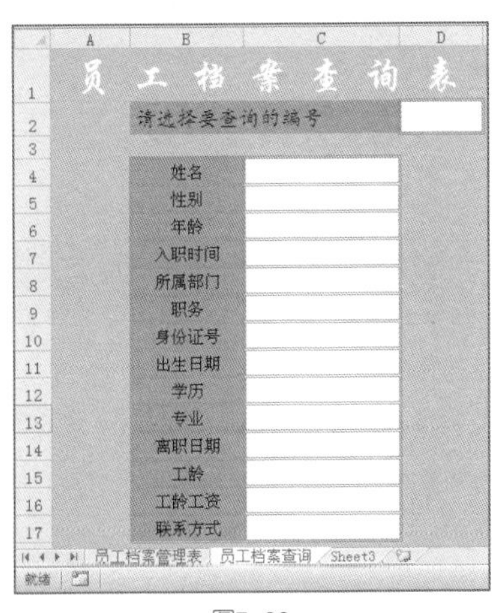

图7-30

❹ 选中D2单元格，在“数据”选项卡下单击“数据有效性”按钮，打开“数据有效性”对话框，设置序列的来源为“=员工档案管理表!A3:A500”（需要手工输入），如图7-31所示。

❺ 切换到“输入信息”标签下，设置选中该单元格时所显示的提示信息，如图7-32所示。

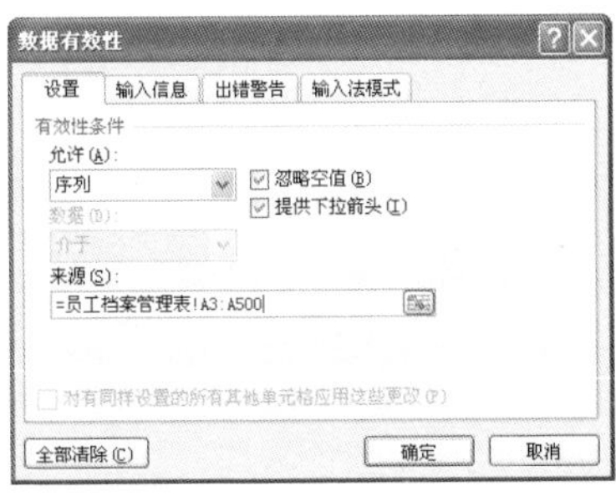

图7-31

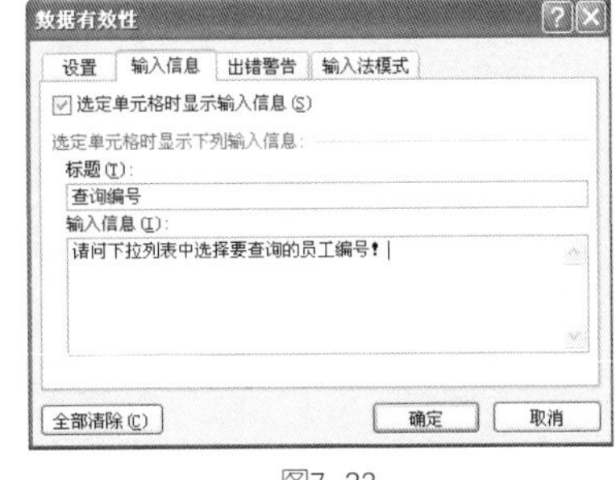

图7-32

6 设置完成后，选中的单元格会显示提示，如图7-33所示；单击下拉按钮，即可实现在下拉列表中选择员工的编号，如图7-34所示。

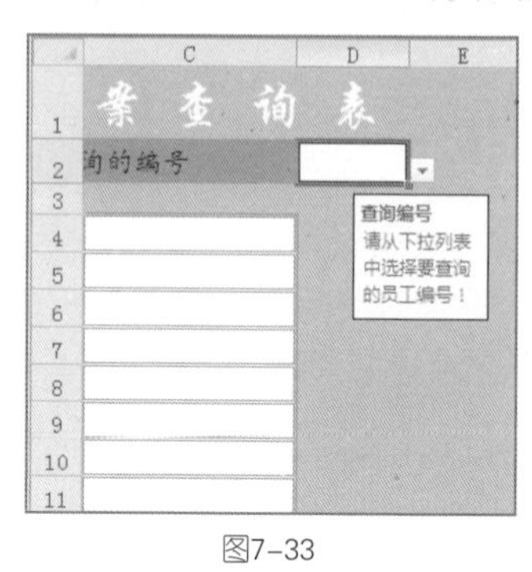

图7-33

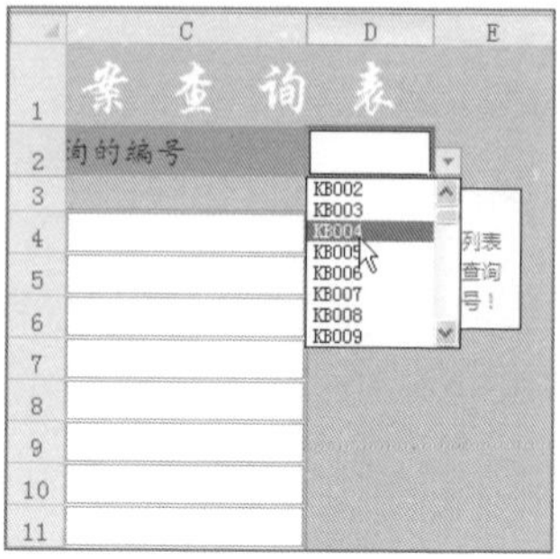

图7-34

7.2.2 设置单元格的公式

通过员工编号可以设置公式返回员工的信息，以查询“员工档案管理表”工作表中任意员工的信息。

1 选中C4单元格，输入公式：

```
=VLOOKUP($D$2,员工档案管理表!$A$3:$T$500,ROW(A2))
```

按Enter键，即可根据选择的员工编号返回员工姓名，如图7-35所示。

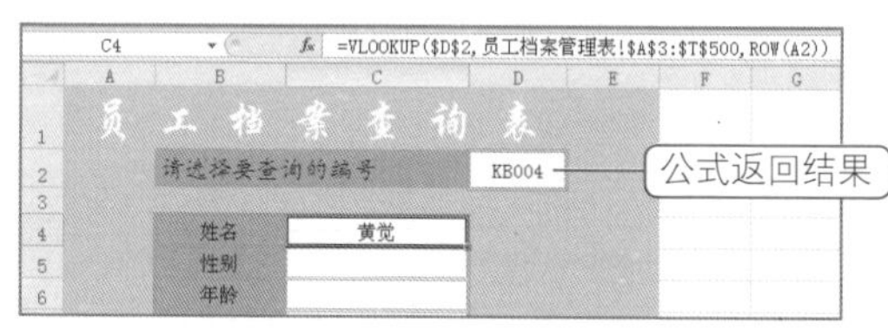

图7-35

2 选中C4单元格，将光标定位到单元格右下角，当出现黑色十字形时向下拖动至C22单元格中，释放鼠标即可返回各项对应的信息，如图7-36所示。

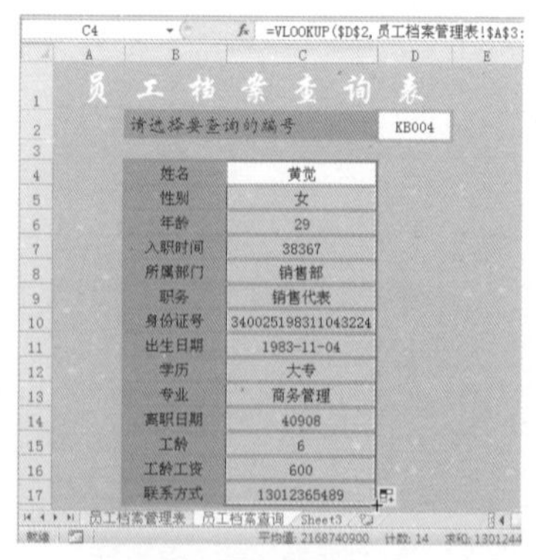

图7-36

公式分析

=VLOOKUP($D$2,员工档案管理表!$A$3:$T$500,ROW(A2))

①“ROW(A2)”，返回A2单元格所在的行号，因此返回结果为2。

②“VLOOKUP($D$2,员工档案记录管理表!$A$3:$T$500,ROW(A2))”，在员工档案管理表的$A$3:$T$500单元格区域的首列中寻找与C2单格中相同的编号，找到后返回对应在第2列中的值，即对应的姓名。

此公式中的查找范围与查找条件都使用了绝对引用方式，即在向下复制公式时都是不改变的，唯一要改变的是用于指定返回档案记录表中$A$3:$T$500单元格区域哪一列值的参数，本例中使用了“ROW(A2)”来表示，当公式复制到C5单元格时，“ROW(A2)”变为“ROW(A3)”，返回值为3；当公式复制到C6单元格时，“ROW(A2)”变为“ROW(A4)”，返回值为4，依次类推。

❸ 选中显示日期的单元格区域，在“开始”选项卡的“数字”选项组中单击下拉按钮，选择“短日期”格式，如图7-37所示。

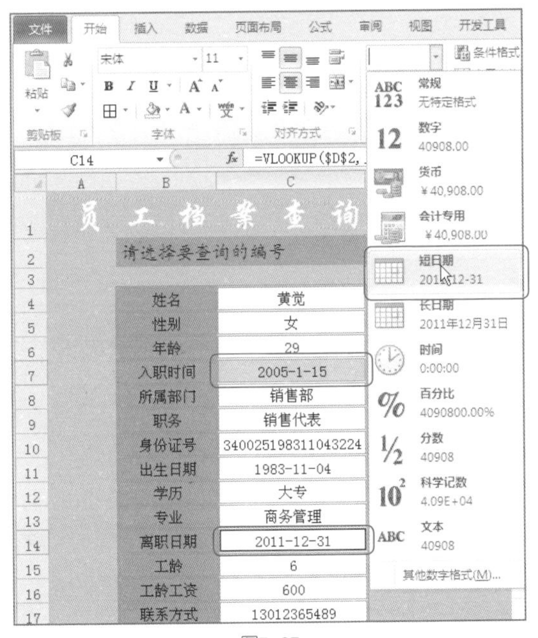

图7-37

❹ 选择编号为“KB009”，按Enter键查询出该编号员工的详细信息，如图7-38所示。

❺ 选择编号为“KB016”，按Enter键查询出该编号员工的详细信息，如图7-39所示。

图7-38

图7-39

7.3 分析员工的学历层次

建立了员工档案记录表后，还可以进行相关的分析操作，本节将介绍使用数据透视表与数据透视图分析企业员工的学历层次分布情况。

7.3.1 建立数据透视表统计各学历人数

使用数据透视表后可以通过设置字段来显示各学历的人数，具体操作方法如下。

❶ 在“员工档案管理表”中选中任意单元格，切换到“插入”选项卡，在“表格”选项组中单击“数据透视表”按钮，在其下拉菜单中选择“数据透视表”命令，如图7-40所示。

❷ 打开“创建数据透视表”对话框，将光标定位到“选择一个表或区域”文本框，在工作表中拖动鼠标选取行标识字段下所有的数据区域，如图7-41所示。

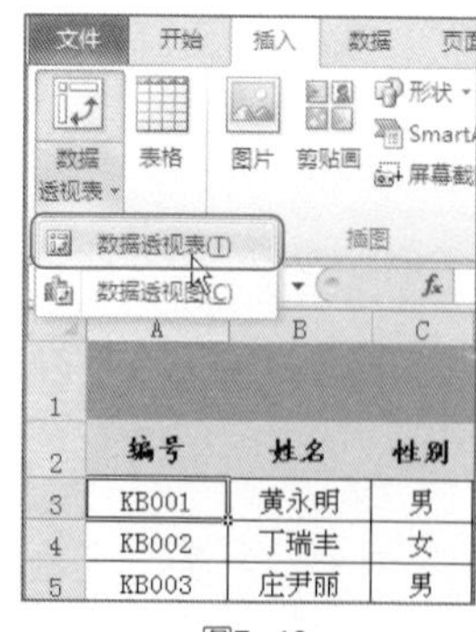

图7-40

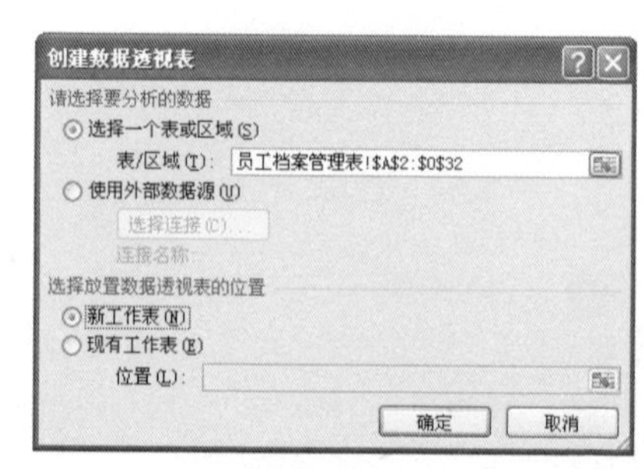

图7-41

❸ 单击“确定”按钮即可新建工作表显示数据透视表，在工作表标签上双击鼠标，然后输入新名称为“员工学历层次分布”，如图7-42所示。

图7-42

❹ 设置“学历”为行标签字段，设置“学历”为数值字段（默认汇总方式为求和），如图7-43所示。

❺ 在“数值”标签框中单击字段，在打开的菜单中选择“值字段设置”命令，如图7-44所示。

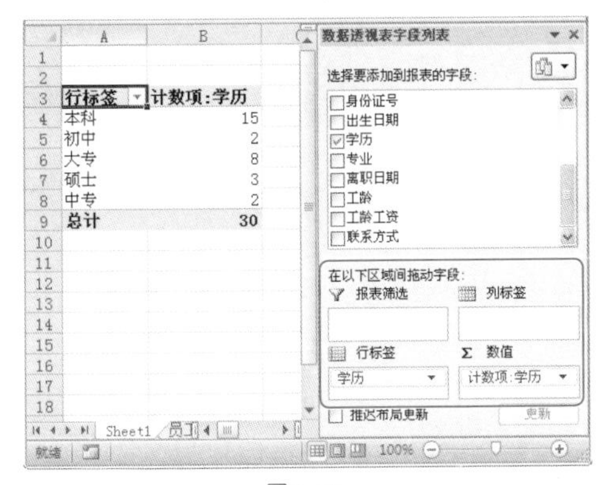

图7-43

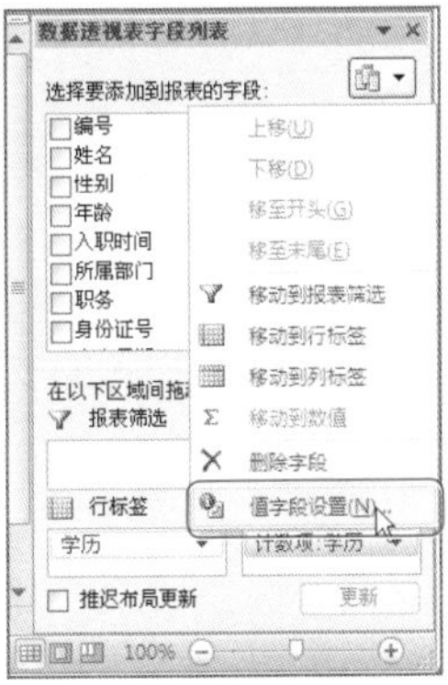

图7-44

❻ 打开“值字段设置”对话框，重新设置计算类型为“计数”，在“自定义名称”文本框中重新输入名称为“计数”，如图7-45所示。

❼ 单击“确定”按钮回到数据透视表中，将“行标签”文字更改为“学历”，显示效果如图7-46所示。

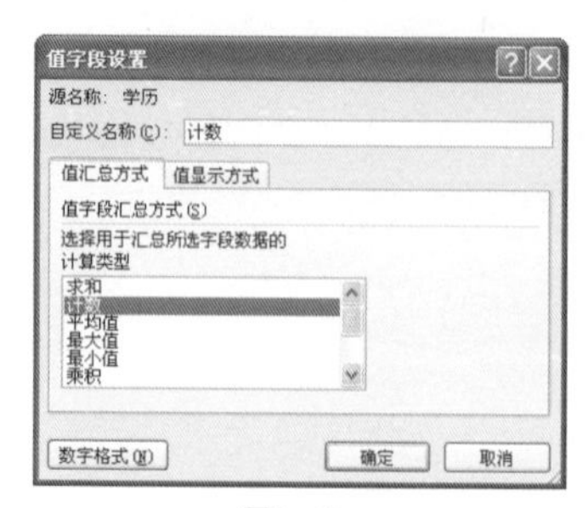

图7-45

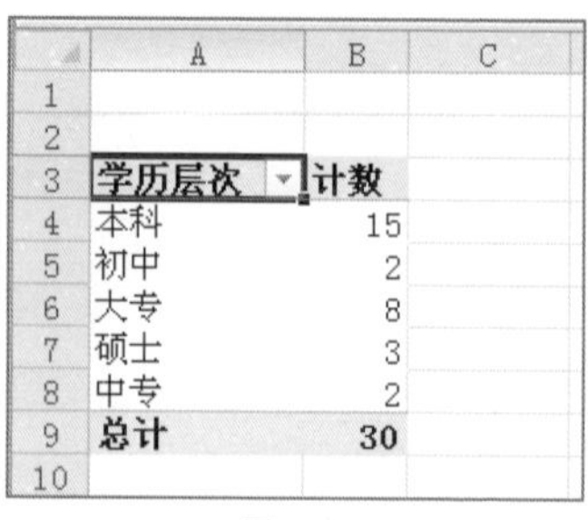

	A	B	C
1			
2			
3	学历层次	计数	
4	本科	15	
5	初中	2	
6	大专	8	
7	硕士	3	
8	中专	2	
9	总计	30	
10			

图7-46

7.3.2 建立图表直观显示各学历人数分布

利用图表可以直观地显示出数据，用户可以选择饼形图直观地显示出各学历人数的分布。

❶ 选中数据透视表中的任意单元格，切换到“选项”选项卡，在“工具”选项组中单击“数据透视图”按钮，打开“插入图表”对话框，选择“分离型三维饼图”类型，如图7-47所示。

❷ 单击“确定”按钮即可新建数据透视图，插入饼形图后可以设置饼形图的格式，设置后的效果如图7-48所示。

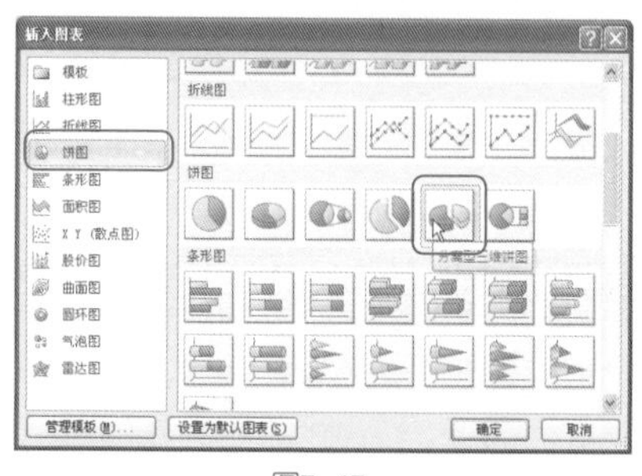

图7-47

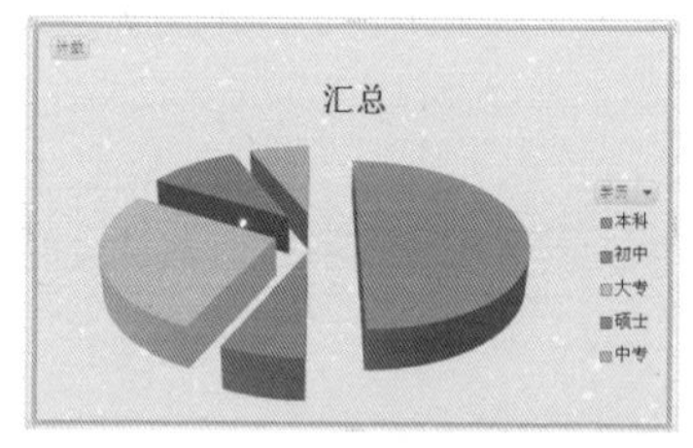

图7-48

❸ 在图表标题框中重新输入图表标题，选中图表，在快捷菜单中选择“添加数据标签”命令（如图7-49所示），即可为图表添加数据标签，效果如图7-50所示。

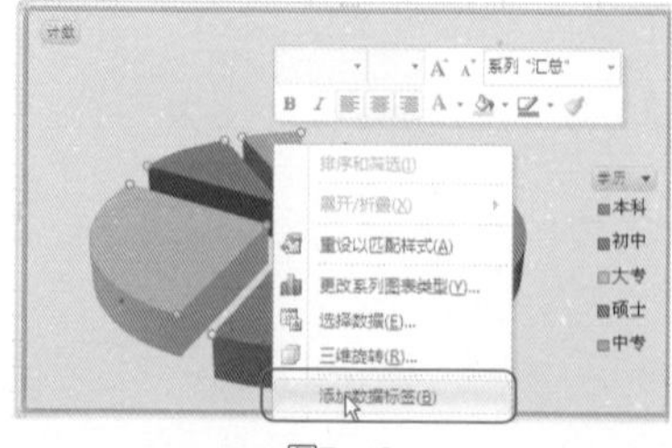

图7-49

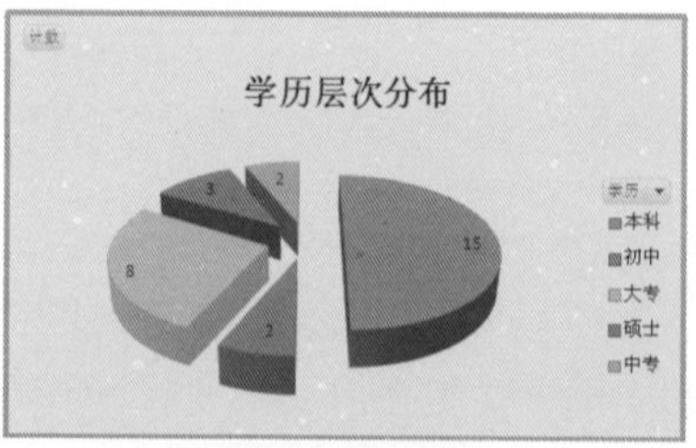

图7-50

❹ 接着选中图表并右击，在快捷菜单中选择“设置数据标签格式”命令，如图7-51所示。

❺ 打开“设置数据标签格式”对话框，取消选中“值”复选框，接着选中“百分比”复选框，如图7-52所示。

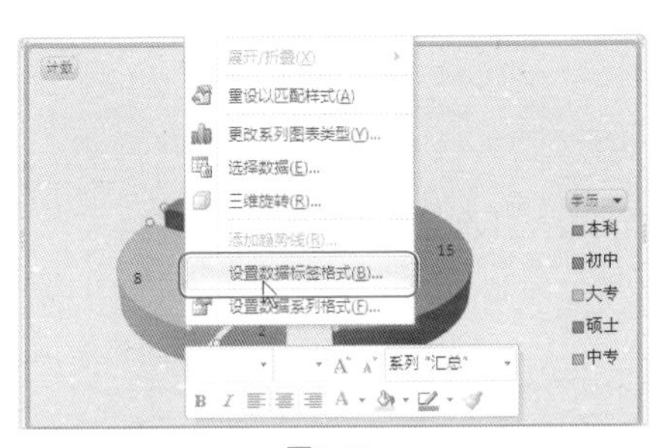

图7-51

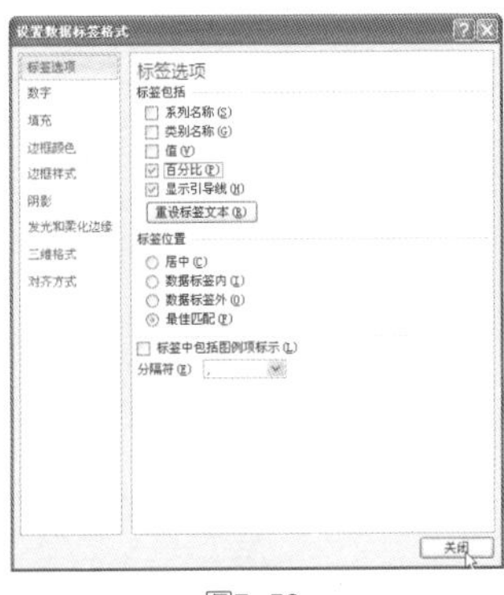

图7-52

❻ 单击“关闭”按钮，即可将数据标签更改为百分比形式，直观地显出各个学历人数所占百分比，如图7-53所示。

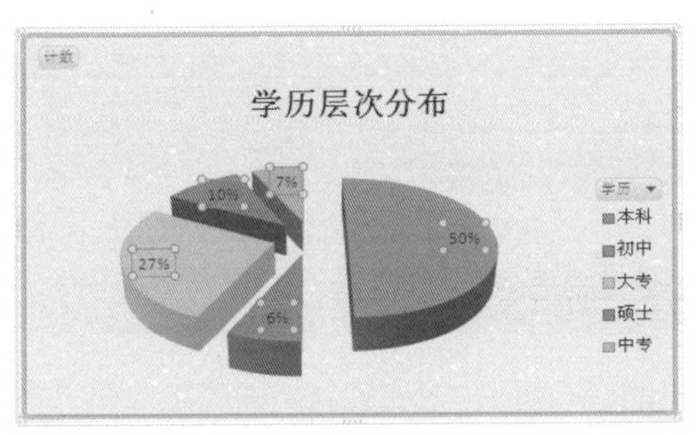

图7-53

7.4　分析员工年龄层次

每一个企业中都含有各个年龄段的员工，用户可以创建数据透视表和数据透视图对员工的年龄层次进行分析，对员工年龄层次的分析与学历层次的分析方法类似，下面具体介绍。

7.4.1　建立数据透视表统计各学历人数

用户可以利用数据透视表分析企业员工的年龄层次分布情况。

❶ 在“员工档案管理表”中选中“年龄”列单元格区域，在“插入”选项卡下选择“数据透视表”→“数据透视表”命令，如图7-54所示。

❷ 打开“创建数据透视表”对话框，在“选择一个表或区域”的“表/区域”文本框中显示了选中的单元格区域，如图7-55所示。

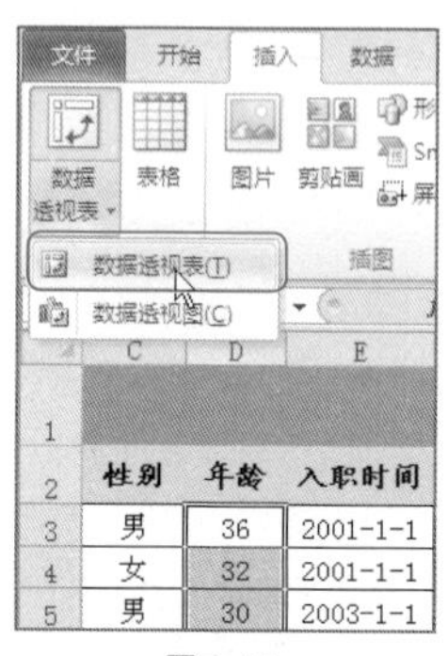

图7-54

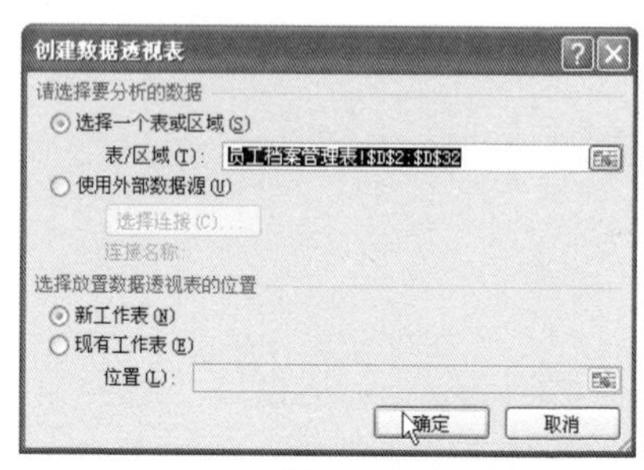

图7-55

❸ 单击“确定”按钮，即可新建工作表显示数据透视表，在工作表标签上双击鼠标，然后输入新名称为“年龄层次分析”，如图7-56所示。

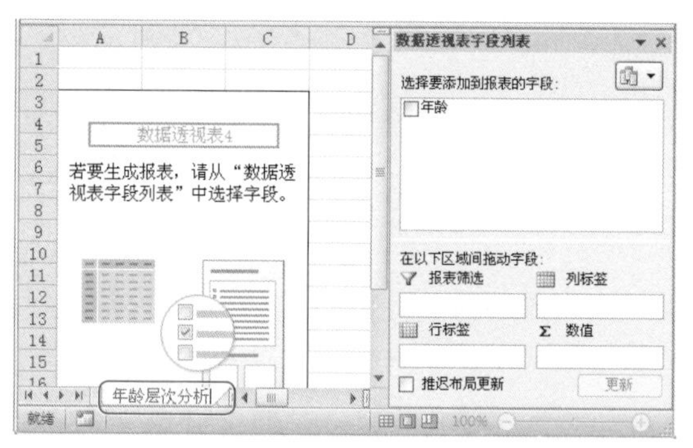

图7-56

❹ 设置“年龄”为行标签字段，设置“年龄”为数值字段，打开“值字段设置”对话框，重新设置计算类型为“计数”，在“自定义名称”文本框中重新输入名称为“人数”，如图7-57所示。

❺ 单击“确定”按钮回到数据透视表中，将“行标签”文字更改为“年龄分段”，显示效果如图7-58所示。

专家提示

设置年龄字段的方式与设置学历字段的方式是一致的，用户可以参照7.3节所述内容进行操作，这里不再重复叙述。

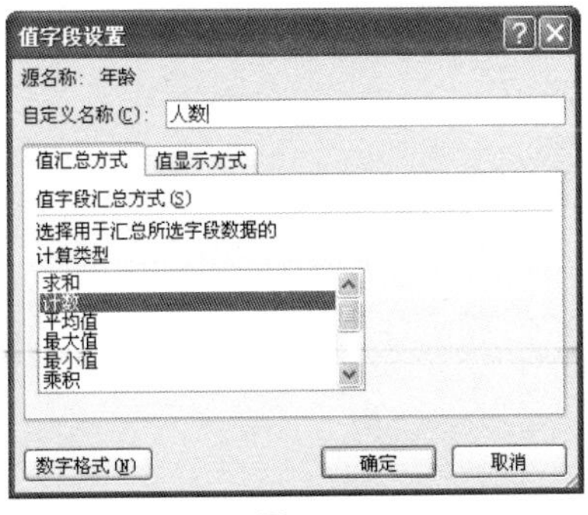

图7-57

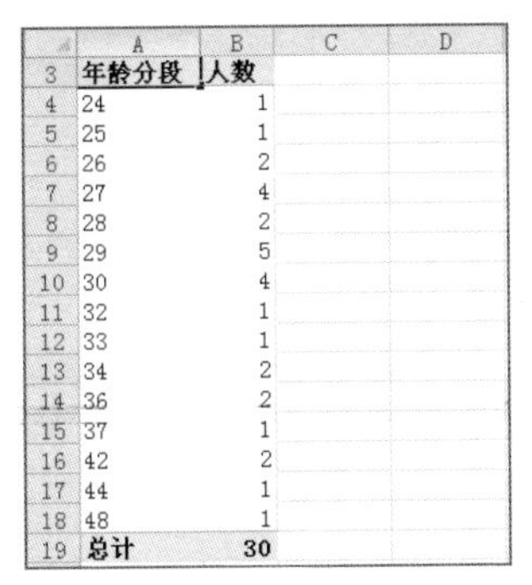

	A	B	C	D
3	年龄分段	人数		
4	24	1		
5	25	1		
6	26	2		
7	27	4		
8	28	2		
9	29	5		
10	30	4		
11	32	1		
12	33	1		
13	34	2		
14	36	2		
15	37	1		
16	42	2		
17	44	1		
18	48	1		
19	总计	30		

图7-58

❻ 选中“年龄分段”字段下的任意单元格，切换到“选项”选项卡，在“分组”选项组中选择“分组”→“将字段分组”命令，如图7-59所示。

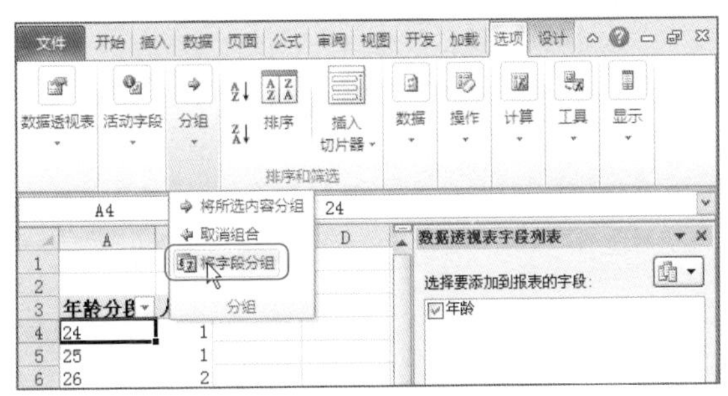

图7-59

❼ 打开“组合”对话框，根据需要设置步长（本例中设置为“5”），如图7-60所示。

❽ 设置完成后，单击“确定”按钮即可按指定步长分段显示年龄，如图7-61所示。

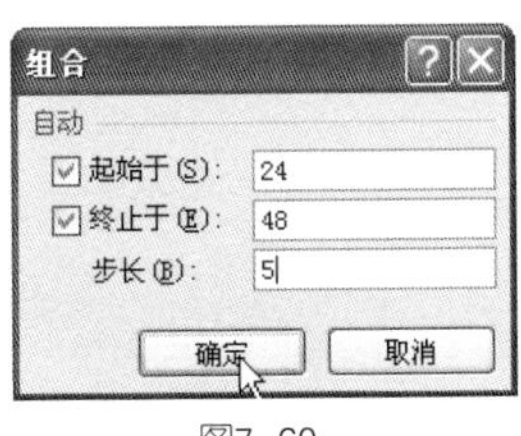

图7-60

	A	B	C
1			
2			
3	年龄分段	人数	
4	24-28	10	
5	29-33	11	
6	34-38	5	
7	39-43	2	
8	44-48	2	
9	总计	30	
10			

图7-61

7.4.2　建立图表直观显示年龄层次

设置好年龄字段的步长值之后，可以设置值字段的显示方式为“占总和的百分比”，然后创建数据透视图直观显示员工年龄层次。

❶ 在“数值”框中单击字段，在打开的菜单中选择“值字段设置”命令，打开“值字段设置”对话框，选择“值显示方式”标签，选择“全部汇总百分比”显示方式，如图7-62所示。

❷ 单击“确定”按钮回到数据透视表中，可以看到各个年龄段人数占总人数的百分比，如图7-63所示。

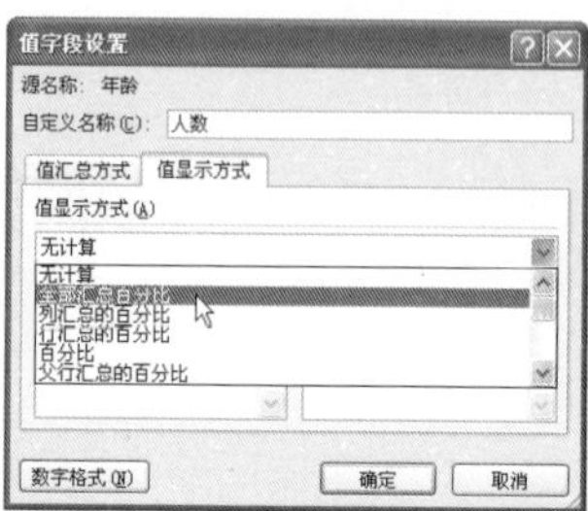

图7-62

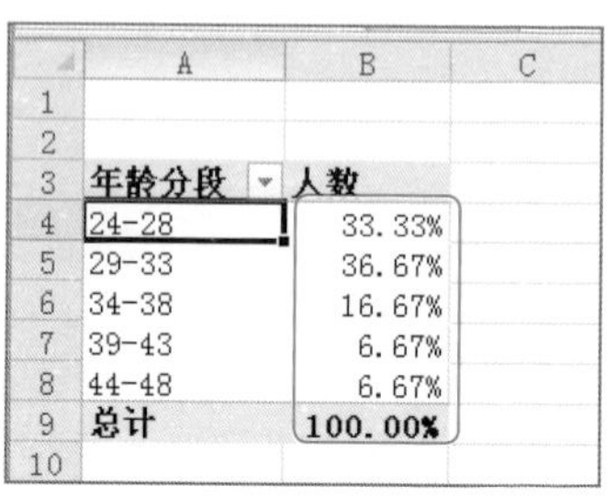

	A	B	C
1			
2			
3	年龄分段	人数	
4	24-28	33.33%	
5	29-33	36.67%	
6	34-38	16.67%	
7	39-43	6.67%	
8	44-48	6.67%	
9	总计	100.00%	
10			

图7-63

❸ 选中数据透视表中的任意单元格，切换到“选项”选项卡，在“工具”选项组中单击“数据透视图”按钮，打开“插入图表”对话框，选择“分离型三维饼图”类型，如图7-64所示。

❹ 单击“确定”按钮即可新建数据透视图，如图7-65所示。

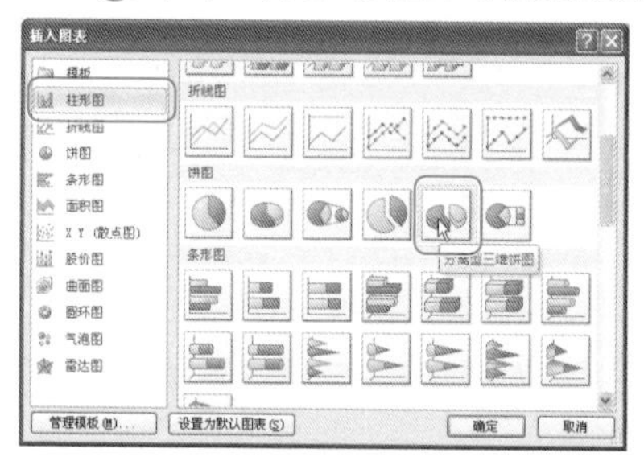

图7-64

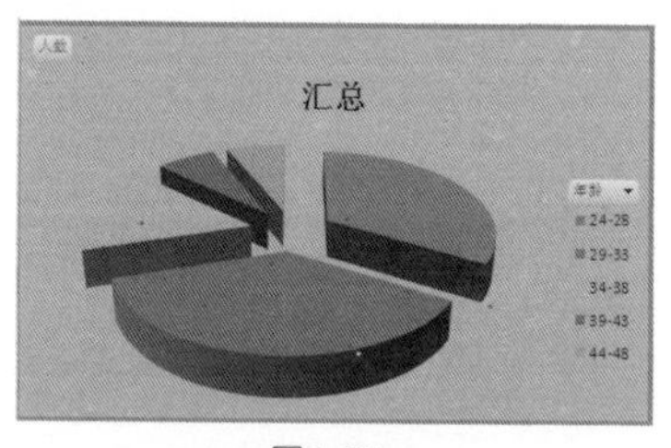

图7-65

❺ 在图表标题框中重新输入图表标题，并添加“值”数据标签，如图7-66所示。从图表中可以直观地看到企业员工年龄主要分布在29～33岁这一区域。

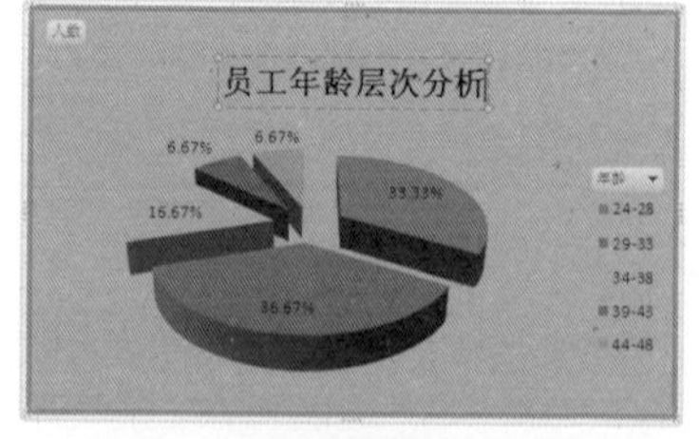

图7-66

动手练一练

除了分析员工的学历层次和年龄层次之外，用户还可以创建数据透视表来分析其他值字段的信息，并创建数据透视图将其信息直观地显示出来。

第8章

函数、公式、图表在考勤管理中的应用

实例概述与设计效果展示

考勤表是企业通过某种方式来获得员工在工作时间段内的出勤情况，包括上下班、迟到、早退、病假、休息、工作时间、加班情况等。本实例中将介绍如何运用Excel 2010软件来设计一份完整的“考勤表”工作表。学习了考勤表的设计后，用户可以完成类似“员工加班记录表”等工作表的设计。

如下图是设计完成的“考勤记录表”工作簿，通过对局部设计的放大，用户可以清楚地了解该工作表包含的设计重点是什么。

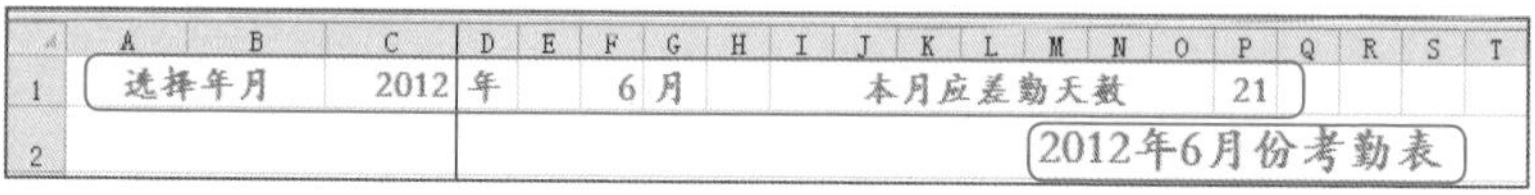

	A	B	C	D	E	F	G	H	I	J	K	L	M	N	O	P	Q	R	S	T
1	选择年月		2012	年		6	月		本月应差勤天数							21				
2				2012年6月份考勤表																

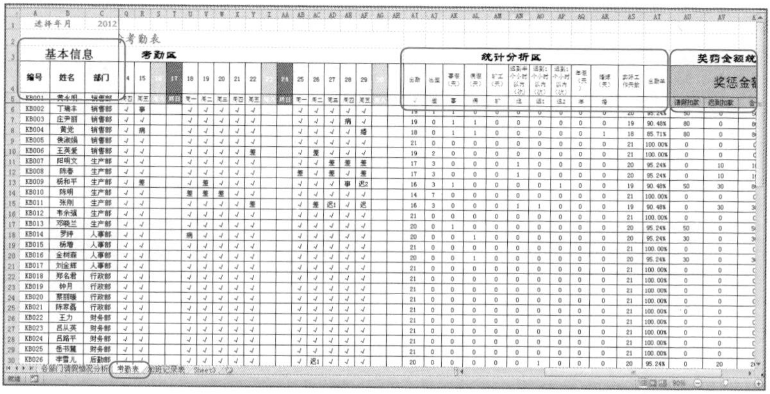

实例设计过程

为了方便讲解，这里将整个“考勤记录表”工作表的制作过程分为几大步骤：创建考勤记录表框架→设置公式返回月份中对应的日期与星期数→填制考勤表→建立请假天数与应扣罚款基本表格→统计各请假类别的天数和应扣罚款，建议初学者按步骤进行操作，稍微熟练的读者也可以根据需要查看其中的某几个部分。

8.1 建立考勤表并实现考勤数据统计

考勤表是对员工工作的一种考核，也是对员工工资发放的一种凭证，创建考勤表及对考勤数据的统计是做好考勤的第一步，也是人力资源部门日常工作的重要部分之一。

8.1.1　创建员工考勤记录表

在Excel中创建考勤表，为的是达到一劳永逸的目的，因此需要在表头部分设置年份与月份的可选择区域，并建立相关公式根据当前年份与月份自动返回表格标题，以及自动计算出指定月份的实际工作日。

1. 建立考勤记录表框架

❶ 新建工作簿并保存名称为“考勤管理表”，在“Sheet1”工作表标签上双击鼠标，将其重命名为“考勤表”，如图8-1所示。

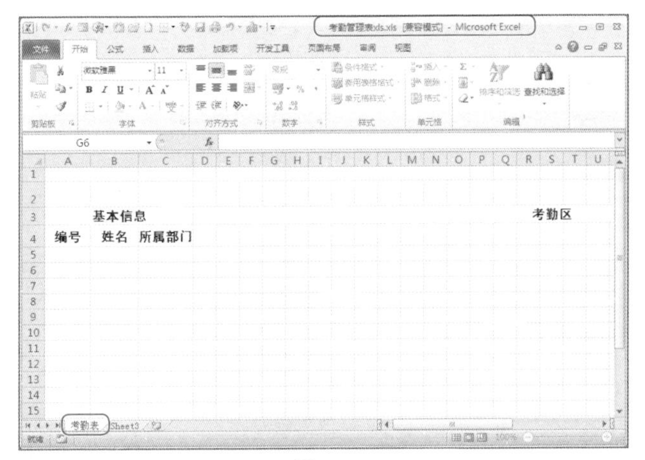

图8-1

❷ 在第一行中输入如8-2图所示的文字，并以合理显示为目标，合并某些单元格，如图8-2所示。

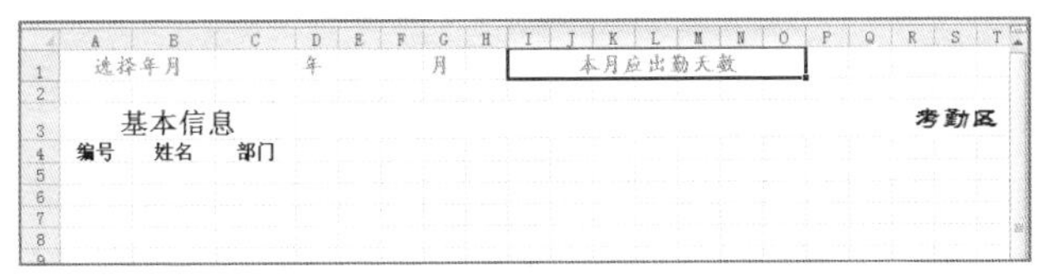

图8-2

❸ 在当前工作表的空白区域输入多个年份（本例中输入年份为2010~2025），及1~12月份，如图8-3所示。

❹ 选中C1单元格，在“数据”选项卡的“数据工具”选项组中单击“数据有效性”按钮，如图8-4所示。

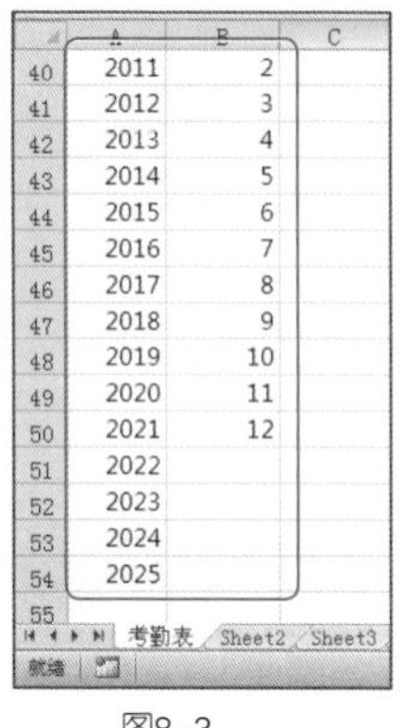

图8-3

图8-4

5 打开“数据有效性”对话框，在“允许”下拉列表中选择“序列”选项，设置来源为输入年份的单元格区域（如图8-5所示），单击“确定”按钮回到工作表中，选中C1单元格可出现下拉按钮，单击可展开下拉列表，实现年份的选择，如图8-6所示。

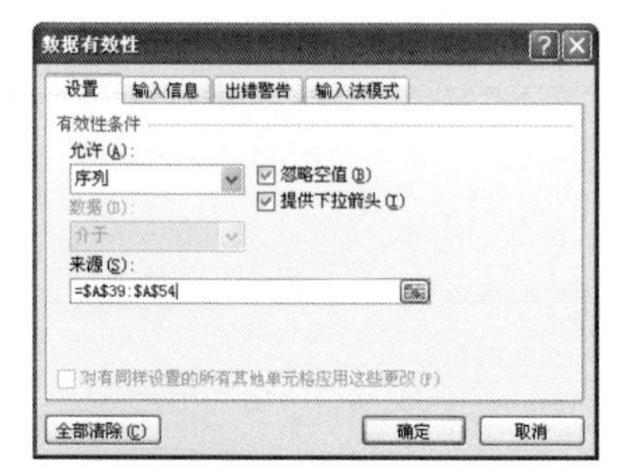

图8-5

图8-6

6 选中F1单元格，打开“数据有效性”对话框，按照相同的方法将之前在空白区域输入日期的单元格区域设置为序列来源（如图8-7所示），单击“确定”按钮回到工作表中，选中F1单元格可出现下拉按钮，单击可展开下拉列表，实现月份的选择，如图8-8所示。

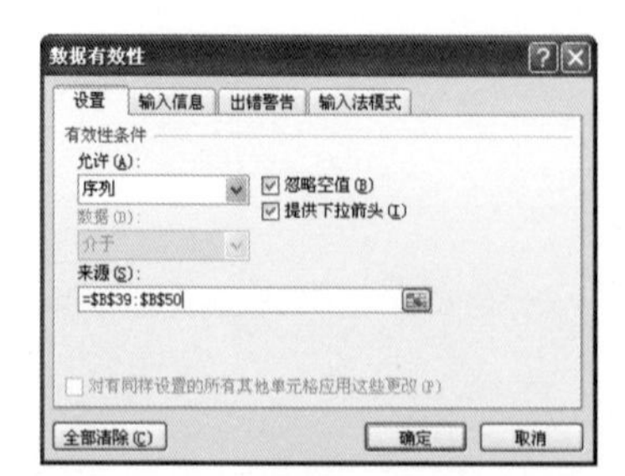

图8-7

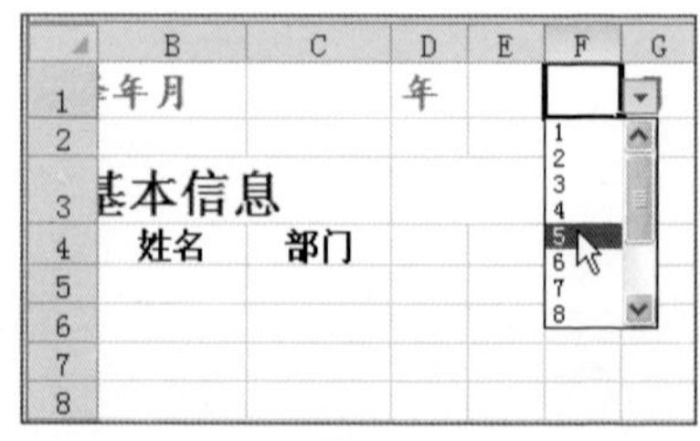

图8-8

❼ 选中P1单元格，在公式编辑栏中输入公式：

=NETWORKDAYS(DATE($C$1,$F$1,1),EOMONTH(DATE($C$1,$F$1,1),0))

按Enter键即可计算出当前指定年月的工作日天数，如图8-9所示。

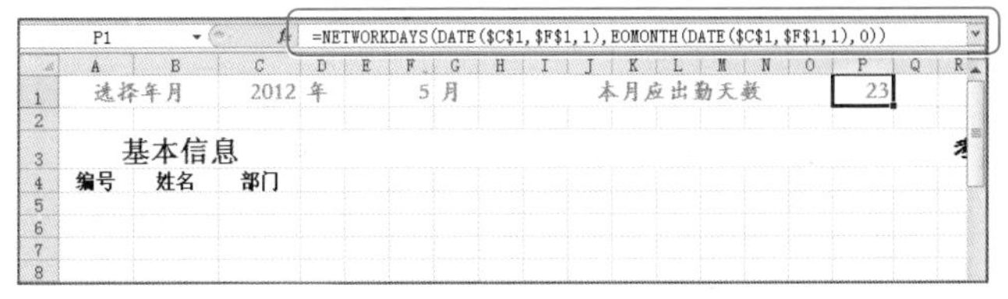

图8-9

❽ 更改C1、F1单元格中的年份或月份，可自动重新计算指定年月的工作日天数，如图8-10所示。

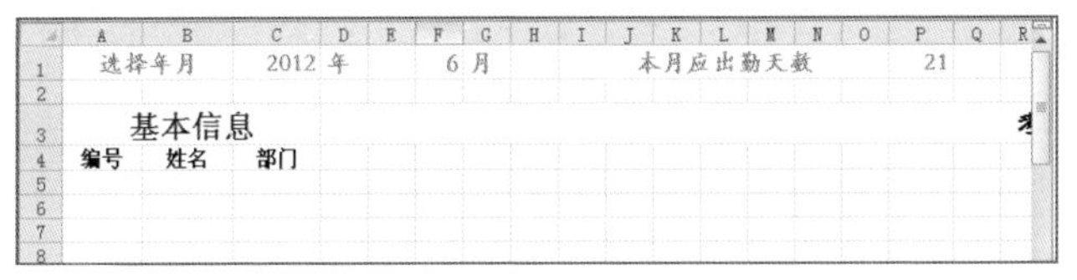

图8-10

公式分析

=NETWORKDAYS(DATE($C$1,$F$1,1),EOMONTH(DATE($C$1,$F$1,1),0))公式解析：

NETWORKDAYS函数用于计算两个指定日期间的工作日天数。这两个指定日期分别为“DATE($C$1,$F$1,1)”与“EOMONTH(DATE($C$1,$F$1,1),0)”的返回值。

①“DATE($C$1,$F$1,1)”表示将C1、E1、1转化为日期。

②“EOMONTH(DATE($C$1,$F$1,1),0)”表示先用“DATE($C$1,$F$1,1)将C1、E1、1转化为日期，然后再使用EOMONTH函数返回该日期对应的本月的最后一天。

❾ 合并且居中A2:AH2单元格区域，在“开始”选项卡的“字体”选项组中设置好文字格式，如图8-11所示。

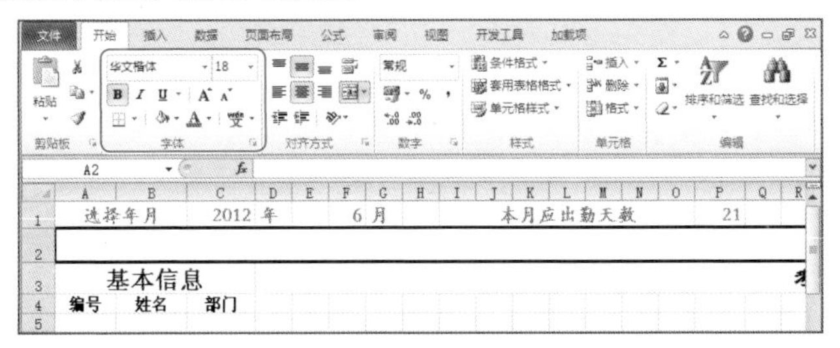

图8-11

❿ 选中A2单元格，在公式编辑栏中输入公式：

=TEXT(DATE(C1,F1,1),"e年M月份考勤表")

按Enter键即可输入“当月的考勤表”字样，如图8-12所示。

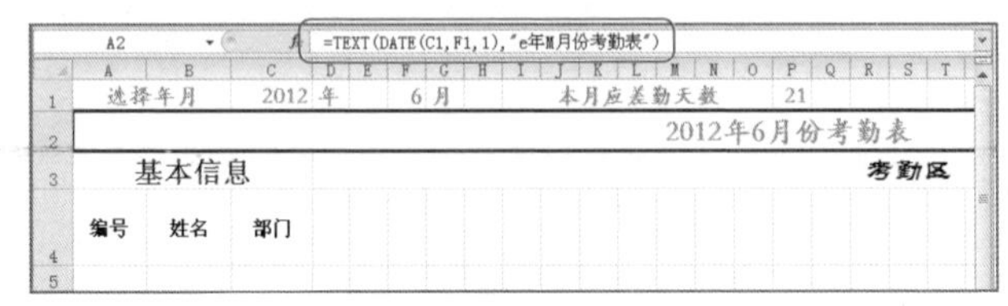

图8-12

2. 建立公式返回指定月份中对应的日期与星期数

❶ 选中D4单元格，在公式编辑栏中输入公式：

=IF(MONTH(DATE($C$1,$F$1,COLUMN(A1)))=$F$1,DATE($C$1,$F$1,COLUMN(A1)),"")

按Enter键返回当前指定年、月下第一日对应的日期序号，如图8-13所示。

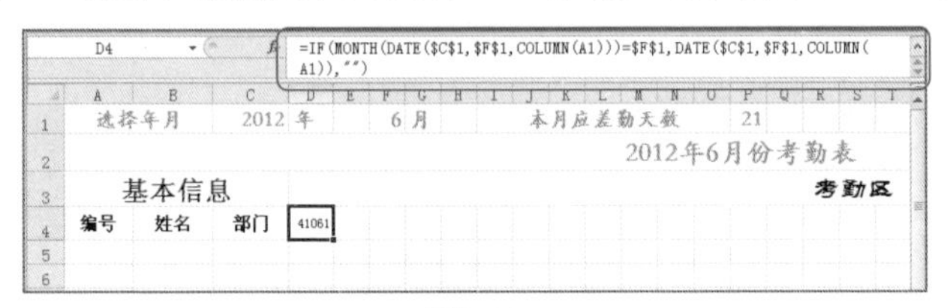

图8-13

❷ 选中D4单元格，在“开始”选项卡的“数字”选项组中单击 按钮，打开“设置单元格格式”对话框，在“分类”列表框中选择“自定义”选项，设置“类型”为“d”，表示只显示日，如图8-14所示。

❸ 单击“确定”按钮，可以看到D4单元格显示出指定年月下的第一日，如图8-15所示。

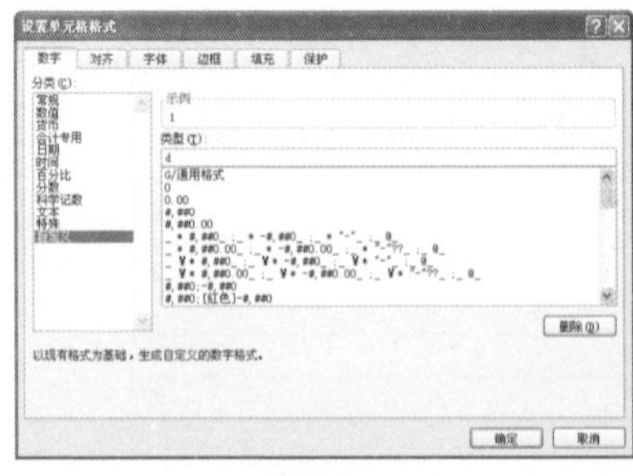

图8-14

图8-15

4 选中D4单元格，将光标定位到右下角，当出现黑色十字形时，按住鼠标左键向右拖动至AH单元格，可以返回指定年月下的所有日期，如图8-16所示。

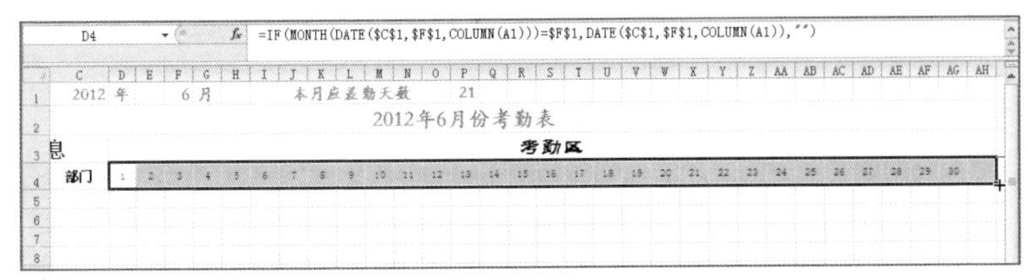

图8–16

5 选中D5单元格，在公式编辑栏中输入公式：

=IF(MONTH(DATE($C$1,$F$1,COLUMN(A1)))=$F$1,DATE($C$1,$F$1,COLUMN(A1)),"")

按Enter键返回当前指定年、月下第一日对应的日期序号，如图8-17所示。

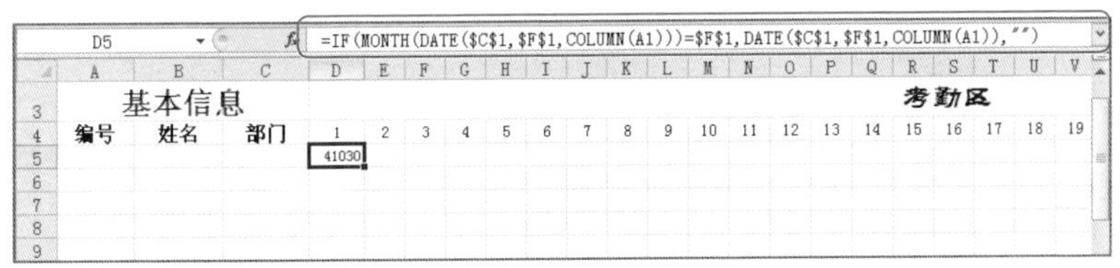

图8–17

6 选中D5单元格，在“开始”选项卡的“数字”选项组中单击按钮，打开“设置单元格格式”对话框，在“分类”列表框中选择“日期”选项，选择“类型”为“周三”，表示显示星期数，如图8-18所示。

7 单击“确定”按钮，可以看到D5单元格显示出指定年月下第一日对应的星期数，如图8-19所示。

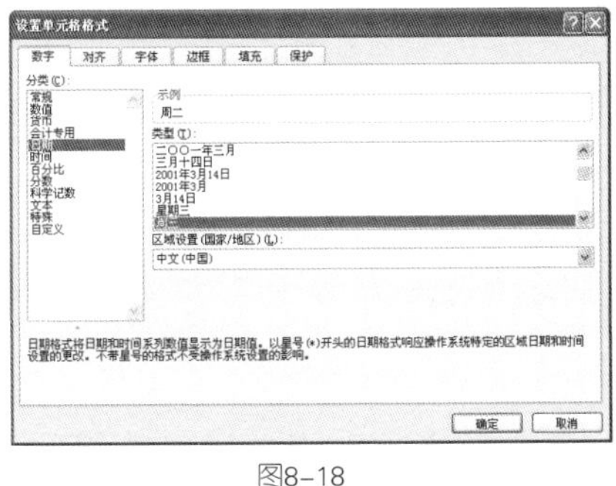

图8–18

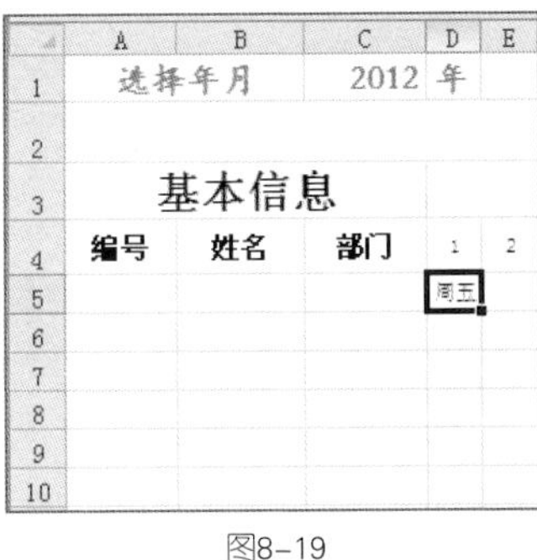

图8–19

8 选中D5单元格，将光标定位到右下角，当出现黑色十字形时，按住鼠标左键向右拖动至AH单元格，可以返回指定年月下的所有日期对应的星期数，如图8-20所示。

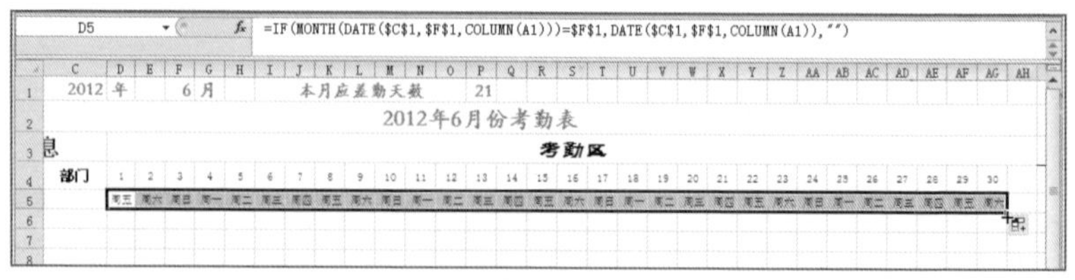

图8-20

3. 设置"星期六"、"星期日"显示为特殊颜色

❶ 选中D4:AH5单元格区域，切换到"开始"选项卡，在"样式"选项组中单击"条件格式"按钮，在其下拉菜单中选择"新建规则"命令，如图8-21所示。

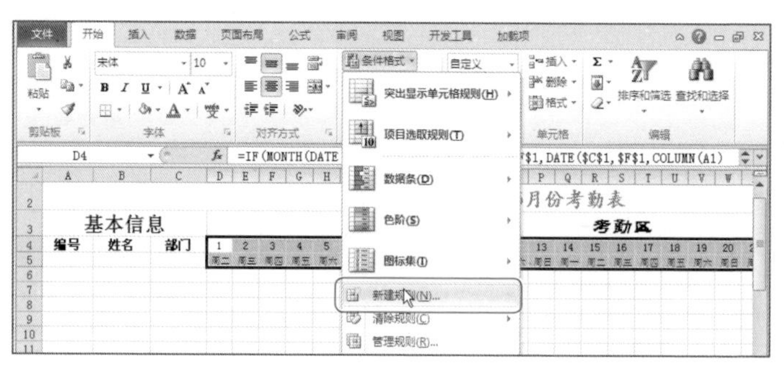

图8-21

❷ 打开"新建格式规则"对话框，选择"使用公式确定要设置格式的单元格"规则类型，设置公式为"=WEEKDAY(D4,2)=6"，如图8-22所示。

❸ 单击"格式"按钮，打开"设置单元格格式"对话框，切换到"填充"选项卡，设置特殊背景色，如图8-23所示。

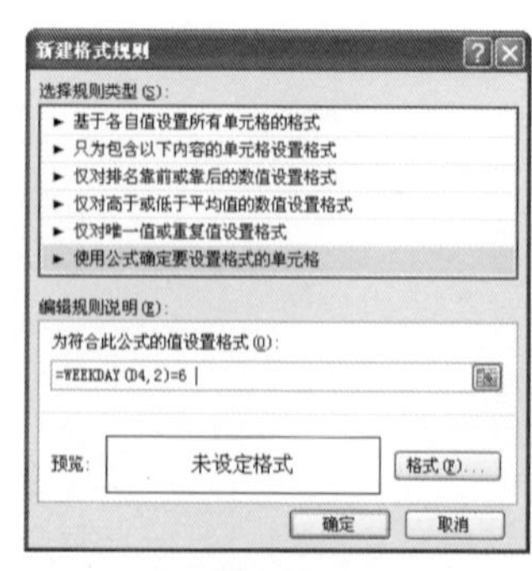

图8-22

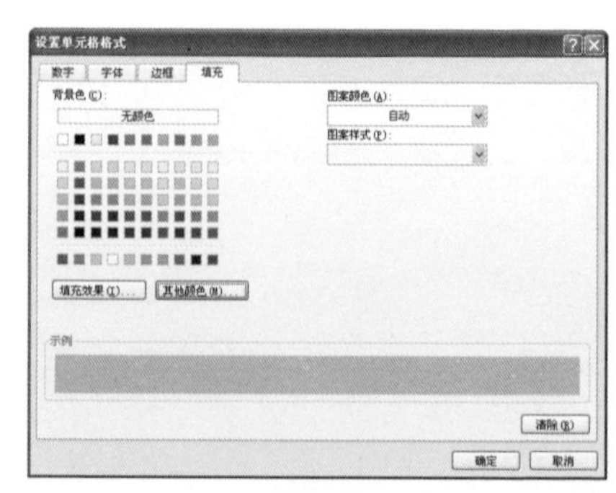

图8-23

④ 切换到“字体”选项卡下，设置特殊字体（此处设置字体为白色且加粗），如图8-24所示。

⑤ 单击“确定”按钮，回到“新建格式规则”对话框中，可以看到格式预览，如图8-25所示。即选中的单元格区域中的值只要满足公式条件，即显示所设置的格式。

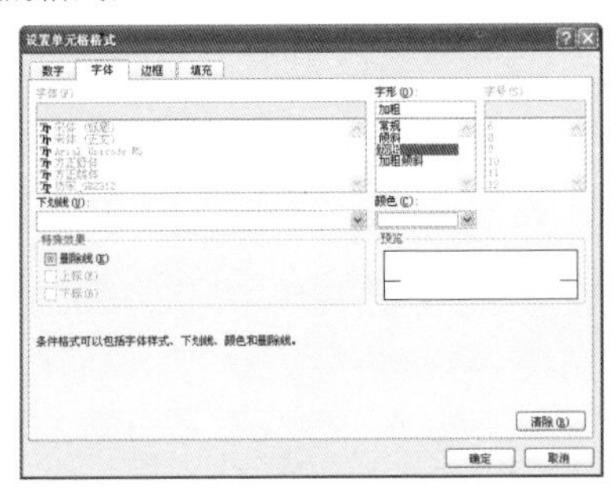

图8-24

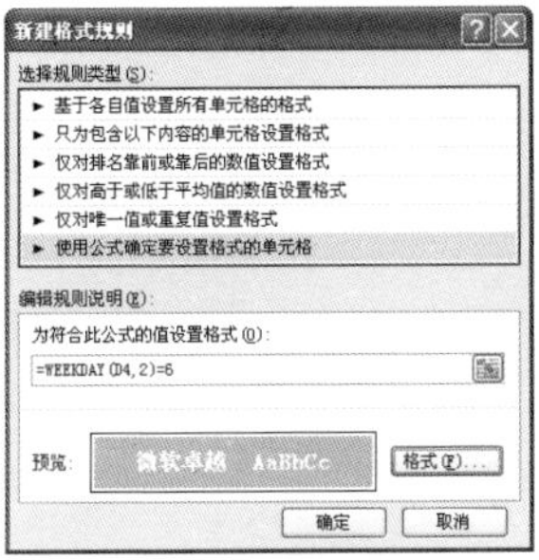

图8-25

⑥ 选中D4:AH5单元格区域，打开“新建格式规则”对话框，选择“使用公式确定要设置格式的单元格”规则类型，设置公式为“=WEEKDAY(D4,2)=7”，如图8-26所示。

⑦ 单击“格式”按钮，按照相同的方法设置格式（此处设置红色背景，白色加粗字体），设置完成后回到“新建格式规则”对话框中，可以看到格式预览，如图8-27所示。

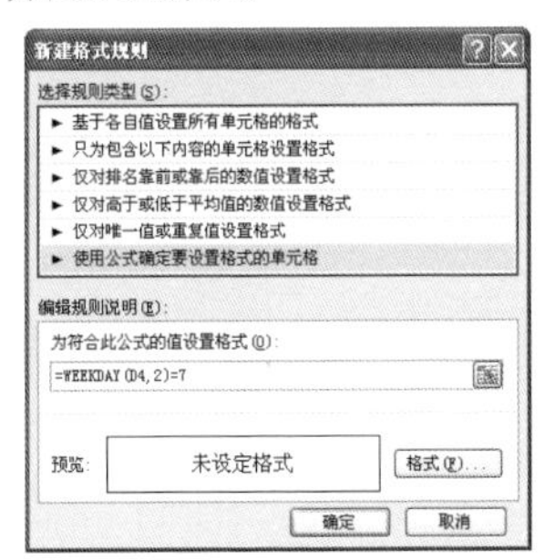

图8-26

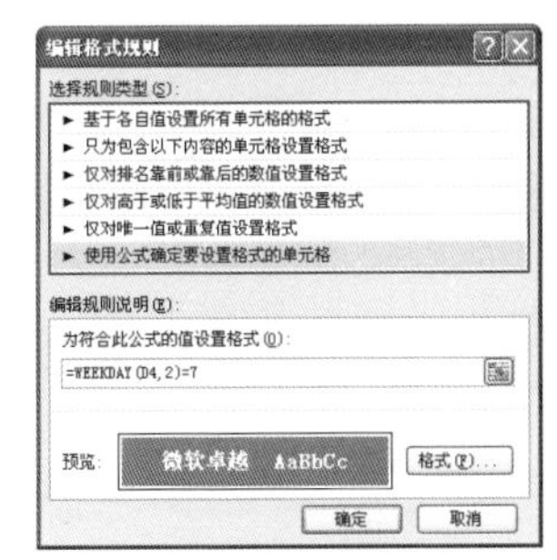

图8-27

⑧ 设置完成后，可以看到星期六显示绿色，星期日显示红色，如图8-28所示。

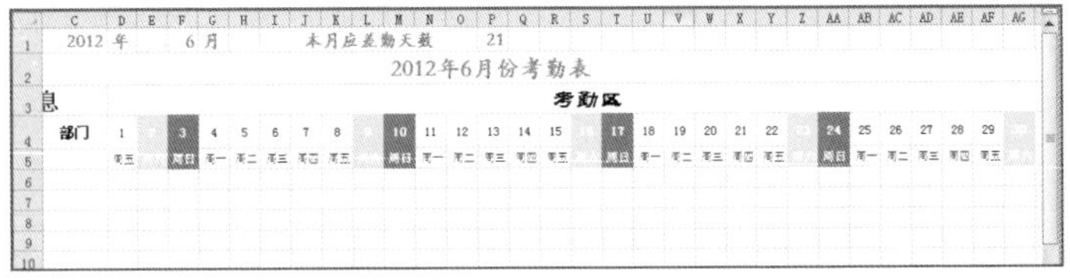

图8-28

8.1.2 填制考勤表

完成了上面考勤表的建立之后，接着则可以根据本月的实际情况来填制考勤表。该考勤表应该为月初建立，然后根据各日员工的出勤情况依次考勤。为了方便实际考勤，可以使用数据有效性功能添加可选择序列。

❶ 将员工编辑、姓名、所在部门填制到工作表中（可以从企业员工档案中获取）。

❷ 选中表格的编辑区域，在“开始”选项卡的“数字”工具栏中单击 按钮，打开“设置单元格格式”对话框，选择“边框”选项卡，设置选中区域的边框，设置完成后如图8-29所示。

选择年月 2012 年 6 月 本月应差勤天数 21

2012年6月份考勤表

基本信息 考勤区

编号	姓名	部门	1	2	3	4	5	6	7	8	9	10	11	12	13	14	15	16	17	18	19	20	21	22	23
KB001	黄永明	销售部	周五	周六	周日	周一	周二	周三	周四	周五	周六	周日	周一	周二	周三	周四	周五	周六	周日	周一	周二	周三	周四	周五	周六
KB002	丁瑞丰	销售部																							
KB003	庄尹丽	销售部																							
KB004	黄觉	销售部																							
KB005	侯淑娟	销售部																							
KB006	王英爱	销售部																							
KB007	阳明文	生产部																							
KB008	陈春	生产部																							
KB009	杨和平	生产部																							
KB010	陈明	生产部																							
KB011	张刚	生产部																							
KB012	韦余强	生产部																							
KB013	邓晓兰	生产部																							
KB014	罗婷	人事部																							
KB015	杨增	人事部																							
KB016	金树森	人事部																							

图8-29

❸ 选中考勤区域，在“数据”选项卡的“数据工具”选项组下单击“数据有效性”按钮，打开“数据有效性”对话框。

❹ 设置填充序列为“ √,事,病,旷,差,年,婚,迟,迟1,迟2”（此处只针对于本例设置），如图8-30所示。

❺ 设置完成后，单击“确定”按钮回到工作表中，选中考勤区域任意单元格，即可从下拉列表中选择请假或迟到类别，如图8-31所示。

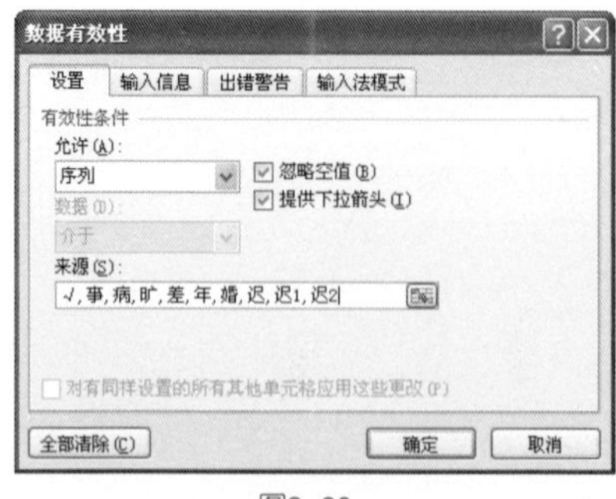

图8-30

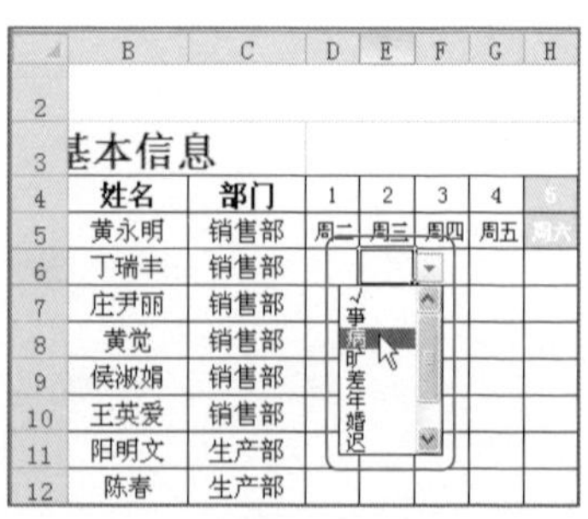

图8-31

❻ 根据企业每位员工的实际出勤情况进行考勤。本月考勤完成后，考勤表如图8-32所示。

选择年月　2012 年　6 月　本月应差勤天数　21

2012年6月份考勤表

基本信息　考勤区

编号	姓名	部门	1	2	3	4	5	6	7	8	9	10	11	12	13	14	15	16	17	18	19	20	21	22	23
KB001	黄永明	销售部	周五		周日	周一	周二	周三	周四	周五		周日	周一	周二	周三	周四	周五		周日	周一	周二	周三	周四	周五	
KB002	丁瑞丰	销售部	√			√	√	√	√	差			√	√	√	√	事			√	√	√	√	√	
KB003	庄尹丽	销售部	√			事	√	√	√	√			√	√	√	√	√			√	√	√	√	√	
KB004	黄觉	销售部	√			√	√	√	√	事			√	√	√	√	病			√	√	√	√	√	
KB005	侯淑娟	销售部	√			√	√	√	√	√			√	√	√	√	√			√	√	√	√	√	
KB006	王英爱	销售部	√			√	√	√	√	√			√	√	√	√	√			√	√	√	√	差	
KB007	阳明文	生产部	√			√	√	√	√	√			√	迟	√	√	√			√	√	√	√	√	
KB008	陈春	生产部	√			迟	√	√	√	√			√	√	√	√	√			√	√	√	√	√	
KB009	杨和平	生产部	√			√	√	差	√	√			√	√	√	√	差			√	差	√	√	√	
KB010	陈明	生产部	√			√	√	√	√	差			差	差	差	√	√			差	差	差	√	√	
KB011	张刚	生产部	√			√	√	差	√	√			√	√	√	√	√			√	√	√	√	差	
KB012	韦余强	生产部	√			√	√	√	√	√			√	√	√	√	√			√	√	√	√	√	
KB013	邓晓兰	生产部	√			√	√	√	√	√			√	√	事	√	√			√	√	√	√	√	
KB014	罗婷	人事部	√			√	√	√	√	√			√	√	√	√	√			病	√	√	√	√	
KB015	杨增	人事部	√			√	√	√	√	√			√	√	√	√	√			√	√	√	√	√	

图8-32

专家提示

填制考勤表时需要根据员工当月考勤情况进行统计，需要核对考勤机的考勤、假卡、出差申请单等，这是一项繁杂的工作，需要耐心。

8.1.3　统计各员工本月请假天数、迟到次数及应扣款

对员工的本月出勤情况进行统计后，接着需要对当前的考勤数据进行统计分析，如：统计各员工本月请假天数、迟到次数、出勤率以及对各部门员工的出勤情况进行分析等。

1. 建立请假天数与应扣罚款基本表格

❶ 选中D6单元格，在“视图”选项卡的“窗口”选项组中单击“冻结窗格”按钮，在打开的下拉菜单中选择“冻结拆分窗格”命令，如图8-33所示。

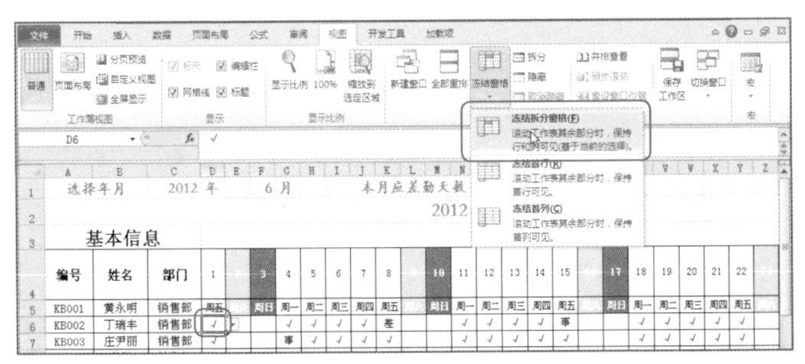

图8-33

② 执行冻结命令后，可以看到在窗口中向右移动查看数据时，“基本信息”始终显示，考勤区数据则选择可以隐藏起来，如图 8-34 所示。

选择年月 2012 月应差勤天数 21

2012年6月份考勤表

基本信息			考勤区																						
编号	姓名	部门	8	9	10	11	12	13	14	15	16	17	18	19	20	21	22	23	24	25	26	27	28	29	30
KB001	黄永明	销售部	周五	周六	周日	周一	周二	周三	周四	周五	周六	周日	周一	周二	周三	周四	周五	周六	周日	周一	周二	周三	周四	周五	周六
KB011	张刚	生产部	√			√	√	√	√	√			√	√	√	√	差			√	差	迟1	√	迟	
KB012	韦余强	生产部	√			√	√	√	√	√			√	√	√	√	√			√	√	√	√	√	
KB013	邓晓兰	生产部	√			√	√	事	√	√			√	√	√	√	√			√	√	√	√	√	
KB014	罗婷	人事部	√			√	√	√	√	√			病	√	√	√	√			√	√	√	√	√	
KB015	杨增	人事部	√			√	√	√	√	√			√	√	√	√	√			√	√	√	√	√	
KB016	金树森	人事部	√			√	√	√	√	√			√	√	√	√	√			√	√	√	√	√	
KB017	刘金辉	人事部	√			√	√	√	√	√			√	√	√	√	√			√	√	√	√	√	
KB018	郑名君	行政部	√			√	√	√	√	√			√	√	√	√	√			√	√	√	√	√	
KB019	钟月	行政部	√			√	√	√	√	√			√	√	√	√	√			√	√	√	√	√	
KB020	蔡丽暖	行政部	√			√	√	√	√	√			√	√	√	√	√			√	√	√	√	√	
KB021	陈家磊	行政部	√			√	√	√	√	√			√	√	√	√	√			√	√	√	√	√	
KB022	王力	财务部	√			√	√	√	√	√			√	√	√	√	√			√	√	√	√	√	
KB023	吕从英	财务部	√			√	√	√	√	√			√	√	√	√	√			√	√	√	√	√	
KB024	吕路平	财务部	√			√	√	√	√	√			√	√	√	√	√			√	√	√	√	√	

图8-34

③ 接着在“考勤区”后面建立“统计分析区”，并输入规划好的统计列标识，如图8-35所示。

选择年月 2012

基本信息					统计分析区											
编号	姓名	部门	30	31	出勤	出差	事假（天）	病假（天）	旷工（天）	迟到半个小时以内（次）	迟到1个小时以内（次）	迟到1个小时以内（次）	年假（天）	婚假（天）	实际工作天数	出勤率
KB001	黄永明	销售部	周三	周四	√	出	事	病	旷	迟	迟1	迟2	年	婚		
KB002	丁瑞丰	销售部	√	√												
KB003	庄尹丽	销售部	病	√												
KB004	黄觉	销售部	√	婚												
KB005	侯淑娟	销售部	√	√												
KB006	王英爱	销售部	√	√												
KB007	阳明文	生产部	差	差												
KB008	陈春	生产部	√	差												
KB009	杨和平	生产部	事	迟2												
KB010	陈明	生产部	√	√												
KB011	张刚	生产部	√	迟												
KB012	韦余强	生产部	√	√												

图8-35

④ 在“统计分析区”后面建立“奖罚金额统计区”，并输入规划好的统计列标识，如图8-36所示。

选择年月 2012

基本信息			统计分析区									奖罚金额统计区			
编号	姓名	部门	病假（天）	旷工（天）	迟到半个小时以内（次）	迟到1个小时以内（次）	迟到1个小时以内（次）	年假（天）	婚假（天）	实际工作天数	出勤率	奖惩金额			
KB001	黄永明	销售部	病	旷	迟	迟1	迟2	年	婚			请假扣款	迟到扣款	合计	满勤奖金
KB002	丁瑞丰	销售部													
KB003	庄尹丽	销售部													
KB004	黄觉	销售部													
KB005	侯淑娟	销售部													
KB006	王英爱	销售部													
KB007	阳明文	生产部													
KB008	陈春	生产部													
KB009	杨和平	生产部													
KB010	陈明	生产部													
KB011	张刚	生产部													
KB012	韦余强	生产部													
KB013	邓晓兰	生产部													
KB014	罗婷	人事部													

图8-36

专家提示

在考勤表后建立“统计分析区”和“奖罚金额统计区”，可以设置公式根据考勤情况来计算出员工的请假情况以及奖罚情况。

2. 统计各请假类别的天数和应扣罚款

❶ 选中AI6单元格，在公式编辑栏中输入公式：

=COUNTIF($D6:$AH6,AI$5)

按Enter键，即可统计出员工“黄永明”本月没有任何迟到记录的出勤天数，如图8-37所示。

AI6　=COUNTIF($D6:$AH6,AI$5)

	A	B	C	T	U	V	W	X	Y	Z	AA	AB	AC	AD	AE	AF	AG	AH	AI	AJ
1	选择年月		2012																	
2																				
3	基本信息			区																
4	编号	姓名	部门	17	18	19	20	21	22	23	24	25	26	27	28	29	30	31	出勤	出差
5	KB001	黄永明	销售部	周四	周五	周六	周日	周一	周二	周三	周四	周五	周六	周日	周一	周二	周三	周四	√	出
6	KB002	丁瑞丰	销售部	√	√			√	√	√	√	√			√	√	√	√	21	
7	KB003	庄尹丽	销售部	√	√			√	√	√	√	√			√	√	病	√		
8	KB004	黄觉	销售部	√	√			√	√	√	√	√			√	√	√	婚		

图8-37

❷ 选中AI6单元格，将光标定位到右下角，当出现黑色十字形时，按住鼠标左键向右拖动至AR单元格中释放鼠标，即可一次性统计出第一位员工其他假别、迟到的天数与次数，如图8-38所示。

AI6　=COUNTIF($D6:$AH6,AI$5)

	A	B	C	Z	AA	AB	AC	AD	AE	AF	AG	AH	AI	AJ	AK	AL	AM	AN	AO	AP	AQ	AR	AS	
1	选择年月		2012																					
2																								
3	基本信息															统计分析区								
4	编号	姓名	部门	23	24	25	26	27	28	29	30	31	出勤	出差	事假（天）	病假（天）	旷工（天）	迟到半个小时以内（次）	迟到1个小时以内（次）	迟到1个小时以内（次）	年假（天）	婚假（天）	实际工作天数	出
5	KB001	黄永明	销售部	周三	周四	周五	周六	周日	周一	周二	周三	周四	√	差	事	病	旷	迟	迟1	迟2	年	婚		
6	KB002	丁瑞丰	销售部	√	√	√			√	√	√	√	21	1	1	0	0	0	0	0	0	0		
7	KB003	庄尹丽	销售部	√	√	√			√	√	病	√												
8	KB004	黄觉	销售部	√	√	√			√	√	√	婚												
9	KB005	侯淑娟	销售部	√	√	√			√	√	√	√												

图8-38

❸ 选中AS6单元格，在公式编辑栏中输入公式：

=AI6+AJ6

按Enter键，即可统计出员工“黄永明”本月没有任何迟到记录的实际工作天数，如图8-39所示。

❹ 选中AT6单元格，在公式编辑栏中输入公式：

=AS6/$P$1

AS6 =AI6+AJ6

	A	B	C	AF	AG	AH	AI	AJ	AK	AL	AM	AN	AO	AP	AQ	AR	AS	AT
1	选择年月		2012															
2																		
3	基本信息						统计分析区											
4	编号	姓名	部门	29	30	31	出勤	出差	事假（天）	病假（天）	旷工（天）	迟到半个小时以内（次）	迟到1个小时以内（次）	迟到1个小时以内（次）	年假（天）	婚嫁（天）	实际工作天数	出勤率
5	KB001	黄永明	销售部	周二	周三	周四	√	差	事	病	旷	迟	迟1	迟2	年	婚		
6	KB002	丁瑞丰	销售部	√	√	√	21	1	1	0	0	0	0	0	0	0	22	
7	KB003	庄尹丽	销售部	√	病	√												
8	KB004	黄觉	销售部	√	√	婚												

图8-39

按Enter键，显示为小数值，在“开始”选项卡的“数字”选项组中设置其格式为百分比值，如图8-40所示。

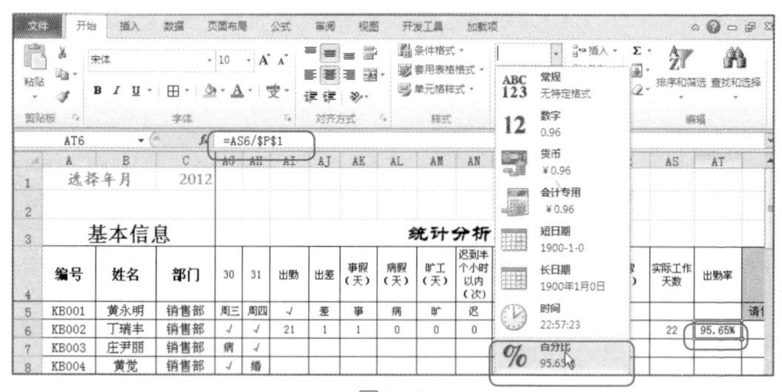

图8-40

❺ 选中AI6:AT6单元格区域，将光标定位到右下角，当出现黑色十字形时，按住鼠标左键向下拖动，释放鼠标即可一次性统计出所有员工的出勤天数、各类假别天数、出勤率等，如图8-41所示。

	A	B	C	AG	AH	AI	AJ	AK	AL	AM	AN	AO	AP	AQ	AR	AS	AT
1	选择年月		2012														
2																	
3	基本信息					统计分析区											
4	编号	姓名	部门	30	31	出勤	出差	事假（天）	病假（天）	旷工（天）	迟到半个小时以内（次）	迟到1个小时以内（次）	迟到1个小时以内（次）	年假（天）	婚嫁（天）	实际工作天数	出勤率
5	KB001	黄永明	销售部	周三	周四	√	差	事	病	旷	迟	迟1	迟2	年	婚		
6	KB002	丁瑞丰	销售部	√	√	21	1	1	0	0	0	0	0	0	0	22	95.65%
7	KB003	庄尹丽	销售部	病	√	21	0	1	1	0	0	0	0	0	0	21	91.30%
8	KB004	黄觉	销售部	√	婚	20	0	1	1	0	0	0	0	0	1	20	86.96%
9	KB005	侯淑娟	销售部	√	√	23	0	0	0	0	0	0	0	0	0	23	100.00%
10	KB006	王英爱	销售部	√	√	21	2	0	0	0	0	0	0	0	0	23	100.00%
11	KB007	阳明文	生产部	差	差	18	4	0	0	0	1	0	0	0	0	22	95.65%
12	KB008	陈春	生产部	√	差	19	3	0	0	0	1	0	0	0	0	22	95.65%
13	KB009	杨和平	生产部	事	迟2	18	3	1	0	0	0	0	1	0	0	21	91.30%
14	KB010	陈明	生产部	√	√	16	7	0	0	0	0	0	0	0	0	23	100.00%
15	KB011	张刚	生产部	√	迟	18	3	0	0	0	1	1	0	0	0	21	91.30%
16	KB012	韦余强	生产部	√	√	23	0	0	0	0	0	0	0	0	0	23	100.00%

考勤表 Sheet2 Sheet3

就绪 平均值: 3.821805007 计数: 132 求和: 504.4782609 100%

图8-41

❻ 选中AU6单元格，在公式编辑栏中输入公式：

```
=AK6*50+AL6*30+AM6*100
```

按Enter键计算出第一位员工请假应扣款，如图8-42所示。

AU6　=AK6*50+AL6*30+AM6*100

	A	B	C	AJ	AK	AL	AM	AN	AO	AP	AQ	AR	AS	AT	AU	AV
1	选择年月		2012													
2																
3	基本信息			统计分析区											奖罚金	
4	编号	姓名	部门	出差	事假（天）	病假（天）	旷工（天）	迟到半个小时以内（次）	迟到1个小时以内（次）	迟到1个小时以内（次）	年假（天）	婚嫁（天）	实际工作天数	出勤率	奖惩	
5	KB001	黄永明	销售部	差	事	病	旷	迟	迟1	迟2	年	婚			请假扣款	迟到扣款
6	KB002	丁瑞丰	销售部	1	1	0	0	0	0	0	0	0	22	95.65%	50	
7	KB003	庄尹丽	销售部	0	1	1	0	0	0	0	0	0	21	91.30%		

图8-42

7 选中AV6单元格，在公式编辑栏中输入公式：

```
=AN6*10+AO6*20+AP6*30
```

按Enter键计算出第一位员工迟到扣款，如图8-43所示。

AV6　=AN6*10+AO6*20+AP6*30

	A	B	C	AM	AN	AO	AP	AQ	AR	AS	AT	AU	AV	AW	AX
1	选择年月		2012												
2															
3	基本信息			统计分析区								奖罚金额统计区			
4	编号	姓名	部门	旷工（天）	迟到半个小时以内（次）	迟到1个小时以内（次）	迟到1个小时以内（次）	年假（天）	婚嫁（天）	实际工作天数	出勤率	奖惩金额			
5	KB001	黄永明	销售部	旷	迟	迟1	迟2	年	婚			请假扣款	迟到扣款	合计	满勤奖
6	KB002	丁瑞丰	销售部	0	0	0	0	0	0	22	95.65%	50	0		
7	KB003	庄尹丽	销售部	0	0	0	0	0	0	21	91.30%				

图8-43

8 选中AW6单元格，在公式编辑栏中输入公式：

```
=AU6+AV6
```

按Enter键计算出第一位员工扣款合计，如图8-44所示。

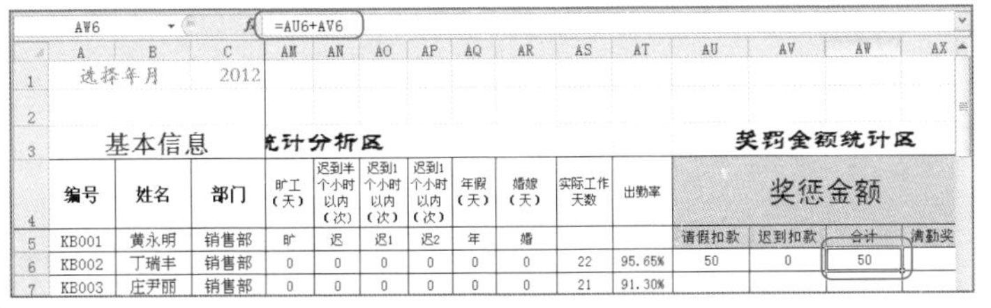

AW6　=AU6+AV6

	A	B	C	AM	AN	AO	AP	AQ	AR	AS	AT	AU	AV	AW	AX
1	选择年月		2012												
2															
3	基本信息			统计分析区								奖罚金额统计区			
4	编号	姓名	部门	旷工（天）	迟到半个小时以内（次）	迟到1个小时以内（次）	迟到1个小时以内（次）	年假（天）	婚嫁（天）	实际工作天数	出勤率	奖惩金额			
5	KB001	黄永明	销售部	旷	迟	迟1	迟2	年	婚			请假扣款	迟到扣款	合计	满勤奖
6	KB002	丁瑞丰	销售部	0	0	0	0	0	0	22	95.65%	50	0	50	
7	KB003	庄尹丽	销售部	0	0	0	0	0	0	21	91.30%				

图8-44

9 选中AX6单元格，在公式编辑栏中输入公式：

```
=IF(AND(AK6:AP6=0),200,0)
```

同时按快捷键Ctrl+Shift+Enter，即可根据第一位员工是否有请假或迟到记录，来判断是否给予满勤奖金，如图8-45所示。

AX6 {=IF(AND(AK6:AP6=0),200,0)}

	A	B	C	AN	AO	AP	AQ	AR	AS	AT	AU	AV	AW	AX
1	选择年月		2012											
2														
3	基本信息			分析区							奖罚金额统计区			
4	编号	姓名	部门	迟到半个小时以内（次）	迟到1个小时以内（次）	迟到1个小时以内（次）	年假（天）	婚假（天）	实际工作天数	出勤率	奖惩金额			
5	KB001	黄永明	销售部	迟	迟1	迟2	年	婚			请假扣款	迟到扣款	合计	满勤奖金
6	KB002	丁瑞丰	销售部	0	0	0	0	0	22	95.65%	50	0	50	0
7	KB003	庄尹丽	销售部	0	0	0	0	0	21	91.30%				

图8-45

10 通过复制公式一次性得出所有员工的请假扣款、迟到扣款、扣款合计、满勤奖金。同时选中AQ6:AT6单元格区域，将光标定位到右下角，当出现黑色十字形时按住鼠标左键向下拖动，即可一次性统计出所有员工的请假扣款、迟到扣款、扣款合计、满勤奖金，如图8-46所示。

AU6 =AK6*50+AL6*30+AM6*100

	A	B	C	AN	AO	AP	AQ	AR	AS	AT	AU	AV	AW	AX
1	选择年月		2012											
2														
3	基本信息			分析区							奖罚金额统计区			
4	编号	姓名	部门	迟到半个小时以内（次）	迟到1个小时以内（次）	迟到1个小时以内（次）	年假（天）	婚假（天）	实际工作天数	出勤率	奖惩金额			
5	KB001	黄永明	销售部	迟	迟1	迟2	年	婚			请假扣款	迟到扣款	合计	满勤奖金
6	KB002	丁瑞丰	销售部	0	0	0	0	0	22	95.65%	50	0	50	0
7	KB003	庄尹丽	销售部	0	0	0	0	0	21	91.30%	80	0	80	0
8	KB004	黄觉	销售部	0	0	0	0	1	20	86.96%	80	0	80	0
9	KB005	侯淑娟	销售部	0	0	0	0	0	23	100.00%	0	0	0	200
10	KB006	王英爱	销售部	0	0	0	0	0	23	100.00%	0	0	0	200
11	KB007	阳明文	生产部	1	0	0	0	0	22	95.65%	0	10	10	0
12	KB008	陈春	生产部	1	0	0	0	0	22	95.65%	0	10	10	0
13	KB009	杨和平	生产部	0	0	1	0	0	21	91.30%	50	30	80	0
14	KB010	陈明	生产部	0	0	0	0	0	23	100.00%	0	0	0	200
15	KB011	张刚	生产部	1	1	0	0	0	21	91.30%	0	30	30	0
16	KB012	韦余强	生产部	0	0	0	0	0	23	100.00%	0	0	0	200

考勤表 Sheet2 Sheet3

就绪 平均值: 33.63636364 计数: 44 求和: 1480 100%

图8-46

8.1.4 分析各部门请假情况

在统计出各部门员工假别、请假天数、迟到次数等数据后，可以利用数据透视表来分析各部门请假情况。

1. 建立数据透视表分析各部门出勤情况

1 在“考勤表”中选中列标识及以下编辑区域（包括“基本信息”、“考勤区”与“统计分析区”），切换到“插入”选项卡，在“表格”选项组中单击“数据透视表”按钮，在其下拉菜单中选择“数据透视表”命令，如图8-47所示。

2 打开“创建数据透视表”对话框，在“选择一个表或区域”下的“表/区域”文本框中显示了选中的单元格区域，如图8-48所示。

图8-47

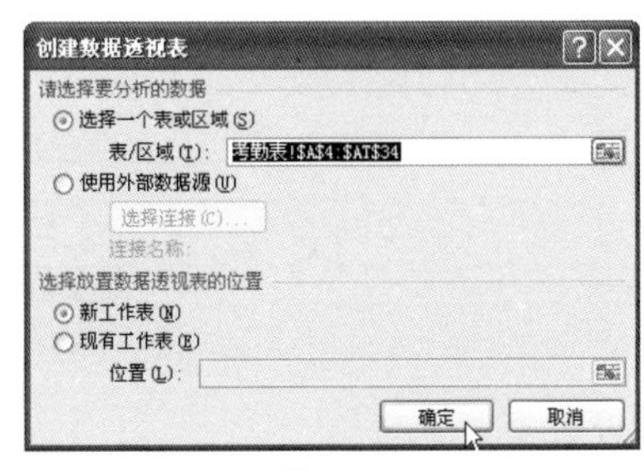

图8-48

3 单击“确定”按钮，即可新建工作表并显示数据透视表，在工作表标签上双击鼠标，然后输入新名称为“各部门请假情况分析”，如图8-49所示。

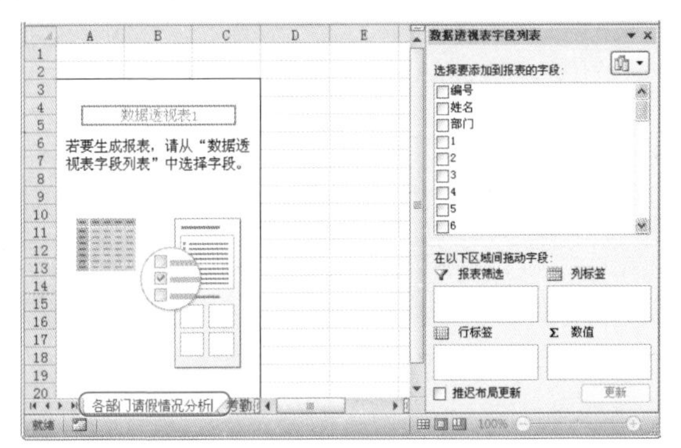

图8-49

专家提示

由于当前表格包含列非常多，所以在字段列表中显示了很多字段（列标识都被作为字段名称），向下滑动鼠标可以看到用于统计分析的字段。

4 设置“部门”为行标签字段，设置“事假(天)”为数值字段，如图8-50所示。

5 在“数值”框中单击添加的数值字段，在打开的菜单中选择“值字段设置”命令，如图8-51所示。

6 打开“值字段设置”对话框，重新设置“计算类型”为“求和”，如图8-52所示。

7 单击“确定”按钮即可统计出各个部门事假的总天数，如图8-53所示。

图8-50

图8-51

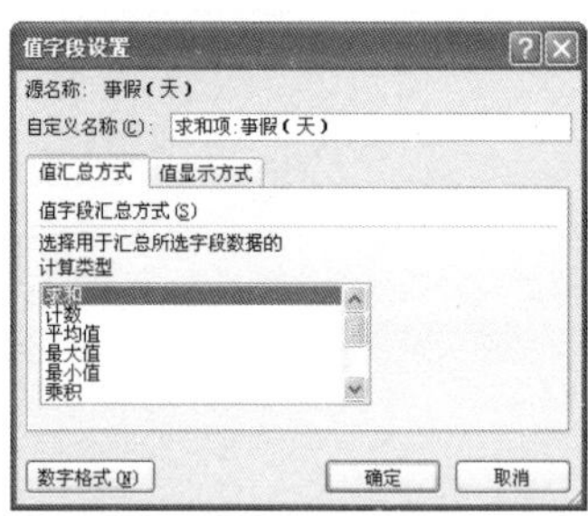

图8-52

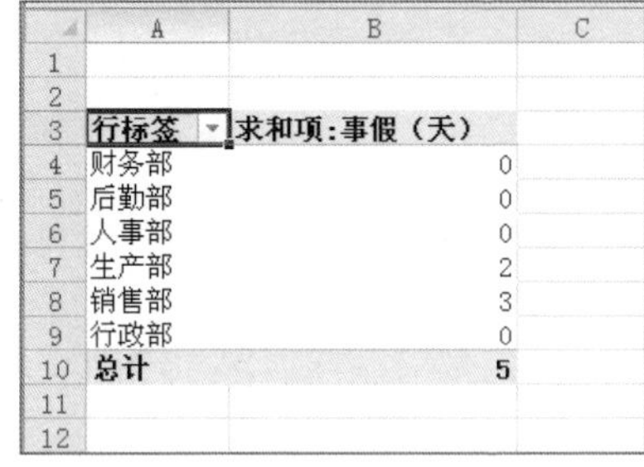

图8-53

8 按照相同的方法添加“病假(天)”与“旷工(天)”字段为数值字段，并更改其汇总方式为“求和”，数据透视表的统计效果如图8-54所示。从数据透视表中可以看到哪个部门的请假天数最多，以便在下个月中采取相关约束措施。

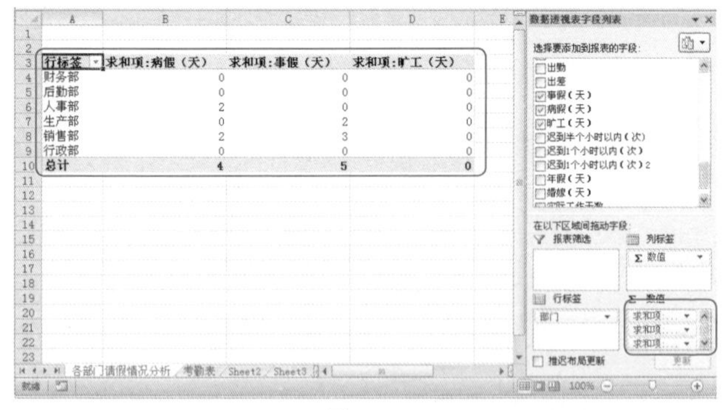

图8-54

2. 建立图表直观显示统计结果

1 选中数据透视表中的任意单元格，切换到“选项”选项卡，在“工具”

选项组中单击“数据透视图”按钮，打开“插入图表”对话框，选择“三维簇状柱形图”类型，如图8-55所示。

❷ 单击“确定”按钮即可新建数据透视图，对图表进行美化，效果如图8-56所示。

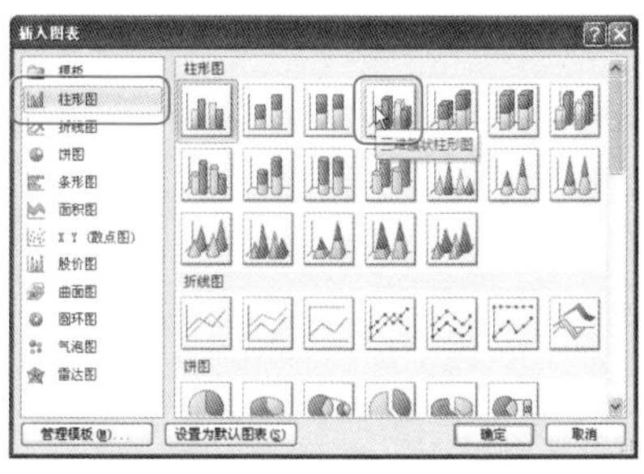

图8-55

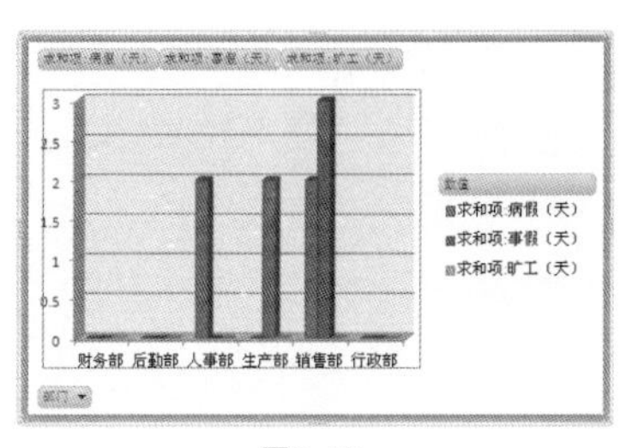

图8-56

❸ 选中图表，切换到“设计”选项卡，在“图表布局”选项组中选择如图8-57所示的布局。

❹ 在图表标题编辑框中输入图表标题，并对图表进行文字格式设置，其效果如图8-58所示。从图表中可以直观地看到“销售部”的请假次数最多，即出勤率最低。

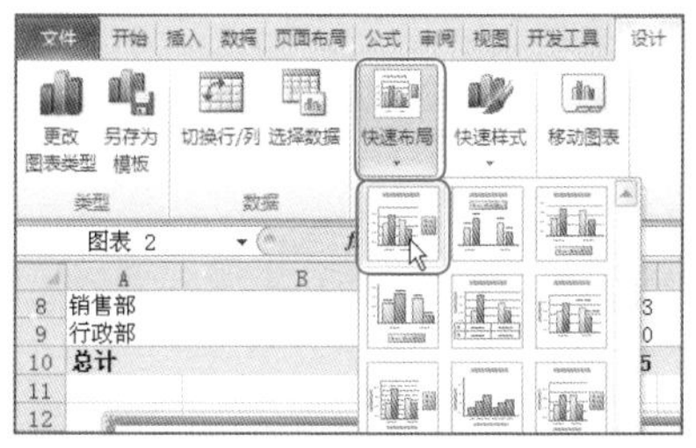

图8-57

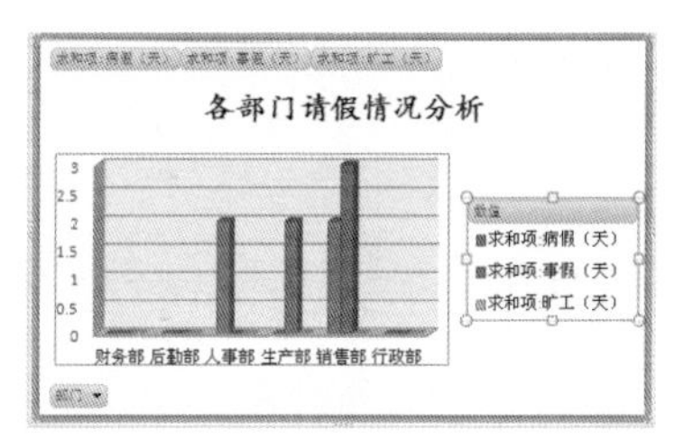

图8-58

8.2 建立加班工资统计表

在企业中加班是难免的，对于加班的员工，人力资源部门要记录他们的加班情况，并统计到加班统计表中，根据国家规定的加班工资的比例，在月末或者年末发放加班工资。

8.2.1 使用建立的考勤记录表进行加班记录

利用建立的考勤记录表框架可以方便地对员工的加班时长进行记录统计，

员工加班分为工作日加班和节假日加班两种。

❶ 在“Sheet2”工作表标签上双击鼠标，重新输入工作表名称为“加班记录表”。

❷ 将“考勤表”复制到“加班记录表”，删除“统计分析区”和“奖罚金额统计区”，将考勤区重命名为“加班记录区”，如图8-59所示。

选择年月 2012 年 6 月 本月应差勤天数 21

2012年6月份考勤表

基本信息 加班记录区

编号	姓名	部门	1	2	3	4	5	6	7	8	9	10	11	12	13	14	15	16	17	18	19	20	21	22	23	24	25	26	27	28
KB001	黄永明	销售部	周五	周六	周日	周一	周二	周三	周四	周五	周六	周日	周一	周二	周三	周四	周五	周六	周日	周一	周二	周三	周四	周五	周六	周日	周一	周二	周三	周四
KB002	丁瑞丰	销售部	√			√	√	√	√	差			√	√	√	√	事			√	√	√	√	√			√	√	√	√
KB003	庄尹丽	销售部	√			事	√	√	√	√			√	√	√	√	√			√	√	√	√	√			√	√	√	病
KB004	黄觉	销售部	√			√	√	√	√	事			√	√	√	√	病			√	√	√	√	√			√	√	√	√
KB005	侯淑娟	销售部	√			√	√	√	√	√			√	√	√	√	√			√	√	√	√	√			√	√	√	√
KB006	王英爱	销售部	√			√	√	√	√	√			√	√	√	√	√			√	√	√	√	差			√	差	√	√
KB007	阳明文	生产部	√			√	√	√	√	√			√	迟	√	√	√			√	√	√	√	√			√	√	差	差
KB008	陈春	生产部	√			迟	√	√	√	√			√	√	√	√	√			√	√	√	√	√			差	√	差	√
KB009	杨和平	生产部	√			√	√	差	√	√			√	√	√	√	差			√	差	√	√	√			√	√	√	事
KB010	陈明	生产部	√			√	√	√	√	差			差	差	差	√	√			差	差	差	√	√			√	√	√	√
KB011	张刚	生产部	√			√	√	差	√	√			√	√	√	√	√			√	√	√	√	差			√	差	迟1	√
KB012	韦余强	生产部	√			√	√	√	√	√			√	√	√	√	√			√	√	√	√	√			√	√	√	√
KB013	邓晓兰	生产部	√			√	√	√	√	√			√	√	事	√	√			√	√	√	√	√			√	√	√	√
KB014	罗婷	人事部	√			√	√	√	√	√			√	√	√	√	√			病	√	√	√	√			√	√	√	√
KB015	杨增	人事部	√			√	√	√	√	√			√	√	√	√	√			√	√	√	√	√			√	√	√	√
KB016	金树森	人事部	√			√	√	病	√	√			√	√	√	√	√			√	√	√	√	√			√	√	√	√
KB017	刘金辉	人事部	√			√	√	√	√	√			√	√	√	√	√			√	√	√	√	√			√	√	√	√
KB018	郑名君	行政部	√			√	√	√	√	√			√	√	√	√	√			√	√	√	√	√			√	√	√	√

各部门请假情况分析 考勤表 加班记录表

图8–59

❸ 选中D6:AH34单元格区域，切换到“开始”选项卡，在“编辑”选项组中单击“清除”按钮，在其下拉菜单中选择“全部清除”命令（如图8-60所示），即可清除选中区域的所有内容。

文件 开始 插入 数据 页面布局 公式 审阅 视图 开发工具 加载项

全部清除(A)
清除格式(F)
清除内容(C)
清除批注(M)
清除超链接(L)

D6 √

2012 年 6 月 本月应差勤天数 21

2012年6月份考勤表

息 加班记录区

部门	1	2	3	4	5	6	7	8	9	10	11	12	13	14	15	16	17	18	19	20	21	22	23	24	25	26	27	28	29
销售部																													
销售部	√			√	√	√	√	差			√	√	√	√	事			√	√	√	√	√			√	√	√	√	√
销售部	√			事	√	√	√	√			√	√	√	√	√			√	√	√	√	√			√	√	√	病	√
销售部	√			√	√	√	√	事			√	√	√	√	病			√	√	√	√	√			√	√	√	√	婚
销售部	√			√	√	√	√	√			√	√	√	√	√			√	√	√	√	√			√	√	√	√	√
销售部	√			√	√	√	√	√			√	√	√	√	√			√	√	√	√	差			√	差	√	√	√
生产部	√			√	√	√	√	√			√	迟	√	√	√			√	√	√	√	√			√	√	差	差	差

图8–60

❹ 在“加班记录区”后面建立“统计分析区”，并输入规划好的统计列标识，如图8-61所示。

❺ 根据企业每位员工的实际加班情况进行统计。本月加班记录统计完成后，效果如图8-62所示。

专家提示

因为工作日加班与节假日加班的费用计算是不同的，平时加班时间用“小时”来计算，而节假日加班用“天”来计算。

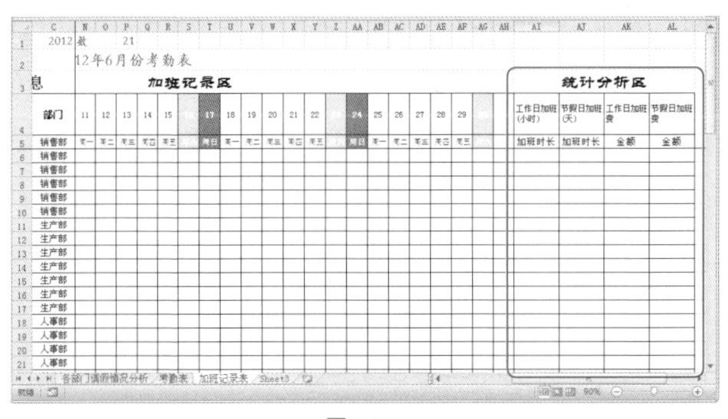

图8-61

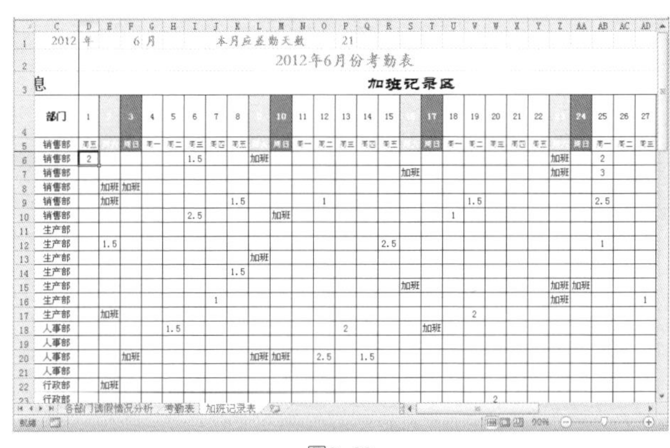

图8-62

8.2.2　加班工资统计

通过员工加班统计可以设置公式计算出员工的工作日加班和节假日加班时长。

❶ 选中AI6单元格，输入公式：

```
=SUM(D6:AH6)
```

按Enter键即可计算出第一位员工的工作日加班时长，如图8-63所示。

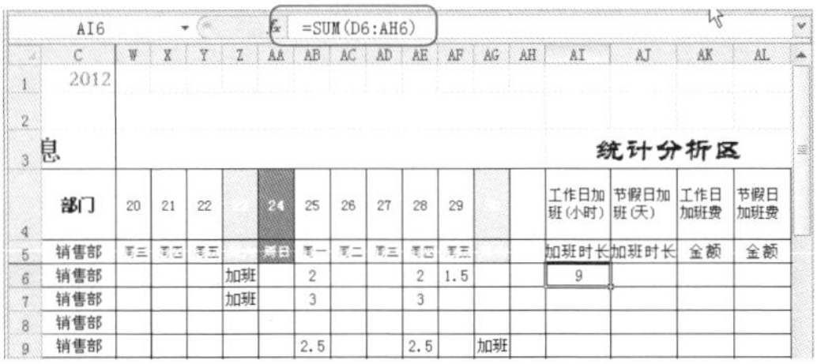

图8-63

❷ 选中AJ6单元格，输入公式：

```
=COUNTIF(D6:AH6,"加班")
```

按Enter键即可计算出第一位员工的节假日加班时长，如图8-64所示。

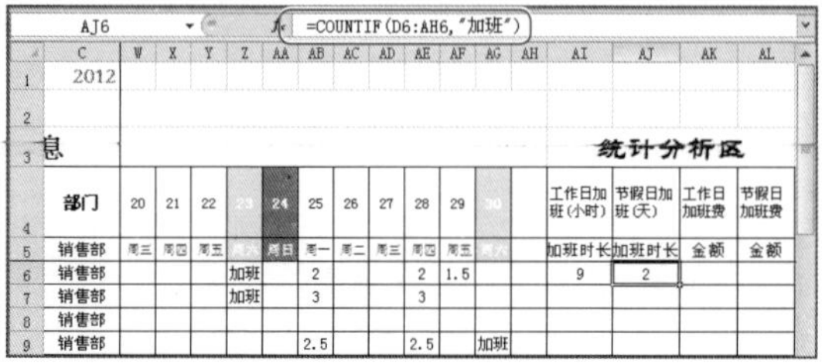

	C	W	X	Y	Z	AA	AB	AC	AD	AE	AF	AG	AH	AI	AJ	AK	AL
1	2012																
2																	
3	息													统计分析区			
4	部门	20	21	22	23	24	25	26	27	28	29	30		工作日加班(小时)	节假日加班(天)	工作日加班费	节假日加班费
5	销售部	周三	周四	周五	周六	周日	周一	周二	周三	周四	周五	周六		加班时长	加班时长	金额	金额
6	销售部				加班		2			2	1.5			9	2		
7	销售部				加班		3			3							
8	销售部																
9	销售部						2.5			2.5		加班					

图8-64

❸ 选中AK6单元格，输入公式：

```
=AI6*40
```

按Enter键即可计算出第一位员工的工作日加班工资，如图8-65所示。

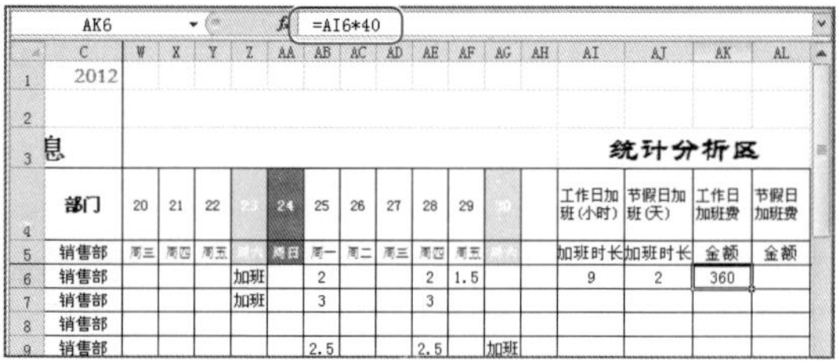

	C	W	X	Y	Z	AA	AB	AC	AD	AE	AF	AG	AH	AI	AJ	AK	AL
1	2012																
2																	
3	息													统计分析区			
4	部门	20	21	22	23	24	25	26	27	28	29	30		工作日加班(小时)	节假日加班(天)	工作日加班费	节假日加班费
5	销售部	周三	周四	周五	周六	周日	周一	周二	周三	周四	周五	周六		加班时长	加班时长	金额	金额
6	销售部				加班		2			2	1.5			9	2	360	
7	销售部				加班		3			3							
8	销售部																
9	销售部						2.5			2.5		加班					

图8-65

❹ 选中AL6单元格，输入公式：

```
=ROUND(1500/$P$1*2*AJ6,2)
```

按Enter键即可计算出第一位员工的节假日加班工资，如图8-66所示。

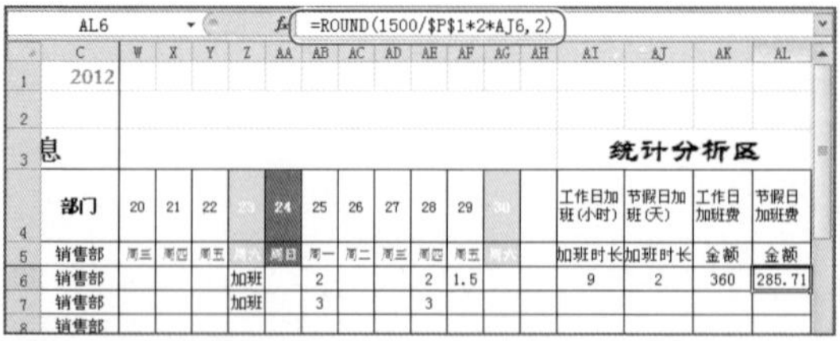

	C	W	X	Y	Z	AA	AB	AC	AD	AE	AF	AG	AH	AI	AJ	AK	AL
1	2012																
2																	
3	息													统计分析区			
4	部门	20	21	22	23	24	25	26	27	28	29	30		工作日加班(小时)	节假日加班(天)	工作日加班费	节假日加班费
5	销售部	周三	周四	周五	周六	周日	周一	周二	周三	周四	周五	周六		加班时长	加班时长	金额	金额
6	销售部				加班		2			2	1.5			9	2	360	285.71
7	销售部				加班		3			3							
8	销售部																

图8-66

专家提示

本例中工作日加班工资是按每小时40元计算，节假日工资是平时工资的2倍，而平时工资是以基本工资1500元除以当月实际出勤天数为准。

第9章

函数、公式、图表在销售数据管理中的应用

实例概述与设计效果展示

无论是工业企业还是商品流通企业，都会涉及到产品的营销问题。销售数据是企业可以获取的第一手资料，通过销售数据的统计分析，不但可以统计本期销售额，还可以统计出各产品和销售人员的销售情况。本实例中将介绍如何运用Excel 2010软件来设计一份完整的“销售数据管理与分析”工作表。

如下图是设计完成的“销售数据管理与分析”工作表的各个部分，用户可以清楚地了解该工作表包含的设计重点是什么。

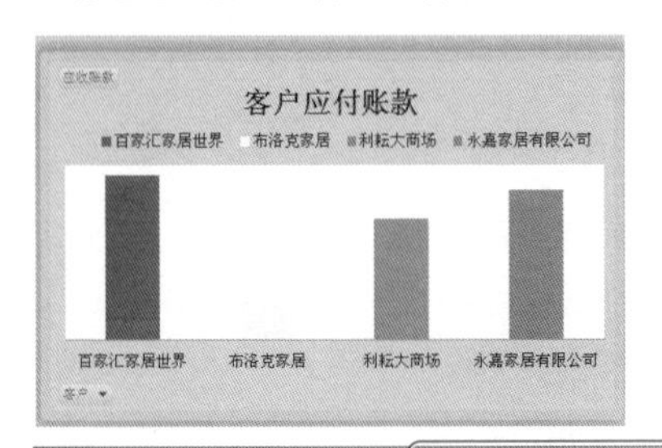

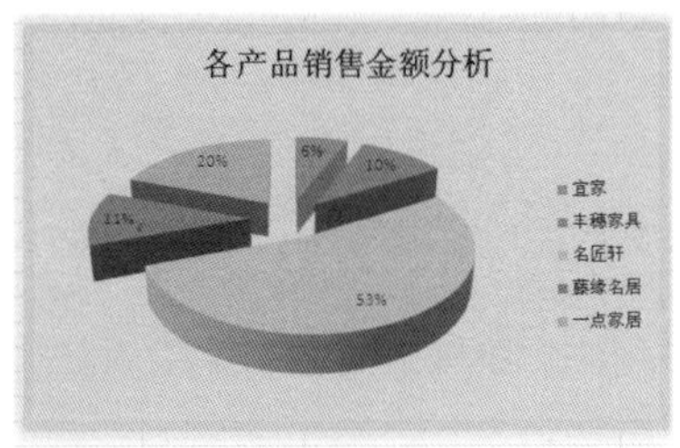

D3 =HLOOKUP(C3,$A$9:$E$11,3)

	A	B	C	D	E	F
1	销售人员业绩分析					
2	姓名	销售数量	销售金额	提成率	业绩奖金	
3	吴媛媛	350	88400	8.00%	7072	
4	孙飞飞	220	149860	10.00%	14986	
5	滕念	545	770240	15.00%	115536	
6	廖可	450	159340	15.00%	23901	
7	彭宇	305	282280	15.00%	42342	
8						
9	销售额	0	50001	100001	150001	
10		50000	100000	150000		
11	提成率	0.05	0.08	0.1	0.15	
12						

实例设计过程

为了方便讲解，这里将整个“销售数据管理与分析”工作表的制作过程分为几大步骤：建立产品基本信息备案表→建立销售数据统计汇总表→“分类汇总”统计→利用SUMIF函数分析各产品销售情况→分析各销售人员业绩→利用数据透视表分析销售数据，建议初学者按步骤进行操作，稍微熟练的读者也可以根据需要查看其中的某几个部分。

9.1　建立产品销售数据统计报表

产品日常销售过程中会形成各张销售单据，首先需要在Excel中建立销售数据统计报表统计这些原始数据。

9.1.1　建立产品基本信息备案表

在销售产品时，对每一种产品的信息会有一个记录，即产品基本信息备案表，可以方便查找每一种销售产品的基本信息。

❶ 新建工作簿，并将其命名为“销售数据管理与分析表”。

❷ 在“Sheet1”工作表标签上双击鼠标，将其重命名为“产品备案信息”如图9-1所示。

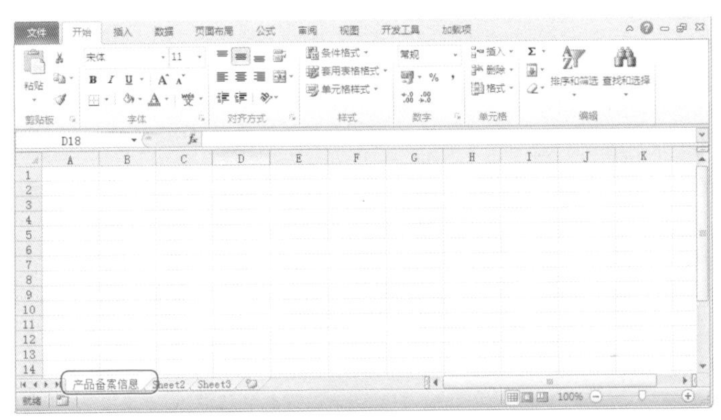

图9-1

❸ 输入表格标题、列标识，对表格字体、对齐方式、底纹和边框进行设置，设置后效果如图9-2所示。

产品档案表

编码	品牌	产品名称	尺寸	单位	底价

产品备案信息　Sheet2　Sheet3

图9-2

❹ 输入所有销售产品的编码、产品名称、尺寸、单位等，如图9-3所示。

产品档案表

编码	品牌	产品名称	尺寸	单位	底价
A-001	宜家	储物柜书架	180*40*24	件	96
A-002	宜家	韩式鞋柜	80x50x30	件	165
A-003	宜家	韩式简约衣橱	800*450*1500	件	588
A-004	宜家	儿童床	28 *88 * 168	件	450
B-001	丰穗家具	时尚布艺转角布艺沙发	200*150	件	930
B-002	丰穗家具	布艺转角沙发	282*172	件	935
B-003	丰穗家具	田园折叠双人懒人沙发床	138*140	件	300
B-004	丰穗家具	田园折叠双人懒人沙发床	200*140	件	350
B-005	丰穗家具	单人折叠加长加宽懒人沙发	224*66*13cm	件	248
D-001	名匠轩	梨木色高档大气茶几	1200*700*380	件	590
D-002	名匠轩	时尚五金玻璃茶几	1300*700*400	件	998
D-003	名匠轩	玻璃茶几	1200*650*440	件	718
D-004	名匠轩	白像CT703A长茶几	1350*700*380	件	976
D-005	名匠轩	白像T705休闲几	550*550*575	件	380

产品备案信息 Sheet2 Sheet3

图9-3

9.1.2 建立销售数据统计汇总表

产品日常销售过程中会形成各张销售单据，建立产品销售数据统计汇总表有助于将产品清晰地记录在表格中，便于查看。

1. 建立销售数据统计基本表

❶ 在“Sheet2”工作表标签上双击鼠标，将其重命名为“销售记录表”，输入表格标题、列标识，对表格字体、对齐方式、底纹和边框进行设置，设置后效果如图9-4所示。

6月份销售记录表

日期	编码	品牌	产品名称	尺寸	单位	销售单价	销售数量	销售金额

产品备案信息 销售记录表 Sheet3

图9-4

❷ 选中“日期”列的单元格区域，在“开始”选项卡的“数字”选项组中单击 按钮，如图9-5所示。

❸ 打开“设置单元格格式”对话框，选择“日期”分类，并选择“3-14”类型，如图9-6所示。

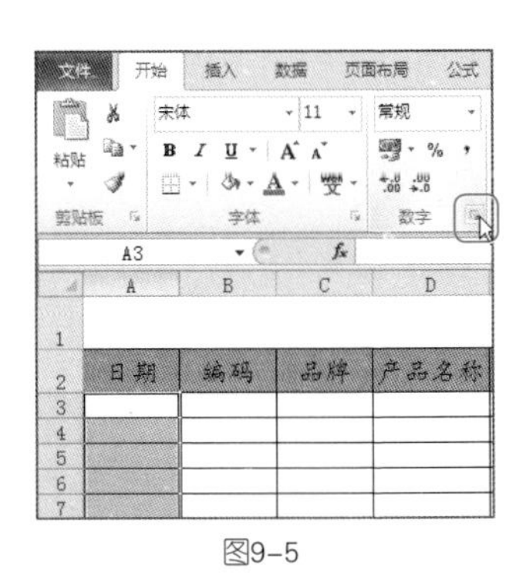

图9-5

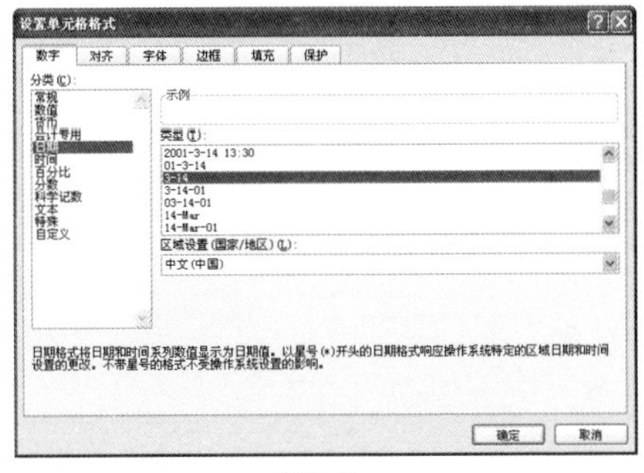

图9-6

2. 设置公式根据编码自动返回销售产品信息

❶ 输入第一条销售记录的日期与编码。

❷ 选中C3单元格，在公式编辑栏中输入公式：

```
=VLOOKUP($B3,产品备案信息!$A$2:$F$43,COLUMN(B1))
```

按Enter键可根据B3单元格中的产品编码返回品牌，如图9-7所示。

C3　=VLOOKUP($B3,产品备案信息!$A$2:$F$43,COLUMN(B1))

	A	B	C	D	E	F	G	H	
1						6月份销售记录表			
2	日期	编码	品牌	产品名称	尺寸	单位	销售单价	销售数量	销售
3	6-1	A-001	宜家						
4									
5									
6									
7									

图9-7

❸ 选中C3单元格，将光标定位到该单元格区域右下角，出现黑色十字形时按住鼠标左键向右拖动至F3单元格，可一次性返回B3单元格中的产品编码的产品名称、规格、单位，如图9-8所示。

C3　=VLOOKUP($B3,产品备案信息!$A$2:$F$43,COLUMN(B1))

	A	B	C	D	E	F	G	H	
1						6月份销售记录表			
2	日期	编码	品牌	产品名称	尺寸	单位	销售单价	销售数量	销售
3	6-1	A-001	宜家	储物柜书架	180*40*24	件			
4									
5									
6									
7									
8									

图9-8

❹ 选中C3:F3单元格区域，将光标定位到该单元格区域右下角，出现黑色十字形时按住鼠标左键向下拖动，如图9-9所示。

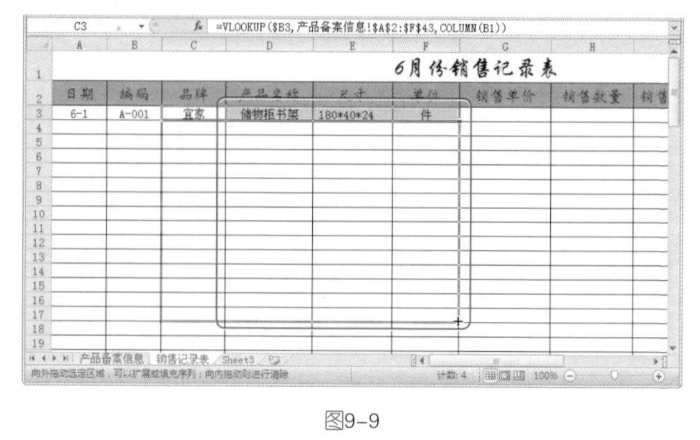

图9-9

5 释放鼠标即可完成公式复制（由于当前“编码”列中还未输入编码，所以当前显示“#N/A”错误值），如图9-10所示。

C3 =VLOOKUP($B3,产品备案信息!$A$2:$F$43,COLUMN(B1))

	A	B	C	D	E	F	G	H
1	6月份销售记录表							
2	日期	编码	品牌	产品名称	尺寸	单位	销售单价	销售数量
3	6-1	A-001	宜家	储物柜书架	180*40*24	件		
4			#N/A	#N/A	#N/A	#N/A		
5			#N/A	#N/A	#N/A	#N/A		
6			#N/A	#N/A	#N/A	#N/A		
7			#N/A	#N/A	#N/A	#N/A		
8			#N/A	#N/A	#N/A	#N/A		
9			#N/A	#N/A	#N/A	#N/A		
10			#N/A	#N/A	#N/A	#N/A		
11			#N/A	#N/A	#N/A	#N/A		
12			#N/A	#N/A	#N/A	#N/A		
13			#N/A	#N/A	#N/A	#N/A		
14			#N/A	#N/A	#N/A	#N/A		
15			#N/A	#N/A	#N/A	#N/A		
16			#N/A	#N/A	#N/A	#N/A		
17			#N/A	#N/A	#N/A	#N/A		
18			#N/A	#N/A	#N/A	#N/A		
19			#N/A	#N/A	#N/A	#N/A		

图9-10

6 根据销售单据中的销售日期，依次输入产品的编码、销售单价、销售数量、销售金额、销售人员信息（这几项数据需要手工输入）。输入完成后，表格如图9-11所示。

	D	E	F	G	H	I	J	K
1	6月份销售记录表							
2	产品名称	尺寸	单位	销售单价	销售数量	销售金额	业务员	客户
3	储物柜书架	180*40*24	件	100	150	15000	吴媛媛	永嘉家居有限公司
4	韩式鞋柜	80x50x30	件	180	110	19800	吴媛媛	永嘉家居有限公司
5	韩式简约衣橱	800*450*1500	件	688	50	34400	吴媛媛	永嘉家居有限公司
6	儿童床	28 *88 * 168	件	480	40	19200	吴媛媛	永嘉家居有限公司
7	时尚布艺转角布艺沙发	200*150	件	970	30	29100	孙飞飞	永嘉家居有限公司
8	布艺转角沙发	282*172	件	960	55	52800	孙飞飞	永嘉家居有限公司
9	田园折叠双人懒人沙发床	138*140	件	650	60	39000	孙飞飞	永嘉家居有限公司
10	田园折叠双人懒人沙发床	200*140	件	400	55	22000	孙飞飞	永嘉家居有限公司
11	单人折叠加长加宽懒人沙发	224*66*13cm	件	348	20	6960	孙飞飞	利耘大商场
12	梨木色高档大气茶几	1200*700*380	件	690	50	34500	滕念	利耘大商场
13	时尚五金玻璃茶几	1300*700*400	件	1098	100	109800	滕念	利耘大商场
14	玻璃茶几	1200*650*440	件	818	40	32720	滕念	利耘大商场
15	白像CT703A长茶几	1350*700*380	件	996	45	44820	滕念	利耘大商场
16	白像T705休闲几	550*550*575	件	480	100	48000	滕念	利耘大商场
17	白橡CT701C小方茶几	700*700*480	件	695	60	41700	滕念	利耘大商场
18	撇腿香槟椭圆边茶几	880*540*530	件	2498	80	199840	滕念	利耘大商场
19	花几/电话几N-L-004	400*400*850	件	3698	70	258860	滕念	百家汇家居世界
20	时尚办公家用转椅	43*42*（45-52）	件	159	120	19080	廖可	百家汇家居世界

图9-11

9.2 “分类汇总”统计

在Excel 2010中，利用分类汇总功能，可以方便地看出各品牌产品的销售情况。

9.2.1 统计各品种产品的交易数量、交易金额

利用Excel的分类汇总功能，可以快速地统计出各产品的交易数量和交易金额等，具体操作方法如下。

❶ 选中需要分类汇总的区域，切换到“数据”选项卡，在“分级显示”选项组中单击“分类汇总”按钮，如图9-12所示。

❷ 打开“分类汇总”对话框，在“分类字段”下拉列表中选择“品牌”选项，设置“汇总方式”为“求和”，接着在“选定汇总项”列表框中选中“销售数量”和“销售金额”复选框，如图9-13所示。

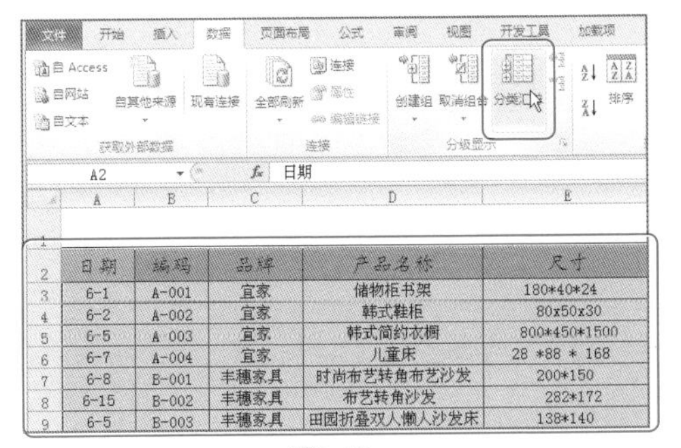

图9-12

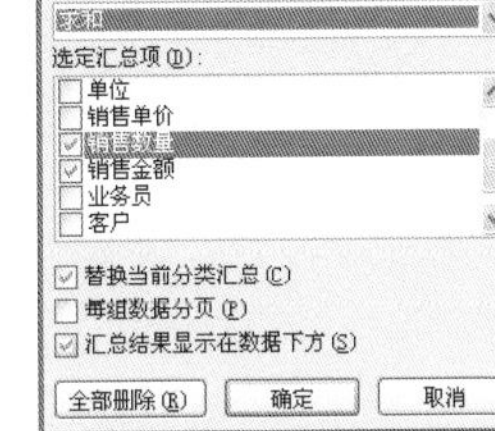

图9-13

❸ 单击“确定”按钮，即可统计出各产品的交易数量和交易金额，如图9-14所示。

6月份销售记录表

品牌	产品名称	尺寸	单位	销售单价	销售数量	销售金额	业务员
宜家	储物柜书架	180*40*24	件	100	150	15000	吴媛媛
宜家	韩式鞋柜	80x50x30	件	180	110	19800	吴媛媛
宜家	韩式简约衣橱	800*450*1500	件	688	50	34400	吴媛媛
宜家	儿童床	28 *88 * 168	件	480	40	19200	吴媛媛
宜家 汇总					350	88400	
丰穗家具	时尚布艺转角布艺沙发	200*150	件	970	30	29100	孙飞飞
丰穗家具	布艺转角沙发	282*172	件	960	55	52800	孙飞飞
丰穗家具	田园折叠双人懒人沙发床	138*140	件	650	60	39000	孙飞飞
丰穗家具	田园折叠双人懒人沙发床	200*140	件	400	55	22000	孙飞飞
丰穗家具	单人折叠加长加宽懒人沙发	224*66*13cm	件	348	20	6960	孙飞飞
丰穗家具 汇总					220	149860	
名匠轩	梨木色高档大气茶几	1200*700*380	件	690	50	34500	滕念
名匠轩	时尚五金玻璃茶几	1300*700*400	件	1098	100	109800	滕念
名匠轩	玻璃茶几	1200*650*440	件	818	40	32720	滕念
名匠轩	白像CT703A长茶几	1350*700*380	件	996	45	44820	滕念
名匠轩	白像T705休闲几	550*550*575	件	480	100	48000	滕念
名匠轩	白橡CT701C小方茶几	700*700*480	件	695	60	41700	滕念
名匠轩	撇腿香槟椭圆边茶几	880*540*530	件	2498	80	199840	滕念
名匠轩	花几/电话几N-L-004	400*400*850	件	3698	70	258860	滕念
名匠轩 汇总					545	770240	

图9-14

9.2.2 统计各客户本期购买金额

利用Excel的分类汇总功能，还可以快速地统计出客户本期购买金额，具体操作方法如下。

❶ 选中需要分类汇总的区域，切换到“数据”选项卡，在“分级显示”选项组中单击“分类汇总”按钮，如图9-15所示。

❷ 打开“分类汇总”对话框，在“分类字段”下拉列表中选择“客户”选项，设置“汇总方式”为“求和”，接着在“选定汇总项”列表框中选中“销售金额”和“客户”复选框，取消选中“替换当前分类汇总”复选框，如图9-16所示。

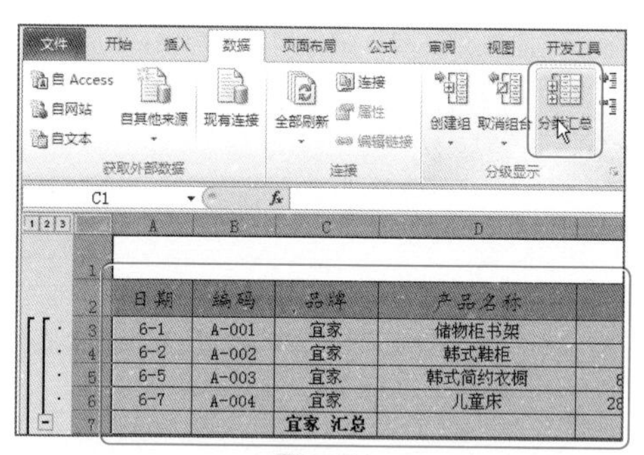

图9-15

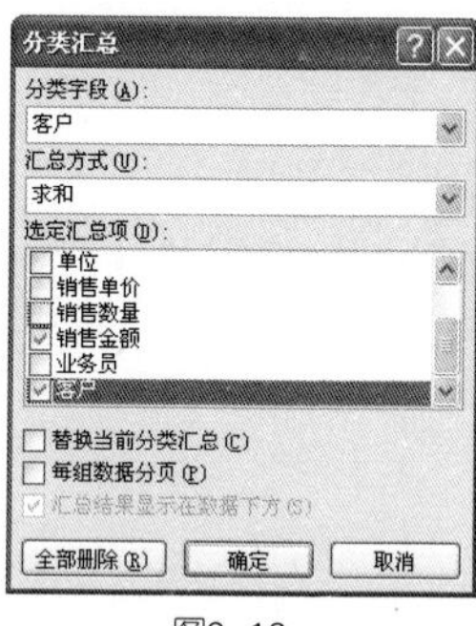

图9-16

❸ 单击“确定”按钮，即可统计出各客户本期购买金额，如图9-17所示。

	E	F	G	H	I	J	K
1	6月份销售记录表						
2	尺寸	单位	销售单价	销售数量	销售金额	业务员	客户
3	180*40*24	件	100	150	15000	吴媛媛	永嘉家居有限公司
4	80x50x30	件	180	110	19800	吴媛媛	永嘉家居有限公司
5	800*450*1500	件	688	50	34400	吴媛媛	永嘉家居有限公司
6	28 *88 * 168	件	480	40	19200	吴媛媛	永嘉家居有限公司
7				350	88400		
8	200*150	件	970	30	29100	孙飞飞	永嘉家居有限公司
9	282*172	件	960	55	52800	孙飞飞	永嘉家居有限公司
10	138*140	件	650	60	39000	孙飞飞	永嘉家居有限公司
11	200*140	件	400	55	22000	孙飞飞	永嘉家居有限公司
12				200	142900		
13					231300	永嘉家居有限公司 汇总	0
14	224*66*13cm	件	348	20	6960	孙飞飞	利耘大商场
15				20	6960		
16	1200*700*380	件	690	50	34500	滕念	利耘大商场
17	1300*700*400	件	1098	100	109800	滕念	利耘大商场
18	1200*650*440	件	818	40	32720	滕念	利耘大商场
19	1350*700*380	件	996	45	44820	滕念	利耘大商场
20	550*550*575	件	480	100	48000	滕念	利耘大商场
21	700*700*480	件	695	60	41700	滕念	利耘大商场
22	880*540*530	件	2498	80	199840	滕念	利耘大商场

图9-17

专家提示

在“分类汇总”对话框中取消选中“替换当前分类汇总”复选框，则系统将保留上一分类汇总状态。反之，前面设置的分类汇总会被新的分类汇总选项替代掉。

9.3　利用函数、图表分析销售数据

在建立的销售记录表中，用户可以利用函数和图表分析销售数据，直观地看出需要比较的信息。

9.3.1　使用SUMIF函数分析各品种产品销售情况

统计出各个品种产品的销售数量与销售金额，可以为下期的销售策略进行规划。

1. 建立统计表

❶ 在"Sheet3"工作表上双击鼠标，将其重命名为"产品销售数据分析"。

❷ 输入各个类别名称到表格中，并建立"销售数量"与"销售金额"统计标识。

❸ 对表格的编辑区域进行格式设置，包括文字字体、字号设置，对齐方式设置和边框底纹设置等，如图9-18所示。

产品销售数据分析		
品牌	销售数量	销售金额
宜家		
丰穗家具		
名匠轩		
藤缘名居		
一点家居		

图9-18

❹ 选中B3单元格，在公式编辑栏中输入公式：

```
=SUMIF(销售记录表!$C$3:$C$100,A3,销售记录表!$H$3:$H$100)
```

按Enter键，即可统计出"宜家"品牌本月的总销售量，如图9-19所示。

❺ 选中C3单元格，在公式编辑栏中输入公式：

```
=SUMIF(销售记录表!$C$3:$C$100,A3,销售记录表!$I$3:$I$100)
```

按Enter键，即可统计出"宜家"品牌本期销售金额，如图9-20所示。

❻ 选中B3:C3单元格区域，将光标定位在右下角，出现黑色十字形时向下复制公式到C9单元格中。

B3　=SUMIF(销售记录表!$C$3:$C$100,A3,销售记录表!$H$3:$H$100)

产品销售数据分析		
品牌	销售数量	销售金额
宜家	350	
丰穗家具		
名匠轩		
藤缘名居		
一点家居		

图9-19

C3　=SUMIF(销售记录表!$C$3:$C$100,A3,销售记录表!$I$3:$I$100)

产品销售数据分析		
品牌	销售数量	销售金额
宜家	350	88400
丰穗家具		
名匠轩		
藤缘名居		
一点家居		

图9-20

7 释放鼠标可以得出各个类别产品的总销售数量与总销售金额，如图9-21所示。

B3　=SUMIF(销售记录表!$C$3:$C$100,A3,销售记录表!$H$3:$H$100)

产品销售数据分析		
品牌	销售数量	销售金额
宜家	350	88400
丰穗家具	220	149860
名匠轩	545	770240
藤缘名居	450	159340
一点家居	305	282280

销售记录表　产品销售数据分析

就绪　循环引用　平均值: 145199　计数: 10　求和: 1451990　100%

图9-21

2. 用图表直观显示各品种销售额占总销售额的百分比

1 在“各类别产品销售统计”工作表中，选中A2:A9、C2:C9单元格区域。

2 单击“插入”选项卡，在“图表”选项组中单击“饼图”按钮，打开下拉菜单，单击“分离型三维饼图”，如图9-22所示。

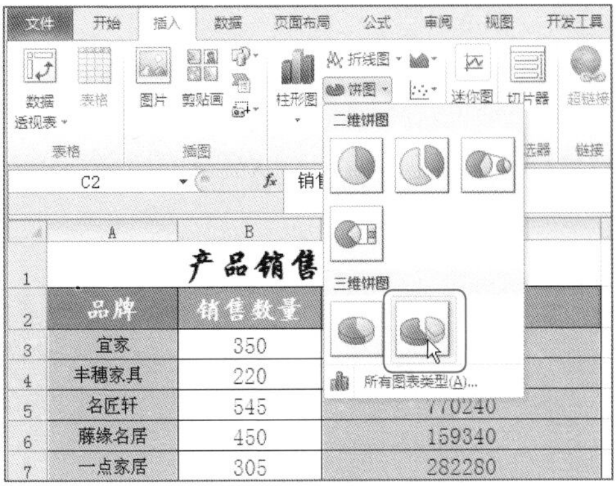

文件
开始
插入
数据
页面布局
公式
审阅
视图
开发工具
数据透视表
表格
图片
剪贴画
柱形图
折线图
饼图
迷你图
切片器
超链接
二维饼图
三维饼图
所有图表类型(A)...
C2
产品销售
品牌
销售数量
宜家
350
丰穗家具
220
名匠轩
545
770240
藤缘名居
450
159340
一点家居
305
282280

图9-22

3 选中图表类型后，即可为选择的数据创建图表，在图表标题编辑框中重新输入图表标题，并对图表进行美化设置，效果如图9-23所示。

各产品销售金额分析
宜家
丰穗家具
名匠轩
藤缘名居
一点家居

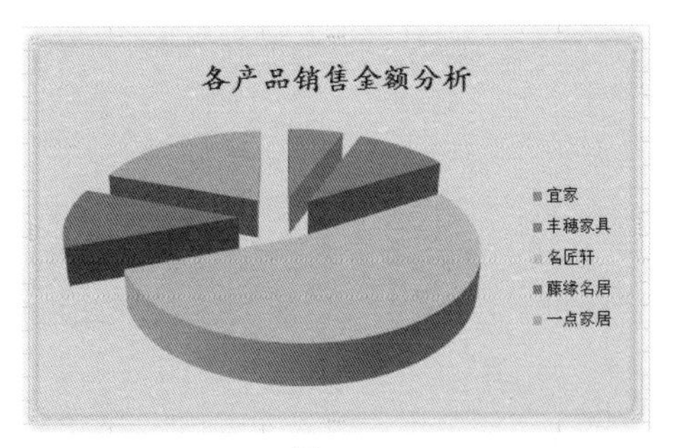

图9-23

4 选中图表并右击，在其快捷菜单中选择“添加数据标签”命令，如图9-24所示。

5 选中“添加数据标签”命令后，即可为图表添加数据标签，如图9-25所示。

各产品销售金额分析
删除(D)
重设以匹配样式(A)
更改系列图表类型(Y)...
选择数据(E)...
三维旋转(R)...
添加数据标签(B)
宜家
丰穗家具
名匠轩
藤缘名居
一点家居

图9-24

各产品销售金额分析
88400
149860
282280
159340
770240
宜家
丰穗家具
名匠轩
藤缘名居
一点家居

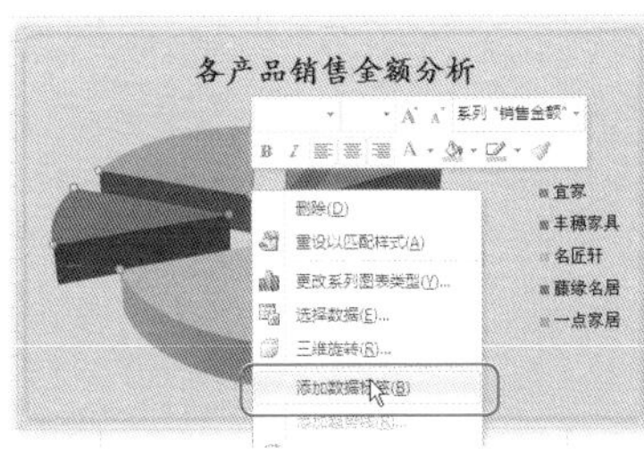

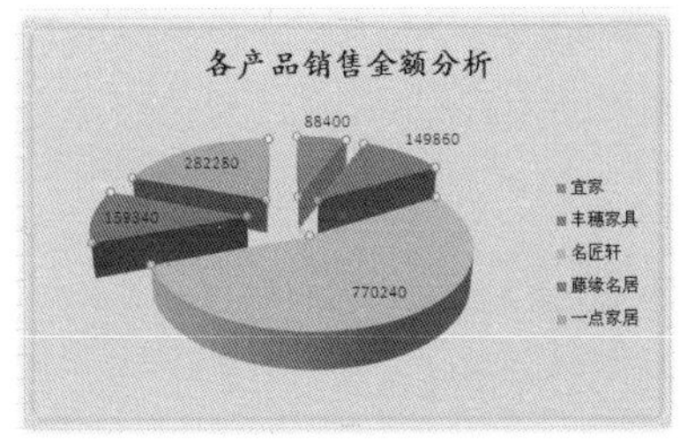

图9-25

❻ 选中图表并右击，在快捷菜单中选择“设置数据标签格式”命令，如图9-26所示。

❼ 打开“设置数据标签格式”对话框，取消选中“值”复选框，接着选中“百分比”复选框，如图9-27所示。

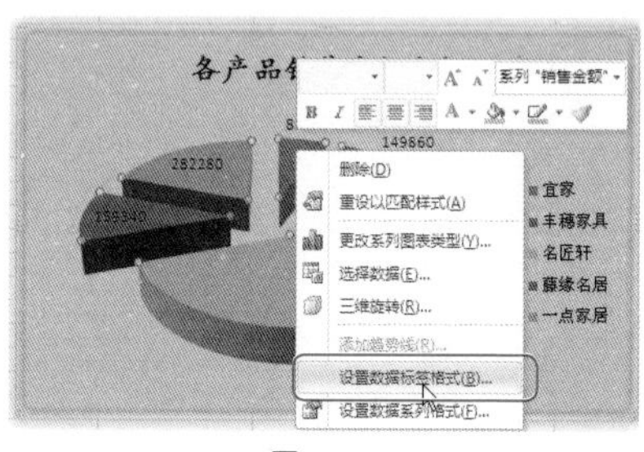

图9-26

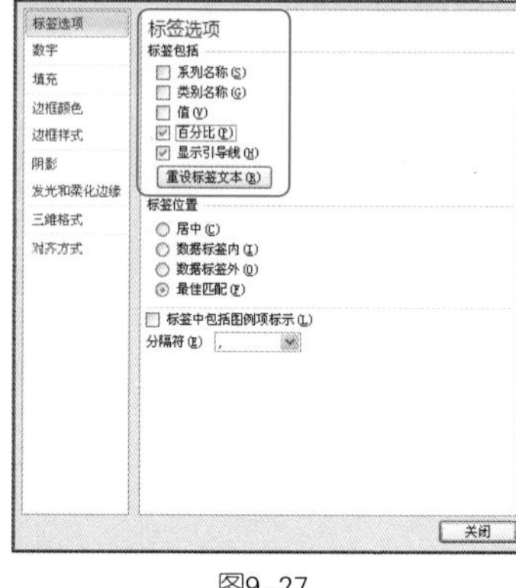

图9-27

❽ 单击“关闭”按钮，即可将图表的数据标签更改为百分比格式，效果如图9-28所示。

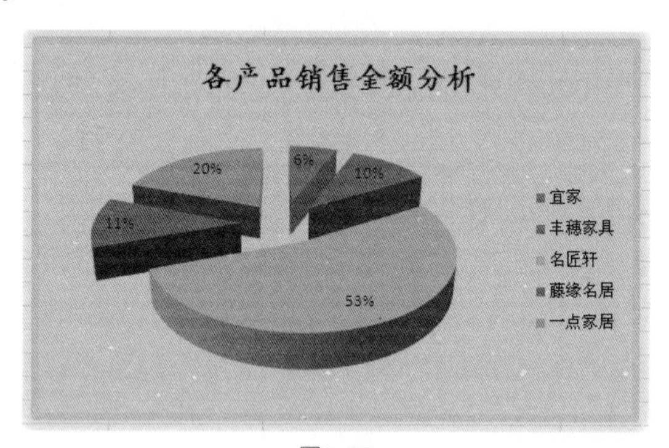

图9-28

❾ 从建立的图表中可以直观地看到“名匠轩”品牌产品销售金额最高，占总销售金额的55%；其次是“一点家居”品牌产品，占总销售金额的20%；最低的是“宜家”品牌产品，占总销售金额的6%。

专家提示

为图表添加数据标签时，显示出的是销售金额的数值，需要将其更改为百分比形式，这样可以直观地看出各产品的销售金额占总销售金额的百分比。

9.3.2　分析各销售人员业绩

用户可以通过建立销售数据统计表，从而对各销售人员的业绩进行分析。

❶ 在工作表标签上单击 按钮新建工作表，并将其重命名为“销售人员业绩分析”，接着输入各个销售人员的编号及姓名到表格中，并建立相关的统计列标识。

❷ 对表格的编辑区域进行格式设置，包括文字字体、字号设置，对齐方式设置和边框底纹设置等，如图9-29所示。

销售人员业绩分析

姓名	销售数量	销售金额	提成率	业绩奖金
吴媛媛				
孙飞飞				
滕念				
廖可				
彭宇				

图9-29

❸ 选中B3单元格，在公式编辑栏中输入公式：

=SUMIF(销售记录表!$J$3:$J$100,A3,销售记录表!$H$3:$H$100)

按Enter键，即可统计出第一位销售员的总销售数量，如图9-30所示。

B3　=SUMIF(销售记录表!$J$3:$J$100,A3,销售记录表!$H$3:$H$100)

销售人员业绩分析

姓名	销售数量	销售金额	提成率	业绩奖金
吴媛媛	350			
孙飞飞				
滕念				
廖可				
彭宇				

图9-30

❹ 选中C3单元格，在公式编辑栏中输入公式：

=SUMIF(销售记录表!$J$3:$J$100,A3,销售记录表!$I$3:$I$100)

按Enter键，即可统计出第一位销售员的总销售金额，如图9-31所示。

C3 =SUMIF(销售记录表!$J$3:$J$100,A3,销售记录表!$I$3:$I$100)

销售人员业绩分析				
姓名	销售数量	销售金额	提成率	业绩奖金
吴媛媛	350	88400		
孙飞飞				
滕念				
廖可				
彭宇				

图9-31

❺ 选中B3:C3单元格区域，将光标定位在右下角，出现黑色十字形时向下复制公式到C7单元格中，可以得到所有销售员的销售数量、销售金额，如图9-32所示。

B3 =SUMIF(销售记录表!$J$3:$J$100,A3,销售记录表!$H$3:$H$100)

销售人员业绩分析				
姓名	销售数量	销售金额	提成率	业绩奖金
吴媛媛	350	88400		
孙飞飞	220	149860		
滕念	545	770240		
廖可	450	159340		
彭宇	305	282280		

图9-32

❻ 由于不同的销售金额其提成率也各不相同，为了实现根据每位销售员的销售金额自动返回其提成率，可以建立一个表格约定不同的销售额区间对应的提成率，如图9-33所示。

销售人员业绩分析				
姓名	销售数量	销售金额	提成率	业绩奖金
吴媛媛	350	88400		
孙飞飞	220	149860		
滕念	545	770240		
廖可	450	159340		
彭宇	305	282280		
销售额	0	50001	100001	150001
	50000	100000	150000	
提成率	0.05	0.08	0.1	0.15

产品销售数据分析 | 销售人员业绩分析

图9-33

7 选中D3单元格，在公式编辑栏中输入公式：

=HLOOKUP(C3,$A$9:$E$11,3)

按Enter键，即可根据C3单元格的销售额返回A9:E11单元格区域中对应的提成率，如图9-34所示。

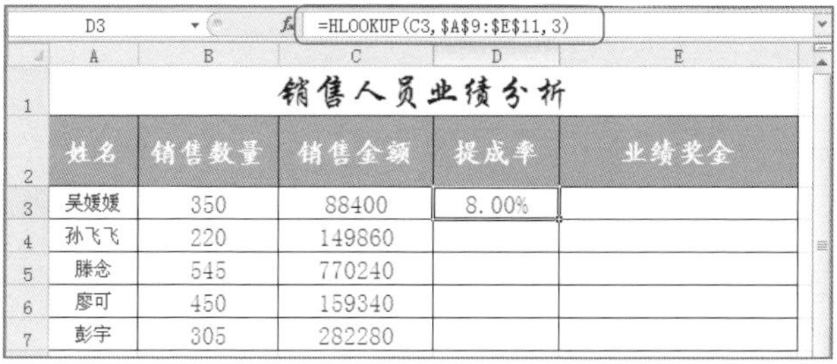

D3　=HLOOKUP(C3, $A$9:$E$11, 3)

销售人员业绩分析				
姓名	销售数量	销售金额	提成率	业绩奖金
吴媛媛	350	88400	8.00%	
孙飞飞	220	149860		
滕念	545	770240		
廖可	450	159340		
彭宇	305	282280		

图9-34

8 选中D3单元格，向下复制公式到D7单元格中，可以根据C列中的销售金额返回各自对应的提成率，如图9-35所示。

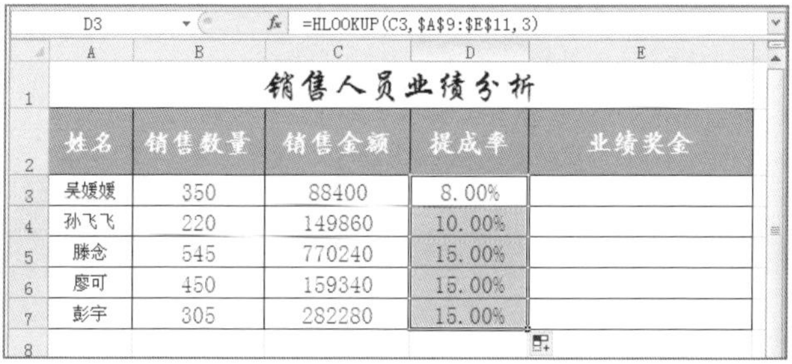

D3　=HLOOKUP(C3, $A$9:$E$11, 3)

销售人员业绩分析				
姓名	销售数量	销售金额	提成率	业绩奖金
吴媛媛	350	88400	8.00%	
孙飞飞	220	149860	10.00%	
滕念	545	770240	15.00%	
廖可	450	159340	15.00%	
彭宇	305	282280	15.00%	

图9-35

9 选中E3单元格，在公式编辑栏中输入公式：

=C3*D3

按Enter键，即可计算出第一位销售员的业绩奖金，如图9-36所示。

E3　=C3*D3

销售人员业绩分析				
姓名	销售数量	销售金额	提成率	业绩奖金
吴媛媛	350	88400	8.00%	7072
孙飞飞	220	149860	10.00%	
滕念	545	770240	15.00%	

图9-36

10 选中E3单元格，向下复制公式到E7单元格中，可以求出每位销售员的业绩奖金，如图9-37所示。

E3 =C3*D3

销售人员业绩分析				
姓名	销售数量	销售金额	提成率	业绩奖金
吴媛媛	350	88400	8.00%	7072
孙飞飞	220	149860	10.00%	14986
滕念	545	770240	15.00%	115536
廖可	450	159340	15.00%	23901
彭宇	305	282280	15.00%	42342
销售额	0	50001	100001	150001
	50000	100000	150000	
提成率	0.05	0.08	0.1	0.15

图9-37

专家提示

销售提成率是根据销售业绩而来，即在不同销售金额范围内，可以获得不同的提成率，进而获得的业绩奖金也是不同的。销售金额提成率可以激发销售人员的积极性。

9.3.3 使用SUMPRODUCT函数精确分析

对于销售数据通常都需要进行多项分析研究，可以使用SUMPRODUCT函数统计出客户本期购买各种产品的数量及某个时间段的销售额。

1. 统计各客户本期购买各种产品的数量

❶ 在工作表标签上单击按钮新建工作表，并将其重命名为“客户购买数量明细”，接着在行中输入产品的各个类别，在列中输入各个客户的姓名。

❷ 对表格的编辑区域进行格式设置，包括文字字体、字号设置，对齐方式设置和边框底纹设置等，如图9-38所示。

客户购买数量明细					
品牌 / 客户名称	宜家	丰穗家具	名匠轩	藤缘名居	一点家居
永嘉家居有限公司					
利耘大商场					
百家汇家居世界					
布洛克家居					

图9-38

❸ 切换到“销售记录表”工作表中，选中C列中的数据，在名称编辑框中定义其名称为“品牌”，如图9-39所示。

❹ 选中H列中的数据，在名称编辑框中定义其名称为“销售数量”，如图9-40所示。

品牌 =VLOOKUP($B3,产品

日期	编码	品牌
6-1	A-001	宜家
6-2	A-002	宜家
6-5	A-003	宜家
6-7	A-004	宜家
6-8	B-001	丰穗家具
6-15	B-002	丰穗家具
6-5	B-003	丰穗家具
6-3	B-004	丰穗家具
6-4	B-005	丰穗家具

图9-39

销售数量 150

6月份销售记录表

尺寸	单位	销售单价	销售数量
180*40*24	件	100	150
80x50x30	件	180	110
800*450*1500	件	688	50
28 *88 * 168	件	480	40
200*150	件	970	30
282*172	件	960	55
138*140	件	650	60
200*140	件	400	55
224*66*13cm	件	348	20

图9-40

❺ 选中K列中的数据，在名称编辑框中定义其名称为“客户”，如图9-41所示。

客户名称 永嘉家居有限公司

售记录表

销售单价	销售数量	销售金额	业务员	客户
100	150	15000	吴媛媛	永嘉家居有限公司
180	110	19800	吴媛媛	永嘉家居有限公司
688	50	34400	吴媛媛	永嘉家居有限公司
480	40	19200	吴媛媛	永嘉家居有限公司
970	30	29100	孙飞飞	永嘉家居有限公司
960	55	52800	孙飞飞	永嘉家居有限公司
650	60	39000	孙飞飞	永嘉家居有限公司
400	55	22000	孙飞飞	永嘉家居有限公司
348	20	6960	孙飞飞	利耘大商场
690	50	34500	滕念	利耘大商场
1098	100	109800	滕念	利耘大商场

图9-41

❻ 选中B3单元格，在公式编辑栏中输入公式：

=SUMPRODUCT((客户名称=$A3)*(品牌=B$2)*(销售数量))

按Enter键，即可统计出“永嘉家居有限公司”购买“宜家”类别产品的金额，如图9-42所示。

B3 =SUMPRODUCT((客户名称=$A3)*(品牌=B$2)*(销售数量))

客户购买数量明细

客户名称 \ 品牌	宜家	丰穗家具	名匠轩	藤缘名居	一点家居
永嘉家居有限公司	300				
利耘大商场					
百家汇家居世界					
布洛克家居					

图9-42

❼ 选中B3单元格，将光标定位在右下角，出现黑色十字形时向右复制公式到F3单元格，释放鼠标可以得出“永嘉家居有限公司”购买各个类别产品的数量，如图9-43所示。

B3 =SUMPRODUCT((客户名称=$A3)*(品牌=B$2)*(销售数量))

	A	B	C	D	E	F
1	客户购买数量明细					
2	品牌 / 客户名称	宜家	丰穗家具	名匠轩	藤缘名居	一点家居
3	永嘉家居有限公司	300	0	80	60	50
4	利耘大商场					
5	百家汇家居世界					
6	布洛克家居					

图9-43

知识点拨

选中E3或F3单元格时，可以看到引用公式所发生的变化，因为这里利用了数据源的相对引用和绝对引用。

❽ 选中B3:F3单元格区域，将光标定位在右下角，出现黑色十字形时向下复制公式到F6单元格，释放鼠标可以得出所有客户购买的金额，如图9-44所示。

B3 =SUMPRODUCT((客户名称=$A3)*(品牌=B$2)*(销售数量))

	A	B	C	D	E	F
1	客户购买数量明细					
2	品牌 / 客户名称	宜家	丰穗家具	名匠轩	藤缘名居	一点家居
3	永嘉家居有限公司	300	0	80	60	50
4	利耘大商场	0	0	395	0	0
5	百家汇家居世界	50	0	70	270	50
6	布洛克家居	0	0	0	120	205
7						
8						

图9-44

2. 统计某个时段的销售额

❶ 在工作表标签上单击按钮新建工作表，并将其重命名为“不同日期销售明细”，接着在行中输入产品的各个类别，在列中输入不同的时间段。

❷ 对表格的编辑区域进行格式设置，包括文字字体、字号设置，对齐方式设置和边框底纹设置等，如图9-45所示。

❸ 切换到“销售记录表”工作表中，选中A列中的数据，在名称编辑框中定义其名称为“日期”，如图9-46所示。

❹ 选中I列中的数据，在名称编辑框中定义其名称为“销售金额”，如图9-47所示。

	A	B	C	D	E	F
1	不同时间销售明细					
2	品牌 / 购买时间	宜家	丰穗家具	名匠轩	藤缘名居	一点家居
3	6-1					
4	6-5					
5	6-8					
6	6-10					
7	6-12					
8	6-15					

图9-45

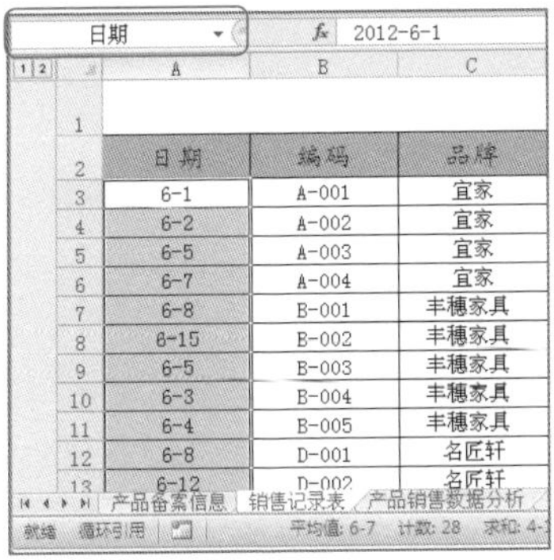

名称框：日期　编辑栏：2012-6-1

	A	B	C
2	日期	编码	品牌
3	6-1	A-001	宜家
4	6-2	A-002	宜家
5	6-5	A-003	宜家
6	6-7	A-004	宜家
7	6-8	B-001	丰穗家具
8	6-15	B-002	丰穗家具
9	6-5	B-003	丰穗家具
10	6-3	B-004	丰穗家具
11	6-4	B-005	丰穗家具
12	6-8	D-001	名匠轩
13	6-12	D-002	名匠轩

图9-46

名称框：销售金额　编辑栏：=G3*H3

	G	H	I
1	售记录表		
2	销售单价	销售数量	销售金额
3	100	150	15000
4	180	110	19800
5	688	50	34400
6	480	40	19200
7	970	30	29100
8	960	55	52800
9	650	60	39000
10	400	55	22000
11	348	20	6960
12	690	50	34500
13	1098	100	109800

图9-47

❺ 选中B3单元格，在公式编辑栏中输入公式：

=SUMPRODUCT((日期=$A3)*(品牌=B$2)*(销售金额))

按Enter键，即可统计出“6-1”日“宜家”类别产品的销售金额，如图9-48所示。

编辑栏：=SUMPRODUCT((日期=$A3)*(品牌=B$2)*(销售金额))

	A	B	C	D	E	F
1	不同时间销售明细					
2	品牌 / 购买时间	宜家	丰穗家具	名匠轩	藤缘名居	一点家居
3	6-1	15000				
4	6-5					
5	6-8					
6	6-10					
7	6-12					
8	6-15					

图9-48

❻ 选中B3单元格，将光标定位在右下角，出现黑色十字形时向右复制公式到F3单元格，释放鼠标后可以得出“6-1”各个类别产品的销售金额，如图9-49所示。

B3 =SUMPRODUCT((日期=$A3)*(品牌=B$2)*(销售金额))

	A	B	C	D	E	F
1	不同时间销售明细					
2	品牌 购买时间	宜家	丰穗家具	名匠轩	藤缘名居	一点家居
3	6-1	15000	0	44820	0	35160
4	6-5					
5	6-8					
6	6-10					
7	6-12					
8	6-15					

图9-49

❼ 选中B3:F3单元格区域，将光标定位在右下角，出现黑色十字形时向下复制公式，释放鼠标可以得出不同日期各类别产品的金额，如图9-50所示。

B3 =SUMPRODUCT((日期=$A3)*(品牌=B$2)*(销售金额))

	A	B	C	D	E	F
1	不同时间销售明细					
2	品牌 购买时间	宜家	丰穗家具	名匠轩	藤缘名居	一点家居
3	6-1	15000	0	44820	0	35160
4	6-5	34400	0	48000	0	68400
5	6-8	0	0	234340	0	54400
6	6-10	0	0	0	0	7920
7	6-12	0	0	109800	60340	81900
8	6-15	0	0	32720	54000	0
9						
10						

图9-50

9.4 利用数据透视表分析销售数据

使用销售记录表创建数据透视表，可以清晰地分析销售数据以及回款情况。数据透视表是一种动态的分析图表，可以清晰而快速地更换分析的条件，得到不同的分析结果。

9.4.1 分析客户购买情况

建立数据透视表可以通过设置不同的字段来分析客户的购买情况，如购买客户购买品牌和购买金额情况。

❶ 打开“销售记录表”，选中行标识及标识下的数据，切换到“插入”选

项卡，在“表格”选项组中单击“数据透视表”按钮，在其下拉菜单中选择“数据透视表”命令，如图9-51所示。

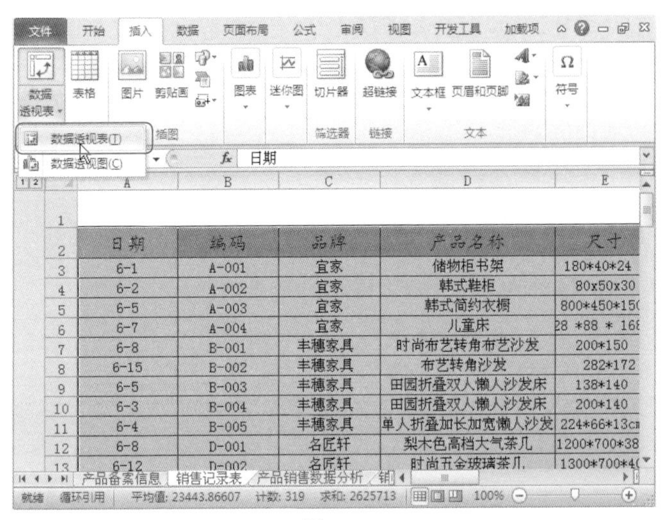

日期	编码	品牌	产品名称	尺寸
6-1	A-001	宜家	储物柜书架	180*40*24
6-2	A-002	宜家	韩式鞋柜	80x50x30
6-5	A-003	宜家	韩式简约衣橱	800*450*15(
6-7	A-004	宜家	儿童床	28 *88 * 16
6-8	B-001	丰穗家具	时尚布艺转角布艺沙发	200*150
6-15	B-002	丰穗家具	布艺转角沙发	282*172
6-5	B-003	丰穗家具	田园折叠双人懒人沙发床	138*140
6-3	B-004	丰穗家具	田园折叠双人懒人沙发床	200*140
6-4	B-005	丰穗家具	单人折叠加长加宽懒人沙发	224*66*13cı
6-8	D-001	名匠轩	梨木色高档大气茶几	1200*700*38
6-12	D-002	名匠轩	时尚五金玻璃茶几	1300*700*4(

图9-51

❷ 打开“创建数据透视表”对话框，在“选择放置数据透视表的位置”选项组下选中“新工作表”单选按钮，如图9-52所示。

❸ 单击“确定”按钮，即可创建数据透视表，将其重命名为客户购买情况分析，如图9-53所示。

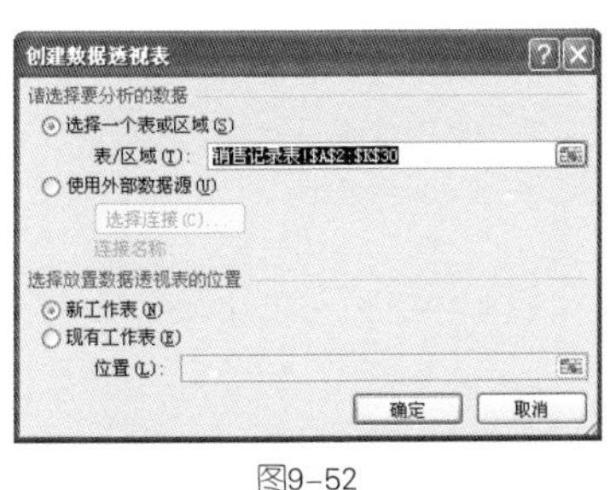

图9-52

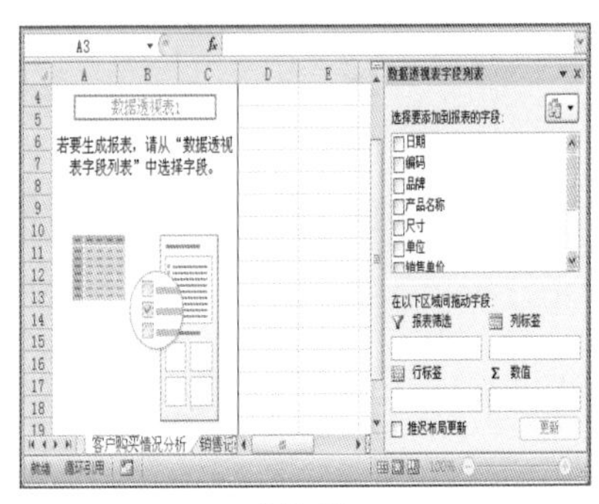

图9-53

❹ 在选择要添加到报表的字段栏中设置“客户”为行标签字段，如图9-54所示。

❺ 设置“品牌”为列标签字段，如图9-55所示。

❻ 设置“销售数量”为数值字段，即可分析出客户购买各产品数量的情况，效果如图9-56所示。

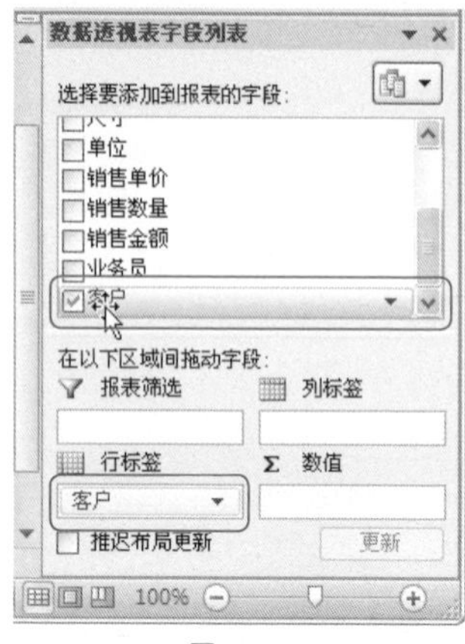

图9–54

图9–55

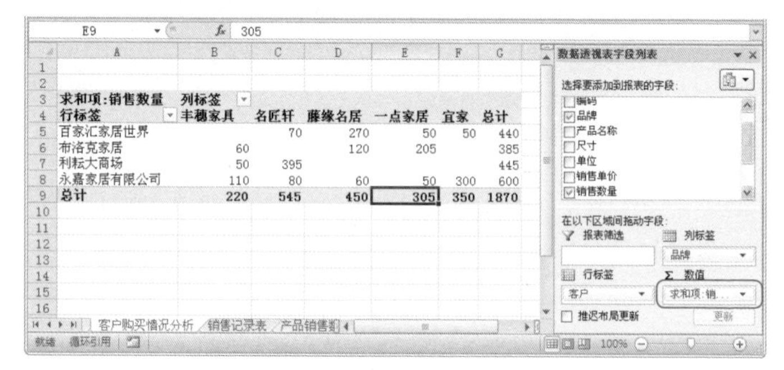

图9–56

❼ 在“数值”标签框中单击字段，在打开的菜单中选择“删除字段”命令（如图9-57所示），即可删除“销售数量”字段，如图9-58所示。

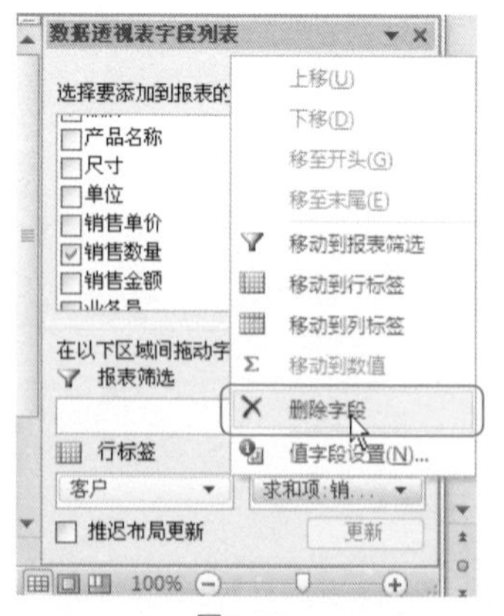

图9–57

图9–58

知识点拨

用户也可以选中“销售数量”值字段，拖动鼠标移动到“选中要添加的字段”列表框中，同样可以删除“销售数量”值字段。

❽ 设置“销售金额”为数值字段，即可分析出客户购买产品金额情况，效果如图9-59所示。

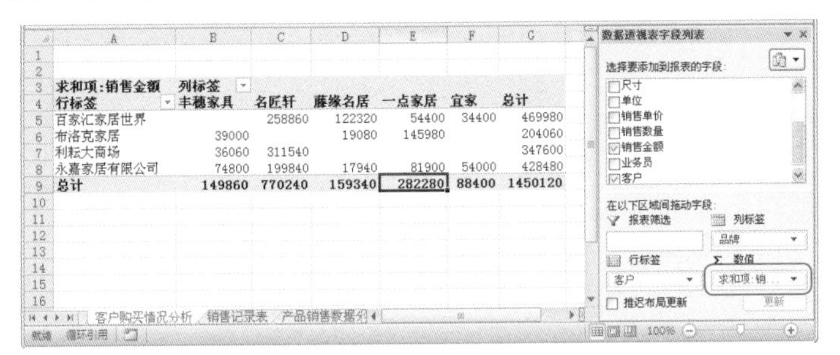

求和项:销售金额	列标签					
行标签	丰穗家具	名匠轩	藤缘名居	一点家居	宜家	总计
百家汇家居世界		258860	122320	54400	34400	469980
布洛克家居	39000		19080	145980		204060
利耘大商场	36060	311540				347600
永嘉家居有限公司	74800	199840	17940	81900	54000	428480
总计	149860	770240	159340	282280	88400	1450120

图9-59

9.4.2　分析应收账款

利用建立的数据透视表还可以分析出应收的账款，包括客户的应收账款和每位经办的业务员的应收账款。

1. 分析各客户的应收账款

❶ 在选择要添加到报表的字段栏中设置“客户名称”为行标签字段，设置“销售金额”为数值字段。

❷ 将“求和项：销售金额”手动更改为“应收账款”，即可分析出每个客户的应收账款，效果如图9-60所示。

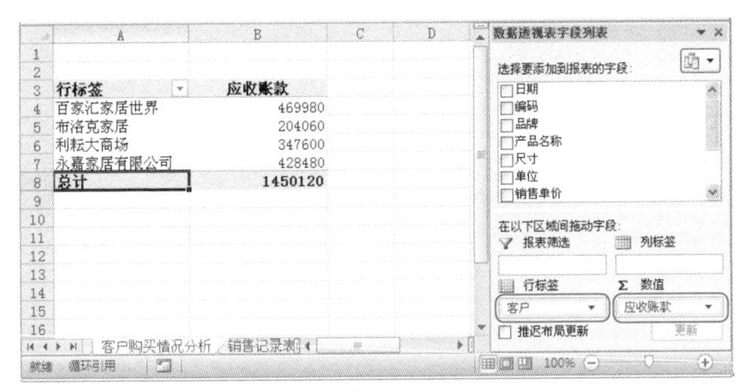

行标签	应收账款
百家汇家居世界	469980
布洛克家居	204060
利耘大商场	347600
永嘉家居有限公司	428480
总计	1450120

图9-60

❸ 选中数据透视表中的任意单元格，切换到“设计”选项卡，在“工具”

选项组中单击“数据透视图”按钮，如图9-61所示。

❹ 打开“插入图表”对话框，选择需要插入的图表类型，如“簇状柱形图”，如图9-62所示。

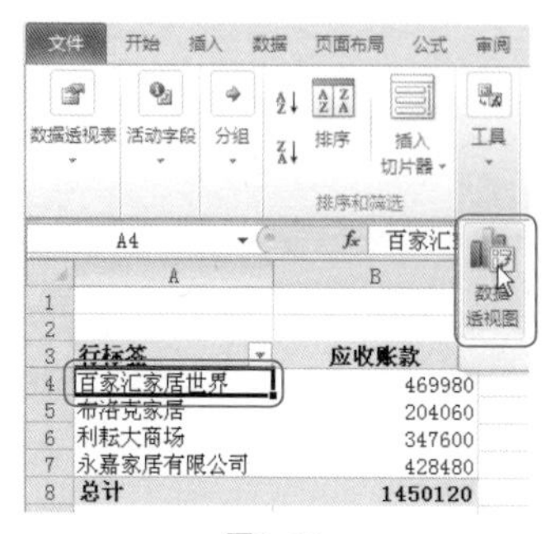

图9-61

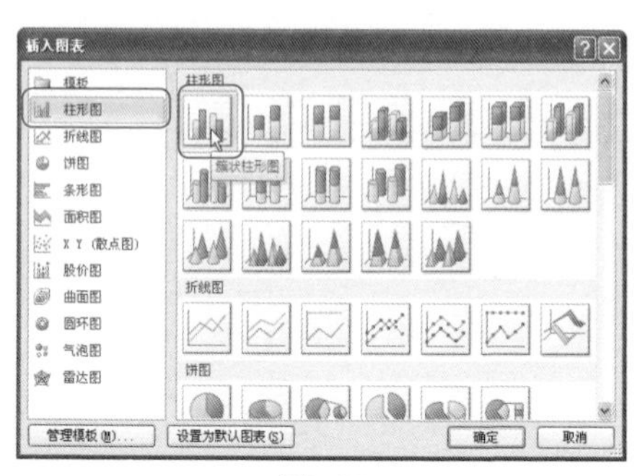

图9-62

❺ 单击“确定”按钮，即可为数据透视表插入数据透视图，对插入的数据透视图进行美化设置，设置后的效果如图9-63所示。

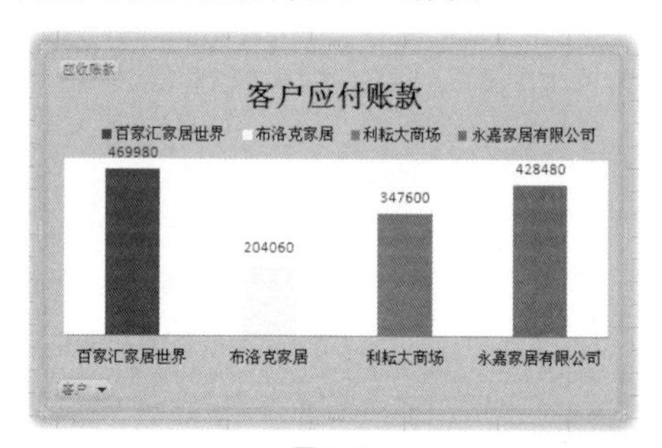

图9-63

专家提示

在“格式”选项卡中可以设置图表的不同格式，如本例中为数据透视图设置了填充颜色、边框以及形状效果，并更改了数据标签的颜色。

2. 分析由每位经办人经手的应收账款

❶ 在选择要添加到报表的字段栏中设置“业务员”为行标签字段，设置“销售金额”为数值字段。

❷ 将“求和项：销售金额”手动更改为“应收账款”，即可分析出每个业务员应收的账款，效果如图9-64所示。

❸ 选中数据透视表中的任意单元格，切换到“设计”选项卡，在“工具”选项组中单击“数据透视图”选项，如图9-65所示。

④ 打开“插入图表”对话框，选择需要插入的图表类型，如“簇状柱形图”，如图9-66所示。

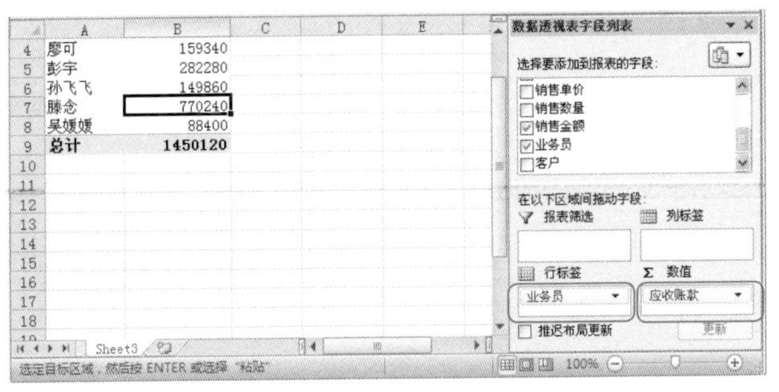

图9-64

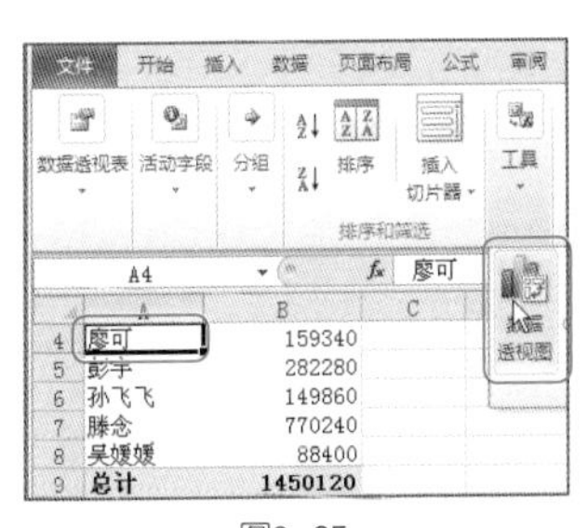

图9-65

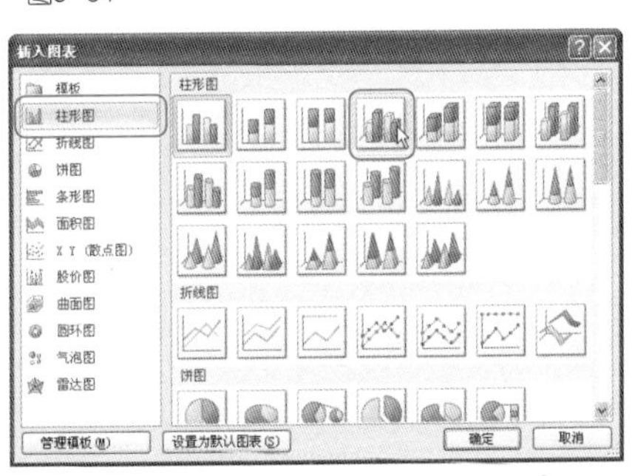

图9-66

⑤ 单击“确定”按钮，即可为数据透视表插入数据透视图，对插入的数据透视图进行美化设置，设置后的效果如图9-67所示。

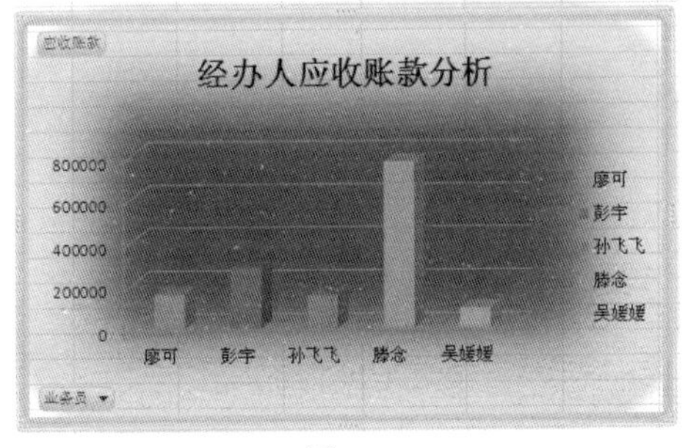

图9-67

动手练一练

用户还可以将“客户”设置为“行标签”字段，即可分析出每位经办人需要收回的不同客户的应收账款。

读书笔记

第10章

函数、公式、图表在产品库存管理中的应用

实例概述与设计效果展示

企业要想正常运作，一般离不开采购与库存管理，工业企业与商品流通企业的库存管理是一项非常重要的工作。本实例中将介绍如何运用Excel 2010软件来设计一份与库存有关的表格。学习了该工作表的设计后，用户可以完成类似“企业采购数据管理表”等工作表的设计。

如下图是设计完成的“库存管理系统”工作表，通过对局部设计的放大，用户可以清楚地了解该工作表包含的设计重点是什么。

G4 =IF(ISERROR($L4),"",INDEX(出入库管理表!H:H,$L4))

指定品种出入库记录查询

请选择查询品种：丰穗家具

日期	编码	产品名称	数量单位	入库单价	出库单价	入库数量	入库金额	出库数量	出库金额	辅助列
6-1	005	时尚布艺转角布艺沙发	件	930	970	60	55800	50	48500	24
6-1	006	布艺转角沙发	件	935	960	50	46750	40	38400	25
6-10	007	田园折叠双人懒人沙发床	件	300	650	20	6000	40	26000	26
6-10	009	单人折叠加长加宽懒人沙发	件	248	348	30	7440	45	15660	27
6-15	008	田园折叠双人懒人沙发床	件	350	400	60	21000	60	24000	28
6-15	005	时尚布艺转角布艺沙发	件	930	970	50	46500	100	97000	29
6-25	005	时尚布艺转角布艺沙发	件	930	970	50	46500	15	14550	30
										31
										#NUM!
										#NUM!
										#NUM!
										#NUM!

G4 =IF($A4=0,0,SUMPRODUCT((编码=$A4)*(DAY(日期)=DAY($C$2))*入库数量))

请选择查询日期：6-1

编码	品牌	产品名称	数量单位	入库单价	出库单价	入库数量	入库金额	出库数量	出库金额
001	宜家	储物柜书架	件	96	120	120	11520	150	18000
002	宜家	韩式鞋柜	件	165	180	0	0	0	0
003	宜家	韩式简约衣橱	件	588	688	0	0	0	0
004	宜家	儿童床	件	450	480	0	0	0	0
005	丰穗家具	时尚布艺转角布艺沙发	件	930	970	60	55800	50	48500
006	丰穗家具	布艺转角沙发	件	935	960	50	46750	40	38400
007	丰穗家具	田园折叠双人懒人沙发床	件	300	650	0	0	0	0
008	丰穗家具	田园折叠双人懒人沙发床	件	350	400	0	0	0	0
009	丰穗家具	单人折叠加长加宽懒人沙发	件	248	348	0	0	0	0
010	名匠轩	梨木色高档大气茶几	件	590	690	0	0	0	0
011	名匠轩	时尚五金玻璃茶几	件	998	1098	0	0	0	0
012	名匠轩	玻璃茶几	件	718	818	0	0	0	

实例设计过程

为了方便讲解，这里将整个“库存管理系统”工作表的制作过程分为几大步骤：建立产品库存数据统计报表→统计各品种产品的出入库数据→利用函数实现按日查询出入库数据→利用函数实现各系列产品出入库明细→建立出入库累积汇总表，建议初学者按步骤进行操作，稍微熟练的读者也可以根据需要查看其中的某几个部分。

10.1　建立产品库存数据统计报表

工业企业需要采购原材料放入仓库，以保障生产的顺利进行；而商品流通企业需要采购商品放入仓库，以保证日常销售顺利进行，产品的库存管理在日常办公中是一项重要的工作。

10.1.1　建立产品基本信息备案表

产品基本信息用于统计所有产品的名称、型号、入库单价、出库单价，建立该工作表的目的在于方便出入库、库存管理工作表的引用。

❶ 新建工作簿，并将其命名为“库存管理系统”，在“Sheet1”工作表标签上双击鼠标，将其重命名为“产品基本信息”，并输入表格标题和列标识，如图10-1所示。

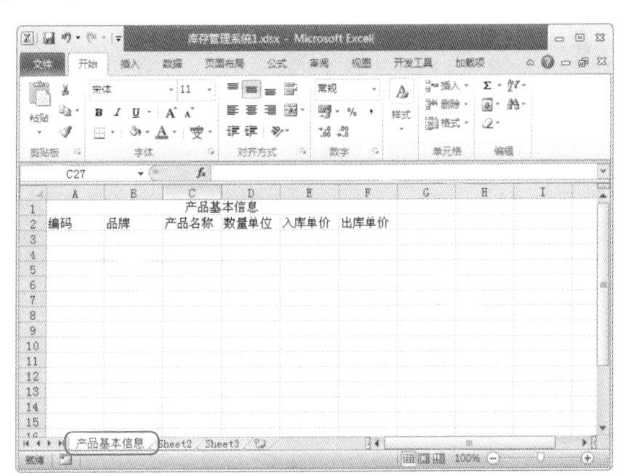

图10-1

❷ 对表格字体、字号、对齐方式、底纹和边框等进行设置，设置后的效果如图10-2所示。

产品基本信息					
编码	品牌	产品名称	数量单位	入库单价	出库单价

图10-2

❸ 根据当前所销售的商品，将每一样商品都录入该工作表中，输入后的效果如图10-3所示。

编码	品牌	产品名称	数量单位	入库单格	出库单价
001	宜家	储物柜书架	件	96	120
002	宜家	韩式鞋柜	件	165	180
003	宜家	韩式简约衣橱	件	588	688
004	宜家	儿童床	件	450	480
005	丰穗家具	时尚布艺转角布艺沙发	件	930	970
006	丰穗家具	布艺转角沙发	件	935	960
007	丰穗家具	田园折叠双人懒人沙发床	件	300	650
008	丰穗家具	田园折叠双人懒人沙发床	件	350	400
009	丰穗家具	单人折叠加长加宽懒人沙发	件	248	348
010	名匠轩	梨木色高档大气茶几	件	590	690
011	名匠轩	时尚五金玻璃茶几	件	998	1098
012	名匠轩	玻璃茶几	件	718	818
013	名匠轩	白像CT703A长茶几	件	976	996
014	名匠轩	白像T705休闲几	件	380	480
015	名匠轩	白橡CT701C小方茶几	件	605	695
016	名匠轩	撇腿香槟椭圆边茶几	件	2398	2498

图10-3

10.1.2 建立出入库数据统计表

商品出入库要根据货品的销售情况而定，所以要建立出入库统计表记录产品入库出库情况，以及时补充产品库存。

1. 建立出入库数据统计基本表

❶ 在“Sheet2”工作表标签上双击鼠标，将其重命名为“出入库管理表”，输入表格标题、列标识，对表格字体、对齐方式、底纹和边框设置，设置后的效果如图10-4所示。

商品出入库明细表

日期	编码	品牌	产品名称	数量单位	入库单价	出库单价	入库数量	入库金额	出库数量	出库金额

图10-4

❷ 选中“编码”列单元格区域，切换到“数据”选项卡，在“数据工具”选项组中单击“数据有效性”按钮，如图10-5所示。

❸ 打开“数据有效性”对话框，在“允许”下拉列表中选择“序列”选项，接着设置“来源”为“=产品基本信息!$A$3:$A$30”，如图10-6所示。

图10-5

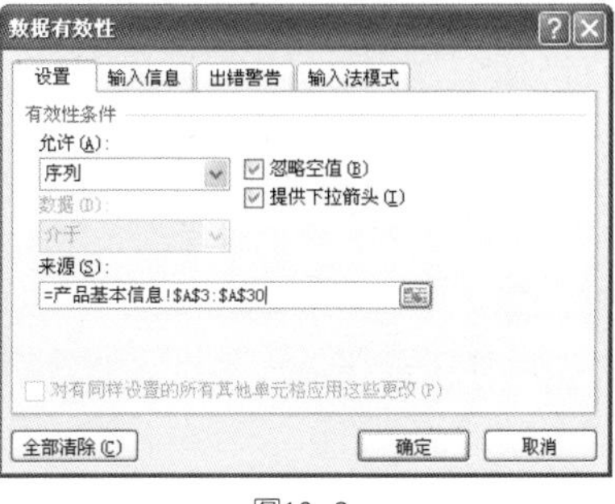

图10-6

❹ 单击“确定”按钮，返回工作表中么，单击“编码”标识下的任意单元格，即可从下拉列表中选择产品编号，如图10-7所示。

图10-7

专家提示

为“编码”列设置了“序列”后，可以单击单元格，在其下拉列表中选择产品的编码，也可以在B3单元格中选择编码001后，向下依次填充编码。

2. 设置公式根据编码自动返回入库产品的基本信息

❶ 输入第一条销售记录的日期与编码。

❷ 选中C3单元格，在公式编辑栏中输入公式：

=VLOOKUP($B3,产品基本信息!$A$3:$F$30,2)

按Enter键可根据B3单元格中的产品编码返回品牌，如图10-8所示。

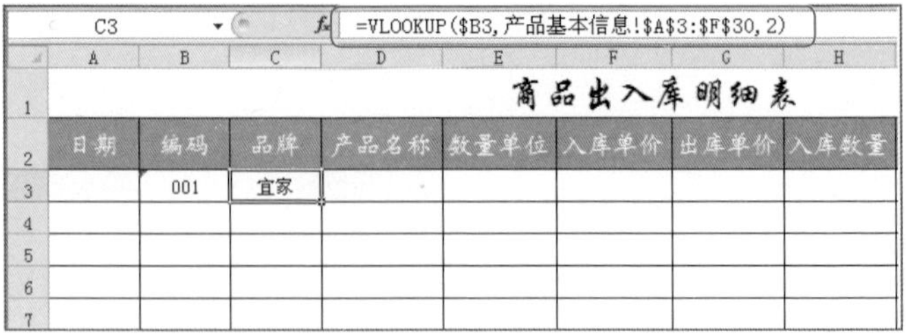

C3 =VLOOKUP($B3,产品基本信息!$A$3:$F$30,2)

	A	B	C	D	E	F	G	H
1	商品出入库明细表							
2	日期	编码	品牌	产品名称	数量单位	入库单价	出库单价	入库数量
3		001	宜家					
4								
5								
6								
7								

图10-8

❸ 选中D3单元格，在公式编辑栏中输入公式：

=VLOOKUP($B3,产品基本信息!$A$3:$F$30,3)

按Enter键，即可根据B3单元格中的产品编码返回产品名称，如图10-9所示。

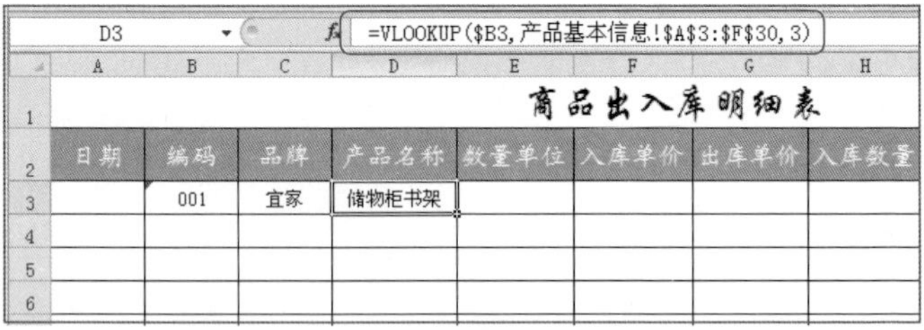

D3 =VLOOKUP($B3,产品基本信息!$A$3:$F$30,3)

	A	B	C	D	E	F	G	H
1	商品出入库明细表							
2	日期	编码	品牌	产品名称	数量单位	入库单价	出库单价	入库数量
3		001	宜家	储物柜书架				
4								
5								
6								

图10-9

❹ 选中E3单元格，在公式编辑栏中输入公式：

=VLOOKUP($B3,产品基本信息!$A$3:$F$30,4)

按Enter键可根据B3单元格中的产品编码返回产品数量单位，如图10-10所示。

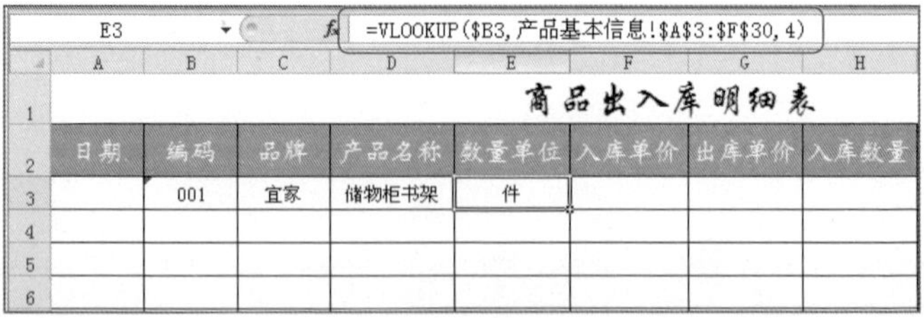

E3 =VLOOKUP($B3,产品基本信息!$A$3:$F$30,4)

	A	B	C	D	E	F	G	H
1	商品出入库明细表							
2	日期	编码	品牌	产品名称	数量单位	入库单价	出库单价	入库数量
3		001	宜家	储物柜书架	件			
4								
5								
6								

图10-10

❺ 选中F3单元格，在公式编辑栏中输入公式：

=VLOOKUP($B3,产品基本信息!$A$3:$F$30,5)

按Enter键可根据B3单元格中的产品编码返回产品入库单价，如图10-11所示。

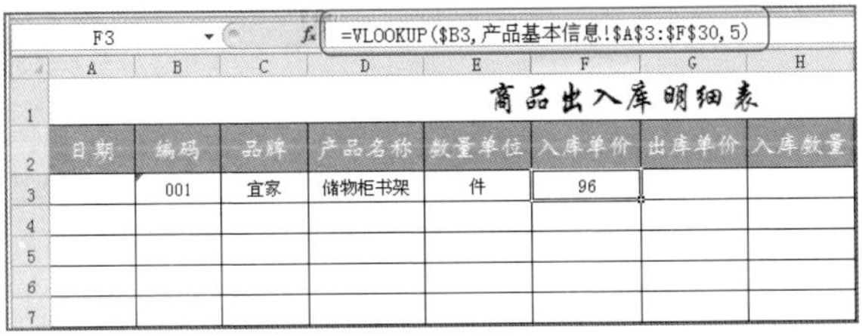

F3 =VLOOKUP($B3,产品基本信息!$A$3:$F$30,5)

商品出入库明细表							
日期	编码	品牌	产品名称	数量单位	入库单价	出库单价	入库数量
	001	宜家	储物柜书架	件	96		

图10-11

❻ 选中G3单元格，在公式编辑栏中输入公式：

=VLOOKUP($B3,产品基本信息!$A$3:$F$30,6)

按Enter键可根据B3单元格中的产品编码返回产品出库单价，如图10-12所示。

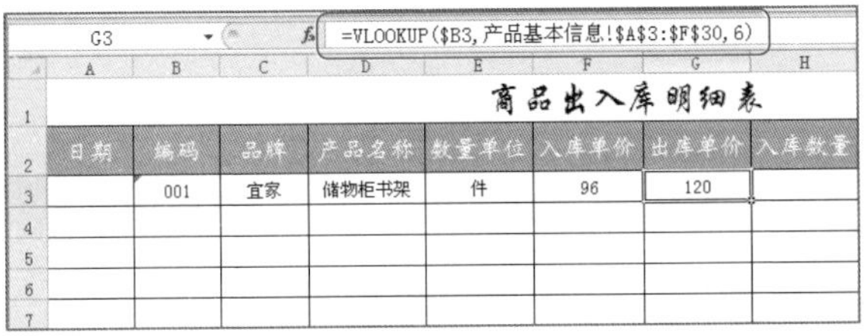

G3 =VLOOKUP($B3,产品基本信息!$A$3:$F$30,6)

商品出入库明细表							
日期	编码	品牌	产品名称	数量单位	入库单价	出库单价	入库数量
	001	宜家	储物柜书架	件	96	120	

图10-12

❼ 手动输入日期和编码，选中C3:G3单元格区域，将光标定位到单元格区域右下角，当光标变成黑色十字形时，向下填充，即可获得其他编号的出入库情况基本信息，如图10-13所示。

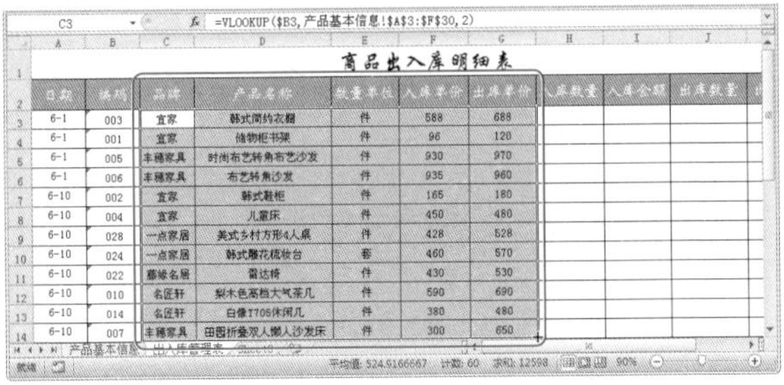

C3 =VLOOKUP($B3,产品基本信息!$A$3:$F$30,2)

商品出入库明细表									
日期	编码	品牌	产品名称	数量单位	入库单价	出库单价	入库数量	入库金额	出库数量
6-1	003	宜家	韩式简约衣橱	件	588	688			
6-1	001	宜家	储物柜书架	件	96	120			
6-1	005	丰穗家具	时尚布艺转角布艺沙发	件	930	970			
6-1	006	丰穗家具	布艺转角沙发	件	935	960			
6-10	002	宜家	韩式鞋柜	件	165	180			
6-10	004	宜家	儿童床	件	450	480			
6-10	028	一点家居	美式乡村方形4人桌	件	428	528			
6-10	024	一点家居	韩式雕花梳妆台	套	460	570			
6-10	022	藤缘名居	雷达椅	件	430	530			
6-10	010	名匠轩	梨木色高档大气茶几	件	590	690			
6-10	014	名匠轩	白橡T705休闲几	件	380	480			
6-10	007	丰穗家具	田园折叠双人懒人沙发床	件	300	650			

平均值: 524.9166667 计数: 60 求和: 12598

图10-13

10.2 统计各品种产品的出入库数据

设置好出入库统计表的基本信息后，用户可以手动输入入库数量和出库数量，以计算出入库金额与出库金额，还可以建立图比较各品牌的入库数量与入库金额。

10.2.1 计算各品种产品的出入库数据

根据出入库情况手动输入商品的出入库数量后，可以用公式快速地计算出各种产品的出入库金额。

❶ 打开“出入库管理表”工作表，输入入库数量和出库数量，接着选中I3单元格，在公式栏中输入公式：

```
=F3*H3
```

按Enter键，即可计算出编码为001产品的入库金额，如图10-14所示。

I3 =F3*H3

商品出入库明细表

品牌	产品名称	数量单位	入库单价	出库单价	入库数量	入库金额
宜家	储物柜书架	件	96	120	120	11520
宜家	韩式简约衣橱	件	588	688	180	
丰穗家具	时尚布艺转角布艺沙发	件	930	970	60	
丰穗家具	布艺转角沙发	件	935	960	50	
宜家	韩式鞋柜	件	165	180	100	
宜家	儿童床	件	450	480	50	
一点家居	美式乡村方形4人桌	件	428	528	100	

图10-14

❷ 选中I3单元格，将光标定位到单元格右下角，当光标变为黑色十字形时，向下拖动鼠标，即可计算出其他编号产品的入库金额，如图10-15所示。

I3 =F3*H3

商品出入库明细表

品牌	产品名称	数量单位	入库单价	出库单价	入库数量	入库金额	出库数量
宜家	储物柜书架	件	96	120	120	11520	150
宜家	韩式简约衣橱	件	588	688	180	105840	110
丰穗家具	时尚布艺转角布艺沙发	件	930	970	60	55800	50
丰穗家具	布艺转角沙发	件	935	960	50	46750	40
宜家	韩式鞋柜	件	165	180	100	16500	30
宜家	儿童床	件	450	480	50	22500	55
一点家居	美式乡村方形4人桌	件	428	528	100	42800	60
一点家居	韩式雕花梳妆台	套	460	570	50	23000	55
藤缘名居	雷达椅	件	430	530	60	25800	20
名匠轩	梨木色高档大气茶几	件	590	690	60	35400	50
名匠轩	白像T705休闲几	件	380	480	70	26600	100
丰穗家具	田园折叠双人懒人沙发床	件	300	650	20	6000	40

产品基本信息 出入库管理表 Sheet3

就绪 平均值: 34875.83333 计数: 12 求和: 418510 90%

图10-15

❸ 选中K3单元格，在公式栏中输入公式：

```
=G3*J3
```

按Enter键，即可计算出编码为001产品的出库金额，如图10-16所示。

❹ 选中H3单元格，将光标定位到单元格右下角，当光标变为黑色十字形时，向下拖动鼠标，即可计算出其他编号产品的出库金额，如图10-17所示。

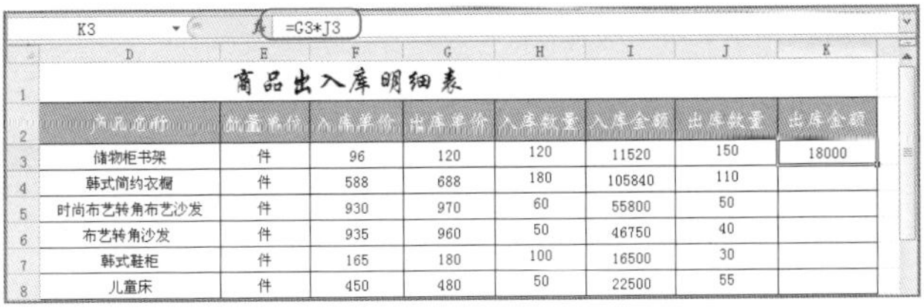

K3　=G3*J3

商品出入库明细表

产品名称	数量单位	入库单价	出库单价	入库数量	入库金额	出库数量	出库金额
储物柜书架	件	96	120	120	11520	150	18000
韩式简约衣橱	件	588	688	180	105840	110	
时尚布艺转角布艺沙发	件	930	970	60	55800	50	
布艺转角沙发	件	935	960	50	46750	40	
韩式鞋柜	件	165	180	100	16500	30	
儿童床	件	450	480	50	22500	55	

图10-16

K3　=G3*J3

商品出入库明细表

产品名称	数量单位	入库单价	出库单价	入库数量	入库金额	出库数量	出库金额
储物柜书架	件	96	120	120	11520	150	18000
韩式简约衣橱	件	588	688	180	105840	110	75680
时尚布艺转角布艺沙发	件	930	970	60	55800	50	48500
布艺转角沙发	件	935	960	50	46750	40	38400
韩式鞋柜	件	165	180	100	16500	30	5400
儿童床	件	450	480	50	22500	55	26400
美式乡村方形4人桌	件	428	528	100	42800	60	31680
韩式雕花梳妆台	套	460	570	50	23000	55	31350
雷达椅	件	430	530	60	25800	20	10600
梨木色高档大气茶几	件	590	690	60	35400	50	34500
白像T705休闲几	件	380	480	70	26600	100	48000
田园折叠双人懒人沙发床	件	300	650	20	6000	40	26000

产品基本信息　出入库管理表　Sheet3

平均值: 32875.83333　计数: 12　求和: 394510　90%

图10-17

10.2.2　建立图表比较各品种入库数量与入库金额

创建好出入库数据统计表时，可以利用创建的数据统计表创建数据透视表来分析一定期间内的出入库情况。

1. 利用分类汇总分析各产品入库数量与入库金额

❶ 选中“品牌”列标签下的任意单元格，切换到“数据”选项卡，在“排序与筛选”选项组中单击“升序”按钮，如图10-18所示。

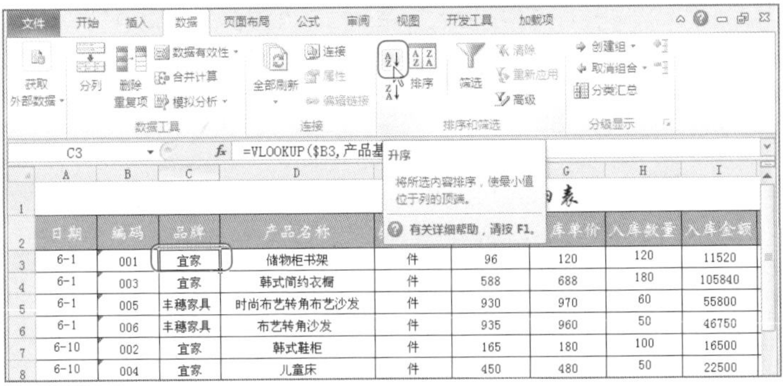

文件　开始　插入　数据　页面布局　公式　审阅　视图　开发工具　加载项

获取外部数据　全部刷新　连接　属性　编辑链接　排序　筛选　清除　重新应用　高级　分列　删除重复项　数据有效性　合并计算　模拟分析　创建组　取消组合　分类汇总

数据工具　连接　排序和筛选　分级显示

C3　=VLOOKUP($B3,产品基

升序

将所选内容排序，使最小值位于列的顶端。

有关详细帮助，请按 F1。

日期	编码	品牌	产品名称			出库单价	入库数量	入库金额
6-1	001	宜家	储物柜书架	件	96	120	120	11520
6-1	003	宜家	韩式简约衣橱	件	588	688	180	105840
6-1	005	丰穗家具	时尚布艺转角布艺沙发	件	930	970	60	55800
6-1	006	丰穗家具	布艺转角沙发	件	935	960	50	46750
6-10	002	宜家	韩式鞋柜	件	165	180	100	16500
6-10	004	宜家	儿童床	件	450	480	50	22500

图10-18

❷ 此时即可对入库统计表按品牌升序排列，接着在“分级显示”选项组中单击“分类汇总”选项，如图10-19所示。

❸ 打开“分类汇总”对话框，在“分类字段”下拉列表中选择“品牌”选项，设置“汇总方式”为“求和”，接着在“选定汇总项”列表框中选中“入库数量”和“入库金额”复选框，如图10-20所示。

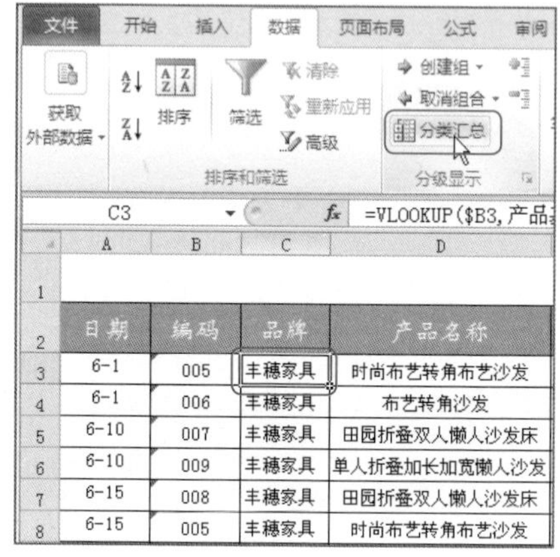

	A	B	C	D
1				
2	日期	编码	品牌	产品名称
3	6-1	005	丰穗家具	时尚布艺转角布艺沙发
4	6-1	006	丰穗家具	布艺转角沙发
5	6-10	007	丰穗家具	田园折叠双人懒人沙发床
6	6-10	009	丰穗家具	单人折叠加长加宽懒人沙发
7	6-15	008	丰穗家具	田园折叠双人懒人沙发床
8	6-15	005	丰穗家具	时尚布艺转角布艺沙发

图10-19

分类汇总
分类字段(A)：品牌
汇总方式(U)：求和
选定汇总项(D)：
☐入库单价
☐出库单价
☑入库数量
☑入库金额
☐出库数量
☐出库金额
☑替换当前分类汇总(C)
☐每组数据分页(P)
☑汇总结果显示在数据下方(S)
全部删除(R)　确定　取消

图10-20

❹ 单击“确定”按钮，即可统计出各品牌本期入库情况，如图10-21所示。

商品出入库明细表

	B	C	D	E	F	G	H	I
2	编码	品牌	产品名称	数量单位	入库单价	出库单价	入库数量	入库金额
3	005	丰穗家具	时尚布艺转角布艺沙发	件	930	970	60	55800
4	006	丰穗家具	布艺转角沙发	件	935	960	50	46750
5	007	丰穗家具	田园折叠双人懒人沙发床	件	300	650	20	6000
6	009	丰穗家具	单人折叠加长加宽懒人沙发	件	248	348	30	7440
7	008	丰穗家具	田园折叠双人懒人沙发床	件	350	400	60	21000
8	005	丰穗家具	时尚布艺转角布艺沙发	件	930	970	50	46500
9	005	丰穗家具	时尚布艺转角布艺沙发	件	930	970	50	46500
10	006	丰穗家具	布艺转角沙发	件	935	960	50	46750
11		丰穗家具 汇总					370	276740
12	010	名匠轩	梨木色高档大气茶几	件	590	690	60	35400
13	014	名匠轩	白像T705休闲几	件	380	480	70	26600
14	016	名匠轩	撇腿香槟椭圆边茶几	件	2398	2498	70	167860
15	017	名匠轩	花几/电话几N-L-004	件	3638	3698	120	436560
16	015	名匠轩	白橡CT701C小方茶几	件	605	695	80	48400
17		名匠轩 汇总					400	714820
18	022	藤缘名居	雷达椅	件	430	530	60	25800
19	018	藤缘名居	时尚办公家用转椅	件	99	159	60	5940
20	019	藤缘名居	纳米丝网椅	条	188	288	60	11280

产品基本信息　出入库管理表　Sheet3

图10-21

如果要进行分类汇总的字段不是在连续单元格内，则需要先对字段进行排序，如本例中需要对“品牌”字段进行排序，再进行分类汇总。

2. 插入图表直观显示各品牌入库数量与入库金额

❶ 单击工作表右上角的[1|2|3]标签中的“2”按钮，即可在工作表中只显示各品牌本期入库数量与入库金额情况，如图10-22所示。

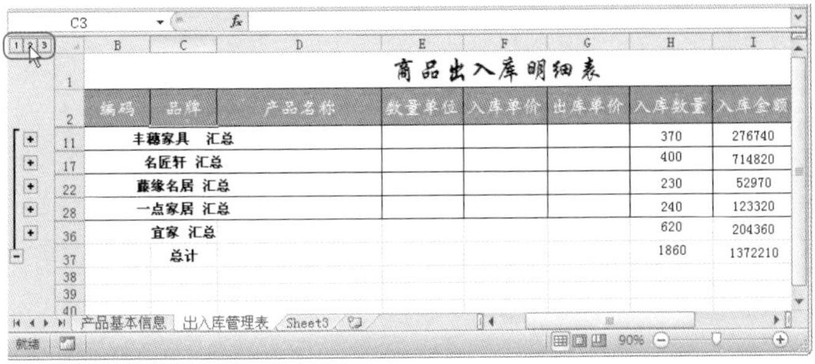

商品出入库明细表
编码
品牌
产品名称
数量单位
入库单价
出库单价
入库数量
入库金额
丰穗家具　汇总　370　276740
名匠轩　汇总　400　714820
藤缘名居　汇总　230　52970
一点家居　汇总　240　123320
宜家　汇总　620　204360
总计　1860　1372210
产品基本信息
出入库管理表
Sheet3

图10-22

❷ 选中“品牌”列和“入库数据”列，切换到“插入”选项卡，在“图表”选项组中单击“柱形图”按钮，在其下拉菜单中选择“簇状柱形图”，如图10-23所示。

文件
开始
插入
数据
页面布局
公式
审阅
视图
开发工具
加载项
二维柱形图
簇状柱形图
使用垂直矩形比较相交于类别轴上的数值大小。
如果类别轴的顺序不重要或不用于显示项目计数(如直方图)，请使用该图。
出入库明细表

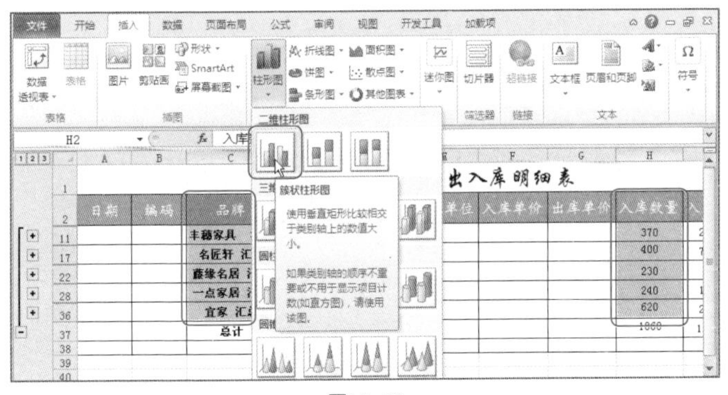

图10-23

❸ 选中图形类型后，即可为所选数据插入图表，接着在“格式”选项卡中对图表进行美化设置，设置后的效果如图10-24所示。

各产品入库数量分比较
700
600
500
400
300
200
100
0
丰穗家具汇总
名匠轩汇总
藤缘名居汇总
一点家居汇总
宜家汇总
丰穗家具 汇总
名匠轩 汇总
藤缘名居 汇总
一点家居 汇总
宜家 汇总

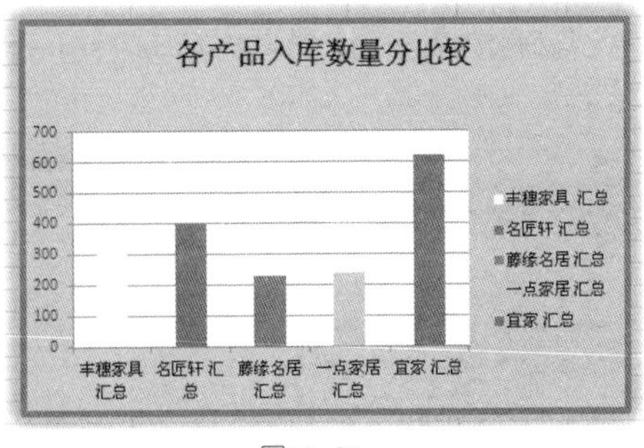

图10-24

④ 选中“品牌”列和“入库金额”列，切换到“插入”选项卡，在“图表”选项组中单击“饼图”按钮，在其下拉菜单中选择“分离型三维饼图”，如图10-25所示。

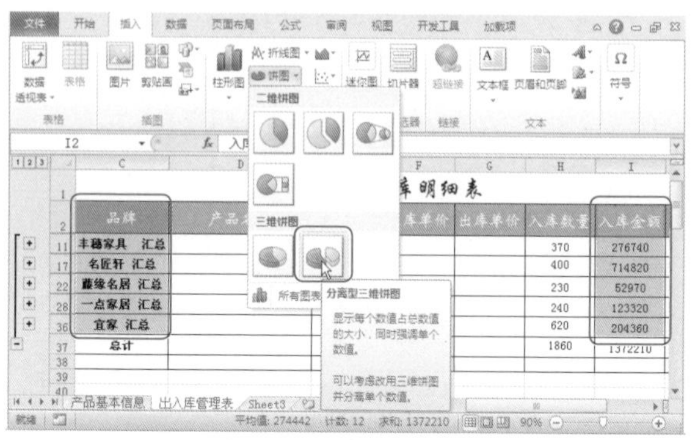

图10-25

⑤ 选中图形类型后，即可为所选数据插入图表，接着在“格式”选项卡中对图表进行美化设置，设置后的效果如图10-26所示。

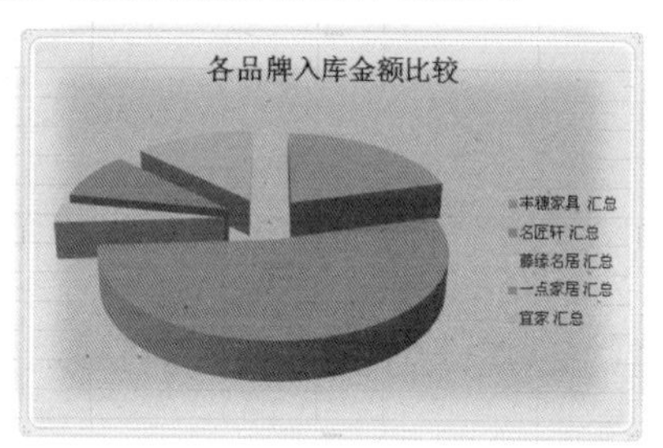

图10-26

⑥ 选中“图表”并右击，在快捷菜单中选择“添加数据标签”命令，如图10-27所示。

⑦ 选中“添加数据标签”命令后，即可为图表添加数据标签，设置效果如图10-28所示。

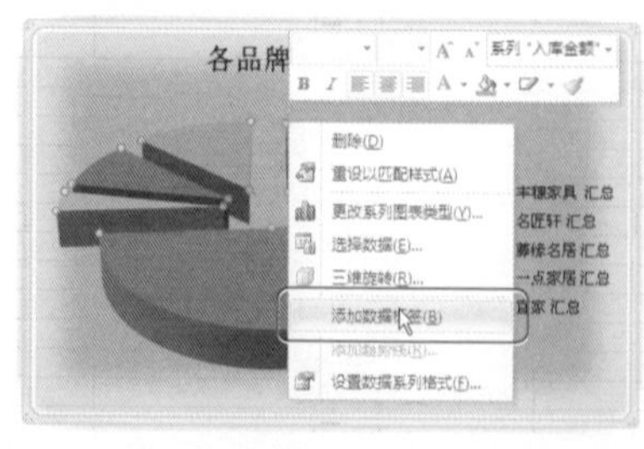

图10-27

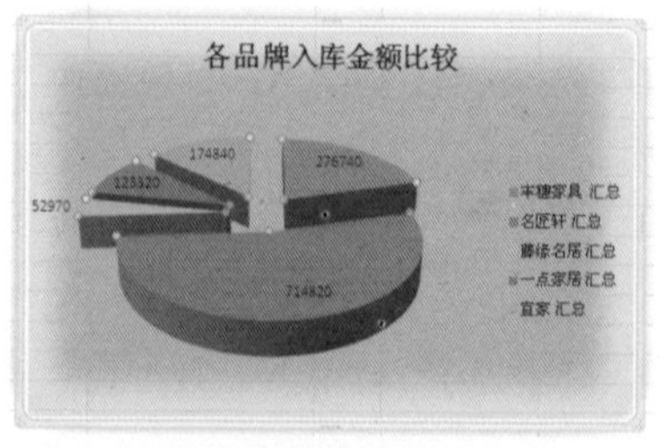

图10-28

❽ 选中图表并右击，在快捷菜单中选择“设置数据标签格式”命令，如图10-29所示。

❾ 打开“设置数据标签格式”对话框，取消选中“值”复选框，接着选中“百分比”复选框，如图10-30所示。

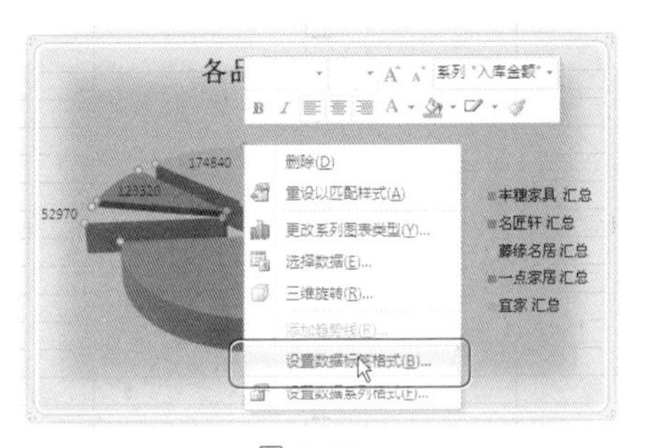

图10-29

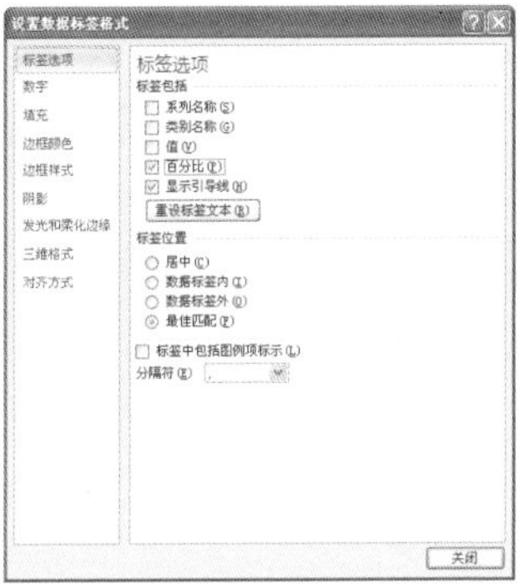

图10-30

❿ 单击“关闭”按钮，即可将图表的数据标签更改为百分比形式，效果如图10-31所示。从数据的百分比显示来看，可以直观地看出“名匠轩”品牌产品的入库金额最多。

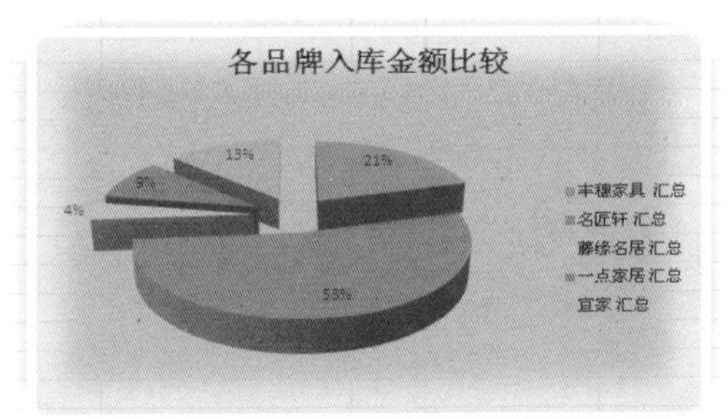

图10-31

10.3　利用函数实现按日查询出入库数据

建立出入库库存统计表后，用户还可以建立出入库数据日查询表，通过设置公式实现自动统计指定日期的出入库数据。

10.3.1　建立出入库数据日汇总、查询表

建立商品每天出入库数据查询表，应包括产品的编码、品牌、产品名称、单位、单价、入库数量、入库金额、出库数量和出库金额等信息。

❶ 在“Sheet3”工作表标签上双击鼠标，将其重命名为“商品出入库数据查询表”。

❷ 在工作表中重新输入表头、查询项、标识项等，输入完成后再对表头、表格进行美化设置，完成后的效果如图10-32所示。

图10-32

❸ 在工作表空白区域输入6月份的日期，在“商品出入库数据查询表”工作表中选中C2单元格，切换到“数据”选项卡，在“数据工具”选项组中单击“数据有效性”按钮，如图10-33所示。

❹ 打开“数据有效性”对话框，在“设置”选项卡下的“允许”下拉列表中选中“序列”选项，接着设置“来源”文本框为工作表中输入6月份日期是单元格区域，即L4:L33单元格区域，如图10-34所示。

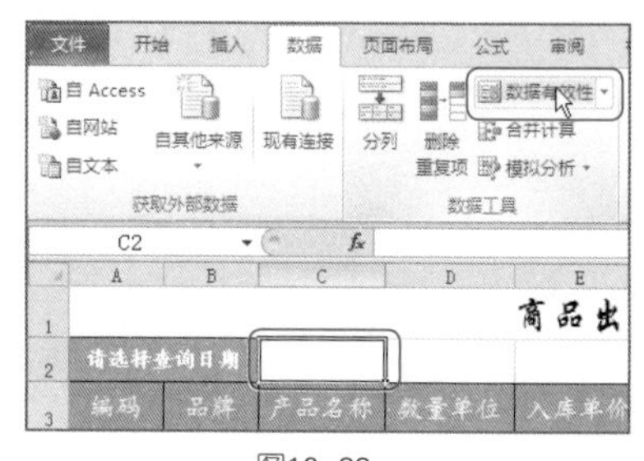

图10-33

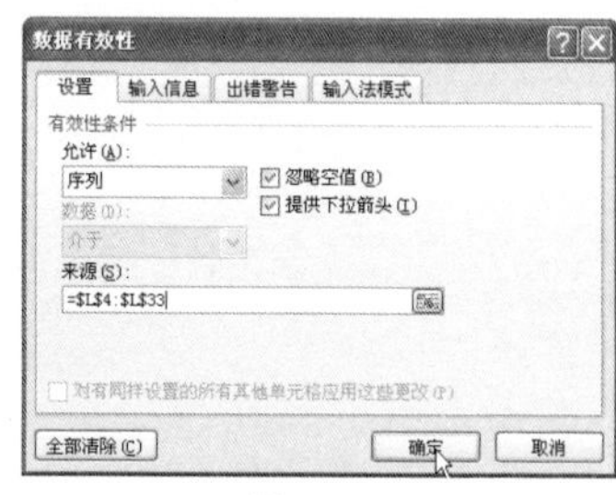

图10-34

❺ 单击“确定”按钮，即可为C2单元格建立“日期”下拉列表，如图10-35所示。

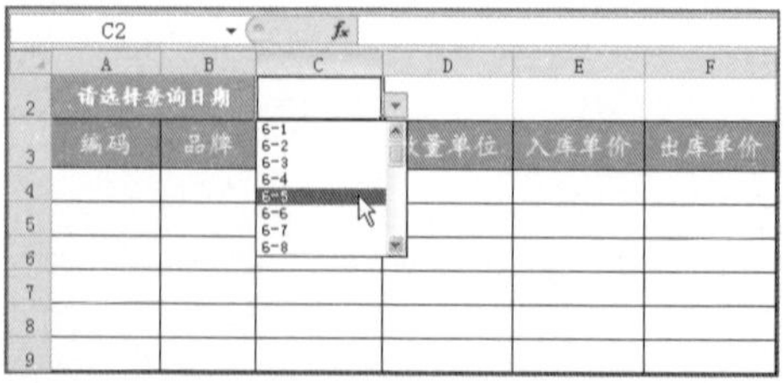

图10-35

6 选中A4单元格，在公式编辑栏中输入公式：

=产品基本信息!A3

按Enter键，即可从“产品基本信息表”中返回对应的产品编码，如图10-36所示。

A4 =产品基本信息!A3

	A	B	C	D	E
2	请选择查询日期		6-5		
3	编码	品牌	产品名称	数量单位	入库单价
4	001				
5					
6					
7					

图10-36

7 选中A4单元格，将光标定位到单元格右下角，当光标变为黑色十字形时，拖动鼠标向右移动到F4单元格，即可得到编码为“001”产品对应的信息，如图10-37所示。

A4 =产品基本信息!A3

	A	B	C	D	E	F
2	请选择查询日期		6-5			
3	编码	品牌	产品名称	数量单位	入库单价	出库单价
4	001	宜家	储物柜书架	件	96	120
5						
6						
7						

图10-37

8 选中A4:F4单元格区域，将光标定位到单元格右下角，当光标变为黑色十字形时，拖动鼠标向下填充，即可得到所有编码产品对应的信息，如图10-38所示。

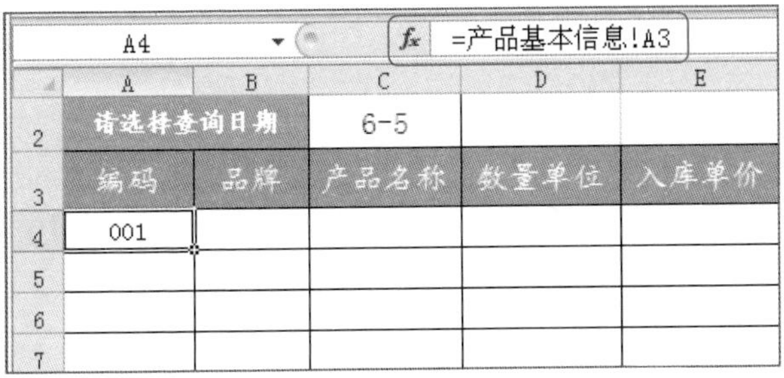

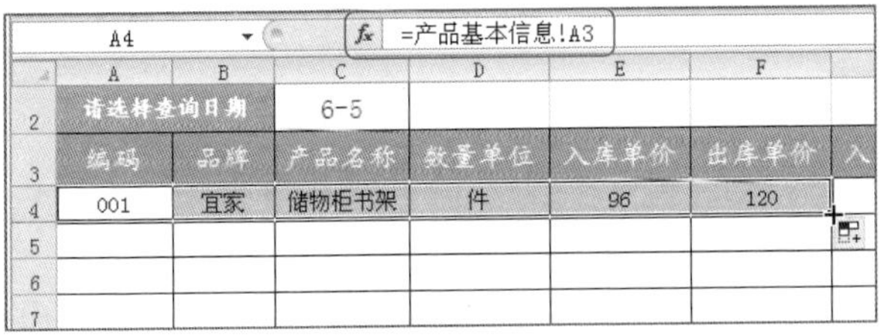

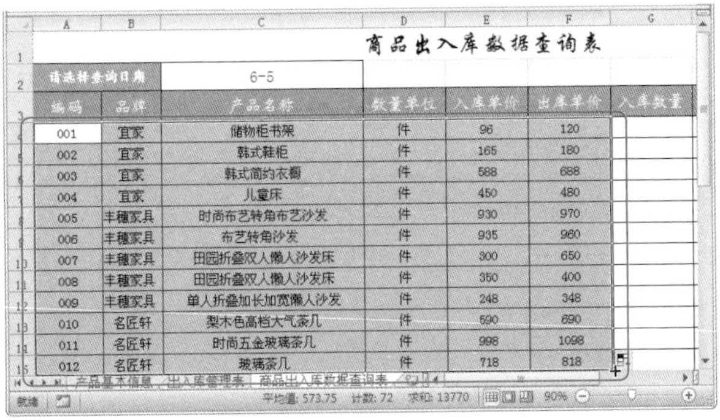

商品出入库数据查询表

编码	品牌	产品名称	数量单位	入库单价	出库单价	入库数量
001	宜家	储物柜书架	件	96	120	
002	宜家	韩式鞋柜	件	165	180	
003	宜家	韩式简约衣橱	件	588	688	
004	宜家	儿童床	件	450	480	
005	丰穗家具	时尚布艺转角布艺沙发	件	930	970	
006	丰穗家具	布艺转角沙发	件	935	960	
007	丰穗家具	田园折叠双人懒人沙发床	件	300	650	
008	丰穗家具	田园折叠双人懒人沙发床	件	350	400	
009	丰穗家具	单人折叠加长加宽懒人沙发	件	248	348	
010	名匠轩	梨木色高档大气茶几	件	590	690	
011	名匠轩	时尚五金玻璃茶几	件	998	1098	
012	名匠轩	玻璃茶几	件	718	818	

图10-38

在建立“日期”下拉列表前，用户可以在“商品出入库数据查询表”工作表中建立一个日期序列，以便于在需要设置“日期”下拉列表时提供序列选项。

10.3.2 设置公式实现自动统计指定日期出入库数据

创建好“商品出入库查询表”工作表后，可以设置公式以达到自动统计指定日期出入库数据的情况，在建立公式之前，需要定义单元格区域的名称。

❶ 切换到“产品基本信息”工作表，选中行标识下的编辑区域，切换到“公式”选项卡，在“定义的名称”选项组中单击“定义名称”按钮，如图10-39所示。

❷ 打开“新建名称”对话框，在“名称”文本框中输入名称“产品基本信息”（如图10-40所示），单击“确定”按钮，即可为选中区域定义名称为“产品基本信息”。

图10-39

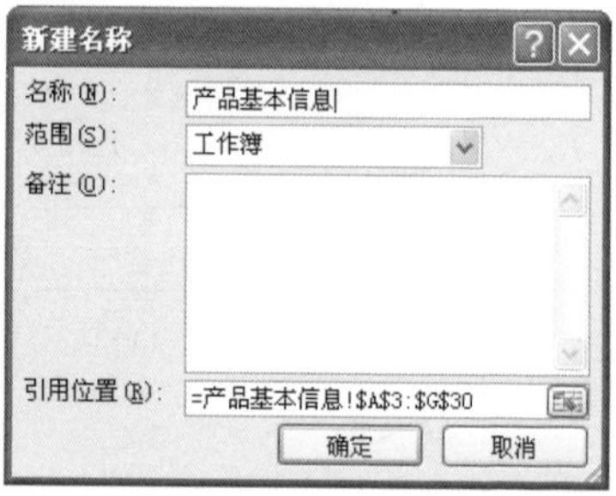

新建名称

名称(N)：产品基本信息

范围(S)：工作簿

备注(O)：

引用位置(R)：=产品基本信息!$A$3:$G$30

确定　取消

图10-40

❸ 切换到“出入库管理表”工作表，按照相同的方法对A3:A31、B3:B31、C3:C31、D3:D31、E3:E31、F3:F31、G3:G31、H3:H31、I3:I31、J3:J31和K3:K31单元格区域分别定义名称为“日期”、“编码”、“品牌”、“产品名称”、“数量单位”、“入库单价”、“出库单价”、“入库数量”、“入库金额”、“出库数量”和“出库金额”名称，效果如图10-40所示。

❹ 选中G4单元格，在公式编辑栏中输入公式：

```
=IF($A4=0,0,SUMPRODUCT((编码=$A4)*(DAY(日期)=DAY($C$2))*入库数量))
```

按Enter键，即可根据产品“编码”及查询日期，返回对应产品的入库数量，如图10-42所示。

名称管理器
新建(N)... 编辑(E)... 删除(D) 筛选(F)
名称 数值 引用位置 范围 备注
编码 {"005","00... =出入库管理... 工作簿
产品基本信息 {"001","宜... =产品基本信... 工作簿
产品名称 {"时尚布艺... =出入库管理... 工作簿
出库单价 {"970";"96... =出入库管理... 工作簿
出库金额 {"48500";"... =出入库管理... 工作簿
出库数量 {"50";"40"... =出入库管理... 工作簿
品牌 {"丰穗家具 ... =出入库管理... 工作簿
日期 {"6-1";"6-... =出入库管理... 工作簿
入库单价 {"930";"93... =出入库管理... 工作簿
入库金额 {"55800";"... =出入库管理... 工作簿
入库数量 {"60";"50"... =出入库管理... 工作簿
数量单位 {"件";"件"... =出入库管理... 工作簿
引用位置(R):
=出入库管理表!$B$3:$B$31
关闭

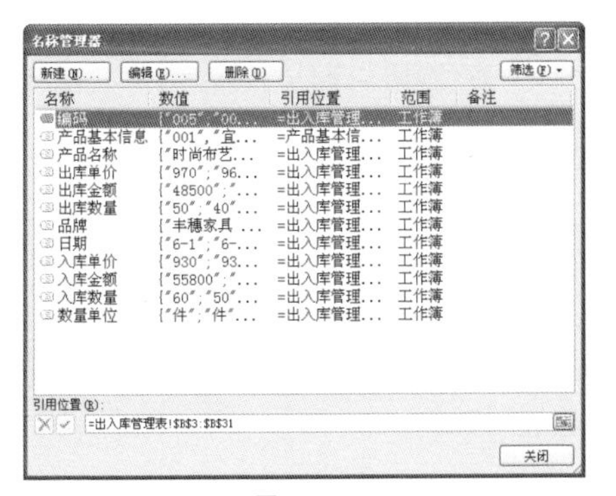

图10-41

G4
=IF($A4=0,0,SUMPRODUCT((编码=$A4)*(DAY(日期)=DAY($C$2))*入库数量))
商品出入库数据查询表
请选择查询日期 6-1
编码 品牌 产品名称 数量单位 入库单价 出库单价 入库数量 入库金额
001 宜家 储物柜书架 件 96 120 120
002 宜家 韩式鞋柜 件 165 180
003 宜家 韩式简约衣橱 件 588 688
004 宜家 儿童床 件 450 480
005 丰穗家具 时尚布艺转角布艺沙发 件 930 970
006 丰穗家具 布艺转角沙发 件 935 960

图10-42

5 选中G4单元格，将光标定位在右下角，出现黑色十字形时向下复制公式，即可根据其他产品“编码”及查询日期，返回对应产品的入库数量，如图10-43所示。

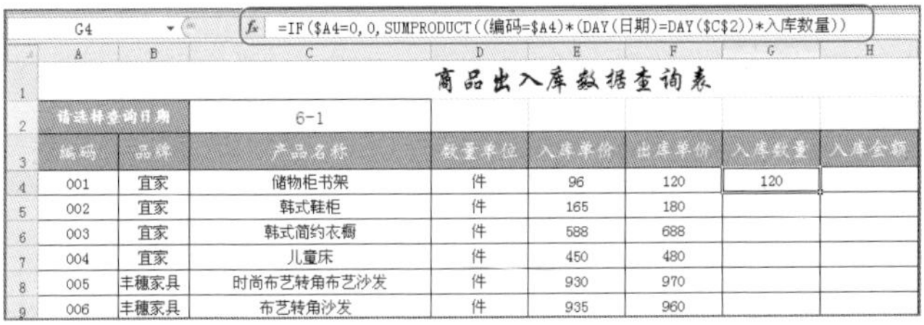

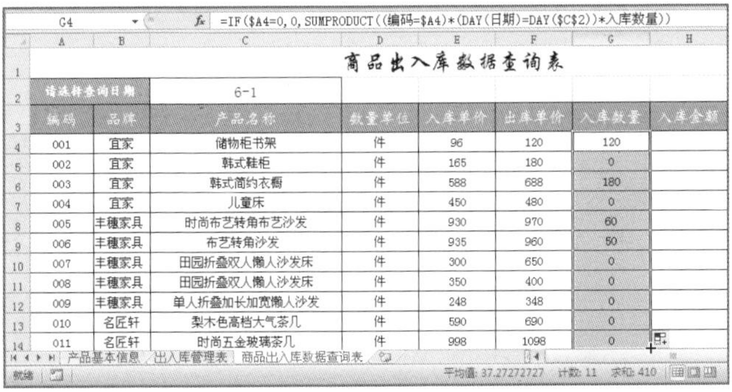

G4
=IF($A4=0,0,SUMPRODUCT((编码=$A4)*(DAY(日期)=DAY($C$2))*入库数量))
商品出入库数据查询表
请选择查询日期 6-1
编码 品牌 产品名称 数量单位 入库单价 出库单价 入库数量 入库金额
001 宜家 储物柜书架 件 96 120 120
002 宜家 韩式鞋柜 件 165 180 0
003 宜家 韩式简约衣橱 件 588 688 180
004 宜家 儿童床 件 450 480 0
005 丰穗家具 时尚布艺转角布艺沙发 件 930 970 60
006 丰穗家具 布艺转角沙发 件 935 960 50
007 丰穗家具 田园折叠双人懒人沙发床 件 300 650 0
008 丰穗家具 田园折叠双人懒人沙发床 件 350 400 0
009 丰穗家具 单人折叠加长加宽懒人沙发 件 248 348 0
010 名匠轩 梨木色高档大气茶几 件 590 690 0
011 名匠轩 时尚五金玻璃茶几 件 998 1098 0
产品基本信息 出入库管理表 商品出入库数据查询表
就绪 平均值: 37.27272727 计数: 11 求和: 410

图10-43

6 选中H4单元格，在公式编辑栏中输入公式：

=IF($A4=0,0,SUMPRODUCT((编码=$A4)*(DAY(日期)=DAY($C$2))*入库金额))

按Enter键，即可根据产品“编码”及查询日期，返回对应产品的入库金额，将光标移到H4单元格的右下角，当出现黑色十字形时向下复制公式，即可根据其他产品“编码”及查询日期，返回对应的产品入库金额，如图10-44所示。

H4 =IF($A4=0,0,SUMPRODUCT((编码=$A4)*(DAY(日期)=DAY($C$2))*入库金额))

商品出入库数据查询表

请选择查询日期		6-1							
编码	品牌	产品名称	数量单位	入库单价	出库单价	入库数量	入库金额	出库数量	出库金额
001	宜家	储物柜书架	件	96	120	120	11520		
002	宜家	韩式鞋柜	件	165	180	0	0		
003	宜家	韩式简约衣橱	件	588	688	180	105840		
004	宜家	儿童床	件	450	480	0	0		
005	丰穗家具	时尚布艺转角布艺沙发	件	930	970	60	55800		
006	丰穗家具	布艺转角沙发	件	935	960	50	46750		
007	丰穗家具	田园折叠双人懒人沙发床	件	300	650	0	0		
008	丰穗家具	田园折叠双人懒人沙发床	件	350	400	0	0		
009	丰穗家具	单人折叠加长加宽懒人沙发	件	248	348	0	0		
010	名匠轩	梨木色高档大气茶几	件	590	690	0	0		
011	名匠轩	时尚五金玻璃茶几	件	998	1098	0	0		

产品基本信息 出入库管理表 商品出入库数据查询表

就绪 平均值: 19991.81818 计数: 11 求和: 219910 90%

图10-44

7 选中I4单元格，在公式编辑栏中输入公式：

=IF($A4=0,0,SUMPRODUCT((编码=$A4)*(DAY(日期)=DAY($C$2))*出库数量))

按Enter键，即可根据产品“编码”及查询日期，返回对应产品的出库数量，将光标移到I4单元格的右下角，当出现黑色十字形时向下复制公式，即可根据其他产品“编码”及查询日期，返回对应的产品出库数量，如图10-45所示。

I4 =IF($A4=0,0,SUMPRODUCT((编码=$A4)*(DAY(日期)=DAY($C$2))*出库数量))

商品出入库数据查询表

请选择查询日期		6-1							
编码	品牌	产品名称	数量单位	入库单价	出库单价	入库数量	入库金额	出库数量	出库金额
001	宜家	储物柜书架	件	96	120	120	11520	150	
002	宜家	韩式鞋柜	件	165	180	0	0	0	
003	宜家	韩式简约衣橱	件	588	688	180	105840	110	
004	宜家	儿童床	件	450	480	0	0	0	
005	丰穗家具	时尚布艺转角布艺沙发	件	930	970	60	55800	50	
006	丰穗家具	布艺转角沙发	件	935	960	50	46750	40	
007	丰穗家具	田园折叠双人懒人沙发床	件	300	650	0	0	0	
008	丰穗家具	田园折叠双人懒人沙发床	件	350	400	0	0	0	
009	丰穗家具	单人折叠加长加宽懒人沙发	件	248	348	0	0	0	
010	名匠轩	梨木色高档大气茶几	件	590	690	0	0	0	
011	名匠轩	时尚五金玻璃茶几	件	998	1098	0	0	0	

产品基本信息 出入库管理表 商品出入库数据查询表

就绪 平均值: 31.81818182 计数: 11 求和: 350 90%

图10-45

8 选中J4单元格，在公式编辑栏中输入公式：

=IF($A4=0,0,SUMPRODUCT((编码=$A4)*(DAY(日期)=DAY($C$2))*出库金额))

按Enter键，即可根据产品“编码”及查询日期，返回对应产品的出库金额，将光标移到J4单元格的右下角，当出现黑色十字形时向下复制公式，即可根据其他产品“编码”及查询日期，返回对应的产品出库金额，如图10-46所示。

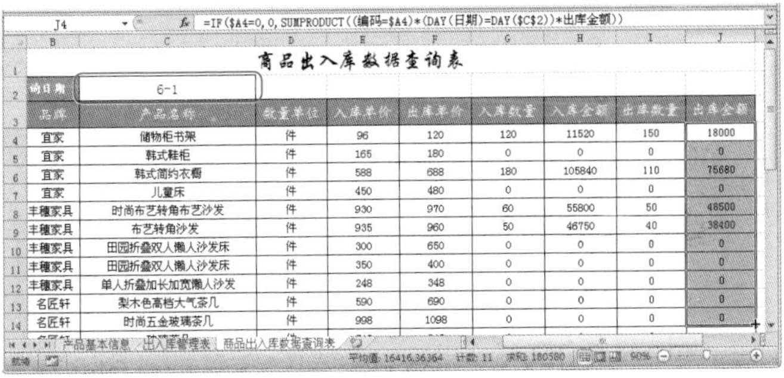

J4 =IF($A4=0,0,SUMPRODUCT((编码=$A4)*(DAY(日期)=DAY($C$2))*出库金额))

商品出入库数据查询表

询日期 6-1

品牌	产品名称	数量单位	入库单价	出库单价	入库数量	入库金额	出库数量	出库金额
宜家	储物柜书架	件	96	120	120	11520	150	18000
宜家	韩式鞋柜	件	165	180	0	0	0	0
宜家	韩式简约衣橱	件	588	688	180	105840	110	75680
宜家	儿童床	件	450	480	0	0	0	0
丰穗家具	时尚布艺转角布艺沙发	件	930	970	60	55800	50	48500
丰穗家具	布艺转角沙发	件	935	960	50	46750	40	38400
丰穗家具	田园折叠双人懒人沙发床	件	300	650	0	0	0	0
丰穗家具	田园折叠双人懒人沙发床	件	350	400	0	0	0	0
丰穗家具	单人折叠加长加宽懒人沙发	件	248	348	0	0	0	0
名匠轩	梨木色高档大气茶几	件	590	690	0	0	0	0
名匠轩	时尚五金玻璃茶几	件	998	1098	0	0	0	0

产品基本信息 出入库管理表 商品出入库数据查询表

平均值: 16416.36364 计数: 11 求和: 180580

图10-46

❾ 在“商品出入库数据查询表”工作表中单击C2单元格，在弹出的日期下拉列表中选择查询日期，如：6-10，即可在下面显示“6-10”的产品库存数据，如图10-47所示。

C2 2012-6-10

商品出入库数据查询表

询日期 6-10

品牌	产品名称	数量单位	入库单价	出库单价	入库数量	入库金额	出库数量	出库金额
宜家	储物柜书架	件	96	120	0	0	0	0
宜家	韩式鞋柜	件	165	180	100	16500	30	5400
宜家	韩式简约衣橱	件	588	688	0	0	0	0
宜家	儿童床	件	450	480	50	22500	55	26400
丰穗家具	时尚布艺转角布艺沙发	件	930	970	0	0	0	0
丰穗家具	布艺转角沙发	件	935	960	0	0	0	0
丰穗家具	田园折叠双人懒人沙发床	件	300	650	20	6000	40	26000
丰穗家具	田园折叠双人懒人沙发床	件	350	400	0	0	0	0
丰穗家具	单人折叠加长加宽懒人沙发	件	248	348	30	7440	45	15660
名匠轩	梨木色高档大气茶几	件	590	690	60	35400	50	34500
名匠轩	时尚五金玻璃茶几	件	998	1098	0	0	0	0

产品基本信息 出入库管理表 商品出入库数据查询表

图10-47

公式分析

=IF($A4=0,0,SUMPRODUCT((编码=$A4)*(DAY(日期)=DAY($C$2))*入库数量))

如果$A4=0返回0。否则判断“编码”单元格区域等于$A4的单元格编码且“日期”单元格区域等于$C$2单元格日期，满足条件后将所对应在“入库数量”列区域中的数量相加。

10.4 利用函数实现各系列产品出入库明细查询

用户还可以建立指定品牌出入库记录查询表，通过设置公式实现自动查询指定产品的出入库数据。

10.4.1 建立指定品种出入库记录查询表

建立指定品种出入库记录查询表，应包括产品的日期、编码、品牌、名称与规格、单位、单价、入库数量、入库金额、出库数量和出库金额等信息。

❶ 单击“插入工作表”按钮，新建“Sheet4”工作表，并将其重命名为“指定品种出入库记录查询表”，在工作表中重新输入表头、查询项、标识项等，输入完成后再对表头、表格进行美化设置，完成后的效果如图10-48所示。

图10-48

❷ 选中C2单元格区域，切换到“数据”选项卡，在“数据工具”选项组中单击“数据有效性”按钮，如图10-49所示。

❸ 打开“数据有效性”对话框，在“设置”选项卡下的“允许”下拉列表中选中“序列”选项，接着在“来源”文本框中输入“=品牌”，如图10-50所示。

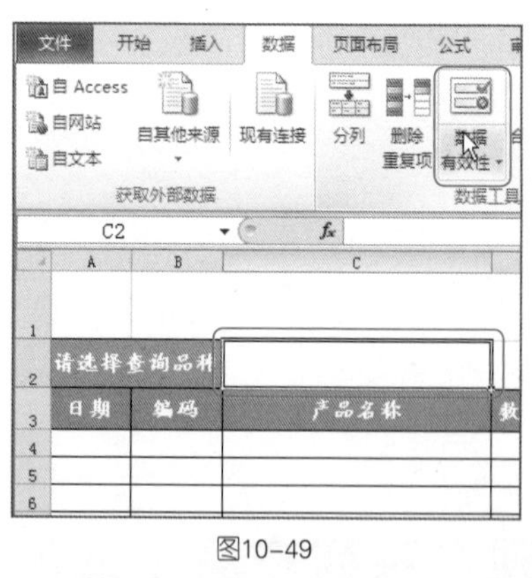

图10-49

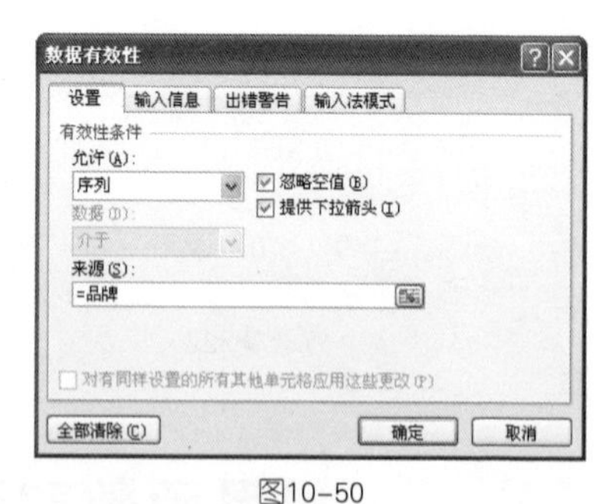

图10-50

❹ 单击“确定”按钮，即可为C2单元格建立“品种”下拉列表，如图10-51所示。

❺ 选中L4:L15单元格区域，在公式编辑栏中输入公式：

```
=SMALL(IF((品牌=C2),ROW(3:31)),ROW(1:31))
```

按快捷键Ctrl+Shift+Enter，在L列中返回“出入库数据一览表”工作表中满足C2单元格条件所有对应的行号，如图10-52所示。

图10-51

图10-52

=SMALL(IF((品牌=C2),ROW(3:72)),ROW(1:72))

在L列中返回“出入库数据一览表”工作表中，满足C2单元格条件对应的行分别为第5行、6行、14行、15行、29行、30行与31行。

10.4.2　建立公式达到自动查询的目的

建立辅助系列公式后，用户可以使用IF和ISERROR组合函数来自动查询出符合指定品牌的出入库记录情况。

❶ 选中A4单元格，在公式编辑栏中输入公式：

=IF(ISERROR($L4),"",INDEX(出入库管理表!A:A,$L4))

按Enter键，即可根据辅助列返回满足查询产品品种所对应的第1次出入库日期，如图10-53所示。

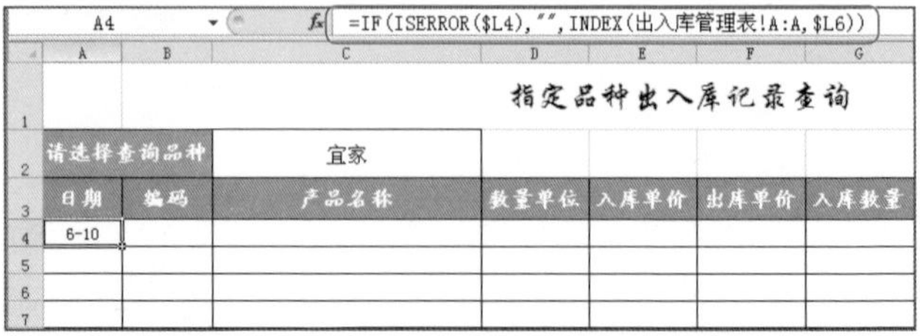

A4 =IF(ISERROR($L4),"",INDEX(出入库管理表!A:A,$L6))

	A	B	C	D	E	F	G
1				指定品种出入库记录查询			
2	请选择查询品种		宜家				
3	日期	编码	产品名称	数量单位	入库单价	出库单价	入库数量
4	6-10						
5							
6							
7							

图10-53

2 选中B4单元格，在公式编辑栏中输入公式：

=IF(ISERROR($L4),"",INDEX(出入库管理表!B:B,$L4))，

按Enter键，即可根据辅助列返回满足查询产品品种所对应的第1次出入库编码，如图10-54所示。

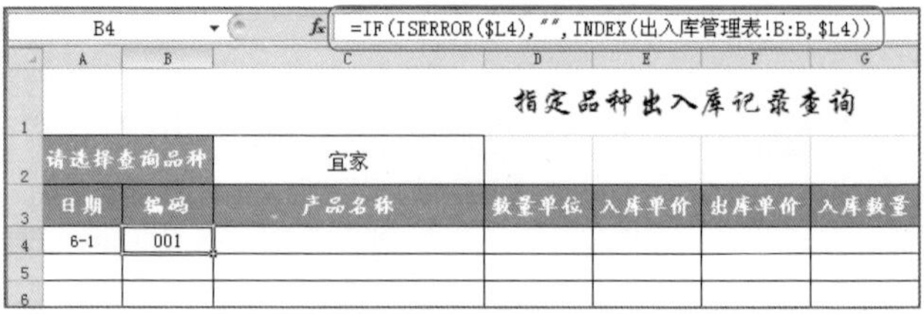

B4 =IF(ISERROR($L4),"",INDEX(出入库管理表!B:B,$L4))

	A	B	C	D	E	F	G
1				指定品种出入库记录查询			
2	请选择查询品种		宜家				
3	日期	编码	产品名称	数量单位	入库单价	出库单价	入库数量
4	6-1	001					
5							
6							

图10-54

3 选中C4单元格，在公式编辑栏中输入公式：

=IF(ISERROR($L4),"",INDEX(出入库管理表!D:D,$L4))，

按Enter键，即可根据辅助列返回满足查询产品品种所对应的第1次出入库编码，如图10-55所示。

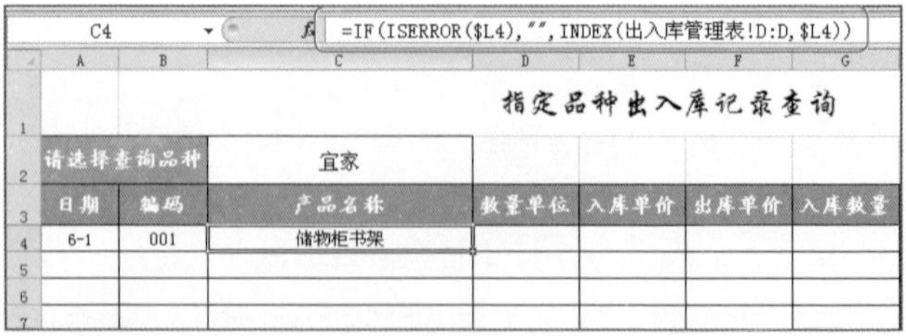

C4 =IF(ISERROR($L4),"",INDEX(出入库管理表!D:D,$L4))

	A	B	C	D	E	F	G
1				指定品种出入库记录查询			
2	请选择查询品种		宜家				
3	日期	编码	产品名称	数量单位	入库单价	出库单价	入库数量
4	6-1	001	储物柜书架				
5							
6							
7							

图10-55

4 选中D4单元格，在公式编辑栏中输入公式：

=IF(ISERROR($L4),"",INDEX(出入库管理表!E:E,$L4))，

按Enter键，即可根据辅助列返回满足查询产品品种所对应的第1次出入库编码，如图10-56所示。

D4 =IF(ISERROR($L4),"",INDEX(出入库管理表!E:E,$L4))

指定品种出入库记录查询						
请选择查询品种		宜家				
日期	编码	产品名称	数量单位	入库单价	出库单价	入库数量
6-1	001	储物柜书架	件			

图10-56

5 分别在E4、F4、G4、H4、U4、J4单元格中分别输入公式：

```
=IF(ISERROR($L4),"",INDEX(出入库管理表!F:F,$L4))
=IF(ISERROR($L4),"",INDEX(出入库管理表!G:G,$L4))
=IF(ISERROR($L4),"",INDEX(出入库管理表!H:H,$L4))
=IF(ISERROR($L4),"",INDEX(出入库管理表!I:I,$L4))
=IF(ISERROR($L4),"",INDEX(出入库管理表!J:J,$L4))
=IF(ISERROR($L4),"",INDEX(出入库管理表!K:K,$L4))
```

分别按Enter键，即可根据辅助列返回满足产品品种对应的第1次出入库的对应信息，设置后效果如图10-57所示。

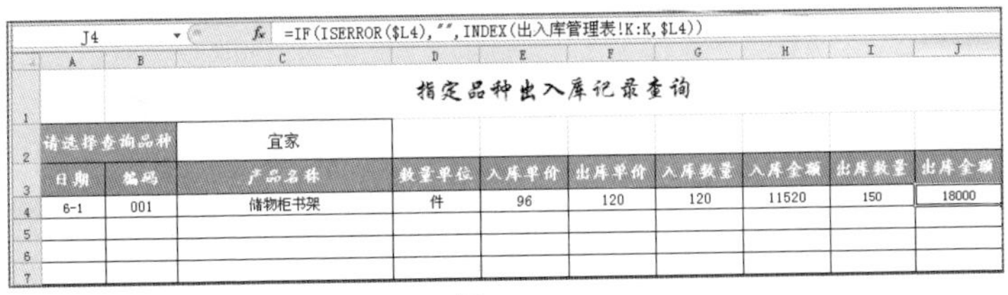

J4 =IF(ISERROR($L4),"",INDEX(出入库管理表!K:K,$L4))

指定品种出入库记录查询									
请选择查询品种		宜家							
日期	编码	产品名称	数量单位	入库单价	出库单价	入库数量	入库金额	出库数量	出库金额
6-1	001	储物柜书架	件	96	120	120	11520	150	18000

图10-57

公式分析

=IF(ISERROR($L4),"",INDEX(出入库管理表!A:A,$L4))

如果$L4单元格中的值为错误值时返回空值；否则返回出入库管理表!A:A单元格区域中$L4单元格中指定行处的值。

6 选中A4:J4单元格区域，将光标移到J4单元格的右下角，当光标变成黑色十字形后，拖动鼠标向下进行公式填充，即可得到品牌对应的其他次数的查询记录，如图10-58所示。

7 更改C2单元格中商品的品牌，如“丰穗家具”，即可在工作表中显示出指定品牌的出入库明细，效果如图10-59所示。

A4 =IF(ISERROR($L4),"",INDEX(出入库管理表!A:A,$L4))

指定品种出入库记录查询

请选择查询品种		宜家									
日期	编码	产品名称	数量单位	入库单价	出库单价	入库数量	入库金额	出库数量	出库金额		辅助列
6-1	001	储物柜书架	件	96	120	120	11520	150	18000		5
6-2	003	韩式简约衣橱	件	588	688	180	105840	110	75680		6
6-10	002	韩式鞋柜	件	165	180	100	16500	30	5400		14
6-9	004	儿童床	件	450	480	50	22500	55	26400		15
6-25	003	韩式简约衣橱	件	588	688	50	29400	80	55040		29
6-25	004	儿童床	件	450	480	20	9000	50	24000		30
6-25	001	储物柜书架	件	96	120	100	9600	120	14400		31
											#NUM!
											#NUM!
											#NUM!
											#NUM!
											#NUM!

出入库管理表　商品出入库数据查询表　指定品种出入库记录查询表

平均值: 1-26　计数: 70　求和: 8-17　80%

图10-58

指定品种出入库记录查询

请选择查询品种		丰穗家具									
日期	编码	产品名称	数量单位	入库单价	出库单价	入库数量	入库金额	出库数量	出库金额		辅助列
6-1	005	时尚布艺转角布艺沙发	件	930	970	60	55800	50	48500		3
6-1	006	布艺转角沙发	件	935	960	50	46750	40	38400		4
6-10	007	田园折叠双人懒人沙发床	件	300	650	20	6000	40	26000		7
6-10	009	单人折叠加长加宽懒人沙发	件	248	348	30	7440	45	15660		8
6-15	008	田园折叠双人懒人沙发床	件	350	400	60	21000	60	24000		16
6-15	005	时尚布艺转角布艺沙发	件	930	970	50	46500	100	97000		17
6-25	005	时尚布艺转角布艺沙发	件	930	970	50	46500	15	14550		24
											25
											#NUM!
											#NUM!
											#NUM!
											#NUM!

出入库管理表　商品出入库数据查询表　指定品种出入库记录查询表

图10-59

动手练一练

用户可以自己动手在C2单元格下拉列表中选择不同的品牌，即可在工作表中显示选中品牌的出入库详细信息。

10.5 出入库累计汇总

在企业管理中一定阶段需要对出入库做一次累积汇总，根据公司不同的规定，可以为一月一次或一季度一次不等。在对出入库数据进行汇总时，需要建立库存汇总统计表并设置公式汇总出入库数量和金额。

10.5.1 建立库存汇总统计表

企业库存汇总统计表应包括产品的编码、品种、名称与规格、单位、单价、期初库存、入库数据、出库数据和本期结余等信息。

❶ 单击“插入工作表”按钮，新建“Sheet 5”工作表，并将其重命名为“本期库存汇总表”，在工作表中重新输入表头、查询项、标识项等，输入完成后再对表头、表格进行美化设置，完成后的效果如图10-60所示。

图10-60

❷ 选中A4单元格，在公式编辑栏中输入公式：

=产品基本信息!A3

按Enter键，即可从“产品基本信息”表中返回对应的产品编码，如图10-61所示。

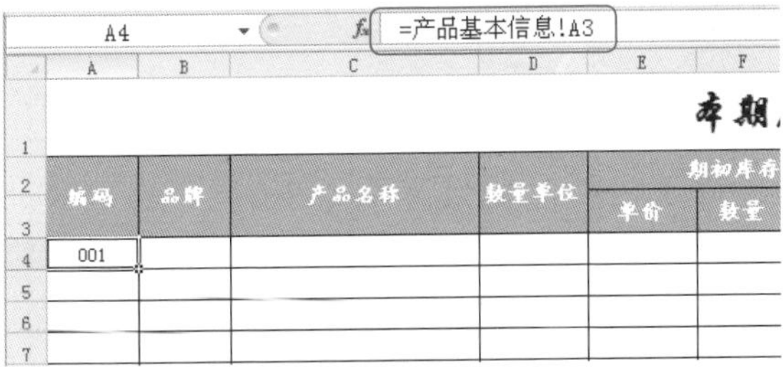

图10-61

❸ 选中A4单元格，将光标定位到单元格右下角，当光标变为黑色十字形时，拖动鼠标向右移动到D4单元格，即可得到编码为001产品对应的信息，如图10-62所示。

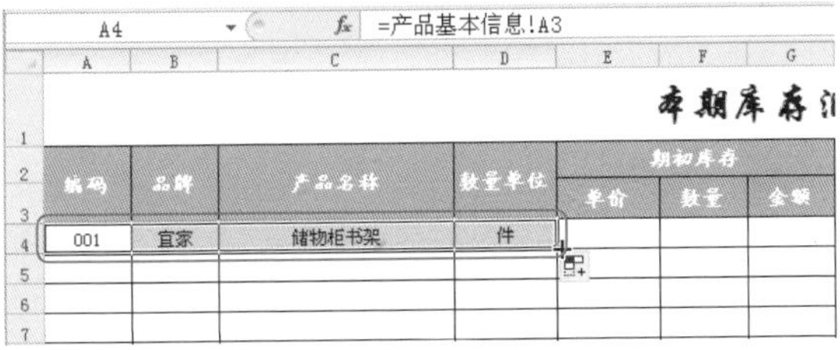

图10-62

❹ 选中A4:D4单元格区域，将光标定位到单元格右下角，当光标变为黑色十字形时，拖动鼠标向下填充，即可得到所有编码产品对应的信息，如图10-63所示。

❺ 将上期库存数据复制到当前工作表中，如图10-64所示。

A4 =产品基本信息!A3

编码	品牌	产品名称	数量单位	期初库存 单价	期初库存 数量	期初库存 金额	入库数据 单价	入库数据 数量
001	宜家	储物柜书架	件					
002	宜家	韩式鞋柜	件					
003	宜家	韩式简约衣橱	件					
004	宜家	儿童床	件					
005	丰穗家具	时尚布艺转角布艺沙发	件					
006	丰穗家具	布艺转角沙发	件					
007	丰穗家具	田园折叠双人懒人沙发床	件					
008	丰穗家具	田园折叠双人懒人沙发床	件					
009	丰穗家具	单人折叠加长加宽懒人沙发	件					
010	名匠轩	梨木色高档大气茶几	件					
011	名匠轩	时尚五金玻璃茶几	件					
012	名匠轩	玻璃茶几	件					
013	名匠轩	白橡CT703A长茶几	件					
014	名匠轩	白橡T705休闲几	件					
015	名匠轩	白橡CT701C小方茶几	件					

图10-63

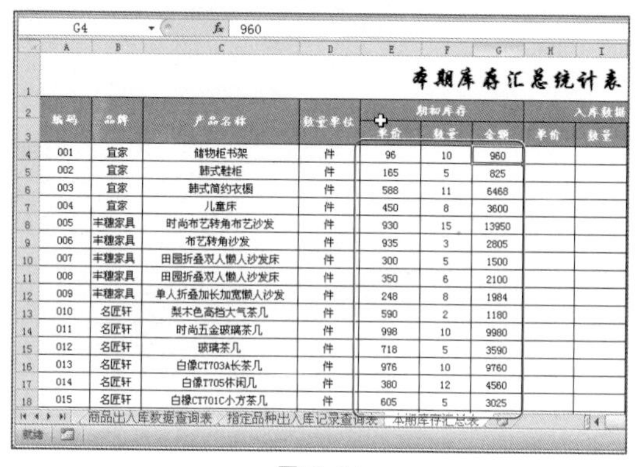
G4 960

本期库存汇总统计表

编码	品牌	产品名称	数量单位	期初库存 单价	期初库存 数量	期初库存 金额	入库数据 单价	入库数据 数量
001	宜家	储物柜书架	件	96	10	960		
002	宜家	韩式鞋柜	件	165	5	825		
003	宜家	韩式简约衣橱	件	588	11	6468		
004	宜家	儿童床	件	450	8	3600		
005	丰穗家具	时尚布艺转角布艺沙发	件	930	15	13950		
006	丰穗家具	布艺转角沙发	件	935	3	2805		
007	丰穗家具	田园折叠双人懒人沙发床	件	300	5	1500		
008	丰穗家具	田园折叠双人懒人沙发床	件	350	6	2100		
009	丰穗家具	单人折叠加长加宽懒人沙发	件	248	8	1984		
010	名匠轩	梨木色高档大气茶几	件	590	2	1180		
011	名匠轩	时尚五金玻璃茶几	件	998	10	9980		
012	名匠轩	玻璃茶几	件	718	5	3590		
013	名匠轩	白橡CT703A长茶几	件	976	10	9760		
014	名匠轩	白橡T705休闲几	件	380	12	4560		
015	名匠轩	白橡CT701C小方茶几	件	605	5	3025		

图10-64

10.5.2 汇总出入库数量、金额

根据“产品基本信息”表返回产品基本信息后，用户还可以利用SUMPRODUCT函数准确返回本期信息。

❶ 选中H4单元格，在公式编辑栏中输入公式：

```
=产品基本信息!F3
```

按Enter键，即可从“产品基本信息”表中返回对应的产品入库单价，如图10-65所示。

H4 =出入库管理表!F3

本期库存汇总统计表

编码	品牌	产品名称	数量单位	期初库存 单价	期初库存 数量	期初库存 金额	入库数据 单价	入库数据 数量
001	宜家	储物柜书架	件	96	10	960	96	
002	宜家	韩式鞋柜	件	165	5	825		
003	宜家	韩式简约衣橱	件	588	11	6468		
004	宜家	儿童床	件	450	8	3600		

图10-65

❷ 选中I4单元格，在公式编辑栏中输入公式：

=SUMPRODUCT((编码=$A4)*入库数量)

按Enter键，即可计算出编码为001的产品的本期入库数量，如图10-66所示。

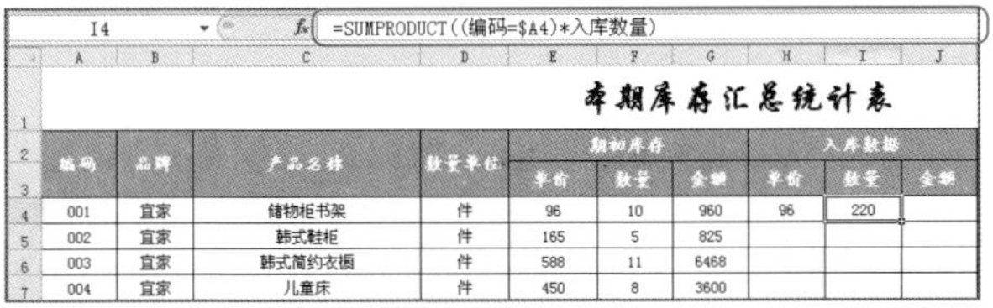

I4　=SUMPRODUCT((编码=$A4)*入库数量)

本期库存汇总统计表

编码	品牌	产品名称	数量单位	期初库存			入库数据		
				单价	数量	金额	单价	数量	金额
001	宜家	储物柜书架	件	96	10	960	96	220	
002	宜家	韩式鞋柜	件	165	5	825			
003	宜家	韩式简约衣橱	件	588	11	6468			
004	宜家	儿童床	件	450	8	3600			

图10-66

❸ 选中J4单元格，在公式编辑栏中输入公式：

=SUMPRODUCT((编码=$A4)*入库金额)

按Enter键，即可计算出编码为001的产品的本期入库金额，如图10-67所示。

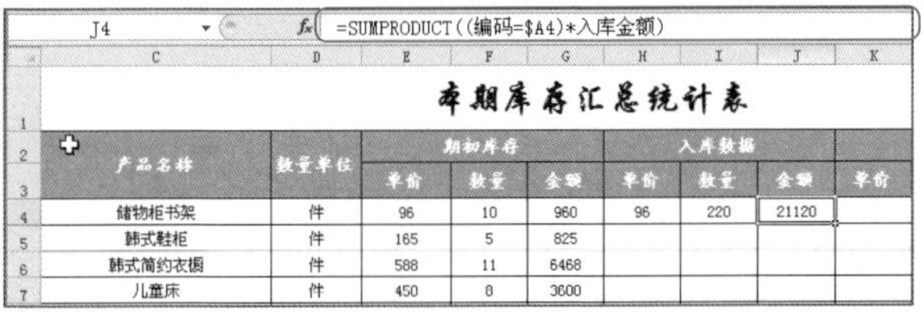

J4　=SUMPRODUCT((编码=$A4)*入库金额)

本期库存汇总统计表

产品名称	数量单位	期初库存			入库数据			
		单价	数量	金额	单价	数量	金额	单价
储物柜书架	件	96	10	960	96	220	21120	
韩式鞋柜	件	165	5	825				
韩式简约衣橱	件	588	11	6468				
儿童床	件	450	8	3600				

图10-67

❹ 选中H4:J4单元格区域，将光标移到J4单元格的右下角，当光标变成黑色十字形后，拖动鼠标向下进行公式填充，即可得到所有编码产品的入库数据，效果如图10-68所示。

本期库存汇总统计表

产品名称	数量单位	期初库存			入库数据			
		单价	数量	金额	单价	数量	金额	单价
储物柜书架	件	96	10	960	96	220	21120	
韩式鞋柜	件	165	5	825	165	100	16500	
韩式简约衣橱	件	588	11	6468	588	230	135240	
儿童床	件	450	8	3600	450	70	31500	
时尚布艺转角布艺沙发	件	930	15	13950	930	160	148800	
布艺转角沙发	件	935	3	2805	935	100	93500	
田园折叠双人懒人沙发床	件	300	5	1500	300	20	6000	
田园折叠双人懒人沙发床	件	350	6	2100	350	60	21000	
单人折叠加长加宽懒人沙发	件	248	8	1984	248	30	7440	
梨木色高档大气茶几	件	590	2	1180	590	60	35400	
时尚五金玻璃茶几	件	998	10	9980	998	0	0	
玻璃茶几	件	718	5	3590	718	0	0	
白橡CT703A长茶几	件	976	10	9760	976	0	0	
白橡T705休闲几	件	380	12	4560	380	70	26600	
白橡CT701C小方茶几	件	605	5	3025	605	80	48400	

出入库管理表　商品出入库数据查询表　指定品种出入库记录查询表　本期库存汇总表

就绪　平均值: 13356.2

图10-68

5 选中K4单元格，在公式编辑栏中输入公式：

```
=产品基本信息!F3
```

按Enter键，即可从“产品基本信息”表中返回对应的产品出库单价，如图10-69所示。

K4 =产品基本信息!F3

本期库存汇总统计表

产品名称	数量单位	期初库存			入库数据			出库数据	
		单价	数量	金额	单价	数量	金额	单价	数量
储物柜书架	件	96	10	960	96	220	21120	120	
韩式鞋柜	件	165	5	825	165	100	16500		
韩式简约衣橱	件	588	11	6468	588	230	135240		
儿童床	件	450	8	3600	450	70	31500		

图10-69

6 选中L4单元格，在公式编辑栏中输入公式：

```
=SUMPRODUCT((编码=$A4)*出库数量)
```

按Enter键，即可计算出编码为001产品的本期入库数量，如图10-70所示。

L4 =SUMPRODUCT((编码=$A4)*出库数量)

本期库存汇总统计表

数量单位	期初库存			入库数据			出库数据		
	单价	数量	金额	单价	数量	金额	单价	数量	金额
件	96	60	5760	96	220	21120	120	270	
件	165	5	825	165	100	16500			
件	588	11	6468	588	230	135240			
件	450	8	3600	450	70	31500			

图10-70

7 选中M4单元格，在公式编辑栏中输入公式：

```
=SUMPRODUCT((编码=$A4)*出库金额)
```

按Enter键，即可计算出编码为001产品的本期出库金额（如图10-71所示），选中K4:M4单元格区域，向下填充即可得到所有产品的出库数据。

M4 =SUMPRODUCT((编码=$A4)*出库金额)

本期库存汇总统计表

数量单位	期初库存			入库数据			出库数据		
	单价	数量	金额	单价	数量	金额	单价	数量	金额
件	96	60	5760	96	220	21120	120	270	32400
件	165	5	825	165	100	16500			
件	588	11	6468	588	230	135240			
件	450	8	3600	450	70	31500			

图10-71

8 选中O4单元格，在公式编辑栏中输入公式：

```
=F4+I4-L4
```

按Enter键，即可计算出编码为001产品的本期结存数量，如图10-72所示。

O4　=F4+I4-L4

本期库存汇总统计表

数量单位	期初库存			入库数据			出库数据			本期结存		
	单价	数量	金额	单价	数量	金额	单价	数量	金额	单价	数量	金额
件	96	60	5760	96	220	21120	120	270	32400	96	10	
件	165	5	825	165	100	16500	180	30	5400	165		
件	588	11	6468	588	230	135240	688	190	130720	588		
件	450	8	3600	450	70	31500	480	105	50400	450		

图10-72

9 选中P4单元格，在公式编辑栏中输入公式：

=N4*O4

按Enter键，即可计算出编码为001产品的本期结存金额，如图10-73所示。

P4　=N4*O4

本期库存汇总统计表

数量单位	期初库存			入库数据			出库数据			本期结存		
	单价	数量	金额	单价	数量	金额	单价	数量	金额	单价	数量	金额
件	96	60	5760	96	220	21120	120	270	32400	96	10	960
件	165	5	825	165	100	16500	180	30	5400	165		
件	588	11	6468	588	230	135240	688	190	130720	588		
件	450	8	3600	450	70	31500	480	105	50400	450		

图10-73

10 选中O4:P4单元格区域，将光标移到P4单元格的右下角，当光标变成黑色十字形后，拖动鼠标向下进行公式填充，即可得到所有编码产品的本期结存数据，效果如图10-74所示。

本期库存汇总统计表

期初库存			入库数据			出库数据			本期结存		
单价	数量	金额	单价	数量	金额	单价	数量	金额	单价	数量	金额
96	60	5760	96	220	21120	120	270	32400	96	10	960
165	5	825	165	100	16500	180	30	5400	165	75	12375
588	11	6468	588	230	135240	688	190	130720	588	51	29988
450	38	17100	450	70	31500	480	105	50400	450	3	1350
930	15	13950	930	160	148800	970	165	160050	930	10	9300
935	20	18700	935	100	93500	960	56	53760	935	64	59840
300	25	7500	300	20	6000	650	40	26000	300	5	1500
350	6	2100	350	60	21000	400	60	24000	350	6	2100
248	18	4464	248	30	7440	348	45	15660	248	3	744
590	2	1180	590	60	35400	690	50	34500	590	12	7080
998	10	9980	998	0	0	1098	0	0	998	10	9980
718	5	3590	718	0	0	818	0	0	718	5	3590
976	10	9760	976	0	0	996	0	0	976	10	9760
380	30	11400	380	70	26600	480	100	48000	380	0	0

指定品种出入库记录查询表　本期库存汇总表

就绪　平均值: 5686.961538　计数: 26　求和: 147861　80%

图10-74

因为本期结存单价为入库单价，所以可以直接在“产品基本信息”表中引用出库单价到“本期库存汇总表”中的“本期结存”列标识下。方法与求得“入库单价”一样，这里就没有再次使用公式引用了。

读书笔记

第11章 函数、公式、图表在企业日常费用支出与预算中的应用

实例概述与设计效果展示

企业在日常运作过程中会不断地产生相关费用，例如差旅费、餐饮费、购买办公用品费、业务拓展费等，这些日常费用要建表按日期记录下来。在期末财务部门还需要对日常费用的支出情况进行系统地分析，进而有效控制各个环节的日常费用，为后期财务预算提供准确的依据。

日常费用支出统计表一般按日期以流水账的方式记录。费用支出的流水账是一个原始数据的记录，表面上看无法得出相关统计结果，但利用Excel中的筛选、分类汇总、函数、图表等工具，可进行统计和计算，进而做出正确的财务决策。

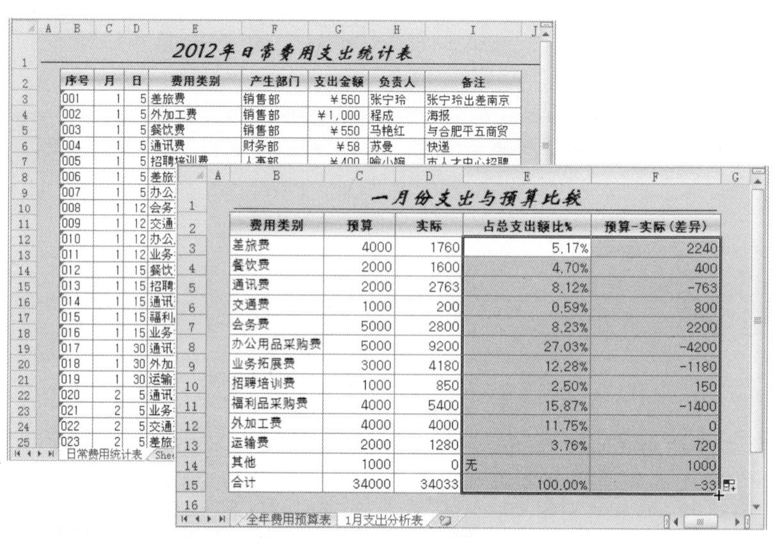

2012年日常费用支出统计表

序号	月	日	费用类别	产生部门	支出金额	负责人	备注
001	1	5	差旅费	销售部	￥560	张宁玲	张宁玲出差南京
002	1	5	外加工费	销售部	￥1,000	程成	海报
003	1	5	餐饮费	销售部	￥550	马艳红	与合肥平五商贸
004	1	5	通讯费	财务部	￥58	苏曼	快递

一月份支出与预算比较

费用类别	预算	实际	占总支出额比%	预算-实际（差异）
差旅费	4000	1760	5.17%	2240
餐饮费	2000	1600	4.70%	400
通讯费	2000	2763	8.12%	-763
交通费	1000	200	0.59%	800
会务费	5000	2800	8.23%	2200
办公用品采购费	5000	9200	27.03%	-4200
业务拓展费	3000	4180	12.28%	-1180
招聘培训费	1000	850	2.50%	150
福利品采购费	4000	5400	15.87%	-1400
外加工费	4000	4000	11.75%	0
运输费	2000	1280	3.76%	720
其他	1000	0	无	1000
合计	34000	34033	100.00%	-33

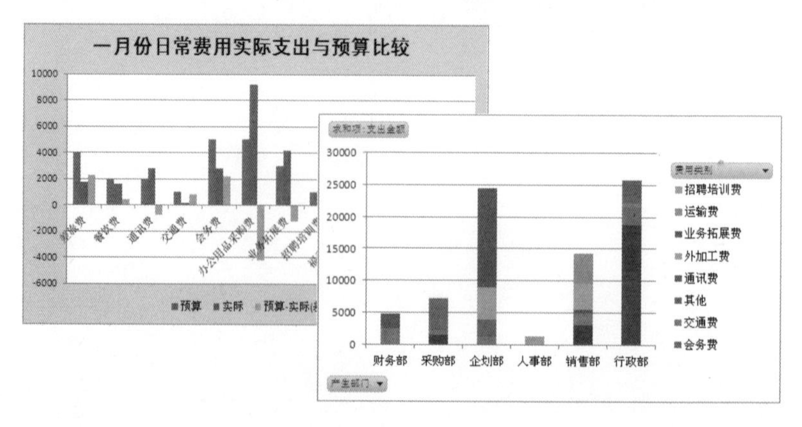

实例设计过程

建立日常费用支出统计表
- 规划日常费用支出统计表框架
- 费用支出表编辑区域数据有效性及单元格格式

分类汇总不同产生部门与不同类别的支出费用
- 统计不同部门产生的支出金额总计
- 统计不同类别费用的支出金额总计

利用数据透视表（图）统计费用支出额
- 统计各类别费用支出金额
- 分析各部门费用支出明细
- 比较各支出部门1、2月费用支出额

日常支出费用预算分析
- 建立全年费用预算记录表
- 1月份实际费用与预算费用比较分析
- 建立其他月份实际费用与预算费用比较分析表

11.1　建立日常费用支出统计表

日常费用支出统计表一般按日期以流水账的方式记录，通常包含费用产生部门、费用类别、费用金额等几项基本标识。

11.1.1　规划日常费用支出统计表框架

❶ 新建工作簿并保存名称为“日常费用支出统计与分析”。在“Sheet1”工作表标签上双击鼠标，将其重命名为“日常费用统计表”。

❷ 在B1单元格中输入表格标题，并输入规划好的列标识，如图11-1所示。

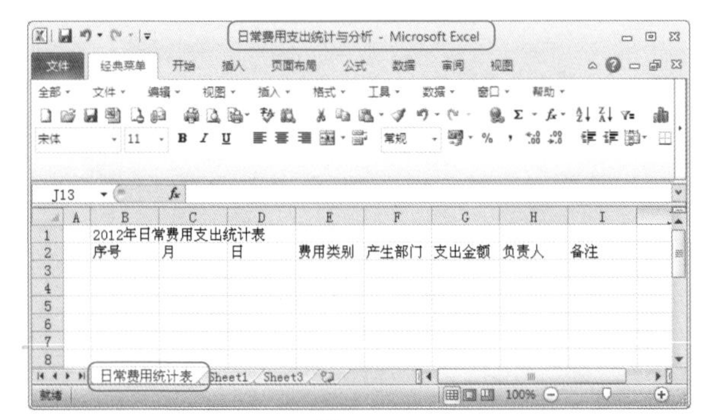

图11-1

❸ 设置标题文字的格式、单元格的填充效果并设置好表格编辑区域的边框文字格式等，设置完成后表格效果如图11-2所示。

2012年日常费用支出统计表

序号	月	日	费用类别	产生部门	支出金额	负责人	备注

图11-2

11.1.2 费用支出表编辑区域数据有效性及单元格格式

表格框架建立好之后，可以对表格编辑区域进行相关格式设置，从而实现快速录入数据。例如设置“序号”列“文本”格式，以实现输入以“0”开头的编号；设置“费用类别”与“产生部门”列的数据有效性，以实现选择输入。

1. 设置数据有效性实现选择输入

❶ 在工作表的空白处输入所有费用类别。选中“费用类别”列单元格区域，在“数据”选项卡的“数据工具”选项组中单击“数据有效性”按钮（如图11-3所示），打开“数据有效性”对话框。

图11-3

❷ 在“允许”下拉列表中选择“序列”选项，单击“来源”编辑框右侧的按钮，在工作表中选择之前输入费用类别的单元格区域作为序列的来源，如图11-4所示。

图11-4

❸ 选择来源后，单击按钮回到“数据有效性”对话框中，可以看到“来源”文本框中显示的单元格区域，如图11-5所示。

❹ 切换到“输入信息”选项卡下，在“输入信息”文本框中输入选中单元格时显示的提示信息，如图11-6所示。

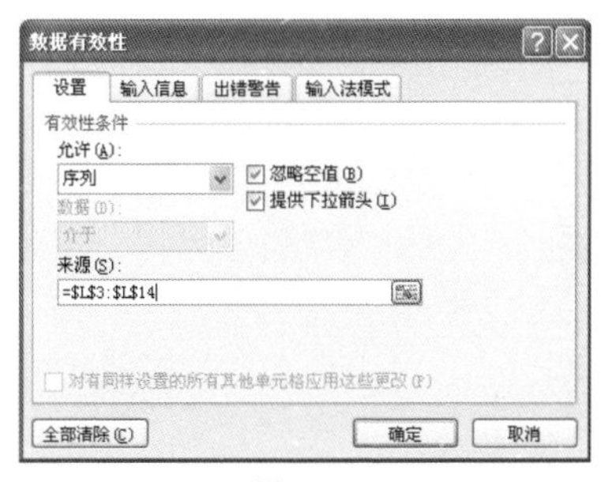

图11-5

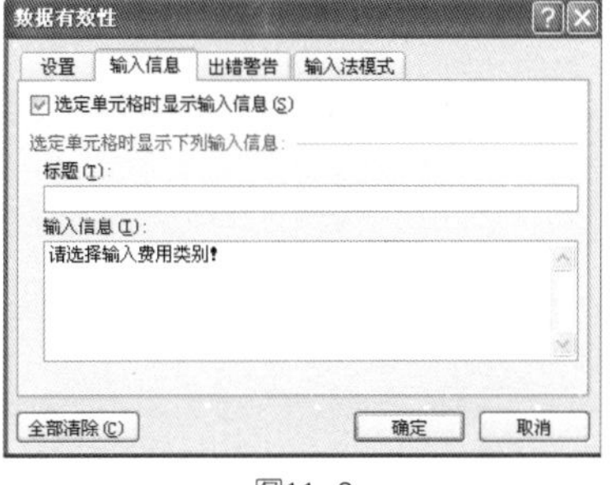

图11-6

❺ 单击“确定”按钮回到工作表中，选中“费用类别”列单元格时，会显示提示信息并显示下拉按钮，如图11-7所示；单击下拉按钮打开下拉列表，显示可供选择的费用类别，如图11-8所示。

图11-7

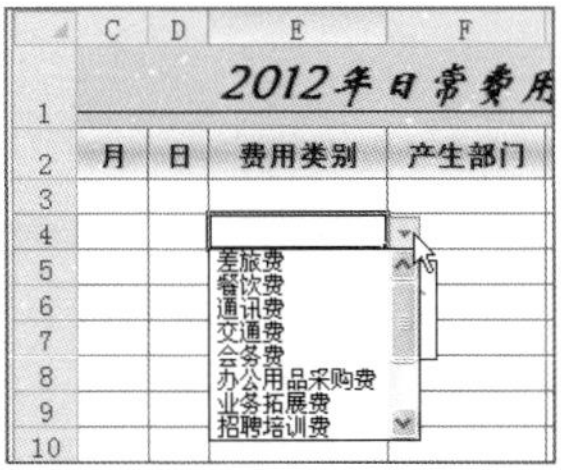

图11-8

❻ 选中“产生部门”列单元格区域，按照相同的方法设置数据有效性，以实现选择输入费用的产生部门，设置后如图11-9所示。

图11-9

2. 设置单元格格式实现输入以0开头的编号和显示货币金额

❶ 选中序号列单元格，可以只选择前几个。在“开始”选项卡的“数字”选项组中单击按钮，在展开的下拉列表中选择“文本”选项，如图11-10所示。

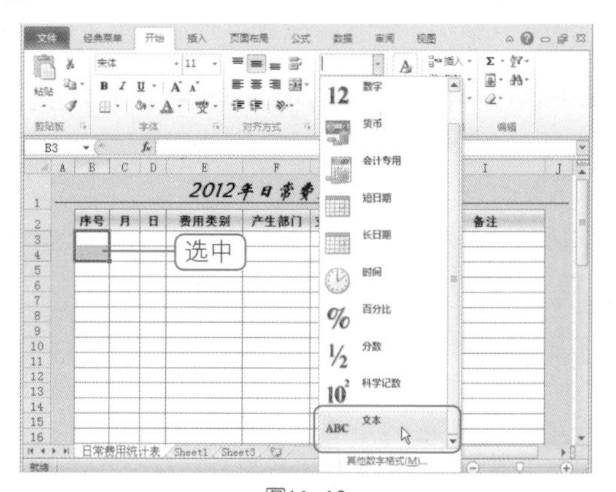

图11-10

❷ 分别在B3、B4单元格中输入第一个序号与第二个序号。选中B3:B4单元格区域，将光标定位到该区域右下角，当光标变成黑色十字形时（如图11-11所示），按住鼠标左键向下拖动，可以实现编号的快速填充，如图11-12所示。

图11-11

图11-12

❸ 选中"支出金额"列单元格区域，在"开始"选项卡的"数字"选项组中设置单元格的格式为"货币"，如图11-13所示。

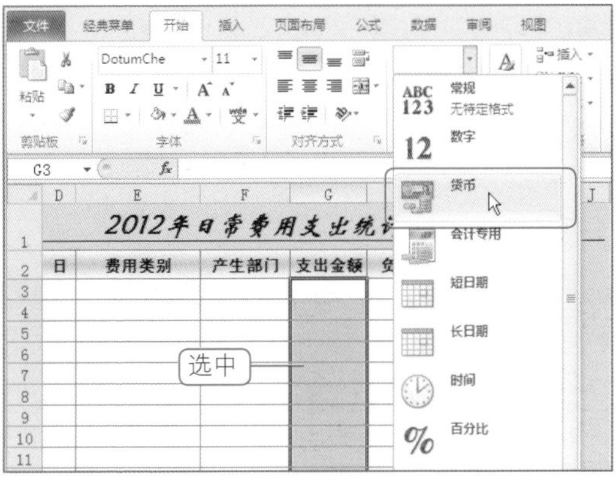

图11-13

❹ 根据实际情况在表格中输入费用的相关信息记录，并设置好文字格式，如图11-14所示。

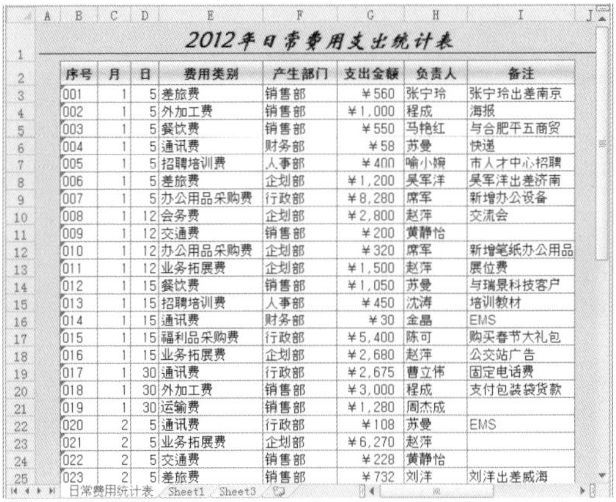

2012年日常费用支出统计表

序号	月	日	费用类别	产生部门	支出金额	负责人	备注
001	1	5	差旅费	销售部	￥560	张宁玲	张宁玲出差南京
002	1	5	外加工费	销售部	￥1,000	程成	海报
003	1	5	餐饮费	销售部	￥550	马艳红	与合肥平五商贸
004	1	5	通讯费	财务部	￥58	苏曼	快递
005	1	5	招聘培训费	人事部	￥400	喻小婉	市人才中心招聘
006	1	5	差旅费	企划部	￥1,200	吴军洋	吴军洋出差济南
007	1	5	办公用品采购费	行政部	￥8,280	席军	新增办公设备
008	1	12	会务费	企划部	￥2,800	赵萍	交流会
009	1	12	交通费	销售部	￥200	黄静怡	
010	1	12	办公用品采购费	企划部	￥320	席军	新增笔纸办公用品
011	1	12	业务拓展费	企划部	￥1,500	赵萍	展位费
012	1	15	餐饮费	销售部	￥1,050	苏曼	与瑞景科技客户
013	1	15	招聘培训费	人事部	￥450	沈涛	培训教材
014	1	15	通讯费	财务部	￥30	金晶	EMS
015	1	15	福利品采购费	行政部	￥5,400	陈可	购买春节大礼包
016	1	15	业务拓展费	企划部	￥2,680	赵萍	公交站广告
017	1	30	通讯费	行政部	￥2,675	曹立伟	固定电话费
018	1	30	外加工费	销售部	￥3,000	程成	支付包装袋货款
019	1	30	运输费	销售部	￥1,280	周杰成	
020	2	5	通讯费	行政部	￥108	苏曼	EMS
021	2	5	业务拓展费	企划部	￥6,270	赵萍	
022	2	5	交通费	销售部	￥228	黄静怡	
023	2	5	差旅费	销售部	￥732	刘洋	刘洋出差威海

日常费用统计表　Sheet1　Sheet3

图11-14

11.2 分类汇总不同产生部门与不同类别的支出费用

费用记录表建立完成后，可以利用Excel中的分类汇总功能来快速统计不同产生部门与不同类别的支出费用总计金额。

11.2.1 统计不同部门产生的支出金额总计

❶ 选中“产生部门”列任意单元格，切换到“数据”选项卡下，在“排序和筛选”选项组中单击“升序”或“降序”按钮，即可实现对“产生部门”列排序，如图11-15所示。

2012年日常费用支出统计表

序号	月	日	费用类别	产生部门	支出金额	负责人	备注
004	1	5	通讯费	财务部	￥58	苏曼	快递
014	1	15	通讯费	财务部	￥30	金晶	EMS
026	2	5	通讯费	财务部	￥2,180	曹立伟	固定电话费
042	2	24	差旅费	财务部	￥2,500	张宁玲	
033	2	16	餐饮费	采购部	￥690	刘洋	
045	2	27	餐饮费	采购部	￥870	刘洋	
006	1	5	差旅费	企划部	￥1,200	吴军洋	吴军洋出差济南
008	1	12	会务费	企划部	￥2,800	赵萍	交流会
010	1	12	办公用品采购费	企划部	￥320	席军	新增笔纸办公用品
011	1	12	业务拓展费	企划部	￥1,500	赵萍	展位费
016	1	15	业务拓展费	企划部	￥2,680	赵萍	公交站广告
021	2	5	业务拓展费	企划部	￥6,270	赵萍	
025	2	5	会务费	企划部	￥5,000	赵萍	
028	2	10	业务拓展费	企划部	￥5,000	赵萍	
034	2	16	外加工费	企划部	￥5,000	程成	支付包装袋货款
041	2	24	通讯费	企划部	￥15	苏曼	快递
005	1	5	招聘培训费	人事部	￥400	喻小婉	市人才中心招聘
013	1	15	招聘培训费	人事部	￥450	沈涛	培训教材
043	2	27	招聘培训费	人事部	￥500	喻小婉	

图11-15

❷ 在“分级显示”选项组中单击“分类汇总”按钮，打开“分类汇总”对话框，设置“分类字段”为“产生部门”、“汇总方式”为“求和”、“选定汇总项”为“支出金额”，如图11-16所示。

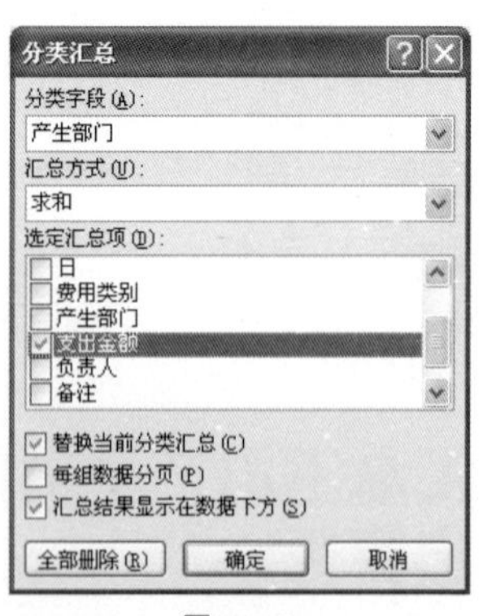

图11-16

❸ 单击“确定”按钮，从表格中可以直观地看到各个产生部门的支出费用合计金额，如图11-17所示。

2012年日常费用支出统计表

序号	月	日	费用类别	产生部门	支出金额	负责人	备注
004	1	5	通讯费	财务部	¥58	苏曼	快递
014	1	15	通讯费	财务部	¥30	金晶	EMS
026	2	5	通讯费	财务部	¥2,180	曹立伟	固定电话费
042	2	24	差旅费	财务部	¥2,500	张宁玲	
				财务部 汇总	¥4,768		
033	2	16	餐饮费	采购部	¥690	刘洋	
045	2	27	餐饮费	采购部	¥870	刘洋	
				采购部 汇总	¥1,560		
006	1	5	差旅费	企划部	¥1,200	吴军洋	吴军洋出差济南
008	1	12	会务费	企划部	¥2,800	赵萍	交流会
010	1	12	办公用品采购费	企划部	¥320	席军	新增笔纸办公用品
011	1	12	业务拓展费	企划部	¥1,500	赵萍	展位费
016	1	15	业务拓展费	企划部	¥2,680	赵萍	公交站广告
021	2	5	业务拓展费	企划部	¥6,270	赵萍	
025	2	5	会务费	企划部	¥5,000	赵萍	
028	2	10	业务拓展费	企划部	¥5,000	赵萍	
034	2	16	外加工费	企划部	¥5,000	程成	支付包装袋货款
041	2	24	通讯费	企划部	¥15	苏曼	快递
				企划部 汇总	¥29,785		
005	1	5	招聘培训费	人事部	¥400	喻小婉	市人才中心招聘
013	1	15	招聘培训费	人事部	¥450	沈涛	培训教材

日常费用统计表　Sheet1　Sheet3

图11-17

11.2.2　统计不同类别费用的支出金额总计

❶ 选中“费用类别”列任意单元格，切换到“数据”选项卡，在“排序和筛选”选项组中单击“升序”或“降序”按钮，即可实现对“费用类别”列排序，如图11-18所示。

2012年日常费用支出统计表

序号	月	日	费用类别	产生部门	支出金额	负责人	备注
005	1	5	招聘培训费	事部	¥400	喻小婉	市人才中心招聘
013	1	15	招聘培训	事部	¥450	沈涛	培训教材
043	2	27	招聘培训	事部	¥500	喻小婉	
019	1	30	运输费	售部	¥1,280	周杰成	
030	2	10	运输费	销售部	¥1,280	周杰成	
040	2	24	运输费	销售部	¥2,200	周杰成	
011	1	12	业务拓展费	企划部	¥1,500	赵萍	展位费
016	1	15	业务拓展费	企划部	¥2,680	赵萍	公交站广告
021	2	5	业务拓展费	企划部	¥6,270	赵萍	
028	2	10	业务拓展费	企划部	¥5,000	赵萍	
002	1	5	外加工费	销售部	¥1,000	程成	海报
018	1	30	外加工费	销售部	¥3,000	程成	支付包装袋货款
034	2	16	外加工费	企划部	¥5,000	程成	支付包装袋货款
004	1	5	通讯费	财务部	¥58	苏曼	快递
014	1	15	通讯费	财务部	¥30	金晶	EMS
017	1	30	通讯费	行政部	¥2,675	曹立伟	固定电话费
020	2	5	通讯费	行政部	¥108	苏曼	EMS
026	2	5	通讯费	财务部	¥2,180	曹立伟	固定电话费

请选择输入费用类别

图11-18

❷ 在“分级显示”选项组中单击“分类汇总”按钮，打开“分类汇总”对话框，设置“分类字段”为“费用类别”、“汇总方式”为“求和”、“选定汇总项”为“支出金额”，如图11-19所示。

❸ 单击“确定”按钮，从表格中可以直观地看到各个类别费用的支出金额总计，如图11-20所示。

分类汇总
分类字段(A):
费用类别
汇总方式(U):
求和
选定汇总项(D):
费用类别
产生部门
支出金额
负责人
备注
(列 J)
替换当前分类汇总(C)
每组数据分页(P)
汇总结果显示在数据下方(S)
全部删除(R) 确定 取消

图11-19

2012年日常费用支出统计表

序号	月	日	费用类别	产生部门	支出金额	负责人	备注
005	1	5	招聘培训费	事部	¥400	喻小婉	市人才中心招聘
013	1	15	招聘培训	事部	¥450	沈涛	培训教材
043	2	27	招聘培训	事部	¥500	喻小婉	
			招聘培训		¥1,350		
019	1	30	运输费	销售部	¥1,280	周杰成	
030	2	10	运输费	销售部	¥1,280	周杰成	
040	2	24	运输费	销售部	¥2,200	周杰成	
			运输费 汇总		¥4,760		
011	1	12	业务拓展费	企划部	¥1,500	赵萍	展位费
016	1	15	业务拓展费	企划部	¥2,680	赵萍	公交站广告
021	2	5	业务拓展费	企划部	¥6,270	赵萍	
028	2	10	业务拓展费	企划部	¥5,000	赵萍	
			业务拓展费 汇总		#######		
002	1	5	外加工费	销售部	¥1,000	程成	海报
018	1	30	外加工费	销售部	¥3,000	程成	支付包装袋货款
034	2	16	外加工费	企划部	¥5,000	程成	支付包装袋货款
			外加工费 汇总		¥9,000		
004	1	5	通讯费	财务部	¥58	苏曼	快递
014	1	15	通讯费	财务部	¥30	金晶	EMS
017	1	30	通讯费	行政部	¥2,675	曹立伟	固定电话费
020	2	5	通讯费	行政部	¥108	苏曼	EMS

图11-20

11.3 利用数据透视表（图）统计费用支出额

利用数据透视表来对费用支出统计表进行分析，可以得到多种不同的统计结果。有了对这些统计数据的了解，可方便企业财务人员对后期日常费用支出的规划、预算等。

11.3.1 统计各类别费用支出金额

利用数据透视表的统计分析功能，可以快速地统计出各种类别费用的总计值。

1. 统计各类别费用支出额

❶ 选中“日常费用统计表”工作表中包括列标识的数据区域，在“插入”选项卡下选择“数据透视表”→“数据透视表”命令，打开“创建数据透视表”对话框，在“表/区域”文本框中显示了当前要建立为数据透视表的数据源，如图11-21所示。

❷ 单击“确定”按钮即可新建工作表，显示出空白的数据透视表，将新工作表重命名为“各类别费用支出分析”，如图11-22所示。

❸ 设置“费用类别”字段为行标签，“支出金额”字段为“数值”字段。数据透视表根据字段的

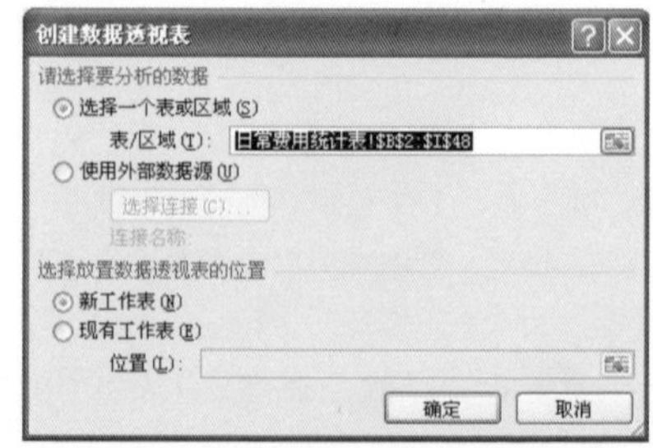

图11-21

设置显示出统计结果，如图11-23所示。

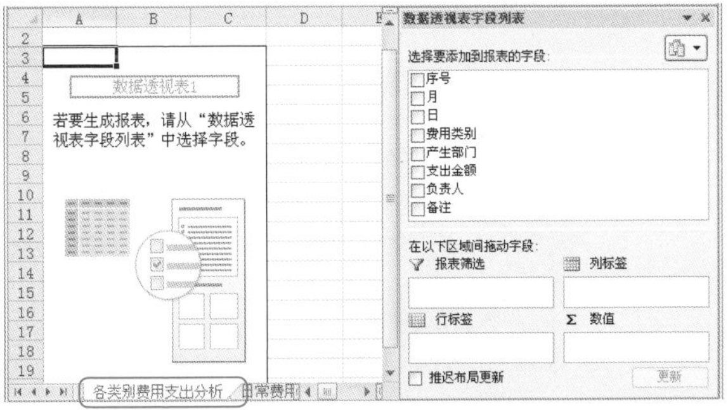

图11-22

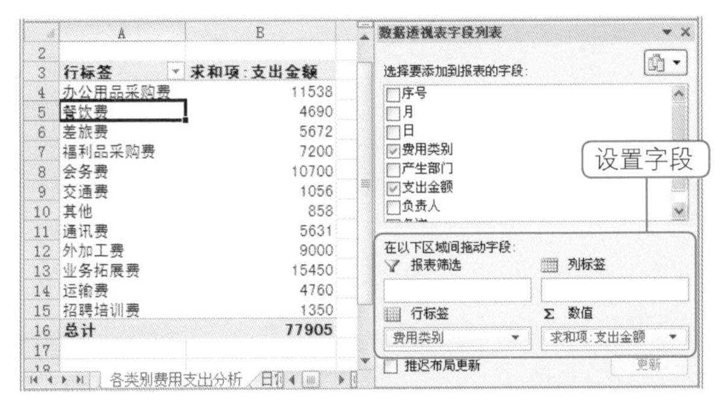

图11-23

2. 用数据透视图显示各类别费用支出金额分布情况

建立了统计各类别费用支出金额的数据透视表之后，接着可以建立图表来直观显示各类别费用支出金额的分布情况。

❶ 选中数据透视表中的任意单元格，在“选项”选项卡下的“工具”选项组中单击“数据透视图”按钮，打开“插入图表”对话框，选择图表类型，如图11-24所示。

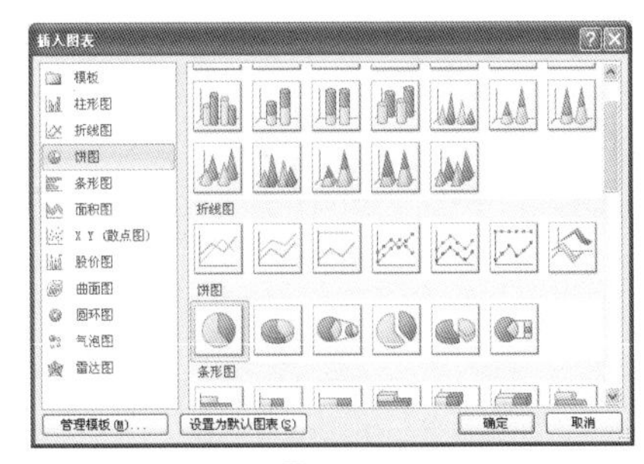

图11-24

❷ 单击“确定”按钮即可新建数据透视图，如图11-25所示。

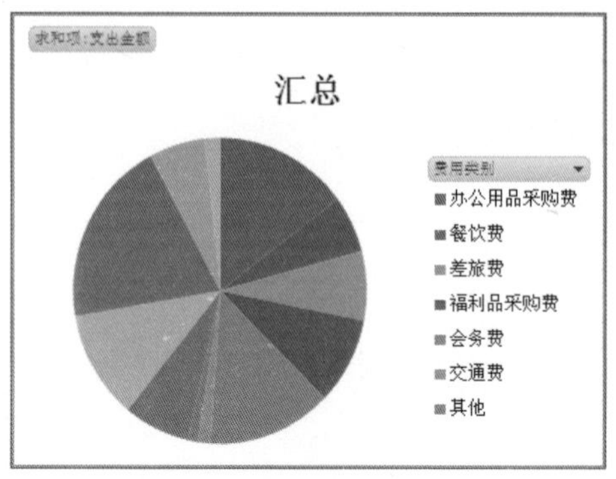

图11-25

❸ 选中图表，切换到“布局”选项卡，在“标签”选项组中单击“数据标签”按钮，在下拉菜单中选择“其他数据标签选项”命令，打开“设置数据标签格式”对话框，选中“百分比”和“类别名称”复选框，如图11-26所示。

❹ 切换到“数字”标签下，选中“百分比”数字类别，设置小数位数为“2”，如图11-27所示。

图11-26

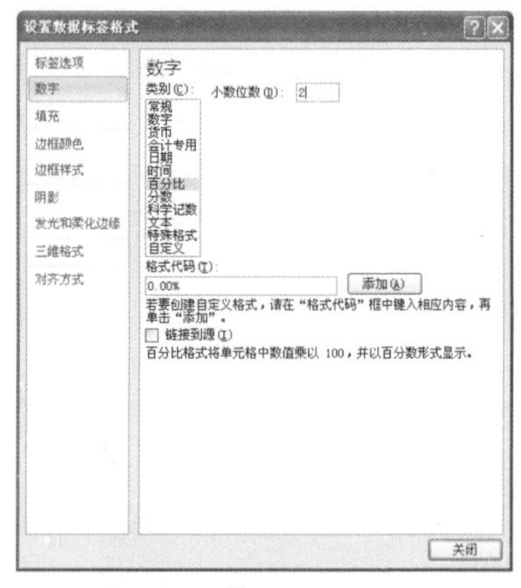

图11-27

❺ 单击“关闭”按钮，即可实现为图表添加包含类别名称与两位小数的百分比标签，如图11-28所示。

❻ 在图表标题编辑框中重新输入图表名称、设置图表区的填充效果并重新调整数据标签的显示位置，图表效果如图11-29所示。从图表中可以直观地看到各个类别费用的支出额占总支出额的比例情况。

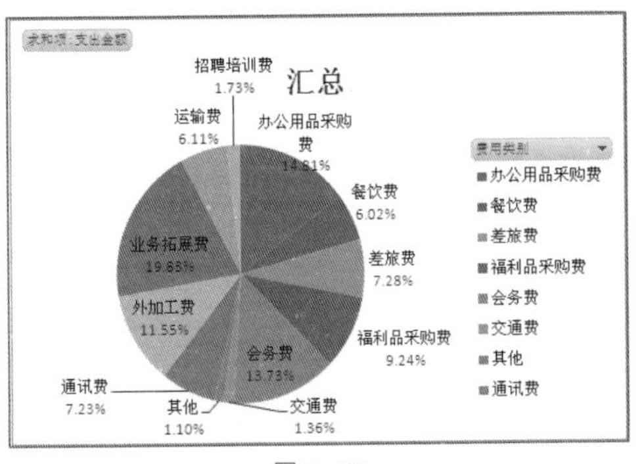

图11-28

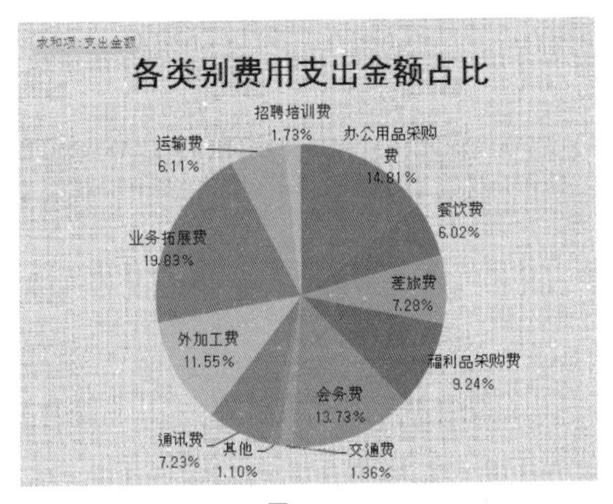

图11-29

11.3.2　分析各部门费用支出明细

❶ 选中“各部门费用支出明细”工作表中包括列标识的数据区域，新建数据透视表，设置“产生部门”字段为行标签，“费用类别”字段为列标签，“支出金额”字段为“数值”字段。数据透视表根据字段的设置显示出统计结果，如图11-30所示。

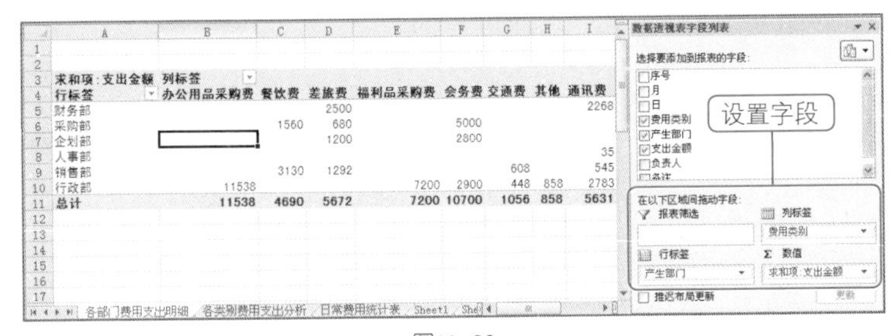

求和项:支出金额	列标签							
行标签	办公用品采购费	餐饮费	差旅费	福利品采购费	会务费	交通费	其他	通讯费
财务部			2500					2268
采购部		1560	680		5000			
企划部			1200		2800			
人事部								35
销售部		3130	1292			608		545
行政部	11538			7200	2900	448	858	2783
总计	11538	4690	5672	7200	10700	1056	858	5631

图11-30

2 选中数据透视表中的任意单元格，在“选项”选项卡的“工具”选项组中单击“数据透视图”按钮，打开“插入图表”对话框，选择图“堆积柱形图”图表类型，如图11-31所示。

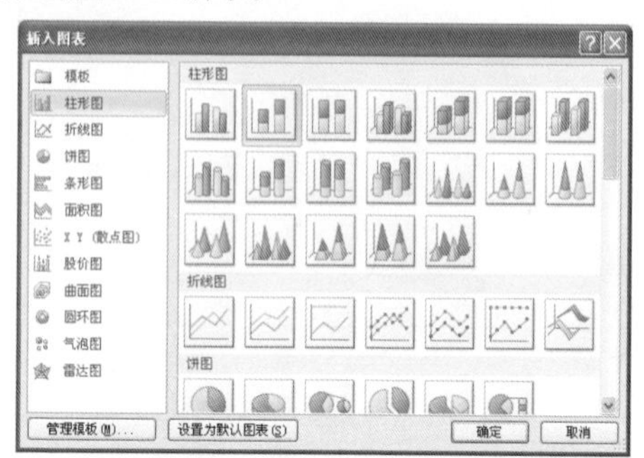

图11-31

3 单击“确定”按钮即可创建数据透视图，如图11-32所示。从图表中可以直观地看到哪个部门产生的日常费用最多，且可以看到各个部门包含的费用类别明细。

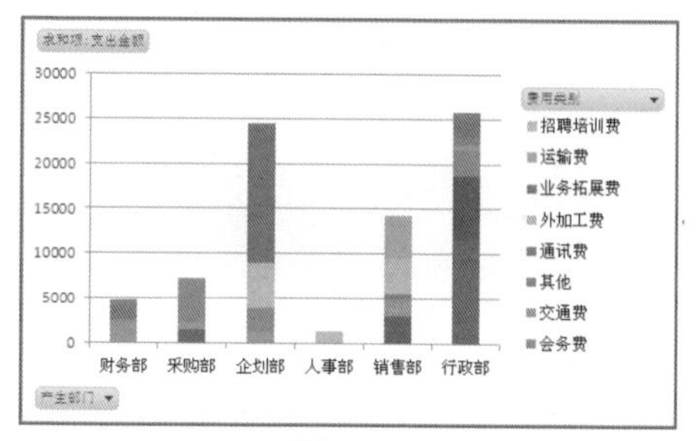

图11-32

11.3.3 比较各支出部门一月、二月费用支出额

1 新建数据透视表，设置“产生部门”字段为行标签，“月”字段为列标签，“支出金额”字段为“数值”字段，数据透视表根据字段的设置显示出统计结果，如图11-33所示。

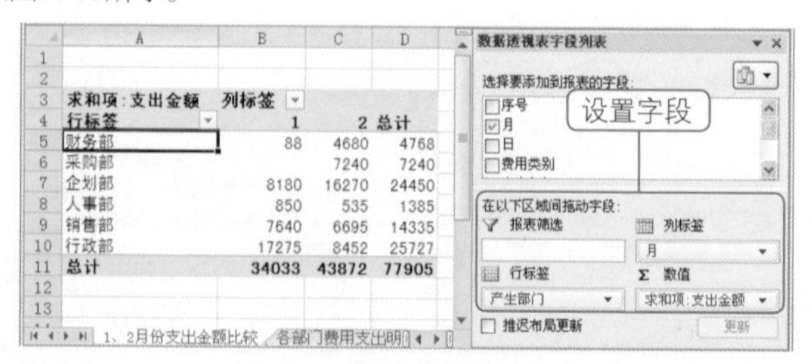

图11-33

❷ 选中列标签上的任意字段（“1”或“2”），切换到“选项”选项卡下，在“计算”选项组中选择“域、项目和集”|“计算项”命令（如图11-34所示），打开“在‘月’中插入计算字段”对话框，如图11-35所示。

❸ 在“名称”文本框中设置字段名称（本例输入为“差额”），将光标定位到“公式”文本框中，删除其中的“0”，然后在“项”列表框中双击“1”，并输入“-”号，再在“项”列表框中双击“2”，得到的公式如图11-36所示。

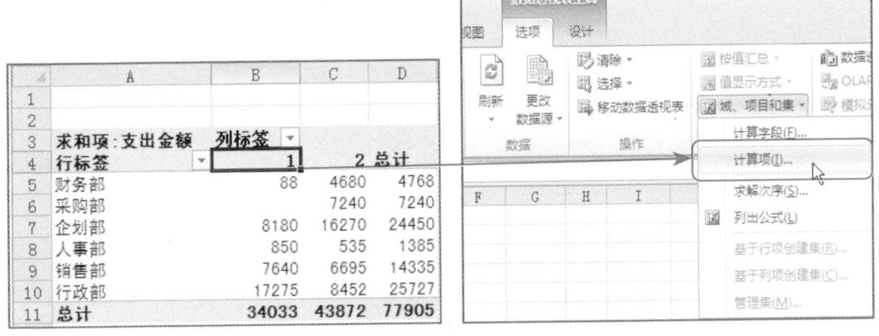

	A	B	C	D
1				
2				
3	求和项:支出金额	列标签		
4	行标签	1	2	总计
5	财务部	88	4680	4768
6	采购部		7240	7240
7	企划部	8180	16270	24450
8	人事部	850	535	1385
9	销售部	7640	6695	14335
10	行政部	17275	8452	25727
11	总计	34033	43872	77905

图11-34

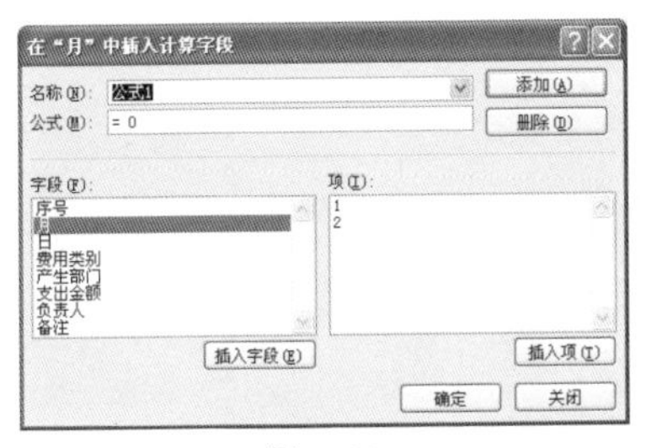

图11-35

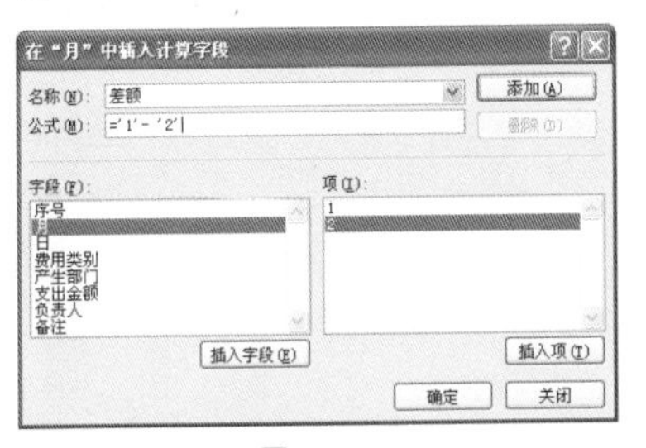

图11-36

❹ 单击“确定”按钮，可以看到列标签下显示了“差额”这一字段，其计算结果为二月的支出额减去一月的支出额，如图11-37所示。

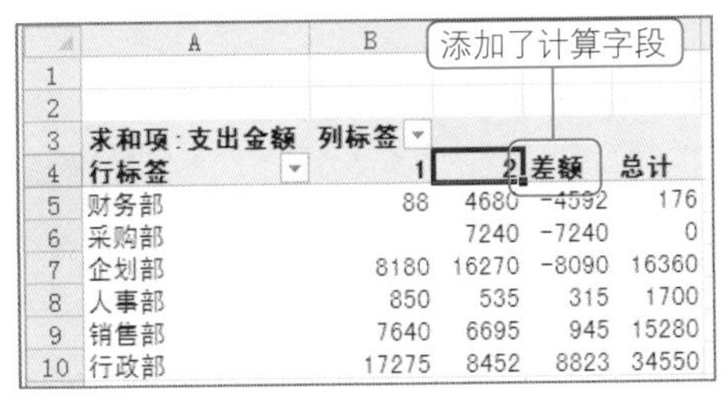

	A	B			
1					
2					
3	求和项:支出金额	列标签			
4	行标签	1	2	差额	总计
5	财务部	88	4680	-4592	176
6	采购部		7240	-7240	0
7	企划部	8180	16270	-8090	16360
8	人事部	850	535	315	1700
9	销售部	7640	6695	945	15280
10	行政部	17275	8452	8823	34550

图11-37

❺ 取消对行的汇总项。从图11-37中可以看到，此时对行的汇总项已不具备任何意义，可以取消其显示。将光标定位在数据透视表的任意单元格上，在

“数据透视表工具”→“设计”选项卡下，单击“总计”按钮，选择“仅对列启用”命令（如图11-38所示），可以看到数据透视表中对行的汇总项将不再显示，如图11-39所示。

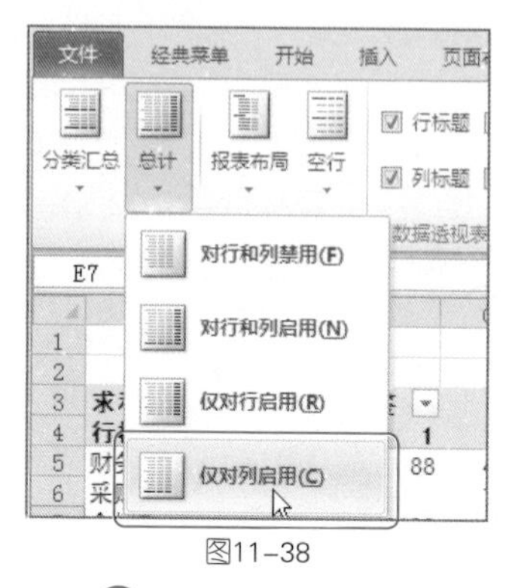

图11-38

	A	B	C	D
1				
2				
3	求和项：支出金额	列标签		
4	行标签	1	2	差额
5	财务部	88	4680	-4592
6	采购部		7240	-7240
7	企划部	8180	16270	-8090
8	人事部	850	535	315
9	销售部	7640	6695	945
10	行政部	17275	8452	8823
11	总计	34033	43872	-9839

图11-39

❻ 选中数据透视表任意单元格，按照相同的方法建立数据透视图，如图11-40所示。从图表中可以直观地看到各个部门在一月份与二月份分别支出的费用以及支出的差额。

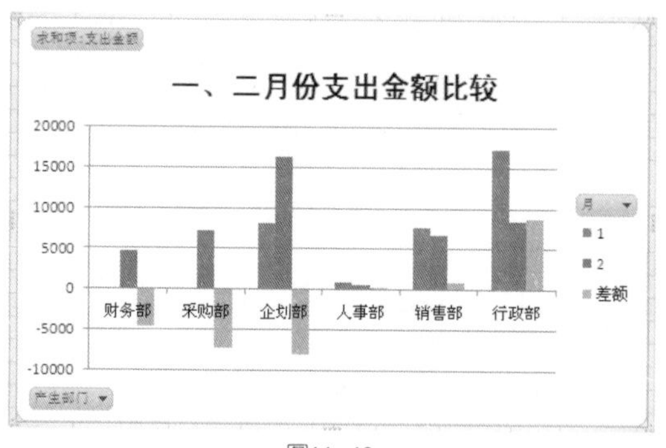

图11-40

11.4 日常支出费用预算分析

企业财务部门一般会在期末或期初对日常支出费用的金额进行预算，当统计了本期中各类别费用的实际支出金额后，则可以与本期的预算支出金额进行比较分析，从而得出实际支出金额是否超出预算金额等相关结论。

11.4.1 建立全年费用预算记录表

全年费用预算表用于记录全年各月份各类别费用的预算支出金额。在后面的分析表中将使用此表中的数据来对比实际支出额。如图11-41中列出了前两个月各类别费用的预算金额。

全年费用预算表												
费用类别	1月	2月	3月	4月	5月	6月	7月	8月	9月	10月	11月	12月
差旅费	¥4,000	¥2,000	¥0	¥0	¥0	¥0	¥0	¥0	¥0	¥0	¥0	¥0
餐饮费	¥2,000	¥2,000	¥0	¥0	¥0	¥0	¥0	¥0	¥0	¥0	¥0	¥0
通讯费	¥2,000	¥4,000	¥0	¥0	¥0	¥0	¥0	¥0	¥0	¥0	¥0	¥0
交通费	¥1,000	¥1,000	¥0	¥0	¥0	¥0	¥0	¥0	¥0	¥0	¥0	¥0
会务费	¥5,000	¥7,000	¥0	¥0	¥0	¥0	¥0	¥0	¥0	¥0	¥0	¥0
办公用品采购费	¥5,000	¥2,000	¥0	¥0	¥0	¥0	¥0	¥0	¥0	¥0	¥0	¥0
业务拓展费	¥3,000	¥10,000	¥0	¥0	¥0	¥0	¥0	¥0	¥0	¥0	¥0	¥0
招聘培训费	¥1,000	¥200	¥0	¥0	¥0	¥0	¥0	¥0	¥0	¥0	¥0	¥0
福利品采购费	¥4,000	¥2,000	¥0	¥0	¥0	¥0	¥0	¥0	¥0	¥0	¥0	¥0
外加工费	¥4,000	¥5,000	¥0	¥0	¥0	¥0	¥0	¥0	¥0	¥0	¥0	¥0
运输费	¥2,000	¥4,000	¥0	¥0	¥0	¥0	¥0	¥0	¥0	¥0	¥0	¥0
其他	¥1,000	¥1,000	¥0	¥0	¥0	¥0	¥0	¥0	¥0	¥0	¥0	¥0

日常费用统计表　全年费用预算表　Sheet1

图11-41

11.4.2　一月份实际费用与预算费用比较分析

当前费用的实际支出数据都记录在“日常费用统计表”工作表中，可以建立表格来分析比较各个月份中各个类别费用实际支出与预算金额。

1. 建立一月份实际费用与预算费用比较分析表

❶ 新建工作表并将其重命名为“1月支出分析表”。输入表格标题、费用类别及各项分析列标识，对表格字体、对齐方式、底纹和边框进行设置，设置后如图11-42所示。

一月份支出与预算比较				
费用类别	预算	实际	占总支出额比%	预算-实际（差异）
差旅费				
餐饮费				
通讯费				
交通费				
会务费				
办公用品采购费				
业务拓展费				
招聘培训费				
福利品采购费				
外加工费				
运输费				
其他				

日常费用统计表　全年费用预算表　1月支出分析表

图11-42

❷ 选中E3:E14单元格区域（该单元格区域的计算结果将显示百分比），在“开始”选项卡的“数字”选项组中单击按钮，打开“设置单元格格式”对话框。

3 在“分类”列表框中选择“百分比”选项，并设置小数位数为“2”，如图11-43所示。

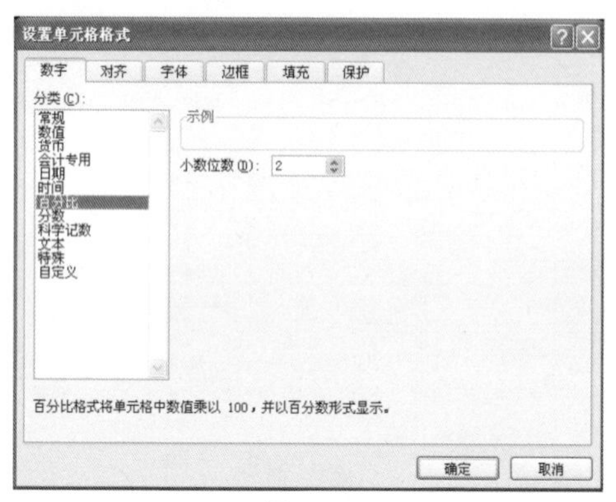

图11-43

2. 用公式返回或计算相关数据

1 选中C3单元格，在公式编辑栏中输入公式：

=VLOOKUP(B3,全年费用预算表!$B$3:$N$14,2,FALSE)

按Enter键，即可从“全年费用预算表”中返回一月份“差旅费”的预算金额，如图11-44所示。

C3 =VLOOKUP(B3,全年费用预算表!$B$3:$N$14,2,FALSE)

	A	B	C	D	E	
1		一月份支出与预算比较				
2		费用类别	预算	实际	占总支出额比%	预算-实
3		差旅费	4000			
4		餐饮费				
5		通讯费				
6		交通费				
7		会务费				

图11-44

公式分析

=VLOOKUP(B3,全年费用预算表!$B$3:$N$14,2,FALSE)

在“全年费用预算表!$B$3:$N$14”单元格区域的首列中寻找与B3单元格中相同的费用类别，找到后返回对应在第2列中的值，即对应的一月份的预算金额。

VLOOKUP函数在表格或数值数组的首行查找指定的数值，并由此返回表格或数组当前行中指定列处的值。

2 选中D3单元格，在公式编辑栏中输入公式：

=SUMPRODUCT((日常费用统计表!$E$3:$E$49=B3)*(日常费用统计表!$C$3:$C$49=1)*(日常费用统计表!$G$3:$G$49))

按Enter键，即可从“日常费用统计表中”中统计出一月份“差旅费”的实际支出金额，如图11-45所示。

D3　=SUMPRODUCT((日常费用统计表!$E$3:$E$49=B3)*(日常费用统计表!$C$3:$C$49=1)*(日常费用统计表!$G$3:$G$49))

一月份支出与预算比较

费用类别	预算	实际	占总支出额比%	预算-实际（差异）
差旅费	4000	1760		
餐饮费				
通讯费				

图11-45

公式分析

=SUMPRODUCT((日常费用统计表!$E$3:$E$49=B3)*(日常费用统计表!$C$3:$C$49=1)*(日常费用统计表!$G$3:$G$49))

在日常费用统计表!$E$3:$E$49单元格区域中寻找等于B3单元格的值，在日常费用统计表!$C$3:$C$49单元格区域寻找等于“1”的值，当同时满足两个条件时，将对应在日常费用统计表!$G$3:$G$49单元格区域的值相加。

SUMPRODUCT函数用于在指定的几组数组中将数组间对应的元素相乘，并返回乘积之和。

❸ 选中C3:D3单元格区域，将光标定位到该单元格区域右下角，当出现黑色十字形时，按住鼠标左键向下拖动，拖动到目标位置后，释放鼠标即可快速返回各个类别费用的实际支出金额与预算金额，如图11-46所示。

一月份支出与预算比较

费用类别	预算	实际	占总支出额比%	预算-实际（差异）
差旅费	4000	1760		
餐饮费	2000	1600		
通讯费	2000	2763		
交通费	1000	200		
会务费	5000	2800		
办公用品采购费	5000	9200		
业务拓展费	3000	4180		
招聘培训费	1000	850		
福利品采购费	4000	5400		
外加工费	4000	4000		
运输费	2000	1280		
其他	1000	0		

向下复制公式

图11-46

❹ 在“其他”费用类别后添加一行作为“合计”行，选中C15单元格，输入公式：

=SUM(C3:C14)

按Enter键，即可计算出预算支出金额的合计金额，如图11-47所示。

5 复制C15单元格的公式并粘贴到D15单元格，计算出实际金额的合计值，如图11-48所示。

C15 =SUM(C3:C14)

	A	B	C	D
1		一月份支出与		
2		费用类别	预算	实际
3		差旅费	4000	1760
4		餐饮费	2000	1600
5		通讯费	2000	2763
6		交通费	1000	200
7		会务费	5000	2800
8		办公用品采购费	5000	9200
9		业务拓展费	3000	4180
10		招聘培训费	1000	850
11		福利品采购费	4000	5400
12		外加工费	4000	4000
13		运输费	2000	1280
14		其他	1000	0
15		合计	34000	

图11-47

D15 =SUM(D3:D14)

	A	B	C	D
1		一月份支出与		
2		费用类别	预算	实际
3		差旅费	4000	1760
4		餐饮费	2000	1600
5		通讯费	2000	2763
6		交通费	1000	200
7		会务费	5000	2800
8		办公用品采购费	5000	9200
9		业务拓展费	3000	4180
10		招聘培训费	1000	850
11		福利品采购费	4000	5400
12		外加工费	4000	4000
13		运输费	2000	1280
14		其他	1000	0
15		合计	34000	34033

图11-48

6 选中E3单元格，在公式编辑栏中输入公式：

```
=IF(OR(D3=0,$D$15=0),"无",D3/$D$15)
```

按Enter键，即可计算出“差旅费”占总支出额的比率，如图11-49所示。

E3 =IF(OR(D3=0,$D$15=0),"无",D3/$D$15)

	A	B	C	D	E	F
1		一月份支出与预算比较				
2		费用类别	预算	实际	占总支出额比%	预算-实际（差异）
3		差旅费	4000	1760	5.17%	
4		餐饮费	2000	1600		
5		通讯费	2000	2763		

图11-49

7 选中F3单元格，在公式编辑栏中输入公式：

```
=C3-D3
```

按Enter键，即可计算出“差旅费”预算与实际差异额，如图11-50所示。

F3 =C3-D3

	A	B	C	D	E	F
1		一月份支出与预算比较				
2		费用类别	预算	实际	占总支出额比%	预算-实际（差异）
3		差旅费	4000	1760	5.17%	2240
4		餐饮费	2000	1600		
5		通讯费	2000	2763		

图11-50

8 选中E3:F3单元格区域，将光标定位到该单元格区域右下角，当出现黑色十字形时，按住鼠标左键向下拖动。拖动到目标位置后，释放鼠标即可快速返回各个类别费用支出额占总支出额的比、预算与实际的差异额，如图11-51所示。

一月份支出与预算比较

费用类别	预算	实际	占总支出额比%	预算-实际（差异）
差旅费	4000	1760	5.17%	2240
餐饮费	2000	1600	4.70%	400
通讯费	2000	2763	8.12%	-763
交通费	1000	200	0.59%	800
会务费	[illegible]	2800	8.23%	2200
办公用品采购费	5000	9200	27.03%	-4200
业务拓展费	3000	4180	12.28%	-1180
招聘培训费	1000	850	2.50%	150
福利品采购费	4000	5400	15.87%	-1400
外加工费	4000	4000	11.75%	0
运输费	2000	1280	3.76%	720
其他	1000	0	无	1000
合计	34000	34033	100.00%	-33

图11-51

3. 创建图表比较各类别预算与实际费用

❶ 在“一月份支出与预算比较”表中，同时选中B2:D14与F2:F14单元格区域，在“插入”选项卡下的“图表”选项组中单击“柱形图”按钮，选择“簇状柱形图”图表类型，如图11-52所示。

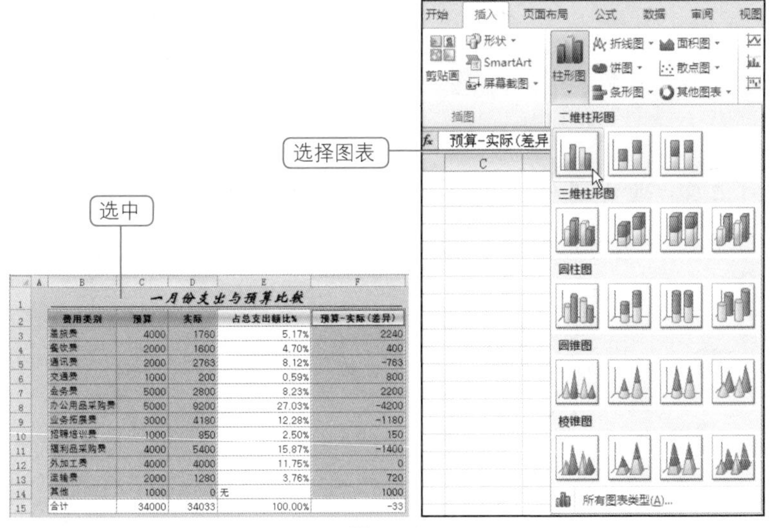

图11-52

❷ 单击鼠标即可创建图表，如图11-53所示。

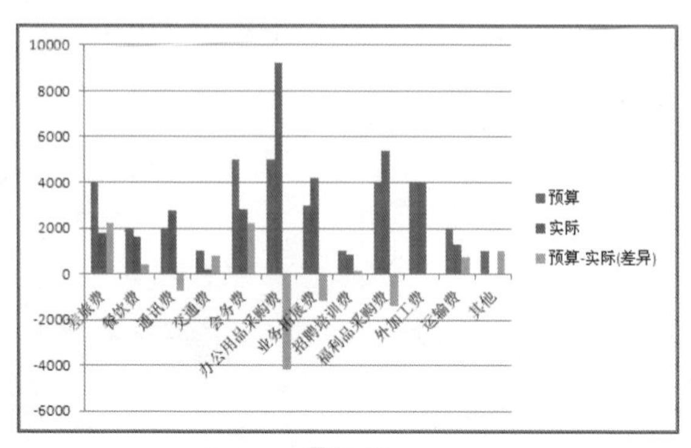

图11-53

❸ 为图表添加标题，设置图表区的填充颜色，并重新设置图例的显示位置，如图11-54所示。从图表中可以直观地看到在一月份中各类别费用的实际支出额与预算额的差异。

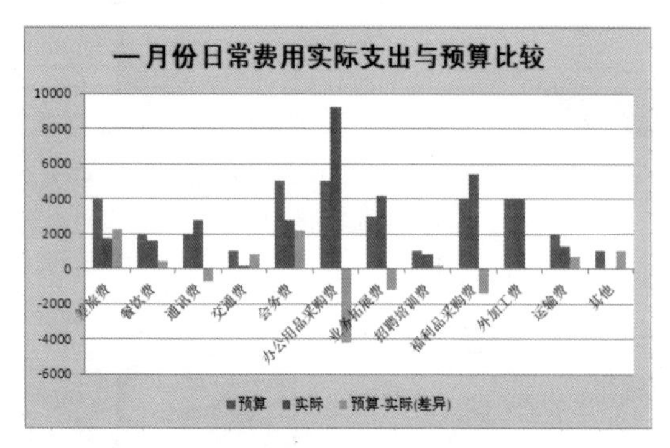

图11-54

11.4.3 建立其他月份实际费用与预算费用比较分析表

建立了一月份实际费用与预算费用比较分析表之后，其他月份的费用比较分析表建立方法就非常方便了。可以复制“1月支出分析表”，然后更改“预算”列与“实际”列的计算公式即可，其他公式不必更改。

❶ 复制“1月支出分析表”工作表，在工作表标签上双击鼠标，将工作表重命名为“2月支出分析表”，如图11-55所示。

❷ 选中C3单元格，在公式编辑栏中输入公式：

```
=VLOOKUP(B3,全年费用预算表!$B$3:$N$14,3,FALSE)
```

按Enter键，即可从“全年费用预算表”中返回“差旅费”二月份的预算金额，如图11-56所示。

二月份支出与预算比较

费用类别	预算	实际	占总支出额比%	预算-实际（差异）
差旅费	4000	1760	5.17%	2240
餐饮费	2000	1600	4.70%	400
通讯费	2000	2763	8.12%	-763
交通费	1000	200	0.59%	800
会务费	5000	2800	8.23%	2200
办公用品采购费	5000	9200	27.03%	-4200
业务拓展费	3000	4180	12.28%	-1180
招聘培训费	1000	850	2.50%	150
福利品采购费	4000	5400	15.87%	-1400
外加工费	4000	4000	11.75%	0
运输费	2000	1280	3.76%	720
其他	1000	0	无	1000
合计	34000	34033	100.00%	-33

日常费用统计表　全年费用预算表　1月支出分析表　2月支出分析表

图11-55

C3　=VLOOKUP(B3,全年费用预算表!$B$3:$N$14,3,FALSE)

二月份支出与预算比较

费用类别	预算	实际	占总支出额比%	预算-实际（差异）
差旅费	2000	1760	5.17%	240
餐饮费	2000	1600	4.70%	400
通讯费	2000	2763	8.12%	-763
交通费	1000	200	0.59%	800

图11-56

❸ 选中D3单元格，在公式编辑栏中输入公式：

=SUMPRODUCT((日常费用统计表!$E$3:$E$49=B3)*(日常费用统计表!$C$3:$C$49=2)*(日常费用统计表!$G$3:$G$49))

按Enter键，即可统计出“差旅费”二月份的实际支出金额，如图11-57所示。

D3　=SUMPRODUCT((日常费用统计表!$E$3:$E$49=B3)*(日常费用统计表!$C$3:$C$49=2)*(日常费用统计表!$G$3:$G$49))

二月份支出与预算比较

费用类别	预算	实际	占总支出额比%	预算-实际（差异）
差旅费	2000	3912	10.81%	-1912
餐饮费	2000	1600	4.42%	400
通讯费	2000	2763	7.64%	-763

图11-57

❹ 选中C3:D3单元格区域，将光标定位到该单元格区域右下角，当出现黑色十字形时，按住鼠标左键向下拖动至D14单元格中，释放鼠标即可快速返回二月份各个类别费用的预算金额与实际支出金额（如图11-58所示）。此时其他单元格的数据将自动更新，从而完成“2月份支出分析表”的建立。

	A	B	C	D	E	F	G
1		二月份支出与预算比较					
2		费用类别	预算	实际	占总支出额比%	预算-实际(差异)	
3		差旅费	2000	3912	8.92%	-1912	
4		餐饮费	2000	3090	7.04%	-1090	
5		通讯费	4000	2868	6.54%	1132	
6		交通费	1000	856	1.95%	144	
7		会务费	7000	7900	18.01%	-900	
8		办公用品采购费	2000	2338		-338	
9		业务拓展费	10000	11270	25.69%	-1270	
10		招聘培训费	200	500	1.14%	-300	
11		福利品采购费	2000	1800	4.10%	200	
12		外加工费	5000	5000	11.40%	0	
13		运输费	4000	3480	7.93%	520	
14		其他	1000	858	1.96%	142	
15		合计	40200	43872	100.00%	-3672	

向下复制公式

日常费用统计表 | 全年费用预算表 | 1月支出分析表 | 2月支出分析表

图11-58

专家提示

本例中只列举建立两个月的费用支出分析，在实际工作中，可以按照相同的方法依次建立各个月份的费用支出分析表。一年结束后，还可以将各个月份的费用支出分析表进行汇总，从而比较全年的日常费用实际支出与预算。

第12章

函数、公式、图表在企业往来账款管理与分析中的应用

实例概述与设计效果展示

应收账款是运用信用政策销售产品、提供服务等产生的。对于企业产生的每笔应收账款可以建立Excel表格来统一管理，并利用函数或相关统计分析工具进行统计分析，从统计结果中获取相关信息，从而做出正确的财务决策。

应付账款是企业因购买商品或接受劳务而应当支付给对方的款项。企业要避免财务危机、维护企业信誉，就一定要加强对应付账款的管理。Excel表格同样可以做到对应付账款的统一管理并分析，为企业的财务决策提供有力的依据。

应收账款清单　　账龄计算

当前日期 2012-2-14

序号	公司名称	开票日期	应收金额	已收金额	未收金额	付款期(天)	是否到期	未到期金额	负责人	0-30	30-60	60-90	90天以上
001	天宇科技	11-10-14	20000	5000	15000	60	是	0	郑立媛	0	0	15000	0
002	好再来超市	11-10-13	6000	1000	5000	15	是	0	钟武	0	0	0	5000
003	雅美乐商贸	11-10-15	9000	2000	7000	20	是	0	苏海涛	0	0	0	7000
004	诺立科技	11-10-18	24000	10000	14000	60	是	0	苏海涛	0	14000	0	0
005	路达物流	11-11-3	8665		8665	15	是	0	钟武	0	0	8665	0
006	鼓楼商厦	11-11-10	29000	20000	9000	60	是	0	胡子强	0	9000	0	0
007	路达物流	11-11-13	5000		5000	15	是	0	王保国	0	0	5000	0
008	诺立科技	11-11-20	15000		15000	15	是	0	苏曼	0	0	15000	0
009	好再来超市	11-11-22	10000	5000	5000	40	是	0	胡子强	0	5000	0	0
010	天宇科技	11-11-30	6700		6700	20	是	0	侯淑媛	0	6700	0	0
011	灵运商贸	11-12-22	58500	10000	48500	60	否	48500	郑立媛	0	0	0	0
012	天宇科技	11-12-30	5000		5000	10	是	0	侯淑媛	0	5000	0	0
013	路达物流	12-1-12	50000	20000	30000	30	是	0	王保国	30000	0	0	0
014	鼓楼商厦	12-1-17	4320		4320	10	是	0	郑立媛	4320	0	0	0
015	雅美乐商贸	12-1-28	22800	5000	17800	60	否	17800	苏海涛	0	0	0	0
016	好再来超市	12-1-28	6775		6775	15	是	0	张文轩	6775	0	0	0
017	鼓楼商厦	12-1-30	18500	5000	13500	25	否	13500	彭丽丽	0	0	0	0

应付账款清单

当前日期 2012-2-14

序号	供应商简称	发票日期	发票号码	发票金额	已付金额	余额	结帐期	到期日期	状态	逾期天数	已逾期余额
001	丽洁印染	11-11-24	5425601	58500	10000	48500	30	11-12-24	已逾期	52	48500
002	伟业设计	11-11-23	4545688	4320	4320	0	15	11-12-8	已冲销√		0
003	春来之有限	11-11-25	6723651	20000		20000	60	12-1-24	已逾期	21	20000
004	丽洁印染	11-11-28	8863001	6700	1000	5700	30	11-12-28	已逾期	48	5700
005	宏图印染	11-12-3	5646787	6900	6900	0	20	11-12-23	已冲销√		0
006	春来之有限	11-12-10	3423614	12000		12000	30	12-1-9	已逾期	36	12000
007	建翔商贸	11-12-13	4310325	22400	8000	14400	60	12-2-11	已逾期	3	14400
008	丽洁印染	11-12-20	2222006	45000	20000	25000	60	12-2-18	未到结账期		0
009	伟业设计	11-12-22	6565564	5600		5600	20	12-1-11	已逾期	34	5600
010	建翔商贸	11-12-30	6856321	9600		9600	20	12-1-19	已逾期	26	9600
011	宏图印染	12-1-2	7645201	5650		5650	30	12-2-1	已逾期	13	5650
012	春来之有限	12-1-3	5540301	43000	2000	41000	60	12-3-3	未到结账期		0
013	建翔商贸	12-1-12	4355002	15000		15000	20	12-2-1	已逾期	13	15000
014	春来之有限	12-1-13	2332650	33400	5000	28400	30	12-2-12	已逾期	2	28400
015	丽洁印染	12-1-29	3423651	36700	2000	34700	30	12-2-28	未到结账期		0
016	伟业设计	12-1-29	5540332	20000	10000	10000	40	12-3-9	未到结账期		0
017	宏图印染	12-1-29	4355045	8800		8800	15	12-2-13	已逾期	1	8800

往来单位应付账款统计

往来单位	应付金额	已付金额	已逾期应付金额
丽洁印染	161900	33000	54200
伟业设计	29920	14320	5600
春来之有限	108400	7000	60400
宏图印染	21350	6900	14450
建翔商贸	47000	8000	39000

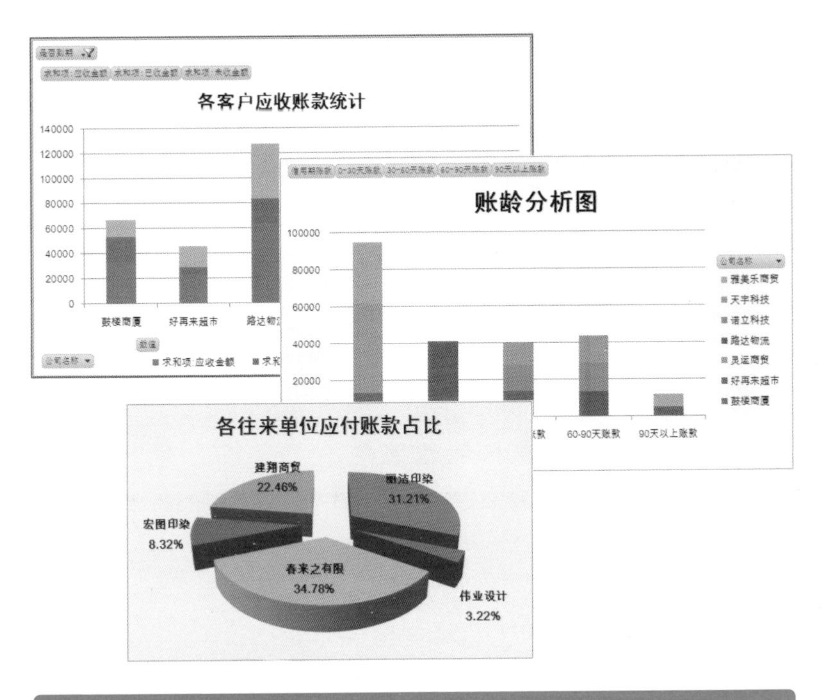

实例设计过程

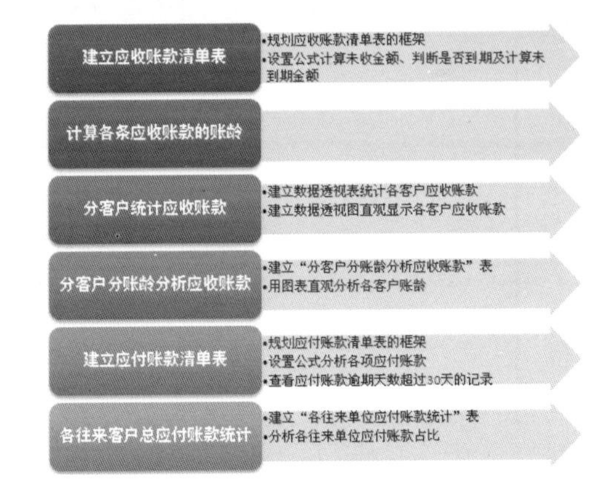

12.1　建立应收账款清单表

企业日常运作中产生的每笔应收账款需要建表记录，在Excel中建表管理应收账款，可方便数据的计算，同时也便于后期对应收账款账龄的分析等。

12.1.1 规划应收账款清单表的框架

❶ 新建工作簿，并将其命名为“企业往来账款管理”。在“Sheet1”工作表标签上双击鼠标左键，将工作表重命名为“应收账款清单”。

❷ 输入表格标题表头信息、列标识，并设置表格的边框底纹、文字格式等，如图12-1所示。

图12-1

❸ 在后面计算应收账款是否到期或计算账龄等都需要用到当前日期，因此可选中C2单元格，在公式编辑栏中输入公式：

```
=TODAY()
```

按Enter键，返回当前日期，如图12-2所示。

图12-2

❹ 选中“序号”列单元格区域，在“开始”选项卡的“数字”选项组中单击按钮，在下拉菜单中选择“文本”命令，如图12-3所示。

❺ 输入前两个序号，然后利用填充的方法完成序号的一次性输入，如图12-4所示。

❻ 选中“开票日期”列单元格区域，在“开始”选项卡的“数字”选项组中单击按钮，打开“设置单元格格式”对话框，设置“01-3-14”形式的日期

格式，如图12-5所示。从而让输入的日期显示为如图12-6所示的格式。

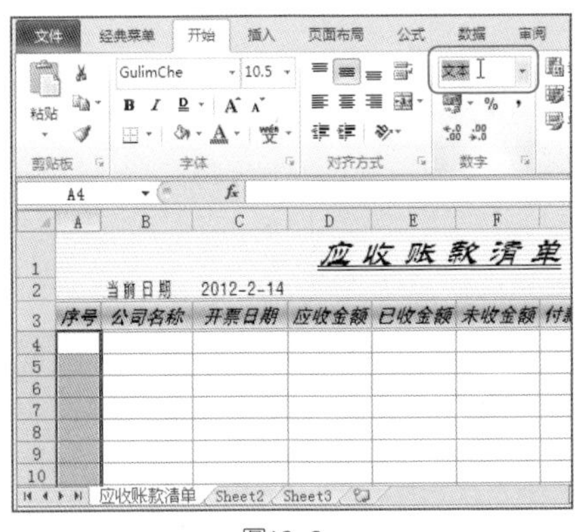

图12-3

图12-4

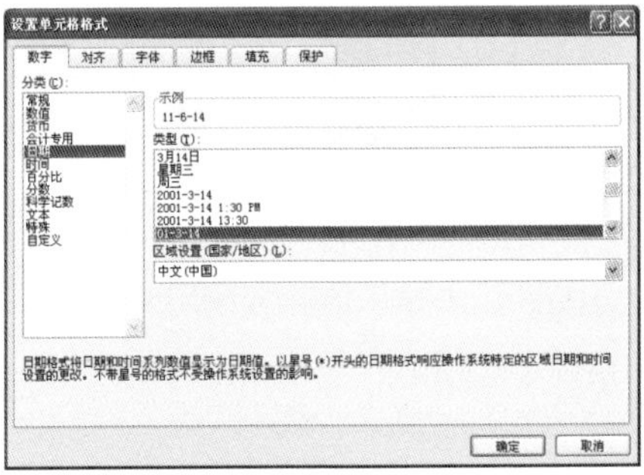

图12-5

图12-6

❼ 按日期顺序将应收账款的基本数据（包括应收客户、开票日期、应收金额、已收金额等）记录到表格中，这些数据都是要根据实际情况手工输入的。输入后的表格如图12-7所示。

应收账款清单

当前日期 2012-2-14

序号	公司名称	开票日期	应收金额	已收金额	未收金额	付款期（天）	是否到期	未到期金额	负责人
001	天宇科技	11-10-14	20000	5000		60			郑立媛
002	好再来超市	11-10-13	6000	1000		15			钟武
003	雅美乐商贸	11-10-15	9000	2000		20			苏海涛
004	诺立科技	11-10-18	24000	10000		60			苏海涛
005	路达物流	11-11-3	8665			15			钟武
006	鼓楼商厦	11-11-10	29000	20000		60			胡子强
007	路达物流	11-11-13	5000			15			王保国
008	诺立科技	11-11-20	15000			15			苏曼
009	好再来超市	11-11-22	10000	5000		40			胡子强
010	天宇科技	11-11-30	6700			20			侯淑媛
011	灵运商贸	11-12-22	58500	10000		60			郑立媛
012	天宇科技	11-12-30	5000			10			侯淑媛
013	路达物流	12-1-15	70000	20000		40			王保国
014	鼓楼商厦	12-1-17	4320			10			郑立媛
015	雅美乐商贸	12-1-28	22800	5000		60			苏海涛
016	好再来超市	12-1-28	6775			15			张文轩
017	鼓楼商厦	12-1-30	18500	5000		25			彭丽丽
018	雅美乐商贸	12-2-2	23004	8000		40		15004	钟武
019									

应收账款清单 Sheet2 Sheet3

图12-7

12.1.2 设置公式计算未收金额、判断是否到期及计算未到期金额

❶ 选中F4单元格，在公式编辑栏中输入公式：

```
=D4-E4
```

按Enter键，计算出第一条记录的未收金额。选中F4单元格，向下复制公式，快速计算出各条应收账款的未收金额，如图12-8所示。

F4 =D4-E4

应收账款清单

当前日期 2012-2-14

序号	公司名称	开票日期	应收金额	已收金额	未收金额	付款期(天)	是否
001	天宇科技	11-10-14	20000	5000	15000	60	
002	好再来超市	11-10-13	6000	1000	5000	15	
003	雅美乐商贸	11-10-15	9000	2000	7000	20	
004	诺立科技	11-10-18	24000	10000	14000	60	
005	路达物流	11-11-3	8665		8665	15	
006	鼓楼商厦	11-11-10	29000	20000	9000	60	
007	路达物流	11-11-13	5000		5000	15	
008	诺立科技	11-11-20	15000		15000	15	
009	好再来超市	11-11-22	10000	5000	5000	40	
010	天宇科技	11-11-30	6700		6700	20	
011	灵运商贸	11-12-22	58500	10000	48500	60	
012	天宇科技	11-12-30	5000		5000	10	

复制公式

图12-8

❷ 选中H4单元格，在公式编辑栏中输入公式：

```
=IF((C4+G4)<$C$2,"是","否")
```

按Enter键，判断出第一条应收账款记录是否到期。选中H4单元格，向下复制公式，快速判断出各条应收账款是否到期，如图12-9所示。

H4 =IF((C4+G4)<$C$2,"是","否")

应收账款清单

当前日期 2012-2-14

序号	公司名称	开票日期	应收金额	已收金额	未收金额	付款期(天)	是否到期	未到期金额
001	天宇科技	11-10-14	20000	5000	15000	60	是	
002	好再来超市	11-10-13	6000	1000	5000	15	是	
003	雅美乐商贸	11-10-15	9000	2000	7000	20	是	
004	诺立科技	11-10-18	24000	10000	14000	60	是	
005	路达物流	11-11-3	8665		8665	15	是	
006	鼓楼商厦	11-11-10	29000	20000	9000	60	是	
007	路达物流	11-11-13	5000		5000	15	是	
008	诺立科技	11-11-20	15000		15000	15	是	
009	好再来超市	11-11-22	10000	5000	5000	40	是	
010	天宇科技	11-11-30	6700		6700	20	是	
011	灵运商贸	11-12-22	58500	10000	48500	60	否	
012	天宇科技	11-12-30	5000		5000	10	是	

复制公式

图12-9

❸ 选中I4单元格，在公式编辑栏中输入公式：

```
=IF($C$2-(C4+G4)<0,D4-E4,0)
```

按Enter键，计算出第一条应收账款记录的未到期金额。选中I4单元格，向下复制公式，快速计算出各条应收账款的未到期金额，如图12-10所示。

I4　=IF($C$2-(C4+G4)<0,D4-E4,0)

应收账款清单

当前日期　2012-2-14

序号	公司名称	开票日期	应收金额	已收金额	未收金额	付款期(天)	是否到期	未到期金额	负责人
001	天宇科技	11-10-14	20000	5000	15000	60	是	0	郑立媛
002	好再来超市	11-10-13	6000	1000	5000	15	是	0	钟武
003	雅美乐商贸	11-10-15	9000	2000	7000	20	是	0	苏海涛
004	诺立科技	11-10-18	24000	10000	14000	60	是	0	苏海涛
005	路达物流	11-11-3	8665		8665	15	是	0	钟武
006	鼓楼商厦	11-11-10	29000	20000	9000	60	是	0	胡子强
007	路达物流	11-11-13	5000		500		是	0	王保国
008	诺立科技	11-11-20	15000		15000	15	是	0	苏曼
009	好再来超市	11-11-22	10000	5000	5000	40	是	0	胡子强
010	天宇科技	11-11-30	6700		6700	20	是	0	侯淑媛
011	灵运商贸	11-12-22	58500	10000	48500	60	否	48500	郑立媛
012	天宇科技	11-12-30	5000		5000	10	是	0	侯淑媛
013	路达物流	12-1-15	50000	20000	30000	30	是	0	王保国
014	鼓楼商厦	12-1-17	4320		4320	10	是	0	郑立媛
015	雅美乐商贸	12-1-28	22800	5000	17800	60	否	17800	苏海涛

复制公式

应收账款清单 / Sheet2 / Sheet3

图12-10

12.2 计算各条应收账款的账龄

掌握了各笔应收账款的账龄，就可以采取措施对账龄较长或金额较大的账款进行催收。

❶ 在“应收账款清单”表中建立账龄分段标识，如图12-11所示。

应收账款清单　　账龄计算

当前日期　2012-2-14

序号	公司名称	开票日期	应收金额	已收金额	未收金额	付款期(天)	是否到期	未到期金额	负责人	0-30	30-60	60-90	90天以上
001	天宇科技	11-10-14	20000	5000	15000	60	是	0	郑立媛				
002	好再来超市	11-10-13	6000	1000	5000	15	是	0	钟武				
003	雅美乐商贸	11-10-15	9000	2000	7000	20	是	0	苏海涛				
004	诺立科技	11-10-18	24000	10000	14000	60	是	0	苏海涛				
005	路达物流	11-11-3	8665		8665	15	是	0	钟武				
006	鼓楼商厦	11-11-10	29000	20000	9000	60	是	0	胡子强				
007	路达物流	11-11-13	5000		5000	15	是	0	王保国				
008	诺立科技	11-11-20	15000		15000	15	是	0	苏曼				
009	好再来超市	11-11-22	10000	5000	5000	40	是	0	胡子强				
010	天宇科技	11-11-30	6700		6700	20	是	0	侯淑媛				
011	灵运商贸	11-12-22	58500	10000	48500	60	否	48500	郑立媛				
012	天宇科技	11-12-30	5000		5000	10	是	0	侯淑媛				
013	路达物流	12-1-12	50000	20000	30000	30	是	0	王保国				
014	鼓楼商厦	12-1-17	4320		4320	10	是	0	郑立媛				

建立计算标识

应收账款清单 / Sheet2 / Sheet3

图12-11

❷ 选中K4单元格，在公式编辑栏中输入公式：

=IF(AND($C$2-(C4+G4)>0,$C$2-(C4+G4)<=30),D4-E4,0)

按Enter键，判断第一条应收账款记录是否到期，如果到期是否在“0-30”区间，如果是返回应收金额，否则返回0值，如图12-12所示。

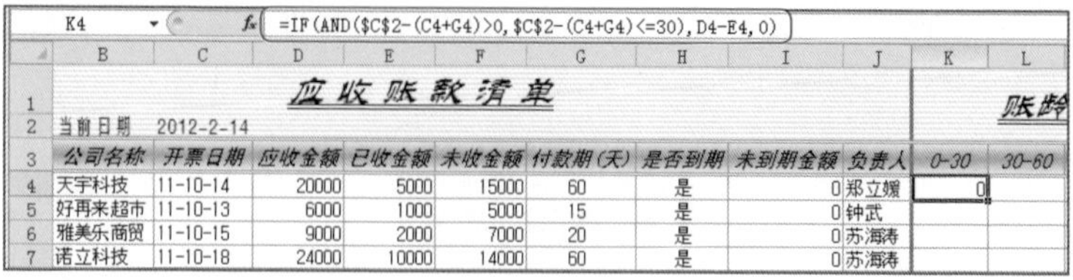

K4 =IF(AND($C$2-(C4+G4)>0,$C$2-(C4+G4)<=30),D4-E4,0)

	B	C	D	E	F	G	H	I	J	K	L
1	应收账款清单										账龄
2	当前日期	2012-2-14									
3	公司名称	开票日期	应收金额	已收金额	未收金额	付款期(天)	是否到期	未到期金额	负责人	0-30	30-60
4	天宇科技	11-10-14	20000	5000	15000	60	是	0	郑立媛	0	
5	好再来超市	11-10-13	6000	1000	5000	15	是	0	钟武		
6	雅美乐商贸	11-10-15	9000	2000	7000	20	是	0	苏海涛		
7	诺立科技	11-10-18	24000	10000	14000	60	是	0	苏海涛		

图12-12

❸ 选中L4单元格，在公式编辑栏中输入公式：

=IF(AND($C$2-(C4+G4)>30,$C$2-(C4+G4)<=60),D4-E4,0)

按Enter键，判断第一条应收账款记录是否到期，如果到期是否在“30-60”区间，如果是返回应收金额，否则返回0值，如图12-13所示。

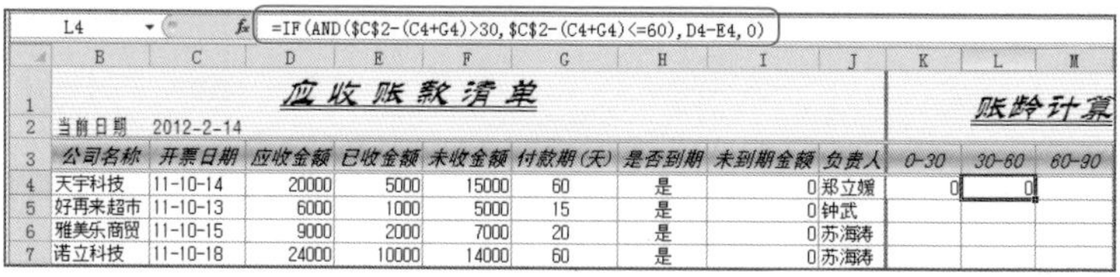

L4 =IF(AND($C$2-(C4+G4)>30,$C$2-(C4+G4)<=60),D4-E4,0)

	B	C	D	E	F	G	H	I	J	K	L	M
1	应收账款清单									账龄计算		
2	当前日期	2012-2-14										
3	公司名称	开票日期	应收金额	已收金额	未收金额	付款期(天)	是否到期	未到期金额	负责人	0-30	30-60	60-90
4	天宇科技	11-10-14	20000	5000	15000	60	是	0	郑立媛	0	0	
5	好再来超市	11-10-13	6000	1000	5000	15	是	0	钟武			
6	雅美乐商贸	11-10-15	9000	2000	7000	20	是	0	苏海涛			
7	诺立科技	11-10-18	24000	10000	14000	60	是	0	苏海涛			

图12-13

❹ 选中M4单元格，在公式编辑栏中输入公式：

=IF(AND($C$2-(C4+G4)>60,$C$2-(C4+G4)<=90),D4-E4,0)

按Enter键，判断第一条应收账款记录是否到期，如果到期是否在“60-90”区间，如果是返回应收金额，否则返回0值，如图12-14所示。

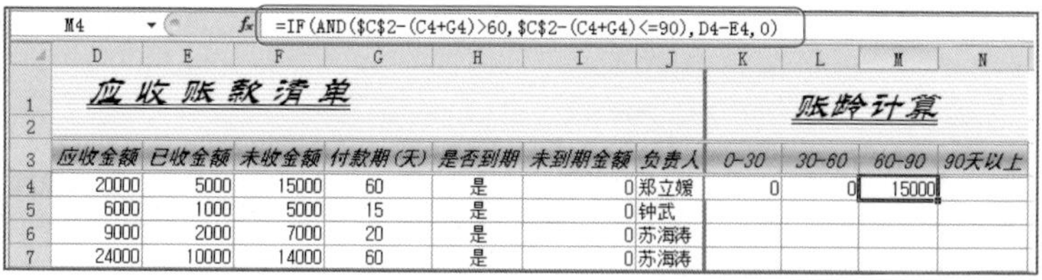

M4 =IF(AND($C$2-(C4+G4)>60,$C$2-(C4+G4)<=90),D4-E4,0)

	D	E	F	G	H	I	J	K	L	M	N
1	应收账款清单							账龄计算			
2											
3	应收金额	已收金额	未收金额	付款期(天)	是否到期	未到期金额	负责人	0-30	30-60	60-90	90天以上
4	20000	5000	15000	60	是	0	郑立媛	0	0	15000	
5	6000	1000	5000	15	是	0	钟武				
6	9000	2000	7000	20	是	0	苏海涛				
7	24000	10000	14000	60	是	0	苏海涛				

图12-14

❺ 选中N4单元格，在公式编辑栏中输入公式：

=IF($C$2-(C4+G4)>90,D4-E4,0)

按Enter键，判断第一条应收账款记录是否到期，如果到期是否在“90以上”区间，如果是返回应收金额，否则返回0值，如图12-15所示。

❻ 选中K4:N4单元格区域，将光标定位到该单元格区域右下角，当出现黑色十字形时，按住鼠标左键向下拖动，拖动到目标位置后，释放鼠标即可快速返回各条应收账款所在的账龄区间，如图12-16所示。

N4　=IF($C$2-(C4+G4)>90,D4-E4,0)

	D	E	F	G	H	I	J	K	L	M	N
1	应收账款清单							账龄计算			
2											
3	应收金额	已收金额	未收金额	付款期（天）	是否到期	未到期金额	负责人	0-30	30-60	60-90	90天以上
4	20000	5000	15000	60	是	0	郑立媛	0	0	15000	0
5	6000	1000	5000	15	是	0	钟武				
6	9000	2000	7000	20	是	0	苏海涛				
7	24000	10000	14000	60	是	0	苏海涛				

图12-15

	A	B	C	D	E	F	G	H	I	J	K	L	M	N
1	应收账款清单										账龄计算			
2		当前日期	2012-2-14											
3	序号	公司名称	开票日期	应收金额	已收金额	未收金额	付款期（天）	是否到期	未到期金额	负责人	0-30	30-60	60-90	90天以上
4	001	天宇科技	11-10-14	20000	5000	15000	60	是	0	郑立媛	0	0	15000	0
5	002	好再来超市	11-10-13	6000	1000	5000	15	是	0	钟武	0	0	0	5000
6	003	雅美乐商贸	11-10-15	9000	2000	7000	20	是	0	苏海涛	0	0	0	7000
7	004	诺立科技	11-10-18	24000	10000	14000	60	是	0	苏海涛	0	14000	0	0
8	005	路达物流	11-11-3	8665		8665	15	是	0	钟武	0	0	8665	0
9	006	鼓楼商厦	11-11-10	29000	20000	9000	60	是	0	胡子强	0	9000	0	0
10	007	路达物流	11-11-13	5000		5000	15	是	0	王保国	0	0	5000	0
11	008	诺立科技	11-11-20	15000		15000	15	是	0	苏曼	0	0	15000	0
12	009	好再来超市	11-11-22	10000	5000	5000	40	是	0	胡子强	0	5000	0	0
13	010	天宇科技	11-11-30	6700		6700	20	是	0	侯淑媛	0	6700	0	0
14	011	灵运商贸	11-12-22	58500	10000	48500	60	否	48500	郑立媛	0	0	0	0
15	012	天宇科技	11-12-30	5000		5000	10	是	0	侯淑媛	0	5000	0	0
16	013	路达物流	12-1-12	50000	20000	30000	30	是	0	王保国	30000	0	0	0
17	014	鼓楼商厦	12-1-17	4320		4320	10	是	0	郑立媛	4320	0	0	0
18	015	雅美乐商贸	12-1-28	22800	5000	17800	60	否	17800	苏海涛	0	0	0	0
19	016	好再来超市	12-1-28	6775		6775	15	是	0	张文轩	6775	0	0	0
20	017	鼓楼商厦	12-1-30	18500	5000	13500	25	否	13500	彭丽丽	0	0	0	0
21	018	雅美乐商贸	12-2-2	23004	8000	15004	40	否	15004	钟武	0	0	0	0

应收账款清单　Sheet2　Sheet3

图12-16

12.3　分客户统计应收账款

根据建立完成的应收账款清单，可以利用数据透视表分客户统计出应收账款金额。

12.3.1　建立数据透视表统计各客户应收账款

❶ 在“应收账款清单”表中选中A3:J21单元格区域，在“插入”选项卡下选择“数据透视表”→“数据透视表”命令，打开“创建数据透视表”对话框，在“表/区域”文本框中显示了选中的单元格区域，如图12-17所示。

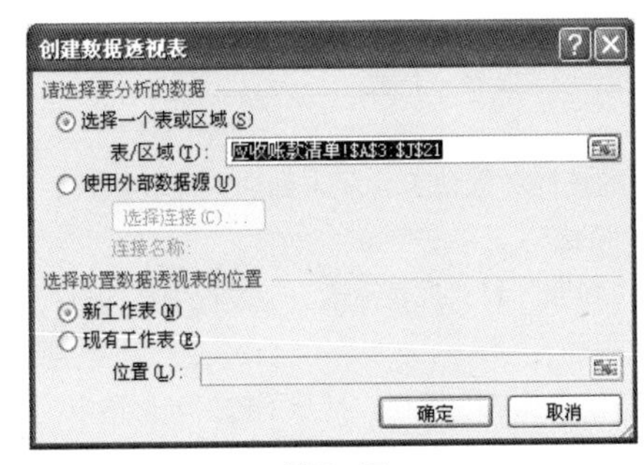

图12-17

❷ 单击“确定”按钮即可新建工作表显示数据透视表，将新工作表重新命名为“分客户统计应收账款”，然后设置“公司名称”为行标签字段，分别设置“应收金额”、“已收金额”、“未收金额”为数值字段，数据透视表显示如图12-18所示。

行标签	求和项:应收金额	计数项:已收金额	求和项:未收金额
鼓楼商厦	51820	2	26820
好再来超市	22775	2	16775
灵运商贸	58500	1	48500
路达物流	63665	1	43665
诺立科技	39000	1	29000
天宇科技	31700	1	26700
雅美乐商贸	54804	3	39804
总计	322264	11	231264

图12-18

“已收金额”字段默认采用的“计数”汇总方式，这里需要将其更改为“求和”汇总方式。

❸ 在“数值”字段列表中单击“已收金额”字段，打开“值字段设置”对话框，更改汇总方式为“求和”，如图12-19所示。

❹ 单击“确定”按钮，数据透视表中可以看到“已收金额”的汇总方式被更改了，如图12-20所示。

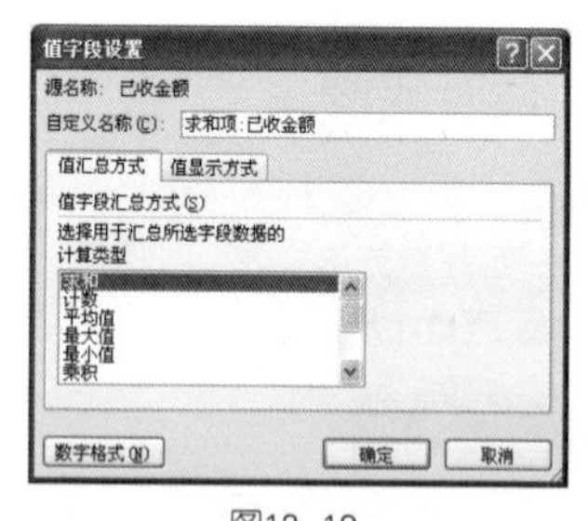

图12-19

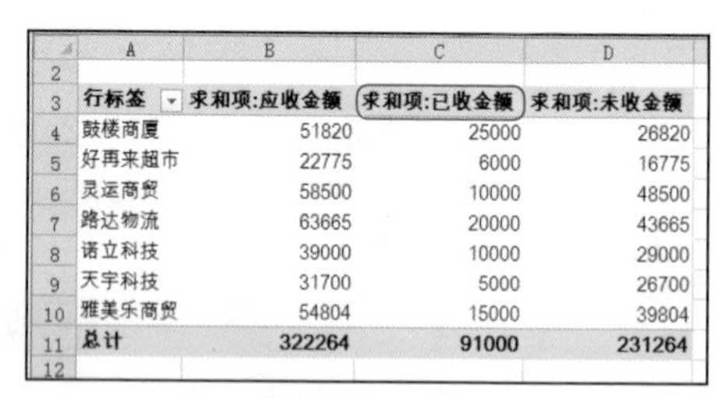

行标签	求和项:应收金额	求和项:已收金额	求和项:未收金额
鼓楼商厦	51820	25000	26820
好再来超市	22775	6000	16775
灵运商贸	58500	10000	48500
路达物流	63665	20000	43665
诺立科技	39000	10000	29000
天宇科技	31700	5000	26700
雅美乐商贸	54804	15000	39804
总计	322264	91000	231264

图12-20

由于当前做出的统计中默认包含了未到期的应收账款，因此可以通过添加一个筛选项将未到期的应收账款去除。

❺ 添加“是否到期”到“报表筛选”字段框中，即可在数据透视表中显示筛选项，如图12-21所示。

❻ 单击筛选字段右侧的▾按钮，打开下拉列表，选中“选择多项”选项，取消“全部”，选中“是”，如图12-22所示。

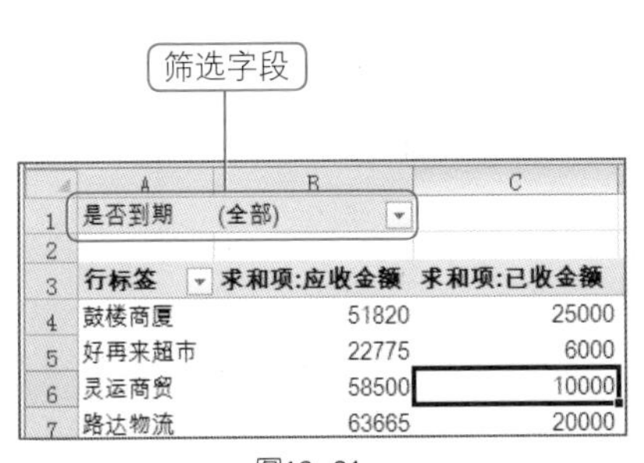

	A	B	C
1	是否到期	(全部)	
2			
3	行标签	求和项:应收金额	求和项:已收金额
4	鼓楼商厦	51820	25000
5	好再来超市	22775	6000
6	灵运商贸	58500	10000
7	路达物流	63665	20000

图12-21

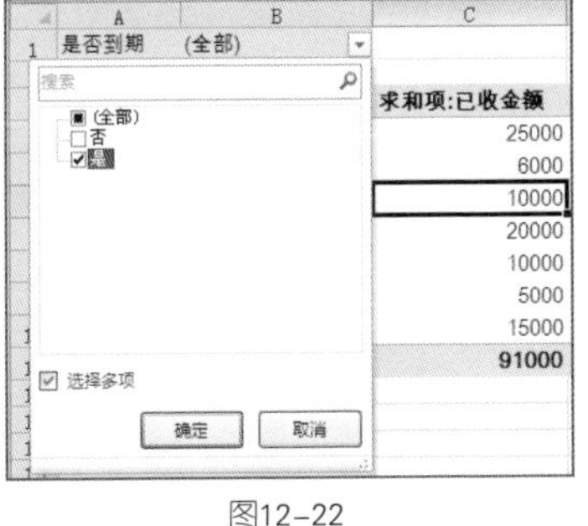

图12-22

❼ 单击“确定”按钮，可以看到数据透视表中只对已经到期了的应收账款进行统计，如图12-23所示。

	A	B	C	D
1	是否到期	是		
2				
3	行标签	求和项:应收金额	求和项:已收金额	求和项:未收金额
4	鼓楼商厦	33320	20000	13320
5	好再来超市	22775	6000	16775
6	路达物流	63665	20000	43665
7	诺立科技	39000	10000	29000
8	天宇科技	31700	5000	26700
9	雅美乐商贸	9000	2000	7000
10	总计	199460	63000	136460
11				

图12-23

12.3.2　建立数据透视图直观显示各客户应收账款

在完成了上面数据透视表的建立后，接着可以建立数据透视图直观显示出各客户应收账款。

❶ 选中数据透视表中的任意单元格，切换到“数据透视表工具”→“选项”选项卡，在“工具”选项组中单击“数据透视图”按钮，打开“插入图表”对话框，选择“堆积柱形图”类型，如图12-24所示。

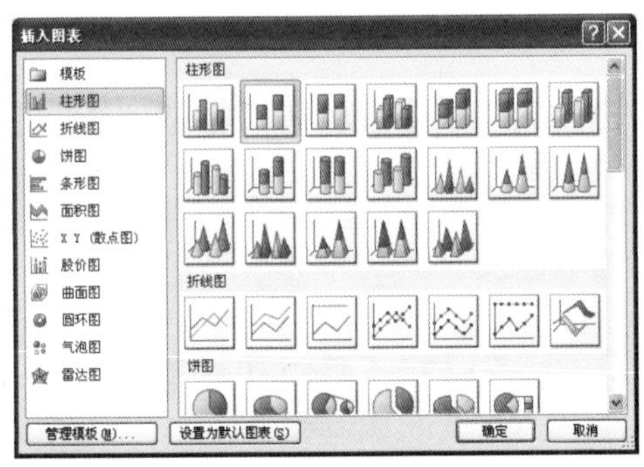

图12-24

❷ 单击“确定”按钮即可新建数据透视图，如图12-25所示。

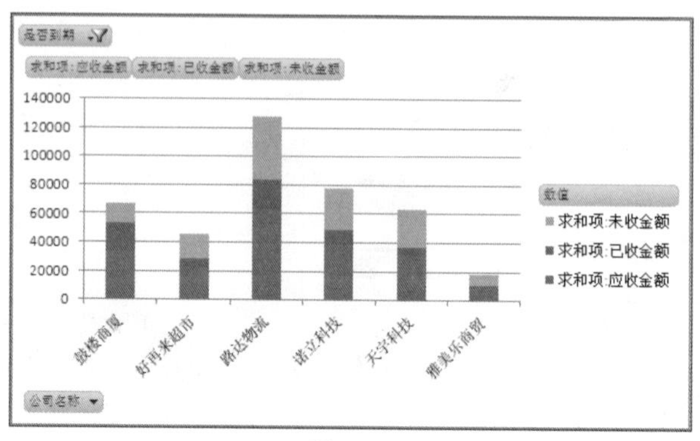

图12-25

❸ 为图表添加标题，并将图例显示在图表的下方，如图12-26所示。从图表中可以直观地看到哪位客户的应收账款总额最多，哪位客户的未收金额最多。

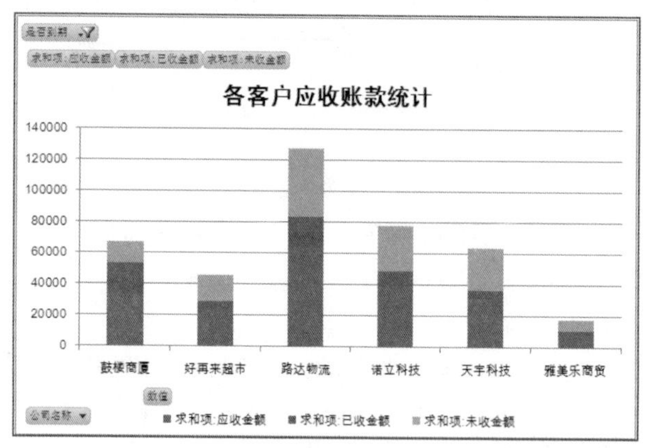

图12-26

12.4 分客户分账龄分析应收账款

统计出各客户还在信用期内的金额及各个账龄区间的金额后，可以让财务人清楚地了解哪些客户是企业的重点债务对象。

12.4.1 建立“分客户分账龄分析应收账款”表

❶ 在“应收账款清单”表中选中包含列标识的整个表格编辑区域，在“插入”选项卡下选择“数据透视表”→“数据透视表”命令，打开“创建数据透

视表”对话框，在“表/区域”文本框中显示了选中的单元格区域，如图12-27所示。

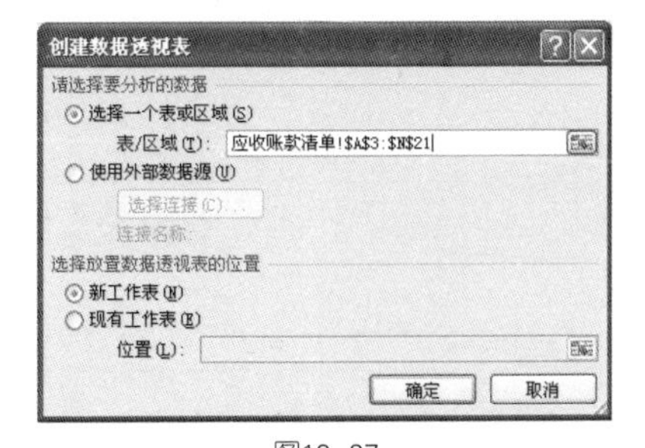

图12-27

❷ 单击“确定”按钮即可新建工作表显示数据透视表，将新工作表重新命名为“分客户分析应收账款的账龄”，然后设置“公司名称”为行标签字段，分别设置“未到期金额”、“0-30”、“30-60”、“60-80”、“90天以上”为数值字段，数据透视表显示如图12-28所示。

行标签	求和项:未到期金额	求和项:0-30	求和项:30-60	求和项:60-90	求和项:90天以上
鼓楼商厦	13500	4320	9000	0	0
好再来超市	0	6775	5000	0	5000
灵运商贸	48500	0	0	0	0
路达物流	0	30000	0	13665	0
诺立科技	0	0	14000	15000	0
天宇科技	0	0	11700	15000	0
雅美乐商贸	32804	0	0	0	7000
总计	94804	41095	39700	43665	12000

图12-28

❸ 在“数值”框中单击“未到期金额”字段，在打开的下拉菜单中选择“值字段设置”命令，打开“值字段设置”对话框，重新设置名称为“信用期账款”，如图12-29所示。

❹ 单击“确定”按钮回到数据透视表中，可看到字段的名称更改了，如图12-30所示。

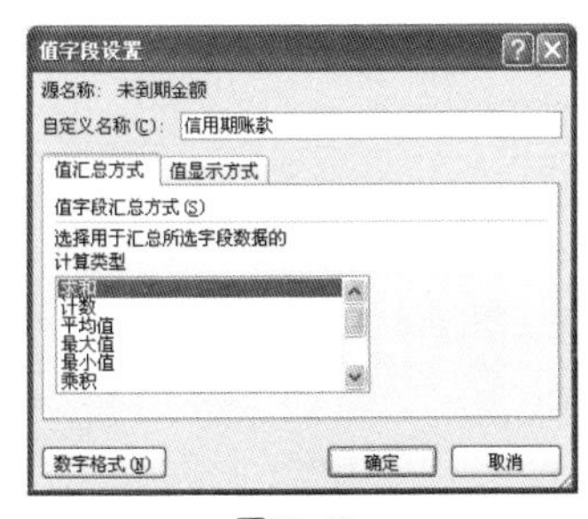

图12-29

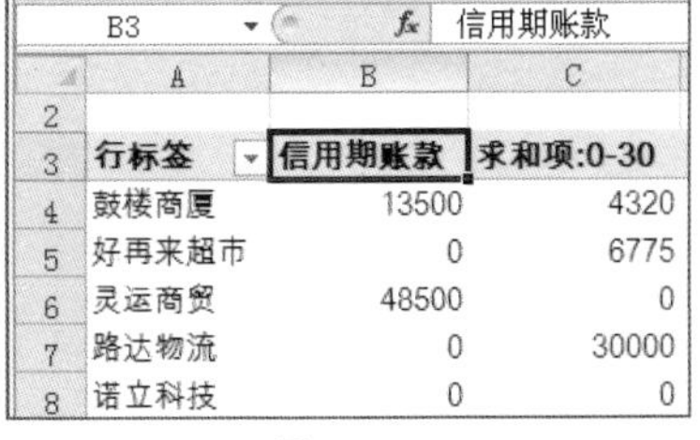

	A	B	C
2			
3	行标签	信用期账款	求和项:0-30
4	鼓楼商厦	13500	4320
5	好再来超市	0	6775
6	灵运商贸	48500	0
7	路达物流	0	30000
8	诺立科技	0	0

图12-30

❺ 按照相同的方法更改其他数值字段的名称，然后再重新输入行标签名称，如图12-31所示。

应收客户	信用期账款	0-30天账款	30-60天账款	60-90天账款	90天以上账款
鼓楼商厦	13500	4320	9000	0	0
好再来超市	0	6775	5000	0	5000
灵运商贸	48500	0	0	0	0
路达物流	0	30000	0	13665	0
诺立科技	0	0	14000	15000	0
天宇科技	0	0	11700	15000	0
雅美乐商贸	32804	0	0	0	7000
总计	94804	41095	39700	43665	12000

图12-31

12.4.2 使用图表直观分析各客户账龄

在完成了上面统计表的建立后，接着可以建立图表来直观显示出各个账龄区间的金额。

❶ 选中数据透视表中的任意单元格，切换到“数据透视表工具”→“选项”选择卡，在“工具”选项组中单击“数据透视图”按钮，打开“插入图表”对话框，选择“堆积柱形图”类型，如图12-32所示。

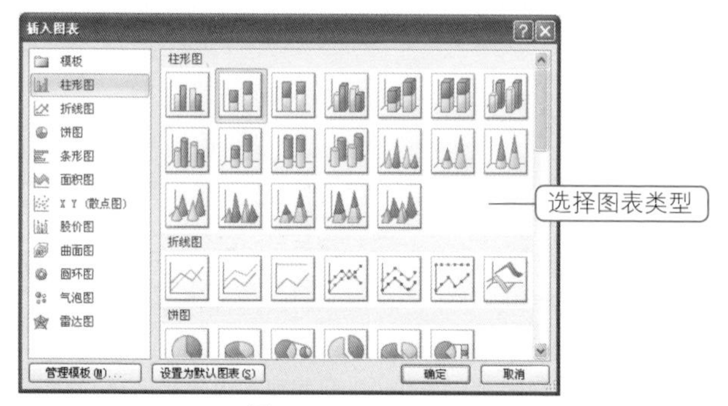

图12-32

❷ 单击“确定”按钮即可新建数据透视图，如图12-33所示。

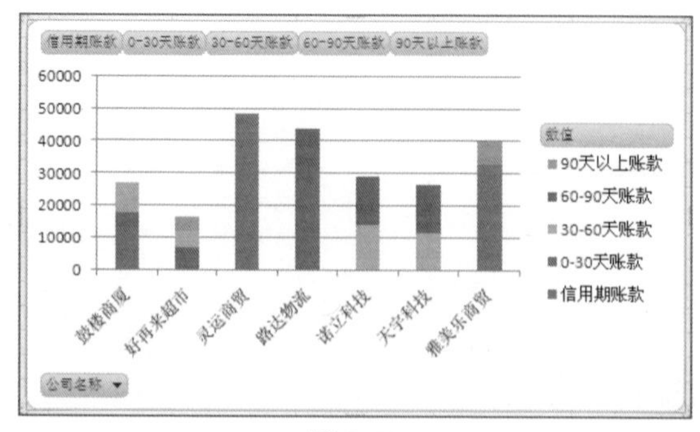

图12-33

❸ 默认图表将应收客户显示在水平轴上，此处想将账龄分段显示在水平轴上，因此在“数据透视图工具”→“设计”选项卡的“数据”选项组中单击“切换行/列”按钮（如图12-34所示），图表如图12-35所示。

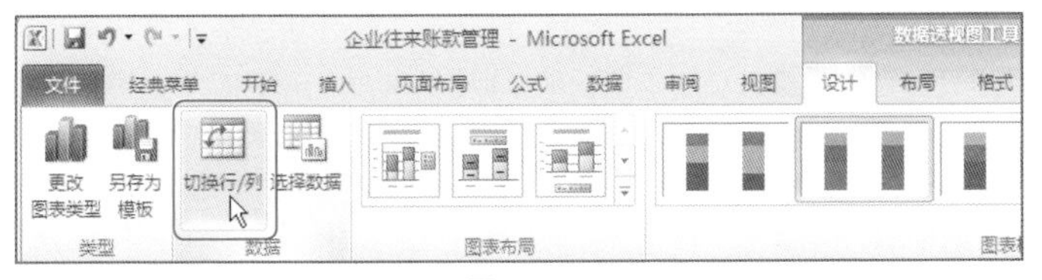

图12-34

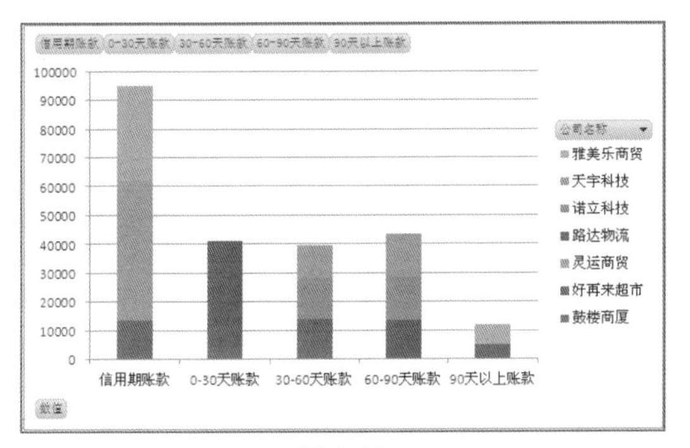

图12-35

❹ 为图表添加标题，并设置图表格式，如图12-36所示。从图表中可以直观地看到各账龄分段类的账款金额及信用期内的金额。

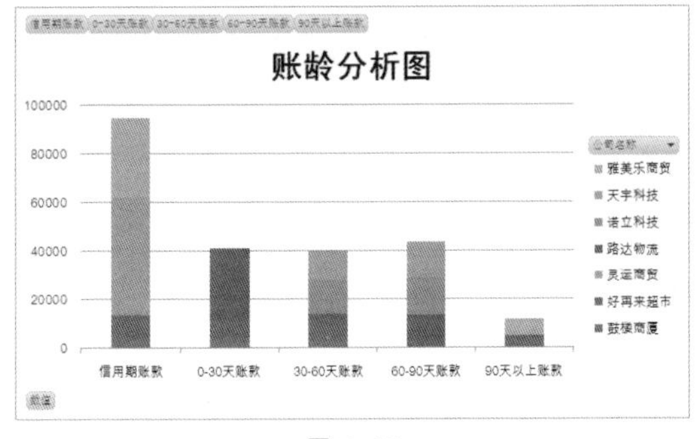

图12-36

12.5　建立应付账款清单表

企业日常运作中产生的各笔应付账款也需要建表管理。在Excel中建表管理应付账款，便于后期的统计与分析。

12.5.1 规划应付账款清单表的框架

各项应付账款的产生日期、金额、已付款、结账期等基本信息需要手工填入表格中，然后可以设置公式返回到期日期、逾期天数、逾期余额等数据。

❶ 在“Sheet2”工作表标签上双击鼠标左键，将工作表重命名为“应付账款清单”。

❷ 输入应收账款统计表的各项列标识，包括用于显示基本信息的标识与用于统计计算的标识，再对工作表进行文字格式、边框、对齐方式等设置，如图12-37所示。

图12-37

❸ 选中“序号”列单元格区域，按12.1.1小节中的方法设置单元格的格式为“文本”，以实现输入以0开头的编号。

❹ 选中“发票日期”、“到期日期”列单元格区域，按12.1.1小节中的方法设置单元格显示“01-3-14”形式的日期格式。

❺ 按日期顺序将应付账款基本数据（包括供应商名称、发票日期、应付金额、已付金额、结账期等）记录到表格中，如图12-38所示。

应付账款清单

当前日期 2012-2-14

序号	供应商简称	发票日期	发票号码	发票金额	已付金额	余额	结帐期	到期日期	状态	逾期天数	已逾期余额
001	丽洁印染	11-11-24	5425601	58500	10000		30				
002	伟业设计	11-11-23	4545688	4320	4320		15				
003	春来之有限	11-11-25	6723651	20000			60				
004	丽洁印染	11-11-28	8863001	6700	1000		30				
005	宏图印染	11-12-3	5646787	6900	6900		20				
006	春来之有限	11-12-10	3423614	12000			30				
007	建翔商贸	11-12-13	4310325	22400	8000		60				
008	丽洁印染	11-12-20	2222006	45000	20000		60				
009	伟业设计	11-12-22	6565564	5600			20				
010	建翔商贸	11-12-30	6856321	9600			20				
011	宏图印染	12-1-2	7645201	5650			30				
012	春来之有限	12-1-3	5540301	43000	2000		60				
013	建翔商贸	12-1-12	4355002	15000			20				
014	春来之有限	12-1-13	2332650	33400	5000		30				
015	丽洁印染	12-1-29	3423651	36700	2000		30				
016	伟业设计	12-1-29	5540332	20000	10000		40				
017	宏图印染	12-1-29	4355045	8800			15				

应收账款清单 / 分客户分析应收账款的账龄 / 应付账款清单 / Sheet3

输入已知数据

图12-38

12.5.2　设置公式分析各项应付账款

应付账款清单表中的到期日期、逾期天数、逾期余额等数据需要通过公式计算得到。

❶ 选中G4单元格，在公式编辑栏中输入公式：

```
=IF(E4="","",E4-F4)
```

按Enter键即可根据发票金额与已付金额计算出应付余额。

❷ 向下复制G4单元格的公式，可以得到每条应付账款的应付余额，如图12-39所示。

G4　=IF(E4="","",E4-F4)

	A	B	C	D	E	F	G	H	I
1	应付账款清单								
2		当前日期	2012-2-14						
3	序号	供应商简称	发票日期	发票号码	发票金额	已付金额	余额	结帐期	到期日期
4	001	丽洁印染	11-11-24	5425601	58500	10000	48500	30	
5	002	伟业设计	11-11-23	4545688	4320	4320	0	15	
6	003	春来之有限	11-11-25	6723651	20000		20000	60	
7	004	丽洁印染	11-11-28	8863001	6700	1000	5700	30	
8	005	宏图印染	11-12-3	5646787	6900	6900	0	20	
9	006	春来之有限	11-12-10	34236			12000	30	
10	007	建翔商贸	11-12-13	4310325	22400	8000	14400	60	
11	008	丽洁印染	11-12-20	2222006	45000	20000	25000	60	
12	009	伟业设计	11-12-22	6565564	5600		5600	20	
13	010	建翔商贸	11-12-30	6856321	9600		9600	20	
14	011	宏图印染	12-1-2	7645201	5650		5650	30	
15	012	春来之有限	12-1-3	5540301	43000	2000	41000	60	
16	013	建翔商贸	12-1-12	4355002	15000		15000	20	
17	014	春来之有限	12-1-13	2332650	33400	5000	20400	30	

复制公式

应收账款清单　分客户分析应收账款的账龄　应付账款清单　Sheet3

图12-39

❸ 选中I4单元格，在公式编辑栏中输入公式：

```
=IF(C4="","",C4+H4)
```

按Enter键即可根据发票日期与结账期计算出到期日期，如图12-40所示。

I4　=IF(C4="","",C4+H4)

	A	B	C	D	E	F	G	H	I	J
1	应付账款清单									
2		当前日期	2012-2-14							
3	序号	供应商简称	发票日期	发票号码	发票金额	已付金额	余额	结帐期	到期日期	状
4	001	丽洁印染	11-11-24	5425601	58500	10000	48500	30	11-12-24	
5	002	伟业设计	11-11-23	4545688	4320	4320	0	15		
6	003	春来之有限	11-11-25	6723651	20000		20000	60		
7	004	丽洁印染	11-11-28	8863001	6700	1000	5700	30		

图12-40

❹ 选中J4单元格，在公式编辑栏中输入公式：

```
=IF(F4=E4,"已冲销 √",IF($C$2>I4,"已逾期","未到结账期"))
```

按Enter键即可根据发票日期与到期日期返回其当前状态，如图12-41所示。

J4 =IF(F4=E4,"已冲销√",IF($C$2>I4,"已逾期","未到结账期"))

	B	C	D	E	F	G	H	I	J	K
1	应付账款清单									
2	当前日期	2012-2-14								
3	供应商简称	发票日期	发票号码	发票金额	已付金额	余额	结帐期	到期日期	状态	逾期
4	丽洁印染	11-11-24	5425601	58500	10000	48500	30	11-12-24	已逾期	
5	伟业设计	11-11-23	4545688	4320	4320	0	15			
6	春来之有限	11-11-25	6723651	20000		20000	60			
7	丽洁印染	11-11-28	8863001	6700	1000	5700	30			

图12-41

5 选中K4单元格，在公式编辑栏中输入公式：

=IF(E4="","",IF(J4="未到结帐期",0,E4-F4))

按Enter键即可首先判断该项应付账款是否逾期，如果逾期，则根据当前日期与到期日期计算出其逾期天数，如图12-42所示。

K4 =IF(J4="已逾期",$C$2-I4,"")

	B	C	D	E	F	G	H	I	J	K	
1	应付账款清单										
2	当前日期	2012-2-14									
3	供应商简称	发票日期	发票号码	发票金额	已付金额	余额	结帐期	到期日期	状态	逾期天数	已逾
4	丽洁印染	11-11-24	5425601	58500	10000	48500	30	11-12-24	已逾期	52	
5	伟业设计	11-11-23	4545688	4320	4320	0	15				
6	春来之有限	11-11-25	6723651	20000		20000	60				
7	丽洁印染	11-11-28	8863001	6700	1000	5700	30				

图12-42

6 选中L4单元格，在公式编辑栏中输入公式：

=IF(J4="已逾期",$C$2-I4,"")

按Enter键即可判断J列显示的是否为“未到结账期”，如果是将返回0值；如果不是则根据发票金额与已付金额计算出应付余额，如图12-43所示。

L4 =IF(E4="","",IF(J4="未到结账期",0,E4-F4))

	E	F	G	H	I	J	K	L
1	应付账款清单							
2								
3	发票金额	已付金额	余额	结帐期	到期日期	状态	逾期天数	已逾期余额
4	58500	10000	48500	30	11-12-24	已逾期	52	48500
5	4320	4320	0	15	11-12-8			
6	20000		20000	60	12-1-24			
7	6700	1000	5700	30	11-12-28			

图12-43

7 选中I4:L4单元格区域，将光标定位到该单元格区域右下角，当出现黑色十字形时，按住鼠标左键向下拖动，释放鼠标即可快速返回各条应付账款的到期日期、状态、逾期天数和已逾期余额，如图12-44所示。

应付账款清单

当前日期 2012-2-14

序号	供应商简称	发票日期	发票号码	发票金额	已付金额	余额	结帐期	到期日期	状态	逾期天数	已逾期余额
001	丽洁印染	11-11-24	5425601	58500	10000	48500	30	11-12-24	已逾期	52	48500
002	伟业设计	11-11-23	4545688	4320	4320	0	15	11-12-8	已冲销√		0
003	春来之有限	11-11-25	6723651	20000		20000	60	12-1-24	已逾期	21	20000
004	丽洁印染	11-11-28	8863001	6700	1000	5700	30	11-12-28	已逾期	48	5700
005	宏图印染	11-12-3	5646787	6900	6900	0	20	11-12-23	已冲销√		0
006	春来之有限	11-12-10	3423614	12000		12000	30	12-1-9	已逾期	36	12000
007	建翔商贸	11-12-13	4310325	22400	8000	14400	60	12-2-11	已逾期	3	14400
008	丽洁印染	11-12-20	2222006	45000	20000	25000	60	12-2-18	未到结账期		0
009	伟业设计	11-12-22	6565564	5600		5600	20	12-1-11	已逾期	34	5600
010	建翔商贸	11-12-30	6856321	9600		9600	20	12-1-19	已逾期	26	9600
011	宏图印染	12-1-2	7645201	5650		5650	30	12-2-1	已逾期	13	5650
012	春来之有限	12-1-3	5540301	43000	2000	41000	60	12-3-3	未到结账期		0
013	建翔商贸	12-1-12	4355002	15000		15000	20	12-2-1	已逾期	13	15000
014	春来之有限	12-1-13	2332650	33400	5000	28400	30	12-2-12	已逾期	2	28400
015	丽洁印染	12-1-29	3423651	36700	2000	34700	30	12-2-28	未到结账期		0
016	伟业设计	12-1-29	5540332	20000	10000	10000	40	12-3-9	未到结账期		0
017	宏图印染	12-1-29	4355045	8800		8800	15	12-2-13	已逾期	1	8800

分客户分析应收账款的账龄 / 应收账款清单 / 应付账款清

图12-44

12.5.3 查看应付账款逾期天数超过30天的记录

如果当前表格中应付账款的记录很多，则可以通过筛选的方法来快速查看应付账款逾期天数超过30天的记录。

❶ 在“应付账款清单”表中，选中列标识，在“数据”选项卡下的“排序和筛选”选项组中单击“筛选”按钮，即可添加自动筛选，如图12-45所示。

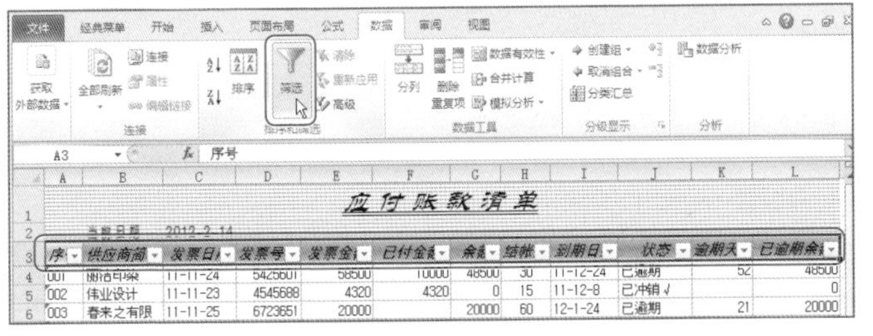

图12-45

❷ 单击“逾期天数”右侧的下拉按钮，展开下拉列表，依次定位到“数字筛选”→“大于”，如图12-46所示。

❸ 单击鼠标，打开“自定义自动筛选方式”对话框，设置“逾期天数”为“大于”和“30”，如图12-47所示。

❹ 单击“确定”按钮即可显示出所有逾期天数大于30天的应付账款记录，如图12-48所示。

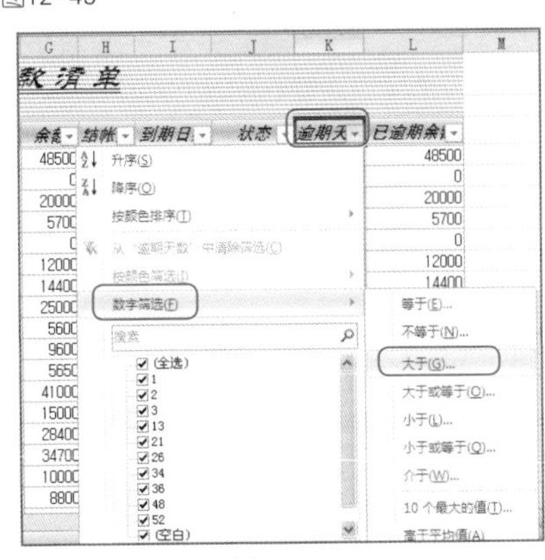

图12-46

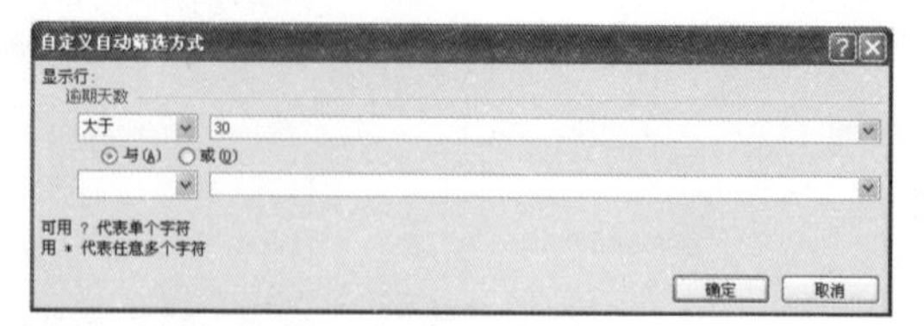

图12-47

应付账款清单

当前日期 2012-2-14

序	供应商简	发票日	发票号	发票金	已付金	余	结帐	到期日	状态	逾期天	已逾期余
001	丽洁印染	11-11-24	5425601	58500	10000	48500	30	11-12-24	已逾期	52	48500
004	丽洁印染	11-11-28	8863001	6700	1000	5700	30	11-12-28	已逾期	48	5700
006	春来之有限	11-12-10	3423614	12000		12000	30	12-1-9	已逾期	36	12000
009	伟业设计	11-12-22	6565564	5600		5600	20	12-1-11	已逾期	34	5600

图12-48

12.6 各往来客户总应付账款统计

根据建立完成的应付账款清单，可以利用公式计算分客户统计出应收账款金额。

12.6.1 建立“各往来单位应付账款统计”表

❶ 在“Sheet3”工作表标签上双击鼠标左键，将工作表重命名为“各往来单位应付账款统计”。

❷ 输入各供应商名称，建立“应付金额”、“已付金额”、“已逾期应付金额”列，设置表格格式，如图12-49所示。

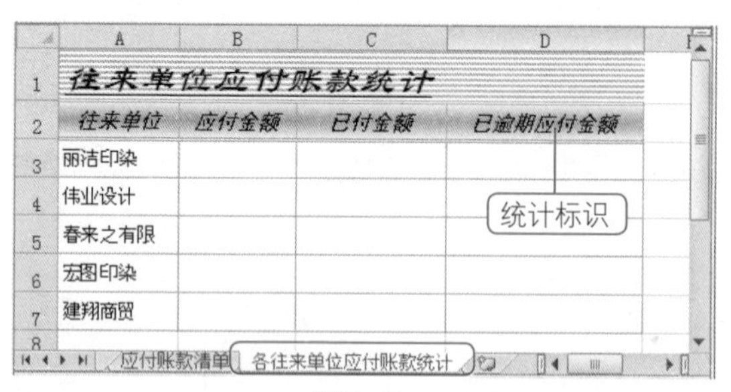

往来单位应付账款统计

往来单位	应付金额	已付金额	已逾期应付金额
丽洁印染			
伟业设计			
春来之有限			
宏图印染			
建翔商贸			

图12-49

❸ 选中B3单元格，在公式编辑栏中输入公式：

```
=SUMIF(应付账款清单!$B$4:$B$50,A3,应付账款清单!$E$4:$E$21)
```

按Enter键即可从“应付账款清单”中统计出对A3单元格单位的应付账款总

计金额，如图12-50所示。

B3 =SUMIF(应付账款清单!$B$4:$B$50,A3,应付账款清单!$E$4:$E$21)

	A	B	C	D
1	往来单位应付账款统计			
2	往来单位	应付金额	已付金额	已逾期应付金额
3	丽洁印染	161900		
4	伟业设计			
5	春来之有限			
6	宏图印染			
7	建翔商贸			

图12-50

公式分析

=SUMIF(应付账款清单!$B$4:$B$50,A3,应付账款清单!$E$4:$E$21)

在“应付账款清单!$B$4:$B$50”单元格区域中寻找与A3单元格相同的名称，将所有找到的记录对应在“应付账款清单!$E$4:$E$2”单元格区域上的相加。

应用函数

SUNIF函数

用于按照指定条件对若干单元格、区域或引用求和。

SUMIF(range,criteria,sum_range)

4 选中C3单元格，在公式编辑栏中输入公式：

=SUMIF(应付账款清单!$B$4:$B$50,A3,应付账款清单!$F$4:$F$21)

按Enter键即可从“应付账款清单”中统计出对A3单元格单位的已付账款总计金额，如图12-51所示。

C3 =SUMIF(应付账款清单!$B$4:$B$50,A3,应付账款清单!$F$4:$F$21)

	A	B	C	D
1	往来单位应付账款统计			
2	往来单位	应付金额	已付金额	已逾期应付金额
3	丽洁印染	161900	33000	
4	伟业设计			
5	春来之有限			
6	宏图印染			
7	建翔商贸			

图12-51

5 选中D3单元格，在公式编辑栏中输入公式：

=SUMIF(应付账款清单!$B$4:$B$50,A3,应付账款清单!$L$4:$L$21)

按Enter键即可从“应付账款清单”中统计出对A3单元格单位的已逾期应付账款总计金额，如图12-52所示。

D3　=SUMIF(应付账款清单!$B$4:$B$50,A3,应付账款清单!$L$4:$L$21)

	A	B	C	D
1	往来单位应付账款统计			
2	往来单位	应付金额	已付金额	已逾期应付金额
3	丽洁印染	161900	33000	54200
4	伟业设计			
5	春来之有限			
6	宏图印染			
7	建翔商贸			

图12-52

❻ 选中B3:D3单元格区域，将光标定位到右下角，出现黑色十字形时按住鼠标左键向下拖动，即可得出每个往来客户的应付账款总额、已付账款总额、已逾期应付金额，如图12-53所示。

	A	B	C	D
1	往来单位应付账款统计			
2	往来单位	应付金额	已付金额	已逾期应付金额
3	丽洁印染	161900	33000	54200
4	伟业设计	29920	14320	5600
5	春来之有限	108400	7000	60400
6	宏图印染	21350	6900	14450
7	建翔商贸	47000	8000	39000

应付账款清单　各往来单位应付账款统计

图12-53

12.6.2　分析各往来单位应付账款占比

在统计出每个往来单位的应付账款后，可以建立图表来分析每个往来单位的应付账款额占总应付账款的比例。

❶ 选中A2:A7与D2:D7单元格区域，切换到“插入”选项卡，在“图表”选项组中单击“饼图”按钮，展开下拉菜单，如图12-54所示。

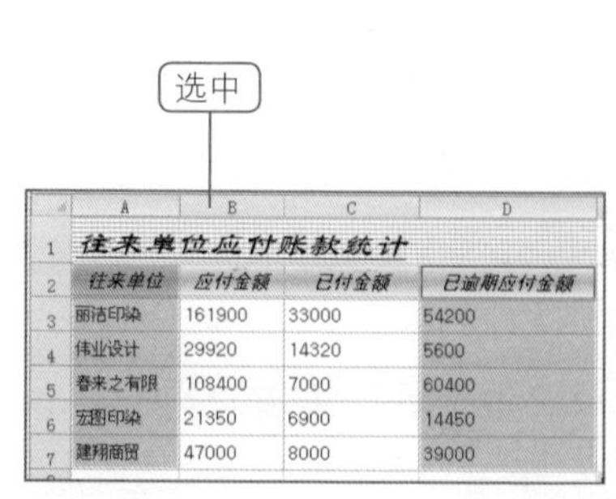

	A	B	C	D
1	往来单位应付账款统计			
2	往来单位	应付金额	已付金额	已逾期应付金额
3	丽洁印染	161900	33000	54200
4	伟业设计	29920	14320	5600
5	春来之有限	108400	7000	60400
6	宏图印染	21350	6900	14450
7	建翔商贸	47000	8000	39000

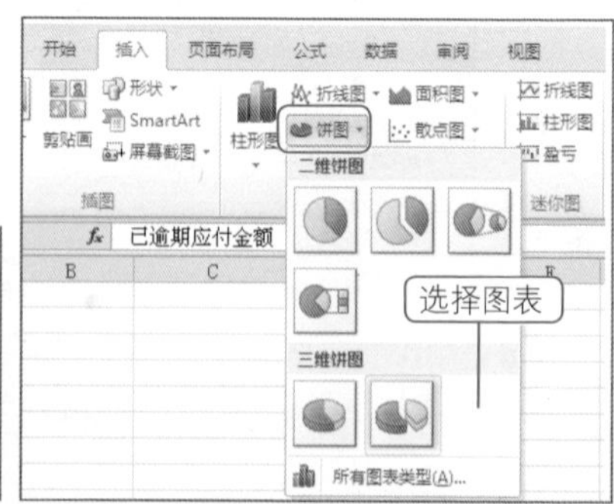

图12-54

❷ 单击“分离型三维饼图”按钮即可新建图表，如图12-55所示。

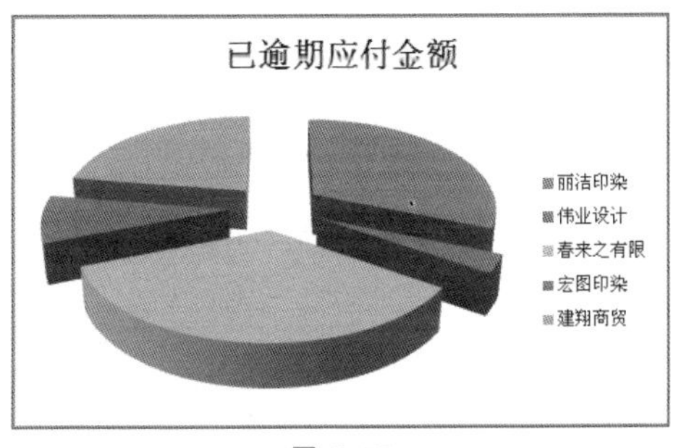

图12-55

❸ 选中图表，在“图表工具”→“布局”选项卡下单击“数据标签”按钮，在下拉菜单中选择“其他数据标签选项”命令，打开“设置数据标签格式”对话框。

❹ 选中“类别名称”与“百分比”复选框，如图12-56所示。

❺ 切换到“数字”标签下，在“类别”列表框中选择“百分比”选项，并设置小数位数为“2”，如图12-57所示。

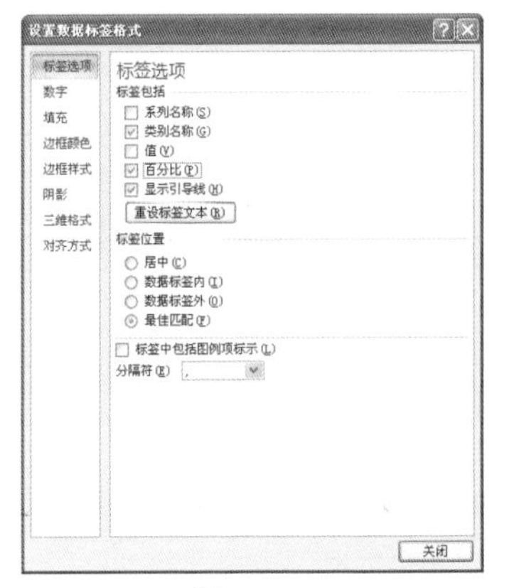

图12-56

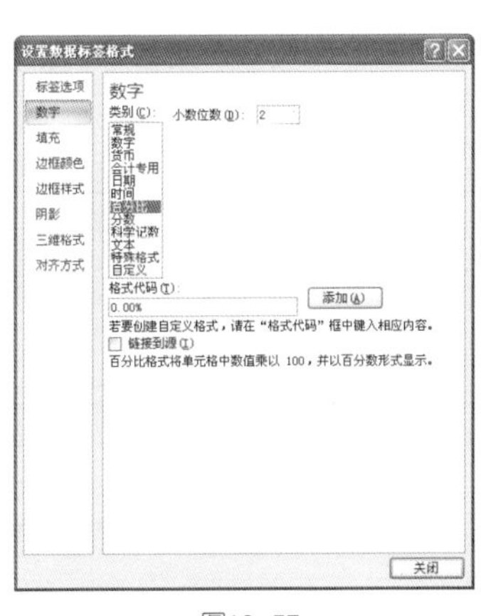

图12-57

❻ 关闭“设置数据标签格式”对话框，在标题编辑框中重新输入图表标题，删除图例，并设置图表中的文字格式。设置完成后的图表如图12-58所示。

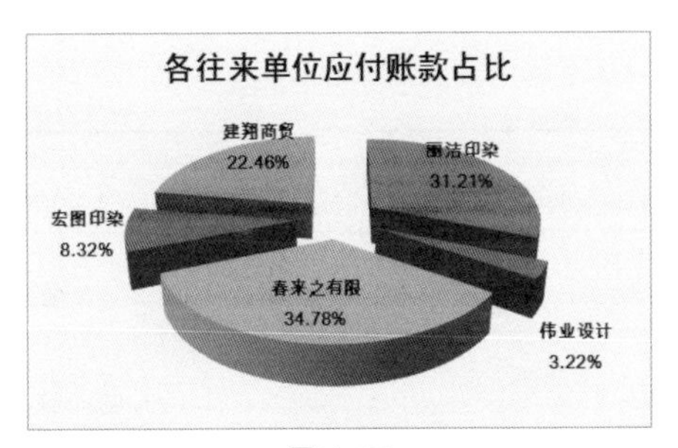

图12-58

读书笔记

第13章

设计动态图表

——动态显示企业各分部支出费用情况

实例概述与设计效果展示

创建列表式动态图可以实现像操作单元格列表一样操作图表，快速地更改图表的数据源。本实例中将介绍如何运用Excel 2010软件来设计一份完整的列表式动态图表，学习了动态图表后，可以尝试设计其他类型的列表框式动态图表。

如下图是设计完成的列表框式动态图表，通过对局部设计的放大，用户可以清楚地了解该动态图表包含的设计重点是什么。

B5 =VLOOKUP($A$5,分部支出汇总!$A$2:$J$11,COLUMN(B1),FALSE)

	A	B	C	D	E	F	G	H	I	J
4		2003年	2004年	2005年	2006年	2007年	2008年	2009年	2010年	2011年
5	工资及福利	178693	278564	378533	574293	434564	523922	590890	610850	658904

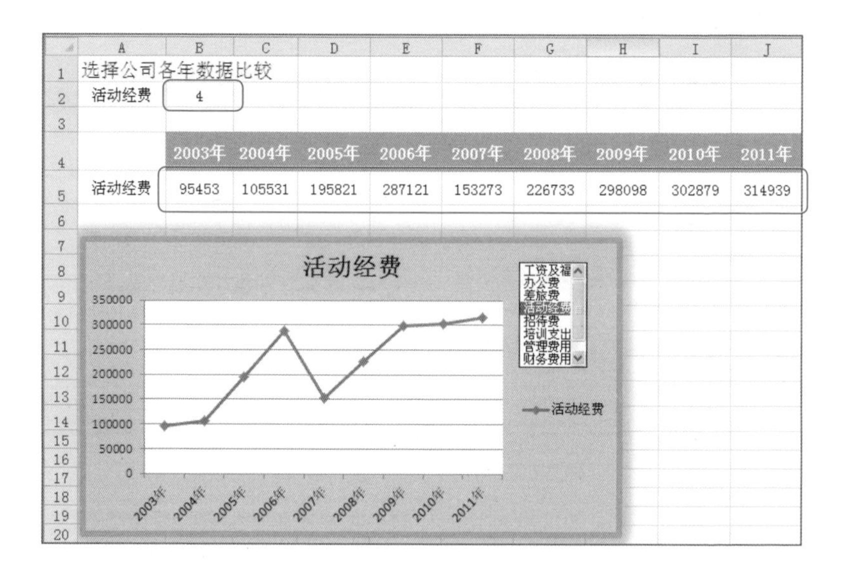

	A	B	C	D	E	F	G	H	I	J
1	选择公司各年数据比较									
2	活动经费	4								
3										
4		2003年	2004年	2005年	2006年	2007年	2008年	2009年	2010年	2011年
5	活动经费	95453	105531	195821	287121	153273	226733	298098	302879	314939

实例设计过程

为了方便讲解，这里将列表框式动态图表的制作过程分为几大步骤：创建数据源→使用OFFSET函数建立图表数据源→创建折线图→添加“开发工具”选项卡→在图表中添加控件按钮→图表优化设置，建议初学者按步骤进行操作，稍微熟练的读者也可以根据需要查看其中的某几个部分。下面为设计流程。

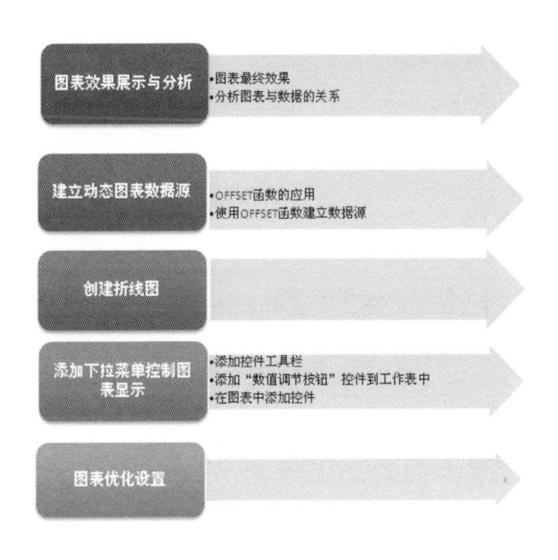

13.1 图表效果展示与分析

本例中建立的具有列表框的动态图表，可以实现像操作下拉菜单一样操作图表，从下拉菜单中选择“命令”后，图表可立即执行“命令”，快速地重新绘制。

13.1.1 图表最终效果

图13-1为公司各年度“办公费”的费用记录。

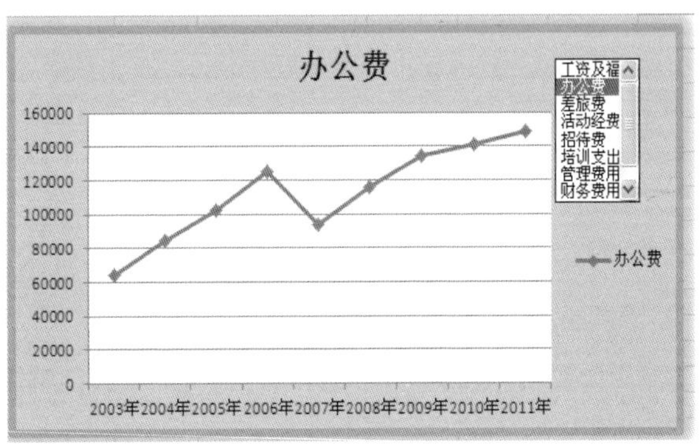

图13-1

图13-2为公司各年度“培训支出”的费用记录。

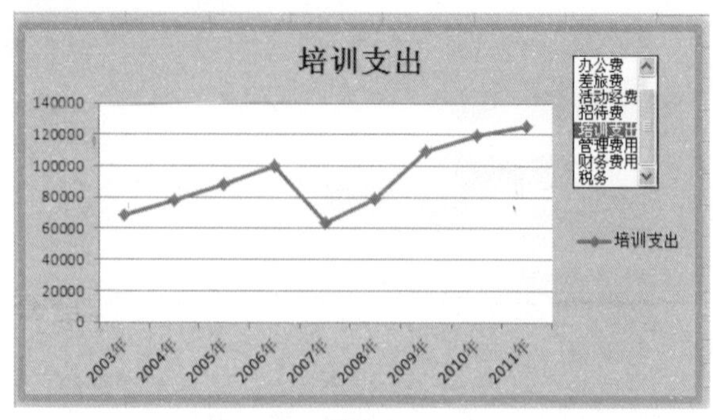

图13-2

13.1.2 分析图表与数据的关系

图13-1与图13-2所示动态图表的数据关系如下。

- 在图右侧的列表中选中任意一个分部支出费用，都可以快速地绘制出近年来费用的支出情况。
- 图例随着选择的对象同步更改。

13.2 建立动态图表数据源

设置好出入库统计表的基本信息后，用户可以手动输入入库数量和出库数量，以计算出入库金额与出库金额，还可以建立图比较各品牌的入库数量与入库金额。

13.2.1 OFFSET函数的应用

OFFSET函数是引用查找函数的一种，是以指定的引用为参照系，通过给定偏移量得到新的引用。返回的引用可以为一个单元格或单元格区域，并可以指定返回的函数或列数。

函数语法：

OFFSET（reference,rows,cols,height,width）

参数说明：

- Reference：表示作为偏移量参照系的引用区域。Reference必须为单元格或相连单元格区域的引用；否则，OFFSET函数返回错误值“VALUE！”
- Rows：表示相对于偏移量参照系的左上角单元格，上（下）偏移的行数，如果使用5作为参数Rows，则说明目标引用区域的左上角单元格比

Reference低5行。行数可为正数（代表在起始引用的下方）或负数（代表在起始引用的上方）。

- Cols：表示相对于偏移量参照系的左上角单元格，左（右）偏移的列数。如果使用5作为参数Cols，则说明目标引用区域的左上角的单元格比Reference靠右5列。列数可为正数（代表在起始引用的右边）或负数（代表在起始引用的左边）。
- Height：高度，即所要返回的引用区域的行数。Height必须为正数。
- Width：宽度，即所要返回的引用区域的列数。Width必须为正数。

13.2.2 使用OFFSET函数建立数据源

动态图标是图表的高级应用，要建立动态图表，需要配合函数与公式来实现，具体操作方法如下。

❶ 打开“公司各分部费用支出”工作表，在“Sheet2”工作表标签上双击，重命名为“选择公司各年数据比较”。

❷ 在B2单元格中输入数值1，选中A2单元格，在公式编辑栏中输入公式：

=CHOOSE(B2,分部支出汇总!A3,分部支出汇总!A4,分部支出汇总!A5,分部支出汇总!A6,分部支出汇总!A7,分部支出汇总!A8,分部支出汇总!A9,分部支出汇总!A10,分部支出汇总!A11)

按Enter键，即可返回第一个分部费用的名称，如图13-3所示。

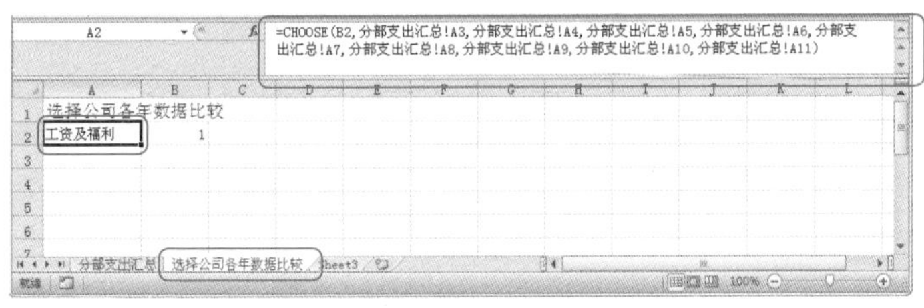

图13-3

公式分析

=CHOOSE(B2,分部支出汇总!A3,分部支出汇总!A4,分部支出汇总!A5,分部支出汇总!A6,分部支出汇总!A7,分部支出汇总!A8,分部支出汇总!A9,分部支出汇总!A10,分部支出汇总!A11)

CHOOSE函数用于给定的参数中返回指定的值，本例中返回“分部支出汇总!A3,分部支出汇总!A4,分部支出汇总!A5,分部支出汇总!A6,分部支出汇总!A7,分部支出汇总!A8,分部支出汇总!A9,分部支出汇总!A10,分部支出汇总!A11)”中的一个值，具体是哪个值，由B2单元格来指定。

❸ 在第4行中建立年份列标识。选中A5单元格，在公式编辑栏中输入公式：

```
=A2
```

按Enter键，即可返回A2单元格的值，如图13-4所示。

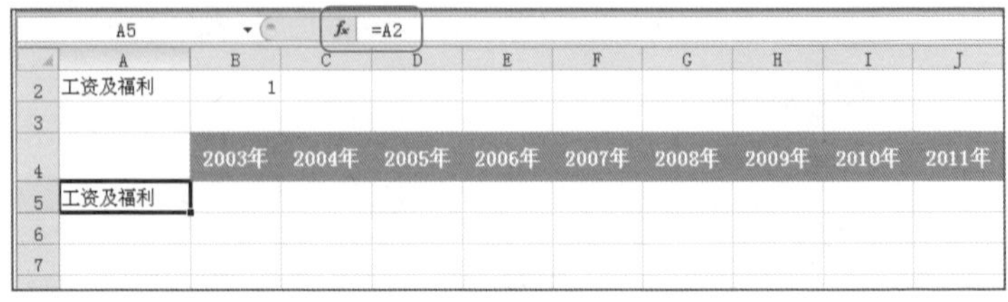

A5 =A2

	A	B	C	D	E	F	G	H	I	J
2	工资及福利	1								
3										
4		2003年	2004年	2005年	2006年	2007年	2008年	2009年	2010年	2011年
5	工资及福利									
6										
7										

图13-4

❹ 选中B5单元格，在公式编辑栏中输入公式：

```
=VLOOKUP($A$5,分部支出汇总!$A$2:$J$11,COLUMN(B1),FALSE)
```

按Enter键，即可得到A5单元格指定分部的2003年的数据，如图13-5所示。

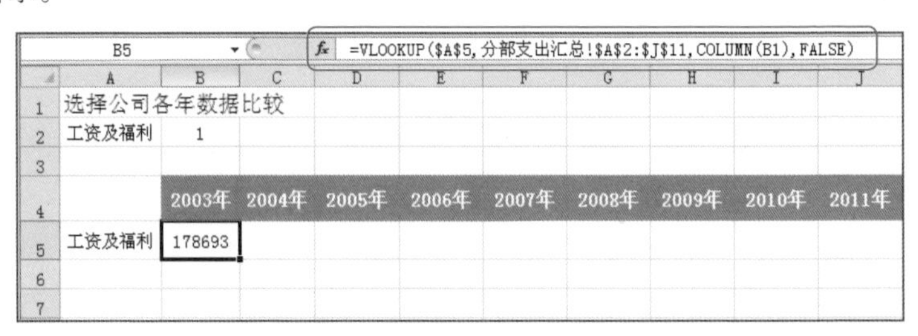

B5 =VLOOKUP($A$5,分部支出汇总!$A$2:$J$11,COLUMN(B1),FALSE)

	A	B	C	D	E	F	G	H	I	J
1	选择公司各年数据比较									
2	工资及福利	1								
3										
4		2003年	2004年	2005年	2006年	2007年	2008年	2009年	2010年	2011年
5	工资及福利	178693								
6										
7										

图13-5

❺ 选中B5单元格，将光标定位到单元格右下角，当光标变为黑色十字形时，向右拖动鼠标至J5单元格，即可依次返回A5单元格中指定分部的各个年份数据，如图13-6所示。

B5 =VLOOKUP($A$5,分部支出汇总!$A$2:$J$11,COLUMN(B1),FALSE)

	A	B	C	D	E	F	G	H	I	J	K
1	选择公司各年数据比较										
2	工资及福利	1									
3											
4		2003年	2004年	2005年	2006年	2007年	2008年	2009年	2010年	2011年	
5	工资及福利	178693	278564	378533	574293	434564	523922	590890	610850	658904	
6											
7											

图13-6

❻ 在B2单元格中输入数值2，第4、5行中显示的结果如图13-7所示。

❼ 在B2单元格中输入数值5，第4、5行中显示的结果如图13-8所示。

B2 | fx 2

	A	B	C	D	E	F	G	H	I	J	K
1	选择公司各年数据比较										
2	办公费	2									
3											
4		2003年	2004年	2005年	2006年	2007年	2008年	2009年	2010年	2011年	
5	办公费	64563	84527	102357	124587	93700	115463	134580	140863	148900	

图13-7

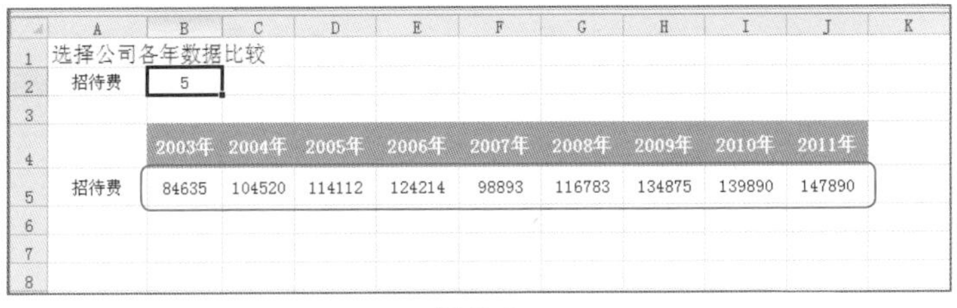

	A	B	C	D	E	F	G	H	I	J	K
1	选择公司各年数据比较										
2	招待费	5									
3											
4		2003年	2004年	2005年	2006年	2007年	2008年	2009年	2010年	2011年	
5	招待费	84635	104520	114112	124214	98893	116783	134875	139890	147890	
6											
7											
8											

图13-8

13.3 创建折线图

数据源创建完成后，接着可以先按常规方法创建图表。可以选择创建折线图，下面介绍具体的操作方法。

❶ 打开工作表，选中A4:J5单元格区域，切换到“插入”选项卡，在“图表”选项组单击“折线图”按钮，在其下拉列表中选择“带数据标记的折线图”选项，如图13-9所示。

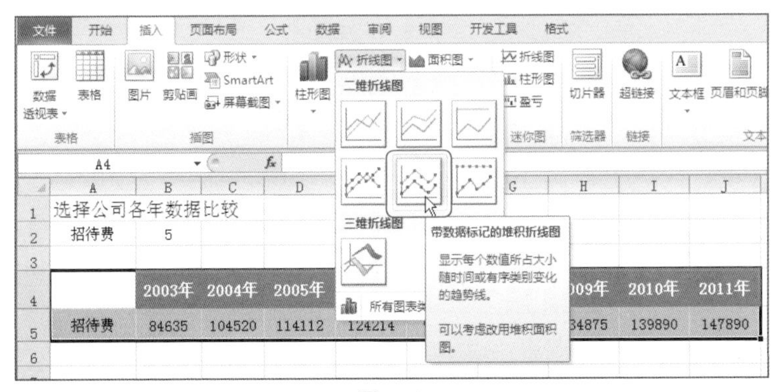

图13-9

❷ 返回工作表中，即可建立动态折线图，美化图表后的效果如图13-10所示。

❸ 可以通过更改B2单元格的值来控制图表的显示，如图13-11所示。

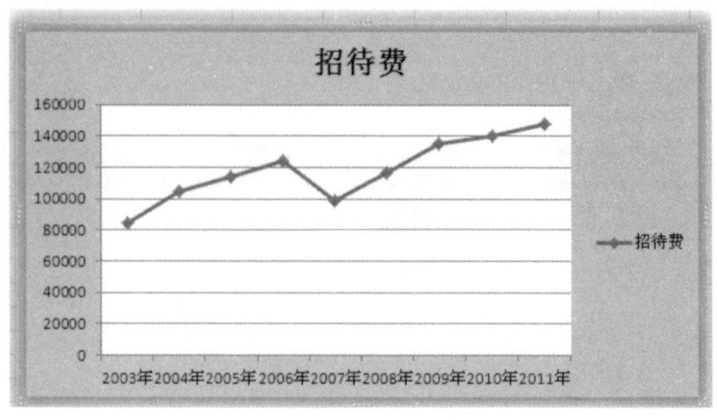

图13-10

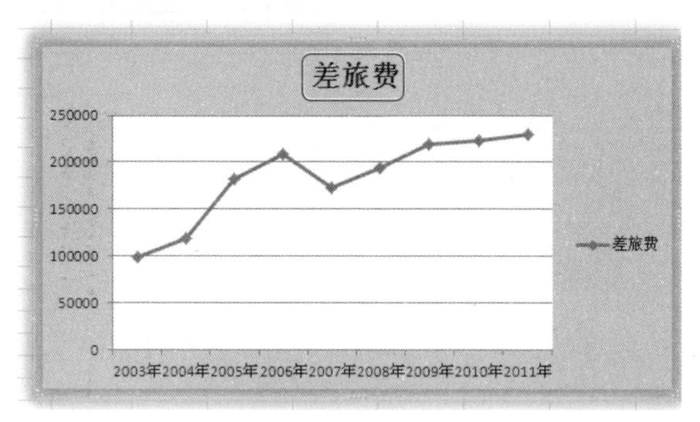

图13-11

13.4 添加下拉菜单控制图表显示

如果通过手工更改单元格的值来控制图表的显示，在实际操作中会有些不便，此时可以添加一些控件来控制图表的显示。

13.4.1 添加控件工具栏

如果采用手工更改方式变动单元格的值来控制图表的显示，可能有些不便，此时可以添加控件功能来为工作簿添加列表式控件，然后设置控件与变动单元格的链接，从而实现自主地控制图表的显示，具体操作方法如下。

❶ 打开工作表，单击“文件”标签，切换到Backstage视图窗，在左侧窗格中单击“选项”按钮，如图13-12所示。

❷ 打开“Excel选项”对话框，在左侧窗格中单击“自定义功能区”标签，接着单击“自定义功能区”下拉按钮，选择“主选项卡”选项，在下面的列表中选中“开发工具”复选框，如图13-13所示。

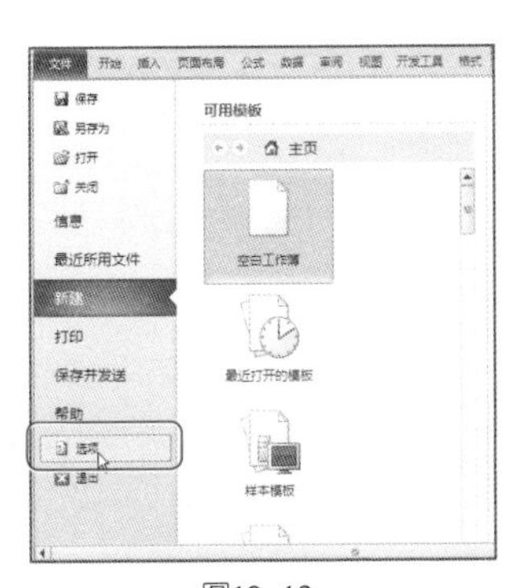

图13-12　　　　　　　　　　　　　　图13-13

③ 单击“确定”按钮，即可为工作表添加“开发工具”选项卡，在“开发工具”选项卡下，可以看到“控件”选项组，如图13-14所示。

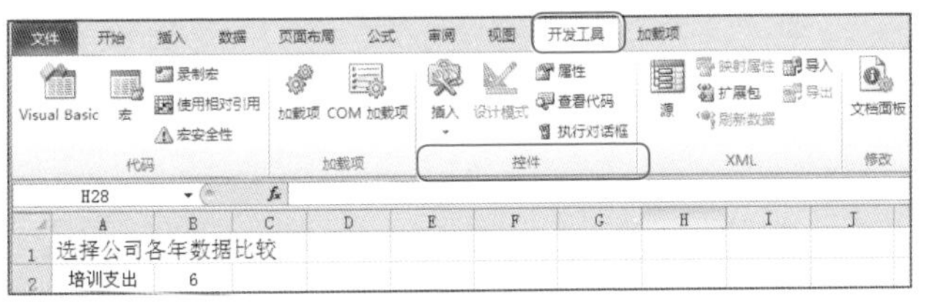

图13-14

知识点拨

要想隐藏“开发工具”选项卡，在“Excel选项”对话框中取消选中“开发工具”复选框即可。

13.4.2　在工作表中添加“数值调节按钮”控件

为工作表添加了“开发工具”选项卡后，可以在工作表中添加“数值调节按钮”控件来调节单元格，具体操作方法如下。

① 打开工作表，切换到“开发工具”选项卡，在“控件”选项组中单击“插入”按钮，在其下拉列表中选择“数值调节按钮”控件，如图13-15所示。

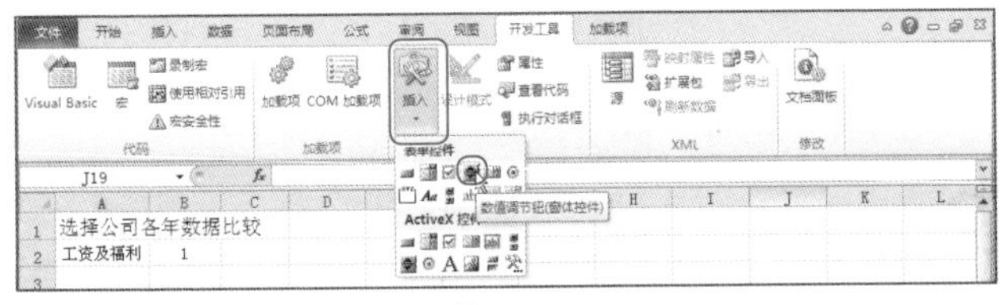

图13-15

第11章
第12章
第13章
第14章
第15章

❷ 返回工作表中，在B2单元格中绘制数值条件按钮。

❸ 选中数值调节按钮并右击，在快捷菜单中选择“设置控件格式”命令，如图13-16所示。

❹ 打开“设置控件格式”对话框，设置“最小值”为“1”、“最大值”为“10”，“步长”为1、“单元格链接”为“＄B＄2”，如图13-17所示。

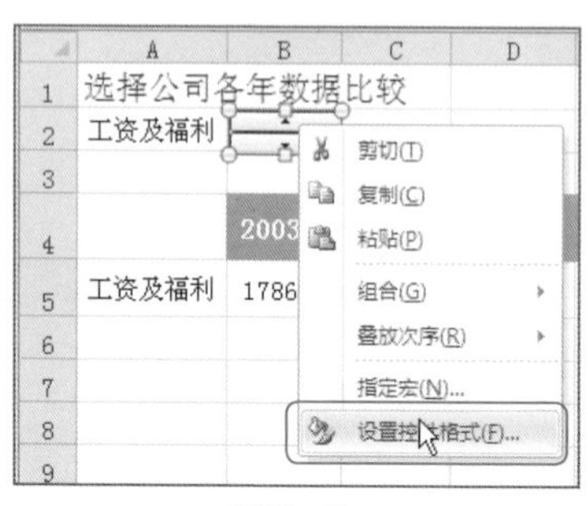

图13-16

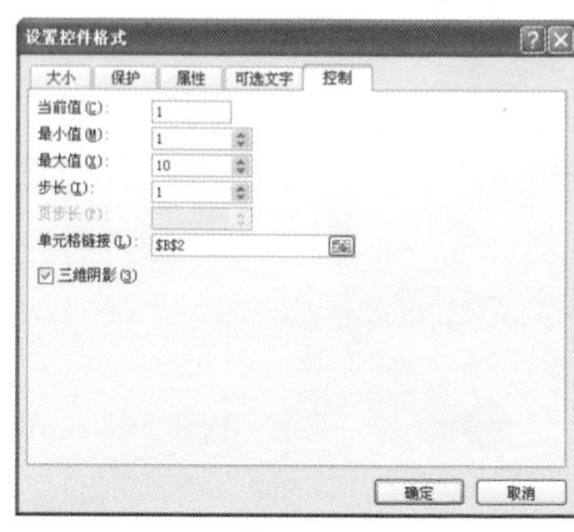

图13-17

❺ 单击“确定”按钮，返回工作表中，通过单击数值调节按钮即可实现各个分部名称的调整，同时第5行数据会发生相应的变化，如图13-18所示。

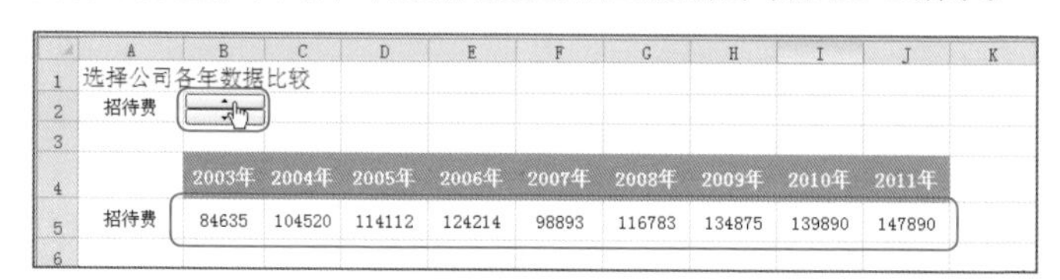

	A	B	C	D	E	F	G	H	I	J
1	选择公司各年数据比较									
2	招待费									
3										
4		2003年	2004年	2005年	2006年	2007年	2008年	2009年	2010年	2011年
5	招待费	84635	104520	114112	124214	98893	116783	134875	139890	147890

图13-18

13.4.3 在图表中添加控件

为工作表添加了“开发工具”选项卡后，可在“控件”选项组中为图表插入控件来控制图表显示，下面介绍具体操作方法。

❶ 打开工作表，切换到“开发工具”选项卡，在“控件”选项组中单击“插入”按钮，在其下拉列表中选择“列表框”控件，如图13-19所示。

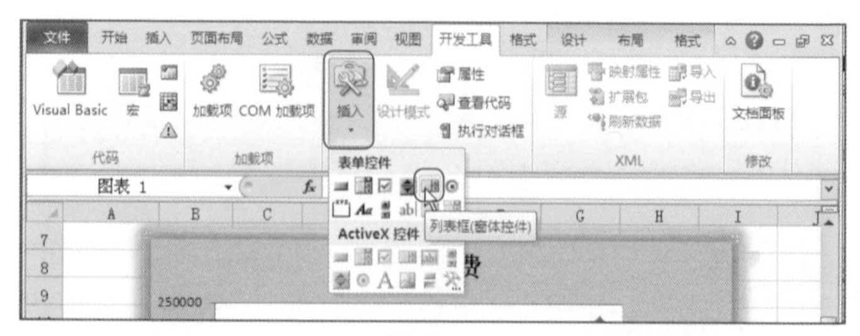

图13-19

❷ 返回工作表中，光标变成+形状，可以在图表中绘制列表框，如图13-20所示。

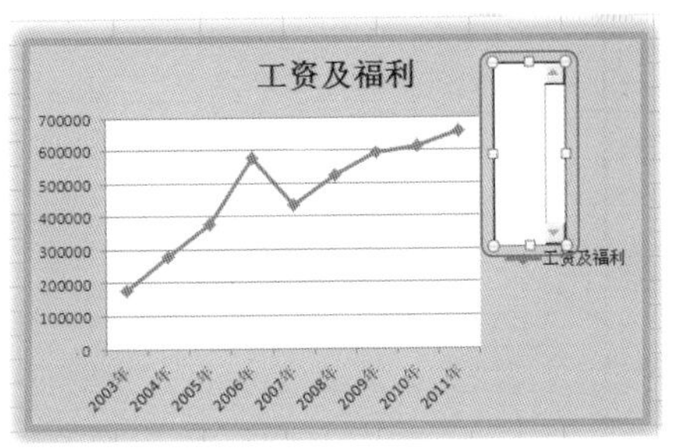

图13-20

❸ 选中列表框并右击，在快捷菜单中选择“设置控件格式”命令，如图13-21所示。

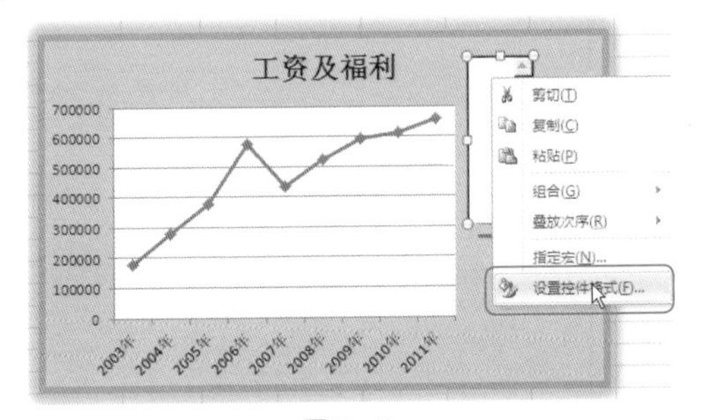

图13-21

❹ 打开“设置控件格式”对话框，将光标定位在“数据源区域”文本框中，在工作表中拖动鼠标选择数据源，即A3:A11单元格区域，如图13-22所示。

❺ 将光标定位到“单元格链接”文本框中，在工作表中拖动鼠标选取B3单元格，如图13-23所示。

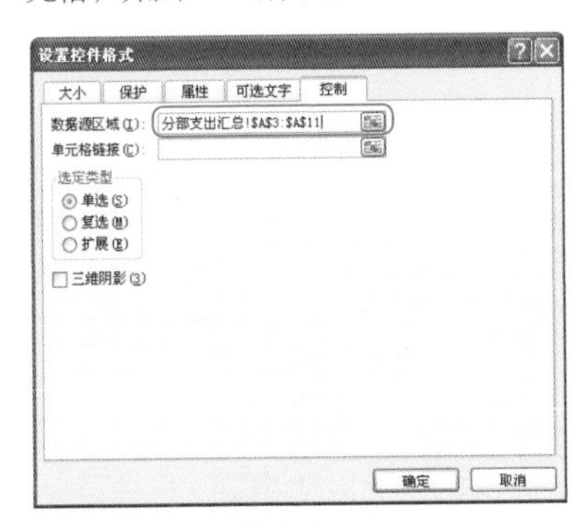

图13-22

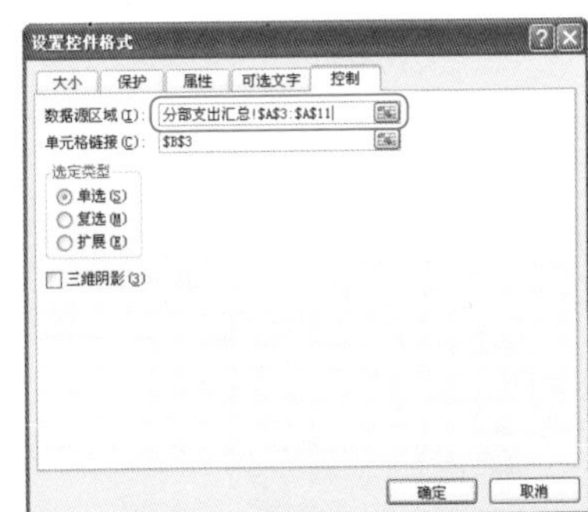

图13-23

❻ 单击“确定”按钮，返回工作表中，即可看到显示的列表菜单，如图13-24所示。

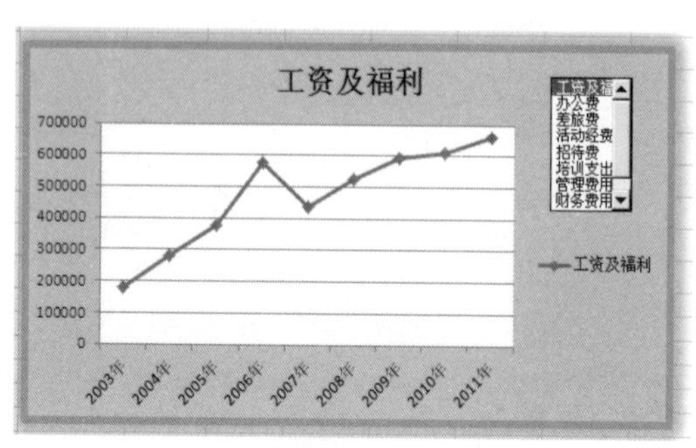

图13-24

❼ 单击列表框中的控件，即可更改图表数据源，如图13-25所示。

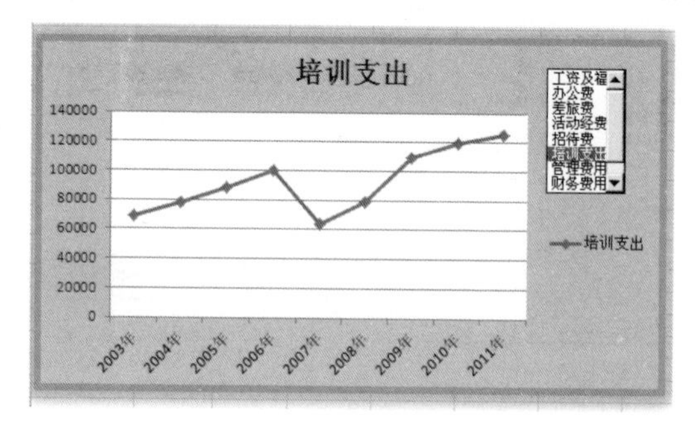

图13-25

专家提示

数据源区域为需要在下拉菜单中显示出的数据，此处为区域列，“单元格链接”为之前设置的变动单元格，此处为B2单元格。

13.5 图表优化设置

完成上述操作后，接着可以对图表进行优化设置。

❶ 选中图表垂直轴并右击，在快捷菜单中选择“设置坐标轴格式”命令，如图13-26所示。

❷ 打开“设置坐标轴格式”对话框，在左侧窗格中单击“数字”标签，接着在右侧窗格的“类别”列表框中选中“货币”选项，并设置小数位数为“1”，如图13-27所示。

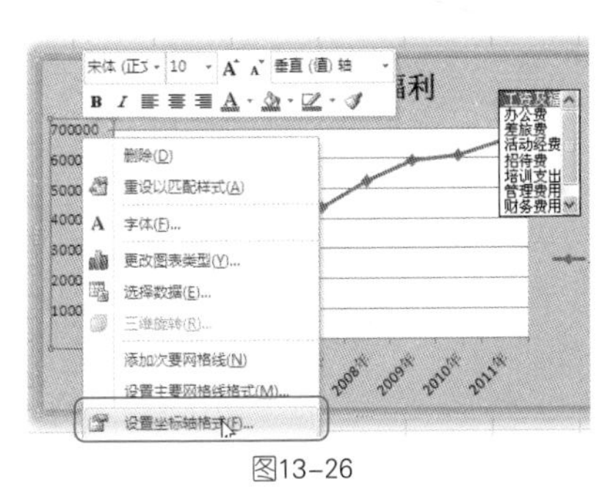
图13-26

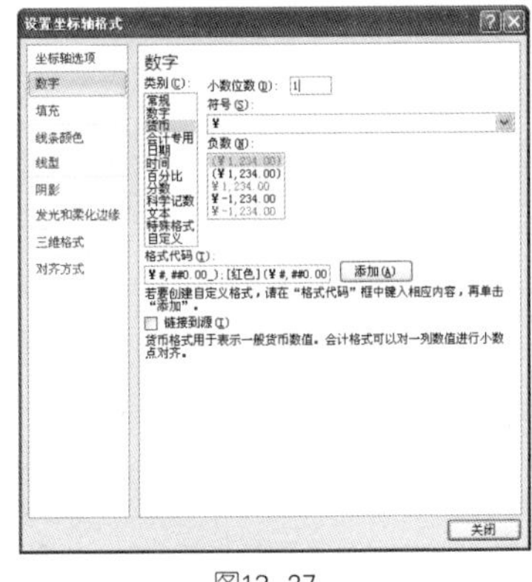
图13-27

❸ 设置完成后单击“关闭”按钮，即可看到图表中显示了货币刻度形式，如图13-28所示。

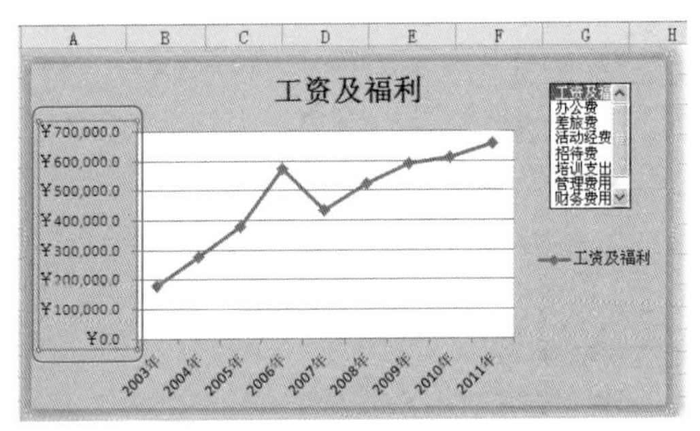

图13-28

❹ 选中图表，切换到“布局”选项卡，在“分析”选项组中单击“折线”按钮，在其下拉菜单中选择“垂直线”命令，如图13-29所示。

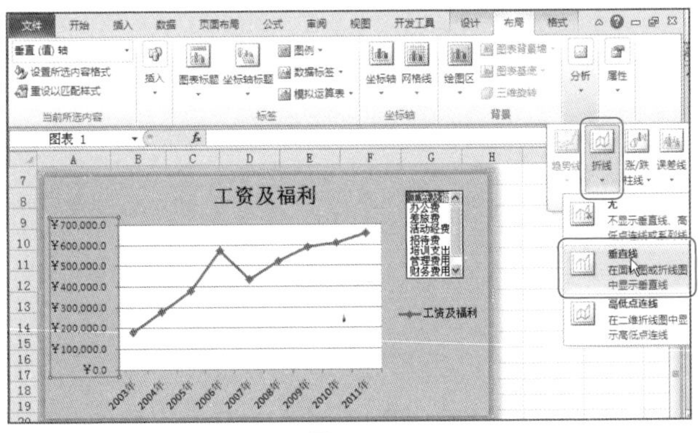
图13-29

5 选择“垂直线”命令后，即可为图表添加垂直线，添加后的效果如图13-30所示。

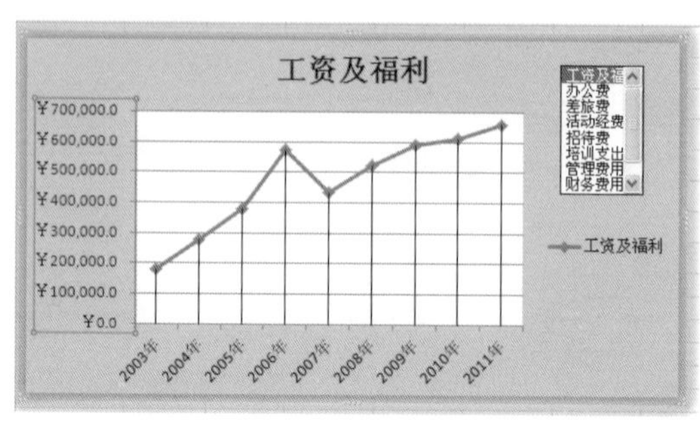

图13-30

6 设置完成后，用户还可以利用基础部分所介绍的方法对图表中的对象、文字格式进行设置。

动手练一练

用户可以根据自己的喜好来设置动态图表的格式和布局，设置的方法在基础部分已经介绍，通过对图表格式的设置，来达到美化图表的目的。

第14章

设计动态图表
——动态显示商品房的销售情况

实例概述与设计效果展示

建立下拉菜单式动态图表后，可以从列表框中选择需要查询的内容，直接在图表中直观地显示出数据，双下拉菜单的组合可以得到不同数据的组合，便于从多种角度进行分析。本实例中将介绍如何运用Excel 2010软件来设计一份完整的列表式动态图表，学习之后，用户可以完成类似保单动态图表的设计。

如下图是设计完成的双下拉菜单式动态图表，通过对局部设计的放大，用户可以清楚地了解该工作表包含的设计重点是什么。

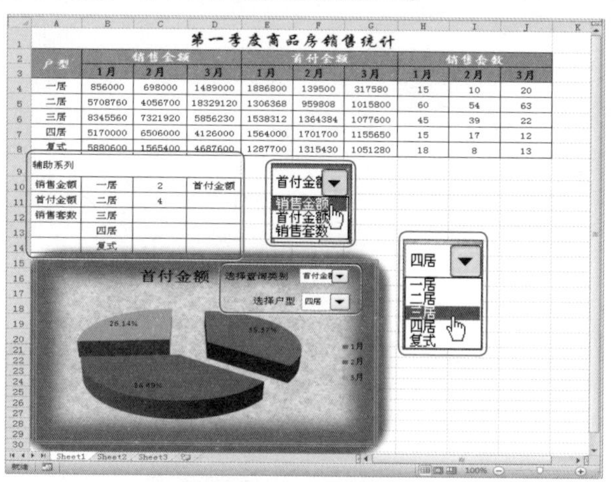

第一季度商品房销售统计

户型	销售金额			首付金额			销售套数		
	1月	2月	3月	1月	2月	3月	1月	2月	3月
一居	856000	698000	1489000	1886800	139500	317580	15	10	20
二居	5708760	4056700	18329120	1306368	959808	1015800	60	54	63
三居	8345560	7321920	5856230	1538312	1364384	1077600	45	39	22
四居	5170000	6506000	4126000	1564000	1701700	1155650	15	17	12
复式	5880600	1565400	4687600	1287700	1315430	1051280	18	8	13

实例设计过程

为了方便讲解，这里将整个双下拉菜单式动态图表的制作过程分为几大步骤：创建图表数据源→建立辅助系列→设置图表名称引用单元格的公式→定义图表数据系列名称→建立图表→添加下拉菜单式控件→优化图表。建议初学者按步骤进行操作，稍微熟练的读者也可以根据需要查看其中的某几个部分。右图为设计流程。

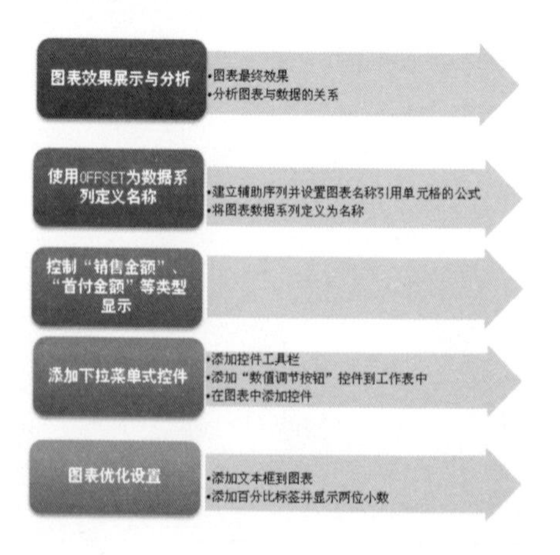

14.1　图表效果展示与分析

在房地产行业中，需要查看不同户型在一定时间内的销售套数、金额、以及首付金额。本例中将根据一个季度的销售情况，建立双下拉菜单式动态图表，在从下拉菜单中选择选项来显示图表时，它们任意的组合都可以得到不同的显示结果，从而便于从多种角度分析数据。

14.1.1　图表最终效果

图14-1为“二居”式户型第一季度的销售金额记录。

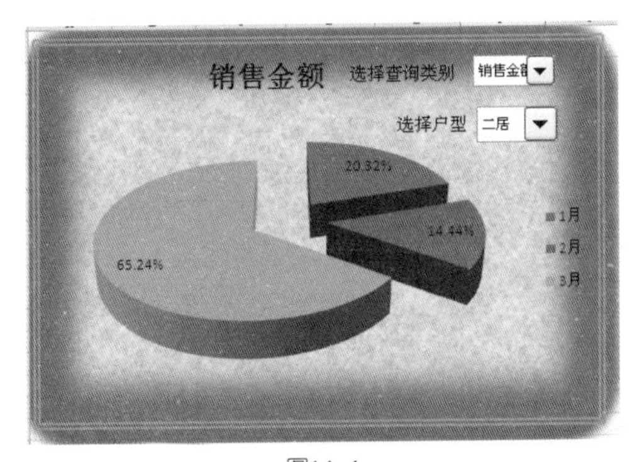

图14-1

图14-2“复式”为户型第一季度的首付金额记录。

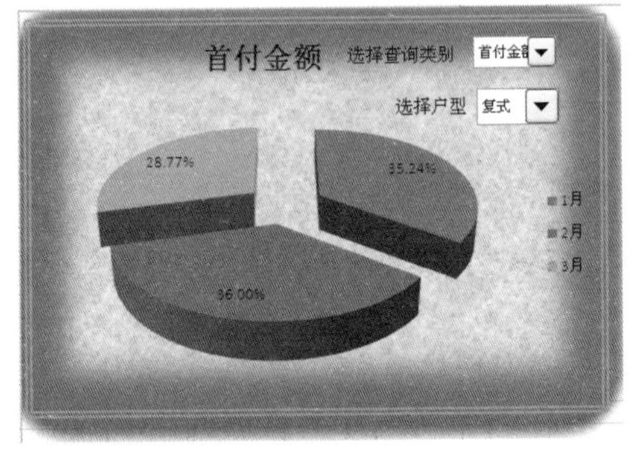

图14-2

14.1.2　分析图表与数据的关系

图14-1与图14-2所示动态图表的数据优势如下。

- 可以在“选择查询类别”下拉菜单中选择要查询的类别，从而通过图表查看结果。

- 可以在“选择户型”下拉菜单中选择任意户型，从而通过图表查看结果。
- 两个下拉菜单中的不同组合项，可以得到不同的图表。

14.2 使用OFFSET为数据系列定义名称

使用OFFSET函数可以为要创建动态图表的数据源建立辅助系列，并为数据系列定义名称，以方便图表的创建。

14.2.1 建立辅助序列并设置图表名称引用单元格的公式

为了方便使用后面的公式来建立数据系列对数据进行引用，首先要在工作表中建立辅助系列，具体操作方法如下。

❶ 打开“第一季度商品房销售统计”工作表，在工作表空白区域建立如图14-3所示的辅助系列。

	A	B	C	D	E	F	G	H	I	J
1	第一季度商品房销售统计									
2	户型	销售金额			首付金额			销售套数		
3		1月	2月	3月	1月	2月	3月	1月	2月	3月
4	一居	856000	698000	1489000	1886800	139500	317580	15	10	20
5	二居	5708760	4056700	18329120	1306368	959808	1015800	60	54	63
6	三居	8345560	7321920	5856230	1538312	1364384	1077600	45	39	22
7	四居	5170000	6506000	4126000	1564000	1701700	1155650	15	17	12
8	复式	5880600	1565400	4687600	1287700	1315430	1051280	18	8	13
9	辅助系列									
10	销售金额	一居	1							
11	首付金额	二居	1							
12	销售套数	三居								
13		四居								
14		复式								

图14-3

❷ 选中D10单元格，在公式编辑栏中输入公式：

```
=OFFSET(A2,,C10*3-2,1,)
```

按Enter键，即可根据C10单元格的值显示出系列名称，如图14-4所示。

D10 =OFFSET(A2,,C10*3-2,1,)

	A	B	C	D	E	F	G	H
6	三居	8345560	7321920	5856230	1538312	1364384	1077600	45
7	四居	5170000	6506000	4126000	1564000	1701700	1155650	15
8	复式	5880600	1565400	4687600	1287700	1315430	1051280	18
9	辅助系列							
10	销售金额	一居	1	销售金额				
11	首付金额	二居	1					
12	销售套数	三居						

图14-4

公式分析

OFFSET(A2,,C10*3-2,1,)

以A2单元格作为参照，向下偏移0行，向右偏移“C10*3-2,1”列，取其中的值。

❸ 更改C10单元格中的值，如更改为2，显示为“销售金额”（如图14-5）所示，更改为“3”时，显示为“销售套数”，如图14-6所示。

	A	B	C	D
9	辅助系列			
10	销售金额	一居	2	首付金额
11	首付金额	二居	1	
12	销售套数	三居		
13		四居		
14		复式		
15				
16				
17				

图14-5

	A	B	C	D
9	辅助系列			
10	销售金额	一居	3	销售套数
11	首付金额	二居	1	
12	销售套数	三居		
13		四居		
14		复式		
15				
16				
17				

图14-6

专家提示

本例中需要建立的图表为饼形图表，饼形图表只能绘制一个数据系列，当最终实现图表动态效果时，需要根据当前图中反映的数据显示不同的系列名称。例如图中显示的是销售金额时，系列名称应该为“销售金额”；当图表显示为销售套数时，系列名称应随之更改为“销售套数”。

14.2.2 将图表数据系列定义为名称

要实现图表的动态效果，需要先使用OFFSET函数为图表的系列定义名称，然后使用定义的名称来建立图表，具体操作方法如下。

❶ 打开工作表，切换到“公式”选项卡，在“定义的名称”选项组中单击“定义名称”按钮，在其下拉菜单中选择“定义名称”命令，如图14-7所示。

	A	B	C	D	E	F	G	H	I	J	K
6	三居	8345560	7321920	5856230	1538312	1364384	1077600	45	39	22	
7	四居	5170000	6506000	4126000	1564000	1701700	1155650	15	17	12	
8	复式	5880600	1565400	4687600	1287700	1315430	1051280	18	8	13	

图14-7

❷ 打开“新建名称”对话框，设置“名称”为“X”，设置“引用位置”为“=OFFSET(Sheet1!$A$3,0,MATCH(INDEX(Sheet1!$A$10:$A$12,Sheet1!$C$10),Sheet1!$2:$2,0)-1,1,3)”，如图14-8所示。

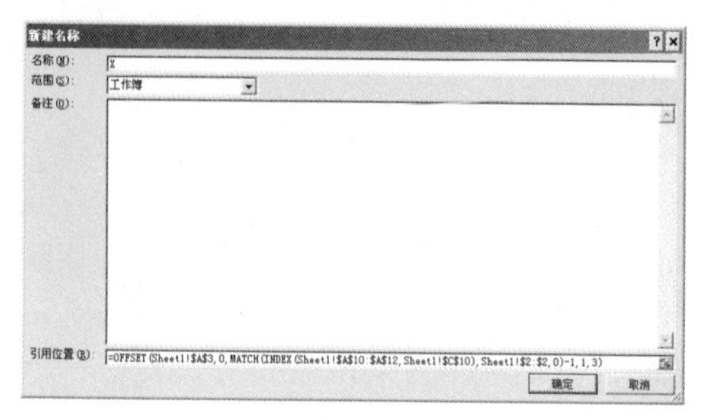

图14-8

❸ 单击“确定”按钮，X名称定义成功，该名称可以作为图表的分类轴标签。

❹ 再次打开“新建名称”对话框，设置“名称”为“Y”，设置“引用位置”为“=OFFSET(下拉菜单式动态图表的应用分析.xlsx!X,Sheet1!$C$11,0)”，如图14-9所示。

❺ 单击“确定”按钮，Y名称定义成功，该名称可以作为图表的系列值。

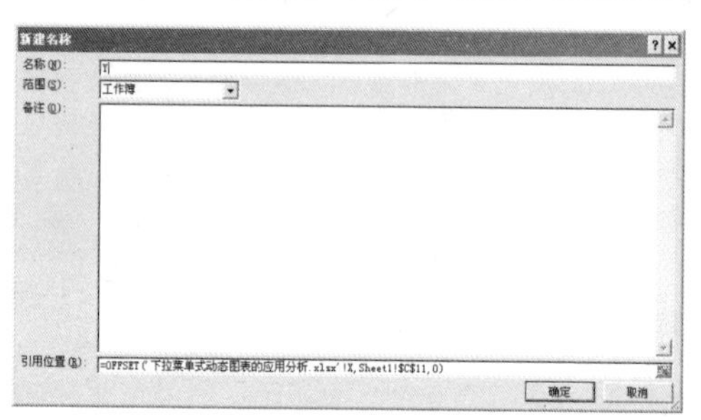

图14-9

公式分析

=OFFSET(Sheet1!$A$3,0,MATCH(INDEX(Sheet1!$A$10:$A$12,Sheet1!$C$10),Sheet1!$2:$2,0)-1,1,3)

① 以A3单元格为参照，向下偏移0行，向右偏移“MATCH(INDEX(Sheet1!$A$10:$A$12,Sheet1!$C$10),Sheet1!$2:$2,0)-1,1,3)”列，然后再向下偏移1行，即取值为从“MATCH(INDEX(Sheet1!$A$10:$A$12,Sheet1!$C$10),Sheet1!$2:$2,0)-1,1,3)”列开始，然后向右延续3列的值。

“MATCH(INDEX(Sheet1!$A$10:$A$12,Sheet1!$C$10),Sheet1!$2:$2,0)-1,1,3)”的意义为在$A$10:$A$12单元格区域内查找$C$10单元格中的值，并返回其值，然后再在$2$2单元格区域中返回该值的行数，用该行数减1则为偏移量。

② 根据C10单元格的不同取值，该公式的返回结果为：当C10值为1时，返回B3:D3单元格区域；当C10值为2时，返回E3:G3单元格区域；当C10值为3时，返回H3:J3单元格区域。

14.3 使用定义的名称新建饼形图表

定义好名称后，即可使用定义的名称创建饼形图表，具体操作方法如下。

❶ 不选择任何数据，切换到“插入”选项卡，在“图表”选项组中单击“饼形图”按钮，在其下拉菜单中选择“分离型三维饼图”，如图14-10所示。

❷ 即可建立一个空白图表，如图14-11所示。

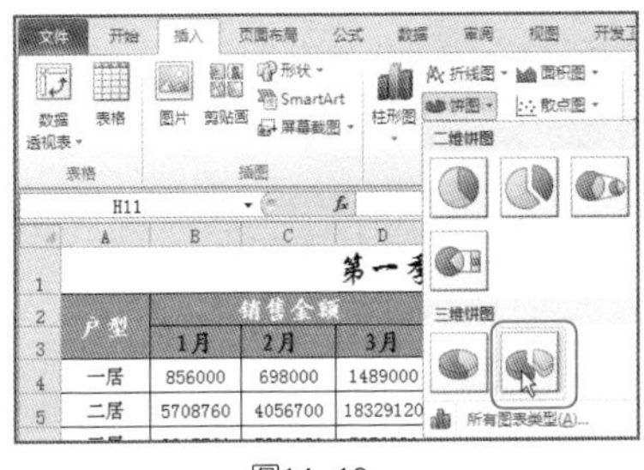

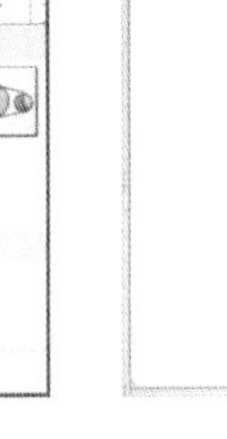

图14-10

图14-11

❸ 选中图表，切换到“设计”选项卡，在“数据”工具栏中单击“选择数据”按钮，打开“选择数据源”对话框，如图14-12所示。

❹ 单击“添加”按钮，打开“编辑数据系列”对话框，设置“系列名称”为D10单元格的值，设置“系列值”为之前定义的为Y的名称，如图14-13所示。

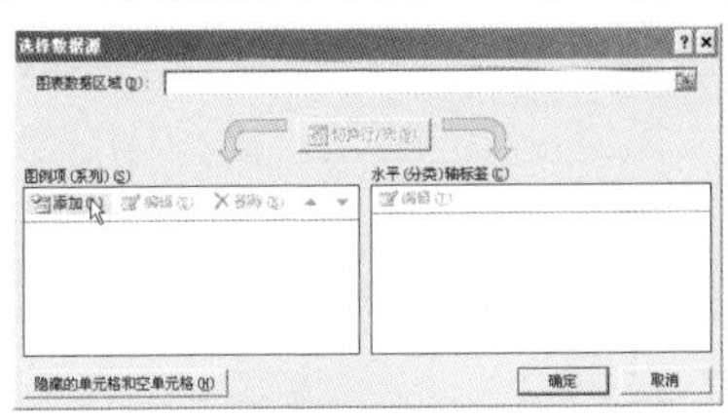

图14-12

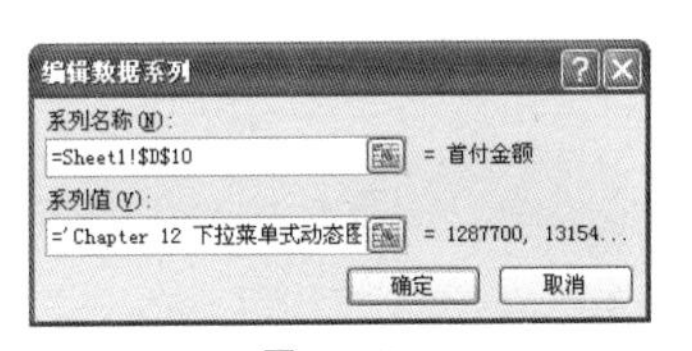

图14-13

❺ 单击“确定”按钮，返回“选择数据源”对话框，可以看到新建的系列，如图14-14所示。

❻ 单击“水平（分类）轴标签”栏中的“编辑”按钮，设置分类标签为之前建立的为X的名称，如图14-15所示。

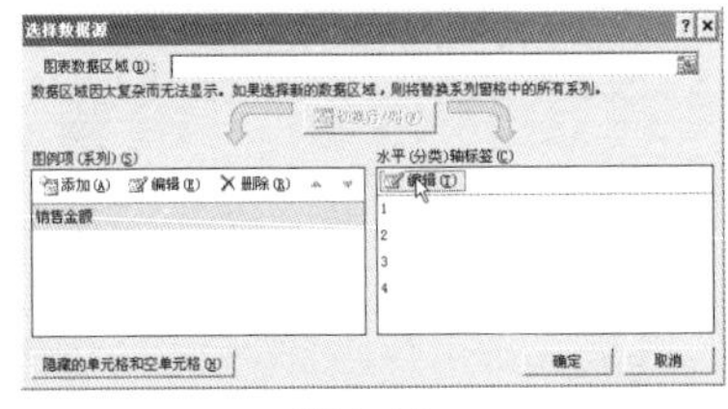

图14-14

图14-15

❼ 设置完成后单击“确定”按钮退出，接着对图表进行美化，图表的显示效果如图14-16所示。

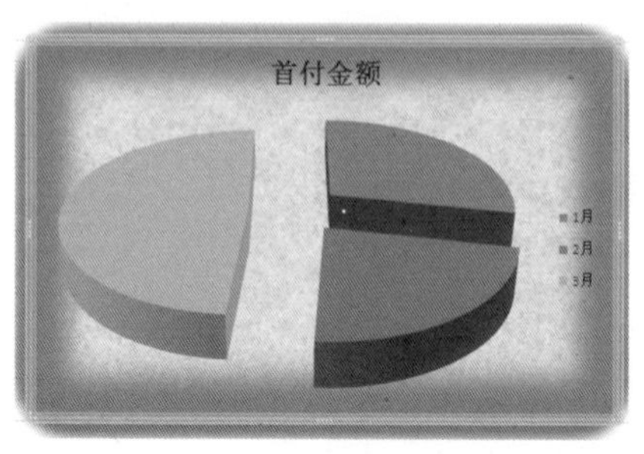

图14-16

通过定义的名称设置图表的数据源，可以在更改链接单元格的值时，实现图表的动态显示。

❽ C10单元格的值控制“销售金额”、“首付金额”和“销售套数”几种类型，C11单元格控制户型的选择，通过更改C10、C11单元格的值，可以控制图表的显示，如图14-17、图14-18所示。

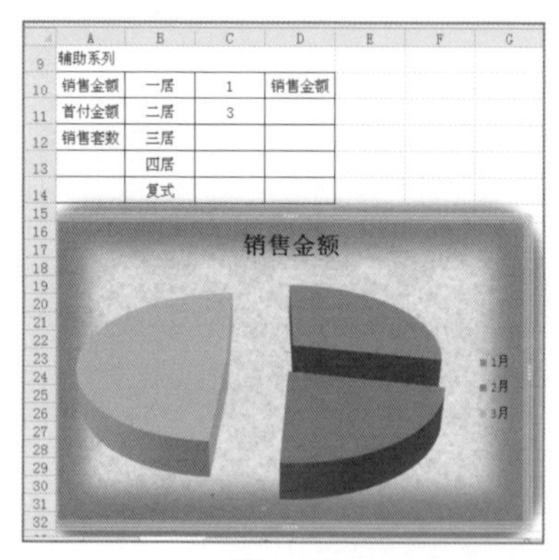

	A	B	C	D
9	辅助系列			
10	销售金额	一居	1	销售金额
11	首付金额	二居	3	
12	销售套数	三居		
13		四居		
14		复式		

图14-17

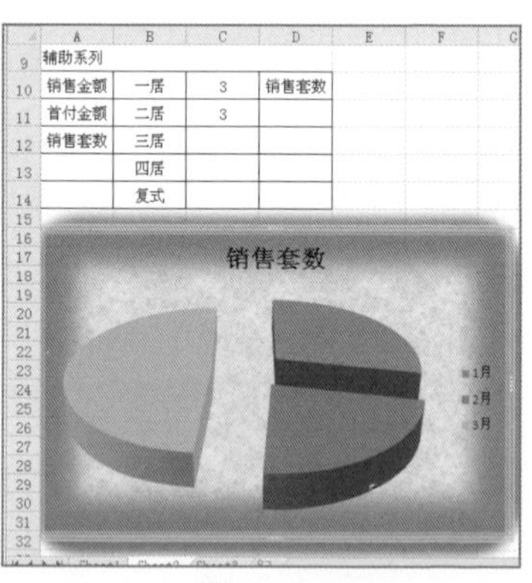

	A	B	C	D
9	辅助系列			
10	销售金额	一居	3	销售套数
11	首付金额	二居	3	
12	销售套数	三居		
13		四居		
14		复式		

图14-18

14.4 添加下拉菜单式控件控制“销售金额”、“首付金额”等类型显示

创建好图表后，可以在“开发工具”选项卡中创建控件控制“销售金额”、“收费金额”和“销售套数”数据，具体操作方法如下。

❶ 打开工作表，切换到“开发工具”选项卡，在“控件”选项组中单击“插入”按钮，在其下拉菜单中选择“组合框”控件，如图14-19所示。

图14-19

❷ 返回工作表中，光标变成+形状，可以在图表右侧绘制组合框，接着在快捷菜单中选择“设置控件格式”命令，如图14-20所示。

❸ 打开“设置对象格式”对话框，设置数据源区域为“$A$10:$D$12”，设置单元格链接为“$C$10”，如图14-21所示。

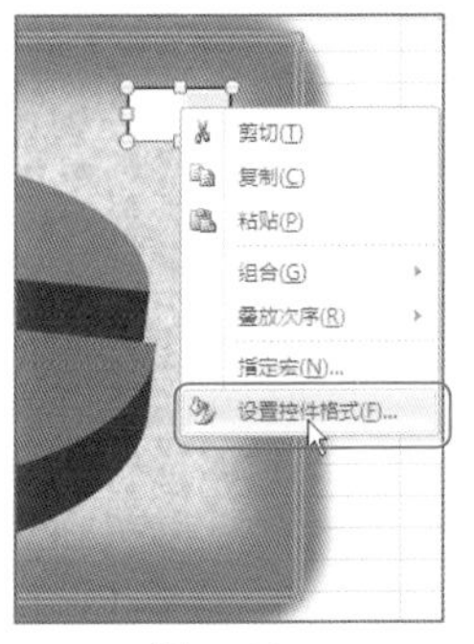

图14-20

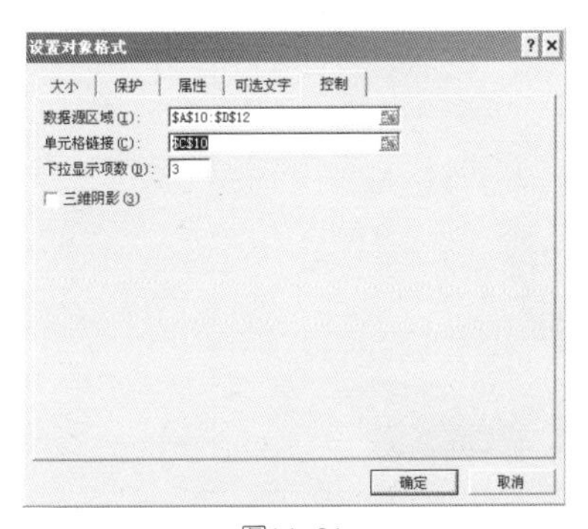

图14-21

❹ 设置完成后单击“确定”按钮，即可看到图表中添加的组合框，从组合框下拉菜单中可以选择“销售金额”、“首付金额”和“销售套数”，如图14-22所示。

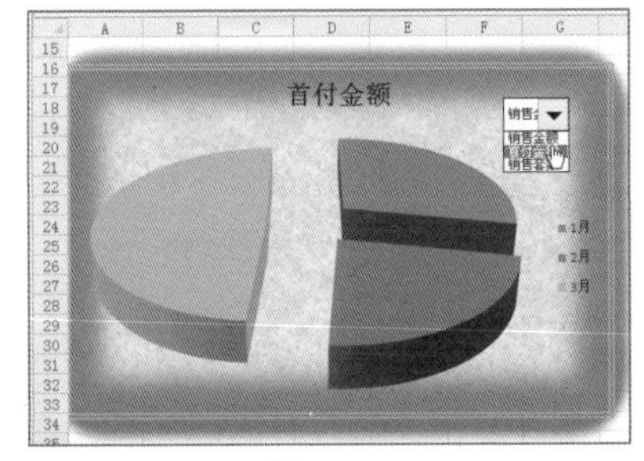

图14-22

14.5 添加下拉菜单式控件控制“一居”、“二居”等户型显示

用户还可以添加组合框控件，控制“一居”、“二居”等户型显示，具体操作方法如下。

❶ 在“控件”选项组中单击“插入”按钮，在其下拉菜单中选择“组合框”控件，在图表的右侧位置绘制组合框。

❷ 选中组合框并右击，在快捷菜单中选择“设置控件格式”命令，如图14-23所示。

❸ 打开“设置对象格式”对话框，设置数据源区域为“$B$10:$B$14”，设置单元格链接为“$C$11”，如图14-24所示。

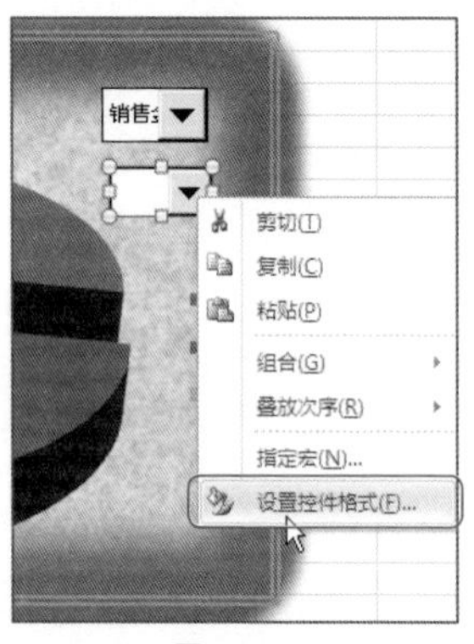

图14-23

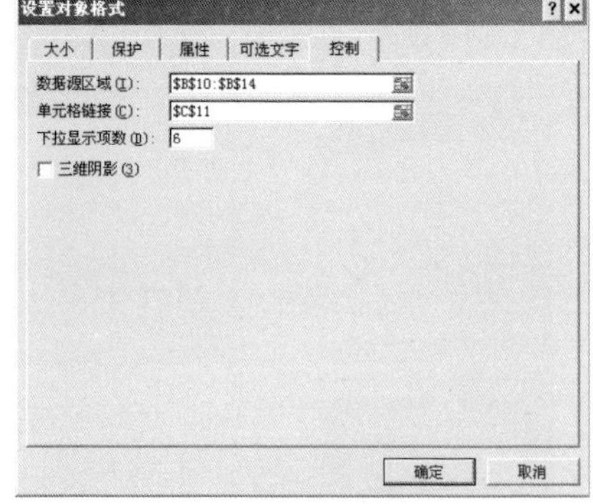

图14-24

❹ 单击“确定”按钮，即可看到图表中添加的组合框，从组合框下拉菜单中可以选择“一居”、“二居”、“三居”和“复式”等，如图14-25所示。

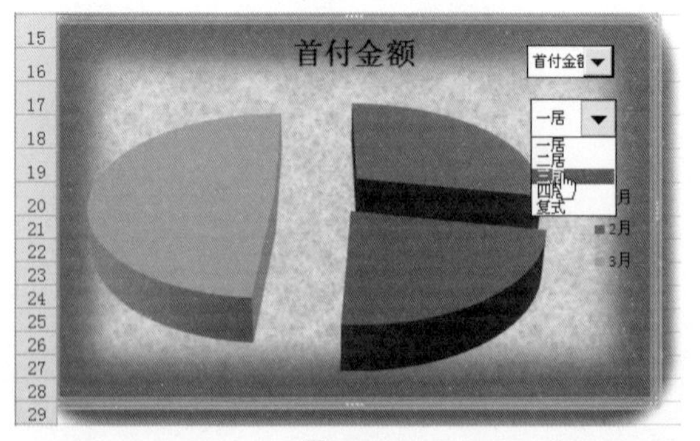

图14-25

14.6 图表优化设置

完成上述操作后，已经完成了图表的主体操作，接下来用户可以对图表进行一些优化设置，以使其效果更加直观。

14.6.1 添加文本框到图表

用户可以在图表中添加文本框，用于添加标注性文字，具体操作方法如下。

❶ 切换到“插入”选项卡，在“文本”选项组中单击“文本框”按钮，在其下拉菜单中选择“横排文本框”命令，如图14-26所示。

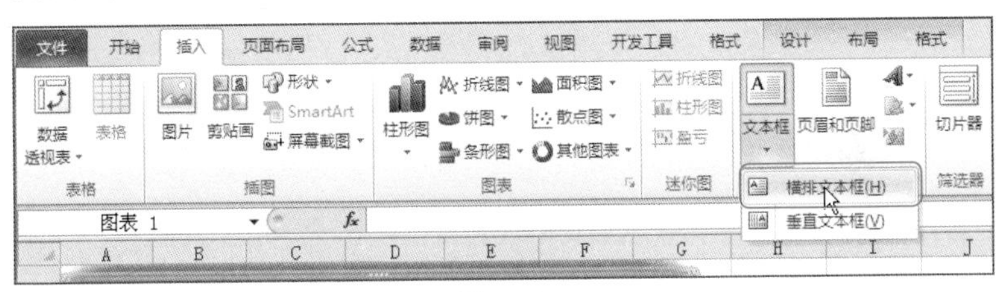

图14-26

❷ 返回工作表中，光标变为黑色十字形，在图表需要的位置绘制文本框，并输入文字，如图14-27所示。

❸ 选中绘制的文本框，切换到“格式”选项卡，在“形状样式”选项组中单击“形状轮廓”按钮，在其下拉菜单中选择“无轮廓”命令，如图14-28所示。

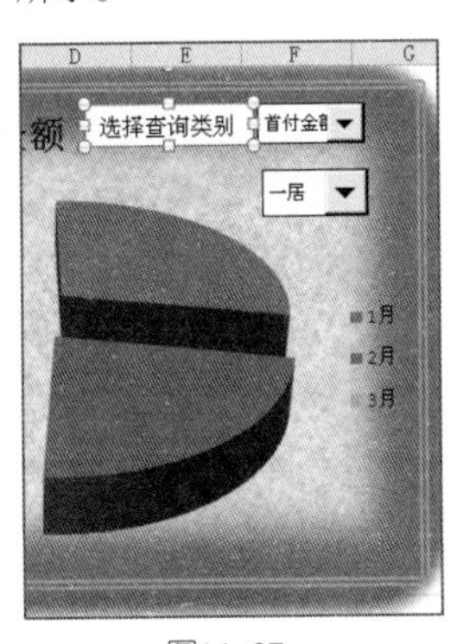

图14-27

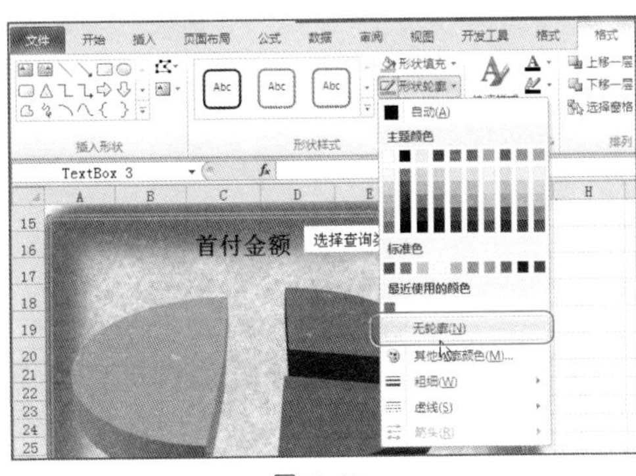

图14-28

❹ 选择“无轮廓”命令后，即可取消文本框的线条，接着复制文本框，并输入说明文字，设置后的效果如图14-29所示。

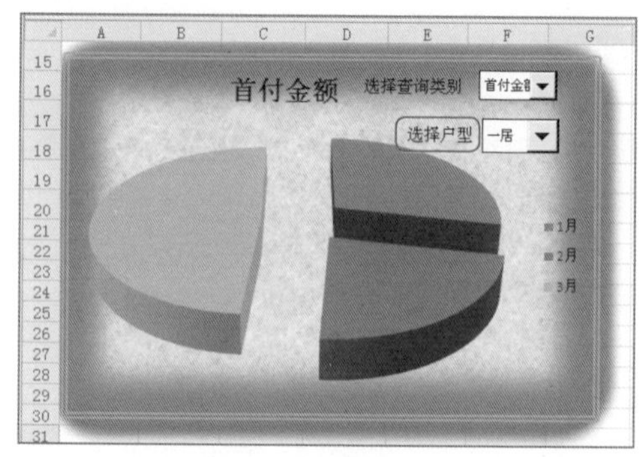

图14-29

在设置了格式的图表中，用户还需要在“形状样式”选项组中单击“形状填充”按钮，在其下拉菜单中选择“无填充颜色”命令，取消文本框的填充颜色。

14.6.2 添加百分比标签并显示两位小数

在图表中添加百分比数据标签，可以直观地显示出指定类别、户型下各个月份数据的占比情况，具体操作方法如下。

❶ 选中图表绘图区并右击，在快捷菜单中选择“添加数据标签”命令（如图14-30所示），即可为图表添加数据标签，如图14-31所示。

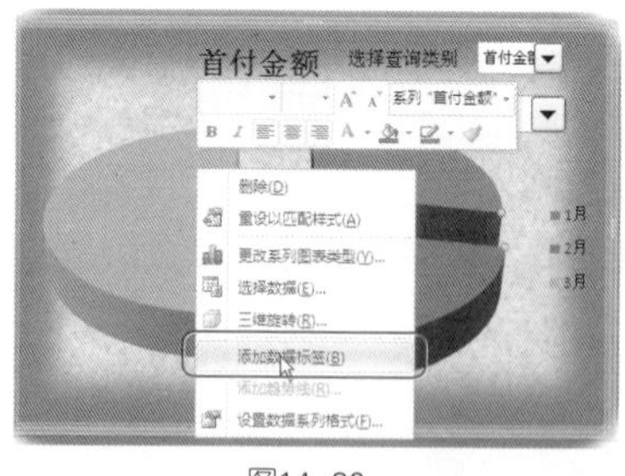

图14-30

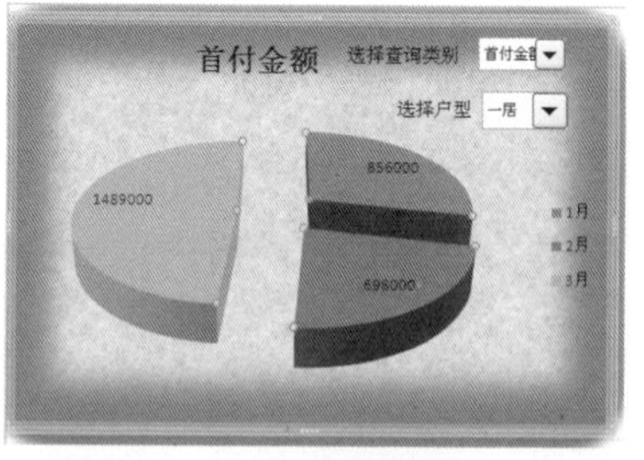

图14-31

❷ 再次选中图表中的绘图区并右击，在快捷菜单中选择“设置数据标签格式”命令。

❸ 打开“设置数据标签格式”对话框，取消选中“值”复选框，接着选中“百分比”复选框，如图14-32所示。

❹ 在左侧窗格中单击“数字”标签，接着在右侧窗格的“类别”列表框中选中“百分比”选项，并设置小数位数为“2”位，如图14-33所示。

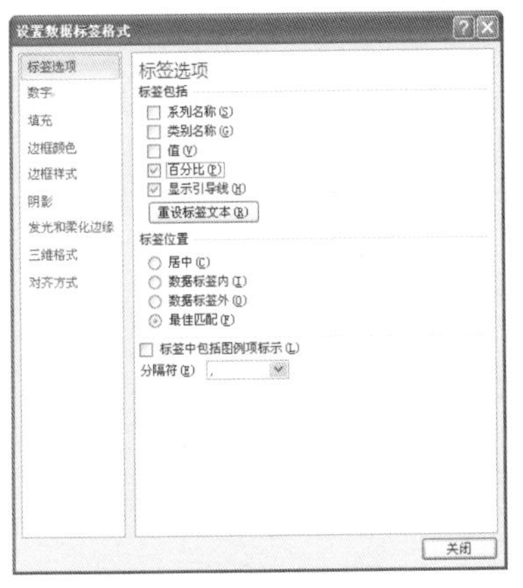

图14-32

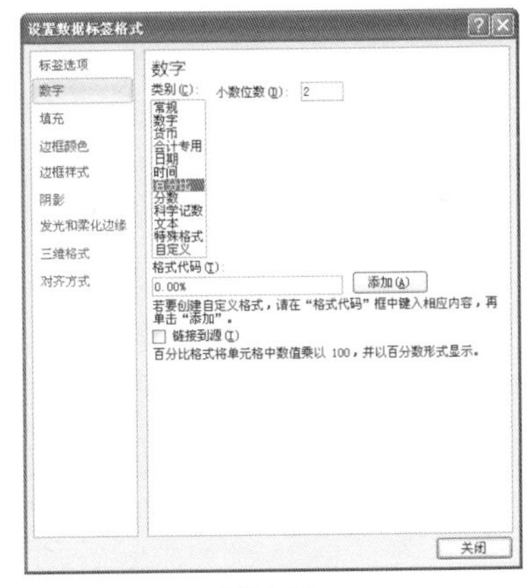

图14-33

❺ 设置完成后单击“关闭”按钮，即可将图表数据标签更改为百分比形式，效果如图14-34所示。

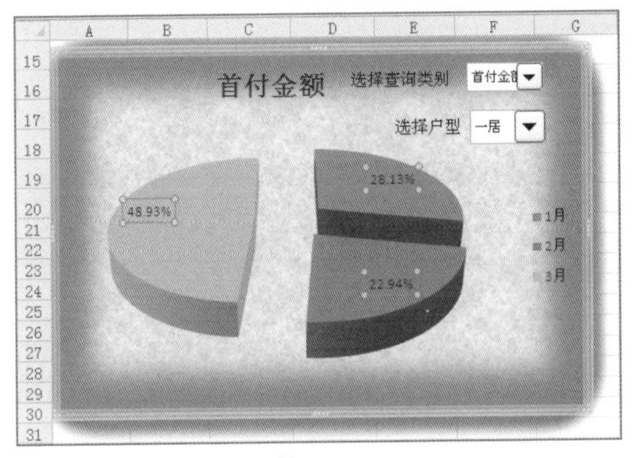

图14-34

读书笔记

第3篇 技能提高

第15章

文本、逻辑函数范例应用技巧

15.1 文本函数范例应用技巧

通过文本函数可以在公式中处理文字串。例如，可以改变大小写或确定文字串的长度，还可以将日期插入文字串或连接在文字串上。

技巧1 自动生成凭证号

实例描述：在单元格中分别显示了每笔订单产生的年、月、日和序号，而最终的凭证号将由这几个数据合并得到。

达到目的：合并A、B、C、D列数据生成凭证号。

使用函数：CONCATENATE

❶ 选中E2单元格，在公式编辑栏中输入公式：

```
=CONCATENATE(A2,B2,C2,D2)
```

按Enter键即可合并A2、B2、C2、D2几个单元格的值，从而生成凭证号。

❷ 将光标移到E2单元格的右下角，光标变成黑色十字形后，按住鼠标左键向下拖动进行公式填充，即可快速生成所有账目的凭证号，如图15-1所示。

E2 =CONCATENATE(A2, B2, C2, D2)

	A	B	C	D	E	F	G
1	年	月	日	序号	凭证号	公司代码	科目名称
2	12	03	24	01	12032401	210123	飞跃股份
3	12	04	24	02	12042402	210124	张东春
4	12	05	24	03	12052403	210125	智联教育
5	12	06	24	04	12062404	210126	博尔斯（中国）
6							

图15-1

技巧2 自动比较两个部门的采购价格是否一致

实例描述：在产品库存管理报表中，判断同类产品两个采购部门的采购价格是否相同。

达到目的：判断B、C两个单元格是否相同。

使用函数：EXACT

❶ 选中D2单元格，在公式编辑栏中输入公式：

```
IF(EXACT(B2,C2)=FALSE,B2-C2,EXACT(B2,C2))
```

按Enter键即可比较出B2、C2单元格的值是否相同，如图15-2所示。

❷ 将光标移到D2单元格的右下角，光标变成黑色十字形后，按住鼠标左键向下拖动进行公式填充，可以看到采购价格相同的返回TRUE，采购价格不同的返回价格差值，如图15-3所示。

D2 =IF(EXACT(B2,C2)=FALSE,B2-C2,EXACT(B2,C2))

	A	B	C	D	E	F
1	产品名称	采购一部	采购二部	价格是否相同		
2	冰红茶	2.5	2.5	TRUE		
3	冰绿茶	2.5	2.5			
4	茉莉花茶	2.8	3			
5	柠檬茶	2.2	2.5			

图15-2

D2 =IF(EXACT(B2,C2)=FALSE,B2-C2,EXACT(B2,C2))

	A	B	C	D	E	F
1	产品名称	采购一部	采购二部	价格是否相同		
2	冰红茶	2.5	2.5	TRUE		
3	冰绿茶	2.5	2.5	TRUE		
4	茉莉花茶	2.8	3	-0.2		
5	柠檬茶	2.2	2.5	-0.3		
6	香草茶	3.5	3.3	0.2		
7	柚子茶	3	3	TRUE		
8	小洋人	2.8	2.8	TRUE		
9	营养快线	3.5	3.4	0.1		
10						

图15-3

技巧3 提取产品的类别编码

实例描述：在产品库存报表中，用户可以根据产品的具体编码提取其类别编码。

达到目的：在A列从B列单元格中提取编码。

使用函数：LEFT

❶ 选中B2单元格，在公式编辑栏中输入公式：

```
=LEFT(C2,4)
```

按Enter键，即可得到产品类别编码。

❷ 将光标移到B2单元格的右下角，光标变成黑色十字形后，按住鼠标左键向下拖动进行公式填充，即可提取所有产品编码的类别编码，如图15-4所示。

B2 =LEFT(C2,4)

	A	B	C	D
1	类别名称	类别编码	完成编码	
2	男士衬衫	NNCC	NNCC02345	
3	男士衬衫	NNCC	NNCC01234	
4	男士夹克	NNJK	NNJK12453	
5	男士夹克	NNJK	NNJK05678	
6	女士外套	NWWT	NWWT0987	
7	女士外套	NWWT	NWWT0989	
8				
9				

图15-4

使用“=LEFT(C2,4)”返回B2单元格，提取字符串中的前面4个字符。

技巧4 从E-mail地址中提取账号

实例描述：从用户的E-mail地址中提取出E-mail的用户名称。

达到目的：在C列从B列单元格中提取账号。

使用函数：LEFT

❶ 选中C2单元格，在公式编辑栏中输入公式：

```
=LEFT(B2,FIND("@",B2)-1)
```

按Enter键，即可得到用户的账号。

❷ 将光标移到C2单元格的右下角，光标变成黑色十字形后，按住鼠标左键向下拖动进行公式填充，即可快速从B列中提取其他用户的账号，如图15-5所示。

C2 　fx =LEFT(B2,FIND("@",B2)-1)

	A	B	C	D
1	姓名	E-mail	账号	
2	张芳	zhangfang@yuntong.com.cn	zhangfang	
3	孙丽莉	sunlili@yuntong.com.cn	sunlili	
4	张敏	zhangmin@yuntong.com.cn	zhangmin	
5	何义	heyi@yuntong.com.cn	heyi	
6				
7				
8				

图15-5

公式分析

使用“FIND("@",B2)-1”返回"@"在B2单元格中字符串的位置，然后使用LEFT函数从B2单元格中字符串的最左边开始提取数据，提取长度为"@"之前的一个字符。

技巧5 使用LEN函数验证身份证号码的位数

实例描述：在员工信息管理报表中，验证输入的身份证号码的位数是否正确。

达到目的：在C列单元格判断B列单元格是否是15或18位数字。

使用函数：IF、LEN

❶ 选中C2单元格，在公式编辑栏中输入公式：

```
=IF(OR(LEN(B2)=15,LEN(B2)=18),"","错误")
```

按Enter键，即可判断B2单元格中身份证号码的位数。如果为15位或18位，则返回空值。

❷ 将光标移到C2单元格的右下角，光标变成黑色十字形后，按住鼠标左键向下拖动进行公式填充，即可对其他输入的身份证号码的位数进行验证，如图15-6所示。

C2　=IF(OR(LEN(B2)=15,LEN(B2)=18),"","错误")

	A	B	C	D	E
1	姓名	身份证号码	位数		
2	李丽敏	342526198005128844			
3	张淑仪	34526219780623213	错误		
4	何飞	465423800212441			
5	陈冲	48235165120145	错误		
6	张毅	320222198807088000			
7					
8					

图15-6

公式分析

当参数中有一个结果为真时，OR函数返回为真值，因此“=IF(OR(LEN(B2)=15,LEN(B2)=18),”有一个结果为真时，返回空值；否则返回为“错误”。

技巧6　使用MID函数提取产品的类别编码

实例描述：在产品库存报表中，用户可以根据产品的具体编码提取其类别编码。

达到目的：在A列从B列单元格中提取编码。

使用函数：MID

❶ 选中B2单元格，在公式编辑栏中输入公式：

```
=MID(C2,1,3)
```

按Enter键，即可在B2单元格字符串中提取前面3个字符，即得到产品类别编码。

❷ 将光标移到B2单元格的右下角，光标变成黑色十字形后，按住鼠标左键向下拖动进行公式填充，即可快速从B列中提取前3个字符，即提取所有产品编码的类别编码，如图15-7所示。

B2　=MID(C2,1,3)

	A	B	C	D
1	类别名称	类别编码	完成编码	
2	男士衬衫	NCC	NCC02345	
3	男士衬衫	NCC	NCC01234	
4	男士夹克	NJK	NJK12453	
5	男士夹克	NJK	NJK05678	
6	女士外套	WWT	WWT0987	
7	女士外套	WWT	WWT0989	
8				

图15-7

公式分析

使用MID函数返回产品的类别编码时与LEFT函数返回编码的效果是一样的。

技巧7　从身份证号码中提取出生年份

实例描述：在员工信息管理报表中，员工的身份证号码有的是18位，有的是15位，其中包含了持证人的出生年份信息。

达到目的：从身份证号码中提取出生年份。

使用函数：LEN、MID

❶ 选中C2单元格，在公式编辑栏中输入公式：

```
=IF(LEN(B2)=18,MID(B2,7,4),"19"&MID(B2,7,2))
```

按Enter键，即可从员工"李丽敏"身份证号码中提取出出生年份。

❷ 将光标移到C2单元格的右下角，光标变成黑色十字形后，按住鼠标左键向下拖动进行公式填充，即可快速从其他员工的身份证号码中提取出出生年份，如图15-8所示。

C2　=IF(LEN(B2)=18,MID(B2,7,4),"19"&MID(B2,7,2))

	A	B	C
1	姓名	身份证号码	出生年份
2	李丽敏	342526198005128844	1980
3	张淑仪	345262197906232162	1979
4	何飞	465423840212441	1984
5	陈冲	482351901201457	1990
6	张毅	320222198807088000	1988

图15-8

公式分析

如果B2单元格中的字符串为18位"(LEN(B2)=18"，则返回B2单元格字符串的7~10位数"MID(B2,7,4)"，否则返回B2单元格字符串的7~10位数"MID(B2,7,2"，并在前面加上19。

技巧8　从身份证号码中提取完整的出生日期

实例描述：在员工信息管理报表中，从身份证号码中提取持证人完整的出生日期，如"2009-01-01"这种形式。

达到目的：从身份证号码中提取出生年份。

使用函数：CONCATENATE、LEN、MID

❶ 选中D2单元格，在公式编辑栏中输入公式：

```
=IF(LEN(B2)=15,CONCATENATE("19",MID(B2,7,2),"-",MID(B2,9,2),"-",MID(B2,11,2)),CONCATENATE(MID(B2,7,4),"-",MID(B2,11,2),"-",MID(B2,13,2)))
```

按Enter键，即可从员工“李丽敏”身份证号码中提取出完整的出生日期，如图15-9所示。

D2　　=IF(LEN(B2)=15,CONCATENATE("19",MID(B2,7,2),"-",MID(B2,9,2),"-",MID(B2,11,2)),CONCATENATE(MID(B2,7,4),"-",MID(B2,11,2),"-",MID(B2,13,2)))

	A	B	C	D	E	F
1	姓名	身份证号码	出生年份	完整出生日期		
2	李丽敏	342526198005128844	1980	1980-05-12		
3	张淑仪	345262197906232162	1979			
4	何飞	465423840212441	1984			

图15-9

❷ 将光标移到D2单元格的右下角，光标变成黑色十字形后，按住鼠标左键向下拖动进行公式填充，即可快速从其他员工的身份证号码中提取出完整的出生日期，如图15-10所示。

D2　　=IF(LEN(B2)=15,CONCATENATE("19",MID(B2,7,2),"-",MID(B2,

	A	B	C	D	E	F
1	姓名	身份证号码	出生年份	完整出生日期		
2	李丽敏	342526198005128844	1980	1980-05-12		
3	张淑仪	345262197906232162	1979	1979-06-23		
4	何飞	465423840212441	1984	1984-02-12		
5	陈冲	482351901201457	1990	1990-12-01		
6	张毅	320222198807088000	1988	1988-07-08		
7						
8						
9						

图15-10

公式分析

① “=IF(LEN(B2)=15”，判断身份证号码是否为15位，如果判断为“真”(TURE)，则执行公式的前半部分，即“CONCATENATE("19",MID(B2,7,2),"-",MID(B2,9,2),"-",MID(B2,11,2))”，反之执行后半部分。

② “CONCATENATE("19",MID(B2,7,2),"-",MID(B2,9,2),"-",MID(B2,11,2))”对19和从15为身份证号码起的年月日进行合并，因为15位身份证号码中提取的出生年份不包含19，所以要使用CONCATENATE函数将19与函数求得的值合并。

③ “CONCATENATE(MID(B2,7,4),"-",MID(B2,11,2),"-",MID(B2,13,2)))”对从18为身份证号码中提取的年月日进行合并。

技巧9　从身份证号码中判别性别

实例描述：身份证号码中也包含了持证人的性别信息，要想将这种信息提取出来，需要配合IF、LEN、MOD、MID几个函数来实现。

达到目的：从身份证号码中提取性别。

使用函数：IF、LEN、MOD、MID

❶ 选中E2单元格，在公式编辑栏中输入公式：

=IF(LEN(B2)=15,IF(MOD(MID(B2,15,1),2)=1,"男","女"),IF(MOD(MID(B2,17,1),2)=1,"男","女"))

按Enter键，即可从员工“李丽敏”身份证号码中提取出其性别，如图15-11所示。

E2 =IF(LEN(B2)=15,IF(MOD(MID(B2,15,1),2)=1,"男","女"),IF(MOD(MID(B2,17,1),2)=1,"男","女"))

	A	B	C	D	E
1	姓名	身份证号码	出生年份	完整出生日期	性别
2	李丽敏	342526198005128844	1980	1980-05-12	女
3	张淑仪	345262197906232162	1979	1979-06-23	
4	何飞	465423840212441	1984	1984-02-12	

图15-11

2 将光标移到E2单元格的右下角，光标变成黑色十字形后，按住鼠标左键向下拖动进行公式填充，即可快速从其他员工的身份证号码中提取出员工的性别，如图15-12所示。

E2 =IF(LEN(B2)=15,IF(MOD(MID(B2,15,1),2)=1,"男","女"),IF(MOD(MID(B2,

	A	B	C	D	E
1	姓名	身份证号码	出生年份	完整出生日期	性别
2	李丽敏	342526198005128844	1980	1980-05-12	女
3	张淑仪	345262197906232162	1979	1979-06-23	女
4	何飞	465423840212441	1984	1984-02-12	男
5	陈冲	482351901201457	1990	1990-12-01	男
6	张毅	320222198807088000	1988	1988-07-08	女
7					
8					

图15-12

公式分析

① “=IF(LEN(B2)=15”，判断身份证号码是否为15位，如果判断为“真”(TURE)，则执行“IF(MOD(MID(B2,15,1),2)=1,"男","女")”，反之执行“IF(MOD(MID(B2,17,1),2)=1,"男","女"))”。

② “MOD(MID(B2,15,1),2)=1”，判断15位身份证号码的最后一位是否能被2整除；“MOD(MID(B2,17,1),2)=1,"男","女"))”，判断18位身份证号码的最后一位是否能被2整除。

③ “IF(MOD(MID(B2,15,1),2)=1,"男","女")”，如果“(MOD(MID(B2,15,1),2)=1,"男","女")”成立，返回“男”；反之返回“女”；“IF(MOD(MID(B2,17,1),2)=1,"男","女")”，如果“(MOD(MID(B2,175,1),2)=1,"男","女")”成立，返回“男”；反之返回“女”。

技巧10 将手机号码的后4位替换为特定符号

实例描述：抽取手机中奖号码时，如何屏蔽手机最后4位字母为“*”。

达到目的：屏蔽手机尾数。

使用函数：REPLACE

❶ 选中C2单元格，在公式编辑栏中输入公式：

=REPLACE(B2,8,4,"****")

按Enter键，即可屏蔽第一位中奖手机号的最后4位字母为“*”。

❷ 将光标移到C2单元格的右下角，光标变成黑色十字形后，按住鼠标左键向下拖动进行公式填充，即可快速屏蔽其他中奖手机号的最后4位为“*”，如图15-13所示。

C2　=REPLACE(B2, 8, 4, "****")

	A	B	C	D	E
1	姓名	手机号码	屏蔽号码		
2	李丽敏	15855178990	1585517****		
3	张淑仪	13909072345	1390907****		
4	何飞	15903098908	1590309****		
5	陈冲	13078692342	1307869****		
6	张毅	13866684567	1386668****		
7					
8					

图15-13

技巧11　使用“★”为考评结果标明等级

实例描述：在投标企业考评得分统计报表中，可以使用“★”为考评结果标明等级。

达到目的：根据企业得分评级。

使用函数：REPT

❶ 选中C2单元格，在公式编辑栏中输入公式：

=IF(B2<5,REPT("★",2),IF(B2<10,REPT("★",3),REPT("★",5)))

按Enter键，即可根据B2单元格中的分数，自动返回指定数目的“★”号，如图15-14所示。

C2　=IF(B2<5, REPT("★", 2), IF(B2<10, REPT("★", 3), REPT("★", 5)))

	A	B	C	D	E	F
1	企业名称	分数	等级			
2	科宝集团	7	★★★			
3	飞星科技	8				
4	三河四子	4				

图15-14

❷ 将光标移到C2单元格的右下角，光标变成黑色十字形后，按住鼠标左键向下拖动进行公式填充，即可根据B列中的销售额自动返回指定数目的“★”号，如图15-15所示。

C2　=IF(B2<5,REPT("★",2),IF(B2<10,REPT("★",3),

企业名称	分数	等级
科宝集团	7	★★★
飞星科技	8	★★★
三河四子	4	★★
百合网	10	★★★★★

图15-15

技巧12　分离8位电话号码的区号与号码

实例描述： 在企业客户联系号码信息报表中，分离出区号与号码两部分。

达到目的： 将区号和号码分开。

使用函数： LEN、LEFT、RIGHT

❶ 选中B2单元格，在公式编辑栏中输入公式：

```
=IF(LEN(A2)=12,LEFT(A2,3),LEFT(A2,4)
```

按Enter键，即可提取电话号码的区号部分。

❷ 将光标移到B2单元格的右下角，光标变成黑色十字形后，按住鼠标左键向下拖动进行公式填充，即可提取其他电话号码的区号部分，如图15-16所示。

B2　=IF(LEN(A2)=12,LEFT(A2,3),LEFT(A2,4))

电话号码	区号	号码
0551-77162678	0551	
0553-74897638	0553	
0562-56788849	0562	
025-84672347	025	
010-84652388	010	

图15-16

❸ 选中C2单元格，在公式编辑栏中输入公式：

```
=RIGHT(A2,8)
```

按Enter键，提取A2单元格中的电话号码右起8个字符，即号码部分。

❹ 将光标移到C2单元格的右下角，光标变成黑色十字形后，按住鼠标左键向下拖动进行公式填充，即可提取其他电话号码的号码部分，如图15-17所示。

公式分析

"=IF(LEN(A2)=12,LEFT(A2,3),LEFT(A2,4))"，先判断电话号码是否为12位。如果是12位，则提取A2单元格中的电话号码的前4位区号；反之，提取电话号码的前3位。

"=RIGHT(A2,8)"，提取A2单元格中的电话号码右起7个字符，即号码部分。

	A	B	C	D	E	F
1	电话号码	区号	号码			
2	0551-77162678	0551	77162678			
3	0553-74897638	0553	74897638			
4	0562-56788849	0562	56788849			
5	025-84672347	025	84672347			
6	010-84652388	010	84652388			

C2　=RIGHT(A2,8)

图15-17

技巧13　分离7位、8位混合显示的电话号码的区号与号码

实例描述：C列单元格中号码的位数有7位也有8位（区号为3位或4位），利用文本函数也可以区分开区号和号码。

达到目的：将区号和号码分开。

使用函数：MID、FIND、RIGHT

❶ 选中B2单元格，在公式编辑栏中输入公式：

```
=MID(A2,1,FIND("-",A2)-1)
```

按Enter键，即可提取电话号码的区号部分。

❷ 将光标移到B2单元格的右下角，光标变成黑色十字形后，按住鼠标左键向下拖动进行公式填充，即可提取其他电话号码的区号部分，如图15-18所示。

	A	B	C	D	E
1	电话号码	区号	号码		
2	0551-7716267	0551			
3	0553-74897638	0553			
4	0562-5678884	0562			
5	025-84672343	025			
6	010-8465238	010			

B2　=MID(A2,1,FIND("-",A2)-1)

图15-18

❸ 选中C2单元格，在公式编辑栏中输入公式：

```
=RIGHT(A2,LEN(A2)-FIND("-",A2))
```

按Enter键，提取A2单元格中的电话号码部分。

❹ 将光标移到C2单元格的右下角，光标变成黑色十字形后，按住鼠标左键向下拖动进行公式填充，即可提取其他电话号码的号码部分，如图15-19所示。

C2	fx =RIGHT(A2,LEN(A2)-FIND("-",A2))				
	A	B	C	D	E	F

	A	B	C	D	E	F
1	电话号码	区号	号码			
2	0551-7716267	0551	7716267			
3	0553-74897638	0553	74897638			
4	0562-5678884	0562	5678884			
5	025-84672343	025	84672343			
6	010-8465238	010	8465238			
7						
8						

图15-19

技巧14 从编码中提取合同号

实例描述：在合同编码统计报表中，提取合同编码中的合同号。

达到目的：提取合同号。

使用函数：RIGHT、SEARCH

❶ 选中C2单元格，在公式编辑栏中输入公式：

```
=RIGHT(B2,LEN(B2)-SEARCH("A",B2,8)+1)
```

按Enter键，即可从B2单元格中的合同编码中提取合同号。

❷ 将光标移到C2单元格的右下角，光标变成黑色十字形后，按住鼠标左键向下拖动进行公式填充，即可快速从其他合同编码中提取合同号，如图15-20所示。

编辑栏：C2　fx =RIGHT(B2,LEN(B2)-SEARCH("A",B2,8)+1)

	A	B	C	D	E
1	客户名称	编码	合同号		
2	安然集团	ART***客户A010	A010		
3	安明科技	AMB***客户A048	A048		
4	安徽威势科技	AHWS***客户A890	A890		
5	岛弧集团	DHJ***客户A0906	A0906		
6					

图15-20

15.2 逻辑函数范例应用技巧

逻辑函数的输入量和输出量之间的关系是一种逻辑上的因果关系，按一定逻辑规律进行数据的运算，经常在条件判断、验证数据有效性方面有着重要的作用。

技巧1 IF函数配合LEFT函数根据代码返回部门名称

实例描述：有些企业的报表中，部门名称的输入是以部门代码的形式输入的。当用户需要知道部门代码对应的具体部门时，可以使用IF函数配合LEFT函数来实现。

达到目的：通过代码提取部门名称。

使用函数：IF、LEFT

❶ 选中D2单元格，在公式编辑栏中输入公式：

=IF(LEFT(A2,4)="KB01","公关部",IF(LEFT(A2,4)="KB02","人事部",IF(LEFT(A2,4)="KB03","财务部","")))

按Enter键，即可根据部门代码得出相应的部门名称。

❷ 将光标移到D2单元格的右下角，光标变成黑色十字形后，按住鼠标左键向下拖动进行公式填充，即可快速提取所有部门的名称，如图15-21所示。

D2 =IF(LEFT(A2,4)="KB01","公关部",IF(LEFT(A2,4)="KB02","人事部",IF(LEFT(A2,4)="KB03","财务部","")))

	A	B	C	D	E	F	G
1	部门代码	员工姓名	职位	部门名称			
2	KB01	刘西平	经理	公关部			
3	KB03	杨静静	职员	财务部			
4	KB02	王善任	主管	人事部			
5	KB03	李菲	职员	财务部			
6	KB01	蒋玉寒	职员	公关部			
7							
8							

图15-21

技巧2 使用IF函数建立单元格条件格式

实例描述：对员工本月的销售量进行统计后，作为主管人员可以对员工的销量业绩进行业绩考核。

达到目的：查看业绩考核。

使用函数：IF、LEFT

❶ 选中E2单元格，在公式编辑栏中输入公式：

=IF(D2>60,"达标","没有达标")

按Enter键，即可对员工的业绩进行考核。

❷ 将光标移到E2单元格的右下角，光标变成黑色十字形后，按住鼠标左键向下拖动进行公式填充，即可得出其他员工的业绩考核结果，如图15-22所示。

E2 =IF(D2>60,"达标","没有达标")

	A	B	C	D	E	F
1	员工姓名	答卷考核	操作考核	平均成绩	综合考评	
2	刘西平	87	76	81.5	达标	
3	杨静静	65	46	55.5	没有达标	
4	王善任	65	55	60	没有达标	
5	李菲	54	36	45	没有达标	
6	蒋玉寒	70	65	67.5	达标	
7						

图15-22

技巧3　使用AND函数配合IF函数进行成绩考评

实例描述：AND函数用于当所有的条件均为“真”（TRUE）时，返回的运算结果为“真”（TRUE）；反之，返回的运算结果为“假”（FALSE），所以它一般用来检验一组数据是否都满足条件。

达到目的：对成绩进行考评。

使用函数：IF、AND

❶ 选中E2单元格，在公式编辑栏中输入公式：

```
=IF(AND(B2>=60,C2>=60,D2>=60)=TRUE,"合格", IF(AND(B2<60,C2<60,D2<60)=FALSE,"不合格",""))
```

按Enter键，即可根据学生三门考试成绩判断是否合格。

❷ 将光标移到E2单元格的右下角，光标变成黑色十字形后，按住鼠标左键向下拖动进行公式填充，即可考评其他学生考试成绩是否合格，如图15-23所示。

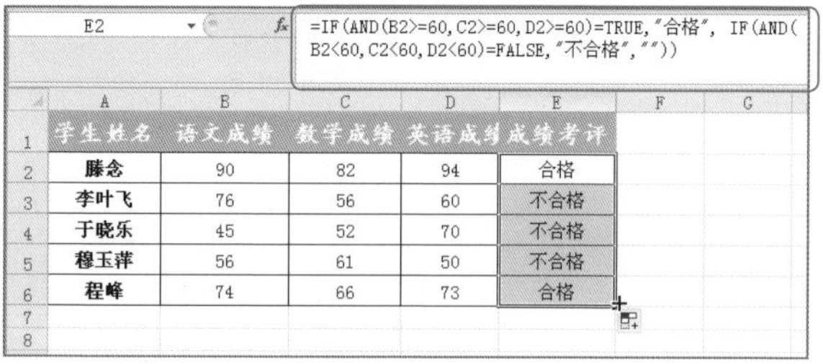

E2　=IF(AND(B2>=60,C2>=60,D2>=60)=TRUE,"合格", IF(AND(B2<60,C2<60,D2<60)=FALSE,"不合格",""))

学生姓名	语文成绩	数学成绩	英语成绩	成绩考评
滕念	90	82	94	合格
李叶飞	76	56	60	不合格
于晓乐	45	52	70	不合格
穆玉萍	56	61	50	不合格
程峰	74	66	73	合格

图15-23

技巧4　使用OR函数对员工的考核成绩进行综合评定

实例描述：作为公司的业务主管，每年年底都需要对员工进行技能考核，当考核成绩下来后，要检查哪些员工每项技能都没有达标，这时可以使用OR函数来实现。

达到目的：通过代码提取部门名称。

使用函数：OR

❶ 选中E2单元格，在公式编辑栏中输入公式：

```
=OR(B1>=60,C1>=60,D1>=60)
```

按Enter键，即可判断出员工每项技能考核是否都没有达标，都没有显示为FALSE；反之，显示为TRUE。

❷ 将光标移到E2单元格的右下角，光标变成黑色十字形后，按住鼠标左键向下拖动进行公式填充，即可判断其他员工的每项技能考核是否都没有达标，如图15-24所示。

E2 =OR(B1>=60,C1>=60,D1>=60)

	A	B	C	D	E	F
1	员工姓	答卷考核	操作考核	平均成绩	综合考评	
2	刘西平	87	76	81.5	TRUE	
3	杨静静	65	46	55.5	TRUE	
4	王善任	65	55	60	TRUE	
5	李菲	54	36	45	TRUE	
6	蒋玉寒	70	65	67.5	FALSE	
7						

图15-24

技巧5　OR函数配合AND函数对考核成绩进行综合评定

实例描述： 在对员工成绩考核后，考评员工笔试和操作技能的考核是否全部达标或平均成绩是否达标，这时可以使用OR函数配合AND函数来实现。

达到目的： 对考核成绩进行综合考评。

使用函数： OR、AND

❶ 选中E2单元格，在公式编辑栏中输入公式：

=OR(AND(B2>=60,C2>=60,D2>=60)

按Enter键，即可根据员工笔试和操作成绩来判断是否全部达标或平均成绩是否达标，如果两者中有一项达标的显示为“TRUE”；均不达标的显示为“FALSE”。

❷ 将光标移到E2单元格的右下角，光标变成黑色十字形后，按住鼠标左键向下拖动进行公式填充，即可显示其他员工的综合评定结果，如图15-25所示。

E2 =OR(AND(B2>=60,C2>=60,D2>=60))

	A	B	C	D	E	F
1	员工姓名	答卷考核	操作考核	平均成绩	综合考评	
2	刘西平	87	76	81.5	TRUE	
3	杨静静	65	46	55.5	FALSE	
4	王善任	65	55	60	FALSE	
5	李菲	54	36	45	FALSE	
6	蒋玉寒	70	65	67.5	TRUE	
7						
8						

图15-25

技巧6　使用IF与OR函数解决计算结果为“0”、错误值的问题

实例描述： 公司主管如果想知道员工本月的销售占比情况，除了可以直接使用公式运算外，还可以使用IF函数与OR函数配合解决。

达到目的： 不显示为“0”的值。

使用函数： IF、OR

❶ 选中E2单元格，在公式编辑栏中输入公式：

=IF(OR(C2="",D2=""),"",C2/D2)

按Enter键，当引用单元格都没有数值时将显示为空。

❷ 将光标移到E2单元格的右下角，光标变成黑色十字形后，按住鼠标左键向下拖动进行公式填充，即可解决错误值及“0”值问题，如图15-26所示。

E2 =IF(OR(C2="",D2=""),"",C2/D2)

	A	B	C	D	E	F
1	姓名	品牌名称	销售数量	总销售量	销售占比	
2	刘西平	名匠轩	126	1653	0.076225045	
3	杨静静	穗丰家具		140		
4	王善任	一点家居	80			
5	李菲	宜家	135	1480	0.091216216	
6						
7						

图15-26

❸ 切换到“开始”选项卡，在“数字”选项组中单击“常规”下拉按钮，将数据以百分比形式显示，如图15-27所示。

E2 =IF(OR(C2="",D2=""),"",C2/D2)

	A	B	C	D	E	F
1	姓名	品牌名称	销售数量	总销售量	销售占比	
2	刘西平	名匠轩	126	1653	7.62%	
3	杨静静	穗丰家具		140		
4	王善任	一点家居	80			
5	李菲	宜家	135	1480	9.12%	
6						

图15-27

技巧7　使用IF函数计算个人所得税

实例描述：在企业中不同的工资额应缴的个人所得税税率是各不相同的，因此可以使用IF函数判断出当前员工应缴纳的税率，并自动计算出应缴的个人所得税。

达到目的：计算应缴个人所得税。

使用函数：IF

❶ 选中C2单元格，在公式编辑栏中输入公式：

=IF((B2-3500)<=1500,ROUND((B2-3500)*0.03,2),IF((B2-3500)<=4500,ROUND(((B2-3500)*0.1-105),2),IF((B2-3500)<=9000,ROUND((B2-3500)*0.2-555,2),IF((B2-3500)<=35000,ROUND((B2-3500)*0.25-1005,2),IF((B2-3500)<=55000,ROUND((B2-3500)*0.3-2755,2),IF((B2-3500)<=80000,ROUND((B2-3500)*0.35-5505,2),ROUND((B2-3500)*0.45-13505,2)))))))

按Enter键，即可根据员工工资总额计算出员工应缴纳的个人所得税。

❷ 将光标移到C2单元格的右下角，光标变成黑色十字形后，按住鼠标左键

向下拖动进行公式填充，即可显示其他员工应缴的个人所得税，如图15-28所示。

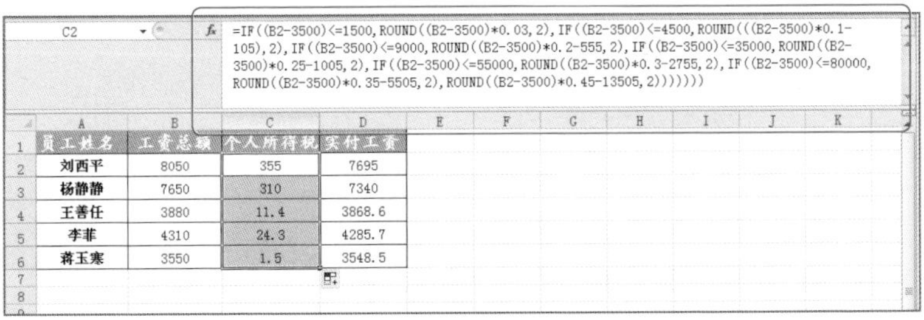

C2 =IF((B2-3500)<=1500,ROUND((B2-3500)*0.03,2),IF((B2-3500)<=4500,ROUND(((B2-3500)*0.1-105),2),IF((B2-3500)<=9000,ROUND((B2-3500)*0.2-555,2),IF((B2-3500)<=35000,ROUND((B2-3500)*0.25-1005,2),IF((B2-3500)<=55000,ROUND((B2-3500)*0.3-2755,2),IF((B2-3500)<=80000,ROUND((B2-3500)*0.35-5505,2),ROUND((B2-3500)*0.45-13505,2)))))))

	A	B	C	D
1	员工姓名	工资总额	个人所得税	实付工资
2	刘西平	8050	355	7695
3	杨静静	7650	310	7340
4	王善任	3880	11.4	3868.6
5	李菲	4310	24.3	4285.7
6	蒋玉寒	3550	1.5	3548.5

图15-28

专家提示

公式中后出现的25、125、375是个人所得税的速算扣除数，表15-1是标准的个人所得税税率速算扣除数。

表15-1　个人所得税税率表

级　数	全月应纳税所得额（含税）	税率（%）	速算扣除数
1	不超过1 500元	3	0
2	超过1 500元至4 500元的部分	10	105
3	超过4 500元至9 000元的部分	20	555
4	超过9 000元至3 5000元的部分	25	1 005
5	超过3 5000元至5 5000元的部分	30	2 755
6	超过5 5000元至80 000元的部分	35	5 505
7	超过80 000元的部分	45	13 505

技巧8　使用逻辑函数判断未来年份是闰年还是平年

实例描述：若要判断未来年份是闰年还是平年，可以通过逻辑函数来判断。

达到目的：判断某一年是闰年还是平年。

使用函数：IF、OR、AND、MOD

❶ 选中B2单元格，在公式编辑栏中输入公式：

```
=IF(OR(AND(MOD(A2,4)=0,MOD(A2,100)<>0),MOD(A2,400)=0),"闰年","平年")
```

按Enter键，即可根据指定的未来年份判断是闰年还是平年。

❷ 将光标移到B2单元格的右下角，光标变成黑色十字形后，按住鼠标左键向下拖动进行公式填充，即可判断其他未来年份是闰年还是平年，如图15-29所示。

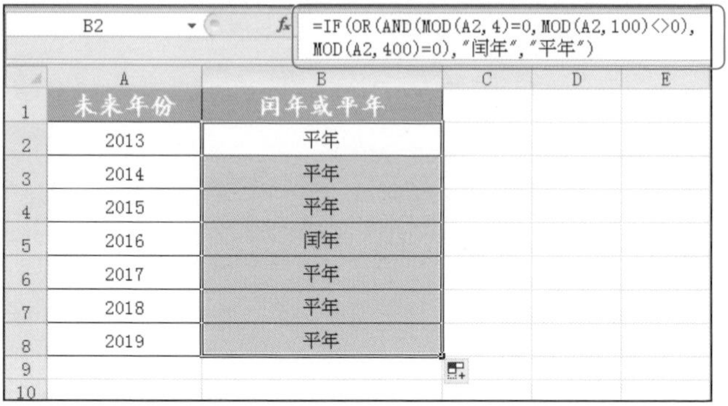

B2 =IF(OR(AND(MOD(A2,4)=0,MOD(A2,100)<>0),MOD(A2,400)=0),"闰年","平年")

	A	B
1	未来年份	闰年或平年
2	2013	平年
3	2014	平年
4	2015	平年
5	2016	闰年
6	2017	平年
7	2018	平年
8	2019	平年

图15-29

第16章

日期函数范例应用技巧

技巧1 TODAY函数在账龄分析中的应用

实例描述：在账务管理中经常需要对应收账款的账龄进行分析，以及时催收账龄过长的账款，这时需要使用到TODAY函数。

达到目的：分析账龄。

使用函数：TODAY

❶ 选中E3单元格，在公式编辑栏中输入公式：

```
=IF(AND(TODAY()-$D3>30,TODAY()-$D3<=60),$B3-$C3,0)
```

按Enter键，即可判断第一项应收账款的账龄是否在30~60天范围内。如果在，返回金额；如果不在，返回0值，如图16-1所示。

E3 | fx =IF(AND(TODAY()-$D3>30,TODAY()-$D3<=60),$B3-$C3,0)

	A	B	C	D	E	F	G
1	发票号码	应收金额	已收金额	到期日期	账龄分析		
2					30-60	60-90	90天以上
3	20250	20850	2000	2012-2-5	18850		
4	20251	1000	0	2012-4-5			
5	20252	5600	2000	2012-12-6			
6	20253	22000	5000	2013-1-1			
7	20254	15000	0	2013-2-25			

图16-1

❷ 选中F3单元格，在公式编辑栏中输入公式：

```
=IF(AND(TODAY()-$D3>60,TODAY()-$D3<=90),$B3-$C3,0)
```

按Enter键，即可判断第一项应收账款的账龄是否在60~90天范围内。如果在，返回金额；如果不在，返回0值，如图16-2所示。

F3 | fx =IF(AND(TODAY()-$D3>60,TODAY()-$D3<=90),$B3-$C3,0)

	A	B	C	D	E	F	G
1	发票号码	应收金额	已收金额	到期日期	账龄分析		
2					30-60	60-90	90天以上
3	20250	20850	2000	2012-2-5	18850	0	
4	20251	1000	0	2012-4-5			
5	20252	5600	2000	2012-12-6			
6	20253	22000	5000	2013-1-1			
7	20254	15000	0	2013-2-25			
8							

图16-2

❸ 选中G3单元格，在公式编辑栏中输入公式：

```
=IF(TODAY()-$D3>90,$B3-$C3,0)
```

按Enter键，即可判断第一项应收账款的账龄是否在90天以上。如果在，返回金额；如果不在，返回0值，如图16-3所示。

G3　=IF(TODAY()-$D3>90,$B3-$C3,0)

发票号码	应收金额	已收金额	到期日期	账龄分析		
				30-60	60-90	90天以上
20250	20850	2000	2012-2-5	18850	0	0
20251	1000	0	2012-4-5			
20252	5600	2000	2012-12-6			
20253	22000	5000	2013-1-1			
20254	15000	0	2013-2-25			

图16-3

❹ 选中E3:G3单元格区域，将光标定位到右下角，向下拖动复制公式，可以快速得到其他应收账款的账龄，如图16-4所示。

E3　=IF(AND(TODAY()-$D3>30,TODAY()-$D3<=60),$B3-$C3,0)

发票号码	应收金额	已收金额	到期日期	账龄分析		
				30-60	60-90	90天以上
20250	20850	2000	2012-2-5	18850	0	0
20251	1000	0	2012-4-5	0	0	0
20252	5600	2000	2012-12-6	0	0	0
20253	22000	5000	2013-1-1	0	0	0
20254	15000	0	2013-2-25	0	0	0

图16-4

技巧2　将非日期数据转换为标准的日期

实例描述：将表格中的非日期数据转化为标准的日期数据，可以通过DATE和MID函数来实现。

达到目的：将非日期格式转换为日期格式。

使用函数：DATE、MID

❶ 选中B2单元格，在公式编辑栏中输入公式：

```
=DATE(MID(A2,1,4),MID(A2,5,2),MID(A2,7,2))
```

按Enter键，即可将非日期数据转换为标准的日期。

❷ 将光标移到B2单元格的右下角，光标变成黑色十字形后，按住鼠标左键向下拖动进行公式填充，即可将其他的非日期数据转换为标准的日期，如图16-5所示。

B2　=DATE(MID(A2,1,4),MID(A2,5,2),MID(A2,7,2))

非日期数据	转化为标准日期
20120516	2012-5-16
2011105	2011-10-5
2010108	2010-10-8
20121008	2012-10-8
20130102	2013-1-2

图16-5

技巧3 判断一个月的最大天数

实例描述：判断出一个月的最大天数，如4月，可以求2011年5月0号的值，虽然0号不存在，但DATE函数也可以接受此值，根据此特性，便会自动返回5月0号的前一数据的日期。

达到目的：判断4月最大天数。

使用函数：DATE

❶ 选中B2单元格，在公式编辑栏中输入公式：

```
=DAY(DATE(2012,5,0))
```

❷ 按Enter键，即可计算4月份最大的天数，如图16-6所示。

B2 =DAY(DATE(2012,5,0))

	A	B	C	D
1				
2	4月最大天数	30		
3				
4				

图16-6

技巧4 使用DAYS360函数计算总借款天数

实例描述：通过借款和还款日期，使用DAYS360函数可计算总借款的天数。

达到目的：计算借款天数。

使用函数：DAYS360

❶ 选中C2单元格，在公式编辑栏中输入公式：

```
=DAYS360(A2,B2,FALSE))
```

按Enter键，即可计算出借款天数。

❷ 将光标移到C2单元格的右下角，光标变成黑色十字形后，按住鼠标左键向下拖动进行公式填充，即可计算出其他两个日期的天数，如图16-7所示。

C2 =DAYS360(A2,B2,FALSE)

	A	B	C	D
1	借款日期	还款日期	借款天数	
2	2010-4-5	2012-5-31	776	
3	2011-7-8	2012-3-8	240	
4	2011-5-18	2013-5-28	730	
5				
6				

图16-7

技巧5 使用DAYS360函数计算还款剩余天数

实例描述：要根据借款日期和应还款日期来计算还款的剩余天数，需要使用到DAYS360与TODAY函数。

达到目的：计算还款剩余天数。

使用函数：DAYS360、TODAY

❶ 选中E2单元格，在公式编辑栏中输入公式：

```
=DAYS360(TODAY(),D2)
```

按Enter键，即可计算第一项借款的还款剩余天数。

❷ 将光标移到E2单元格的右下角，光标变成黑色十字形后，按住鼠标左键向下拖动进行公式填充，即可计算出其他各项借款的还款剩余天数，如图16-8所示。

E2　fx　=DAYS360(TODAY(),D2)

	A	B	C	D	E	F
1	借款人	账款金额	借款日期	还款日期	剩余天数	
2	李立阳	20000	2011-2-20	2012-4-20	20	
3	张璇	15000	2011-5-1	2012-6-30	90	
4	王明	30000	2011-12-15	2013-1-20	290	
5	邓煌	2500	2012-2-20	2013-2-28	328	
6						
7						

图16-8

技巧6　使用DAYS360函数计算固定资产的已使用月份

实例描述：要计算出固定资产的已使用月份，可以先计算出固定资产已使用的天数，然后除以30，此时需要使用到DAYS360函数。

达到目的：计算固定资产使用月份。

使用函数：DAYS360

❶ 选中E2单元格，在公式编辑栏中输入公式：

```
=INT(DAYS360(D2,TODAY())/30)
```

按Enter键，根据第一项固定资产的增加日期计算出到目前为止已使用的月份。

❷ 将光标移到E2单元格的右下角，光标变成黑色十字形后，按住鼠标左键向下拖动进行公式填充，即可快速从B列中提取前3个字符，计算出其他固定资产已使用的月份，如图16-9所示。

E2　fx　=INT(DAYS360(D2,TODAY())/30)

	A	B	C	D	E	F
1	编号	资产名称	规格型号	增加日期	已使用月份	
2	11010	厂部	40万平方	2007-7-10	56	
3	11011	仓库	350平方	2009-6-10	33	
4	11012	打印机	1-501	2009-1-3	38	
5	11013	传真机	6-102	2011-7-8	8	
6	11014	电话机	1-120	2012-1-3	2	
7						
8						

图16-9

技巧7　自动填写报表中的月份

实例描述：产品销售报表需要每月建立且结构相似，对于表头信息需要更改月份值的情况，可以使用MONTH和TODAY函数来实现月份的自动填写。

达到目的：自动填充当前月份。

使用函数：MONTH、TODAY

❶ 选中B1单元格，在公式编辑栏中输入公式：

```
=MONTH(TODAY())
```

❷ 按Enter键，即可自动填写当前的销售月份，如图16-10所示。

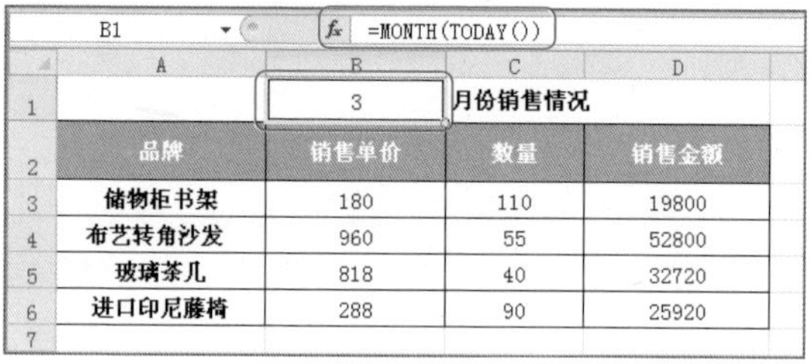

B1　fx =MONTH(TODAY())

	A	B	C	D
1		3	月份销售情况	
2	品牌	销售单价	数量	销售金额
3	储物柜书架	180	110	19800
4	布艺转角沙发	960	55	52800
5	玻璃茶几	818	40	32720
6	进口印尼藤椅	288	90	25920
7				

图16-10

技巧8　根据员工的出生日期快速计算其年龄

实例描述：如果要根据员工的出生日期快速计算出其年龄，则可以使用DATEDIF函数来实现。

达到目的：从身份证号码中提取出生年份。

使用函数：DATEDIF

❶ 选中D2单元格，在公式编辑栏中输入公式：

```
=DATEDIF(C2,TODAY(),"Y")
```

按Enter键，即可计算出第一位员工的年龄。

❷ 将光标移到D2单元格的右下角，光标变成黑色十字形后，按住鼠标左键向下拖动进行公式填充，即可快速计算出其他员工的年龄，如图16-11所示。

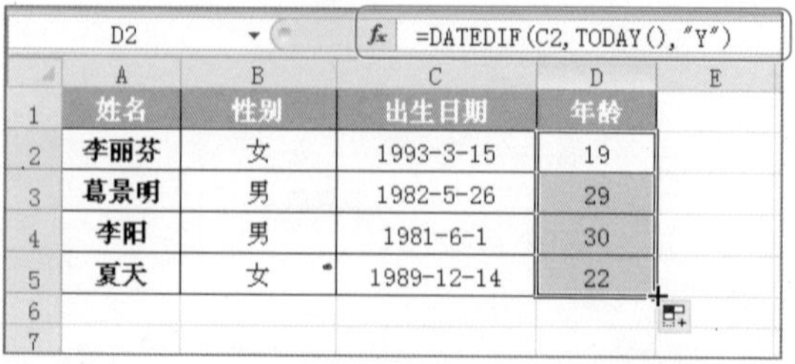

D2　fx =DATEDIF(C2,TODAY(),"Y")

	A	B	C	D	E
1	姓名	性别	出生日期	年龄	
2	李丽芬	女	1993-3-15	19	
3	葛景明	男	1982-5-26	29	
4	李阳	男	1981-6-1	30	
5	夏天	女	1989-12-14	22	
6					
7					

图16-11

技巧9　使用DATEDIF函数计算总借款天数

实例描述：使用DATEDIF函数也可以根据借款日期与还款日期计算出总借款天数。

达到目的：计算借款天数。

使用函数：DATEDIF

❶ 选中E2单元格，在公式编辑栏中输入公式：

```
=DATEDIF(C2,D2,"D")
```

按Enter键，即可计算出第一项借款的总借款天数。

❷ 将光标移到E2单元格的右下角，光标变成黑色十字形后，按住鼠标左键向下拖动进行公式填充，即可计算出各项借款的总借款天数，如图16-12所示。

E2　fx =DATEDIF(C2,D2,"D")

	A	B	C	D	E
1	借款人	账款金额	借款日期	还款日期	总借款天数
2	李丽芬	20000	2012-1-12	2012-6-12	152
3	葛景明	15000	2012-1-28	2012-9-28	244
4	李阳	30000	2012-2-12	2012-9-12	213
5	夏天	5800	2012-3-18	2013-1-18	306
6					
7					

图16-12

技巧10　使用DATEDIF函数计算精确账龄

实例描述：在账龄计算过程中，可以使用DATEDIF函数来计算精确的账龄（精确到天）。

达到目的：计算出发票的账龄。

使用函数：DATEDIF

❶ 选中E2单元格，在公式编辑栏中输入公式：

```
=CONCATENATE(DATEDIF(D2,TODAY(),"Y"),"年",DATEDIF(D2,TODAY(),"YM"),"个月",DATEDIF(D2,TODAY(),"MD"),"日")
```

按Enter键，即可计算出第一项应收账款的账龄。

❷ 将光标移到E2单元格的右下角，光标变成黑色十字形后，按住鼠标左键向下拖动进行公式填充，即可快速计算出各项应收款的账龄，如图16-13所示。

E2　fx =CONCATENATE(DATEDIF(D2,TODAY(),"Y"),"年",DATEDIF(D2,TODAY(),"YM"),"个月",DATEDIF(D2,TODAY(),"MD"),"日")

	A	B	C	D	E	F	G	H	I
1	发票号码	应收金额	已收金额	到期日期	账龄计算				
2	12023	20870	8000	2010-10-5	1年5个月26日				
3	12024	11000	1200	2011-11-5	0年4个月26日				
4	12025	5500	500	2011-12-8	0年3个月23日				
5	12026	12500	5050	2012-1-24	0年2个月7日				
6	12027	15000	0	2012-2-1	0年1个月30日				
7									
8									

图16-13

技巧11 使用DATEDIF函数自动追加工龄工资

实例描述：财务部门在计算工龄工资时通常是以其工作年限来计算，如本例中实现根据入职年龄，每满一年，工龄工资自动增加50元。

达到目的：计算员工的工龄工资。

使用函数：DATEDIF

❶ 选中C2单元格，在公式编辑栏中输入公式：

```
=DATEDIF(B2,TODAY(),"y")*50,"
```

按Enter键返回日期值，按住鼠标左键向下拖动进行公式填充，如图16-14所示。

C2 =DATEDIF(B2,TODAY(),"y")*50

	A	B	C
1	员工姓名	入职时间	工龄工资
2	李丽芬	2000-1-20	1901-8-22
3	葛景明	2005-5-20	1900-10-26
4	李阳	2008-8-16	1900-5-29
5	夏天	2009-12-1	1900-4-9
6	穆玉凤	2010-12-9	1900-2-19

图16-14

❷ 选中“工龄工资”列函数返回的日期值，重新设置其单元格格式为“常规”，即可根据入职时间自动显示工龄工资，如图16-15所示。

C2 =DATEDIF(B2,TODAY(),"y")*50

	A	B	C
1	员工姓名	入职时间	工龄工资
2	李丽芬	2000-1-20	600
3	葛景明	2005-5-20	300
4	李阳	2008-8-16	150
5	夏天	2009-12-1	100
6	穆玉凤	2010-12-9	50

图16-15

技巧12 快速返回值班安排表中日期对应的星期数

实例描述：计算值班安排表中日期对应的星期数，可以使用WEEKDAY函数来实现。

达到目的：计算出对应天数是星期几。

使用函数：WEEKDAY

❶ 选中C2单元格，在公式编辑栏中输入公式：

```
="星期"&WEEKDAY(B2,2)
```

按Enter键，返回第一个值班日期对应的星期数。

❷ 将光标移到C2单元格的右下角，光标变成黑色十字形后，按住鼠标左键向下拖动进行公式填充，即可快速返回其他值班日期对应的星期数，如图16-16所示。

C2　　fx　="星期"&WEEKDAY(B2,2)

	A	B	C	D	E
1	值班人员	值班日期	星期数		
2	李丽芬	2012-1-25	星期3		
3	葛景明	2012-2-1	星期3		
4	李阳	2012-2-10	星期5		
5	夏天	2012-3-1	星期4		
6	穆玉凤	2012-4-2	星期1		
7					
8					

图16-16

技巧13　快速返回日期对应的星期数（中文星期数）

实例描述：想让返回的星期数以中文文字显示，可以使用WEEK与TEXT函数达到。

达到目的：以中文方式显示星期。

使用函数：WEEK、TEXT

❶ 选中C2单元格，在公式编辑栏中输入公式：

```
=TEXT(WEEKDAY(B2,1),"aaaa")
```

按Enter键，返回第一个值班日期对应的中文星期数。

❷ 将光标移到C2单元格的右下角，光标变成黑色十字形后，按住鼠标左键向下拖动进行公式填充，即可快速返回其他值班日期对应的中文星期数，如图16-17所示。

C2　　fx　=TEXT(WEEKDAY(B2,1),"aaaa")

	A	B	C	D	E	F
1	值班人员	值班日期	星期数			
2	李丽芬	2012-1-25	星期三			
3	葛景明	2012-2-1	星期三			
4	李阳	2012-2-10	星期五			
5	夏天	2012-3-1	星期四			
6	穆玉凤	2012-4-2	星期一			
7						
8						
9						

图16-17

技巧14 使用YEAR与TODAY函数计算出员工工龄

实例描述：当得知员工进入公司的日期后，使用YEAR和TODAY函数可以计算出员工工龄。

达到目的：计算员工工龄。

使用函数：YEAR、TODAY

❶ 选中E2单元格，在公式编辑栏中输入公式：

```
=YEAR(TODAY())-YEAR(D2)
```

按Enter键返回日期值，将光标移到E2单元格的右下角，光标变成黑色十字形后，按住鼠标左键向下拖动进行公式填充，如图16-18所示。

E2 =YEAR(TODAY())-YEAR(D2)

编号	姓名	出生日期	入职日期	工龄
KB001	李丽芬	1993-3-15	2006-5-13	1900-1-6
KB002	葛景明	1982-5-26	2008-8-19	1900-1-4
KB003	李阳	1981-6-1	2010-11-2	1900-1-2
KB004	夏天	1989-12-14	2010-12-5	1900-1-2
KB005	穆玉凤	1986-12-3	2005-2-17	1900-1-7

图16-18

❷ 选中“工龄”列函数返回的日期值，设置其单元格格式为“常规”，即可根据入公司日期返回员工工龄，如图16-19所示。

E2 =YEAR(TODAY())-YEAR(D2)

编号	姓名	出生日期	入职日期	工龄
KB001	李丽芬	1993-3-15	2006-5-13	6
KB002	葛景明	1982-5-26	2008-8-19	4
KB003	李阳	1981-6-1	2010-11-2	2
KB004	夏天	1989-12-14	2010-12-5	2
KB005	穆玉凤	1986-12-3	2005-2-17	7

图16-19

技巧15 使用YEAR与TODAY函数计算出员工年龄

实例描述：当得知员工的出生日期之后，使用YEAR与TODAY函数可以计算出员工年龄。

达到目的：计算员工年龄。

使用函数：YEAR、TODAY

❶ 选中E2单元格，在公式编辑栏中输入公式：

=YEAR(TODAY())-YEAR(C2)

按Enter键返回日期值，将光标移到E2单元格的右下角，光标变成黑色十字形后，按住鼠标左键向下拖动进行公式填充，如图16-20所示。

E2　=YEAR(TODAY())-YEAR(C2)

	A	B	C	D	E
1	编号	姓名	出生日期	入职日期	年龄
2	KB001	李丽芬	1993-3-15	2006-5-13	1900-1-19
3	KB002	葛景明	1982-5-26	2008-8-19	1900-1-30
4	KB003	李阳	1981-6-1	2010-11-2	1900-1-31
5	KB004	夏天	1989-12-14	2010-12-5	1900-1-23
6	KB005	穆玉凤	1986-12-3	2005-2-17	1900-1-26
7					
8					

图16-20

❷ 选中“年龄”列函数返回的日期值，重新设置其单元格格式为“常规”格式，即可根据出生日期返回员工年龄，图16-21所示。

E2　=YEAR(TODAY())-YEAR(C2)

	A	B	C	D	E
1	编号	姓名	出生日期	入职日期	年龄
2	KB001	李丽芬	1993-3-15	2006-5-13	19
3	KB002	葛景明	1982-5-26	2008-8-19	30
4	KB003	李阳	1981-6-1	2010-11-2	31
5	KB004	夏天	1989-12-14	2010-12-5	23
6	KB005	穆玉凤	1986-12-3	2005-2-17	26
7					

图16-21

技巧16　计算两个日期之间的实际工作日

实例描述：要计算出2012年“五一”劳动节到2012年“十一”国庆节之间的实际工作日，可以使用NETWORKDAYS函数来实现。

达到目的：计算出“五一”到“十一”之间的实际要工作的日期。

使用函数：NETWORKDAYS

❶ 选中C2单元格，在公式编辑栏中输入公式：

=NETWORKDAYS.INTL(A2,B2,1,B5:B7))

❷ 按Enter键，即可计算出2012年“五一”劳动节到2012年“十一”国庆节期间的实际工作日（B5:B7单元格区域中显示的是除周六、周日之外还应去除的休息日），如图16-22所示。

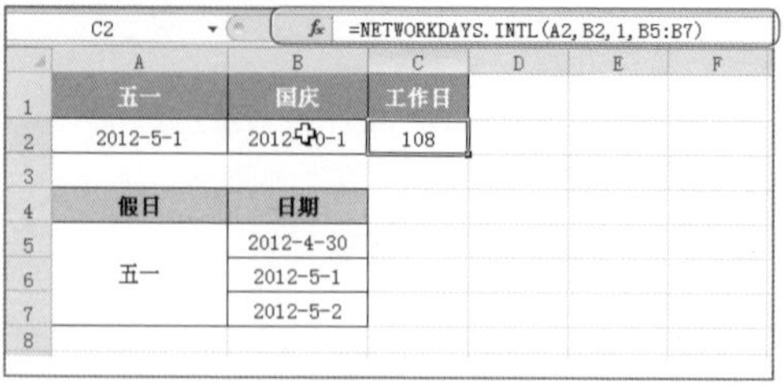

	A	B	C	D	E	F
1	五一	国庆	工作日			
2	2012-5-1	2012-10-1	108			
3						
4	假日	日期				
5	五一	2012-4-30				
6		2012-5-1				
7		2012-5-2				
8						

C2 =NETWORKDAYS.INTL(A2,B2,1,B5:B7)

图16-22

技巧17 计算指定日期到月底的天数

实例描述：要计算指定日期到月底的天数，需要使用EOMONTH函数首先计算出相应的月末日期，然后再减去指定日期。

达到目的：通过A列单元格计算出A列单元格日期到月底的天数。

使用函数：EOMONTH

❶ 选中B2单元格，在公式编辑栏中输入公式：

=EOMONTH(A2,0)-A2

❷ 按Enter键，将光标移到B2单元格的右下角，光标变成黑色十字形后，按住鼠标左键向下拖动进行公式填充，即可计算出指定日期到月末的天数（默认返回日期值），如图16-23所示。

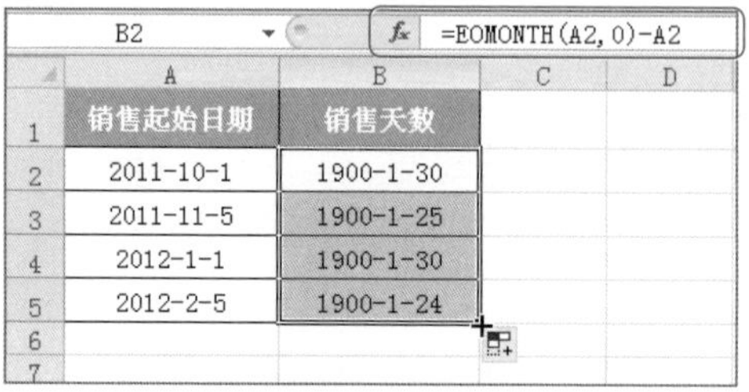

B2 =EOMONTH(A2,0)-A2

	A	B	C	D
1	销售起始日期	销售天数		
2	2011-10-1	1900-1-30		
3	2011-11-5	1900-1-25		
4	2012-1-1	1900-1-30		
5	2012-2-5	1900-1-24		
6				
7				

图16-23

❸ 选中返回的结果，重新设置其单元格格式为“常规”，显示出天数，如图16-24所示。

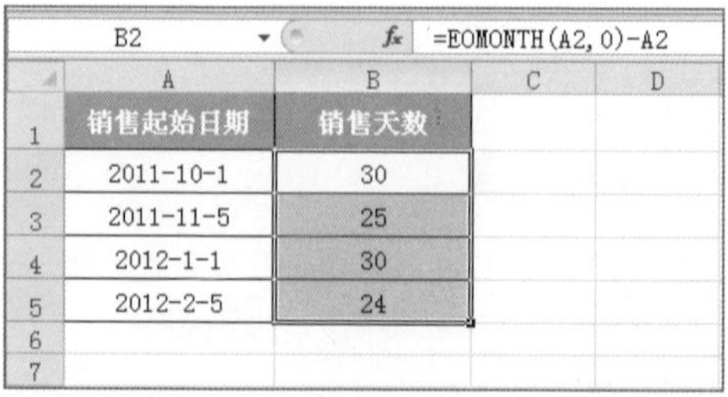

B2 =EOMONTH(A2,0)-A2

	A	B	C	D
1	销售起始日期	销售天数		
2	2011-10-1	30		
3	2011-11-5	25		
4	2012-1-1	30		
5	2012-2-5	24		
6				
7				

图16-24

技巧18　使用EOMONTH函数查看指定年份各月天数

实例描述： 使用EOMONTH函数配合DAY函数可以实现快速查看指定年份中各月的天数。

达到目的： 查看2012年各月天数。

使用函数： EOMONTH、DAY

❶ 选中B3单元格，在公式编辑栏中输入公式：

```
=DAY(EOMONTH(DATE($B$1,A3,1),0))&"天"
```

按Enter键，即可计算出2012年1月份的天数。

❷ 将光标移到B3单元格的右下角，光标变成黑色十字形后，按住鼠标左键向下拖动进行公式填充，即可计算出2012年各个月份对应的天数，如图16-25所示。

B3　=DAY(EOMONTH(DATE($B$1,A3,1),0))&"天"

输入查询年份	2012
月份	天数
1	31天
2	29天
3	31天
4	30天
5	31天
6	30天
7	31天
8	31天
9	30天
10	31天
11	30天
12	31天

图16-25

❸ 当需要查询其他年份中各个月份的天数时，只要在B1单元格中输入要查询的年份，按Enter键即可，如输入了“2013”，如图16-26所示。

B1　2013

输入查询年份	2013
月份	天数
1	31天
2	28天
3	31天
4	30天
5	31天
6	30天
7	31天
8	31天
9	30天
10	31天
11	30天
12	31天

图16-26

技巧19 根据当前月份自动计算出本月日期

实例描述：计算出当前3月份对应的当月天数。

达到目的：计算3月份有多少天。

使用函数：DAY

❶ 选中B2单元格，在公式编辑栏中输入公式：

```
=DAY(A2)
```

按Enter键，即可根据指定的日期返回日期对应的当月天数。

❷ 将光标移到B2单元格的右下角，光标变成黑色十字形后，按住鼠标左键向下拖动进行公式填充，即可根据其他指定日期得到其在当月的天数，如图16-27所示。

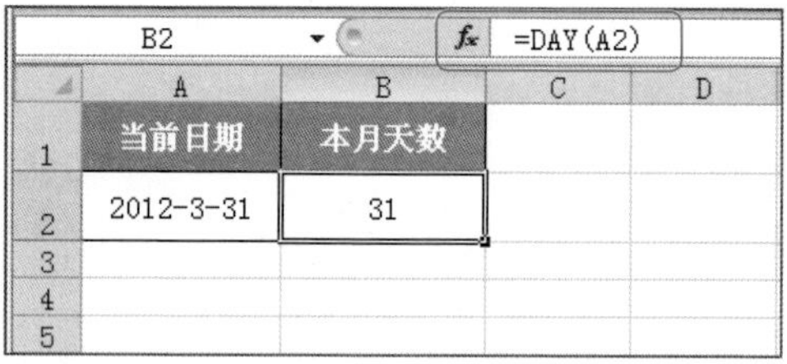

B2 =DAY(A2)

	A	B	C	D
1	当前日期	本月天数		
2	2012-3-31	31		
3				
4				
5				

图16-27

技巧20 返回指定月份下指定日期对应的星期数

实例描述：计算2012年4月份有几个星期日。

达到目的：计算4月份有几个星期天。

使用函数：SUM、WEEKDAY、DATE、MONTH

❶ 选中B2单元格，在公式编辑栏中输入公式：

```
=SUM(N(WEEKDAY(DATE(YEAR(A2),MONTH(A2),ROW(INDIRECT("1:"&DAY(EOMONTH(A2,0))))))=1))
```

❷ 按Enter键即可返回4月份所在星期日的个数，如图16-28所示。

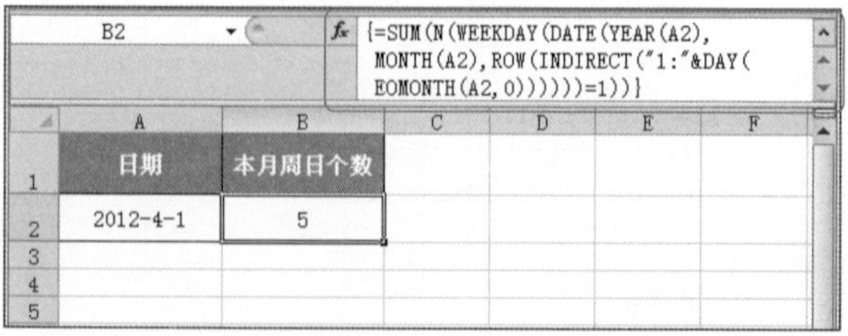

B2 {=SUM(N(WEEKDAY(DATE(YEAR(A2),MONTH(A2),ROW(INDIRECT("1:"&DAY(EOMONTH(A2,0))))))=1))}

	A	B	C	D	E	F
1	日期	本月周日个数				
2	2012-4-1	5				
3						
4						
5						

图16-28

第17章

数学、统计函数范例应用技巧

17.1 数学函数范例应用技巧

数学函数在数据统计、数据排名等计算中起着重要的作用，如产品全年销售量统计、员工考核成绩排名等。

技巧1 计算总销售额（得知每种产品的销售量与销售单价）

实例描述：在统计了每种产品的销售量与销售单价后，可以直接使用SUM函数统计出这一阶段的总销售额。

达到目的：统计某产品的销售总额。

使用函数：SUM

❶ 选中B8单元格，在公式编辑栏中输入公式：

```
=SUM(B2:B5*C2:C5)
```

❷ 按快捷键Ctrl+Shift+Enter（必须按此快捷键数组公式才能得到正确结果），即可通过销售数量和销售单价计算出总销售额，如图17-1所示。

B8　fx {=SUM(B2:B5*C2:C5)}

	A	B	C	D	E
1	产品名称	销售数量	单价		
2	瑜伽服	20	216		
3	跳舞毯	60	228		
4	瑜伽垫	123	56		
5	登山鞋	68	235		
6					
7					
8	总销售额	40868			
9					

图17-1

技巧2 使用SUM函数统计不同时间段不同类别产品的销售笔数

实例描述：销售记录表是按日期进行统计的，而且根据不同的销售日期，销售产品的规格具有不确定性，此时需要分时间段来统计出不同规格产品的阶段销售笔数。

达到目的：统计某时间的销售情况。

使用函数：SUM

❶ 选中F4单元格，在公式编辑栏中输入公式：

```
=SUM(($A$2:$A$11<$E4)*($B$2:$B$11=F$3))
```

按快捷键Ctrl+Shift+Enter，即可统计出在“2012-2-1至2012-2-10”这个时间段中规格为“名匠轩”的产品的销售笔数。

❷ 将光标移到F4单元格的右下角，光标变成黑色十字形后，按住鼠标左键向右下拖动进行公式填充，即可统计出在这个时间段其他产品的销售笔数，如图17-2所示。

F4　　fx {=SUM(($A$2:$A$11<$E4)*($B$2:$B$11=F$3))}

	A	B	C	D	E	F	G	H
1	日期	产品	金额					
2	2012-3-1	名匠轩	2654		按时间段统计每种产品销售笔数			
3	2012-3-6	穗丰家具	2780		时间段	名匠轩	穗丰家具	宜家
4	2012-3-3	名匠轩	2432		2012-2-10	1	2	1
5	2012-2-5	穗丰家具	3223					
6	2012-2-8	宜家	3564					
7	2012-2-7	名匠轩	1432					
8	2012-2-9	穗丰家具	1987					
9	2012-3-5	宜家	3465					
10	2012-3-7	宜家	2683					
11	2012-3-4	名匠轩	2154					

图17-2

❸ 选中F5单元格，在公式编辑栏中输入公式：

```
SUM(($A$2:$A$11<$E5)*($A$2:$A$11>$E4)*($B$2:$B$11=F$3))
```

按快捷键Ctrl+Shift+Enter，即可统计出在“2011-3-1至2011-3-10”这个时间段中规格为“名匠轩”的产品的销售笔数。

❹ 将光标移到F4单元格的右下角，光标变成黑色十字形后，按住鼠标左键向右下拖动进行公式填充，即可统计出在这个时间段其他产品的销售笔，如图17-3所示。

F5　　fx {=SUM(($A$2:$A$11<$E5)*($A$2:$A$11>$E4)*($B$2:$B$11=F$3))}

	A	B	C	D	E	F	G	H	I
1	日期	产品	金额						
2	2012-3-1	名匠轩	2654		按时间段统计每种产品销售笔数				
3	2012-3-6	穗丰家具	2780		时间段	名匠轩	穗丰家具	宜家	
4	2012-3-3	名匠轩	2432		2012-2-10	1	2	1	
5	2012-2-5	穗丰家具	3223		2012-3-10	3	1	2	
6	2012-2-8	宜家	3564						
7	2012-2-7	名匠轩	1432						
8	2012-2-9	穗丰家具	1987						
9	2012-3-5	宜家	3465						
10	2012-3-7	宜家	2683						
11	2012-3-4	名匠轩	2154						
12									

图17-3

技巧3　使用SUM函数统计不同时间段不同类别产品的销售金额

实例描述：销售记录表是按日期进行统计的，而且根据不同的销售日期，销售产品的规格具有不确定性，此时需要分时间段来统计出不同规格产品的阶段销售金额。

达到目的：统计不同时间不同产品的销售金额。

使用函数：SUM

❶ 选中F4单元格，在公式编辑栏中输入公式：

=SUM(($A$2:$A$11<$E4)*($B$2:$B$11=F$3)*($C$2:$C$11))

按快捷键Ctrl+Shift+Enter，即可统计出在“2012-2-1至2012-2-10”这个时间段中规格为“名匠轩”的产品的销售金额。

❷ 将光标移到F4单元格的右下角，光标变成黑色十字形后，按住鼠标左键向右下拖动进行公式填充，即可统计出在这个时间段其他产品的销售金额，如图17-4所示。

F4 {=SUM(($A$2:$A$11<$E4)*($B$2:$B$11=F$3)*($C$2:$C$11))}

日期	产品	金额
2012-3-1	名匠轩	2654
2012-3-6	穗丰家具	2780
2012-3-3	名匠轩	2432
2012-2-5	穗丰家具	3223
2012-2-8	宜家	3564
2012-2-7	名匠轩	1432
2012-2-9	穗丰家具	1987
2012-3-5	宜家	3465
2012-3-7	宜家	2683
2012-3-4	名匠轩	2154

按时间段统计每种产品销售笔数			
时间段	名匠轩	穗丰家具	宜家
2012-2-10	1432	5210	3564
2012-3-10	3	1	2

图17-4

❸ 选中F5单元格，在公式编辑栏中输入公式：

=SUM(($A$2:$A$11<$E5)*($A$2:$A$11>$E4)*($B$2:$B$11=F$3))* ($C2:$C11))

按快捷键Ctrl+Shift+Enter，即可统计出在“2012-3-1至2012-3-10”这个时间段中规格为“名匠轩”的产品的销售金额。

❹ 将光标移到F4单元格的右下角，光标变成黑色十字形后，按住鼠标左键向右下拖动进行公式填充，即可统计出在这个时间段其他产品的销售金额，如图17-5所示。

F5 {=SUM(($A$2:$A$11<$E5)*($A$2:$A$11>$E4)*($B$2:$B$11=F$3)*($C$2:$C$11))}

日期	产品	金额
2012-3-1	名匠轩	2654
2012-3-6	穗丰家具	2780
2012-3-3	名匠轩	2432
2012-2-5	穗丰家具	3223
2012-2-8	宜家	3564
2012-2-7	名匠轩	1432
2012-2-9	穗丰家具	1987
2012-3-5	宜家	3465
2012-3-7	宜家	2683
2012-3-4	名匠轩	2154

按时间段统计每种产品销售笔数			
时间段	名匠轩	穗丰家具	宜家
2012-2-10	1432	5210	3564
2012-3-10	7240	2780	6148

图17-5

技巧4　按业务发生时间进行汇总

实例描述：要实现按业务发生时间进行汇总，可以使用SUM函数来实现，例如本例中要统计出指定年份与月份下的出货数据合计值。

达到目的：统计数据综合。

使用函数：SUM

❶ 选中E2单元格，在公式编辑栏中输入公式：

```
=SUM((TEXT($A$2:$A$10,"yyyymm")=TEXT(D2,"yyyymm"))*$B$2:$B$10)
```

按快捷键Ctrl+Shift+Enter，即可统计出2011年1月份出货数量合计值。

❷ 将光标移到E2单元格的右下角，光标变成黑色十字形后，按住鼠标左键向下拖动进行公式填充，即可分别统计出其他指定年份与月份中出货数量合计值，如图17-6所示。

E2　　fx　{=SUM((TEXT($A$2:$A$10,"yyyymm")=TEXT(D2,"yyyymm"))*$B$2:$B$10)}

	A	B	C	D	E	F	G	H
1	日期	出货数量		月份	数量合计			
2	2012-1-5	567		2012年1月	2758			
3	2012-1-20	1354		2012年2月	2223			
4	2012-1-29	837		2012年3月	2155			
5	2012-2-3	456						
6	2012-2-15	1135						
7	2012-2-20	632						
8	2012-3-3	358						
9	2012-3-5	832						
10	2012-3-8	965						
11								
12								

图17-6

技巧5　统计各部门工资总额

实例描述：如果要按照部门统计工资总额，可以使用SUMIF函数来实现。

达到目的：统计不同部门的工资总额。

使用函数：SUMIF

❶ 选中C10单元格，在公式编辑栏中输入公式：

```
=SUMIF(B2:B8,"业务部",C2:C8)
```

按Enter键即可统计出“业务部”的工资总额，如图17-7所示。

❷ 选中C11单元格，在公式编辑栏中输入公式：

```
=SUMIF(B3:B9,"财务部",C3:C9)
```

按Enter键即可统计出“财务部”的工资总额，如图17-8所示。

C10 =SUMIF(B2:B8,"销售部",C2:C8)

	A	B	C	D
1	员工姓名	所属部门	工资	
2	马丽丽	销售部	1300	
3	李均	销售部	1500	
4	陈 娜	人事部	1600	
5	郑丽萍	销售部	1200	
6	赵兴龙	人事部	2000	
7	宁浩宇	销售部	1500	
8	朱松岭	人事部	1500	
9				
10	统计"销售部"工资总额		5500	
11	统计"人事部"工资总额			
12				

图17-7

C11 =SUMIF(B3:B9,"人事部",C3:C9)

	A	B	C	D
1	员工姓名	所属部门	工资	
2	马丽丽	销售部	1300	
3	李均	销售部	1500	
4	陈 娜	人事部	1600	
5	郑丽萍	销售部	1200	
6	赵兴龙	人事部	2000	
7	宁浩宇	销售部	1500	
8	朱松岭	人事部	1500	
9				
10	统计"销售部"工资总额		5500	
11	统计"人事部"工资总额		5100	
12				

图17-8

技巧6 统计某个时段之前或之后的销售总金额

实例描述：本例表格中按销售日期统计了产品的销售记录，现在要统计出前半月与后半月的销售金额，此时可以使用SUMIF函数来设计公式。

达到目的：统计前后半月的销售金额。

使用函数：SUMIF

❶ 选中F4单元格，在公式编辑栏中输入公式：

=SUMIF(A2:A11,"<=2012-2-15",C2:C11)

按Enter键，即可统计出前半月的销售金额，如图17-9所示。

F4 =SUMIF(A2:A11,"<=2012-2-15",C2:C11)

	A	B	C	D	E	F	G
1	日期	类别	金额				
2	2012-2-1	瑜伽服	228				
3	2012-2-3	跳舞毯	210				
4	2012-2-4	瑜伽垫	320		前半月销售金额	1868	
5	2012-2-8	跆拳道服	560				
6	2012-2-9	手套	200		后半月销售金额		
7	2012-2-12	头盔	350				
8	2012-2-18	瑜伽垫	450				
9	2012-2-20	瑜伽服	520				
10	2012-2-21	跆拳道服	360				
11	2012-2-25	跳舞毯	264				

图17-9

❷ 选中F6单元格，在公式编辑栏中输入公式：

=SUMIF(A2:A11,">2012-2-15",C2:C11)

按Enter键，即可统计出后半月的销售金额，如图17-10所示。

F6 =SUMIF(A2:A11,">2012-2-15",C2:C11)

	A	B	C	D	E	F
1	日期	类别	金额			
2	2012-2-1	瑜伽服	228			
3	2012-2-3	跳舞毯	210			
4	2012-2-4	瑜伽垫	320		前半月销售金额	1868
5	2012-2-8	跆拳道服	560			
6	2012-2-9	手套	200		后半月销售金额	1594
7	2012-2-12	头盔	350			
8	2012-2-18	瑜伽垫	450			
9	2012-2-20	瑜伽服	520			
10	2012-2-21	跆拳道服	360			
11	2012-2-25	跳舞毯	264			

图17-10

技巧7　使用SUMIF函数统计两种类别或多种类别产品总销售金额

实例描述：在本例中按类别统计了销售记录表，此时需要统计出某两种或多种类别产品的总销售金额，需要配合使用SUM函数与SUMIF函数来实现。

达到目的：统计多种产品销售总额。

使用函数：SUMIF、SUM

❶ 选中F4单元格，在公式编辑栏中输入公式：

=SUM(SUMIF(B2:B11,{"瑜伽服","瑜伽垫"},C2:C11))

❷ 按Enter键，即可统计出“瑜伽服”与“瑜伽垫”两种产品的总销售金额，如图17-11所示。

F4　=SUM(SUMIF(B2:B11,{"瑜伽服","瑜伽垫"},C2:C11))

日期	类别	金额
2012-2-1	瑜伽服	228
2012-2-3	跳舞毯	210
2012-2-4	瑜伽垫	320
2012-2-8	跆拳道服	560
2012-2-9	手套	200
2012-2-12	头盔	350
2012-2-18	瑜伽垫	450
2012-2-20	瑜伽服	520
2012-2-21	跆拳道服	360
2012-2-25	跳舞毯	264

瑜伽服瑜伽垫总合	1518

图17-11

技巧8　使用SUMIFS函数实现多条件统计

实例描述：本例中按日期、类别统计了销售记录。现在要使用SUMIFS函数统计出上半月中各类别产品的销售金额合计值。

达到目的：统计不同时间段的销售总额。

使用函数：SUMIFS

❶ 选中F4单元格，在公式编辑栏中输入公式：

=SUMIFS(C$2:C$11,A$2:A$11,"<=2012-2-15",B$2:B$11,E4)

按Enter键，即可统计出“瑜伽服”产品上半月的销售金额。

❷ 将光标移到F4单元格的右下角，光标变成黑色十字形后，按住鼠标左键向下拖动进行公式填充，即可快速统计出各类别产品上半月的销售金额，如图17-12所示。

F4　=SUMIFS(C$2:C$11,A$2:A$11,"<=2012-2-15",B$2:B$11,E4)

日期	类别	金额
2012-2-1	瑜伽服	228
2012-2-3	跳舞毯	210
2012-2-4	瑜伽垫	320
2012-2-8	跆拳道服	560
2012-2-9	手套	200
2012-2-12	头盔	350
2012-2-10	瑜伽垫	450
2012-2-20	瑜伽服	520
2012-2-21	跆拳道服	360
2012-2-25	跳舞毯	264

类别	上半月销售金额
瑜伽服	228
瑜伽垫	770

图17-12

技巧9　使用SUMIFS函数统计某一日期区域的销售金额

实例描述：本例中按日期、类别统计了销售记录。现在要使用SUMIFS函数统计出上半月中各类别产品的销售金额合计值。

达到目的：统计各类别的销售金额。

使用函数：SUMIFS

❶ 选中F5单元格，在公式编辑栏中输入公式：

```
=SUMIFS($C2:C11,A2:A11,">2012-2-10",A2:A11,"<2012-2-20")
```

❷ 按Enter键，即可统计出2011-2月中旬的销售总金额，如图17-13所示。

E5　=SUMIFS($C2:C11,A2:A11,">2012-2-10",A2:A11,"<2012-2-20")

日期	类别	金额
2012-2-1	瑜伽服	228
2012-2-3	跳舞毯	210
2012-2-4	瑜伽垫	320
2012-2-8	跆拳道服	560
2012-2-9	手套	200
2012-2-12	头盔	350
2012-2-18	瑜伽垫	450
2012-2-20	瑜伽服	520
2012-2-21	跆拳道服	360
2012-2-25	跳舞毯	264

中旬销售金额
800

图17-13

技巧10　使用CEILING函数根据通话总秒数以7秒为计价单位来计算总话费

实例描述：在计算话费时，一般以7秒为单位，不足7秒按7秒计算，此时可以使用CEILING函数来计算通话费用。

达到目的：计算总话费。

使用函数：CEILING

❶ 选中C2单元格，在公式编辑栏中输入公式：

```
=60*MINUTE(B2)+SECOND(B2)
```

按Enter键，即可计算出第一次通话所用秒数，将光标移到C2单元格的右下角，光标变成黑色十字形后，按住鼠标左键向下拖动进行公式填充，即可得到其他次数通话秒数，如图17-14所示。

C2　=60*MINUTE(B2)+SECOND(B2)

通话次数	通话时间	通话秒数	计费单价	通话费用
1	0:04:25	265	0.1	
2	0:10:10	610	0.1	
3	0:20:25	1225	0.1	
4	0:18:58	1138	0.1	
5	0:01:50	110	0.1	
6	0:03:08	188	0.1	

图17-14

2 选中E2单元格，在公式编辑栏中输入公式：

```
=CEILING(C2/7,1)*D2
```

按Enter键，即可计算出第一次通话的费用，将光标移到E2单元格的右下角，光标变成黑色十字形后，按住鼠标左键向下拖动进行公式填充，即可得到其他次数通话费用，如图17-15所示。

E2　=CEILING(C2/7,1)*D2

	A	B	C	D	E
1	通话次数	通话时间	通话秒数	计费单价	通话费用
2	1	0:04:25	265	0.1	3.8
3	2	0:10:10	610	0.1	8.8
4	3	0:20:25	1225	0.1	17.5
5	4	0:18:58	1138	0.1	16.3
6	5	0:01:50	110	0.1	1.6
7	6	0:03:08	188	0.1	2.7
8					

图17-15

技巧11　使用INT函数对平均销售量取整

实例描述：若要计算销售员三个月的产品平均销售量，可以使用INT函数来实现。

达到目的：计算产品每月平均销售量。

使用函数：INT

1 选中B7单元格，在公式编辑栏中输入公式：

```
=INT(B6/3)
```

2 按Enter键，即可计算出第一季度每月的销售量，如图17-16所示。

B7　=INT(B6/3)

	A	B	C	D	E	F	G
1		宜家	丰穗家具	名匠轩	藤缘名居	一点家居	
2	1月销售量	88400	149860	770240	159340	282280	
3	2月销售量	62120	95320	582200	96520	182600	
4	3月销售量	125200	106520	562350	452600	98500	
5							
6	季度总销售量	3814050					
7	平均销售量	1271350					
8							
9							

图17-16

技巧12　使用SUMPRODUCT函数计算总销售额

实例描述：当统计了各类产品的销售量和销售单价后，可以使用SUMPRODUCT函数来计算产品总销售额。

达到目的：计算产品总销售额。

使用函数：SUMPRODUCT

❶ 选中B9单元格，在公式编辑栏中输入公式：

```
=SUMPRODUCT(B2:B7,C2:C7)
```

❷ 按Enter键即可计算出产品的总销售额，如图17-17所示。

B9 =SUMPRODUCT(B2:B7,C2:C7)

	A	B	C	D	E
1	销售产品	销售量	销售单价		
2	显示器	156	864		
3	主机箱	140	210		
4	键盘	280	65		
5	鼠标	389	24		
6	CPU	286	654		
7	音箱	364	187		
8					
9	总销售金额	446832			
10					

图17–17

技巧13　从销售统计表中统计指定类别产品的总销售额

实例描述：本例中按类别统计了销售记录表，此时需要统计出某两种或多种类别产品的总销售金额，可以直接使用SUMPRODUCT函数来实现。

达到目的：计算产品销售总额。

使用函数：SUMPRODUCT

❶ 选中F4单元格，在公式编辑栏中输入公式：

```
=SUMPRODUCT(((B2:B11="瑜伽服")+(B2:B11="瑜伽垫")),$C$2:$C$11)
```

❷ 按Enter键，即可统计出“瑜伽服”与“瑜伽垫”两种规格产品的总销售额，如图17-18所示。

F4 =SUMPRODUCT(((B2:B11="瑜伽服")+(B2:B11="瑜伽垫")),$C$2:$C$11)

	A	B	C	D	E	F	G
1	日期	类别	金额				
2	2012-2-1	瑜伽服	228				
3	2012-2-3	跳舞毯	210				
4	2012-2-4	瑜伽垫	320		瑜伽服瑜伽垫总金额	1518	
5	2012-2-8	跆拳道服	560				
6	2012-2-9	手套	200				
7	2012-2-12	头盔	350				
8	2012-2-18	瑜伽垫	450				
9	2012-2-20	瑜伽服	520				
10	2012-2-21	跆拳道服	360				
11	2012-2-25	跳舞毯	264				
12							

图17–18

技巧14　使用SUMPRODUCT函数同时统计出某两种型号产品的销售件数

实例描述：在产品销售报表中，若要统计指定型号的产品销售件数（例如，统计KB_a和KB_b产品型号的销售件数），可以使用SUMPRODUCT函数来实现。

达到目的：统计KB_a和KB_b产品型号的销售件数。

使用函数：SUMPRODUCT

❶ 选中E4单元格，在公式编辑栏中输入公式：

```
=SUMPRODUCT((($A$2:$A$7="KB_a")+($A$2:$A$7="KB_b")),$B$2:$B$7)
```

❷ 按Enter键，即可计算出产品型号为KB_a和KB_b的销售件数，如图17-19所示。

E4　fx =SUMPRODUCT((($A$2:$A$7="KB_a")+($A$2:$A$7="KB_b")),$B$2:$B$7)

产品型号	销售件数
KB_a	23
KB_b	16
KB_c	24
KB_a	16
KB_e	28
KB_a	17

统计KB_a和KB_b产品型号的销售件数:	72

图17-19

技巧15　统计出指定部门、指定职务的员工人数

实例描述：若要在档案中统计出指定部门、指定职务的员工人数，可以使用SUMPRODUCT函数来实现。

达到目的：查询指定的元素。

使用函数：SUMPRODUCT

❶ 选中G5单元格，在公式编辑栏中输入公式：

```
=SUMPRODUCT(($B$2:$B$12=E5)*($C$2:$C$12=F5))
```

按Enter键，即可从档案中统计出所属部门为“业务部”且职务为“职员”的人数。

❷ 将光标移到G5单元格的右下角，光标变成黑色十字形后，按住鼠标左键向下拖动进行公式填充，即可快速统计出指定部门、指定职务的员工人数，如图17-20所示。

G5　fx =SUMPRODUCT(($B$2:$B$12=E5)*($C$2:$C$12=F5))

员工姓名	所属部门	职务
李丽丽	销售部	主管
元彬	销售部	职员
孙晓亮	财务部	职员
马鹏程	销售部	经理
张兴	财务部	总监
宁浩	销售部	职员
朱松林	财务部	职员
林君	人事部	秘书
徐珊珊	销售部	职员
龚丽娜	人事部	职员
丁子高	人事部	主任

所属部门	职务	人数
销售部	职员	3
财务部	职员	2
人事部	职员	0

图17-20

技巧16 统计出指定部门获取奖金的人数（去除空值）

实例描述：若要统计出指定部门获取奖金的人数，可以使用SUMPRODUCT函数来实现。

达到目的：统计出获取奖金的人数。

使用函数：SUMPRODUCT

❶ 选中F5单元格，在公式编辑栏中输入公式：

```
=SUMPRODUCT(($B$2:$B$12=E5)*(C$2:C$12<>""))
```

按Enter键，即可统计出所属部门为“业务部”获取奖金的人数。

❷ 将光标移到F5单元格的右下角，光标变成黑色十字形后，按住鼠标左键向下拖动进行公式填充，即可快速统计出指定部门获取奖金的人数，如图17-21所示。

F5　=SUMPRODUCT(($B$2:$B$12=E5)*(C$2:C$12<>""))

	A	B	C
1	员工姓名	所属部门	奖金
2	李丽丽	销售部	800
3	元彬	销售部	500
4	孙晓亮	财务部	300
5	马鹏程	销售部	
6	张兴	财务部	200
7	宁浩	销售部	100
8	朱松林	财务部	300
9	林君	人事部	
10	徐珊珊	销售部	
11	龚丽娜	人事部	100
12	丁子高	人事部	100

	E	F
4	所属部门	获取奖金人数
5	销售部	3
6	财务部	3
7	人事部	2

图17-21

技巧17 统计出指定部门奖金大于固定值的人数

实例描述：若要统计出指定部门获取奖金大于固定值的人数，可以使用SUMPRODUCT函数来实现。

达到目的：统计出奖金大于200的人数。

使用函数：SUMPRODUCT

❶ 选中F5单元格，在公式编辑栏中输入公式：

```
=SUMPRODUCT((B$2:B$12=E5)*(C$2:C$12>200))
```

按Enter键，即可统计出所属部门为“业务部”奖金额大于200的人数。

❷ 将光标移到F5单元格的右下角，光标变成黑色十字形后，按住鼠标左键向下拖动进行公式填充，即可快速统计出指定部门奖金额大于200的人数，如图17-22所示。

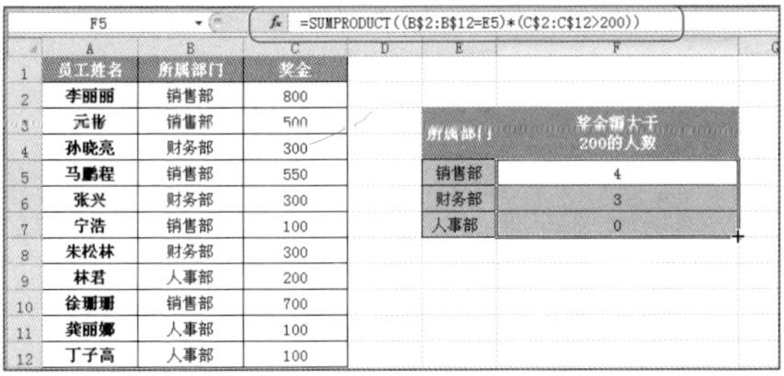

F5　=SUMPRODUCT((B$2:B$12=E5)*(C$2:C$12>200))

员工姓名	所属部门	奖金
李丽丽	销售部	800
元彬	销售部	500
孙晓亮	财务部	300
马鹏程	销售部	550
张兴	财务部	300
宁浩	销售部	100
朱松林	财务部	300
林君	人事部	200
徐珊珊	销售部	700
龚丽娜	人事部	100
丁子高	人事部	100

所属部门	奖金额大于200的人数
销售部	4
财务部	3
人事部	0

图17-22

技巧18　从学生档案表中统计出某一出生日期区间中指定性别的人数

实例描述：若要统计出指定部门获取奖金的人数，可以使用SUMPRODUCT函数来实现。

达到目的：统计出某一时间区内出生的性别为女的人数。

使用函数：SUMPRODUCT

❶ 选中G4单元格，在公式编辑栏中输入公式：

=SUMPRODUCT((D2:D12>=19950616)*(D2:D12<=19971210)*(B2:B12="女"))

❷ 按Enter键，即可统计出所有出生年月在19950616至19971210之间且性别为女的学生人数，如图17-23所示。

G4　=SUMPRODUCT((D2:D12>=19950616)*(D2:D12<=19971210)*(B2:B12="女"))

姓名	性别	班级	出生年月日
李丽丽	女	01	19961201
元彬	男	03	19910312
孙晓亮	男	01	19970516
马鹏程	男	04	19930613
张兴苹	女	05	19940415
宁浩	男	02	19970605
朱松林	男	03	19950618
林君	女	05	19981216
徐珊珊	女	04	19971125
龚丽娜	女	03	19961010
丁子高	男	04	19951025

统计出生年月19950616-19971210之间且性别为"女"的学生数	3

图17-23

技巧19　统计指定店面指定类别产品的销售金额合计值

实例描述：本例中需要计算出店面"2"与品类"1"产品的销量合计值，可以使用SUMPRODUCT函数来实现。

达到目的：统计出指定产品销售额合计。

使用函数：SUMPRODUCT

❶ 选中C13单元格，在公式编辑栏中输入公式：

=SUMPRODUCT((A2:A11=2)*(C2:C11=1)*D2:D11)

❷ 按Enter键，即可统计出2店面1品类销量合计值，如图17-24所示。

C13 =SUMPRODUCT((A2:A11=2)*(C2:C11=1)*D2:D11)

店面	品牌	品类	销量
1	名匠轩	3	630
1	穗丰家具	2	578
3	名匠轩	1	650
3	穗丰家具	2	561
2	宜家	3	134
1	名匠轩	2	234
3	穗丰家具	2	812
2	宜家	1	679
3	宜家	3	960
2	名匠轩	1	456
2店面1品类销量合计值		1135	

图17-24

17.2 统计函数范例应用技巧

工业企业需要采购原材料放入仓库，以保障生产的顺利进行，而商品流通企业需要采购商品放入仓库，以保证日常销售顺利进行，所以库存管理在日常办公中是一项重要的工作。

技巧1 求平均值时忽略计算区域中的0值

实例描述：当需要求平均值的单元格区域中包含0值时，它们也将参与求平均值的运算。如果想排除运算区域中的0值，可以按如下方法设置公式。

达到目的：忽略计算中的零值。

使用函数：AVERAGE

❶ 选中B9单元格，在公式编辑栏中输入公式：

```
=AVERAGE(IF(B2:B7<>0,B2:B7))
```

❷ 再按快捷键Ctrl+Shift+Enter，即可忽略0值求平均值，如图17-25所示。

B9 {=AVERAGE(IF(B2:B7<>0,B2:B7))}

姓名	分数
葛文斌	450
李大齐	0
夏天	580
郑欣荣	498
方云飞	0
李洋洋	620
平均分数	537

图17-25

技巧2　按指定条件求平均值

实例描述：在企业各部门的产品销售量统计报表中，计算出各部门的产品平均销售量。

达到目的：统计平均销售量。

使用函数：AVERAGE

❶ 选中F4单元格，在公式编辑栏中输入公式：

```
=AVERAGE(IF($B$2:$B$13=E4,$C$2:$C$13))
```

按快捷键Ctrl+Shift+Enter，即可计算出“销售1部”的平均销售量。

❷ 将光标移到F4单元格的右下角，光标变成黑色十字形后，按住鼠标左键向下拖动进行公式填充，即可计算出其他部门的平均销售量，如图17-26所示。

F4　　fx　{=AVERAGE(IF($B$2:$B$13=E4,$C$2:$C$13))}

	A	B	C	D	E	F	G	H
1	季度	部门	销售量					
2		销售1部	218					
3	一季度	销售2部	250		部门	平均销售量		
4		销售3部	284		销售1部	246.25		
5		销售1部	284		销售2部	246.25		
6	二季度	销售2部	281		销售3部	246.25		
7		销售3部	208					
8		销售1部	218					
9	三季度	销售2部	265					
10		销售3部	248					
11		销售1部	265					
12	四季豆	销售2部	209					
13		销售3部	218					

图17-26

技巧3　同时满足多个条件求平均值

实例描述：本例表格中统计了学生的分数。现在利用AVERAGE函数统计出每个班级中不包含0值的平均值。

达到目的：统计不包含0值的平均值。

使用函数：AVERAGE

❶ 在工作表中输入数据并建立好求解标识。选中E4单元格，在公式编辑栏中输入公式：

```
=AVERAGE(IF(($A$2:$A$11=1)*(C$2:C$11<>0),C$2:C$11))
```

❷ 按快捷键Ctrl+Shift+Enter，即可计算出1班不包括0值的平均分数，如图17-27所示。

E4 {=AVERAGE(IF(($A$2:$A$11=1)*(C$2:C$11<>0),C$2:C$11))}

班级	姓名	分数
1	葛文斌	480
2	李大齐	561
1	夏天	450
2	郑欣荣	582
1	方云飞	541
2	李洋洋	500
1	王莉莉	0
2	晏阳	418
2	齐云飞	600
1	陈伟	545

1班平均分数
504

图17-27

技巧4 隔列计算各销售员的产品平均销售量

实例描述：在全年产品销售数据统计报表中，通过隔列来计算各销售员的产品平均销售量。

达到目的：统计平均销售量。

使用函数：AVERAGE、MOD

❶ 选中R2单元格，在公式编辑栏中输入公式：

```
=AVERAGE(IF(MOD(COLUMN($B2:$Q2),4)=0,IF($B2:$Q2>0,$B2:$Q2)))
```

按快捷键Ctrl+Shift+Enter，即可计算出销售员“葛文斌”销售产品的月平均销售量为“46.25”。

❷ 将光标移到R2单元格的右下角，光标变成黑色十字形后，按住鼠标左键向下拖动进行公式填充，即可计算出其他销售员的产品月平均销售量，如图17-28所示。

R2 {=AVERAGE(IF(MOD(COLUMN($B2:$Q2),4)=0,IF($B2:$Q2>0,$B2:$Q2)))}

销售员	1月	2月	3月	平均值	4月	5月	6月	平均值	7月	8月	9月	平均值	10月	11月	12月	平均值	全年平均值
葛文斌	45	40	46	43.6667	42	47	45	44.6667	46	49	42	45.6667	45	42	52	46.333333	46.25
李大齐	41	46	41	42.6667	41	48	45	44.6667	41	45	49	45	48	42	45	45	45
夏天	48	41	45	44.6667	48	42	48	46	41	41	42	41.3333	52	65	49	55.333333	46
郑欣荣	43	41	45	43	43	42	52	45.6667	42	48	41	43.6667	47	43	42	44	45
方云飞	41	42	48	43.6667	46	49	47	47.3333	48	42	48	46	48	48	41	45.666667	46
李洋洋	42	48	45	45	48	42	48	46	48	45	43	45.3333	42	42	48	44	46
王莉莉	45	48	47	46.6667	51	41	42	44.6667	51	41	48	46.6667	48	45	43	45.333333	45
晏阳	45	51	48	48	52	48	48	49.3333	51	48	43	47.3333	41	40	57	46	49
齐云飞	51	49	42	47.3333	49	43	43	45	42	43	41	42	48	48	46	47.333333	43
陈伟	58	48	42	49.3333	46	46	41	44.3333	47	41	42	43.3333	52	43	48	47.666667	43.25
周美芳	47	41	49	45.6667	42	41	51	44.6667	42	42	45	43	44	40	45	43	47.5

图17-28

技巧5 计算平均成绩（AVERAGE）

实例描述：将所有人的成绩计算出平均值，结果保持两位小数，忽略其中的缺考人员。

达到目的： 统计平均成绩。

使用函数： AVERAGE、ROUND

❶ 选中B9单元格，在公式编辑栏中输入公式：

```
=ROUND(AVERAGE(B2:B8,2)
```

❷ 按Enter键，即可计算出所有人员的平均分，如图17-29所示。

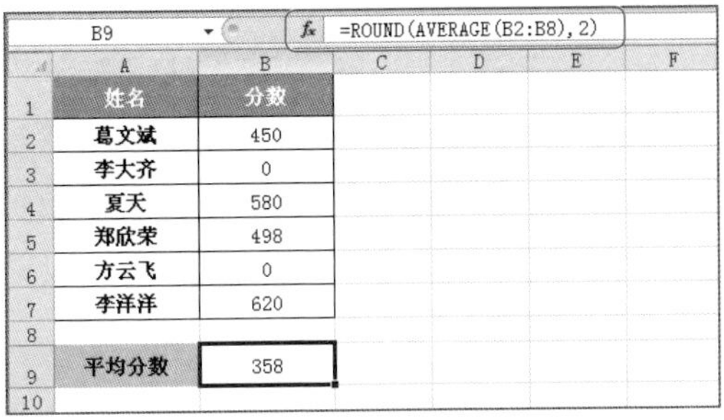

B9　=ROUND(AVERAGE(B2:B8),2)

	A	B
1	姓名	分数
2	葛文斌	450
3	李大齐	0
4	夏天	580
5	郑欣荣	498
6	方云飞	0
7	李洋洋	620
8		
9	平均分数	358

图17-29

技巧6　使用AVERAGEA函数求包含文本值的平均值

实例描述： 在学生考试成绩统计报表中，计算所有学生的平均成绩（包含没有及时参加考试的学生）。

达到目的： 统计平均值。

使用函数： AVERAGEA

❶ 选中F3单元格，在公式编辑栏中输入公式：

```
=AVERAGEA(B3:D3)
```

按Enter键，即可计算出学生“方云飞”的平均成绩为76分。

❷ 将光标移到F3单元格的右下角，光标变成黑色十字形后，按住鼠标左键向下拖动进行公式填充，即可计算出其他学生的平均成绩。如学生没有及时参加考试，也会参与具体的求平均成绩的计算，如图17-30所示。

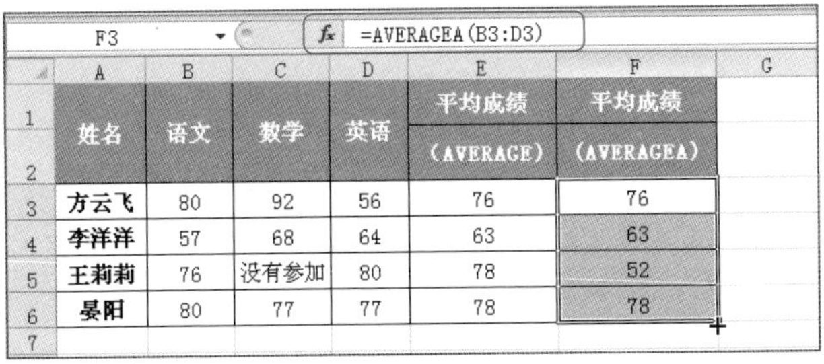

F3　=AVERAGEA(B3:D3)

	A	B	C	D	E	F
1-2	姓名	语文	数学	英语	平均成绩（AVERAGE）	平均成绩（AVERAGEA）
3	方云飞	80	92	56	76	76
4	李洋洋	57	68	64	63	63
5	王莉莉	76	没有参加	80	78	52
6	晏阳	80	77	77	78	78

图17-30

技巧7 使用AVERAGEIF函数计算满足条件的数据的平均值

实例描述：在销售数据统计表中，要分别计算所有销售额大于65 000元的平均销售额和所有销售单价大于等于290元的平均销售额，可以使用AVERAGEIF函数来实现。

达到目的：统计出大于指定条件的平均值。

使用函数：AVERAGEIF

❶ 选中D11单元格，在公式编辑栏中输入公式：

```
=AVERAGEIF(D2:D9,">65000")
```

按Enter键，即可计算出所有销售额“>65000”元的平均销售额，如图17-31所示。

D11 fx =AVERAGEIF(D2:D9,">65000")

	A	B	C	D	E	F	G
1	销售员	销售量	销售单价	销售额			
2	夏慧	320	280	89600			
3	葛丽	255	285	72675			
4	王磊	295	220	64900			
5	高龙宝	145	330	47850			
6	徐莹	295	220	64900			
7	周国菊	195	256	49920			
8	方玲	456	185	84360			
9	王涛	290	280	81200			
10							
11	销售额>65000元的平均销售额:			81958.75			
12	销售单价>=290元的平均销售额:						
13							

图17-31

❷ 选中D12单元格，在公式编辑栏中输入公式：

```
=AVERAGEIF(C2:C9,">=290",D2:D9)
```

按Enter键，即可计算出所有销售单价“>=290”元的平均销售额，如图17-32所示。

D12 fx =AVERAGEIF(C2:C9,">=290",D2:D9)

	A	B	C	D	E	F
1	销售员	销售量	销售单价	销售额		
2	夏慧	320	280	89600		
3	葛丽	255	285	72675		
4	王磊	295	220	64900		
5	高龙宝	145	330	47850		
6	徐莹	295	220	64900		
7	周国菊	195	256	49920		
8	方玲	456	185	84360		
9	王涛	290	280	81200		
10						
11	销售额>65000元的平均销售额:			81958.75		
12	销售单价>=290元的平均销售额:			47850		
13						

图17-32

技巧8 在AVERAGEIF函数中使用通配符

实例描述：在各地区产品销售数据统计报表中，计算出地区为“东”的产品平均销售金额。

达到目的：统计平均销售金额。

使用函数：AVERAGEIF

❶ 选中D10单元格，在公式编辑栏中输入公式：

```
=AVERAGEIF(A2:A8,"=东*",D2:D8)
```

❷ 按Enter键，即可计算出地区为“东”的产品平均销售金额，如图17-33所示。

D10 =AVERAGEIF(A2:A8,"=东*",D2:D8)

	A	B	C	D
1	地区	销售量	销售单价	销售额
2	东部	4770	275	1311750
3	东南部	4990	270	1347300
4	东北部	5690	270	1536300
5	西部	5450	270	1471500
6	中西部	4850	270	1309500
7	南部	5090	275	1399750
8	中南部	5360	270	1447200
9				
10	计算地区为“东”的平均销售额:			1398450

图17-33

技巧9 使用AVERAGEIFS函数计算出满足多重条件的数据的平均值

实例描述：本例中显示了电阻的有效范围以及多次测试结果。现在要排除无效测试结果并计算平均电阻，可以使用AVERAGEIFS函数来设置求解公式，该函数返回满足多重条件的所有单元格的平均值。

达到目的：统计满足多重条件的平均值。

使用函数：AVERAGEIFS

❶ 选中B13单元格，在公式编辑栏中输入公式：

```
=AVERAGEIFS(B4:B11,B4:B11,">=1.8",B4:B11,"<=3.1")
```

❷ 按Enter键，即可排除无效测试结果（不在标注电阻范围内的）来计算平均电阻，如图17-34所示。

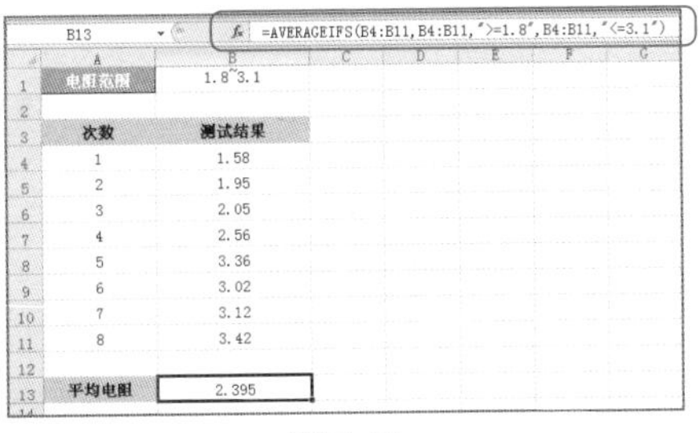

B13 =AVERAGEIFS(B4:B11,B4:B11,">=1.8",B4:B11,"<=3.1")

	A	B
1	电阻范围	1.8~3.1
2		
3	次数	测试结果
4	1	1.58
5	2	1.95
6	3	2.05
7	4	2.56
8	5	3.36
9	6	3.02
10	7	3.12
11	8	3.42
12		
13	平均电阻	2.395

图17-34

技巧10　在AVERAGEIFS函数中使用通配符

实例描述：在各地区产品销售数据统计报表中，计算出除去“东”和“西”地区以外的其他地区的产品平均销售金额。

达到目的：统计一定区域的平均销售金额。

使用函数：AVERAGEIFS

❶ 选中D10单元格，在公式编辑栏中输入公式：

```
=AVERAGEIFS(D2:D8,A2:A8,"<>东*",A2:A8,"<>*西")
```

❷ 按Enter键，即可计算出除去“东”和“西”地区以外的其他地区的产品平均销售金额，如图17-35所示。

D10　fx =AVERAGEIFS(D2:D8,A2:A8,"<>东*",A2:A8,"<>*西")

	A	B	C	D	E	F	G	H
1	地区	销售量	销售单价	销售额				
2	东部	4770	275	1311750				
3	东南部	4990	270	1347300				
4	东北部	5690	270	1536300				
5	西部	5450	270	1471500				
6	中西部	4850	270	1309500				
7	南部	5090	275	1399750				
8	中南部	5360	270	1447200				
9								
10	除去“东”和“西”以外的其他地区的的平均销售额:			1406987.5				
11								

图17-35

技巧11　使用COUNT函数统计销售记录条数

实例描述：在员工产品销售数据统计报表中，统计销售记录条数。

达到目的：统计出销售记录条数。

使用函数：COUNT

❶ 选中C12单元格，在公式编辑栏中输入公式：

```
=COUNT(A2:C10)
```

❷ 按Enter键，即可统计出销售记录条数为“9”，如图17-36所示。

C12　fx =COUNT(A2:C10)

	A	B	C	D	E	F
1	销售员	品名	销售数量			
2	葛文斌	电视	422			
3	李大齐	电视	418			
4	夏天	空调	512			
5	郑欣荣	微波炉	385			
6	方云飞	空调	482			
7	李洋洋	洗衣机	368			
8	周迅	空调	458			
9	高云翔	洗衣机	418			
10	许飞	空调	180			
11						
12	统计销售记录条数:		9			
13						

图17-36

第16章
第17章
第18章
第19章
第20章

技巧12　使用COUNT函数按条件统计

实例描述：在员工产品销售数据统计报表中，统计出指定销售员的销售记录条数。

达到目的：统计出销售员的销售记录条数。

使用函数：COUNT

❶ 选中F4单元格，在公式编辑栏中输入公式：

```
=COUNT(IF($A$2:$A$13=E4,$C$2:$C$13))
```

按快捷键Ctrl+Shift+Enter，即可统计出销售员“朱训尔”的销售记录条数为“3”。

❷ 将光标移到F4单元格的右下角，光标变成黑色十字形后，按住鼠标左键向下拖动进行公式填充，即可统计出其他销售员的销售记录条数，如图17-37所示。

F4　fx {=COUNT(IF($A$2:$A$13=E4,$C$2:$C$13))}

销售员	品名	销售数量
朱训尔	电视	422
李云飞	电视	418
张云	空调	512
谢枫	微波炉	385
朱训尔	空调	418
李纪洋	空调	482
王磊	洗衣机	368
李云飞	空调	458
朱训尔	洗衣机	418
徐莹	空调	180
张云	洗衣机	388
李云飞	微波炉	482

姓名	销售记录条数
朱训尔	3
李云飞	3
张云	2

图17-37

技巧13　使用COUNTA函数统计包含文本值的单元格数

实例描述：在“2012年夏季训练成员名单”表中，统计参加训练的人数。

达到目的：统计出参加训练的人数。

使用函数：COUNTA

❶ 选中C8单元格，在公式编辑栏中输入公式：

```
=COUNTA(A3:F6)
```

❷ 按Enter键，即可统计出参加夏季训练成员的人数为“16”名，如图17-38所示。

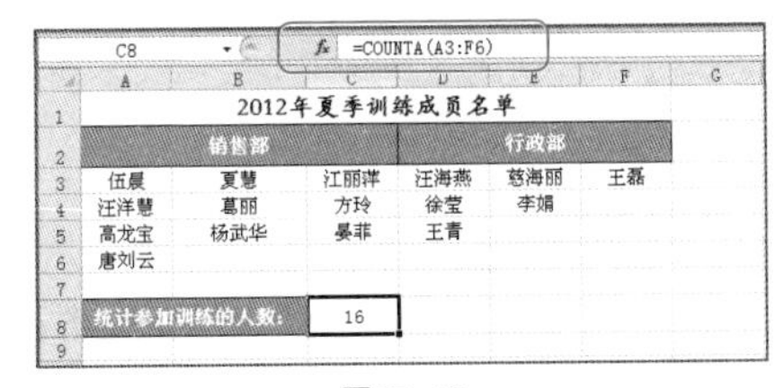

C8　fx =COUNTA(A3:F6)

2012年夏季训练成员名单

销售部			行政部		
伍晨	夏慧	江丽洋	汪海燕	慈海丽	王磊
汪洋慧	葛丽	方玲	徐莹	李娟	
高龙宝	杨武华	晏菲	王青		
唐刘云					

统计参加训练的人数：16

图17-38

技巧14　使用COUNTBLANK函数统计空白单元格的数目

实例描述：在学生考试成绩统计报表中，根据数据统计出学生缺考人数。

达到目的：统计出学生缺考人数。

使用函数：COUNTBLANK

❶ 选中H8单元格，在公式编辑栏中输入公式：

```
=COUNTBLANK(E2:E10)
```

❷ 按Enter键，即可统计出学生缺考的人数为“4”名，如图17-39所示。

H8　　fx =COUNTBLANK(E2:E10)

	A	B	C	D	E	F	G	H	I
1	姓名	语文	数学	英语	总分				
2	葛文斌	93	87	88	268				
3	李大齐	91	81	85	257				
4	夏天						应考人数	9	
5	郑欣荣	89	67	81	237				
6	方云飞								
7	李洋洋								
8	周迅	65	86	79	230		缺考人数	4	
9	高云翔	89	79	68	236				
10	许飞								
11									

图17-39

技巧15　使用COUNTIF函数统计出各类别产品的销售记录条数

实例描述：根据统计的产品销售记录，统计出各类产品的销售记录条数，可使用COUNTIF函数快速提取。

达到目的：统计出各类产品的销售记录。

使用函数：COUNTIF

❶ 选中F4单元格，在公式编辑栏中输入公式：

```
=COUNTIF(B2:B12,E4)
```

按Enter键，即可统计出“电视”的销售记录条数为“2”。

❷ 将光标移到F4单元格的右下角，光标变成黑色十字形后，按住鼠标左键向下拖动进行公式填充，即可统计出其他产品的销售记录条数，如图17-40所示。

F4　　fx =COUNTIF(B2:B12,E4)

	A	B	C	D	E	F	G	H	I
1	销售员	品名	销售数量						
2	朱训尔	电视	422						
3	李云飞	电视	418		产品	销售记录条数			
4	张云	空调	512		电视	2			
5	谢枫	微波炉	385		空调	5			
6	朱训尔	空调	418		微波炉	2			
7	李纪洋	空调	482						
8	王磊	洗衣机	368						
9	李云飞	空调	458						
10	朱训尔	洗衣机	418						
11	徐莹	空调	180						
12	张云	洗衣机	388						
13	李云飞	微波炉	482						

图17-40

技巧16　使用COUNTIF函数统计出空白单元格的个数

实例描述：在员工出勤统计报表中，根据员工出勤情况统计请假人数。

达到目的：统计出请假人数。

使用函数：COUNTIF

❶ 选中E5单元格，在公式编辑栏中输入公式：

=COUNTIF(B2:B10,"")

❷ 按Enter键，即可统计出请假员工人数为“2”，如图17-41所示。

E5　=COUNTIF(B2:B10,"")

	A	B	C	D	E	F
1	姓名	出勤情况				
2	葛文斌	出勤				
3	李大齐	出勤				
4	夏天					
5	郑欣荣			请假人数	3	
6	方云飞	出勤				
7	李洋洋					
8	周迅	出勤				
9	高云翔	出勤				
10	许飞	出勤				

图17-41

技巧17　利用COUNTIF函数统计出某一数据区间的数目

实例描述：在学生成绩统计表中，要统计出数学成绩在120~140分（包含120分与140分）之间的学生人数，可以使用COUNTIF函数来实现。

达到目的：统计出数学成绩在120~140分的学生人数。

使用函数：COUNTIF

❶ 选中C12单元格，在公式编辑栏中输入公式：

=COUNTIF(C2:C10,">=120")-COUNTIF(C2:C10,">140")

❷ 按Enter键即可统计出成绩在120~140分之间的学生人数，如图17-42所示。

C12　=COUNTIF(C2:C10,">=120")-COUNTIF(C2:C10,">140")

	A	B	C	D	E	F	G
1	学生姓名	考试科目	成绩				
2	葛文斌	数学	120				
3	李大齐	数学	128				
4	夏天	数学	122				
5	郑欣荣	数学	110				
6	方云飞	数学	122				
7	李洋洋	数学	108				
8	周迅	数学	98				
9	高云翔	数学	140				
10	许飞	数学	90				
11							
12	120~140分之间的学生人数		5				
13							

图17-42

技巧18 使用COUNTIF函数设置双条件

实例描述：使用COUNTIF函数来计算某两门课程的报名人数有多少。

达到目的：统计某两门课报名人数。

使用函数：COUNTIF

❶ 选中D5单元格，在公式编辑栏中输入公式：

```
=SUM(COUNTIF(B2:B10,{"瑜伽","健美操"}))
```

❷ 按Enter键，即可统计出学习“瑜伽”和“健美操”的总人数，如图17-43所示。

D5 =SUM(COUNTIF(B2:B10,{"瑜伽","健美操"}))

	A	B	C	D
1	姓名	课程		
2	葛文斌	瑜伽		
3	李大齐	现代舞		瑜伽和健美操的合计人数
4	夏天	现代舞		
5	郑欣荣	瑜伽		5
6	方云飞	健美操		
7	李洋洋	现代舞		
8	周迅	现代舞		
9	高云翔	健美操		
10	许飞	健美操		

图17-43

技巧19 使用COUNTIF函数避免重复输入

实例描述：从产品销售记录表中提取今日已售产品名称，忽略重复出现者。

达到目的：避免重复数据的输入。

使用函数：COUNTIF

❶ 选中D2单元格，在公式编辑栏中输入公式：

```
=INDEX(B:B,MATCH(0,COUNTIF($D$1:D1,B$2:B$11),0)+1)
```

按快捷键Ctrl+Shift+Enter，即可返回第一个产品名称。

❷ 将光标移到D2单元格的右下角，光标变成黑色十字形后，按住鼠标左键向下拖动进行公式填充，即可统计出其他已销售产品，如图17-44所示。

D2 {=INDEX(B:B,MATCH(0,COUNTIF($D$1:D1,B$2:B$11),0)+1)}

	A	B	C	D
1	时间	售出产品		今日销售产品
2	0:00	电视		电视
3	9:15	空调		空调
4	9:48	电视		电冰箱
5	10:20	电冰箱		电话
6	12:12	电话		微波炉
7	12:50	微波炉		冰箱
8	14:26	冰箱		
9	14:58	冰箱		
10	15:28	空调		
11	16:40	微波炉		

图17-44

技巧20 统计出特定区域中指定值（多个值）的个数

实例描述：若要统计出指定单元格区域（A2:C14单元格区域）中测试成绩为1、3、5的个数总和，同样可以使用COUNTIF函数和SUM函数来实现。

达到目的：统计1、3、5在A2:C14单元格区域中的个数。

使用函数：COUNTIF、SUM

❶ 选中F3单元格，在公式编辑栏中输入公式：

```
=SUM(COUNTIF(A2:C14,{1,2,3,5}))
```

❷ 按Enter键，即可计算出A2:C14单元格区域中成绩为1、3、5的个数总和，如图17-45所示。

F3　=SUM(COUNTIF(A2:C14,{1,2,3,5}))

	A	B	C	D	E	F
1	第一次测试	第二次测试	第三次测试			
2	1	4	4			
3	5	4	2		成绩为1.3.5的个数总和	29
4	3	2	1			
5	4	5	5			
6	4	1	5			
7	2	2	3			
8	5	5	4			
9	3	1	4			
10	4	3	2			
11	2	5	5			
12	1	1	4			
13	5	4	2			
14	5	2	5			

图17-45

技巧21 使用COUNTIFS函数统计指定区域中满足多个条件的记录数目

实例描述：根据统计的产品的销售记录，统计出指定类别产品的销售记录条数，可使用COUNTIFS函数来设置多重条件。

达到目的：统计出指定产品的销售记录条数。

使用函数：COUNTIFS

❶ 选中F4单元格，在公式编辑栏中输入公式：

```
=COUNTIFS($B$2:$B$11,E4,$A$2:$A$11,"<2011-9-15")
```

按Enter键，即可统计出“电视”的销售记录条数为“2”。

❷ 将光标移到F4单元格的右下角，光标变成黑色十字形后，按住鼠标左键向下拖动进行公式填充，即可统计出其他产品上半月的销售记录条数，如图17-46所示。

F4　=COUNTIFS($B$2:$B$11,E4,$A$2:$A$11,"<2011-9-15")

	A	B	C	D	E	F
1	日期	类别	金额			
2	2011-9-1	电视	1800		类别	上半月销售记录条数
3	2011-9-2	空调	2500			
4	2011-9-4	空调	1780		电视	2
5	2011-9-8	洗衣机	1450		空调	3
6	2010-9-12	空调	1680		洗衣机	1
7	2011-9-14	电视	1200			
8	2011-9-16	空调	1510			
9	2011-9-18	洗衣机	1700			
10	2011-9-19	空调	2080			
11	2011-9-20	电视	1200			
12	2011-9-28	空调	2800			

图17-46

技巧22 返回数据表中前三名的数据

实例描述： 根据统计的销售数据表，统计一季度中前三名的销售量分别为多少，可以使用LARGE函数。

达到目的： 统计出前三名的数据。

使用函数： LARGE

❶ 选中C7单元格，在公式编辑栏中输入公式：

```
=LARGE($B$2:$E$4,B7)
```

按Enter键，即可返回B2:E4单元格区域中的最大值。

❷ 将光标移到C7单元格的右下角，光标变成黑色十字形后，按住鼠标左键向下拖动进行公式填充，即可快速返回第二名、第三名的销售数量，如图17-47所示。

C7　fx =LARGE($B$2:$E$4,B7)

	A	B	C	D	E	F	G
1	月份	1店	2店	3店	4店		
2	1月	220	180	240	190		
3	2月	250	240	235	480		
4	3月	200	250	280	195		
5							
6		销售名次	销量				
7		1	480				
8		2	280				
9		3	250				
10							

图17-47

技巧23 统计数据表中前五名的平均值

实例描述： 数据表中统计了销售数量，现在要计算前五名的平均销售数量，可以使用LARGE函数配合AVERAGE函数来实现。

达到目的： 统计出前五名的平均销售数量。

使用函数： LARGE、AVERAGE

❶ 选中C11单元格，在公式编辑栏中输入公式：

```
=AVERAGE(LARGE(C2:C10,{1,2,3,4,5}))
```

❷ 按Enter键，即可统计出C2:C10单元格区域中排名前五位的数据的平均值，如图17-48所示。

C11　fx =AVERAGE(LARGE(C2:C10,{1,2,3,4,5}))

	A	B	C	D	E	F	G
1	销售员	销售单价	销售量	销售额			
2	葛文斌	280	347	97160			
3	李大齐	285	256	72960			
4	夏天	220	400	88000			
5	郑欣荣	290	256	74240			
6	方云飞	220	295	64900			
7	李洋洋	295	369	108855			
8	周迅	185	290	53650			
9	高云翔	280	256	71680			
10							
11	前五名平均销售量		340.2				
12							

图17-48

技巧24　在LARGE函数中按指定条件返回第一名数据

实例描述：根据数据中的学生成绩，统计各班级中的最高分。

达到目的：统计出最高分。

使用函数：LARGE

❶ 选中F5单元格，在公式编辑栏中输入公式：

```
=LARGE(IF($A$2:$A$10=E5,$C$2:$C$10),1)
```

按快捷键Ctrl+Shift+Enter，返回“1”班级的最高分。

❷ 将光标移到F5单元格的右下角，光标变成黑色十字形后，按住鼠标左键向下拖动进行公式填充，即可快速返回“2”班级的最高分，如图17-49所示。

F5　{=LARGE(IF($A$2:$A$10=E5,$C$2:$C$10),1)}

	A	B	C	D	E	F	G
1	班级	姓名	分数				
2	1	葛文斌	422				
3	1	李大齐	418				
4	2	夏天	512		班级	最高分	
5	2	郑欣荣	385		1	482	
6	1	方云飞	482		2	512	
7	2	李洋洋	368				
8	2	周迅	458				
9	1	高云翔	418				
10	2	许飞	180				
11							

图17-49

技巧25　在LARGE函数中按指定条件返回前三名的平均值

实例描述：根据数据中的学生成绩，统计各班级中前三名的平均分数。

达到目的：统计出前三名的平均成绩。

使用函数：LARGE

❶ 选中F5单元格，在公式编辑栏中输入公式：

```
=AVERAGE(LARGE(IF($A$2:$A$11=E5,$C$2:$C$11),{1,2,3}))
```

按快捷键Ctrl+Shift+Enter，返回“1”班级前三名的平均分。

❷ 将光标移到F5单元格的右下角，光标变成黑色十字形后，按住鼠标左键向下拖动进行公式填充，即可快速返回“2”班级前三名的平均分，如图17-50所示。

F5　{=AVERAGE(LARGE(IF($A$2:$A$11=E5,$C$2:$C$11),{1,2,3}))}

	A	B	C	D	E	F	G
1	班级	姓名	分数				
2	1	葛文斌	422				
3	1	李大齐	418				
4	2	夏天	512		班级	前三名平均分	
5	2	郑欣荣	385		1	440.67	
6	1	方云飞	482		2	451.67	
7	2	李洋洋	368				
8	2	周迅	458				
9	1	高云翔	418				
10	2	许飞	180				
11							

图17-50

技巧26　返回数据表中后三名的数据

实例描述：统计一季度中后三名的销售量分别为多少，可以使用SMALL函数来实现。

达到目的：统计出后三名的销售量。

使用函数：SMALL

❶ 选中C7单元格，在公式编辑栏中输入公式：

```
=SMALL($B$2:$E$4,B7)
```

按Enter键，即可返回B2:E4单元格中的最小值。

❷ 将光标移到C7单元格的右下角，光标变成黑色十字形后，按住鼠标左键向下拖动进行公式填充，即可快速返回倒数第二、第三名的销售数量，如图17-51所示。

C7　fx =SMALL($B$2:$E$4,B7)

	A	B	C	D	E	F
1	月份	1店	2店	3店	4店	
2	1月	220	180	240	190	
3	2月	250	240	235	480	
4	3月	200	250	280	195	
5						
6		销售名次	销量			
7		1	180			
8		2	190			
9		3	195			
10						

图17-51

技巧27　统计数据表中后五名的平均成绩

实例描述：根据数据表中的学生成绩，统计最后五名的平均成绩。

达到目的：统计出最后五名的平均成绩。

使用函数：SMALL、AVERAGE

❶ 选中F1单元格，在公式编辑栏中输入公式：

```
=AVERAGE(SMALL(C2:C10,{1,2,3,4,5}))
```

❷ 按Enter键，即可返回最后五名学生的平均分，如图17-52所示。

F1　fx =AVERAGE(SMALL(C2:C10,{1,2,3,4,5}))

	A	B	C	D	E	F	G
1	班级	姓名	分数		最后五名平均值	353.8	
2	1	葛文斌	422				
3	1	李大齐	418				
4	2	夏天	512				
5	2	郑欣荣	385				
6	1	方云飞	482				
7	2	李洋洋	368				
8	2	周迅	458				
9	1	高云翔	418				
10	2	许飞	180				

图17-52

技巧28 使用MAX（MIN）函数统计最高（最低）销售量

实例描述： 可以使用MAX（MIN）函数返回最高（最低）销售量。

达到目的： 统计出最高或最低销售量。

使用函数： MAX、MIN

❶ 选中B6单元格，在公式编辑栏中输入公式：

```
=MAX(B2:E4)
```

按Enter键，即可返回B2:E4单元格区域中的最大值，如图17-53所示。

B6 =MAX(B2:E4)

	A	B	C	D	E
1	月份	百大店	鼓楼店	女人街店	四牌楼店
2	1月	400	380	280	190
3	2月	620	468	265	290
4	3月	480	320	180	156
5					
6	最高销量	620			
7	最低销量				
8					
9					

图17-53

❷ 选中B7单元格，在公式编辑栏中输入公式：

```
=MIN(B2:E4)
```

按Enter键，即可返回B2:E4单元格区域中的最小值，如图17-54所示。

B7 =MIN(B2:E4)

	A	B	C	D	E
1	月份	百大店	鼓楼店	女人街店	四牌楼店
2	1月	400	380	280	190
3	2月	620	468	265	290
4	3月	480	320	180	156
5					
6	最高销量	620			
7	最低销量	156			
8					
9					
10					

图17-54

技巧29 按条件求取最大值

实例描述： 按日期统计了销售金额记录，现在要统计前半个月的最高金额。

达到目的： 统计出最高金额。

使用函数： MAX

❶ 在工作表的E2单元格内输入一个日期分界点，本例中为月中日期（2011-9-15）。

❷ 选中E5单元格，在公式编辑栏中输入公式：

```
=MAX(IF(A2:A12>=E2,0,C2:C12))
```

按快捷键Ctrl+Shift+Enter，即可求取销售记录表中上半月的最高销售金额，如图17-55所示。

E5 {=MAX(IF(A2:A12>=E2,0,C2:C12))}

	A	B	C	D	E	F	G
1	日期	类别	金额				
2	2011-9-1	电视	1800		2011-9-15		
3	2011-9-2	空调	2852				
4	2011-9-4	空调	1885		上半月最高金额		
5	2011-9-8	洗衣机	1450		2852		
6	2011-9-12	空调	1680				
7	2011-9-14	电视	1200				
8	2011-9-16	电视	1510				
9	2011-9-18	洗衣机	1700				
10	2011-9-19	空调	2080				
11	2011-9-20	电视	1200				
12	2011-9-28	空调	2800				
13							

图17-55

技巧30　求最小值时忽略0值

实例描述：当参与运算的区域中包含0值时（统计区域中都为正数），使用MIN函数统计最小值，得到的结果则为0。现在想忽略0值统计出最小值，可以按如下方法来设置公式。

达到目的：统计出最小值。

使用函数：MIN

❶ 选中F1单元格，在公式编辑栏中输入公式：

```
=MIN(IF(C2:C10<>0,C2:C10)
```

❷ 按快捷键Ctrl+Shift+Enter，即可忽略0值统计出C2:C10单元格区域中的最小值，如图17-56所示。

F1 {=MIN(IF(C2:C10<>0,C2:C10))}

	A	B	C	D	E	F	G
1	班级	姓名	分数		最低分	180	
2	1	葛文斌	422				
3	1	李大齐	418				
4	2	夏天	512				
5	2	郑欣荣	385				
6	1	方云飞	482				
7	2	李洋洋	368				
8	2	周迅	458				
9	1	高云翔	418				
10	2	许飞	180				
11							
12							

图17-56

第18章 财务函数范例应用技巧

18.1 筹资计算中的函数范例应用技巧

技巧1 计算贷款的每期偿还额

实例描述：在表格中显示了某项贷款总金额、贷款年利率、贷款年限、付款方式为期末付款。现在需要计算出该项贷款的每年偿还金额，需要使用PMT函数来实现。

达到目的：计算每年偿还金额。

使用函数：PMT

❶ 选中B5单元格，在公式编辑栏中输入公式：

```
=PMT(B1/4,B2*4,B3)
```

❷ 按Enter键即可计算出该项贷款每年偿还的金额，如图18-1所示。

B5 =PMT(B1/4,B2*4,B3)

	A	B	C	D
1	贷款年利率	9.45%		
2	贷款年限	20		
3	贷款总金额	380000		
4				
5	每年偿还金额	￥-10,617.09		
6				

图18-1

技巧2 当支付次数为按季度支付时计算每期应偿还额

实例描述：当支付次数为按季度支付时，要计算出每期应偿还额，则转换贷款利率和贷款付款总数。此处要求按季度支付，那么贷款利率应为：年利率/4，付款总数应为：贷款年限*4。

达到目的：每期应偿还金额。

使用函数：PMT

❶ 选中B5单元格，在公式编辑栏中输入公式：

```
=PMT(B1/4,B2*4,B3)
```

❷ 按Enter键即可计算出该项贷款每季度的偿还金额，如图18-2所示。

B5 =PMT(B1/4,B2*4,B3)

	A	B	C	D
1	贷款年利率	9.45%		
2	贷款年限	20		
3	贷款总金额	380000		
4				
5	每季度偿还金额	￥-10,617.09		
6				
7				

图18-2

技巧3 计算贷款每期偿还额中包含的本金额

实例描述：PPMT函数是基于固定利率及等额分期付款方式返回贷款的每期付款额。但每期偿还额中本金额与利息额各不相同，现在要计算出偿还额中的本金额，需要使用PPMT函数来计算。

达到目的：计算每期偿还额中的本金额。

使用函数：PPMT

❶ 选中E2单元格，在公式编辑栏中输入公式：

```
=PPMT($B$1,D2,$B$2,$B$3)
```

按Enter键即可计算出该项贷款第一年还款额中的本金额。

❷ 将光标移到E2单元格的右下角，光标变成黑色十字形后，按住鼠标左键向下拖动进行公式填充，即可快速求出其他各年中偿还的本金额，如图18-3所示。

E2 fx =PPMT($B$1,D2,$B$2,$B$3)

	A	B	C	D	E	F
1	贷款年利率	9.45%		各年偿还本金额		
2	贷款年限	20		1	￥-7,060.88	
3	贷款总金额	380000		2	￥-7,728.14	
4				3	￥-8,458.44	
5	每年偿还金额	￥-10,617.09		4	￥-9,257.77	
6				5	￥-10,132.63	

图18-3

技巧4 计算贷款每期偿还额中包含的利息额

实例描述：使用IPMT函数计算的贷款的每期偿还额都是相等的，因为IPMT函数是基于固定利率及等额分期付款方式返回贷款的每期付款额。但每期偿还额中本金额与利息额各不相同，要计算出偿还额中利息额为多少，需要使用IPMT函数来计算。在表格中显示了某项贷款总金额、贷款年利率、贷款年限，付款方式为期末付款，下面需要计算出该项贷款的每年偿还利息金额。

达到目的：计算每期偿还额中包含的利息额。

使用函数：IPMT

❶ 选中E2单元格，在公式编辑栏中输入公式：

```
=IPMT($B$1,D2,$B$2,$B$3)
```

按Enter键即可计算出该项贷款第一年还款额中的利息额。

❷ 将光标移到E2单元格的右下角，光标变成黑色十字形后，按住鼠标左键向下拖动进行公式填充，即可快速求出其他各年中偿还的利息额，如图18-4所示。

E2	=IPMT($B$1,D2,$B$2,$B$3)			
	A	B	C	D	E

	A	B	C	D	E
1	贷款年利率	9.45%		各期偿还利息额	
2	贷款年限	20		1	¥-35,910.00
3	贷款总金额	380000		2	¥-35,242.75
4				3	¥-34,512.44
5	每年偿还金额	¥-10,617.09		4	¥-33,713.11
6				5	¥-32,838.26

图18-4

技巧5 计算出住房贷款中每月还款利息额

实例描述：当前已知住房总贷款额、贷款利率、贷款总年限，现在需要计算出前5个月每月还款额中的利息额为多少。

达到目的：计算前5个月的还款利息额。

使用函数：IPMT

❶ 选中E2单元格，在公式编辑栏中输入公式：

```
=IPMT($B$1/12,D2,$B$2*12,$B$3)
```

按Enter键即可计算出该项住房贷款第一个月还款额中的利息额。

❷ 将光标移到E2单元格的右下角，光标变成黑色十字形后，按住鼠标左键向下拖动进行公式填充，即可快速计算出该项住房贷款前5个月每月还款额中的利息额，如图18-5所示。

E2 =IPMT($B$1/12,D2,$B$2*12,$B$3)

	A	B	C	D	E
1	贷款年利率	9.45%		各月偿还利息额	
2	贷款年限	20		1	¥-2,992.50
3	贷款总金额	380000		2	¥-2,988.27
4				3	¥-2,984.01
5	每年偿还金额	¥-10,617.09		4	¥-2,979.71
6				5	¥-2,975.38

图18-5

技巧6 计算贷款在指定期间中（如第三年）的本金金额

实例描述：李某贷款300 000元，期限为20年，年利息率为8.53%，要求按月付款，那么第三年应付的本金金额为多少?

达到目的：计算第三年应付本金金额。

使用函数：CUMPRINC

❶ 选中B8单元格，在公式编辑栏中输入公式：

```
=CUMPRINC(B3/12,B2*12,B1,B4,B5,B6)
```

❷ 按Enter键即可计算出贷款在第三年支付的本金金额，如图18-6所示。

B8　=CUMPRINC(B3/12,B2*12,B1,B4,B5,B6)

	A	B	C	D	E
1	贷款金额	300000			
2	偿还年限	20			
3	年利息	8.53%			
4	首期	25			
5	末期	36			
6	付款日间类型	0			
7					
8	第三年支付的本金金额	￥7,051.40			
9					

图18-6

技巧7　计算贷款在指定期间中（如第三年）的利息金额

实例描述：李某贷款300 000元，期限为20年，年利息率为8.53%，要求按月付款，现在要计算出第三年应付的利息金额，需要使用CUMIPMT函数来实现。

达到目的：计算第三年应付利息额。

使用函数：CUMIPMT

❶ 选中B8单元格，在公式编辑栏中输入公式：

=CUMIPMT(B3/12,B2*12,B1,B4,B5,B6)

❷ 按Enter键即可计算出贷款在第三年支付的利息金额，如图18-7所示。

B8　=CUMIPMT(B3/12,B2*12,B1,B4,B5,B6)

	A	B	C	D
1	贷款金额	300000		
2	偿还年限	20		
3	年利息	8.53%		
4	首期	25		
5	末期	36		
6	付款日间类型	0		
7				
8	第三年支付的利息金额	￥24,258.63		
9				
10				

图18-7

18.2　投资计算中的函数范例应用技巧

技巧1　计算购买某项保险的未来值

实例描述：若保险年利率为5.36%、分30年付款、各期应付金额为5 000

元、付款方式为期初付款。现在要计算出该项保险的未来值，需要使用FV函数来实现。

达到目的：计算保险的未来值。

使用函数：FV

❶ 选中B5单元格，在公式编辑栏中输入公式：

```
=FV(B1,B2,B3,1)
```

❷ 按Enter键即可计算出该项保险的未来值，如图18-8所示。

B5 =FV(B1, B2, B3, 1)

	A	B	C	D
1	保险年利率	5.36%		
2	付款总期数	50		
3	各期应付金额	3000		
4				
5	该项保险未来值	￥-705,674.37		
6				

图18-8

技巧2　计算住房公积金的未来值

实例描述：要计算出住房公积金的未来值，其计算方法与计算保险的未来值相同。例如，企业提供住房公积金福利待遇，每月从工资中扣除300元作为住房公积金，然后按年利率为20%返还给员工。现在要计算出5年后员工住房公积金金额，需要使用FV函数来实现。

达到目的：计算5年后员工的住房公积金金额。

使用函数：FV

❶ 选中B5单元格，在公式编辑栏中输入公式：

```
=FV(B1/12,B2,B3)
```

❷ 按Enter键即可计算出5年后员工住房公积金的未来值，如图18-9所示。

B5 =FV(B1/12, B2, B3)

	A	B	C
1	年利率	22.50%	
2	付款总期数（月份）	60	
3	每月扣除工资额	350	
4			
5	住房公积金未来值	￥-38,234.88	
6			
7			

图18-9

技巧3　计算购买某项保险的现值

实例描述：要计算出某项投资的现值，需要使用PV函数。例如购买某项保险分30年付款，每年付5 000元（共付150 000元），年利率是5.36%，还款方式为期初还款。现在要计算出该项投资的现值，即支付的本金金额。

达到目的：计算投资的现值。

使用函数：FV

❶ 选中B4单元格，在公式编辑栏中输入公式：

```
=FV(A2,B2,C2,1)
```

❷ 按Enter键即可计算出购买该项保险的现值，如图18-10所示。

B4　　fx =FV(A2,B2,C2,1)

	A	B	C
1	保险年利率	总付款期数	各期应付金额
2	5.36%	30	5000
3			
4	购买此项保险的现值	¥-353,485.11	
5			
6			

图18-10

技巧4　计算出某项贷款的清还年数

实例描述：例如当前得知某项贷款总额、年利率，以及每年向贷款方支付的金额，现在需要计算出该项贷款的清还年数，需要使用NPER函数。

达到目的：计算贷款的还清年数。

使用函数：NPER

❶ 选中B4单元格，在公式编辑栏中输入公式：

```
=ABS(NPER(A2,B2,C2))
```

❷ 按Enter键即可计算出该项贷款的清还年数（约为8年），如图18-11所示。

B4　　fx =ABS(NPER(A2,B2,C2))

	A	B	C	D
1	贷款年利率	每年支付额（万元）	贷款总金额（万元）	
2	8.27%	8	50	
3				
4	清还贷款的年限	5.24368484		
5				

图18-11

技巧5 计算出某项投资的投资期数

实例描述：例如某项投资的回报率为6.55%，每月需要投资的金额为25 000元，现在想最终获取2 500 000元的收益，计算需要经过多少期的投资才能实现，需要使用NPER函数。

达到目的：计算出投资期限。

使用函数：NPER

❶ 选中B4单元格，在公式编辑栏中输入公式：

```
=ABS(NPER(A2/12,B2,C2))
```

❷ 按Enter键即可计算出要取得预计的收益金额需要投资的总期数（约为31个月），如图18-12所示。

B4 =ABS(NPER(A2/12,B2,C2))

	A	B	C
1	投资回报率	每月投资金额	预计收益金额
2	6.55%	25000	2500000
3			
4	总投资期数（月数）	80.01541103	
5			

图18-12

技巧6 计算企业项目投资净现值

实例描述：某项投资总金额为2 500 000元，预计今后5年内的收益额分别是250 000元、450 000元、850 000元、1 250 000元和1 550 000元，假定每年的贴现率是13.5%，现在要计算出该项投资净现值，需要使用NPV函数。

达到目的：计算投资净现值。

使用函数：NPV

❶ 选中B9单元格，在公式编辑栏中输入公式：

```
=NPV(B1,B2:B7)
```

❷ 按Enter键即可计算出该项投资的净现值，如图18-13所示。

B9 =NPV(B1,B2:B7)

	A	B	C	D	E
1	年贴现率	13.50%			
2	期初投资额	-2500000			
3	第1年收益	250000			
4	第2年收益	450000			
5	第3年收益	850000			
6	第4年收益	1250000			
7	第5年收益	1550000			
8					
9	投资净现值	¥200,054.61			
10					

图18-13

技巧7　计算某项投资的年金现值

实例描述： 某人购买某项保险，每月月底支付500元，投资回报率为8.75%，投资年限为20年。现在要计算出该项投资的年金现值，需要使用PV函数。

达到目的： 计算保险投资的年金现值。

使用函数： PV

❶ 选中B5单元格，在公式编辑栏中输入公式：

```
=PV(B1/12,B2*12,B3)
```

❷ 按Enter键即可计算出该项投资的年金现值，如图18-14所示。

B5　=PV(B1/12,B2*12,B3)

	A	B	C
1	投资回报率	8.75%	
2	年限	20	
3	每月底支出保险金额	500	
4			
5	投资年金现值	￥-56,579.60	
6			

图18-14

技巧8　计算出一组不定期盈利额的净现值

实例描述： 计算出一组不定期盈利额的净现值，需要使用XNPV函数来实现。例如当前表格中显示了某项投资年贴现率、投资额及不同日期中预计的投资回报金额，该投资项目的净现值计算方法如下。

达到目的： 计算不定期盈利额的净现值。

使用函数： XNPV

❶ 选中C8单元格，在公式编辑栏中输入公式：

```
=XNPV(C1,C2:C6,B2:B6)
```

❷ 按Enter键即可计算出该项投资项目的净现值，如图18-15所示。

C8　=XNPV(C1,C2:C6,B2:B6)

	A	B	C	D	E
1	年贴现率		15.80%		
2	投资额	2011-1-1	-50000		
3	预计收益	2011-3-2	5000		
4		2011-6-20	10000		
5		2011-9-2	14500		
6		2012-1-2	18500		
7					
8	投资净现值		￥6,664.58		
9					

图18-15

技巧9 计算某项投资在可变利率下的未来值

实例描述：要计算出某项投资在可变利率下的未来值，需要使用FVSCHEDULE函数来实现。例如当前表格中显示了某项借款的总金额，以及在5年中各年不同的利率，现在要计算出5年后该项借款的回收金额。

达到目的：计算5年后投资项的回收金额。

使用函数：FVSCHEDULE

❶ 选中B4单元格，在公式编辑栏中输入公式：

```
=FVSCHEDULE(B1,B2:F2)
```

❷ 按Enter键即可计算出5年后这项借款的回报金额，如图18-16所示。

B4 =FVSCHEDULE(B1,B2:F2)

	A	B	C	D	E	F
1	借款金额	500000				
2	5年间不同利率	4.83%	5.25%	5.43%	5.85%	6.15%
3						
4	5年后借款回收金额	￥653,510.79				
5						
6						

图18-16

技巧10 计算投资期内要支付的利息

实例描述：要计算出投资期内支付的利息，需要使用ISPMT函数来实现。例如当前得知某项投资的回报率、投资年限、投资总金额，现在要计算出投资期内第一年与第一个月支付的利息额。

达到目的：计算投资期第一年和第一个月的利息金额。

使用函数：ISPMT

❶ 选中C4单元格，在公式编辑栏中输入公式：

```
=ISPMT(A2,1,B2,C2)
```

按Enter键即可计算出该项投资第一年中支付的利息额，如图18-17所示。

C4 =ISPMT(A2,1,B2,C2)

	A	B	C	D
1	投资回报率	投资年限	总投资金额	
2	13.50%	10	1000000	
3				
4	投资期内第一年支付利息		(￥121,500.00)	
5	投资期内第一个月支付利息			
6				

图18-17

❷ 选中C5单元格，在公式编辑栏中输入公式：

```
=ISPMT(A2/12,1,B2*12,C2)
```

按Enter键即可计算出该项投资第一个月支付的利息额，如图18-18所示。

C5　=ISPMT(A2/12,1,B2*12,C2)

	A	B	C	D
1	投资回报率	投资年限	总投资金额	
2	13.50%	10	1000000	
3				
4	投资期内第一年支付利息		(¥121,500.00)	
5	投资期内第一个月支付利息		(¥11,156.25)	
6				

图18-18

技巧11　计算某项投资的内部收益率

实例描述：内部收益率是指支出和收入以固定时间间隔发生的一笔投资所获得的利率。要计算某项投资的内部收益率，需要使用IRR函数来实现。例如，当前表格中显示了某项投资年贴现率、初期投资金额，以及预计今后3年内的收益额，现在要计算出该项投资的内部收益率。

达到目的：计算投资的内部收益。

使用函数：IRR

❶ 选中B7单元格，在公式编辑栏中输入公式：

```
=IRR(B2:B5,B1)
```

❷ 按Enter键即可计算出投资的内部收益率，如图18-19所示。

B7　=IRR(B2:B5,B1)

	A	B	C	D
1	年贴现率	13.50%		
2	初期投资	-20000		
3	第1年收益	5600		
4	第2年收益	9500		
5	第3年收益	13200		
6				
7	内部收益率	17%		
8				

图18-19

技巧12　计算某项投资的修正内部收益率

实例描述：若现需贷款200 000元用于某项投资，表格中显示了贷款利率、再投资收益率以及预计3年后的收益额，现在要计算出该项投资的修正内部收益率。

达到目的：计算投资的修正内部收益率。

使用函数：MIRR

❶ 选中B8单元格，在公式编辑栏中输入公式：

```
=MIRR(B3:B6,B1,B2)
```

❷ 按Enter键即可计算出投资的修正内部收益率，如图18-20所示。

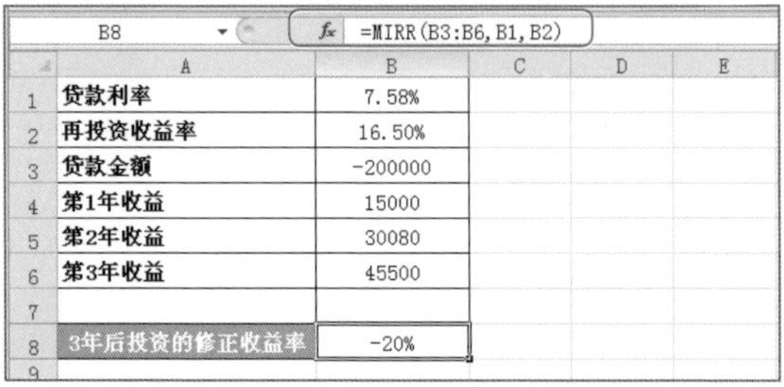

B8 fx =MIRR(B3:B6,B1,B2)

	A	B	C	D	E
1	贷款利率	7.58%			
2	再投资收益率	16.50%			
3	贷款金额	-200000			
4	第1年收益	15000			
5	第2年收益	30080			
6	第3年收益	45500			
7					
8	3年后投资的修正收益率	-20%			

图18-20

技巧13 计算某项借款的收益率

实例描述：本例表格中显示了某项借款的金额、借款期限、年支付金额。现在要计算出该项借款的收益率，可以使用RATE函数来实现。

达到目的：计算借款的收益率。

使用函数：RATE

❶ 选中B4单元格，在公式编辑栏中输入公式：

```
=RATE(A2,B2,C2)
```

❷ 按Enter键即可计算出该项借款的收益率，如图18-21所示。

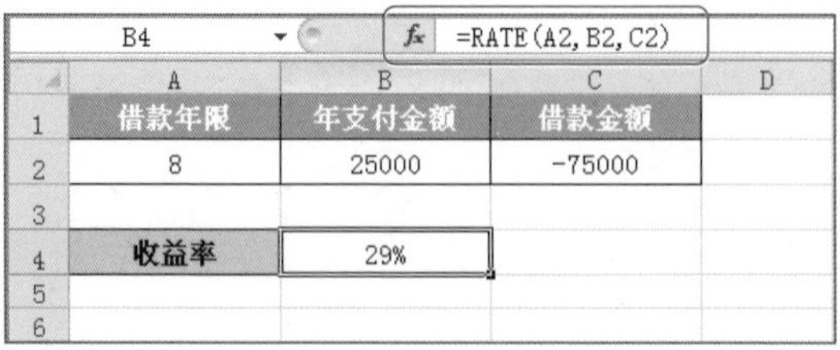

B4 fx =RATE(A2,B2,C2)

	A	B	C	D
1	借款年限	年支付金额	借款金额	
2	8	25000	-75000	
3				
4	收益率	29%		
5				
6				

图18-21

技巧14 计算某项保险的收益率

实例描述：本例表格中显示了某项保险的保险年限、月返还金额、购买保险金额。现在要计算出该项保险的收益率，可以使用RATE函数来实现。

达到目的：计算保险收益率。

使用函数：RATE

❶ 选中B4单元格，在公式编辑栏中输入公式：

```
=RATE(A2,B2*12,C2)
```

❷ 按Enter键即可计算出该项保险的收益率，如图18-22所示。

B4 =RATE(A2,B2*12,C2)

	A	B	C	D
1	保险年限	月返还金额	购买保险金额	
2	20	850	-100000	
3				
4	保险收益率	8%		
5				

图18-22

18.3 资产折旧计算中的函数范例应用技巧

技巧1 采用直线法计算出固定资产的每年折旧额

实例描述：本例表格中显示了各项固定资产的原值、可使用年限、折旧后的价值。现在要采用直线法计算每项固定资产每年的折旧额，可以使用SLN函数来实现。

达到目的：计算固定资产折旧额。

使用函数：SLN

❶ 选中E2单元格，在公式编辑栏中输入公式：

```
=SLN(B2,D2,C2)
```

按Enter键即可计算出第一项固定资产的每年折旧额。

❷ 将光标移到E2单元格的右下角，光标变成黑色十字形后，按住鼠标左键向下拖动进行公式填充，即可计算出其他固定资产的每年折旧额，如图18-23所示。

E2 =SLN(B2,D2,C2)

	A	B	C	D	E
1	固定资产	资产原值	可使用年限	折旧后价值	每年折旧额
2	办公楼	500000	45	￥100,000.00	￥8,888.89
3	厂房	200000	50	￥50,000.00	￥3,000.00
4	仓库	600000	30	￥60,000.00	￥18,000.00
5	货车	400000	10	￥200,000.00	￥20,000.00
6	机房	30000	10	￥20,000.00	￥1,000.00
7					

图18-23

技巧2 采用直线法计算出固定资产的每月折旧额

实例描述： 本例表格中显示了各项固定资产的原值、可使用年限、折旧后的价值。现在要采用直线法计算每项固定资产每月的折旧额，可以使用SLN函数来实现。

达到目的： 计算每月折旧额。

使用函数： SLN

❶ 选中E2单元格，在公式编辑栏中输入公式：

```
=SLN(B2,D2,C2*12)
```

按Enter键即可计算出第一项固定资产的每月折旧额。

❷ 将光标移到E2单元格的右下角，光标变成黑色十字形后，按住鼠标左键向下拖动进行公式填充，即可计算出其他固定资产的每月折旧额，如图18-24所示。

E2 =SLN(B2, D2, C2*12)

	A	B	C	D	E	F
1	固定资产	资产原值	可使用年限	折旧后价值	每月折旧额	
2	办公楼	500000	45	￥100, 000. 00	￥740. 74	
3	厂房	200000	50	￥50, 000. 00	￥250. 00	
4	仓库	600000	30	￥60, 000. 00	￥1, 500. 00	
5	货车	400000	10	￥200, 000. 00	￥1, 666. 67	
6	机房	30000	10	￥20, 000. 00	￥83. 33	
7						
8						

图18-24

技巧3 采用直线法计算出固定资产的每天折旧额

实例描述： 本例表格中显示了各项固定资产的原值、可使用年限、折旧后的价值。现在要采用直线法计算每项固定资产每天的折旧额，可以使用SLN函数来实现。

达到目的： 计算每天折旧额。

使用函数： SLN

❶ 选中E2单元格，在公式编辑栏中输入公式：

```
=SLN(B2,D2,C2*365)
```

按Enter键即可计算出第一项固定资产的每天折旧额。

❷ 将光标移到E2单元格的右下角，光标变成黑色十字形后，按住鼠标左键向下拖动进行公式填充，即可计算出其他固定资产的每天折旧额，如图18-25所示。

	A	B	C	D	E	F
1	固定资产	资产原值	可使用年限	折旧后价值	每天折旧额	
2	办公楼	500000	45	¥100,000.00	¥24.35	
3	厂房	200000	50	¥50,000.00	¥8.22	
4	仓库	600000	30	¥60,000.00	¥49.32	
5	货车	400000	10	¥200,000.00	¥54.79	
6	机房	30000	10	¥20,000.00	¥2.74	
7						
8						

E2　=SLN(B2,D2,C2*365)

图18-25

技巧4　采用固定余额递减法计算出固定资产的每年折旧额

实例描述：本例表格中显示了固定资产的原值、可使用年限、折余价值等信息。现在要采用固定余额递减法计算该项固定资产每年的折旧额，可以使用DB函数来实现。

达到目的：计算每年折旧额。

使用函数：DB

❶ 选中E2单元格，在公式编辑栏中输入公式：

```
=DB(B1,B3,B2,1,B4)
```

按Enter键即可计算出第1年的折旧额，如图18-26所示。

	A	B	C	D	E
1	固定资产原值	500000			
2	使用年限	7		第1年的折旧值	¥79,000.00
3	折余价值	150000		第2年的折旧值	
4	每年使用的月数	12		第3年的折旧值	
5				第4年的折旧值	

E2　=DB(B1,B3,B2,1,B4)

图18-26

❷ 选中E3单元格，在公式编辑栏中输入公式“=DB(B1,B3,B2,2,B4)”，按Enter键即可计算出第2年的折旧额，按照相同的方法计算其他各年的折旧额。在计算时只需要重新修改period参数即可，即修改计算折旧值的期间。例如计算第7年的折旧值，只需要将公式更改为“=DB(B1,B3,B2,7,B4)”，如图18-27所示。

	A	B	C	D	E	F
1	固定资产原值	500000				
2	使用年限	7		第1年的折旧值	¥79,000.00	
3	折余价值	150000		第2年的折旧值	¥66,518.00	
4	每年使用的月数	12		第3年的折旧值	¥56,008.16	
5				第4年的折旧值	¥47,158.87	
6				第5年的折旧值	¥39,707.77	
7				第6年的折旧值	¥33,433.94	
8				第7年的折旧值	¥28,151.38	
9						

E8　=DB(B1,B3,B2,7,B4)

图18-27

技巧5 采用固定余额递减法计算出固定资产的每月折旧额

实例描述：在使用固定余额递减法计算固定资产的折旧额时，当计算了每年的折旧额后，如果要计算每月折旧额就比较方便了，只要将求得的各年折旧额除以每年使用月数即可。

达到目的：计算每月折旧额。

使用函数：无

❶ 选中F2单元格，在公式编辑栏中输入公式：

```
=E2/$B$4
```

按Enter键即可计算出第1年中每月的折旧额。

❷ 将光标移到F2单元格的右下角，光标变成黑色十字形后，按住鼠标左键向下拖动进行公式填充，即可计算出每年中各月的折旧额，如图18-28所示。

F2 =E2/$B$4

	A	B	C	D	E	F
1	固定资产原值	500000				月折旧额
2	使用年限	7		第1年的折旧值	￥79,000.00	￥6,583.33
3	折余价值	150000		第2年的折旧值	￥66,518.00	￥5,543.17
4	每年使用的月数	12		第3年的折旧值	￥56,008.16	￥4,667.35
5				第4年的折旧值	￥47,158.87	￥3,929.91
6				第5年的折旧值	￥39,707.77	￥3,308.98
7				第6年的折旧值	￥33,433.94	￥2,786.16
8				第7年的折旧值	￥28,151.38	￥2,345.95
9						
10						

图18-28

技巧6 采用双倍余额递减法计算出固定资产的每年折旧额

实例描述：本例表格中显示了固定资产的原值、使用年限、折余价值等信息。现在要采用双倍余额递减法计算该项固定资产每年的折旧额，可以使用DDB函数来实现。

达到目的：计算固定资产每年的折旧额。

使用函数：DDB

❶ 选中E2单元格，在公式编辑栏中输入公式：

```
=DDB(B1,B3,B2,1)
```

按Enter键即可计算出该项固定资产第1年的折旧额，如图18-29所示。

E2 =DDB(B1,B3,B2,1)

	A	B	C	D	E
1	固定资产原值	500000			
2	使用年限	12		第1年的折旧值	￥83,333.33
3	折余价值	100000		第2年的折旧值	
4				第3年的折旧值	
5				第4年的折旧值	

图18-29

❷ 选中E3单元格，在公式编辑栏中输入公式：

```
=DDB(B1,B3,B2,2)
```

按Enter键即可计算出该项固定资产第2年的折旧额，按照相同的方法计算其他各年的折旧额。在计算时只需要重新修改period参数即可，即修改计算折旧值的期间。例如计算第7年的折旧值，只需要将公式更改为“=DDB(B1,B3,B2,7)”，如图18-30所示。

E8　=DDB(B1, B3, B2, 7)

	A	B	C	D	E	F
1	固定资产原值	500000				
2	使用年限	12		第1年的折旧值	￥83, 333. 33	
3	折余价值	100000		第2年的折旧值	￥69, 444. 44	
4				第3年的折旧值	￥57, 870. 37	
5				第4年的折旧值	￥48, 225. 31	
6				第5年的折旧值	￥40, 187. 76	
7				第6年的折旧值	￥33, 489. 80	
8				第7年的折旧值	￥27, 908. 16	
9						
10						

图18-30

技巧7　计算出固定资产部分期间的设备折旧值

实例描述：本例表格中显示了固定资产的原值、使用年限、折余价值信息，分别计算出第1天、第1个月、第3年（2.5倍余额递减法）、第4到8个月固定资产折旧值分别为多少？可以使用VDB函数来实现。

达到目的：计算部分期间的设备折旧额。

使用函数：VDB

❶ 选中E2单元格，在公式编辑栏中输入公式：

```
=VDB(B1,B3,B2*365,0,1)
```

按Enter键即可计算出该项固定资产第1天的折旧额，如图18-31所示。

E2　=VDB(B1, B3, B2*365, 0, 1)

	A	B	C	D	E
1	固定资产原值	500000			
2	使用年限	7		第1天的折旧值	￥391. 39
3	折余价值	150000		第1个月的折旧值	
4				第3年的折旧值	
5				第4到8个月固定资产折旧值	
6					
7					

图18-31

❷ 选中E3单元格，在公式编辑栏中输入公式：

```
=VDB(B1,B3,B2*12,0,1)
```

按Enter键即可计算出该项固定资产第1个月的折旧额，如图18-32所示。

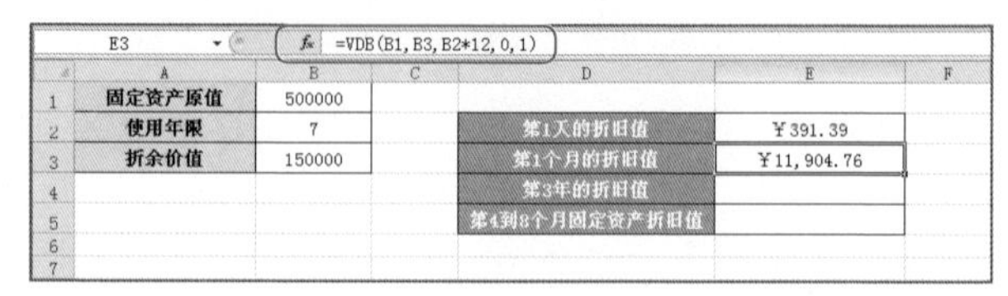

E3 =VDB(B1,B3,B2*12,0,1)

	A	B	C	D	E	F
1	固定资产原值	500000				
2	使用年限	7		第1天的折旧值	¥391.39	
3	折余价值	150000		第1个月的折旧值	¥11,904.76	
4				第3年的折旧值		
5				第4到8个月固定资产折旧值		
6						
7						

图18-32

❸ 选中E4单元格，在公式编辑栏中输入公式：

=VDB(B1,B3,B2,0,3,2.5)

按Enter键即可计算出该项固定资产第3年的折旧额，如图18-33所示。

E4 =VDB(B1,B3,B2,0,3,2.5)

	A	B	C	D	E
1	固定资产原值	500000			
2	使用年限	7		第1天的折旧值	¥391.39
3	折余价值	150000		第1个月的折旧值	¥11,904.76
4				第3年的折旧值	¥350,000.00
5				第4到8个月固定资产折旧值	
6					
7					
8					

图18-33

❹ 选中E5单元格，在公式编辑栏中输入公式：

=VDB(B1,B3,B2*12,4,8)

按Enter键即可计算出该项固定资产第4～8个月的折旧额，如图18-34所示。

E5 =VDB(B1,B3,B2*12,4,8)

	A	B	C	D	E
1	固定资产原值	500000			
2	使用年限	7		第1天的折旧值	¥391.39
3	折余价值	150000		第1个月的折旧值	¥11,904.76
4				第3年的折旧值	¥350,000.00
5				第4到8个月固定资产折旧值	¥41,723.28
6					
7					
8					

图18-34

技巧8　采用年限总和法计算出固定资产的每年折旧额

实例描述： 本例表格中显示了固定资产的原值、使用年限、折余价值信息。现在要采用年限总和法计算出固定资产的每年折旧额，可以使用SYD函数来实现。

达到目的： 计算每年折旧额。

使用函数： SYD

❶ 选中E2单元格，在公式编辑栏中输入公式：

=SYD(B1,B3,B2,1)

按Enter键即可计算出该项固定资产第1年的折旧额，如图18-35所示。

E2　f_x =SYD(B1,B3,B2,1)

	A	B	C	D	E	F
1	固定资产原值	500000				
2	使用年限	7		第1年的折旧值	￥87,500.00	
3	折余价值	150000		第2年的折旧值		
4				第3年的折旧值		
5				第4年的折旧值		

图18-35

❷ 选中E3单元格，在公式编辑栏中输入公式：

```
=SYD(B1,B3,B2,2)
```

按Enter键即可计算出该项固定资产第2年的折旧额，按照相同的方法计算其他各年的折旧额。在计算时只需要重新修改period参数即可，即修改计算折旧值的期间。例如，计算第7年的折旧值，只需要将公式更改为“=SYD(B1,B3,B2,7)”，如图18-36所示。

E8　f_x =SYD(B1,B3,B2,7)

	A	B	C	D	E	F
1	固定资产原值	500000				
2	使用年限	7		第1年的折旧值	￥87,500.00	
3	折余价值	150000		第2年的折旧值	￥75,000.00	
4				第3年的折旧值	￥62,500.00	
5				第4年的折旧值	￥50,000.00	
6				第5年的折旧值	￥37,500.00	
7				第6年的折旧值	￥25,000.00	
8				第7年的折旧值	￥12,500.00	
9						

图18-36

技巧9　采用直线法计算累计折旧额

实例描述：根据固定资产的开始使用日期和当前日期，可以计算该项固定资产至上月止的累计折旧额。采用直线法计算至上月止累计折旧额的方法相对简单，因为直线法计算得来的折旧额每年、每月的值都相等，因此可以首先求出该项固定资产的已计提月份，然后求出该项固定资产的每月折旧额，再将两者相乘，即可得到该项固定资产至上月止累计折旧额。

达到目的：计算累计折旧额。

使用函数：INT

❶ 首先计算出固定资产已计提的月份。选中F2单元格，在公式编辑栏中输入公式：

```
=INT(DAYS360(D2,TODAY())/30)
```

按Enter键即可根据该项固定资产的开始使用日期与当前日期计算其已计提月份，向下复制F2单元格的公式，即可快速得到各项固定资产的已计提月份，如图18-37所示。

F2 =INT(DAYS360(D2,TODAY())/30)

	A	B	C	D	E	F	G
1	固定资产	资产原值	可使用年限	开始使用日期	折余价值	已计提月份	至上月止累计折旧额
2	办公楼	500000	45	2009-3-1	￥100,000.00	37	
3	厂房	200000	50	2008-1-1	￥50,000.00	51	
4	仓库	600000	30	2008-5-30	￥60,000.00	46	
5	货车	400000	10	2009-3-20	￥200,000.00	36	
6	机房	30000	10	2008-1-29	￥20,000.00	50	
7							
8							
9							

图18-37

❷ 计算至上月止的累计折旧额。选中G2单元格，在公式编辑栏中输入公式：

```
=SLN(B2,E2,C2)/12*F2
```

按Enter键即可计算出该项固定资产至上月止的累计折旧额，向下复制G2单元格的公式，即可快速得到各项固定资产至上月止的累计折旧额，如图18-38所示。

G2 =SLN(B2,E2,C2)/12*F2

	A	B	C	D	E	F	G
1	固定资产	资产原值	可使用年限	开始使用日期	折余价值	已计提月份	至上月止累计折旧额
2	办公楼	500000	45	2009-3-1	￥100,000.00	37	￥27,407.41
3	厂房	200000	50	2008-1-1	￥50,000.00	51	￥12,750.00
4	仓库	600000	30	2008-5-30	￥60,000.00	46	￥69,000.00
5	货车	400000	10	2009-3-20	￥200,000.00	36	￥60,000.00
6	机房	30000	10	2008-1-29	￥20,000.00	50	￥4,166.67
7							
8							
9							

图18-38

技巧10 采用余额递减法计算累计折旧额

实例描述：根据固定资产的开始使用日期和当前日期，可以计算该项固定资产至上月止的累计折旧额。由于余额递减法计算得来的折旧额每年都不相等，因此要计算固定资产至上月止的累计折旧额，需要使用VDB函数计算出已计提月份中整年的折旧额，然后再计算出去除整年之外的零散月份的折旧额，将两者相加得到该项固定资产至上月止累计折旧额。

达到目的：计算累计折旧额。

使用函数：VDB

❶ 计算出第一项固定资产至上月止的累计折旧额。选中G2单元格，在公式编辑栏中输入公式：

```
=VDB(B2,E2,C2,0,INT(F2/12))+DDB(B2,E2,C2,INT(F2/12)+1)/12*MOD(F2,12)
```

❷ 按Enter键，即可根据该项固定资产的开始使用日期与当前日期计算出至上月止的累计折旧额。

❸ 将光标移到G2单元格的右下角，光标变成黑色十字形后，按住鼠标左键向下拖动进行公式填充，即可快速得到各项固定资产至上月止的累计折旧额，如图18-39所示。

G2　=VDB(B2,E2,C2,0,INT(F2/12))+DDB(B2,E2,C2,INT(F2/12)+1)/12*MOD(F2,12)

固定资产	资产原值	可使用年限	开始使日期	折余价值	已计提月份	至上月止累计折旧额
办公楼	500000	45	2009-3-1	¥100,000.00	37	¥65,363.35
厂房	200000	50	2008-1-1	¥50,000.00	51	¥31,829.38
仓库	600000	30	2008-5-30	¥60,000.00	46	¥139,279.01
货车	400000	10	2009-3-20	¥200,000.00	36	¥195,200.00
机房	30000	10	2008-1-29	¥20,000.00	50	¥10,000.00

图18-39

公式分析

①“VDB(B2,E2,C2,0,INT(F2/12))”部分计算出整年的累计折旧额，该项固定资产已计提23个月，即1年11个月，因此这部分公式计算出0~1年的累计折旧额。

②“DDB(B2,E2,C2,INT(F2/12)+1)/12*MOD(F2,12)”部分计算出零散月份折旧额，即11个月折旧额。因此首先用DDB计算出第2年的折旧额(DDB(B2,E2,C2,INT(F2/12)+1))，然后除以12表示第2年中各月折旧额(DDB(B2,E2,C2,INT(F2/12)+1)/12)，然后乘以F2/12的余数(MOD(F2,12))，即零散月份数，即可得到11个月的折旧额。

技巧11　采用年限总和法计算累计折旧额

实例描述：年限总和法计算累计折旧额，其方法是先计算出已计提月份中的整年折旧额（注意需要逐年相加得到），然后再计算出零散月份的折旧额，两者相加得到该项固定资产至上月止的累计折旧额。

达到目的：计算至上月的累计折旧额。

使用函数：SYD

❶ 计算出第一项固定资产至上月止的累计折旧额。选中G2单元格，在公式编辑栏中输入公式：

=SYD(B2,E2,C2,1)+SYD(B2,E2,C2,2)+SYD(B2,E2,C2,INT(F2/12))+SYD(B2,E2,C2,INT(F2/12)+1)/12*MOD(F2,12)

按Enter键，即可根据该项固定资产的开始使用日期与当前日期计算出至上月止的累计折旧额，如图18-40所示。

G2　=SYD(B2,E2,C2,1)+SYD(B2,E2,C2,2)+SYD(B2,E2,C2,INT(F2/12))+SYD(B2,E2,C2,INT(F2/12)+1)/12*MOD(F2,12)

固定资产	资产原值	可使用年限	开始使日期	折余价值	已计提月份	至上月止累计折旧额
办公楼	500000	45	2009-3-1	¥100,000.00	37	¥52,367.15
厂房	200000	50	2008-1-1	¥50,000.00	51	
仓库	600000	30	2008-5-30	¥60,000.00	46	
货车	400000	10	2009-3-20	¥200,000.00	36	
机房	30000	10	2008-1-29	¥20,000.00	50	

图18-40

❷ 选中G3单元格，在公式编辑栏中输入公式：

=SYD(B3,E3,C3,1)+SYD(B3,E3,C3,2)+SYD(B3,E3,C3,INT(F3/12))+SYD(B3,E3,C3,INT(F3/12)+1)/12*MOD(F3,12)

按Enter键即可根据该项固定资产的开始使用日期与当前日期计算出至上月止的累计折旧额，如图18–41所示。

G3 =SYD(B3,E3,C3,1)+SYD(B3,E3,C3,2)+SYD(B3,E3,C3,INT(F3/12))+SYD(B3,E3,C3,INT(F3/12)+1)/12*MOD(F3,12)

	A	B	C	D	E	F	G
1	固定资产	资产原值	可使用年限	开始使日期	折余价值	已计提月份	至上月止累计折旧额
2	办公楼	500000	45	2009-3-1	¥100,000.00	37	¥52,367.15
3	厂房	200000	50	2008-1-1	¥50,000.00	51	¥18,529.41
4	仓库	600000	30	2008-5-30	¥60,000.00	46	
5	货车	400000	10	2009-3-20	¥200,000.00	36	
6	机房	30000	10	2008-1-29	¥20,000.00	50	

图18–41

❸ 选中G4单元格，在公式编辑栏中输入公式：

=SYD(B4,E4,C4,1)+SYD(B4,E4,C4,2)+SYD(B4,E4,C4,INT(F4/12))+SYD(B4,E4,C4,INT(F4/12)+1)/12*MOD(F4,12)

按Enter键，即可根据该项固定资产的开始使用日期与当前日期计算出至上月止的累计折旧额，如图18-42所示。

G4 =SYD(B4,E4,C4,1)+SYD(B4,E4,C4,2)+SYD(B4,E4,C4,INT(F4/12))+SYD(B4,E4,C4,INT(F4/12)+1)/12*MOD(F4,12)

	A	B	C	D	E	F	G
1	固定资产	资产原值	可使用年限	开始使日期	折余价值	已计提月份	至上月止累计折旧额
2	办公楼	500000	45	2009-3-1	¥100,000.00	37	¥52,367.15
3	厂房	200000	50	2008-1-1	¥50,000.00	51	¥18,529.41
4	仓库	600000	30	2008-5-30	¥60,000.00	46	¥127,161.29
5	货车	400000	10	2009-3-20	¥200,000.00	36	
6	机房	30000	10	2008-1-29	¥20,000.00	50	

图18–42

专家提示

为什么使用年限总和法不能向下填充公式？

年限总和法是根据固定资产当前已计提月份，将每年的资产折旧值以及零散月份折旧值累加起来才得到已计提折旧值，所以固定资产当前已计提月份不同，所对应的累计折旧计算公式也不相同，如第一项固定资产当前计提月份为39，第二项固定资产当前计提月份为35。

公式分析

=SYD(B2,E2,C2,1)+SYD(B2,E2,C2,2)+SYD(B2,E2,C2,INT(F2/12))+SYD(B2,E2,C2,INT(F2/12)+1)/12*MOD(F2,12)

该项固定资产已计提月份为39个月，即3年零3个月，因此首先使用“SYD(B2,E2,C2,1)+SYD(B2,E2,C2,2)+SYD(B2,E2,C2,INT(F2/12))”部分计算出三整年的折旧额，然后计算出第4年中每月折旧额(SYD(B2,E2,C2,INT(F2/12)+1)/12)，然后再乘以F2/12的余数(MOD(F2,12)，即零散月份数，即可得到3个月的折旧额。

技巧12　使用AMORDEGRC函数计算每个会计期间的折旧值

实例描述：某企业2010年1月1日购入价值为300 000元的资产，第一个会计期间结束日期为2010年8月1日，其资产残值为1 000元，折旧率为5.5%，按实际天数为年基准，现在要计算出每个会计期间的折旧值，可以使用AMORDEGRC函数来实现。

达到目的：计算会计期间的折旧额。

使用函数：AMORDEGRC

❶ 选中B9单元格，在公式编辑栏中输入公式：

```
=AMORDEGRC(B1,B2,B3,B4,B5,B6,B7)
```

❷ 按Enter键即可计算出每个会计期间的折旧值，如图18-43所示。

B9　　=AMORDEGRC(B1, B2, B3, B4, B5, B6, B7)

	A	B	C	D	E
1	原资产	350000			
2	购入资产日期	2010-1-1			
3	第一个期间结束日期	2010-7-30			
4	资产残值	1300			
5	期间	1			
6	折旧率	5.50%			
7	年基准	1			
8					
9	每个会计期间的折旧值	44318			
10					

图18-43

读书笔记

第19章

查找、数据库函数范例应用技巧

19.1 查找和引用函数范例应用技巧

在Excel中提供了17个查找函数，查找函数用于在数据库中快速地查询与引用相匹配的数据。

技巧1 使用CHOOSE函数判断员工考核成绩是否合格

实例描述：在员工考核成绩统计报表中，对员工成绩进行考评，总成绩大于等于120分显示为合格、小于120分显示为不合格。可以使用CHOOSE函数来设置公式。

达到目的：考评员工成绩是否合格。

使用函数：CHOOSE

❶ 选中E2单元格，在公式编辑栏中输入公式：

```
=CHOOSE(IF(D2>=120,1,2),"合格","不合格")
```

按Enter键，即可判断员工“葛文斌”的总成绩是否合格。

❷ 将光标移到E2单元格的右下角，光标变成黑色十字形后，按住鼠标左键向下拖动进行公式填充，即可考评其他员工的总成绩是否全部合格，如图19-1所示。

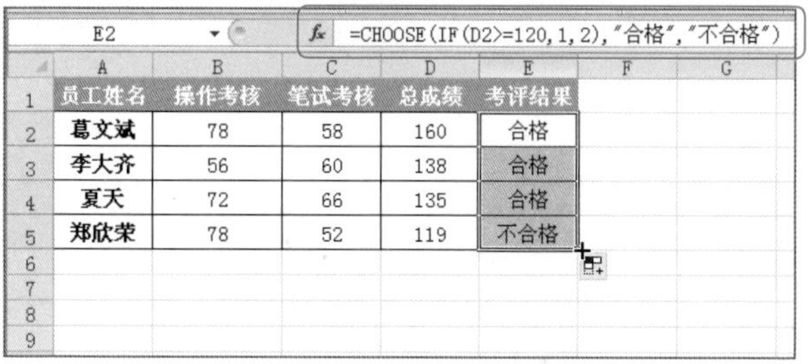
E2 =CHOOSE(IF(D2>=120,1,2),"合格","不合格")

	A	B	C	D	E	F	G
1	员工姓名	操作考核	笔试考核	总成绩	考评结果		
2	葛文斌	78	58	160	合格		
3	李大齐	56	60	138	合格		
4	夏天	72	66	135	合格		
5	郑欣荣	78	52	119	不合格		
6							
7							
8							
9							

图19-1

技巧2 使用CHOOSE函数评定多个等级

实例描述：在产品销售统计报表中，考评销售员的销售等级，约定当总销售额大于200 000时，销售等级为“四等销售员”；当总销售量在180 000~200 000时，销售等级为“三等销售员”；当总销售量在150 000~180 000时，销售等级为“二等销售员”；当总销售量小于150 000时，销售等级为“一等销售员”。

达到目的：评定销售等级。

使用函数：CHOOSE

❶ 选中E2单元格，在公式编辑栏中输入公式：

=CHOOSE(IF(D2>200000,1,IF(D2>=180000,2,IF(D2>=150000,3,4))),"四等销售员","三等销售员","二等销售员","一等销售员")

按Enter键即可评定销售员“王涛”等级为“二等销售员”。

❷ 将光标移到E2单元格的右下角，光标变成黑色十字形后，按住鼠标左键向下拖动进行公式填充，即可判断其他销售员的等级，如图19-2所示。

E2　=CHOOSE(IF(D2>200000,1,IF(D2>=180000,2,IF(D2>=150000,3,4))),"四等销售员","三等销售员","二等销售员","一等销售员")

	A	B	C	D	E
1	销售员	销售量	销售单价	销售金额	销售等级
2	王涛	817	210	171570	二等销售员
3	周国菊	1021	210	214410	四等销售员
4	徐莹	750	210	157500	二等销售员
5	唐刘云	980	210	205800	四等销售员
6	晏菲	665	210	139650	一等销售员
7	方玲	895	210	187950	三等销售员

图19-2

技巧3　求取一组数据的反转数据

实例描述：使用CHOOSE函数来设置公式可以求取一组数据的反转数据（即原最后一行显示为现在的第一行），具体实现方式如下。

达到目的：反转数据。

使用函数：CHOOSE

❶ 选中D1:E5单元格区域，在公式编辑栏中输入公式：

=CHOOSE({1;2;3;4;5},A5:B5,A4:B4,A3:B3,A2:B2,A1:B1)

❷ 按快捷键Ctrl+Shift+Enter，即可一次性返回原数据组数据的反转数据组数据，如图19-3所示。

D1　{=CHOOSE({1;2;3;4;5},A5:B5,A4:B4,A3:B3,A2:B2,A1:B1)}

	A	B	C	D	E
1	1次测	1.48		平均电流	2.295
2	2次测	1.97		4次测	3.58
3	3次测	2.15		3次测	2.15
4	4次测	3.58		2次测	1.97
5	平均电流	2.295		1次测	1.48

图19-3

技巧4　使用COLUMN函数建立有规律的三级序列编号

实例描述：根据二级编号建立有规律的三级序列编号。

达到目的：建立有规律的三级序列编号。

使用函数：COLUMN

❶ 选中B2单元格，在公式编辑栏中输入公式：

```
=$A2&"."&(COLUMN()-1)
```

按Enter键即可自动返回“1.1.1”三级序列编号。

❷ 将光标移到B2单元格的右下角，光标变成黑色十字形后，按住鼠标左键向右拖动进行公式填充，即可自动返回有规律的三级序列编号，如图19-4所示。

B2 =$A2&"."&(COLUMN()-1)

	A	B	C	D	E	F	G
1	二级编号	三级编号					
2	1.1	1.1.1	1.1.2	1.1.3	1.1.4	1.1.5	
3							
4							
5							
6							

图19-4

技巧5　使用COLUMN函数配合其他函数使用

实例描述：计算销售人员2、4、6月销售金额的合计数，可以通过COLUMN函数配合其他函数使用。

达到目的：计算不连续月份的销售额。

使用函数：COLUMN

❶ 选中H2单元格，在公式编辑栏中输入公式：

```
=SUM(IF(MOD(COLUMN($A2:$G2),2)=0,$B2:$G2))
```

按快捷键Ctrl+Shift+Enter，即可统计C2、E2、G2单元格之和。

❷ 将光标移到H2单元格的右下角，光标变成黑色十字形后，按住鼠标左键向下拖动进行公式填充，即可计算出其他销售人员2、4、6月的销售金额合计值，如图19-5所示。

H2 {=SUM(IF(MOD(COLUMN($A2:$G2),2)=0,$B2:$G2))}

	A	B	C	D	E	F	G	H
1	姓名	1月	2月	3月	4月	5月	6月	2\4\6月总额
2	葛文斌	25.2	25.2	26.7	23.2	22.5	17.5	65.9
3	李大齐	22.6	16.8	24.4	19.3	24.1	23.5	59.6
4	夏天	25.2	20	18.2	34.1	23.4	23.6	77.7
5								
6								
7								

图19-5

技巧6　返回引用数据源包含的总列数

实例描述：若要返回引用数据源包含的总列数，可以使用COLUMNS函数来实现。

达到目的：求出引用数据源的列数。

使用函数：COLUMNS

❶ 选中B2单元格，在公式编辑栏中输入公式：

```
=COLUMNS(C1:F1)
```

❷ 按Enter键，即可返回引用C1:F1单元格区域包含的列数为4，如图19-6所示。

B2　=COLUMNS(C1:F1)

	A	B
1	返回结果说明	返回引用数据源包含的列数
2	引用C1:F1单元格区域包含的列数	4
3		
4		
5		
6		

图19-6

技巧7　建立有规律的三级序列编号（ROW）

实例描述：根据二级序列，建立有规律的三级序列编号。

达到目的：建立有规律的三级序列编号。

使用函数：ROW

❶ 选中B2单元格，在公式编辑栏中输入公式：

```
=B$1&"."&(ROW()-1)
```

按Enter键即可自动返回“1.1.1”三级序列编号。

❷ 将光标移到B2单元格的右下角，光标变成黑色十字形后，按住鼠标左键向下拖动进行公式填充，即可自动返回有规律的三级序列编号，如图19-7所示。

B2　=B$1&"."&(ROW()-1)

	A	B	C	D	E
1	二级编号	1.1			
2	三级编号	1.1.1			
3		1.1.2			
4		1.1.3			
5		1.1.4			
6		1.1.5			
7		1.1.6			
8					
9					

图19-7

技巧8　使用ROW函数自动控制要显示的行数

实例描述：工作表中显示了贷款金额、贷款年限等数据，现在要根据贷款年限计算各期偿还金额，因此需要在工作表中建立“年份”列，然后进行计算。

达到目的：自动生成年份列序号。

使用函数：ROW

❶ 当前工作表的B2单元格中显示了贷款年限，选中A5单元格，在公式编辑栏中输入公式：

```
=IF(ROW()-ROW($A$4)<=$B$2,ROW()-ROW($A$4),"")
```

按Enter键，向下复制公式，可以看到实际显示年份值与B2单元格中指定的期数相等，如图19-8所示。

❷ 更改B2单元格的贷款年限，“年份”列则会相应改变。

A5 =IF(ROW()-ROW($A$4)<=$B$2,ROW()-ROW($A$4),"")

	A	B	C	D	E	F
1	借款金额（万）	借款期限（年）	借款年利率			
2	38	6				
3						
4	年份	年偿还额				
5	1					
6	2					
7	3					
8	4					
9	5					
10	6					
11						

图19-8

技巧9　返回引用数据源包含的总行数

实例描述：若要返回引用数据源包含的总行数，可以使用ROWS函数来实现。

达到目的：求出引用数据源包含的函数。

使用函数：ROWS

❶ 选中B2单元格，在公式编辑栏中输入公式：

```
=ROWS(A1:E6)
```

❷ 按Enter键即可返回引用A1:E6单元格区域包含的行数为6，如图19-9所示。

B2 =ROWS(A1:E6)

	A	B
1	返回条件	返回结果
2	引用A1:E16单元格区域包含的行数	6
3		
4		
5		

图19-9

技巧10　使用LOOKUP函数进行查询（向量型）

实例描述：在档案管理表、销售管理表等数据表中，通常都需要进行大量的数据查询操作。通过LOOKUP函数建立公式，实现输入编号后即可查询相应信息。

达到目的：查询员工信息。

使用函数：LOOKUP

❶ 建立相应查询列标识，并输入要查询的编号。选中B9单元格，在编辑栏中输入公式：

```
=LOOKUP($A$9,$A$2:$A$6,B$2:B$6)
```

按Enter键，即可得到编号为“KB-001”的员工姓名。

❷ 将光标移到B9单元格的右下角，光标变成黑色十字形后，按住鼠标左键向右拖动进行公式填充，即可得到该编号员工的其他相应销售信息，如图19-10所示。

B9　=LOOKUP($A$9,$A$2:$A$6,B$2:B$6)

	A	B	C	D	E	F
1	员工编号	员工姓名	总销售额（万）	名次		
2	KB-001	葛文斌	48.75	4		
3	KB-002	李大齐	49.50	3		
4	KB-003	夏天	68.84	2		
5	KB-004	郑欣荣	70.22	1		
6	KB-005	李慧君	30.08	5		
7						
8	查询员工编号	员工姓名	总销售额（万）	名次		
9	KB-001	葛文斌	48.75	4		
10						
11						

图19-10

❸ 查询其他员工的销售信息时，只需要在A9单元格中重新输入查询编号，即可实现快速查询。

技巧11　使用LOOKUP函数进行查询（数组型）

实例描述：在档案管理表、销售管理表等数据表中，通常都需要进行大量的数据进行查询操作。通过LOOKUP函数建立公式，实现输入编号后即可查询相应信息。

达到目的：查询员工信息。

使用函数：LOOKUP

❶ 建立相应查询列标识，并输入要查询的编号。选中B9单元格，在编辑栏中输入公式：

```
=LOOKUP($A$9,$A2:B6)
```

按Enter键，即可得到编号为“KB-002”的员工姓名。

❷ 将光标移到B9单元格的右下角，光标变成黑色十字形后，按住鼠标左键向右拖动进行公式填充，即可得到该编号员工的其他相应销售信息，如图19-11所示。

B9 =LOOKUP($A$9,$A2:B6)

	A	B	C	D	E
1	员工编号	员工姓名	总销售额（万）	名次	
2	KB-001	葛文斌	48.75	4	
3	KB-002	李大齐	49.50	3	
4	KB-003	夏天	68.84	2	
5	KB-004	郑欣荣	70.22	1	
6	KB-005	李慧君	30.08	5	
7					
8	查询员工编号	员工姓名	总销售额（万）	名次	
9	KB-002	李大齐	49.5	3	
10					
11					

图19-11

技巧12　使用HLOOKUP函数获取数据

实例描述：在员工产品销售统计报表中，根据总销售金额自动返回每位员工的销售提成率。

达到目的：计算员工的销售提成率。

使用函数：HLOOKUP

❶ 设置销售成绩区间所对应的提成率。选中D3单元格，在公式编辑栏中输入公式：

```
=HLOOKUP(C3,$A$9:$E$11,3)
```

按Enter键即可获取员工“吴媛媛”的销售业绩提成率为8%。

❷ 将光标移到D3单元格的右下角，光标变成黑色十字形后，按住鼠标左键向下拖动进行公式填充，即可获取其他员工的销售业绩提成率，如图19-12所示。

D3 =HLOOKUP(C3,$A$9:$E$11,3)

	A	B	C	D	E
1	销售人员业绩分析				
2	姓名	销售数量	销售金额	提成率	业绩奖金
3	吴媛媛	350	88400	8.00%	
4	孙飞飞	220	149860	10.00%	
5	滕念	545	770240	15.00%	
6	廖可	450	159340	15.00%	
7	彭宇	305	282280	15.00%	
8					
9	销售额	0	50001	100001	150001
10		50000	100000	150000	
11	提成率	0.05	0.08	0.1	0.15

图19-12

技巧13　使用HLOOKUP函数实现查询

实例描述：统计学生各科目成绩，现在想建立一个查询表，查询指定科目的成绩，可以使用HLOOKUP函数来设置公式。

达到目的：查询成绩。

使用函数：HLOOKUP

❶ 在工作表中建立查询表，如图19-13所示。

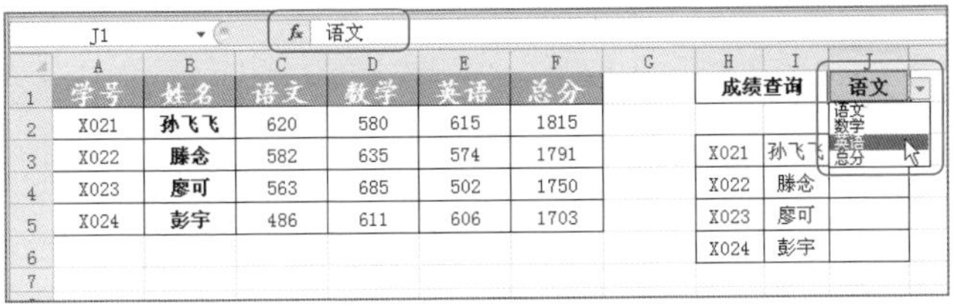
J1
语文
学号 姓名 语文 数学 英语 总分
X021 孙飞飞 620 580 615 1815
X022 滕念 582 635 574 1791
X023 廖可 563 685 502 1750
X024 彭宇 486 611 606 1703
成绩查询 语文
语文
数学
英语
总分
X021 孙飞飞
X022 滕念
X023 廖可
X024 彭宇

图19-13

❷ 选中J3单元格，在公式编辑栏中输入公式：

```
=HLOOKUP($J$1,$B$1:$E$5,ROW(A2),FALSE)
```

按Enter键，即可根据J1单元格的科目返回第一个成绩，将光标移到J3单元格的右下角，光标变成黑色十字形后，按住鼠标左键向下拖动进行公式填充，即可获取其他学生的成绩，如图19-14所示。

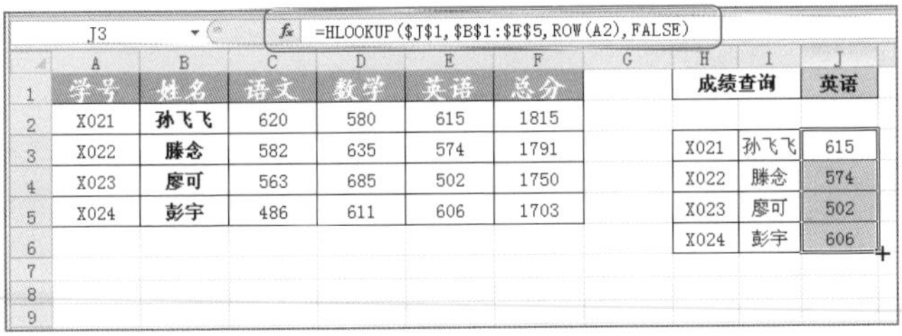
J3
=HLOOKUP($J$1,$B$1:$E$5,ROW(A2),FALSE)
学号 姓名 语文 数学 英语 总分
X021 孙飞飞 620 580 615 1815
X022 滕念 582 635 574 1791
X023 廖可 563 685 502 1750
X024 彭宇 486 611 606 1703
成绩查询 英语
X021 孙飞飞 615
X022 滕念 574
X023 廖可 502
X024 彭宇 606

图19-14

❸ 当需要查询其他科目的成绩时，只需要在J1单元格中选择相应科目即可。

技巧14　使用VLOOKUP函数进行查询

实例描述：使用VLOOKUP函数可实现根据编号查询指定员工的销售数据。

达到目的：查询销售数据。

使用函数：VLOOKUP

❶ 建立相应查询列标识，并输入要查询的编号。选中B9单元格，在公式编辑栏中输入公式：

=VLOOKUP($A$9,$A$2:$D$6,COLUMN(B1),FALSE)

按Enter键即可得到编号为“KB-003”的员工姓名。

❷ 将光标移到B9单元格的右下角，光标变成黑色十字形后，按住鼠标左键向右拖动进行公式填充，即可获取其他编号员工的相关销售信息，如图19-15所示。

B9 =VLOOKUP($A$9,$A$2:$D$6,COLUMN(B1),FALSE)

	A	B	C	D	E	F
1	员工编号	员工姓名	总销售额（万）	名次		
2	KB-001	葛文斌	48.75	4		
3	KB-002	李大齐	49.50	3		
4	KB-003	夏天	68.84	2		
5	KB-004	郑欣荣	70.22	1		
6	KB-005	李慧君	30.08	5		
7						
8	查询员工编号	员工姓名	总销售额（万）	名次		
9	KB-003	夏天	68.84	2		
10						
11						

图19-15

技巧15 使用VLOOKUP函数合并两张表的数据

实例描述：本例中分别统计了学生的两项成绩，但是两张表格中的统计顺序却不相同，如图19-16所示。现在要将两张表格合并为一张表格。

达到目的：将成绩统计到一张表格。

使用函数：VLOOKUP

	A	B	C	D	E	F
1	姓名	语文		姓名	英语	
2	孙飞飞	85		孙飞飞	72	
3	滕念	70		滕念	65	
4	廖可	63		廖可	72	
5	彭宇	82		彭宇	96	
6						
7						

图19-16

❶ 直接复制第一张表格，然后建立“英语”成绩。选中C10单元格，在公式编辑栏中输入公式：

=VLOOKUP(A10,$D$2:$E$5,2,FALSE)

按Enter键，即可根据A10单元格中的姓名返回其“英语”成绩。

❷ 将光标移到A10单元格的右下角，光标变成黑色十字形后，按住鼠标左键向右拖动进行公式填充，即可得到其他学生的“英语”成绩，如图19-17所示。

C10　=VLOOKUP(A10,$D$2:$E$5,2,FALSE)

	A	B	C	D	E	F
1	姓名	语文		姓名	英语	
2	孙飞飞	85		孙飞飞	72	
3	滕念	70		滕念	65	
4	廖可	63		廖可	72	
5	彭宇	82		彭宇	96	
6						
7						
8						
9	姓名	语文	英语			
10	孙飞飞	85	72			
11	滕念	70	65			
12	廖可	63	72			
13	彭宇	82	96			

图19-17

技巧16　使用VLOOKUP函数进行反向查询

实例描述：根据买入基金的代码来查找最新的净值，可以使用VLOOKUP函数来实现。

达到目的：查找最新净值。

使用函数：VLOOKUP

❶ 建立表格。选中D10单元格，在公式编辑栏中输入公式：

=VLOOKUP(A10,IF({1,0},$D$2:$D$7,$B$2:$B$7),2)

按Enter键，即可根据A10单元格的基金代码从B2:B7单元格区域找到其最新净值。

❷ 将光标移到D10单元格的右下角，光标变成黑色十字形后，按住鼠标左键向右拖动进行公式填充，即可得到其他基金代码的最新净值，如图19-18所示。

D10　=VLOOKUP(A10,IF({1,0},$D$2:$D$7,$B$2:$B$7),2)

	A	B	C	D	E	F	G
1	日期	最新净值	累计净值	基金代码			
2	2012-3-8	1.7076	3.248	24001			
3	2012-3-9	1.3883	3.185	24002			
4	2012-3-8	1.2288	2.3992	24003			
5	2012-3-8	1.1402	2.6093	24004			
6	2012-3-8	1.3584	2.7506	24005			
7	2012-3-8	1.1502	2.7902	24006			
8							
9	基金代码	购买金额	买入价格	市场净值	持有份额	市值	利润
10	24012	20000.00	1.100	1.1502	5000.25	6144.31	644.03
11	24002	5000.00	0.876	1.3883	1500.69	1522.90	208.90
12	24012	20000.00	0.999	1.1502	5600.00	9568.16	3974.88
13	24031	10000.00	0.994	1.1502	800.59	920.84	124.73
14							

图19-18

技巧17　使用MATCH函数返回指定元素所在位置

实例描述：利用MATCH函数来实现“夏天”在报表中的行数和“总销售额

（万）”在报表中的列数。

达到目的：查找元素所在位置。

使用函数：MATCH

❶ 选中B8单元格，在公式编辑栏中输入公式：

```
=MATCH(A8,B1:B6,0)
```

按Enter键，即可获取“夏天”在B1:B6单元格区域中的行数，即第四行，如图19-19所示。

B8 | =MATCH(A8,B1:B6,0)

	A	B	C	D	E
1	员工编号	员工姓名	总销售额（万）	名次	
2	KB-001	葛文斌	48.75	4	
3	KB-002	李大齐	49.50	3	
4	KB-003	夏天	68.84	2	
5	KB-004	郑欣荣	70.22	1	
6	KB-005	李慧君	30.08	5	
7					
8	夏天	4			
9	销售总额（万）				
10					

图19-19

❷ 选中B9单元格，在公式编辑栏中输入公式：

```
=MATCH(A9,A1:D1,0)
```

按Enter键，即可获取“总销售额（万）”在A1:D1单元格区域中的列数，即第三列，如图19-20所示。

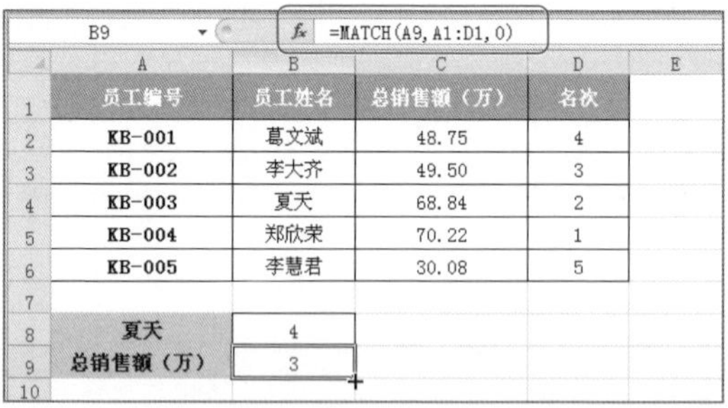

B9 | =MATCH(A9,A1:D1,0)

	A	B	C	D	E
1	员工编号	员工姓名	总销售额（万）	名次	
2	KB-001	葛文斌	48.75	4	
3	KB-002	李大齐	49.50	3	
4	KB-003	夏天	68.84	2	
5	KB-004	郑欣荣	70.22	1	
6	KB-005	李慧君	30.08	5	
7					
8	夏天	4			
9	总销售额（万）	3			
10					

图19-20

技巧18　使用INDEX函数实现查找（引用型）

实例描述：在学生考试成绩统计报表中，查找指定条件的考试成绩。

达到目的：查询考试成绩。

使用函数：INDEX

❶ 选中C7单元格，在公式编辑栏中输入公式：

=INDEX((A2:E5,A2:F5),3,5,1)

按Enter键，即可从第一个引用区域中查找到学生“孙飞飞”三门课程的平均成绩，如图19-21所示。

C7　=INDEX((A2:E5,A2:F5),3,5,1)

	A	B	C	D	E	F
1	学号	姓名	语文	数学	英语	总分
2	X021	孙飞飞	620	580	615	1815
3	X022	滕念	582	635	574	1791
4	X023	廖可	563	685	502	1750
5	X024	彭宇	486	611	606	1703
6						
7	孙飞飞平均成绩		502			
8	滕念平均成绩					
9						

图19-21

❷ 选中C8单元格，在公式编辑栏中输入公式：

=INDEX((A2:E5,A2:F5),4,6,2)

按Enter键，即可从第二个引用区域中查找到学生“滕念”三门课程的总考试成绩，如图19-22所示。

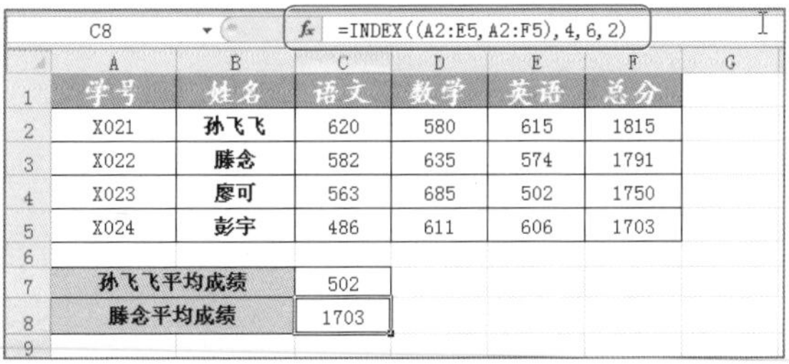

C8　=INDEX((A2:E5,A2:F5),4,6,2)

	A	B	C	D	E	F	G
1	学号	姓名	语文	数学	英语	总分	
2	X021	孙飞飞	620	580	615	1815	
3	X022	滕念	582	635	574	1791	
4	X023	廖可	563	685	502	1750	
5	X024	彭宇	486	611	606	1703	
6							
7	孙飞飞平均成绩		502				
8	滕念平均成绩		1703				
9							

图19-22

技巧19　使用INDEX函数实现查找（数组型）

实例描述： 在产品销售统计报表中，查找销售员指定季度的产品销售数量。

达到目的： 查询销售产品数量。

使用函数： INDEX

❶ 选中C7单元格，在公式编辑栏中输入公式：

=INDEX(A2:F5,2,4)

按Enter键，即可查找到“滕念”第三季度产品销售量，如图19-23所示。

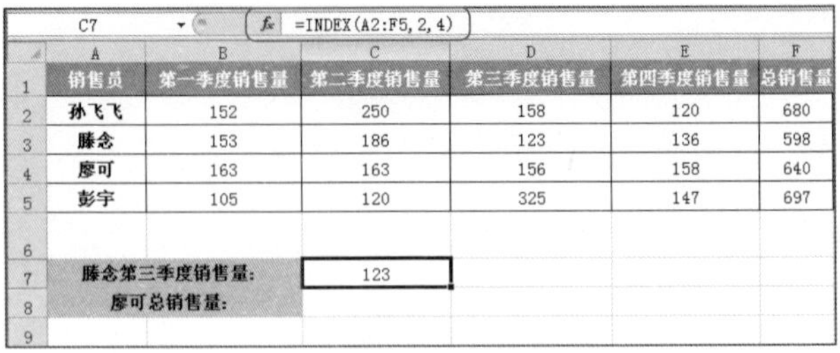

	A	B	C	D	E	F
1	销售员	第一季度销售量	第二季度销售量	第三季度销售量	第四季度销售量	总销售量
2	孙飞飞	152	250	158	120	680
3	滕念	153	186	123	136	598
4	廖可	163	163	156	158	640
5	彭宇	105	120	325	147	697
6						
7	滕念第三季度销售量:		123			
8	廖可总销售量:					
9						

C7 =INDEX(A2:F5,2,4)

图19-23

❷ 选中C8单元格，在公式编辑栏中输入公式：

```
=INDEX(A2:F5,4,6)
```

按Enter键，即可查找到销售员“廖可”全年的总销售量，如图19-24所示。

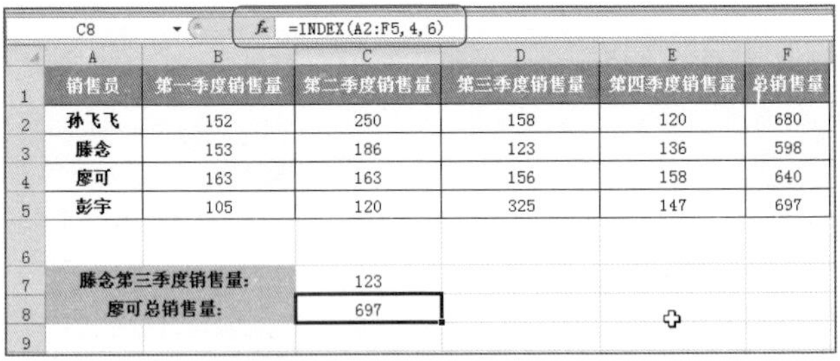

	A	B	C	D	E	F
1	销售员	第一季度销售量	第二季度销售量	第三季度销售量	第四季度销售量	总销售量
2	孙飞飞	152	250	158	120	680
3	滕念	153	186	123	136	598
4	廖可	163	163	156	158	640
5	彭宇	105	120	325	147	697
6						
7	滕念第三季度销售量:		123			
8	廖可总销售量:		697			
9						

C8 =INDEX(A2:F5,4,6)

图19-24

技巧20 使用INDEX配合其他函数实现查询出满足同一条件的所有记录

实例描述：本例中统计了各个门面的销售情况，现在要实现将某一个店面的所有记录都依次显示出来，可以使用INDEX函数配合SMALL和ROW函数来实现。

达到目的：显示店面销售记录。

使用函数：INDEX、SMALL、ROW

❶ 在工作表中建立查询表，选中F4:I11单元格，在公式编辑栏中输入公式：

```
=IF(ISERROR(SMALL(IF(($A$2:$A$11=$H$1),ROW(2:11)),ROW(1:11)))," ",INDEX(A:A,SMALL(IF(($A$2:$A$11=$H$1),ROW(2:11)),ROW(1:11))))
```

同时按快捷键Ctrl+Shift+Enter，可一次性将A列中所有等于H1单元格中指定店面的记录都显示出来。

❷ 选中F4:F11单元格，将光标移到右下角，光标变成黑色十字形后，按住鼠标左键向右拖动进行公式填充，即可得到H1单元格中指定店面的所有记录，

如图19-25所示。

F4 {=IF(ISERROR(SMALL(IF(($A$2:$A$11=$H$1),ROW(2:11)),ROW(1:11))),"",INDEX(A:A,SMALL(IF(($A$2:$A$11=$H$1),ROW(2:11)),ROW(1:11))))}

店面	品牌	数量	金额
一分店	瑜伽服	4	480
总店	瑜伽垫	3	360
一分店	瑜伽垫	2	140
总店	瑜伽服	1	120
二分店	瑜伽服	2	240
总店	跆拳道服	10	1480
二分店	跆拳道服	5	790
总店	旱冰鞋	2	580
二分店	旱冰鞋	10	1140
总店	跳舞毯	20	2000

选择查询店面 总店

店面	品牌	数量	金额
总店	瑜伽垫	3	360
总店	瑜伽服	1	120
总店	跆拳道服	10	1480
总店	旱冰鞋	2	580
总店	跳舞毯	20	2000

图19-25

❸ 当需要查询其他店面的销售记录时，只需要在H1单元格中重新选择店面名称即可，如图19-26所示。

H1 一分店

店面	品牌	数量	金额
一分店	瑜伽服	4	480
总店	瑜伽垫	3	360
一分店	瑜伽垫	2	140
总店	瑜伽服	1	120
二分店	瑜伽服	2	240
总店	跆拳道服	10	1480
二分店	跆拳道服	5	790
总店	旱冰鞋	2	580
二分店	旱冰鞋	10	1140
总店	跳舞毯	20	2000

选择查询店面 一分店

店面	品牌	数量	金额
一分店	瑜伽服	4	480
一分店	瑜伽垫	2	140

图19-26

技巧21 配合使用INDEX与MATCH函数实现查询

实例描述：根据编号查询指定员工的销售数据，使用INDEX函数和MATCH函数来操作。

达到目的：查询销售数据。

使用函数：INDEX、MATCH

❶ 建立相应查询列标识，并输入要查询的编号。选中B9单元格，在公式编辑栏中输入公式：

```
=INDEX($A2:$D6,MATCH($A9,$A2:$A6,0),COLUMN(B1))
```

按Enter键，即可得到编号“KB-005”的员工姓名。

❷ 将光标移到B9单元格的右下角，光标变成黑色十字形后，按住鼠标左键向下拖动进行公式填充，即可得到该编号员工的其他相关销售信息，如图19-27所示。

❸ 查询其他员工销售信息时，只需要在A9单元格中重新输入编号，即可实现快速查询。

	A	B	C	D
1	员工编号	员工姓名	总销售额（万）	名次
2	KB-001	葛文斌	48.75	4
3	KB-002	李大齐	49.5	3
4	KB-003	夏天	68.84	2
5	KB-004	郑欣荣	70.22	1
6	KB-005	李慧君	30.08	5
7				
8	查看员工编号	员工姓名	总销售额（万）	名次
9	KB-005	李慧君	30.08	5

B9: =INDEX($A2:$D6,MATCH($A9,$A2:$A6,0),COLUMN(B1))

图19-27

技巧22　配合使用INDEX与MATCH函数实现双条件查询

实例描述：本例中统计了门面1月、2月、3月的销售金额，现要查询特定门面、特定月份的销售金额，可以使用INDEX与MATCH函数实现双条件查询。

达到目的：查询特定月份的销售额。

使用函数：INDEX、MATCH

❶ 首先设置好查询条件，本例在A7、B7单元格中输入要查询的月份与门面。选中C7单元格，在公式编辑栏中输入公式：

```
=INDEX(B2:D4,MATCH(B7,A2:A4,0),MATCH(A7,B1:D1,0))
```

按Enter键，即可返回3月份百大店的销售金额，如图19-28所示。

	A	B	C	D
1	门面	1月	2月	3月
2	鼓楼店	5480	8201	5620
3	百大店	8420	7820	4520
4	望江路店	7546	8741	5030
5				
6	月份	门面	金额	
7	3月	百大店	4520	

C7: {=INDEX(B2:D4,MATCH(B7,A2:A4,0),MATCH(A7,B1:D1,0))}

图19-28

❷ 在A7、B7单元格中输入其他要查询的条件，可查询其相应销售金额。

技巧23　配合使用INDEX与MATCH函数实现反向查询

实例描述：根据学生各科目成绩，若要查询出最高总分对应的学号，可以使用INDEX与MATCH函数配合来设置公式。

达到目的：查询最高分对应的学号。

使用函数：INDEX、MATCH

❶ 选中C7单元格，在公式编辑栏中输入公式：

```
=INDEX(A2:A6,MATCH(MAX(F2:F6),F2:F6,))
```

❷ 按Enter键，即可得到最高总分对应的学号，如图19-29所示。

C7　=INDEX(A2:A6,MATCH(MAX(F2:F6),F2:F6,))

	A	B	C	D	E	F	G
1	学号	姓名	语文	数学	英语	总分	
2	X021	孙飞飞	620	580	615	1815	
3	X022	滕念	582	635	574	1791	
4	X023	廖可	563	685	502	1750	
5	X024	彭宇	486	611	606	1703	
6							
7	查询总分最高的学号		X021				
8							

图19-29

19.2　数据库函数范例应用技巧

数据库函数用于对储存在数据清单或业务数据库中的数据进行分析和统计。

技巧1　统计特定产品的总销售数量

实例描述：在销售统计数据库中，若要统计特定产品的总销售数量，可以使用DSUM函数来实现。

达到目的：统计纽曼MP4的总销售数量。

使用函数：DSUM

❶ 在C14:C15单元格区域中设置条件，其中包括列标识，产品名称为“纽曼MP4”。

❷ 选中D15单元格，在公式编辑栏中输入公式：

```
=DSUM(A1:F12,4,C14:C15)
```

按Enter键，即可在销售报表中统计出产品名称为“纽曼MP4”的总销售数量，如图19-30所示。

D15　=DSUM(A1:F12,4,C14:C15)

	A	B	C	D	E	F
1	销售日期	产品名称	销售单价	销售数量	销售金额	销售员
2	2011-3-1	纽曼MP4	320	16	5120	刘勇
3	2011-3-1	飞利浦音箱	350	20	7000	马梅
4	2011-3-2	三星显示器	1040	8	8320	吴小华
5	2011-3-2	飞利浦音箱	345	21	7245	唐虎
6	2011-3-2	纽曼MP4	325	32	10400	马梅
7	2011-3-3	三星显示器	1030	24	24720	吴小华
8	2011-3-4	纽曼MP4	330	33	10890	刘勇
9	2011-3-4	飞利浦音箱	370	26	9620	吴小华
10	2011-3-5	纽曼MP4	335	18	6030	马梅
11	2011-3-5	三星显示器	1045	8	8360	吴小华
12	2011-3-6	飞利浦音箱	350	10	3500	唐虎
13						
14			产品名称	销售数量		
15			纽曼MP4	99		
16						

图19-30

技巧2 实现双条件计算

实例描述：本例中要统计出产品名称为“纽曼MP4”并且销售金额大于7 000元的总销售数量，可以使用DSUM函数来实现。

达到目的：统计销售金额大于7 000元的总销售数量。

使用函数：DSUM

❶ 在C14:D15单元格区域中设置条件，其中要包括列标识，产品名称为“纽曼MP4”、销售金额大于7 000元。

❷ 选中E15单元格，在公式编辑栏中输入公式：

```
=DSUM(A1:F12,4,C14:D15)
```

按Enter键，即可在销售报表中统计出产品名称为“纽曼MP4”且销售金额大于7 000元的总销售数量，如图19-31所示。

E15   fx =DSUM(A1:F12,4,C14:D15)

	A	B	C	D	E	F	G
1	销售日期	产品名称	销售单价	销售数量	销售金额	销售员	
2	2011-3-1	纽曼MP4	320	16	5120	刘勇	
3	2011-3-1	飞利浦音箱	350	20	7000	马梅	
4	2011-3-2	三星显示器	1040	8	8320	吴小华	
5	2011-3-2	飞利浦音箱	345	21	7245	唐虎	
6	2011-3-2	纽曼MP4	325	32	10400	马梅	
7	2011-3-3	三星显示器	1030	24	24720	吴小华	
8	2011-3-4	纽曼MP4	330	33	10890	刘勇	
9	2011-3-4	飞利浦音箱	370	26	9620	吴小华	
10	2011-3-5	纽曼MP4	335	18	6030	马梅	
11	2011-3-5	三星显示器	1045	8	8360	吴小华	
12	2011-3-6	飞利浦音箱	350	10	3500	唐虎	
13							
14			产品名称	销售金额	销售数量		
15			纽曼MP4	>7000	65		
16							

图19-31

技巧3 统计出去除某一位或多位销售员之外的销售数量

实例描述：要实现统计出去除某一位或多位销售员之外的销售数量，关键仍然在于条件的设置。

达到目的：统计除刘勇与马梅之外的销售数量。

使用函数：DSUM

❶ 在E3:G4单元格区域中设置条件，其中包括列标识，然后分别在F4、G4单元格中设置条件为“<>刘勇”、“<>马梅”，表示不统计这两位销售员的销售数量。

❷ 选中E6单元格，在公式编辑栏中输入公式：

```
=DSUM(A1:C12,2,E3:G4)
```

按Enter键，即可计算出去除“刘勇”和“马梅”两位销售员的所有销售数量之和，如图19-32所示。

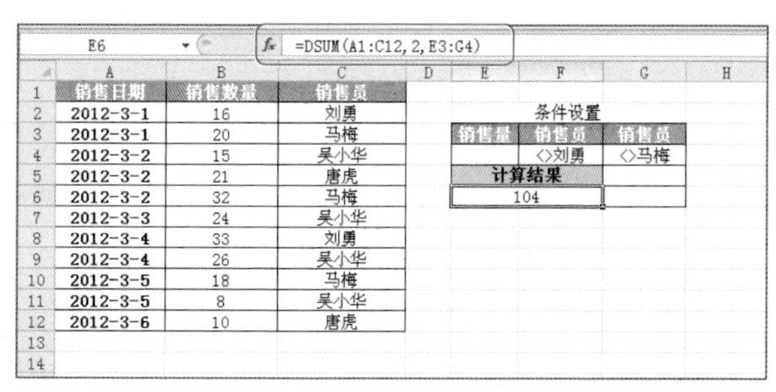

E6　=DSUM(A1:C12,2,E3:G4)

	A	B	C	D	E	F	G	H
1	销售日期	销售数量	销售员					
2	2012-3-1	16	刘勇			条件设置		
3	2012-3-1	20	马梅		销售量	销售员	销售员	
4	2012-3-2	15	吴小华			<>刘勇	<>马梅	
5	2012-3-2	21	唐虎		计算结果			
6	2012-3-2	32	马梅		104			
7	2012-3-3	24	吴小华					
8	2012-3-4	33	刘勇					
9	2012-3-4	26	吴小华					
10	2012-3-5	18	马梅					
11	2012-3-5	8	吴小华					
12	2012-3-6	10	唐虎					
13								
14								

图19-32

技巧4　使用通配符来统计满足条件的产品总销量

实例描述：DSUM函数可以使用通配符。例如本例中可以使用通配符（*和?）来统计满足条件的产品总销售数量。

达到目的：满足特定条件的总销售数量。

使用函数：DSUM

❶ 在A9:A10单元格区域中设置条件，其中包括列标识，产品编号为A。

❷ 选中B10单元格，在公式编辑栏中输入公式：

```
=DSUM($A$1:$C$6,3,A9:A10)
```

按Enter键，即可在销售数据中返回产品编号第一个字符为A的产品销售数量总和，如图19-33所示。

B10　=DSUM($A$1:$C$6,3,A9:A10)

	A	B	C	D	E
1	产品编号	销售单价	销售数量		
2	A	26	24		
3	AC	36	36		
4	AACD	46	48		
5	CAAAD	56	54		
6	CCADA	66	62		
7					
8	按条件统计产品销售数量				
9	产品编号	DSUM	返回第一字符为A的结果		
10	A	108			
11					
12	产品编号	DSUM	返回第二个字符为A的结果		
13	?A*				

图19-33

❸ 在A12:A13单元格区域中设置条件，使用通配符，即产品编号的第二个字符为A。

❹ 选中B13单元格，在公式编辑栏中输入公式：

```
=DSUM($A$1:$C$6,3,A12:A13)
```

按Enter键，即可在销售数据中返回产品编号第二个字符为A的产品销售数量总和，如图19-34所示。

B13 =DSUM($A$1:$C$6,3,A12:A13)

	A	B	C	D	E
4	AACD	46	48		
5	CAAAD	56	54		
6	CCADA	66	62		
7					
8	按条件统计产品销售数量				
9	产品编号	DSUM	返回第一字符为A的结果		
10	A	108			
11					
12	产品编号	DSUM	返回第二个字符为A的结果		
13	?A*	102			

图19-34

❺ 按照相同的方法，使用通配符设置条件，然后选中B16、B19、B22单元格，分别在公式编辑栏中输入公式：

```
=DSUM($A$1:$C$6,3,A15:A16)
=DSUM($A$1:$C$6,3,A18:A19)
=DSUM($A$1:$C$6,$B$1,A21:A22),
```

按Enter键即可根据指定条件统计出产品销售数量，如图19-35所示。

B22 =DSUM($A$1:$C$6,$B$1,A21:A22)

	A	B	C	D	E	F	G
4	AACD	46	48				
5	CAAAD	56	54				
6	CCADA	66	62				
7							
8	按条件统计产品销售数量						
9	产品编号	DSUM	返回第一字符为A的结果				
10	A	108					
11							
12	产品编号	DSUM	返回第二个字符为A的结果				
13	?A*	102					
14							
15	产品编号	DSUM	返回含有A的结果				
16	*A*	224					
17							
18	产品编号	DSUM	返回含有A的结果				
19	*A	224					
20							
21	产品编号	DSUM	返回第二个字符为A，且字符长度等于3的结果				
22	?A?	102					
23							

图19-35

技巧5　避免DSUM函数的模糊匹配

实例描述： 产品编号中有B和以B开头的其他编号，在统计B编号产品销售数量时出错，具体为统计结果将以B开头的其他编号产品的销售数量也统计进来，此时要实现只统计出编号B产品的销售数量。

达到目的： 统计编号为B的销售数量。

使用函数： DSUM

❶ 选中F5单元格，在公式编辑栏中输入公式：

```
=DSUM(A1:C10,3,E4:E5)
```

按Enter键得到错误的计算结果（通过数据表可以看到，编号为B的产品销售数量并非为94），如图19-36所示。

F5　　f_x =DSUM(A1:C10,3,E4:E5)

	A	B	C	D	E	F
1	销售日期	产品编号	销售数量			
2	2012-3-1	B	16			
3	2012-3-1	BWO	20		返回结果错误	
4	2012-3-2	ABW	15		产品编号	销售数量
5	2012-3-3	BUUD	24		B	94
6	2012-3-4	AXCC	33			
7	2012-3-4	BOUC	26		正确的结果	
8	2012-3-5	PIA	18		产品编号	销售数量
9	2012-3-5	B	8		=B	
10	2012-3-6	PIA	10			
11						

图19-36

❷ 出现这种统计错误是因为数据库函数是按模糊匹配的，设置的条件B表示以B开头的字段，因此编号B和以B开头的字段都被计算进来。此时需要完整匹配字符串，选中E9单元格，设置公式为“="=B"”，如图19-37所示。

E9　　f_x ="=B"

	A	B	C	D	E	F
1	销售日期	产品编号	销售数量			
2	2012-3-1	B	16			
3	2012-3-1	BWO	20		返回结果错误	
4	2012-3-2	ABW	15		产品编号	销售数量
5	2012-3-3	BUUD	24		B	94
6	2012-3-4	AXCC	33			
7	2012-3-4	BOUC	26		正确的结果	
8	2012-3-5	PIA	18		产品编号	销售数量
9	2012-3-5	B	8		=B	
10	2012-3-6	PIA	10			
11						

图19-37

❸ 选中F9单元格，在公式编辑栏中输入公式：

```
=DSUM(A1:C10,3,E8:E9)
```

按Enter键得到正确的计算结果，如图19-38所示。

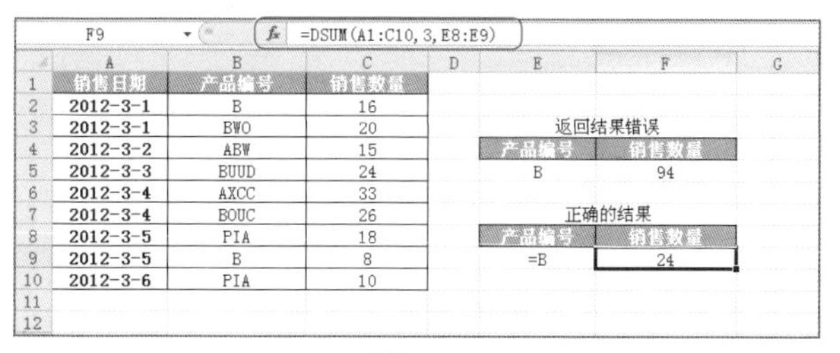

F9　　f_x =DSUM(A1:C10,3,E8:E9)

	A	B	C	D	E	F	G
1	销售日期	产品编号	销售数量				
2	2012-3-1	B	16				
3	2012-3-1	BWO	20		返回结果错误		
4	2012-3-2	ABW	15		产品编号	销售数量	
5	2012-3-3	BUUD	24		B	94	
6	2012-3-4	AXCC	33				
7	2012-3-4	BOUC	26		正确的结果		
8	2012-3-5	PIA	18		产品编号	销售数量	
9	2012-3-5	B	8		=B	24	
10	2012-3-6	PIA	10				
11							
12							

图19-38

技巧6 DSUM与SUMIF函数的区别

DSUM函数是一个数据库函数，其数据必须满足“数据库”特征，例如需要包含“字段名”。DSUM函数可以用于单个字段或多个字段的多条件求和。

SUMIF函数用于按给定条件对指定单元格求和，它不需要一定有字段名。如果不借助辅助列，只能单个字段求和。

技巧7 统计特定班级平均分

实例描述：在统计了各班学生各科目考试成绩（为方便显示，只列举部分记录）后，现在要统计某一特定班级指定科目的平均分，可以使用DAVERAGE函数来实现。

达到目的：统计指定科目的平均分。

使用函数：DAVERAGE

❶ 在A11:A12单元格区域中设置条件，其中包括列标识，班级名称为“1002”。

❷ 选中B12单元格，在公式编辑栏中输入公式：

```
=DAVERAGE(A1:E9,5,A11:A12)
```

按Enter键，即可统计出班级为“1002”的英语平均分，如图19-39所示。

B12 fx =DAVERAGE(A1:E9,5,A11:A12)

	A	B	C	D	E	F
1	班级	姓名	语文	数学	英语	
2	1001	郑玉秋	608	590	620	
3	1002	黄娅莉	568	573	605	
4	1001	江静蕾	625	594	468	
5	1002	叶丽	632	608	604	
6	1002	宋彩玲	591	598	617	
7	1001	张佳文	627	609	597	
8	1002	李广	594	628	468	
9	1001	陈林	480	597	558	
10						
11	班级	平均分（英语）				
12	1002	573.5				
13						

图19-39

技巧8 使用通配符统计出所有一店的平均利润

实例描述：在DAVERAGE函数中可以使用通配符来设置函数参数。如本例中想统计出所有一店的平均利润。

达到目的：统计所有一店的平均利润。

使用函数：DAVERAGE

❶ 在A7:A8单元格区域中设置条件，使用通配符，即地区以“一店”结尾。

❷ 选中B8单元格，在公式编辑栏中输入公式：

```
=DAVERAGE(A1:B5,2,A7:A8)
```

按Enter键，即可统计出“一店”的平均利润，如图19-40所示。

B8　=DAVERAGE(A1:B5,2,A7:A8)

	A	B	C	D	E
1	地区	利润（万元）			
2	东区（一店）	200			
3	西区（二店）	120			
4	南区（一店）	99.5			
5	北区（一店）	150.4			
6					
7	地区	利润（万元）			
8	*（一店）	149.97			
9					
10					

图19-40

技巧9　统计某一特定班级各个科目的平均分

实例描述：在统计了各班学生各科目考试成绩之后（为方便显示，只列举部分记录），现在要统计某一特定班级各个科目的平均分。

达到目的：统计平均分。

使用函数：DAVERAGE

❶ 在A11:A12单元格区域中设置条件并建立求解标识。

❷ 选中B12单元格，在公式编辑栏中输入公式：

```
=DAVERAGE($A$1:$F$9,COLUMN(C1),$A$11:$A$12)
```

按Enter键，即可统计出班级为“1002”的语文科目平均分。

❸ 将光标移到B12单元格的右下角，光标变成黑色十字形后，按住鼠标左键向右拖动进行公式填充，即可得到班级为“1002”的各个科目的平均分，如图19-41所示。

B12　=DAVERAGE($A$1:$F$9,COLUMN(C1),$A$11:$A$12)

	A	B	C	D	E	F
1	班级	姓名	语文	数学	英语	总计
2	1001	郑玉秋	608	590	620	1818
3	1002	黄娅莉	568	573	605	1746
4	1001	江静蕾	625	594	468	1687
5	1002	叶丽	632	608	604	1844
6	1002	宋彩玲	591	598	617	1806
7	1001	张佳文	627	609	597	1833
8	1002	李广	594	628	468	1690
9	1001	陈林	480	597	558	1635
10						
11	班级	平均分（英语）	平均分（语文）	平均分（数学）		
12	1002	596.25	601.75	573.5		
13						
14						
15						

图19-41

❹ 要想查询其他班级各科目平均分，可以直接在A12单元格中更改查询条

件即可，如图19-42所示。

	A	B	C	D	E	F
1	班级	姓名	语文	数学	英语	总计
2	1001	郑玉秋	608	590	620	1818
3	1002	黄娅莉	568	573	605	1746
4	1001	江静蕾	625	594	468	1687
5	1002	叶丽	632	608	604	1844
6	1002	宋彩玲	591	598	617	1806
7	1001	张佳文	627	609	597	1833
8	1002	李广	594	628	468	1690
9	1001	陈林	480	597	558	1635
10						
11	班级	平均分（英语）	平均分（语文）	平均分（数学）		
12	1001	585	597.5	560.75		

图19-42

技巧10　计算出指定销售日期之前或之后的平均销售金额

实例描述：要计算出指定销售日期之前或之后的平均销售金额，可以使用DAVERAGE函数来实现，不过关键还是在于条件的设置。

达到目的：统计平均销售金额。

使用函数：DAVERAGE

❶ 在C14:C15单元格区域中设置条件，销售日期“>=2012-3-3”。

❷ 选中D15单元格，在公式编辑栏中输入公式：

```
=DAVERAGE(A1:F12,5,C14:C15)
```

按Enter键，即可统计出销售日期大于等于2012-3-3的平均销售金额，如图19-43所示。

	A	B	C	D	E	F
1	销售日期	产品名称	销售单价	销售数量	销售金额	销售员
2	2012-3-1	纽曼MP4	320	16	5120	刘勇
3	2012-3-1	飞利浦音箱	350	25	8750	马梅
4	2012-3-2	三星显示器	1040	15	15600	吴小华
5	2012-3-2	飞利浦音箱	345	21	7245	唐虎
6	2012-3-2	纽曼MP4	325	32	10400	马梅
7	2012-3-3	三星显示器	1030	30	30900	吴小华
8	2012-3-4	纽曼MP4	330	33	10890	刘勇
9	2012-3-4	飞利浦音箱	370	26	9620	吴小华
10	2012-3-5	纽曼MP4	335	18	6030	马梅
11	2012-3-5	三星显示器	1045	8	8360	吴小华
12	2012-3-6	飞利浦音箱	350	10	3500	唐虎
13						
14			销售日期	平均销售金额		
15			>=2012-3-3	11550		

图19-43

技巧11 统计满足条件的记录条数

实例描述：在销售统计数据库中，若要统计出销售数量大于20的记录条数，可以使用DCOUNT函数来实现。

达到目的：统计销售数量大于20的记录条数。

使用函数：DCOUNT

❶ 在C14:C15单元格区域中设置条件，其中包括列标识，销售数量“>20”。

❷ 选中D15单元格，在公式编辑栏中输入公式：

```
=DCOUNT(A1:F12,4,C14:C15)
```

按Enter键，即可统计出销售数量大于20的记录条数，如图19-44所示。

D15 =DCOUNT(A1:F12,4,C14:C15)

	A	B	C	D	E	F	G
1	销售日期	产品名称	销售单价	销售数量	销售金额	销售员	
2	2012-3-1	纽曼MP4	320	16	5120	刘勇	
3	2012-3-1	飞利浦音箱	350	25	8750	马梅	
4	2012-3-2	三星显示器	1040	15	15600	吴小华	
5	2012-3-2	飞利浦音箱	345	21	7245	唐虎	
6	2012-3-2	纽曼MP4	325	32	10400	马梅	
7	2012-3-3	三星显示器	1030	30	30900	吴小华	
8	2012-3-4	纽曼MP4	330	33	10890	刘勇	
9	2012-3-4	飞利浦音箱	370	26	9620	吴小华	
10	2012-3-5	纽曼MP4	335	18	6030	马梅	
11	2012-3-5	三星显示器	1045	8	8360	吴小华	
12	2012-3-6	飞利浦音箱	350	10	3500	唐虎	
13							
14			销售日期	记录条数			
15			>20	11			
16							

图19-44

技巧12 使用DCOUNT函数实现双条件统计

实例描述：要实现统计出产品销售数量大于20且销售员为指定名称的记录条数。

达到目的：统计大于20且销售人员为刘勇的销售记录。

使用函数：DCOUNT

❶ 在C14:D15单元格区域中设置条件，销售数量“>20”、销售员“刘勇”。

❷ 选中E15单元格，在公式编辑栏中输入公式：

```
=DCOUNT(A1:F12,4,C14:D15)
```

按Enter键，即可统计出销售数量大于20且销售员为刘勇的记录条数，如图19-45所示。

E15 =DCOUNT(A1:F12,4,C14:D15)

	A	B	C	D	E	F
1	销售日期	产品名称	销售单价	销售数量	销售金额	销售员
2	2012-3-1	纽曼MP4	320	16	5120	刘勇
3	2012-3-1	飞利浦音箱	350	25	8750	马梅
4	2012-3-2	三星显示器	1040	15	15600	吴小华
5	2012-3-2	飞利浦音箱	345	21	7245	唐虎
6	2012-3-2	纽曼MP4	325	32	10400	马梅
7	2012-3-3	三星显示器	1030	30	30900	吴小华
8	2012-3-4	纽曼MP4	330	33	10890	刘勇
9	2012-3-4	飞利浦音箱	370	26	9620	吴小华
10	2012-3-5	纽曼MP4	335	18	6030	马梅
11	2012-3-5	三星显示器	1045	8	8360	吴小华
12	2012-3-6	飞利浦音箱	350	10	3500	唐虎
13						
14			销售数量	销售员	记录条数	
15			>20	刘勇	1	
16						

图19-45

技巧13 从成绩表中统计出某一分数区间的人数

实例描述： 要实现从成绩表中统计出某一分数区间的人数，可以设置该分数区间为条件，然后使用DCOUNT函数来实现。

达到目的： 统计成绩区间在“>400”、“<500”的人数。

使用函数： DCOUNT

❶ 在D5:E6单元格区域中设置条件，包括列标识“成绩”，成绩区间为“>400”、“<500”。

❷ 选中E9单元格，在公式编辑栏中输入公式：

```
=DCOUNT(A1:B12,2,D5:E6)
```

按Enter键，即可从成绩表中统计出400~500分之间的学生人数，如图19-46所示。

E9 =DCOUNT(A1:B12,2,D5:E6)

	A	B	C	D	E
1	姓名	成绩			
2	郑玉秋	608			
3	黄娅莉	568			
4	江静蕾	625		条件设置	
5	叶丽	632		成绩	成绩
6	宋彩玲	455		>400	<500
7	张佳文	627			
8	李广	594		计算结果	
9	陈林	480		学生人数	3
10	陆平	470			
11	罗海	560			
12	钟华	650			
13					

图19-46

技巧14 忽略0值统计记录条数

实例描述： 若需要统计出成绩小于500且不为0值的人数。

达到目的： 统计成绩小于500的人数。

使用函数： DCOUNT

❶ 在D5:E6单元格区域中设置条件，包括列标识“成绩”，成绩区间为“<500”且“<>0”。

❷ 选中E9单元格，在公式编辑栏中输入公式：

```
=DCOUNT(A1:B12,2,D5:E6)
```

按Enter键，即可从成绩表中统计出小于500且不为0值的人数，如图19-47所示。

E9 =DCOUNT(A1:B12,2,D5:E6)

	A	B	C	D	E	F	G
1	姓名	成绩					
2	郑玉秋	608					
3	黄娅莉	568					
4	江静蕾	625		条件设置			
5	叶丽	632		成绩	成绩		
6	宋彩玲	455		<500	<>0		
7	张佳文	627					
8	李广	594		计算结果			
9	陈林			学生人数	2		
10	陆平	470					
11	罗海	560					
12	钟华	650					
13							

图19-47

技巧15　统计满足指定条件的且为“文本”类型的记录条数

实例描述： 在销售统计数据库中，若要统计出销售等级为“良”的销售人员，可以使用DCOUNTA函数来实现。

达到目的： 统计为“良”的记录条数。

使用函数： DCOUNTA

❶ 在A14:A15单元格区域中设置条件，销售等级为“良”。

❷ 选中B15单元格，在公式编辑栏中输入公式：

```
=DCOUNTA(A1:C12,3,A14:A15)
```

按Enter键，即可从销售报表中统计出销售等级为“良”的销售员人数，如图19-48所示。

B15 =DCOUNTA(A1:C12,3,A14:A15)

	A	B	C	D	E	F
1	销售员	销售金额	销售等级			
2	刘勇	9568	优			
3	马梅	8642	优			
4	吴小华	6780	良			
5	唐虎	9651	优			
6	江河	10354	优			
7	钟华	6687	良			
8	张兴	5697	差			
9	徐磊	4891	差			
10	陈春华	9354	优			
11	刘晓俊	4765	差			
12	邓森林	5967	差			
13						
14	销售等级	销售员人数				
15	良	2				
16						
17						

图19-48

技巧16 使用DCOUNTA函数实现双条件统计

实例描述： 若要统计项目开工日期“>2011-8-1”且能按时预付首付款的项目个数，可以使用DCOUNTA函数来实现。

达到目的： 统计首付款的项目个数。

使用函数： DCOUNTA

❶ 在B14:C15单元格区域中设置条件，项目开工日期“>2011-8-1”、是否按时交款“推迟”。

❷ 选中D15单元格，在公式编辑栏中输入公式：

```
=DCOUNTA(A1:E12,5,B14:C15)
```

按Enter键，即可统计出项目开工日期“>2011-8-1”，且能按时预付首付款的项目个数，如图19-49所示。

D15 　=DCOUNTA(A1:E12,5,B14:C15)

	A	B	C	D	E	F
1	项目负责人	项目开工日期	首付款计划日期	首付款实际日期	是否按时交款	
2	刘勇	2011-6-20	2011-6-10	2011-6-19	推迟	
3	马梅	2011-7-10	2011-7-1	2011-7-5	推迟	
4	吴小华	2011-7-11	2011-6-28	2011-6-25	按时	
5	唐虎	2011-8-15	2011-8-1	2011-8-10	推迟	
6	江河	2011-8-25	2011-8-15	2011-8-10	按时	
7	钟华	2011-9-25	2011-9-1	2011-9-10	推迟	
8	张兴	2011-10-10	2011-9-25	2011-9-26	推迟	
9	徐磊	2011-10-25	2011-10-1	2011-9-28	按时	
10	陈春华	2011-11-5	2011-10-26	2011-10-10	按时	
11	刘晓俊	2011-12-14	2011-11-29	2011-12-1	推迟	
12	邓森林	2011-2-16	2011-2-1	2011-2-1	按时	
13						
14		项目开工日期	是否按时交款	按时预付首付款的项目个数		
15		>2011-8-1	推迟	4		
16						
17						

图19-49

技巧17 统计各班成绩最高分

实例描述： 在成绩统计数据库中，若要统计各班成绩最高分，可以使用DMAX函数来实现。

达到目的： 统计各班最高分。

使用函数： DMAX 、COLUMN

❶ 在A11:A12单元格区域中设置条件并建立求解标识。

❷ 选中B12单元格，在公式编辑栏中输入公式：

```
=DMAX($A$1:$F$9,COLUMN(C1),$A$11:$A$12)
```

按Enter键即可统计出班级为“1001”的英语最高分。

❸ 将光标移到B12单元格的右下角，光标变成黑色十字形后，按住鼠标左键向右拖动进行公式填充，即可得到班级为“1001”的各个科目的最高分，如图19-50所示。

B12 =DMAX($A$1:$F$9,COLUMN(C1),$A$11:$A$12)

	A	B	C	D	E	F
1	班级	姓名	语文	数学	英语	总计
2	1001	郑玉秋	608	590	620	1818
3	1002	黄娅莉	568	573	605	1746
4	1001	江静蕾	625	594	468	1687
5	1002	叶丽	632	608	604	1844
6	1002	宋彩玲	591	598	617	1806
7	1001	张佳文	627	609	597	1833
8	1002	李广	594	628	468	1690
9	1001	陈林	480	597	558	1635
10						
11	班级	最高分（英语）	最高分（语文）	最高分（数学）		
12	1001	627	609	620		

图19-50

❹ 要想查询其他班级各科目的最高分，可以直接在A12单元格中更改查询条件即可，如图19-51所示。

A12 1002

	A	B	C	D	E	F
1	班级	姓名	语文	数学	英语	总计
2	1001	郑玉秋	608	590	620	1818
3	1002	黄娅莉	568	573	605	1746
4	1001	江静蕾	625	594	468	1687
5	1002	叶丽	632	608	604	1844
6	1002	宋彩玲	591	598	617	1806
7	1001	张佳文	627	609	597	1833
8	1002	李广	594	628	468	1690
9	1001	陈林	480	597	558	1635
10						
11	班级	最高分（英语）	最高分（语文）	最高分（数学）		
12	1002	632	628	617		

图19-51

技巧18　统计各班成绩最低分

实例描述：在成绩统计数据库中，若要统计各班成绩最低分，可以使用DMIN函数来实现。

达到目的：统计各班最低分。

使用函数：COLUMN、DMIN

❶ 在A11:A12单元格区域中设置条件并建立求解标识。

❷ 选中B12单元格，在公式编辑栏中输入公式：

```
=DMIN($A$1:$F$9,COLUMN(C1),$A$11:$A$12)
```

按Enter键即可统计出班级为“1002”的英文最低分。

❸ 将光标移到B12单元格的右下角，光标变成黑色十字形后，按住鼠标左键向右拖动进行公式填充，即可得到班级为“1002”的各个科目的最低分，如图19-52所示。

B12 =DMIN($A$1:$F$9,COLUMN(C1),$A$11:$A$12)

班级	姓名	语文	数学	英语	总计
1001	郑玉秋	608	590	620	1818
1002	黄娅莉	568	573	605	1746
1001	江静蕾	625	594	468	1687
1002	叶丽	632	608	604	1844
1002	宋彩玲	591	598	617	1806
1001	张佳文	627	609	597	1833
1002	李广	594	628	468	1690
1001	陈林	480	597	558	1635

班级	最低分（英语）	最低分（语文）	最低分（数学）
1002	568	573	468

图19-52

❹ 要想查询其他班级各科目的最低分，直接在A12单元格中更改查询条件即可，如图19-53所示。

A12 1001

班级	姓名	语文	数学	英语	总计
1001	郑玉秋	608	590	620	1818
1002	黄娅莉	568	573	605	1746
1001	江静蕾	625	594	468	1687
1002	叶丽	632	608	604	1844
1002	宋彩玲	591	598	617	1806
1001	张佳文	627	609	597	1833
1002	李广	594	628	468	1690
1001	陈林	480	597	558	1635

班级	最低分（英语）	最低分（语文）	最低分（数学）
1001	480	590	468

图19-53

第20章

图表创建、编辑与设置技巧

20.1 图表创建与编辑技巧

技巧1 不连续数据源建立图表

在Excel中，可以选择连续数据建立图表，也可以选择不连续的数据源建立图表，以达到比较两组或三组数据的目的，具体操作方法如下。

❶ 打开工作表，按住Ctrl键选中不连续的数据，如工作表中的2、3、5、7行。

❷ 切换到“插入”选项卡，单击“图表”选项组中的“柱形图”按钮，在其下拉菜单中选择“二维柱形图”→“堆积柱形图”按钮，如图20-1所示。

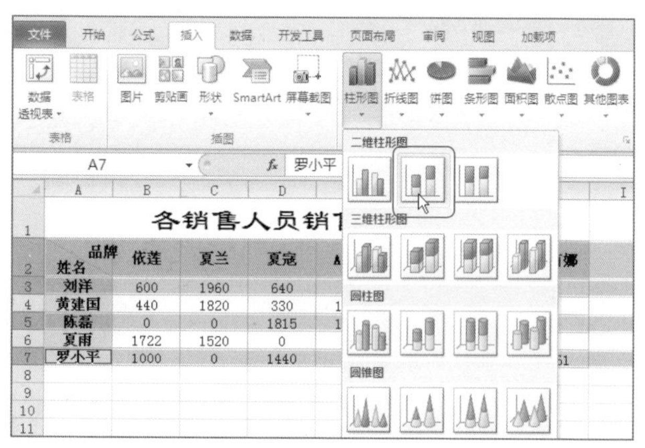

图20-1

❸ 返回工作表中，即可为选中的不连续数据建立图表，如图20-2所示。

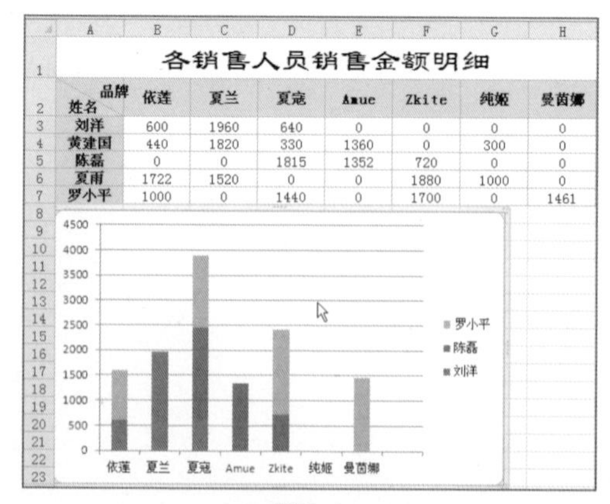

各销售人员销售金额明细

品牌 / 姓名	依莲	夏兰	夏寇	Amue	Zkite	纯姬	曼茵娜
刘洋	600	1960	640	0	0	0	0
黄建国	440	1820	330	1360	0	300	0
陈磊	0	0	1815	1352	720	0	0
夏雨	1722	1520	0	0	1880	1000	0
罗小平	1000	0	1440	0	1700	0	1461

图20-2

技巧2　图表数据源不连续时，实现向图表中增加数据源

若图表中的数据源与原数据源不是连续显示的，则需要向不连续的数据源图表中添加数据系列，具体操作方法如下。

❶ 打开工作表，选中工作表中不连续数据源的图表，单击“设计”选项卡下“数据”选项组中的“选择数据”按钮，如图20-3所示。

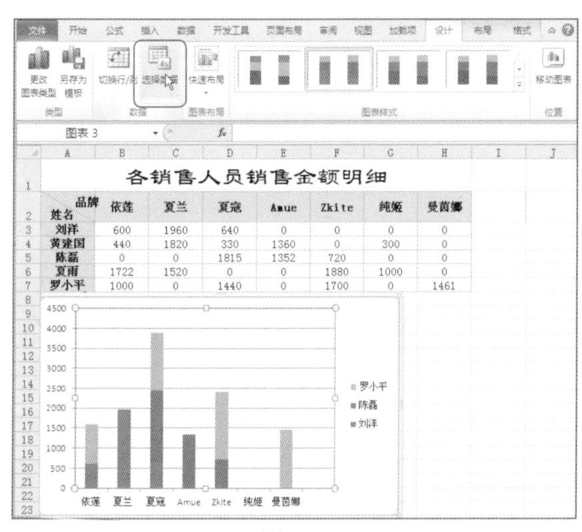

图20-3

❷ 弹出“选择数据源”对话框，单击“图例项（系列）”列表框中的“添加”按钮，如图20-4所示。

❸ 弹出“编辑数据系列”对话框，在“系列名称”文本框中输入要添加的系列名称，如“夏雨”，如图20-5所示。

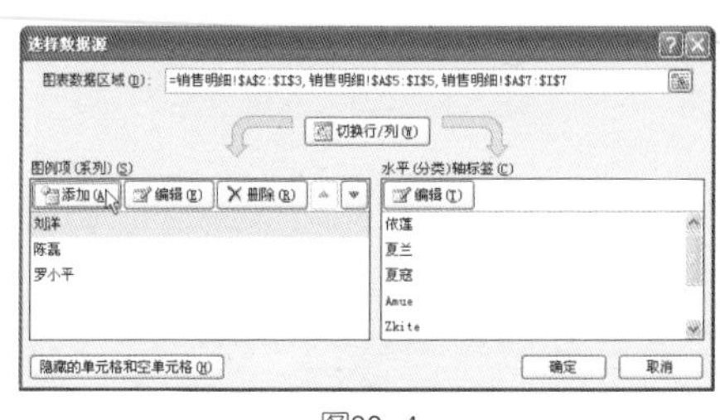

图20-4

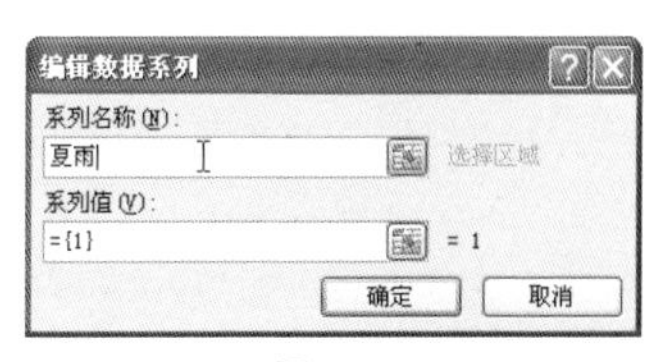

图20-5

❹ 将光标定位到“系列值”文本框中，在工作表中拖动鼠标选中系列值所在的单元格区域A6:H6，如图20-6所示。

❺ 单击“确定”按钮返回“选择数据源”对话框中，再次单击“确定”按钮，返回工作表中，即可看到图表中添加了新的数据系列，如图20-7所示。

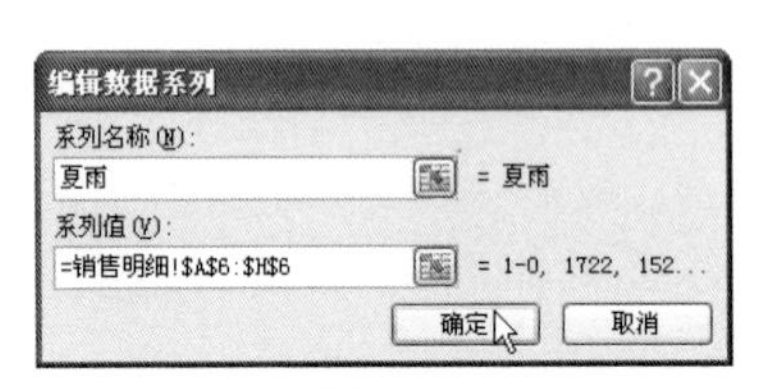

编辑数据系列
系列名称(N):
夏雨
= 夏雨
系列值(V):
=销售明细!$A$6:$H$6
= 1-0, 1722, 152...
确定
取消

图20-6

图表 3
各销售人员销售金额明细
品牌
姓名
依莲
夏兰
夏寇
Amue
Zkite
纯姬
曼茜娜
刘洋 600 1960 640 0 0 0 0
黄建国 440 1820 330 1360 0 300 0
陈磊 0 0 1815 1352 720 0 0
夏雨 1722 1520 0 0 1880 1000 0
罗小平 1000 0 1440 0 1700 0 1461
夏雨
罗小平
陈磊
刘洋

图20-7

技巧3　为图表添加数据

除了利用“选择数据源”对话框向图表中添加数据外，还可以通过复制和粘贴的方法向图表中添加数据，下面介绍具体操作。

❶ 打开工作表，选择要添加到图表中的单元格区域并右击，如A3:F3区域，在快捷菜单中选择“复制”命令，如图20-8所示。

3季度
4季度
合计
剪切(T)
复制(C)
粘贴选项:
选择性粘贴(S)...
插入(I)
删除(D)
纯毛类

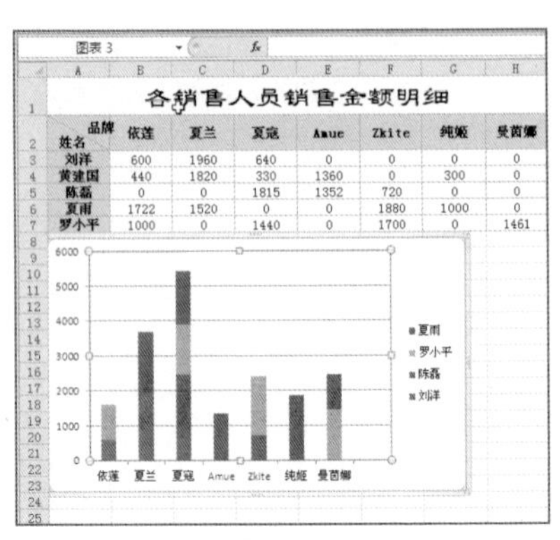

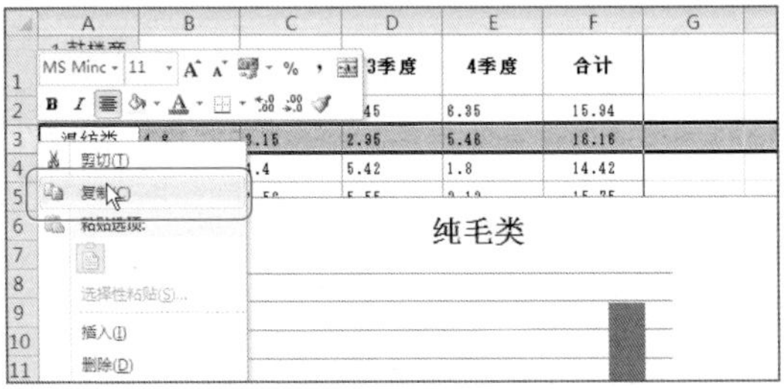

图20-8

❷ 选中图表，切换到“开始”选项卡，在“剪贴板”选项组中单击“粘贴”按钮，即可看到图表中添加了新的数据系列，如图20-9所示。

文件
开始
公式
插入
数据
加载项
开发工具
页面布局
审阅
粘贴
剪贴板
字体
对齐方式
数字
样式
纯毛类
混纺类

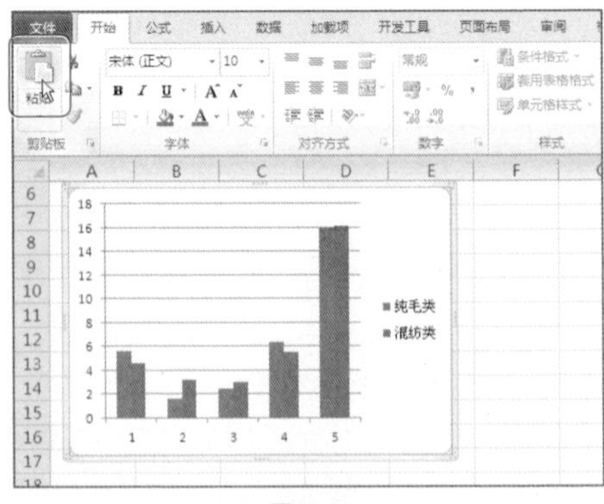

图20-9

技巧4　使用颜色标记的区域向图表中添加数据

建立图表并选中后，可以看到图表数据源区域显示相应的颜色标记（有绿色、蓝色和紫色三种颜色），使用颜色标记的区域也可以快速向图表中添加数据，选择不同区域颜色的控制点添加数据，可以在图表中达到不同的效果，下面介绍具体操作。

- 打开工作表，在工作表中拖动蓝色的尺寸控点将新的数据和标志包括在矩形框中，可以向表中添加新的分类和数据系列，如图20-10所示。
- 打开工作表，在工作表中拖动绿色的尺寸控点将新的数据和标志包括在矩形框中，可以添加新的数据系列，如图20-11所示。

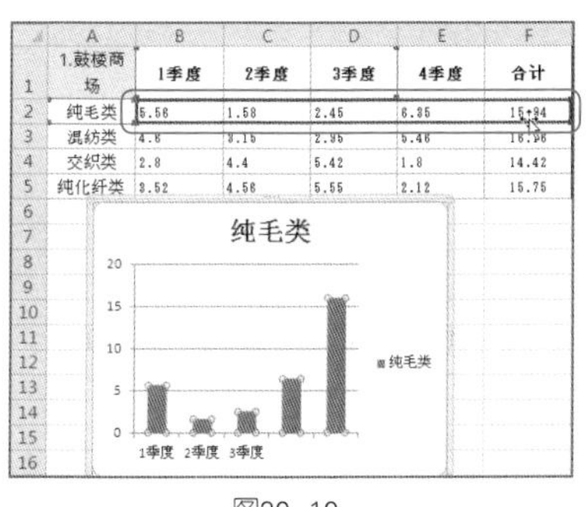

图20-10

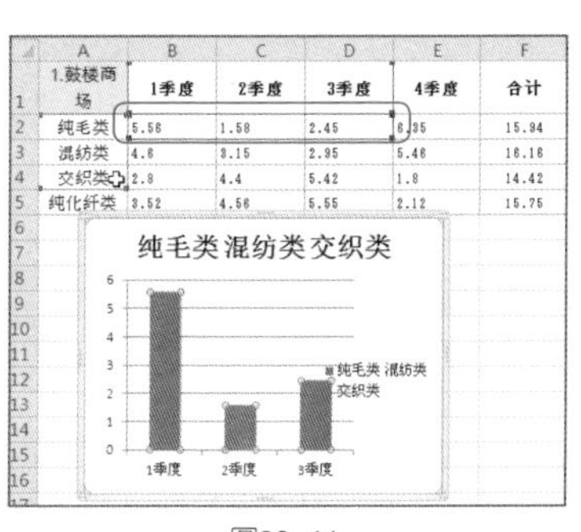

图20-11

- 打开工作表，在工作表中拖动紫色的尺寸控点将矩形框中的新数据和标签都选中，可以添加新的分类和数据点，如图20-12所示。

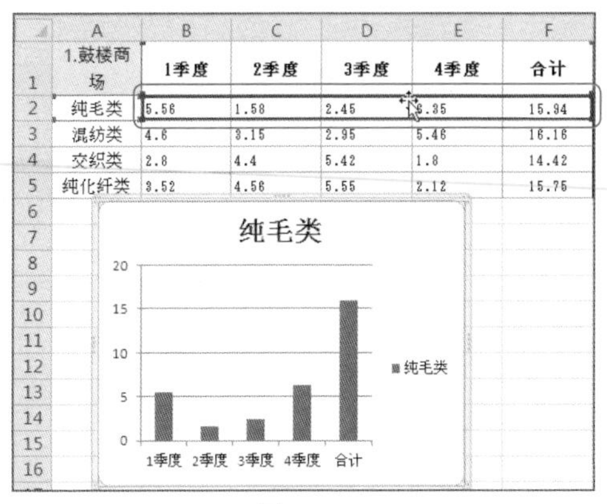

	A	B	C	D	E	F
1	1.鼓楼商场	1季度	2季度	3季度	4季度	合计
2	纯毛类	5.56	1.58	2.45	6.35	15.94
3	混纺类	4.6	3.15	2.95	5.46	16.16
4	交织类	2.8	4.4	5.42	1.8	14.42
5	纯化纤类	3.52	4.56	5.55	2.12	15.75

图20-12

技巧5　更新图表中的数据

图表中的数值与创建该图表的工作表中的数据源是链接在一起的，因此图表将随工作表中的数据变化而更新。

❶ 打开工作表，修改数据源中的数据，如将B2单元格的数据更改为“20.55”，如图20-13所示。

❷ 按Enter键，即可看到图表中的数据依据数据源更新，如图20-14所示。

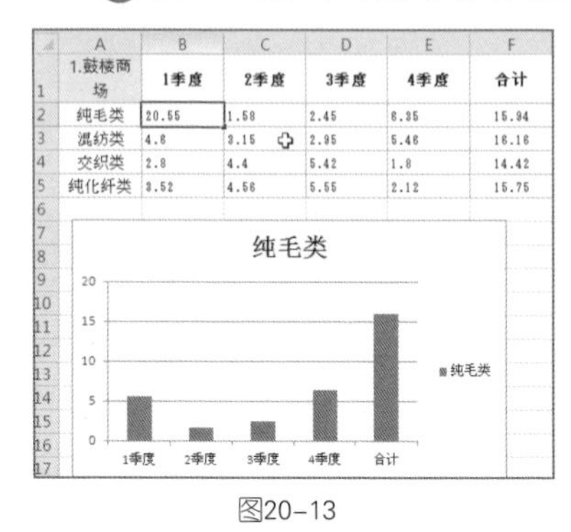

	A	B	C	D	E	F
1	1.鼓楼商场	1季度	2季度	3季度	4季度	合计
2	纯毛类	20.55	1.58	2.45	6.35	15.94
3	混纺类	4.6	3.15	2.95	5.46	16.16
4	交织类	2.8	4.4	5.42	1.8	14.42
5	纯化纤类	3.52	4.56	5.55	2.12	15.75

图20-13

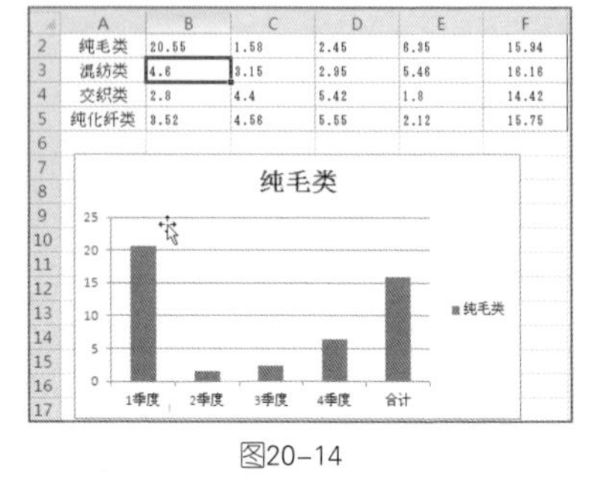

	A	B	C	D	E	F
2	纯毛类	20.55	1.58	2.45	6.35	15.94
3	混纺类	4.6	3.15	2.95	5.46	16.16
4	交织类	2.8	4.4	5.42	1.8	14.42
5	纯化纤类	3.52	4.56	5.55	2.12	15.75

图20-14

技巧6 创建混合型图表

混合型图表是指同一图表中使用两种或两种以上的图表类型。用户可以根据工作需要建立混合型图表，下面介绍具体操作。

❶ 打开工作表，选中图表中的某一数据系列并右击，在快捷菜单中选择“更改系列图表类型”命令。

❷ 弹出“更改图表类型”对话框，在该对话框中选择一种图表类型作为选中系列的图表，如“XY（散点图）”，如图20-15所示。

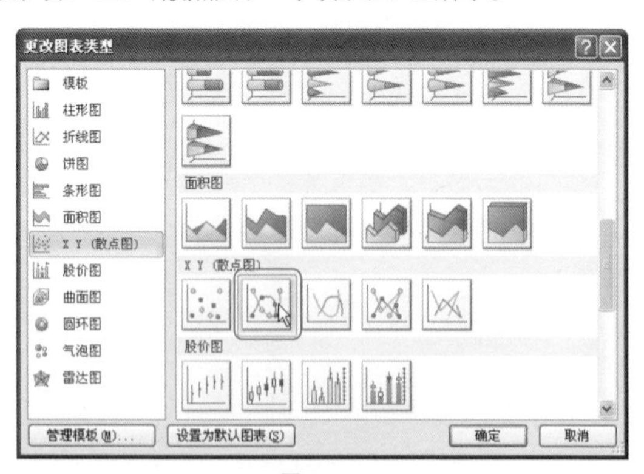

图20-15

❸ 单击“确定”按钮，返回工作表中，则所选数据系列应用了选择的图表类型，如图20-16所示。

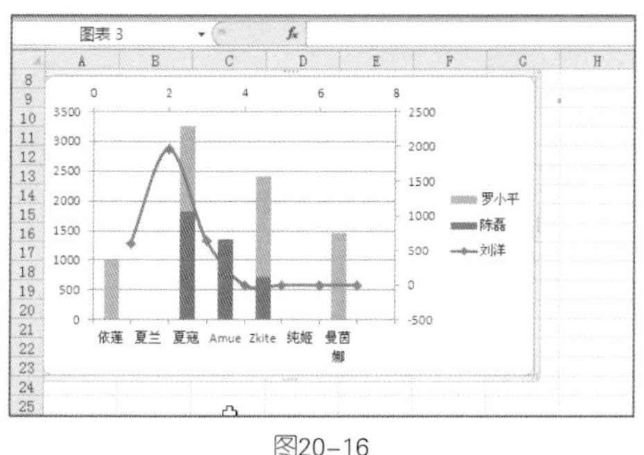

图20-16

技巧7 将创建的图表保存为模板

在日常工作中，如果经常需要使用某一种类型的图表，可以在建立图表后，为其设置格式，如添加标题、设置图表样式、设置图表布局等样式后，将其保存为模板，下面介绍具体操作方法。

❶ 打开工作表，选中需要保存为模板的图表，切换到“设计”选项卡，在“类型”选项组中单击“另存为模板”按钮，如图20-17所示。

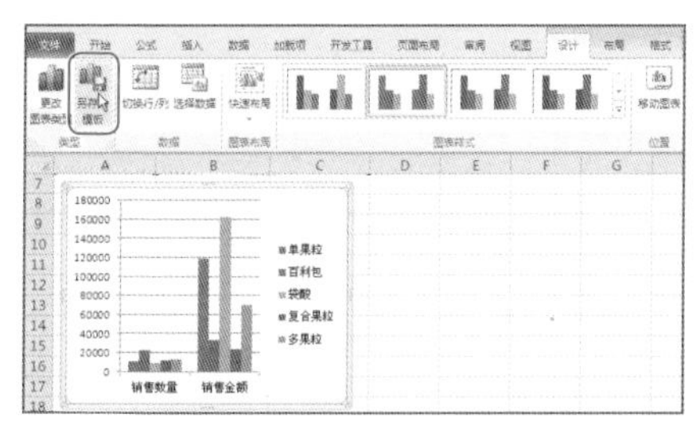

图20-17

❷ 弹出“保存图表模板”对话框，设置模板的保存文件名，如“我的模板”，如图20-18所示。

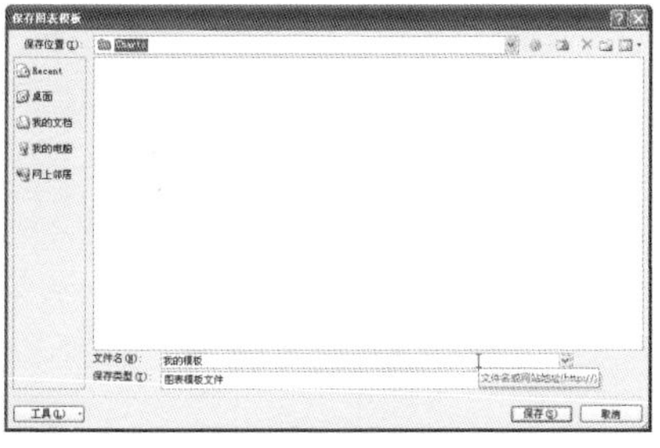

图20-18

❸ 单击“保存”按钮，即可保存为模板。

技巧8 使用模板新建图表

将经常需要使用的图表保存为模板后，再次创建图表时，可以依据该模板来建立图表，从而省去了很多格式设置的过程，下面介绍具体的操作方法。

❶ 选择要建立图表的数据源，在“插入”选项卡中单击“图表”工具组右下角的按钮。

❷ 弹出“插入图表”对话框，在左侧窗格中选择“模板”选项，在右侧窗口中选中要使用的模板，如图20-19所示。

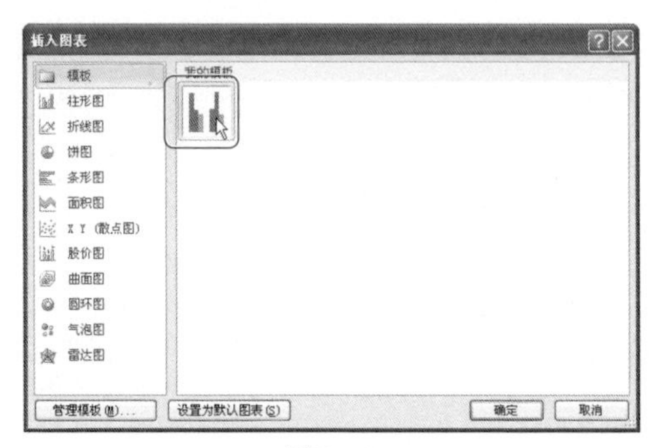

图20-19

❸ 单击“确定”按钮，返回工作表中，即可创建与模板样式相同的图表，如图20-20所示。

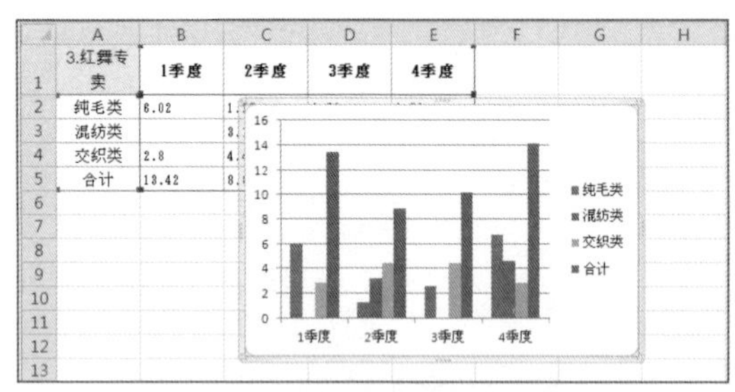

图20-20

技巧9 一次性设置图表中所有文字的格式

对于图表数据系列中的数据标签文字、图例名称等文字，用户可以逐一设置其文字格式，也可以一次性设置，下面介绍具体的操作方法。

❶ 打开工作表，选中图表区，切换到“开始”选项卡，在“字体”选项组中设置字体，如“华文楷体”，如图20-21所示。

❷ 返回工作表中，即可看到图表中的文字格式全部变为“华文楷体”，如图20-22所示。

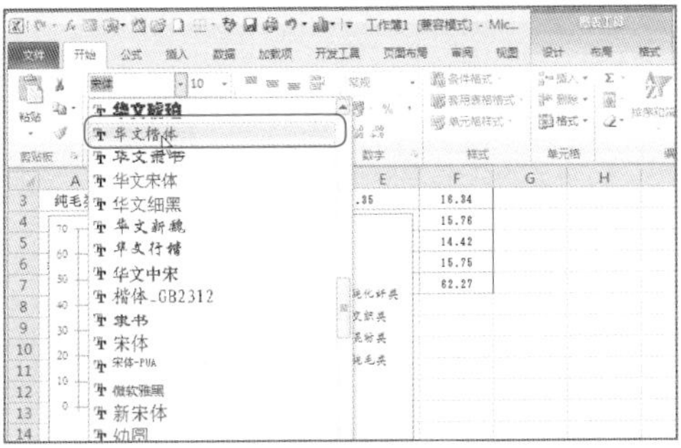

工作簿1 [兼容模式] - Mic...
文件 开始 公式 插入 数据 加载项 开发工具 页面布局 审阅 视图 设计 布局 格式
宋体 10 常规
条件格式 套用表格格式 单元格样式
插入 删除 格式
排序和筛选
粘贴 剪贴板 数字 样式 单元格
华文琥珀
华文楷体
华文隶书
华文宋体
华文细黑
华文新魏
华文行楷
华文中宋
楷体_GB2312
隶书
宋体
宋体-PUA
微软雅黑
新宋体
幼圆
A E F G H
纯毛类
16.34
15.76
14.42
15.75
62.27
纯化纤类
交织类
混纺类
纯毛类

图20-21

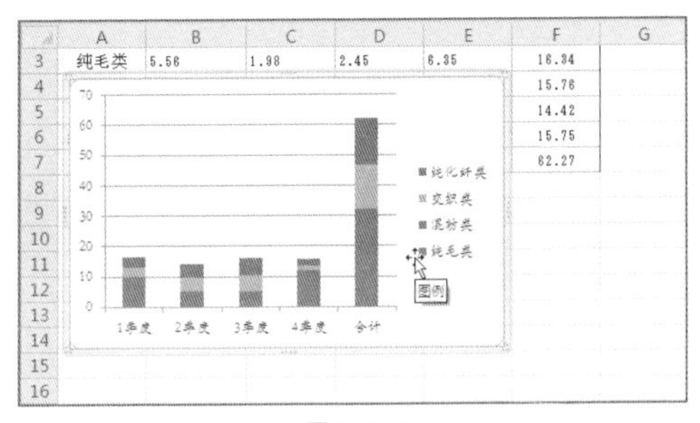

图20-22

技巧10　快速更改图表类型

在为工作表的数据建立图表后，如果感觉图表类型不利于观察，可以快速地更改其类型，下面介绍具体操作方法。

❶ 打开工作表，选中要更改的图表，切换到“设计”选项卡，在“类型”选项组中单击“更改图表类型”按钮，如图20-23所示。

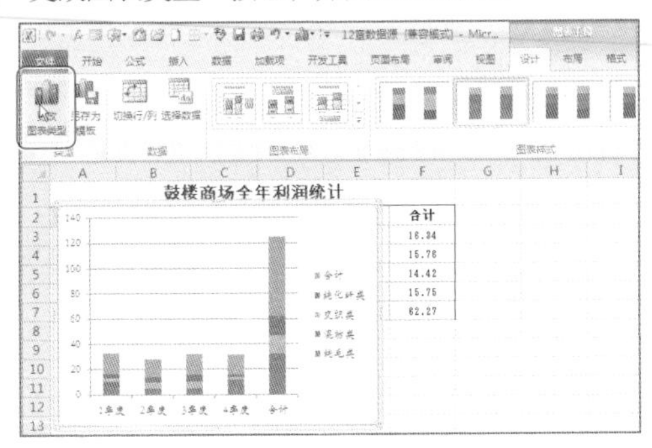

图20-23

❷ 弹出“更改图表类型”对话框，在其中选中一种要更改的图表类型，如“堆积圆柱图”，如图20-24所示。

图20-24

❸ 单击“确定”按钮，即可更改图表类型，如图20-25所示。

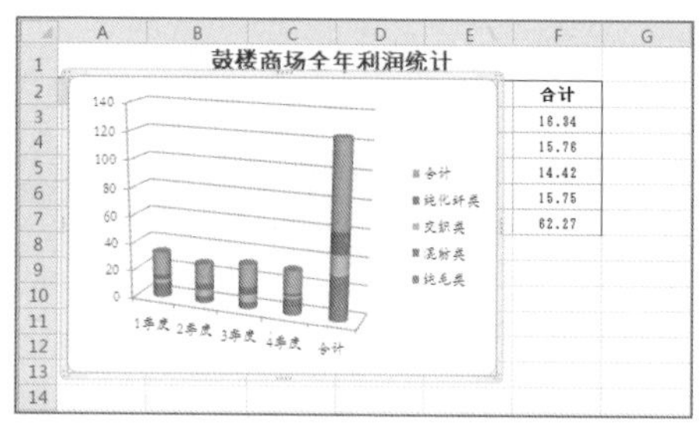

图20-25

技巧11　将建立的图表转化为静态图片

在Excel 2010中，用户可以将工作表中建立的图表转化为静态的图片，并应用到其他地方，下面介绍具体的方法。

❶ 打开工作表，切换到“开始”选项卡下，单击“剪贴板”选项组中的“复制”按钮，在其下拉菜单中选择“复制为图片”命令，如图20-26所示。

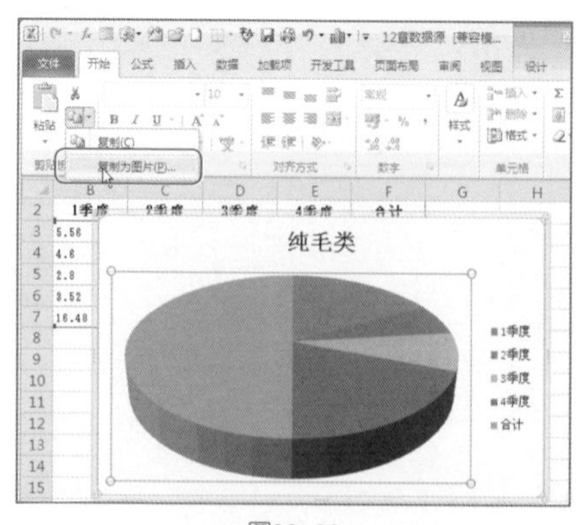

图20-26

❷ 弹出“复制图片”对话框，设置图片的质量，接着单击“确定”按钮，如图20-27所示。

❸ 返回工作表中，在需要放置的位置按快捷键Ctrl+V执行“粘贴”命令，即可将图表转化为静态图片，如图20-28所示。

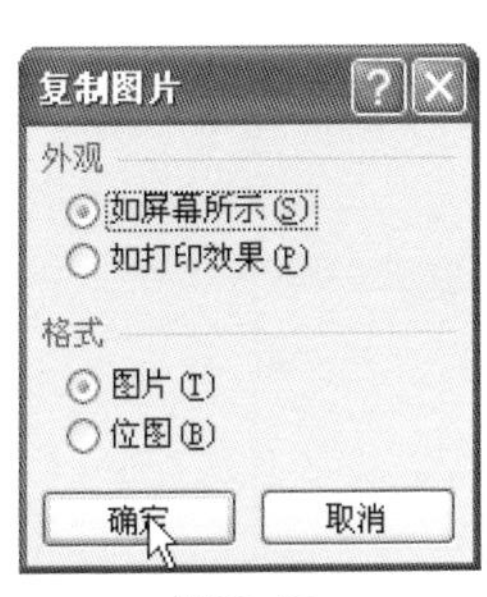

图20-27

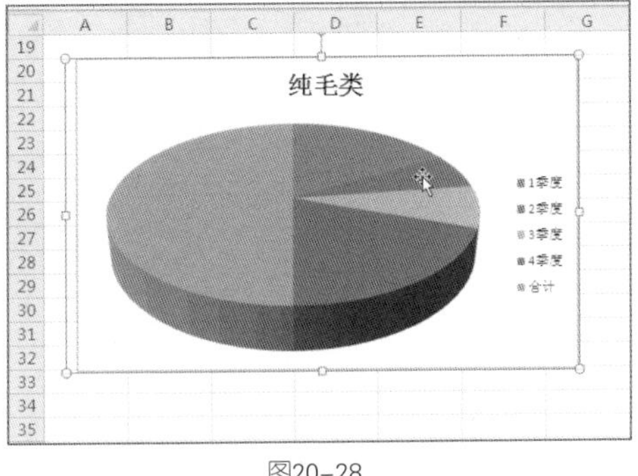

图20-28

技巧12　隐藏工作表中的图表

在工作表中建立图表之后，用户还可以将其隐藏起来，下面介绍具体的操作方法。

❶ 打开工作表，选中图表，切换到“格式”选项卡下，在“排列”选项组中单击“选择窗格”按钮，如图20-29所示。

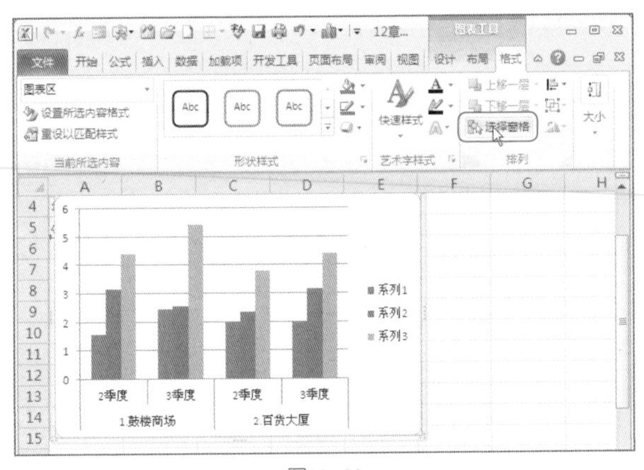

图20-29

❷ 弹出“选择和可见性”任务窗格，单击选中图表名称右侧的“眼睛”图标，如图20-30所示。

❸ 返回工作表中，即可看到选中的图表被隐藏起来，如图20-31所示。

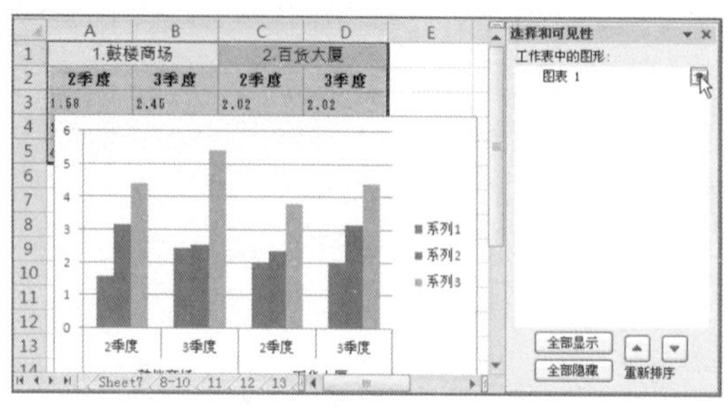

图20-30

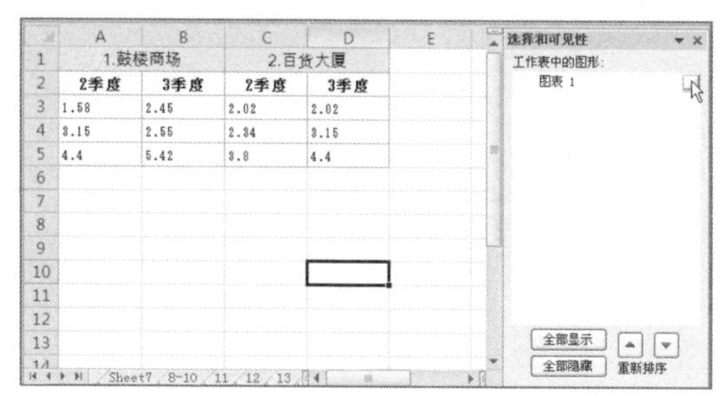

图20-31

技巧13 保护图表不被随意更改

对于包含重要数据的图表，如果不希望他人随意更改，可以通过保护工作表的方式实现，下面介绍具体的操作方法。

❶ 打开要保护的图表所在的工作表，切换到“审阅”选项卡，在“更改”选项组中单击“保护工作表”按钮，如图20-32所示。

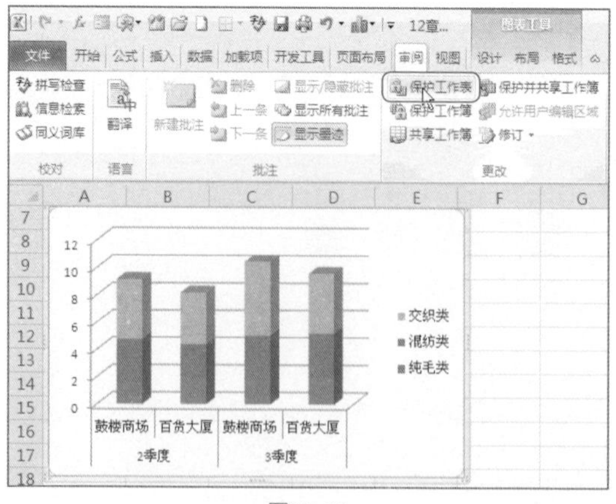

图20-32

❷ 弹出“保护工作表”对话框，在“取消工作表保护时使用的密码”文本框中输入密码，在“允许此工作表的所有用户进行”列表框中取消选中“编辑对象”复选框，如图20-33所示。

❸ 单击“确定”按钮，弹出“确认密码”对话框，再次输入密码，单击“确定”按钮，即可完成设置，如图20-34所示。

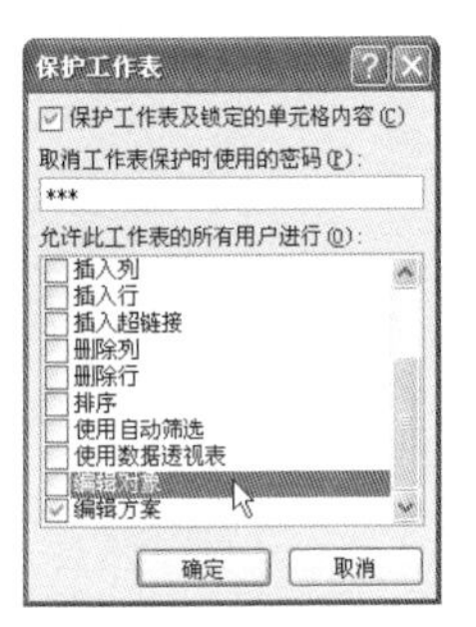

图20-33

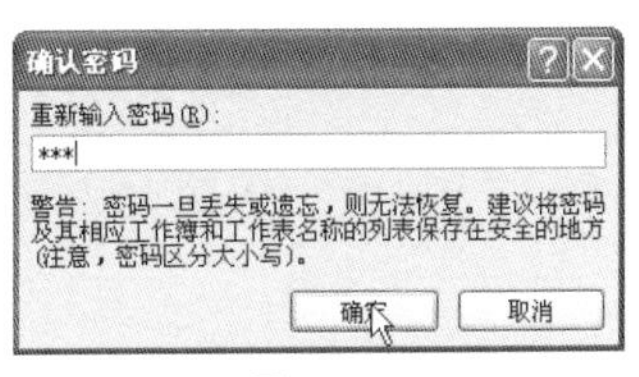

图20-34

技巧14　只允许对工作表中指定的某一个图表进行编辑

工作表中包含多张图表时，如果想保护其他图表而可以编辑某一张图表，可以设置只允许编辑指定的图表，下面介绍具体的操作方法。

❶ 打开工作表，选中工作表中只允许编辑的图表并右击，在快捷菜单中选择“设置图表区域格式”命令，如图20-35所示。

❷ 弹出“设置图标区格式”对话框，在左侧窗格中选择“属性”选项，在右侧窗格中取消选中“锁定”复选框，如图20-36所示。

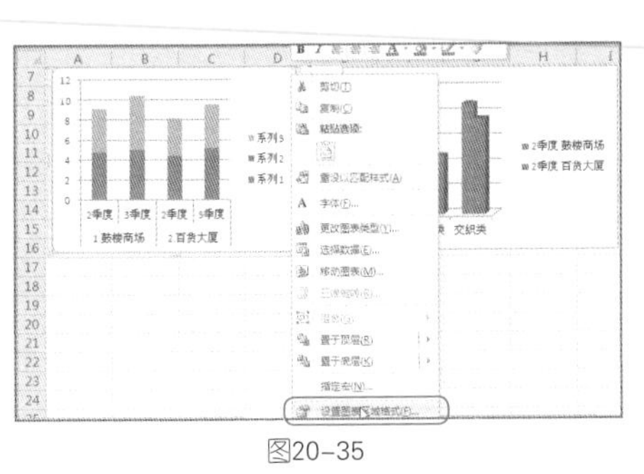

图20-35

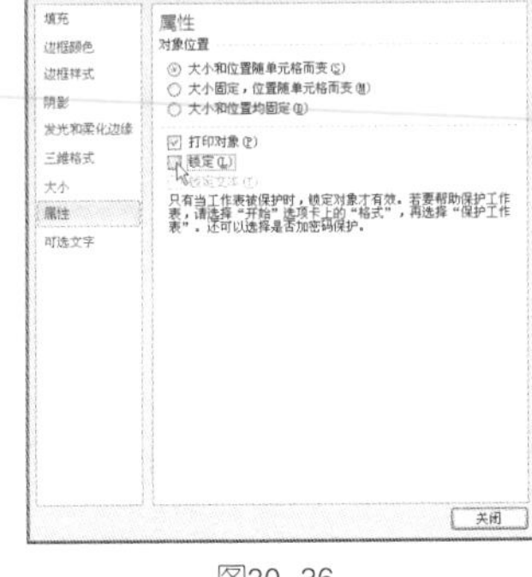

图20-36

❸ 单击“关闭”按钮，返回工作表中，切换到“审阅”选项卡，在“更改”选项组中单击“保护工作表”按钮，即可对工作表设置保护，如图20-37所示。

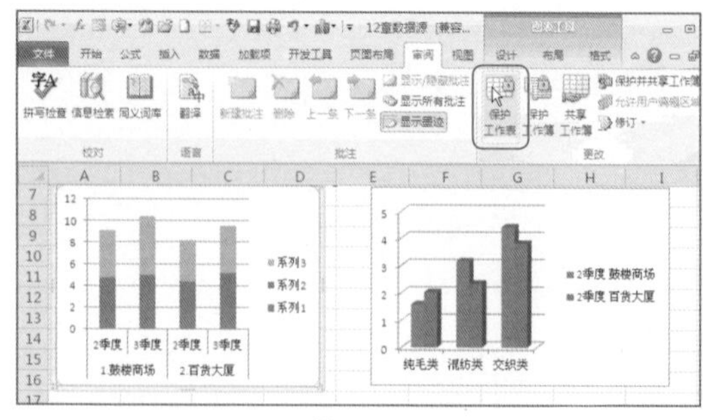

图20-37

20.2 图表坐标轴设置技巧

技巧1 删除（恢复）坐标轴的显示

在图表中，用户可以根据需要决定是否显示水平轴与垂直轴，下面介绍具体操作方法。

（1）删除坐标轴

打开工作表，选择图表中的水平轴或垂直轴并右击，在快捷菜单中选择“删除”命令（如图20-38所示），即可删除图表的水平轴或垂直轴，如图20-39所示。

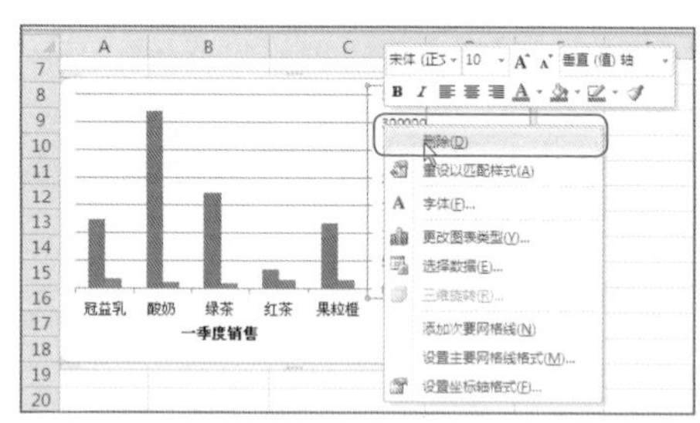

图20-38

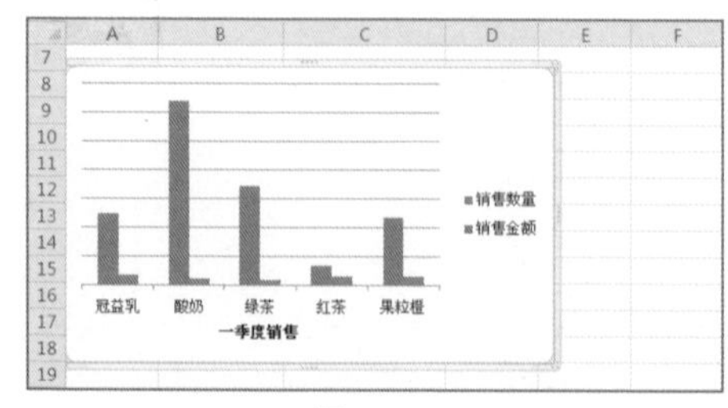

图20-39

（2）恢复垂直轴

❶ 打开工作表，选中图表，切换到“布局”选项卡，在“坐标轴”选项组中单击“坐标轴”按钮，在其下拉菜单中选择“主要纵坐标轴”→“显示默认坐标轴”命令，如图20-40所示。

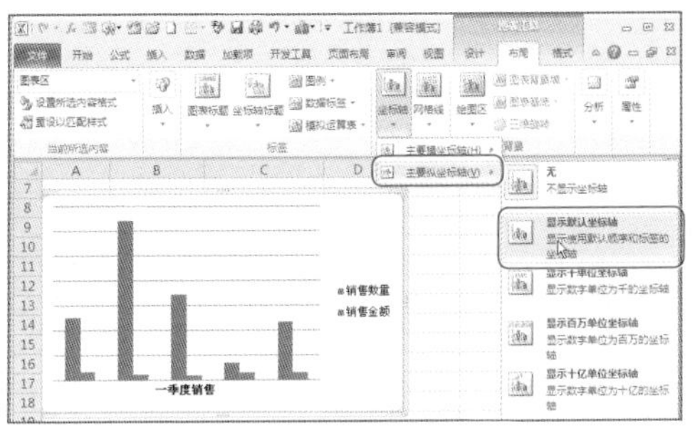

图20-40

❷ 返回工作表中，即可恢复图表的垂直轴，效果如图20-41所示。

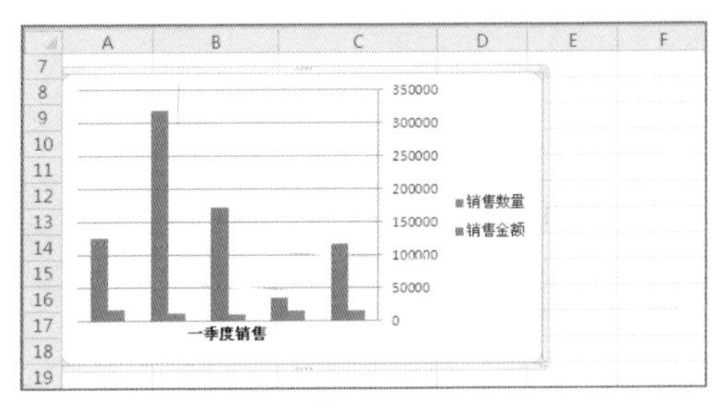

图20-41

（3）恢复水平轴

❶ 打开工作表，选中图表，切换到“布局”选项卡，在“坐标轴”选项组中单击“坐标轴”按钮，在其下拉菜单中选择“主要横坐标轴”→“显示从左到右坐标轴”命令，如图20-42所示。

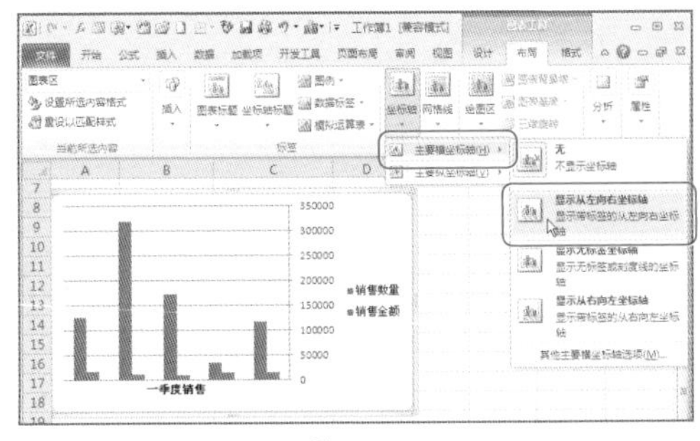

图20-42

❷ 返回工作表中，即可恢复图表的水平轴，效果如图20-43所示。

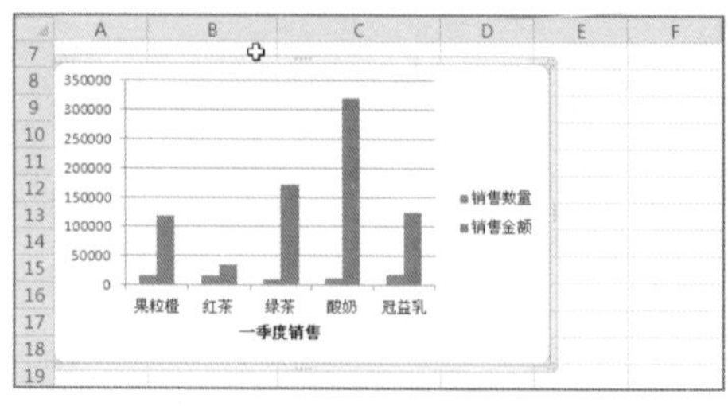

图20-43

技巧2　根据图表需求更改刻度线标签的位置

一般情况下，系统默认的图表刻度线标签是显示在坐标轴旁的，用户如果觉得刻度线标签显示在坐标轴旁会影响图表的整体效果，可以更改刻度线标签的位置，具体操作方法如下。

❶ 打开工作表，选中图表的水平轴并右击，在快捷菜单中选择“设置坐标轴格式”命令，如图20-44所示。

❷ 弹出“设置坐标轴格式”对话框，在左侧窗格中选择“坐标轴选项”选项，在右侧窗格的“坐标轴标签”下拉列表中选择“低”选项，如图20-45所示。

图20-44

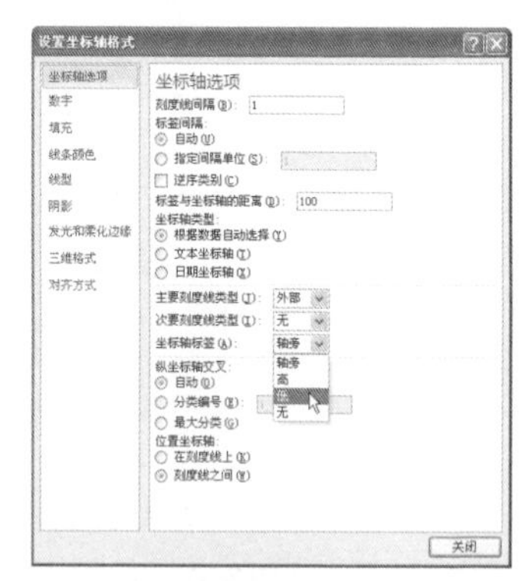

图20-45

❸ 单击“关闭”按钮，返回工作表中，即可看到刻度线标签的位置发生更改，效果如图20-46所示。

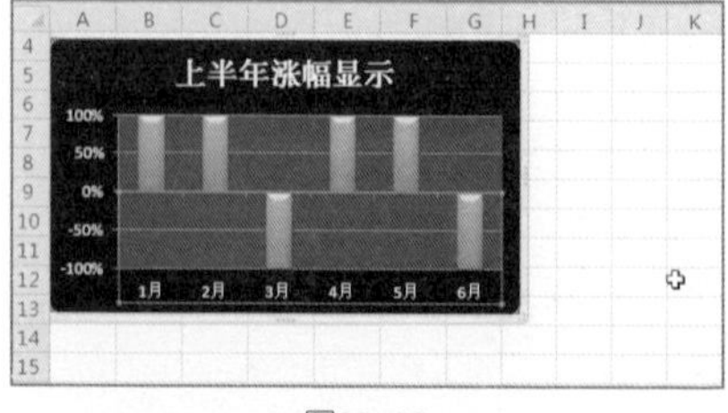

图20-46

技巧3 重新更改分类轴标签的值

图表中分类轴上显示的标签为建立图表时根据数据源而得来，如果想重新更改分类轴的标签，具体的操作方法如下。

（1）在数据源中修改

❶ 打开工作表，在数据源中更改标签名称，如将A6单元格更改为“雪碧”，如图20-47所示。

❷ 按Enter键，则图表中的标签发生相应的改变，如图20-48所示。

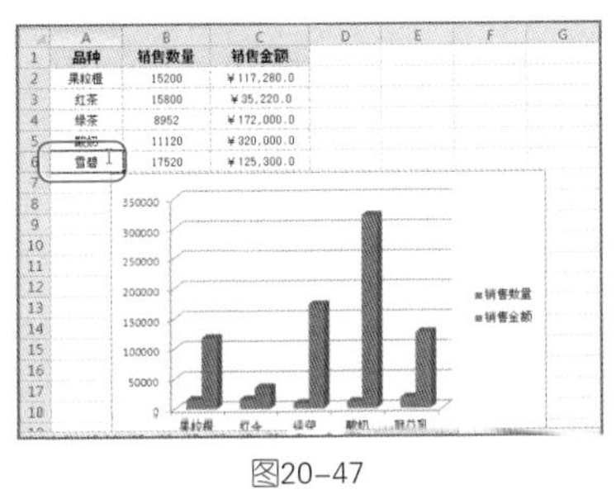

图20-47

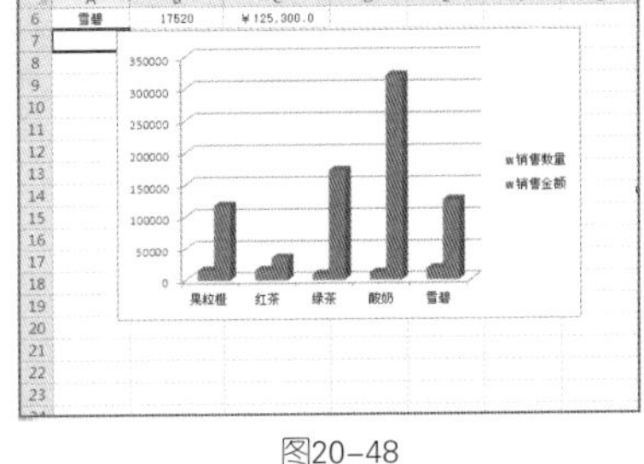

图20-48

（2）在图表中更改

❶ 打开工作表，选中图表，切换到“设计”选项卡，在“数据”选项组中单击“选择数据”按钮，如图20-49所示。

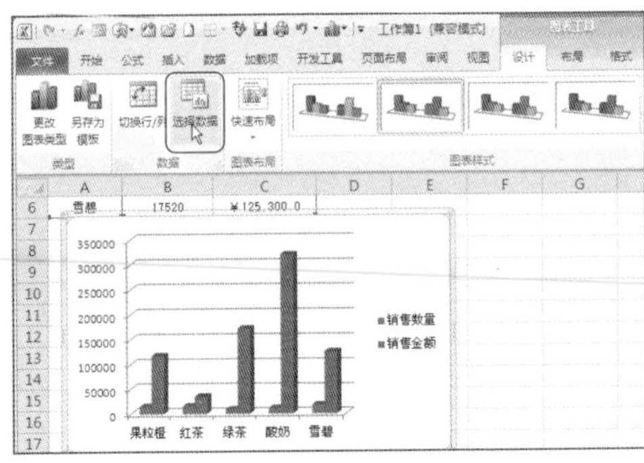

图20-49

❷ 弹出“选择数据源”对话框，单击“水平（分类）轴标签”栏下的“编辑”按钮，如图20-50所示。

❸ 弹出“轴标签”对话框，将光标定位到“轴标签区域”文本框中，在工作表中重新选取数据源，如图20-51所示。

❹ 单击“确定”按钮，返回到“选择数据源”对话框中，可以看到“编辑”栏下的数值发生了更改，如图20-52所示。

❺ 单击“确定”按钮，返回工作表中，即可发现更改分类标签的值，如图20-53所示。

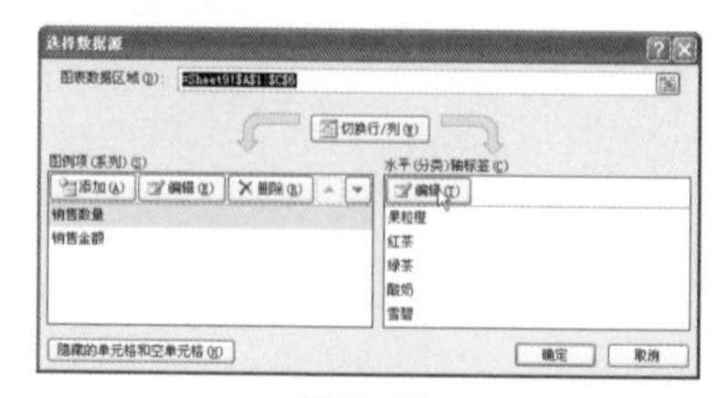

图20-50

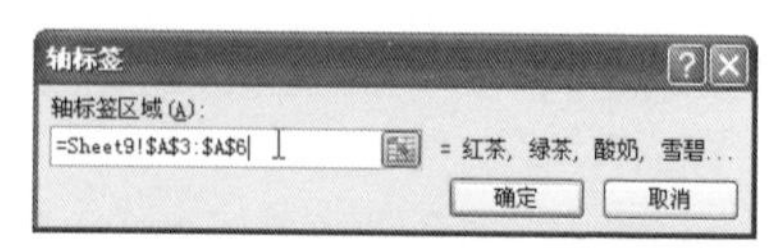

图20-51

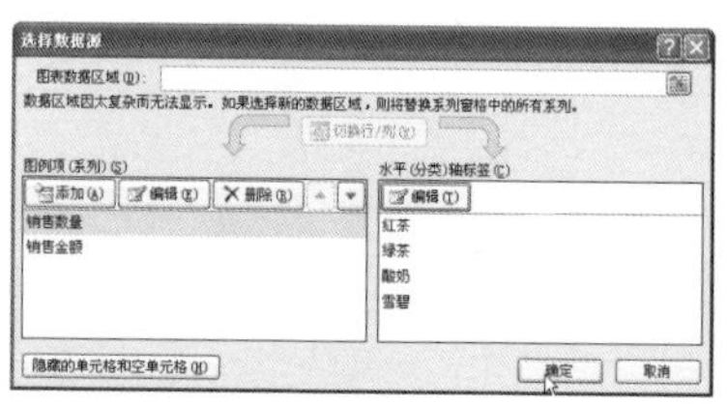

图20-52

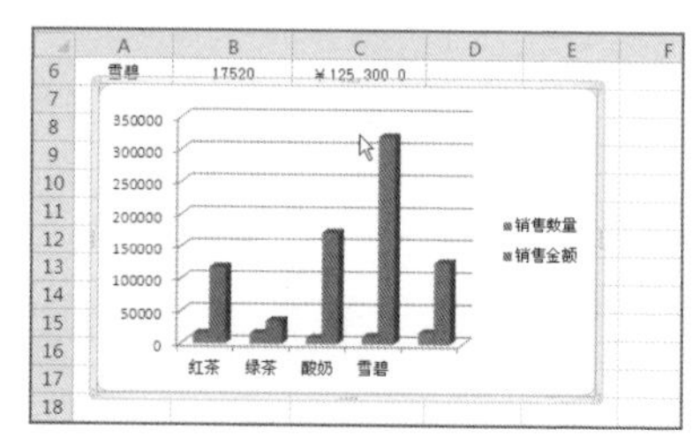

图20-53

技巧4 让垂直轴显示在右侧

在图表中实现让垂直轴显示在右侧，同样可以通过更改垂直轴与水平轴交叉位置来实现，具体操作方法如下。

❶ 打开工作表，选中图表的水平轴并右击，在快捷菜单中选择“设置坐标轴格式”命令。

❷ 弹出“设置坐标轴格式”对话框，在右侧窗格的“纵坐标轴交叉”栏下选择“最大分类数”单选按钮，如图20-54所示。

❸ 单击“关闭”按钮，返回工作表中，垂直坐标轴显示在图表右侧位置，效果如图20-55所示。

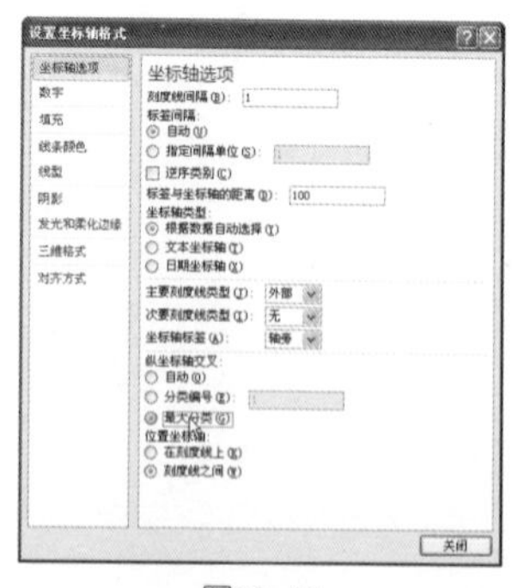

图20-54

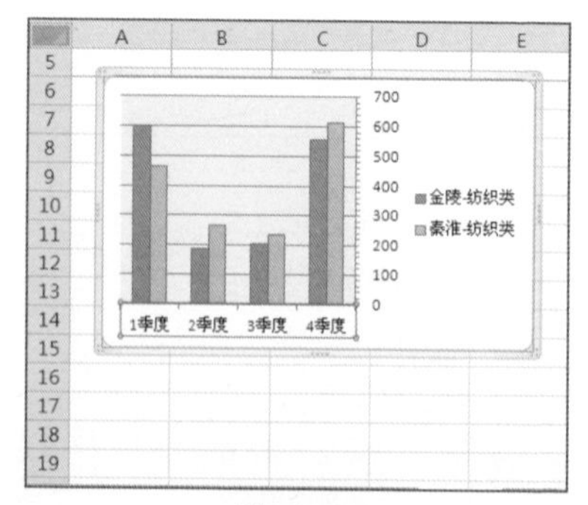

图20-55

20.3 图表数据系列设置技巧

技巧1 显示单个系列的数据标志

在图表中用户可以选择只将某一个系列的数据标志显示出来，具体操作方法如下。

❶ 打开工作表，选中要添加标签的图表的单个数据系列，切换到“布局”选项卡，在“标签”选项组中单击“数据标签”按钮，在其下拉菜单中选择“居中”命令，如图20-56所示。

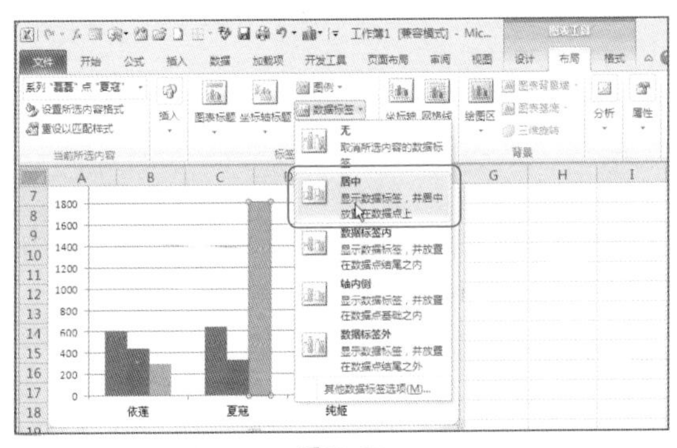

图20-56

❷ 返回工作表中，即可看到图表中只显示选中系列的数据标签，如图20-57所示。

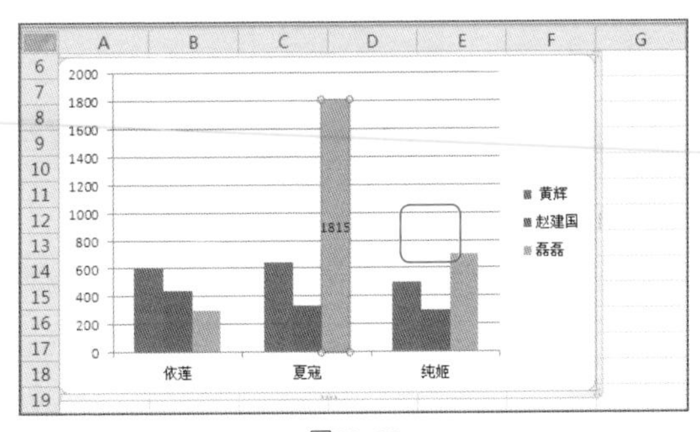

图20-57

技巧2 显示单个数据点的数据标签

用户还可以更进一步地选中单个数据点来显示其数据标签，下面介绍具体操作方法。

❶ 打开工作表，选中要添加标签的图表的单个数据系列，如“磊磊”，接着单击“夏寇”单个数据点，单击“数据标签”按钮，在其下拉菜单中选择“居中”命令，如图20-58所示。

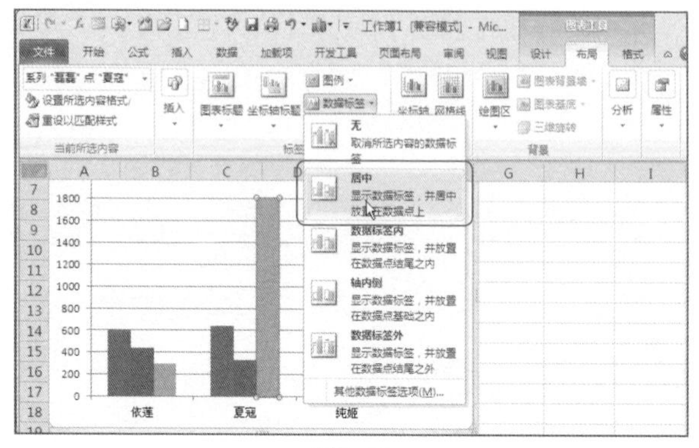

图20-58

❷ 返回工作表中，即可看到图表中只显示“夏寇”单个数据点的标签，如图20-59所示。

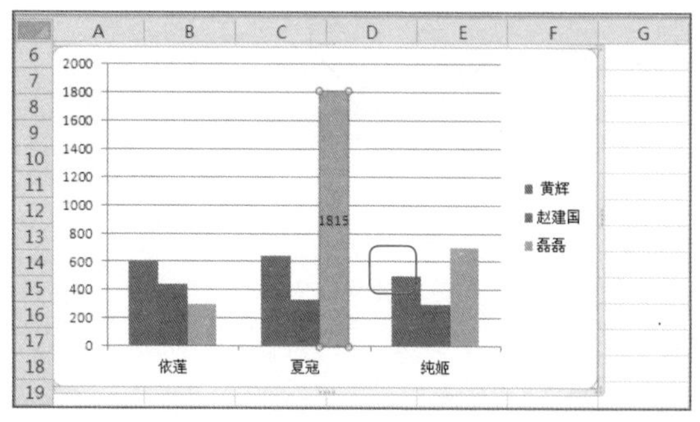

图20-59

技巧3　重新建立图表数据源与数据标签的链接

在默认情况下，数据标签与图表数据源是相链接的，即只要更改了数据源，数据标签也进行相应的改变。但如果手动对数据标签进行更改，数据标签不再与单元格保持联系，用户可以重新建立链接，方法如下。

❶ 打开工作表，选中要重新建立链接的数据标签并右击，在快捷菜单中选择“设置数据标签格式”命令，如图20-60所示。

❷ 打开“设置数据标签格式”对话框，单击“重设标签文本”按钮，即可重新建立图表数据源与数据标签的链接，如图20-61所示。

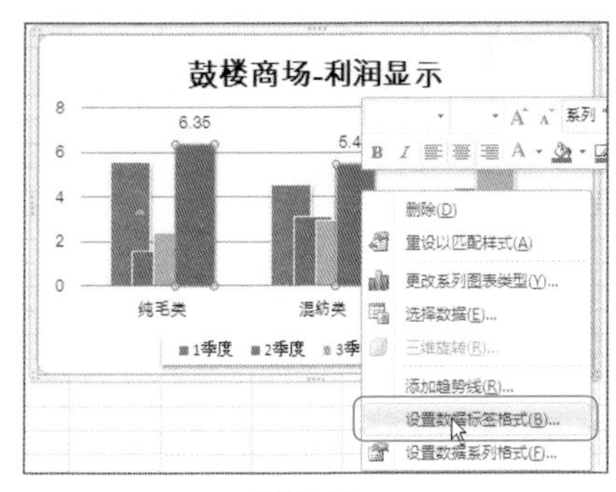

图20-60

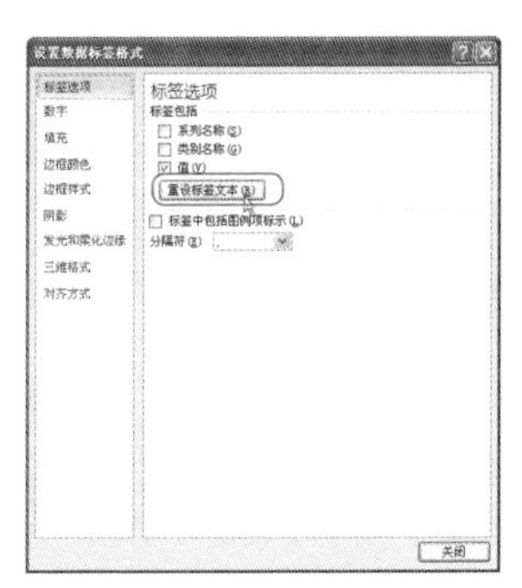

图20-61

技巧4　隐藏特定的数据系列

在建立图表后，有时为了达到特定的显示效果，需要将数据系列隐藏起来，下面介绍具体操作方法。

❶ 打开工作表，选中图表中要隐藏的数据系列，切换到“格式”选项卡，在“形状样式”选项组中单击“形状填充”按钮，在其下拉菜单中选择“无填充颜色”命令，如图20-62所示。

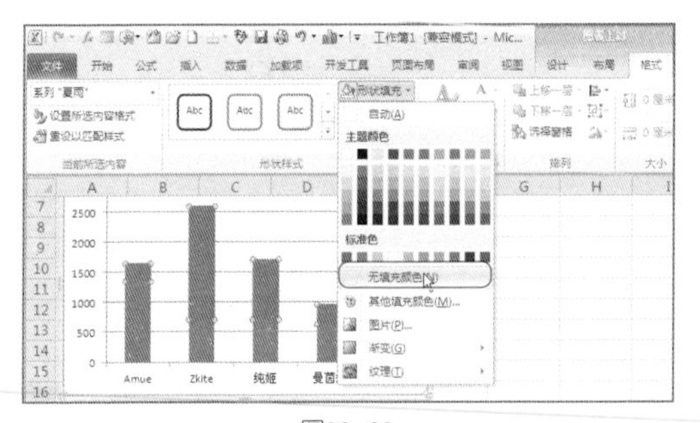

图20-62

❷ 单击“形状轮廓”按钮，在其下拉菜单中选择“无轮廓”命令，即可隐藏选中的系列，如图20-63所示。

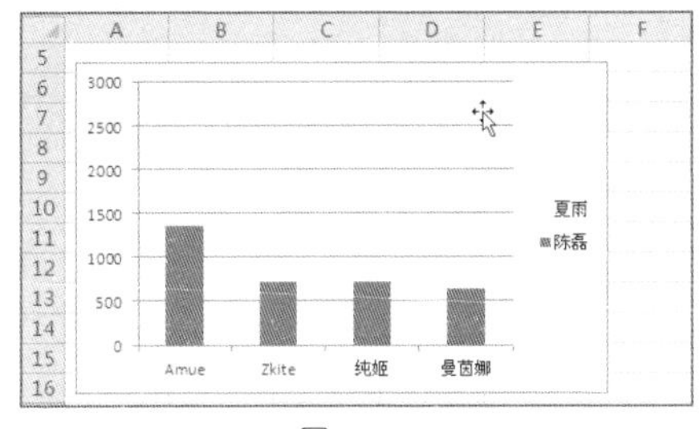

图20-63

技巧5 更改数据系列的显示次序

在Excel 2010中，默认图表系列的显示次序与数据源显示顺序是相同的，如果要重新调节系列的显示顺序，可以打开“选择数据源”对话框来调节，下面介绍具体操作方法。

❶ 打开工作表，选中图表，切换到“设计”选项卡，在“数据”选项组中单击“选择数据”按钮，如图20-64所示。

❷ 弹出“选择数据源”对话框，在“图例项（系列）”列表框中选中系列，如“刘洋”，然后通过▲、▼按钮来调节系列的顺序，如图20-65所示。

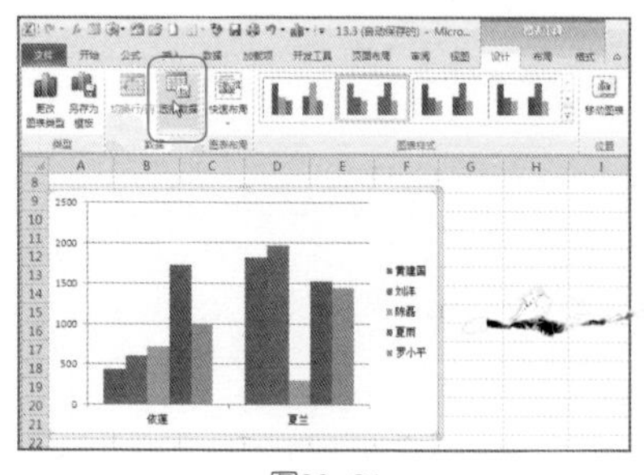

图20-64

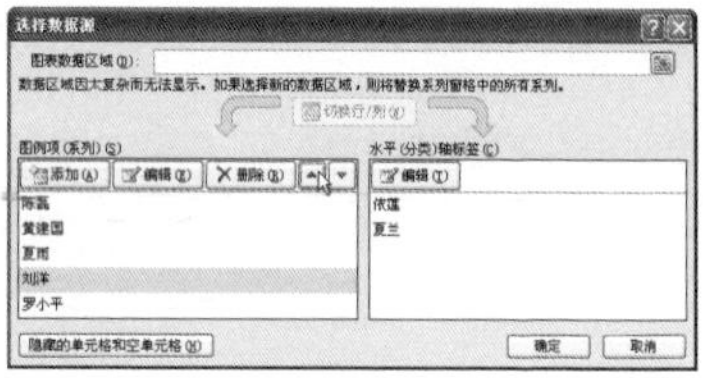

图20-65

❸ 单击“确定”按钮，返回工作表中，即可看到图表系列按照设置的顺序显示，如图20-66所示。

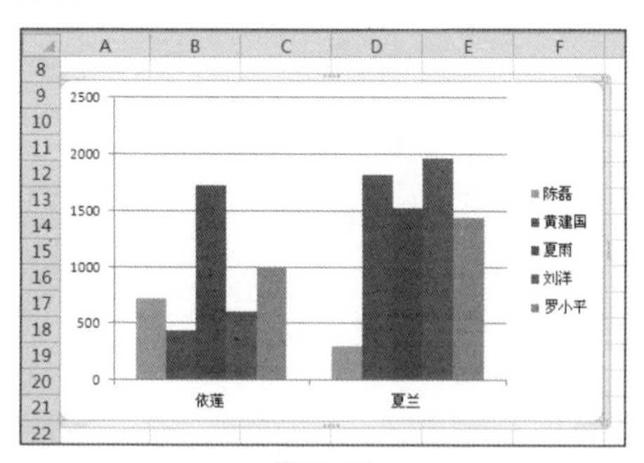

图20-66

技巧6 将饼图中特定的扇面分离出来

为图表建立饼型图后，对于特定的扇面（例如占比最大的扇面）可以将其分离出来以突出显示，下面介绍具体的操作方法。

❶ 打开工作表，选中图表，右击要分离的扇面，在快捷菜单中选择“设置数据点格式”命令，如图20-67所示。

❷ 弹出“设置数据点格式”对话框，在右侧窗格中向右拖动“点爆炸型”

下的滑块，如图20-68所示。

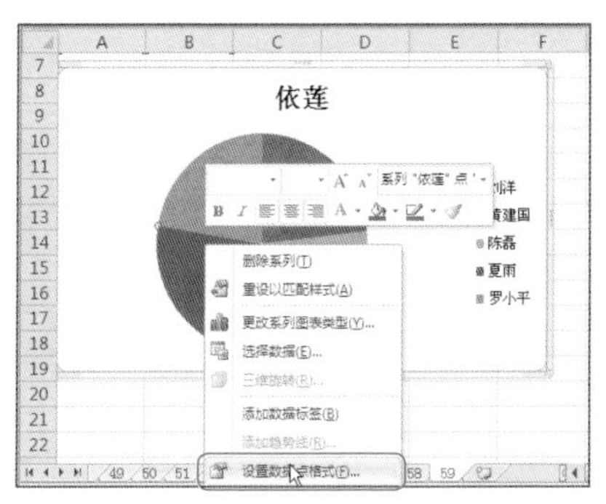

图20-67

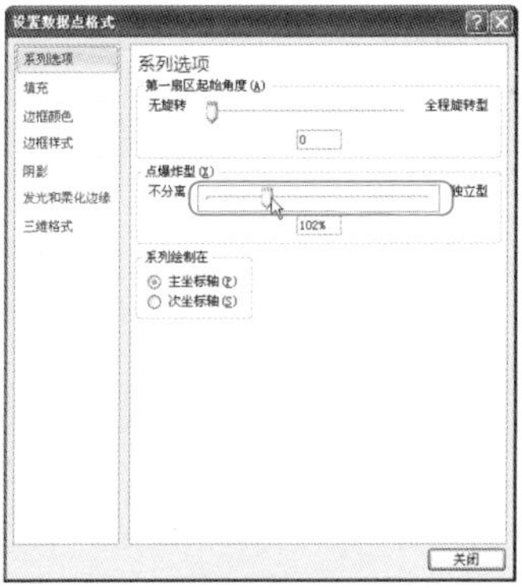

图20-68

❸ 设置完成后，单击“关闭”按钮，返回工作表中，即可看到图表中选中的扇面被分离出来，如图20-69所示。

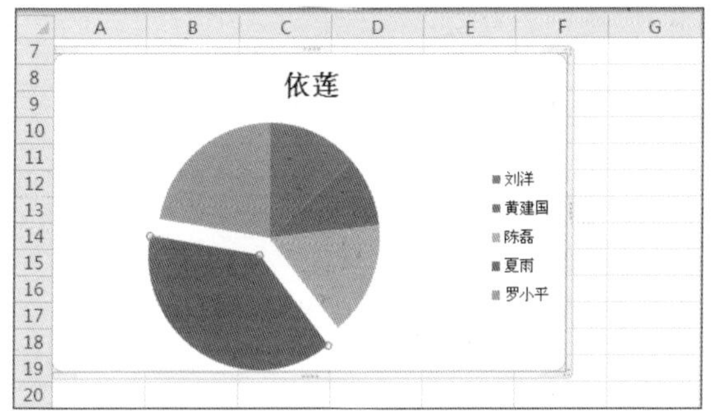

图20-69

20.4　趋势线、误差线应用与设置技巧

技巧1　向图表中添加趋势线

趋势线是用图形的方式显示数据的预测趋势并可用于预测分析，也称回归分析。趋势线一般用于折线图，添加的方法也非常简单，具体操作方法如下。

❶ 打开工作表，选中要为其添加趋势线的数据系列并右击，在快捷菜单中选择“添加趋势线”命令，如图20-70所示。

❷ 弹出“设置趋势线格式”对话框，在“趋势线选项”列表框中选择一种趋势线的样式，如“线性”，如图20-71所示。

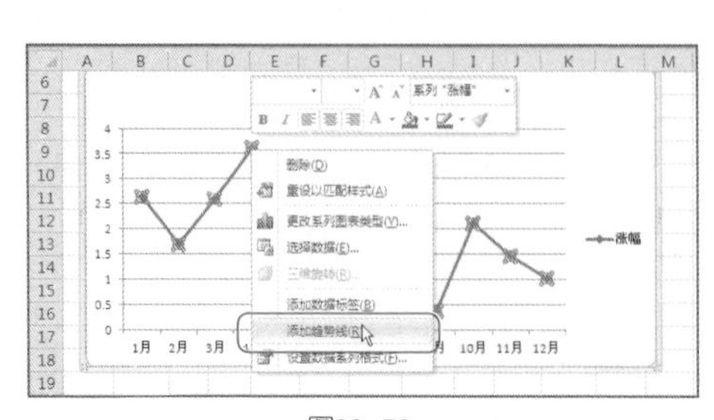

图20-70

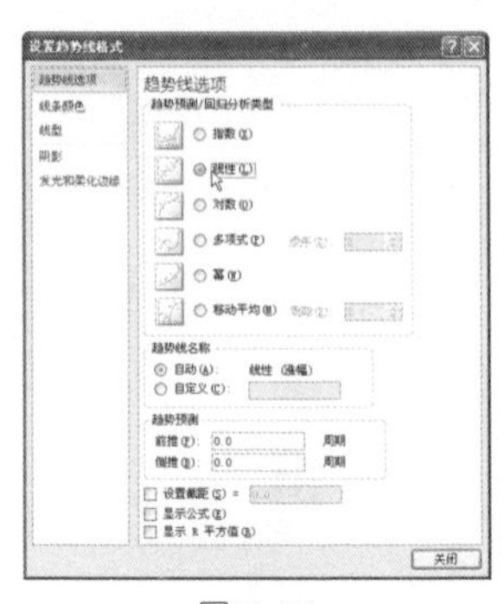

图20-71

❸ 单击“关闭”按钮，返回工作表中，即可看到为图表添加了趋势线，如图20-72所示。

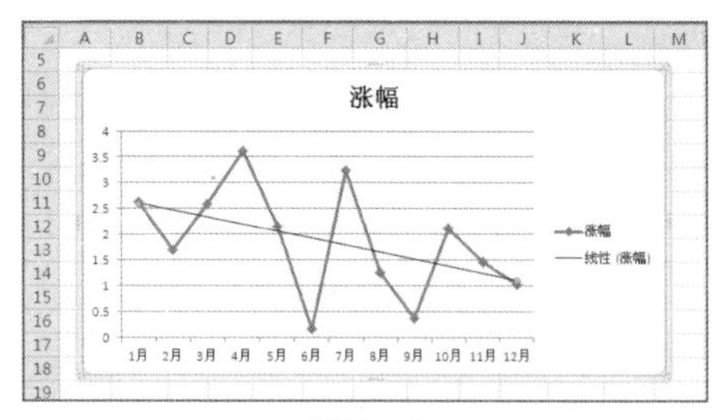

图20-72

技巧2　用R平方值判断趋势线的可靠性

要判断出趋势线的可靠性，一般可使用R平方值来判断。R平方值的取值范围是0~1，表示趋势线估计值与对应的实际数据之间的接近程度。当趋势线的R平方值等于或接近1时，其可靠性最高；如果R平方值趋于0，则数据和曲线几乎没有任何关系，具体操作方法如下。

❶ 打开工作表，选中要计算其R平方值的趋势线并右击，在快捷菜单中选择“设置数据系列格式”命令，如图20-73所示。

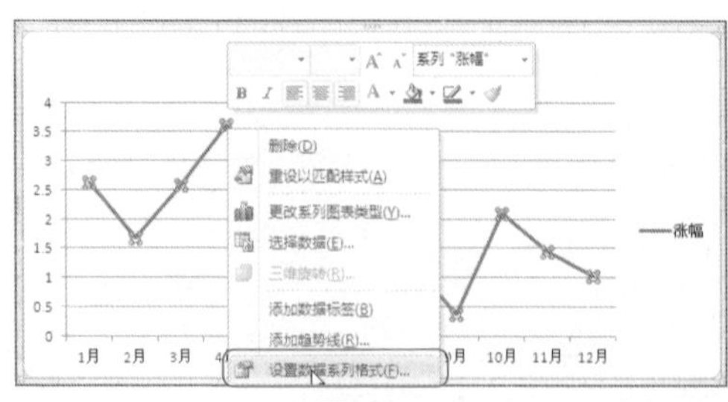

图20-73

❷ 弹出“设置趋势线格式”对话框，选中“显示R平方值”复选框，如图20-74所示。

❸ 单击“关闭”按钮，返回工作表中，即可看到该图表中显示出了该趋势线的R平方值，如图20-75所示。

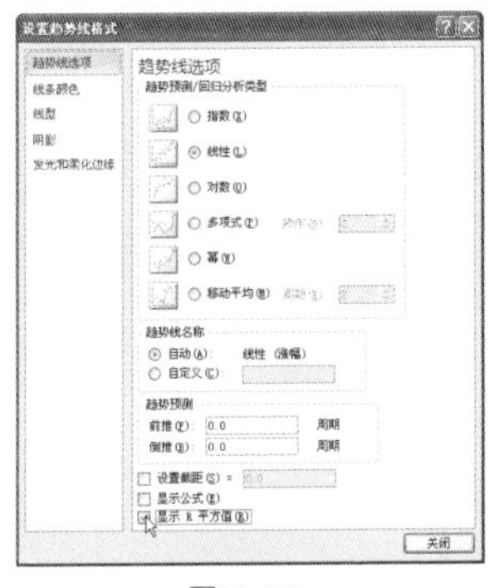

图20-74

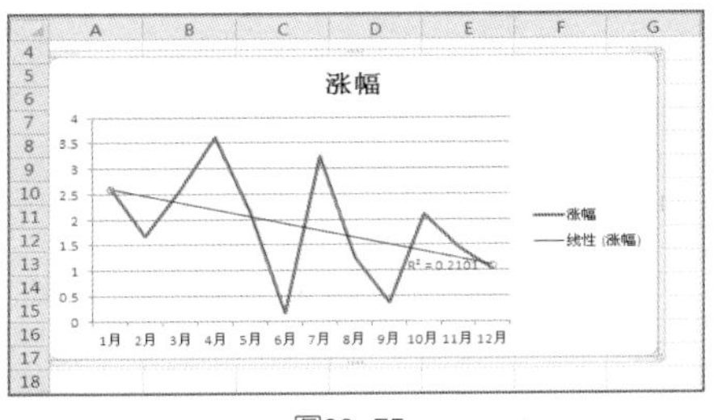

图20-75

技巧3　使用移动平均趋势线

移动平均趋势线可以对一组变化的数据按照指定的数据数量依次求平均值，并以此作为数据变化的趋势供用户分析。建立移动平均趋势线时，默认采用的是双周期，即以数据中前两个数据点的平均值作为移动平均趋势线中的第一个点，第二个和第三个数据点的平均值作为趋势线的第二个点，建立移动平均趋势线的具体操作方法如下。

❶ 打开工作表，选中要使用移动平均趋势线的数据系列并右击，在快捷菜单中选择“设置数据系列格式”命令，如图20-76所示。

❷ 弹出“设置趋势线格式”对话框，选中“移动平均”单选按钮，如图20-77所示。

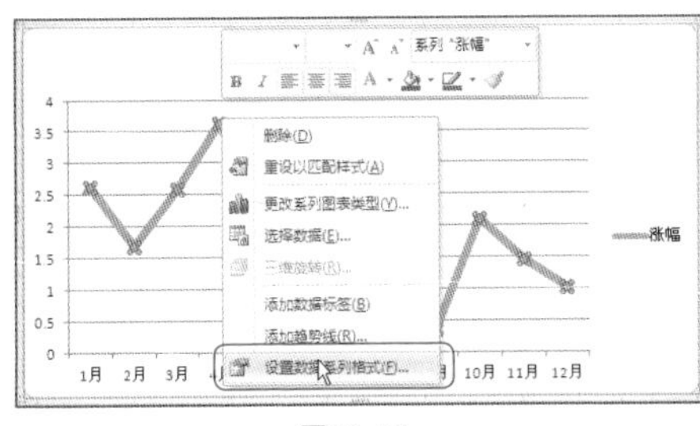

图20-76

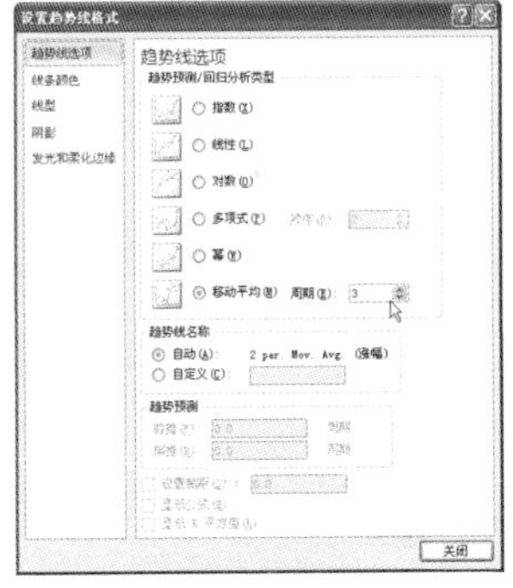

图20-77

3 单击“关闭”按钮，返回工作表中，即可在图表中添加移动平均趋势线，如图20-78所示。

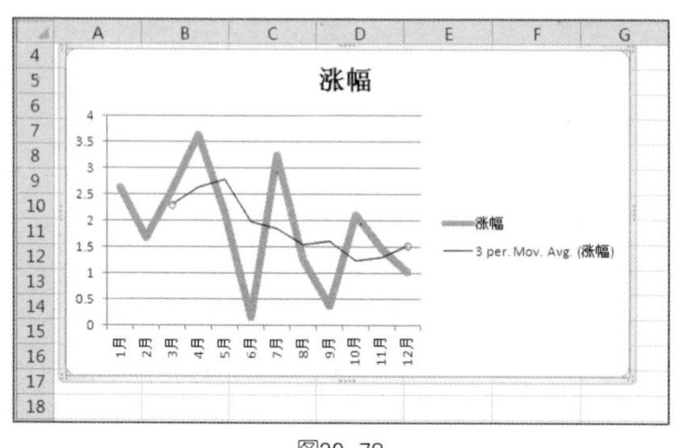

图20-78

技巧4　重新更改趋势线的名称

添加趋势线后，其默认作为数据系列，并根据选择的趋势线类型有默认的名称，但用户可以根据工作需要更改趋势线的名称，下面介绍具体操作方法。

1 打开工作表，选中要更改名称的趋势线并右击，在快捷菜单中选择“设置趋势线格式”命令，如图20-79所示。

2 弹出“设置趋势线格式”对话框，选中“趋势线名称”选项组中的“自定义”单选按钮，接着在右侧的文本框中重新输入自定义名称，如“平均移动趋势线”，如图20-80所示。

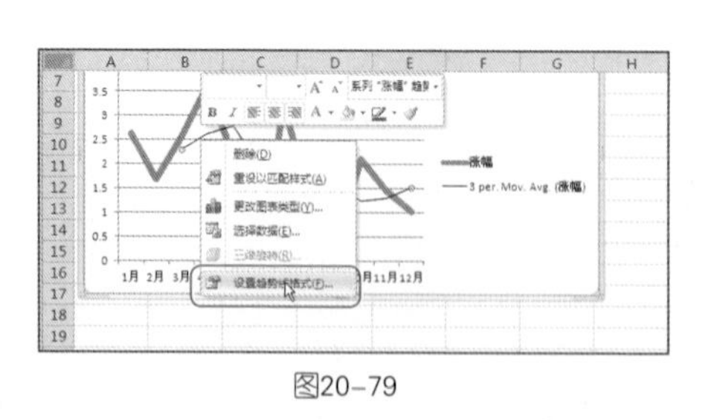

图20-79

图20-80

3 单击“关闭”按钮，返回工作表中，即可看到图表趋势线的名称发生的改变，如图20-81所示。

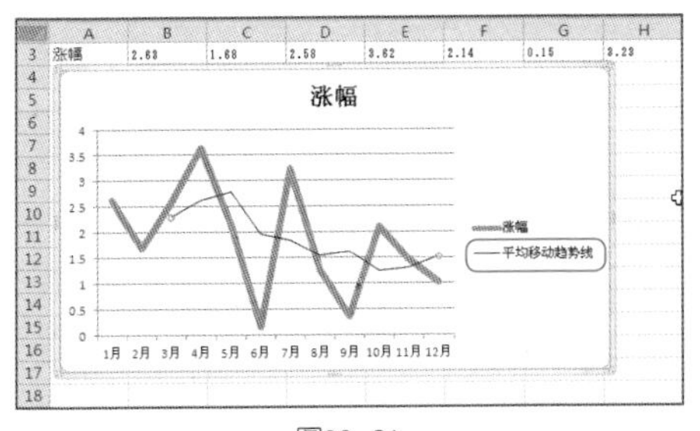

图20-81

技巧5　向图表中添加误差线

误差线是以图形形式显示了与数据系列中每个数据标记相关的可能误差量。用户可以为某项数据设置一个固定值，然后允许其有多少的可能误差量。向图表中添加误差线的具体操作方法如下。

❶ 打开工作表，选中图表中的数据系列，切换到“布局”选项卡，单击“分析”选项组中的“误差线”按钮，在其下拉菜单中选择要添加的误差线，如“百分比误差线”，如图20-82所示。

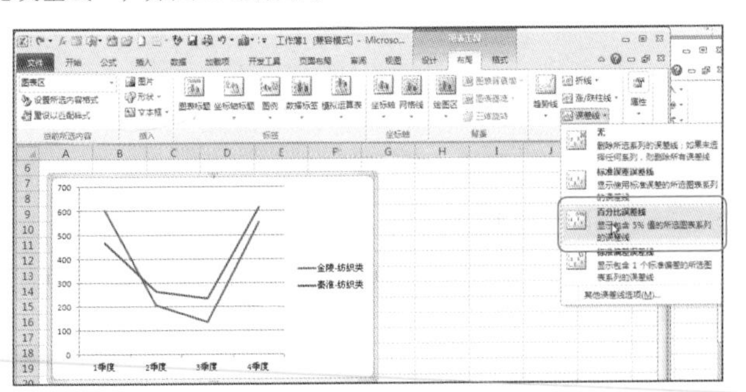

图20-82

❷ 选中误差线，返回工作表中，图表中即可添加相应的误差线，如图20-83所示。

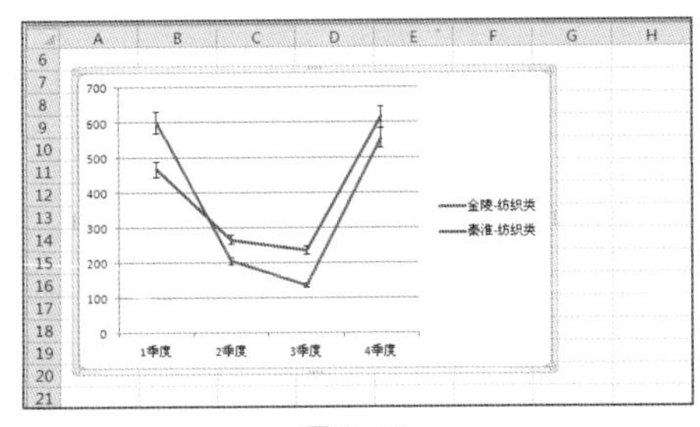

图20-83

技巧6 在图表中表示只允许固定的负值误差

如果图表中只允许数据有固定的负误差值，用户可以在“设置误差线”格式中为其设置，下面介绍具体操作方法。

❶ 打开工作表，选中要添加误差线的数据系列，切换到“布局”选项卡，单击“分析”选项组中的“误差线”按钮，在其下拉菜单中选择“其他误差线选项”命令，如图20-84所示。

❷ 弹出“设置误差线格式”对话框，在“显示”选项组中选中“负偏差”单选按钮，接着在“误差量”选项组中选中“固定值”单选按钮，并在其文本框中设置允许的偏差值，如150，如图20-85所示。

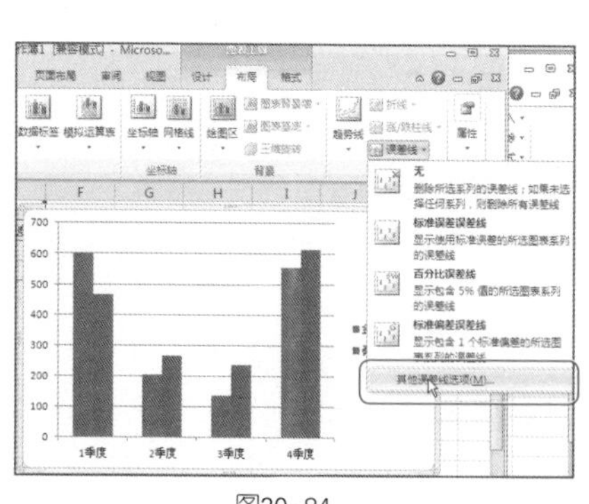

图20-84

图20-85

❸ 单击“关闭”按钮，返回工作表中，即可看到根据指令条件添加的误差线，如图20-86所示。

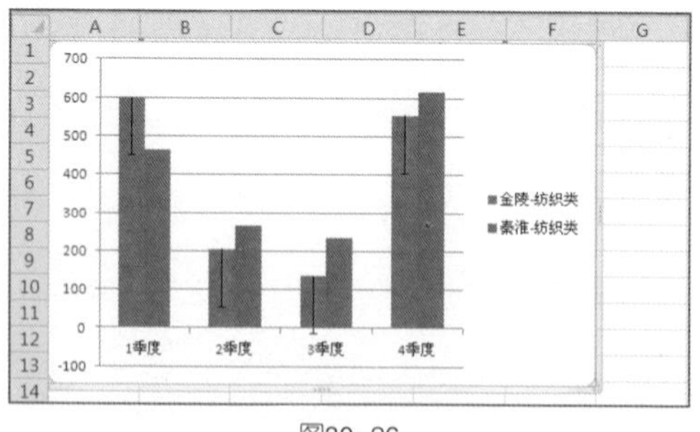

图20-86

技巧7 快速设置各个数据点不同误差量时的误差线

各个数据点允许的误差量各不相同时，需要采用自定义误差量的方法来设置，下面介绍具体操作方法。

❶ 打开工作表，选中要设置误差线的数据系列，切换到“布局”选项卡，单击“分析”选项组中的“误差线”按钮，在其下拉菜单中选择“其他误差线选项”命令，如图20-87所示。

❷ 弹出“设置误差线格式”对话框，在“显示”选项组中选中“正偏差”单选按钮，接着在“误差量”选项组中选中“自定义”单选按钮，单击“指定值”按钮，如图20-88所示。

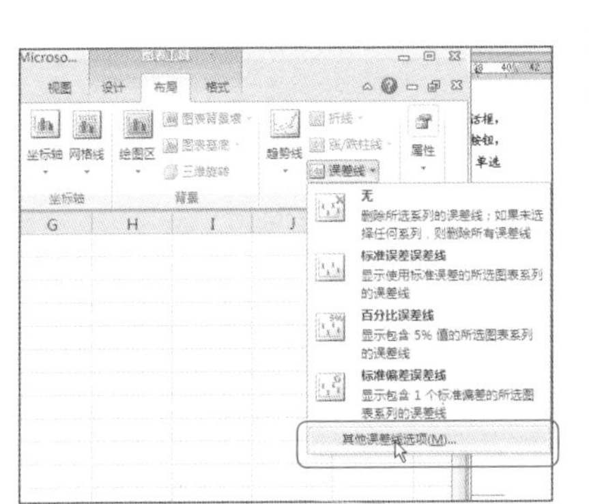

图20-87

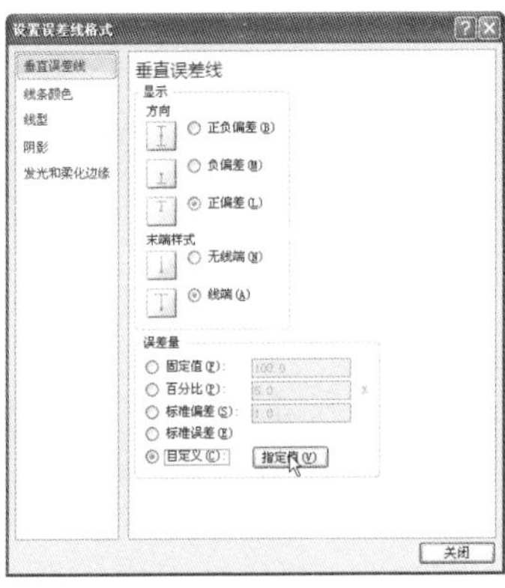

图20-88

❸ 弹出“自定义错误栏”对话框，在“正错误值”文本框中输入各个数据点允许的正误差，如“30,50,70,”，如图20-89所示。

❹ 单击“确定”按钮，返回“设置误差线格式”对话框，单击“关闭”按钮，返回工作表中即可完成设置，如图20-90所示。

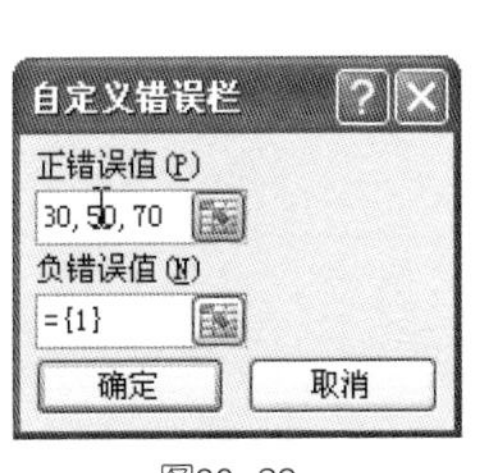

图20-89

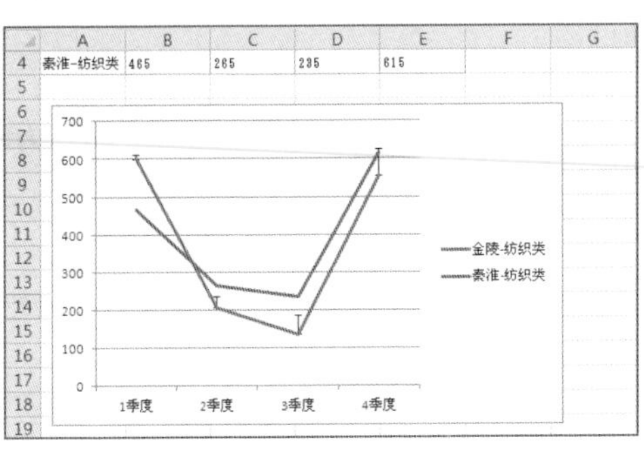

图20-90

读书笔记

第21章

Excel 2010函数功能、格式与参数速查（按A～Z排序）

A

ABS函数

函数功能：返回数字的绝对值。

函数语法：ABS(number)

参数解释：

- Number：需要计算其绝对值的实数。

ACCRINTM函数

函数功能：ACCRINTM函数用于返回到期一次性付息有价证券的应计利息。

函数语法：ACCRINTM(issue, settlement, rate, par, [basis])

参数解释：

- Issue：必需。有价证券的发行日。
- Settlement：必需。有价证券的到期日。
- Rate：必需。有价证券的年息票利率。
- Par：必需。证券的票面值。如果省略此参数，则ACCRINTM使用￥1 000。
- Basis：可选。要使用的日计数基准类型。

ACCRINT函数

函数功能：ACCRINT函数用于返回定期付息证券的应计利息。

函数语法：ACCRINT(issue, first_interest, settlement, rate, par, frequency, [basis], [calc_method])

参数解释：

- Issue：必需。有价证券的发行日。
- First_interest：必需。有价证券的首次计息日。
- Settlement：必需。有价证券的结算日。有价证券结算日是在发行日之后，有价证券卖给购买者的日期。
- Rate：必需。有价证券的年息票利率。
- Par：必需。证券的票面值。如果省略此参数，则ACCRINT使用￥1 000。
- Frequency：必需。年付息次数。如果按年支付，frequency=1；按半年期支付，frequency=2；按季支付，frequency=4。
- Basis：可选。要使用的日计数基准类型。

ACOSH函数

函数功能： ACOSH函数用于返回number参数的反双曲余弦值。参数必须大于或等于1。反双曲余弦值的双曲余弦即为number，因此ACOSH(COSH(number))等于number。

函数语法： ACOSH(number)

参数解释：

- Number：必需。大于等于1的任意实数。

ACOS函数

函数功能： ACOS函数用于返回数字的反余弦值。反余弦值是角度，它的余弦值为数字。返回的角度值以弧度表示，范围是 0 到 pi。

函数语法： ACOS(number)

参数解释：

- Number：必需。所需的角度余弦值，必须介于-1到1之间。

ADDRESS函数

函数功能： ADDRESS函数表示在给出指定行数和列数的情况下，可以使用此函数获取工作表单元格的地址。

函数语法： ADDRESS(row_num, column_num, [abs_num], [a1], [sheet_text])

参数解释：

- Row_num：必需。一个数值，指定要在单元格引用中使用的行号。
- Column_num：必需。一个数值，指定要在单元格引用中使用的列号。
- Abs_num：可选。一个数值，指定要返回的引用类型。
- A1：可选。一个逻辑值，指定 A1 或 R1C1 引用样式。
- Sheet_text：可选。一个文本值，指定要用作外部引用的工作表的名称。

AMORDEGRC函数

函数功能： AMORDEGRC函数用于返回每个结算期间的折旧值。

函数语法： AMORDEGRC(cost, date_purchased, first_period, salvage, period, rate, [basis])

参数解释：

- Cost：必需。资产原值。
- Date_purchased：必需。购入资产的日期。
- First_period：必需。第一个期间结束时的日期。

- Salvage：必需。资产在使用寿命结束时的残值。
- Period：必需。期间。
- Rate：必需。折旧率。
- Basis：可选。要使用的年基准。

AMORLINC函数

函数功能：AMORLINC函数用于返回每个结算期间的折旧值，该函数为法国会计系统提供。如果某项资产是在结算期间的中期购入的，则按线性折旧法计算。

函数语法：AMORLINC(cost, date_purchased, first_period, salvage, period, rate, [basis])

参数解释：

- Cost：必需。资产原值。
- Date_purchased：必需。购入资产的日期。
- First_period：必需。第一个期间结束时的日期。
- Salvage：必需。资产在使用寿命结束时的残值。
- Period：必需。期间。
- Rate：必需。折旧率。
- Basis：可选。要使用的年基准。

AND函数

函数功能：AND函数用于当所有的条件均为“真”（TRUE）时，返回的运算结果为“真”（TRUE）；反之，返回的运算结果为“假”（FALSE）。所以它一般用来检验一组数据是否都满足条件。

函数语法：AND(logical1,logical2,logical3...)

参数解释：

- Logical1,logical2,logical3...：表示测试条件值或表达式，不过最多有30个条件值或表达式。

AREAS函数

函数功能：AREAS函数用于返回引用中包含的区域个数。区域表示连续的单元格区域或某个单元格。

函数语法：AREAS(reference)

参数解释：

- Reference：对某个单元格或单元格区域的引用，也可以引用多个区域。如果需要将几个引用指定为一个参数，则必须用括号括起来，以免Microsoft Excel 2007/2010将逗号作为参数间的分隔符。

ASC函数

函数功能： 对于双字节字符集 (DBCS) 语言，ASC函数可以将任意字符串中的全角字符(双字节)更改为半角字符（单字节）。

函数语法： ASC(text)

参数解释：

- Text：必需。文本或对包含要更改的文本的单元格的引用。如果文本中不包含任何全角字母，则文本不会更改。

ASINH函数

函数功能： ASINH函数用于返回参数的反双曲正弦值。反双曲正弦值的双曲正弦即等于此函数的number参数值，因此ASINH(SINH(number)) 等于number参数值。

函数语法： ASINH(number)

参数解释：

- Number：必需。任意实数。

ASIN函数

函数功能： ASIN函数用于返回参数的反正弦值。反正弦值为一个角度，该角度的正弦值即等于此函数的number参数。返回的角度值将以弧度表示，范围为-pi/2到pi/2。

函数语法： ASIN(number)

参数解释：

- Number：必需。所需的角度正弦值，必须介于-1到1之间。

ATAN2函数

函数功能： ATAN2函数用于返回给定的X及Y坐标值的反正切值。反正切的角度值等于X轴与通过原点和给定坐标点 (x_num, y_num) 的直线之间的夹角。结果以弧度表示并介于-pi到pi之间（不包括 -pi）。

函数语法： ATAN2(x_num, y_num)

参数解释：

- X_num：必需。点的 x 坐标。
- Y_num：必需。点的 y 坐标。

ATANH函数

函数功能：ATANH函数用于返回参数的反双曲正切值，参数必须介于-1到1之间（除去-1和1）。反双曲正切值的双曲正切即为该函数的number参数值，因此ATANH(TANH(number)) 等于number。

函数语法：ATANH(number)

参数解释：

- Number：必需。-1到1之间的任意实数。

ATAN函数

函数功能：ATAN函数用于返回反正切值。反正切值为角度，其正切值即等于 number 参数值。返回的角度值将以弧度表示，范围为-pi/2到pi/2。

函数语法：ATAN(number)

参数解释：

- Number：必需。所需的角度正切值。

AVEDEV函数

函数功能：AVEDEV函数用于返回一组数据与其均值的绝对偏差的平均值。

函数语法：AVEDEV(number1, [number2], ...)

参数解释：

- Number1, number2, ...：Number1是必需的，后续数值是可选的。这是用于计算绝对偏差平均值的一组参数，参数的个数可以为1～255个，也可以用单一数组或对某个数组的引用来代替用逗号分隔的参数。

AVERAGEA函数

函数功能：AVERAGEA函数用于计算参数列表中数值的平均值（算术平均值）。

函数语法：AVERAGEA(value1, [value2], ...)

参数解释：

- Value1, value2,...：Value1 是必需的，后续值是可选的。需要计算平均值的1～255个单元格、单元格区域或值。

AVERAGEIFS函数

函数功能：AVERAGEIFS函数用于返回满足多重条件的所有单元格的平均值（算术平均值）。

函数语法：AVERAGEIFS(average_range, criteria_range1, criteria1, [criteria_range2, criteria2], ...)

参数解释：

- Average_range：必需。要计算平均值的一个或多个单元格，其中包括数字或包含数字的名称、数组或引用。
- Criteria_range1, criteria_range2, ...：criteria_range1是必需的，随后的criteria_range是可选的。在其中计算关联条件的1～127个区域。
- Criteria1, criteria2, ...：criteria1是必需的，随后的criteria是可选的。数字、表达式、单元格引用或文本形式的1～127个条件，用于定义将对哪些单元格求平均值。

AVERAGEIF函数

函数功能：AVERAGEIF函数用于返回某个区域内满足给定条件的所有单元格的平均值（算术平均值）。

函数语法：AVERAGEIF(range, criteria, [average_range])

参数解释：

- Range：必需。要计算平均值的一个或多个单元格，其中包括数字或包含数字的名称、数组或引用。
- Criteria：必需。数字、表达式、单元格引用或文本形式的条件，用于定义要对哪些单元格计算平均值。
- Average_range：可选。要计算平均值的实际单元格集。

AVERAGE函数

函数功能：AVERAGE函数用于返回参数的平均值（算术平均值）。

函数语法：AVERAGE(number1, [number2], ...)

参数解释：

- Number1：必需。要计算平均值的第一个数字、单元格引用或单元格区域。
- Number2, ...：可选。要计算平均值的其他数字、单元格引用或单元格区域，最多可包含 255 个。

B

BAHTTEXT函数

函数功能：BAHTTEXT函数用于将数字转换为泰语文本并添加后缀“泰铢”。

函数语法：BAHTTEXT(number)

参数解释：

- Number：必需。要转换成文本的数字、对包含数字的单元格的引用或结果为数字的公式。

BESSELI函数

函数功能：BESSELI函数用于返回修正Bessel函数值，它与用纯虚数参数运算时的Bessel函数值相等。

函数语法：BESSELI(X, N)

参数解释：

- X：必需。用来进行函数计算的数值。
- N：必需。Bessel函数的阶数。如果n不是整数，则截尾取整。

BESSELJ函数

函数功能：BESSELJ函数用于返回 Bessel 函数值。

函数语法：BESSELJ(X, N)

参数解释：

- X：必需。用来进行函数计算的数值。
- N：必需。Bessel函数的阶数。如果n不是整数，则截尾取整。

BESSELK函数

函数功能：BESSELK函数用于返回修正Bessel函数值，它与用纯虚数参数运算时的Bessel函数值相等。

函数语法：BESSELK(X, N)

参数解释：

- X：必需。用来进行函数计算的数值。
- N：必需。该函数的阶数。如果n不是整数，则截尾取整。

BESSELY函数

函数功能：BESSELY函数用于返回Bessel函数值，也称为Weber函数或Neumann 函数。

函数语法：BESSELY(X, N)

参数解释：

- X：必需。用来进行函数计算的值。
- N：必需。该函数的阶数。如果n不是整数，则截尾取整。

BIN2DEC函数

函数功能：BIN2DEC函数是将二进制数转换为十进制数。

函数语法：BIN2DEC(number)

参数解释：

- Number：必需。希望转换的二进制数。Number的位数不能多于10位（二进制位），最高位为符号位，其余9位为数字位。负数用二进制数的补码表示。

BIN2HEX函数

函数功能：BIN2HEX函数是将二进制数转换为十六进制数。

函数语法：BIN2HEX(number, [places])

参数解释：

- Number：必需。希望转换的二进制数。Number的位数不能多于10位（二进制位），最高位为符号位，其余9位为数字位。负数用二进制数的补码表示。
- Places：可选。要使用的字符数。如果省略Places，BIN2HEX将使用尽可能少的字符数。当需要在返回的值前置0（零）时，Places尤其有用。

BIN2OCT函数

函数功能：BIN2OCT函数是将二进制数转换为八进制数。

函数语法：BIN2OCT(number, [places])

参数解释：

- Number：必需。希望转换的二进制数。Number的位数不能多于10位（二进制位），最高位为符号位，其余9位为数字位。负数用二进制数的补码表示。
- Places：可选。要使用的字符数。如果省略Places，BIN2OCT将使用尽可能少的字符数。当需要在返回的值前置 0（零）时，Places尤其有用。

C

CEILING函数

函数功能：CEILING函数用于将指定的数值按条件进行舍入计算。

函数语法：CEILING(number,significance)

参数解释：

- Number：表示进行舍入计算的数值。

- Significance：表示需要进行舍入的倍数。

CELL函数

函数功能： CELL函数返回有关单元格的格式、位置或内容的信息。

函数语法： CELL(info_type, [reference])

参数解释：

- Info_type：必需。一个文本值，指定要返回的单元格信息的类型。
- Reference：可选。需要其相关信息的单元格。

CHAR函数

函数功能： CHAR函数用于返回对应于数字代码的字符。函数 CHAR 可将其他类型计算机文件中的代码转换为字符。

函数语法： CHAR(number)

参数解释：

- Number：必需。介于1～255之间用于指定所需字符的数字。字符是计算机所用字符集中的字符。

CHITEST函数

函数功能： 返回独立性检验值。函数 CHITEST 返回 (c2) 分布的统计值及相应的自由度。可以使用 (c2) 检验确定假设值是否被实验所证实。

函数语法： CHITEST(actual_range,expected_range)

参数解释：

- Actual_range：为包含观察值的数据区域，将和期望值作比较。
- Expected_range：为包含行列汇总的乘积与总计值之比率的数据区域。

CHOOSE函数

函数功能： CHOOSE函数用于从给定的参数中返回指定的值。

函数语法： CHOOSE(index_num, value1, [value2], ...)

参数解释：

- Index_num：必需。指定所选定的值参数。Index_num必须为1～254之间的数字，或者为公式或对包含1～254之间某个数字的单元格的引用。
- Value1, value2, ...：Value1是必需的，后续值是可选的。这些值参数的个数介于1～254之间，函数CHOOSE基于index_num从这些值参数中选择一个数值或一项要执行的操作。参数可以为数字、单元格引用、已定义名称、公式、函数或文本。

CLEAN函数

函数功能： CLEAN函数用于删除文本中不能打印的字符。对从其他应用程序中输入的文本使用CLEAN函数，将删除其中含有的当前操作系统无法打印的字符。例如，可以删除通常出现在数据文件头部或尾部、无法打印的低级计算机代码。CLEAN函数被设计为删除文本中7位ASCII码的前32个非打印字符（值为0～31）。

函数语法： CLEAN(text)

参数解释：

- Text：必需。要从中删除非打印字符的任何工作表信息。

CODE函数

函数功能： CODE函数用于返回文本字符串中第一个字符的数字代码。返回的代码对应于计算机当前使用的字符集。

函数语法： CODE(text)

参数解释：

- Text：必需。需要得到其第一个字符代码的文本。

COLUMNS函数

函数功能： COLUMNS函数表示返回数组或引用的列数。

函数语法： COLUMNS(array)

参数解释：

- Array：必需。需要得到其列数的数组、数组公式或对单元格区域的引用。

COLUMN函数

函数功能： COLUMN函数表示返回指定单元格引用的序列号。

函数语法： COLUMN([reference])

参数解释：

- Reference：可选。要返回其列号的单元格或单元格区域。如果省略参数 reference 或该参数为一个单元格区域，并且 COLUMN 函数是以水平数组公式的形式输入的，则 COLUMN 函数将以水平数组的形式返回参数 reference 的列号。

COMBIN函数

函数功能： COMBIN函数用于返回一组对象所有可能的组合数目。

函数语法：COMBIN(number,number_chosen)

参数解释：

- Number：表示是某一对象的总数目。
- Number_chosen：则是每一组合中对象的数目。

COMPLEX函数

函数功能：COMPLEX函数是将实系数及虚系数转换为x+yi或x+yj形式的复数。

函数语法：COMPLEX(real_num, i_num, [suffix])

参数解释：

- Real_num：必需。复数的实部。
- I_num：必需。复数的虚部。
- Suffix：可选。复数中虚部的后缀，如果省略，则认为它为 i。

CONCATENATE函数

函数功能：CONCATENATE函数是将两个或多个文本字符串合并为一个文本字符串。

函数语法：CONCATENATE (text1,text2,...)

参数解释：

- Text1, text2, ...：为2～255个将要合并成单个文本项的文本项，这些文本项可以为文本字符串、数字或对单个单元格的引用。

CONFIDENCE.T函数

函数功能：CONFIDENCE.T函数使用学生的 t 分布返回总体平均值的置信区间。

函数语法：CONFIDENCE.T(alpha,standard_dev,size)

参数解释：

- Alpha：必需。用于计算置信度的显著水平参数。置信度等于 100*(1 – alpha)%，亦即，如果 alpha 为 0.05，则置信度为 95%。
- Standard_dev：必需。数据区域的总体标准偏差，假设为已知。
- Size：必需。样本大小。

CONVERT函数

函数功能：CONVERT函数是将数字从一个度量系统转换到另一个度量系统中。

函数语法：CONVERT(number, from_unit, to_unit)

参数解释：

- Number：必需。以 from_units 为单位的需要进行转换的数值。
- From_unit：必需。表示数值number的单位。
- To_unit：必需。表示结果的单位。函数CONVERT接受下面的文本值（引号中）作为from_unit和to_unit。

CORREL函数

函数功能：CORREL函数用于返回单元格区域array1和array2之间的相关系数。使用相关系数可以确定两种属性之间的关系。

函数语法：CORREL(array1, array2)

参数解释：

- Array1：必需。第一组数值单元格区域。
- Array2：必需。第二组数值单元格区域。

COSH函数

函数功能：COSH函数用于返回数字的双曲余弦值。

函数语法：COSH(number)

参数解释：

- Number：必需。想要求双曲余弦的任意实数。

COS函数

函数功能：COS函数用于返回给定角度的余弦值。

函数语法：COS(number)

参数解释：

- Number：必需。想要求余弦的角度，以弧度表示。如果角度是以度表示的，则可将其乘以 PI()/180 或使用 RADIANS 函数将其转换成弧度。

COUNTA函数

函数功能：COUNTA函数用于计算区域中不为空的单元格的个数。

函数语法：COUNTA(value1, [value2], ...)

参数解释：

- Value1：必需。表示要计数的值的第一个参数。
- Value2, ...：可选。表示要计数的值的其他参数，最多可包含255个参数。

COUNTBLANK函数

函数功能：COUNTBLANK函数用于计算指定单元格区域中空白单元格的个数。

函数语法：COUNTBLANK(range)

参数解释：

- Range：必需。需要计算其中空白单元格个数的区域。

COUNTIFS函数

函数功能：COUNTIFS函数将条件应用于多个区域的单元格，并计算符合所有条件的次数。

函数语法：COUNTIFS(criteria_range1, criteria1, [criteria_range2, criteria2]...)

参数解释：

- Criteria_range1：必需。在其中计算关联条件的第一个区域。
- Criteria1：必需。条件的形式为数字、表达式、单元格引用或文本，可用来定义将对哪些单元格进行计数。
- Criteria_range2, criteria2, ...：可选。附加的区域及其关联条件。最多允许 127 个区域/条件对。

COUNTIF函数

函数功能：COUNTIF函数对区域中满足单个指定条件的单元格进行计数。

函数语法：COUNTIF(range, criteria)

参数解释：

- Range：必需。要对其进行计数的一个或多个单元格，其中包括数字或名称、数组或包含数字的引用。空值和文本值将被忽略。
- Criteria：必需。用于定义将对哪些单元格进行计数的数字、表达式、单元格引用或文本字符串。

COUNT函数

函数功能：COUNT函数用于计算包含数字的单元格以及参数列表中数字的个数。使用函数COUNT可以获取区域或数字数组中数字字段的输入项的个数。

函数语法：COUNT(value1, [value2], ...)

参数解释：

- Value1：必需。要计算其中数字的个数的第一个项、单元格引用或区域。
- Value2, ...：可选。要计算其中数字的个数的其他项、单元格引用或区域，最多可包含255个。

COUPDAYBS函数

函数功能： COUPDAYBS函数用于返回当前付息期内截止到成交日的天数。

函数语法： COUPDAYBS(settlement, maturity, frequency, [basis])

参数解释：

- Settlement：必需。有价证券的结算日。有价证券结算日是在发行日之后，有价证券卖给购买者的日期。
- Maturity：必需。有价证券的到期日。到期日是有价证券有效期截止时的日期。
- Frequency：必需。年付息次数。如果按年支付，frequency=1；按半年期支付，frequency=2；按季支付，frequency=4。
- Basis：可选。要使用的日计数基准类型。

COUPDAYSNC函数

函数功能： COUPDAYSNC函数用于返回从结算日到下一付息日之间的天数。

函数语法： COUPDAYSNC(settlement, maturity, frequency, [basis])

参数解释：

- Settlement：必需。有价证券的结算日。有价证券结算日是在发行日之后，有价证券卖给购买者的日期。
- Maturity：必需。有价证券的到期日。到期日是有价证券有效期截止时的日期。
- Frequency：必需。年付息次数。如果按年支付，frequency=1；按半年期支付，frequency=2；按季支付，frequency=4。
- Basis：可选。要使用的日计数基准类型。

COUPDAYS函数

函数功能： COUPDAYS函数用于返回结算日所在的付息期的天数。

函数语法： COUPDAYS(settlement, maturity, frequency, [basis])

参数解释：

- Settlement：必需。有价证券的结算日。有价证券结算日是在发行日之后，有价证券卖给购买者的日期。
- Maturity：必需。有价证券的到期日。到期日是有价证券有效期截止时的日期。

- Frequency：必需。年付息次数。如果按年支付，frequency=1；按半年期支付，frequency=2；按季支付，frequency=4。
- Basis：可选。要使用的日计数基准类型。

COUPNCD函数

函数功能： COUPNCD函数用于返回一个表示在结算日之后下一个付息日的数字。

函数语法： COUPNCD(settlement, maturity, frequency, [basis])

参数解释：

- Settlement：必需。有价证券的结算日。有价证券结算日是在发行日之后，有价证券卖给购买者的日期。
- Maturity：必需。有价证券的到期日。到期日是有价证券有效期截止时的日期。
- Frequency：必需。年付息次数。如果按年支付，frequency=1；按半年期支付，frequency=2；按季支付，frequency=4。
- Basis：可选。要使用的日计数基准类型。

COUPNUM函数

函数功能： COUPNUM函数用于返回在结算日和到期日之间的付息次数，向上舍入到最近的整数。

函数语法： COUPNUM(settlement, maturity, frequency, [basis])

参数解释：

- Settlement：必需。有价证券的结算日。有价证券结算日是在发行日之后，有价证券卖给购买者的日期。
- Maturity：必需。有价证券的到期日。到期日是有价证券有效期截止时的日期。
- Frequency：必需。年付息次数。如果按年支付，frequency=1；按半年期支付，frequency=2；按季支付，frequency=4。
- Basis：可选。要使用的日计数基准类型。

COUPPCD函数

函数功能： COUPPCD函数用于返回表示结算日之前的上一个付息日的数字。

函数语法： COUPPCD(settlement, maturity, frequency, [basis])

参数解释：

- Settlement：必需。有价证券的结算日。有价证券结算日是在发行日之后，有价证券卖给购买者的日期。

- Maturity：必需。有价证券的到期日。到期日是有价证券有效期截止时的日期。
- Frequency：必需。年付息次数。如果按年支付，frequency=1；按半年期支付，frequency=2；按季支付，frequency=4。
- Basis：可选。要使用的日计数基准类型。

CUMIPMT函数

函数功能： CUMIPMT用于返回一笔贷款在给定的start_period到end_period期间累计偿还的利息数额。

函数语法： CUMIPMT(rate, nper, pv, start_period, end_period, type)

参数解释：

- Rate：必需。利率。
- Nper：必需。总付款期数。
- Pv：必需。现值。
- Start_period：必需。计算中的首期，付款期数从 1 开始计数。
- End_period：必需。计算中的末期。
- Type：必需。付款时间类型。

CUMPRINC函数

函数功能： CUMPRINC函数返回一笔贷款在给定的start_period到end_period期间累计偿还的本金数额。

函数语法： CUMPRINC(rate, nper, pv, start_period, end_period, type)

参数解释：

- Rate：必需。利率。
- Nper：必需。总付款期数。
- Pv：必需。现值。
- Start_period：必需。计算中的首期，付款期数从1开始计数。
- End_period：必需。计算中的末期。
- Type：必需。付款时间类型。

D

DATEDIF函数

函数功能： DATEDIF函数用于计算两个日期之间的年数、月数和天数。

函数语法：DATEDIF(start_date,end_date,unit)

参数解释：

- Start_date：为一个日期，它代表时间段内的最后一个日期或结束日期。
- End_date：为一个日期，它代表时间段内的最后一个日期或结束日期。
- Unit：为所需信息的返回类型。

DATEVALUE函数

函数功能：DATEVALUE函数可将存储为文本的日期转换为Excel识别为日期的序列号。

函数语法：DATEVALUE(date_text)

参数解释：

- Date_text：必需。表示Excel日期格式的日期的文本，或者是对表示Excel日期格式的日期的文本所在单元格的单元格引用。

DATE函数

函数功能：DATE函数返回表示特定日期的连续序列号。

函数语法：DATE(year,month,day)

参数解释：

- Year：必需。year参数的值可以包含一到四位数字。Excel将根据计算机所使用的日期系统来解释year参数。默认情况下，Microsoft Excel for Windows将使用1900日期系统，而Microsoft Excel for Macintosh将使用1904日期系统。
- Month：必需。一个正整数或负整数，表示一年中从1～12月（一月到十二月）的各个月。
- Day：需。一个正整数或负整数，表示一月中从1～31日的各天。

DAVERAGE函数

函数功能：DAVERAGE函数是对列表或数据库中满足指定条件的记录字段（列）中的数值求平均值。

函数语法：DAVERAGE(database, field, criteria)

参数解释：

- Database：构成列表或数据库的单元格区域。数据库是包含一组相关数据的列表，其中包含相关信息的行为记录，而包含数据的列为字段。列表的第一行包含着每一列的标志。

- Field：指定函数所使用的列。输入两端带双引号的列标签，如“使用年数”或“产量”；或是代表列表中列位置的数字（没有引号）：1表示第一列，2表示第二列，依此类推。
- Criteria：是包含所指定条件的单元格区域。您可以为参数 criteria 指定任意区域，只要此区域包含至少一个列标签，并且列标签下方包含至少一个指定列条件的单元格。

DAYS360函数

函数功能： DAYS360按照一年360天的算法（每个月以30天计，一年共计12 个月），返回两日期间相差的天数，这在一些会计计算中将会用到。

函数语法： DAYS360(start_date,end_date,[method])

参数解释：

- Start_date：表示计算期间天数的起止日期。
- End_date：表示计算的终止日期。如果start_date在end_date之后，则DAYS360将返回一个负数。应使用DATE函数来输入日期，或者将日期作为其他公式或函数的结果输入。
- Method：选。一个逻辑值，它指定在计算中是采用欧洲方法还是美国方法。

DAY函数

函数功能： DAY函数是返回以序列号表示的某日期的天数，用整数1～31表示。

函数语法： DAY(serial_number)

参数解释：

- Serial_number：表示指定的日期。

DB函数

函数功能： DB函数使用固定余额递减法，计算一笔资产在给定期间内的折旧值。

函数语法： DB(cost, salvage, life, period, [month])

参数解释：

- Cost：必需。资产原值。
- Salvage：必需。资产在折旧期末的价值（有时也称为资产残值）。
- Life：必需。资产的折旧期数（有时也称作资产的使用寿命）。
- Period：必需。需要计算折旧值的期间。Period必须使用与life相同的单位。

- Month：可选。第一年的月份数，如省略，则假设为12。

DCOUNTA函数

函数功能： DCOUNTA函数用于返回列表或数据库中满足指定条件的记录字段（列）中的非空单元格的个数。

函数语法： DCOUNTA(database, field, criteria)

参数解释：

- Database：必需。构成列表或数据库的单元格区域。数据库是包含一组相关数据的列表，其中包含相关信息的行为记录，而包含数据的列为字段。列表的第一行包含每一列的标签。
- Field：必需。指定函数所使用的列。输入两端带双引号的列标签，如 "使用年数" 或 "产量"；或是代表列在列表中的位置的数字（不带引号）：1表示第一列，2表示第二列，依此类推。
- Criteria：必需。包含所指定条件的单元格区域。您可以为参数criteria指定任意区域，只要此区域包含至少一个列标签，并且列标签下方包含至少一个指定列条件的单元格。

DCOUNT函数

函数功能： DCOUNT函数用于返回数据库或列表的列中满足指定条件并且包含数字的单元格个数。

函数语法： DCOUNT(database,field,criteria)

参数解释：

- Database：构成列表或数据库的单元格区域。
- Field：指定函数所使用的数据列。Field可以是文本，即使用的数据列标识用引号引起来，如“入库数量”或“总金额”；Field也可以是使用的数据列的列标识，1表示第一列，2表示第二列，依次类推。
- Criteria：表示一组包含给定条件的单元格区域。可以为参数 criteria 指定任意区域，只要它至少包含一个列标识和列标识下方用于为该列设定条件的单元格。

DDB函数

函数功能： DDB函数使用双倍余额递减法或其他指定方法，计算一笔资产在给定期间内的折旧值。

函数语法：DDB(cost, salvage, life, period, [factor])

参数解释：

- Cost：必需。资产原值。
- Salvage：必需。资产在折旧期末的价值（有时也称为资产残值）。此值可以是 0。
- Life：必需。资产的折旧期数（有时也称作资产的使用寿命）。
- Period：必需。需要计算折旧值的期间。Period必须使用与life相同的单位。
- Factor：可选。余额递减速率。如果factor被省略，则假设为2（双倍余额递减法）。

DEC2BIN函数

函数功能：DEC2BIN函数是将十进制数转换为二进制数。

函数语法：DEC2BIN(number, [places])

参数解释：

- Number：必需。待转换的十进制整数。如果参数 number 是负数，则省略有效位值并且DEC2BIN返回10个字符的二进制数（10位二进制数），该数最高位为符号位，其余9位是数字位。负数用二进制数的补码表示。
- Places：可选。要使用的字符数。如果省略places，函数DEC2BIN用能表示此数的最少字符来表示。当需要在返回的值前置0（零）时，places尤其有用。

DEC2HEX函数

函数功能：DEC2HEX函数是将十进制数转换为十六进制数。

函数语法：DEC2HEX(number, [places])

参数解释：

- Number：必需。待转换的十进制整数。如果参数number是负数，则省略places，并且函数DEC2HEX返回10个字符的十六进制数（40位二进制数），其最高位为符号位，其余39位是数字位。负数用二进制数的补码表示。
- Places：可选。要使用的字符数。如果省略places，函数DEC2HEX用能表示此数的最少字符来表示。当需要在返回的值前置 0（零）时，places尤其有用。

DEC2OCT函数

函数功能：DEC2OCT函数是将十进制数转换为八进制数。

函数语法：DEC2OCT(number, [places])

参数解释：

- Number：必需。待转换的十进制整数。如果参数number是负数，则省略places，并且函数DEC2OCT返回10个字符的八进制数（30位二进制数），其最高位为符号位，其余29位是数字位。负数用二进制数的补码表示。
- Places：可选。要使用的字符数。如果省略places，函数DEC2OCT用能表示此数的最 少字符来表示。当需要在返回的值前置 0（零）时，places尤其有用。

DELTA函数

函数功能：DELTA函数用于测试两个数值是否相等。如果number1=number2，则返回1，否则返回0。

函数语法：DELTA(number1, [number2])

参数解释：

- Number1：必需。第一个数字。
- Number2：可选。第二个数字。如果省略，假设Number2的值为零。

DEVSQ函数

函数功能：DEVSQ函数表示返回数据点与各自样本平均值偏差的平方和。

函数语法：DEVSQ(number1, [number2], ...)

参数解释：

- Number1, number2, ...：Number1是必需的，后续数值是可选的。这是用于计算偏差平方和的一组参数，参数的个数可以为1~255个。也可以用单一数组或对某个数组的引用来代替用逗号分隔的参数。

DGET函数

函数功能：DGET函数用于从列表或数据库的列中提取符合指定条件的单个值。

函数语法：DGET(database, field, criteria)

参数解释：

- Database：必需。构成列表或数据库的单元格区域。数据库是包含一组相关数据的列表，其中包含相关信息的行为记录，而包含数据的列为字段。列表的第一行包含每一列的标签。

- Field：必需。指定函数所使用的列。输入两端带双引号的列标签，如 "使用年数" 或 "产量"；或是代表列在列表中的位置的数字（不带引号）：1 表示第一列，2 表示第二列，依此类推。
- Criteria：必需。包含所指定条件的单元格区域。您可以为参数criteria指定任意区域，只要此区域包含至少一个列标签，并且列标签下方包含至少一个指定列条件的单元格。

DISC函数

函数功能： DISC函数用于返回有价证券的贴现率。

函数语法： DISC(settlement, maturity, pr, redemption, [basis])

参数解释：

- Settlement：必需。有价证券的结算日。有价证券结算日是在发行日之后，有价证券卖给购买者的日期。
- Maturity：必需。有价证券的到期日。到期日是有价证券有效期截止时的日期。
- Pr：必需。有价证券的价格（按面值为￥100计算）。
- Redemption：必需。面值￥100的有价证券的清偿价值。
- Basis：可选。要使用的日计数基准类型。

DMAX函数

函数功能： DMAX函数用于返回列表或数据库中满足指定条件的记录字段（列）中的最大数字。

函数语法： DMAX(database, field, criteria)

参数解释：

- Database：必需。构成列表或数据库的单元格区域。数据库是包含一组相关数据的列表，其中包含相关信息的行为记录，而包含数据的列为字段。列表的第一行包含每一列的标签。
- Field：必需。指定函数所使用的列。输入两端带双引号的列标签，如“使用年数”或“产量”；或是代表列在列表中的位置的数字（不带引号）：1表示第一列，2表示第二列，依此类推。
- Criteria：必需。包含所指定条件的单元格区域。您可以为参数criteria指定任意区域，只要此区域包含至少一个列标签，并且列标签下方包含至少一个指定列条件的单元格。

DMIN函数

函数功能： DMIN函数用于返回列表或数据库中满足指定条件的记录字段（列）中的最小数字。

函数语法： DMIN(database, field, criteria)

参数解释：

- Database：必需。构成列表或数据库的单元格区域。数据库是包含一组相关数据的列表，其中包含相关信息的行为记录，而包含数据的列为字段。列表的第一行包含每一列的标签。
- Field：必需。指定函数所使用的列。输入两端带双引号的列标签，如“使用年数”或“产量”；或是代表列在列表中的位置的数字（不带引号）：1表示第一列，2表示第二列，依此类推。
- Criteria：必需。包含所指定条件的单元格区域。您可以为参数criteria指定任意区域，只要此区域包含至少一个列标签，并且列标签下方包含至少一个指定列条件的单元格。

DOLLARDE函数

函数功能： DOLLARDE函数用于将以整数部分和小数部分表示的价格（如1.02）转换为以十进制数表示的价格。以小数表示的金额数字有时可用于表示证券价格。

函数语法： DOLLARDE(fractional_dollar, fraction)

参数解释：

- Fractional_dollar：必需。以整数部份和小数部分表示的数字，用小数点隔开。
- Fraction：必需。要用作分数中的分母的整数。如果 fraction 不是整数，将被截尾取整。 如果fraction小于0，函数DOLLARDE返回错误值#NUM!。 如果fraction大于等于0且小于1，则DOLLARDE返回错误值#DIV/0!。

DOLLARFR函数

函数功能： DOLLARFR函数用于将按小数表示的价格转换为按分数表示的价格。使用DOLLARFR函数可以将小数表示的金额数字，如证券价格，转换为分数型数字。

函数语法： DOLLARFR(decimal_dollar, fraction)

参数解释：

- Decimal_dollar：必需。一个小数。
- Fraction：必需。要用作分数中的分母的整数。

DOLLARDE函数

函数功能：DOLLARDE函数用于将以整数部分和小数部分表示的价格（如1.02）转换为以十进制数表示的价格。以小数表示的金额数字有时可用于表示证券价格。

函数语法：DOLLARDE(fractional_dollar, fraction)

参数解释：

- Fractional_dollar：必需。以整数部份和小数部分表示的数字，用小数点隔开。
- Fraction：必需。要用作分数中的分母的整数。如果fraction不是整数，将被截尾取整。如果fraction小于0，函数DOLLARDE返回错误值#NUM!。如果fraction大于等于0且小于1，则DOLLARDE返回错误值#DIV/0!。

DPRODUCT函数

函数功能：DPRODUCT函数用于返回列表或数据库中满足指定条件的记录字段（列）中的数值的乘积。

函数语法：DPRODUCT(database, field, criteria)

参数解释：

- Database：必需。构成列表或数据库的单元格区域。数据库是包含一组相关数据的列表，其中包含相关信息的行为记录，而包含数据的列为字段。列表的第一行包含每一列的标签。
- Field：必需。指定函数所使用的列。输入两端带双引号的列标签，如“使用年数”或“产量”；或是代表列在列表中的位置的数字（不带引号）：1 表示第一列，2 表示第二列，依此类推。
- Criteria：必需。包含所指定条件的单元格区域。您可以为参数criteria指定任意区域，只要此区域包含至少一个列标签，并且列标签下方包含至少一个指定列条件的单元格。

DSTDEVP函数

函数功能：DSTDEVP函数用于返回利用列表或数据库中满足指定条件的记录字段（列）中的数字作为样本总体计算出的总体标准偏差。

函数语法：DSTDEVP(database, field, criteria)

参数解释：

- Database：必需。构成列表或数据库的单元格区域。数据库是包含一组相关数据的列表，其中包含相关信息的行为记录，而包含数据的列为字段。列表的第一行包含每一列的标签。

- Field：必需。指定函数所使用的列。输入两端带双引号的列标签，如“使用年数”或“产量”；或是代表列在列表中的位置的数字（不带引号）：1表示第一列，2表示第二列，依此类推。
- Criteria：必需。包含所指定条件的单元格区域。您可以为参数criteria指定任意区域，只要此区域包含至少一个列标签，并且列标签下方包含至少一个指定列条件的单元格。

DSTDEV函数

函数功能：DSTDEV函数用于返回利用列表或数据库中满足指定条件的记录字段（列）中的数字作为一个样本估算出的总体标准偏差。

函数语法：DSTDEV(database, field, criteria)

参数解释：

- Database：必需。构成列表或数据库的单元格区域。数据库是包含一组相关数据的列表，其中包含相关信息的行为记录，而包含数据的列为字段。列表的第一行包含每一列的标签。
- Field：必需。指定函数所使用的列。输入两端带双引号的列标签，如“使用年数”或“产量”；或是代表列在列表中的位置的数字（不带引号）：1表示第一列，2表示第二列，依此类推。
- Criteria：必需。包含所指定条件的单元格区域。您可以为参数criteria指定任意区域，只要此区域包含至少一个列标签，并且列标签下方包含至少一个指定列条件的单元格。

DSUM函数

函数功能：DSUM函数用于返回列表或数据库中满足指定条件的记录字段（列）中的数字之和。

函数语法：DSUM(database, field, criteria)

参数解释：

- Database：必需。构成列表或数据库的单元格区域。数据库是包含一组相关数据的列表，其中包含相关信息的行为记录，而包含数据的列为字段。列表的第一行包含每一列的标签。
- Field：必需。指定函数所使用的列。输入两端带双引号的列标签，如“使用年数”或“产量”；或是代表列在列表中的位置的数字（不带引号）：1表示第一列，2表示第二列，依此类推。

- Criteria：必需。为包含指定条件的单元格区域。您可以为参数criteria指定任意区域，只要此区域包含至少一个列标签，并且列标签下方包含至少一个指定列条件的单元格。

DURATION函数

函数功能： DURATION函数用于返回假设面值 ￥100 的定期付息有价证券的修正期限。期限定义为一系列现金流现值的加权平均值，用于计量债券价格对于收益率变化的敏感程度。

函数语法： DURATION(settlement, maturity, coupon, yld, frequency, [basis])

参数解释：

- Settlement：必需。有价证券的结算日。有价证券结算日是在发行日之后，有价证券卖给购买者的日期。
- Maturity：必需。有价证券的到期日。到期日是有价证券有效期截止时的日期。
- Coupon：必需。有价证券的年息票利率。
- Yld：必需。有价证券的年收益率。
- Frequency：必需。年付息次数。如果按年支付，frequency=1；按半年期支付，frequency=2；按季支付，frequency=4。
- Basis：可选。要使用的日计数基准类型。

DVARP函数

函数功能： DVARP函数用于通过使用列表或数据库中满足指定条件的记录字段（列）中的数字计算样本总体的样本总体方差。

函数语法： DVARP(database, field, criteria)

参数解释：

- Database：必需。构成列表或数据库的单元格区域。数据库是包含一组相关数据的列表，其中包含相关信息的行为记录，而包含数据的列为字段。列表的第一行包含每一列的标签。
- Field：必需。指定函数所使用的列。输入两端带双引号的列标签，如“使用年数”或“产量”；或是代表列表中列位置的数字（不带引号）：1 表示第一列，2 表示第二列，依此类推。
- Criteria：必需。包含所指定条件的单元格区域。可以为参数指定criteria 任意区域，只要此区域包含至少一个列标签，并且列标签下至少有一个在其中为列指定条件的单元格。

DVAR函数

函数功能： DVAR函数用于返回利用列表或数据库中满足指定条件的记录字段（列）中的数字作为一个样本估算出的总体方差。

函数语法： DVAR(database, field, criteria)

参数解释：

- Database：必需。构成列表或数据库的单元格区域。数据库是包含一组相关数据的列表，其中包含相关信息的行为记录，而包含数据的列为字段。列表的第一行包含每一列的标签。
- Field：必需。指定函数所使用的列。输入两端带双引号的列标签，如“使用年数”或“产量”；或是代表列表中列位置的数字（不带引号）：1表示第一列，2表示第二列，依此类推。
- Criteria：必需。包含所指定条件的单元格区域。可以为参数指定 criteria 任意区域，只要此区域包含至少一个列标签，并且列标签下至少有一个在其中为列指定条件的单元格。

E

EDATE函数

函数功能： EDATE函数返回表示某个日期的序列号，该日期与指定日期 (start_date) 相隔（之前或之后）指示的月份数。使用函数 EDATE 可以计算与发行日处于一月中同一天的到期日的日期。

函数语法： EDATE(start_date, months)

参数解释：

- Start_date ： 必需。一个代表开始日期的日期。应使用 DATE 函数输入日期，或者将日期作为其他公式或函数的结果输入。
- Months: 必需。start_date 之前或之后的月份数。months 为正值将生成未来日期；为负值将生成过去日期。

EFFECT函数

函数功能： EFFECT函数利用给定的名义年利率和每年的复利期数，计算有效的年利率。

函数语法： EFFECT(nominal_rate, npery)

参数解释：

- Nominal_rate：必需。名义利率。
- Npery：必需。每年的复利期数。

EOMONTH函数

函数功能：EOMONTH函数是返回start_date之前或之后用于指示月份的该月最后一天的序列号。用函数EOMONTH可计算正好在特定月份中最后一天内的到期日或发行日。

函数语法：EOMONTH(start_date,months)

参数解释：

- Start_date：表示开始日期。除了使用标准日期格式外，还可以使用日期所对应的序列号。
- Months：表示为开始日期之前或之后的月份数，正数表示未来日期，负数表示过去日期。

ERFC函数

函数功能：ERFC函数用于返回从x到∞（无穷）积分的ERF函数的补余误差函数。

函数语法：ERFC(x)

参数解释：

- X：必需。ERFC 函数的积分下限。

ERF函数

函数功能：ERF函数用于返回误差函数在上下限之间的积分。

函数语法：ERF(lower_limit,[upper_limit])

参数解释：

- Lower_limit：必需。ERF函数的积分下限。
- Upper_limit：可选。ERF函数的积分上限。如果省略，ERF将在0到lower_limit之间进行积分。

ERROR.TYPE函数

函数功能：ERROR.TYPE函数用于返回对应于Microsoft Excel中某一错误值的数字，或者，如果没有错误则返回#N/A。

函数语法：ERROR.TYPE(error_val)

参数解释：

- Error_val：必需。需要查找其标号的一个错误值。

EXACT函数

函数功能：EXACT函数用于比较两个字符串：如果它们完全相同，则返回

TRUE；否则，返回FALSE。EXACT函数区分大小写，但忽略格式上的差异。利用EXACT函数可以测试在文档内输入的文本。

函数语法： EXACT(text1, text2)

参数解释：

- Text1：必需。第一个文本字符串。
- Text2：必需。第二个文本字符串。

EXPONDIST函数

函数功能： EXPONDIST函数返回指数分布。该函数可以建立事件之间的时间间隔模型，如估计银行的自动取款机支付一次现金所花费的时间，从而确定此过程最长持续一分钟的发生概率。

函数语法： EXPONDIST(x,lambda,cumulative)

参数解释：

- X：表示函数的数值。
- Lambda：表示参数值。
- Cumulative：表示为确定指数函数形式的逻辑值。若cumulative为TRUE，则EXPONDIST函数返回累积分布函数；若cumulative为FALSE，则EXPONDIST函数返回概率密度函数。

F

FACTDOUBLE函数

函数功能： FACTDOUBLE函数用于返回参数Number的半阶乘。

函数语法： FACTDOUBLE(number)

参数解释：

- Number：表示要计算其半阶乘的数值，如果参数Number为非整数，则截尾取整。

FACT函数

函数功能： FACT函数返回数字的阶乘，一个数的阶乘等于1*2*3*...*该数。

函数语法： FACT(number)

参数解释：

- Number：必需。要计算其阶乘的非负数。如果Number不是整数，则截尾取整。

FALSE函数

函数功能：FALSE函数用于返回参数的逻辑值，也可以直接在单元格或公式中使用，所以它们一般配合其他函数来运用。

函数语法：FALSE()

参数解释：

该函数没有参数，并且可以在其他函数中被当做参数来使用。

FDIST函数

函数功能：FDIST函数返回F概率分布，它可以确定两个数据系列是否存在变化程度上的不同。

函数语法：FDIST(x,degrees_freedom1,degrees_freedom2)

参数解释：

- X：表示参数值。
- Degrees_freedom1：表示分子自由度。
- Degrees_freedom2：表示分母自由度。

FIND函数

函数功能：FIND函数是用于在第二个文本串中定位第一个文本串，并返回第一个文本串的起始位置的值，该值从第二个文本串的第一个字符算起。

函数语法：FIND(find_text,within_text,start_num)

参数解释：

- Find_text：要查找的文本。
- Within_text：包含要查找文本的文本。
- Start_num：指定要从其开始搜索的字符。within_text中的首字符是编号为1的字符。如果省略start_num，则假设其值为1。

FISHERINV函数

函数功能：FISHERINV函数返回 Fisher 变换的反函数值。

函数语法：FISHERINV(y)

参数解释：

- Y：表示要对其进行反变换的数值。

FISHER函数

函数功能：FISHER函数表示返回点 x 的 Fisher 变换。该变换生成一个正态分布而非偏斜的函数。使用此函数可以完成相关系数的假设检验。

函数语法：FISHER(x)

参数解释：

- X：必需。要对其进行变换的数值。

FIXED函数

函数功能：FIXED函数是将数字按指定的小数位数进行取整，利用句号和逗号以十进制格式对该数进行格式设置，并以文本形式返回结果。

函数语法：FIXED(number, [decimals], [no_commas])

参数解释：

- Number：必需。要进行舍入并转换为文本的数字。
- Decimals：可选。小数点右边的位数。
- No_commas：可选。一个逻辑值，如果为TRUE，则会禁止FIXED在返回的文本中包含逗号。

FLOOR函数

函数功能：FLOOR函数用于将指定的数值按沿绝对值减小的方向去尾舍入计算。

函数语法：FLOOR(number,significance)

参数解释：

- Number：表示要进行舍入计算的数值整。
- Significance：表示要舍入的倍数。

FORECAST函数

函数功能：FORECAST函数根据已有的数值计算或预测未来值。此预测值为基于给定的x值推导出的y值。已知的数值为已有的x值和y值，再利用线性回归对新值进行预测。可以使用该函数对未来销售额、库存需求或消费趋势进行预测。

函数语法：FORECAST(x, known_y's, known_x's)

参数解释：

- X：必需。需要进行值预测的数据点。
- Known_y's：必需。因变量数组或数据区域。
- Known_x's：必需。自变量数组或数据区域。

FREQUENCY函数

函数功能：FREQUENCY函数表示计算数值在某个区域内的出现频率，然后返回一个垂直数组。

函数语法： FREQUENCY(data_array, bins_array)

参数解释：

- Data_array：必需。一个值数组或对一组数值的引用，您要为它计算频率。如果 data_array 中不包含任何数值，函数FREQUENCY将返回一个零数组。
- Bins_array：必需。一个区间数组或对区间的引用，该区间用于对data_array中的数值进行分组。如果bins_array中不包含任何数值，函数FREQUENCY返回的值与data_array中的元素个数相等。

F.TEST函数

函数功能： F.TEST函数表示返回F检验的结果，即当数组1和数组2的方差无明显差异时的双尾概率。

函数语法： F.TEST(array1,array2)

参数解释：

- Array1：必需。第一个数组或数据区域。
- Array2：必需。第二个数组或数据区域。

FVSCHEDULE函数

函数功能： FVSCHEDULE函数是基于一系列复利返回本金的未来值。函数FVSCHEDULE 用于计算某项投资在变动或可调利率下的未来值。

函数语法： FVSCHEDULE(principal, schedule)

参数解释：

- Principal：必需。现值。
- Schedule：必需。要应用的利率数组。

FV函数

函数功能： FV函数是基于固定利率及等额分期付款方式，返回某项投资的未来值。

函数语法： FV(rate,nper,pmt,[pv],[type])

参数解释：

- Rate：必需。各期利率。
- Nper：必需。年金的付款总期数。
- Pmt：必需。各期所应支付的金额，其数值在整个年金期间保持不变。通常，pmt包括本金和利息，但不包括其他费用或税款。如果省略pmt，则必须包括pv参数。

- Pv：可选。现值，或一系列未来付款的当前值的累积和。如果省略pv，则假设其值为0（零），并且必须包括 pmt 参数。
- Type：可选。数字0或1，用以指定各期的付款时间是在期初还是期末。如果省略type，则假设其值为0。

G

GAMMALN函数

函数功能： GAMMALN函数返回伽玛函数的自然对数，Γ(x)。

函数语法： GAMMALN(x)

参数解释：

- X：必需。用于进行GAMMALN函数计算的数值。

GAMMALN.PRECISE函数

函数功能： GAMMALN.PRECISE函数返回 γ 函数的自然对数 Γ(x)。

函数语法： GAMMALN.PRECISE(x)

参数解释：

- X：必需。用于进行GAMMALN.PRECISE函数计算的数值。

GCD函数

函数功能： GCD函数用于返回两个或多个整数的最大公约数。

函数语法： GCD(number1,number2,...)

参数解释：

- Number1,number2,...：表示要参加计算的1~29个整数。

GEOMEAN函数

函数功能： GEOMEAN函数用于返回正数数组或区域的几何平均值。

函数语法： GEOMEAN(number1, [number2], ...)

参数解释：

- Number1, number2, ...：Number1是必需的，后续数值是可选的。这是用于计算平均值的一组参数，参数的个数可以为1~255个。也可以用单一数组或对某个数组的引用来代替用逗号分隔的参数。

GESTEP函数

函数功能： GESTEP函数用于比较给定参数的大小，如果Number大于等于

step，返回1，否则返回0。

函数语法： GESTEP(number, [step])

参数解释：

- Number：必需。要针对step进行测试的值。
- Step：可选。阈值。如果省略step的值，则函数GESTEP假设其为零。

GROWTH函数

函数功能： GROWTH函数根据现有的数据预测指数增长值。根据现有的x值和y值，GROWTH函数返回一组新的x值对应的y值。可以使用GROWTH工作表函数来拟合满足现有 x 值和 y 值的指数曲线。

函数语法： GROWTH(known_y's, [known_x's], [new_x's], [const])

参数解释：

- Known_y's：必需。满足指数回归拟合曲线y=b*m^x的一组已知的 y 值。
- Known_x's：可选。满足指数回归拟合曲线y=b*m^x的一组已知的可选 x 值。
- New_x's：可选。需要通过GROWTH函数为其返回对应y值的一组新x值。
- Const：可选。一逻辑值，用于指定是否将常量b强制设为1。

HARMEAN函数

函数功能： HARMEAN函数返回数据集合的调和平均值（调和平均值与倒数的算术平均值互为倒数）。

函数语法： HARMEAN(number1,number2,...)

参数解释：

- Number1, number2, ...：Number1是必需的，后续数值是可选的。这是用于计算平均值的一组参数，参数的个数可以为1~255个。也可以用单一数组或对某个数组的引用来代替用逗号分隔的参数。

HEX2BIN函数

函数功能： HEX2BIN函数是将十六进制数转换为二进制数。

函数语法： HEX2BIN(number, [places])

参数解释：

- Number：必需。待转换的十六进制数。Number的位数不能多于10位，最高位为符号位（从右算起第40个二进制位），其余39位是数字位。负数用二进制数的补码表示。

- Places：可选。要使用的字符数。如果省略places，函数 HEX2BIN 用能表示此数的最少字符来表示。当需要在返回的值前置0（零）时，places尤其有用。

HEX2DEC函数

函数功能：HEX2DEC函数是将十六进制数转换为十进制数。

函数语法：HEX2DEC(number)

参数解释：

- Number：必需。待转换的十六进制数。参数number的位数不能多于10位（40位二进制），最高位为符号位，其余39位是数字位。负数用二进制数的补码表示。

HEX2OCT函数

函数功能：HEX2OCT函数是将十六进制数转换为八进制数。

函数语法：HEX2OCT(number, [places])

参数解释：

- Number：必需。待转换的十六进制数。参数Number的位数不能多于10位，最高位（二进制位）为符号位，其余39位（二进制位）是数字位。负数用二进制数的补码表示。
- Places：可选。要使用的字符数。如果省略places，函数HEX2OCT用能表示此数的最少字符来表示。当需要在返回的值前置0（零）时，places尤其有用。

HLOOKUP函数

函数功能：HLOOKUP函数在表格或数值数组的首行查找指定的数值，并在表格或数组中指定行的同一列中返回一个数值。

函数语法：HLOOKUP(lookup value, table_array, row_index_num, [range_lookup])

参数解释：

- Lookup_value：必需。需要在表的第一行中进行查找的数值。
- Table array：必需。需要在其中查找数据的信息表。使用对区域或区域名称的引用。
- Row_index_num：必需。table array中待返回的匹配值的行序号。

- Range lookup：可选。为一逻辑值，指明函数HLOOKUP查找时是精确匹配，还是近似匹配。

HOUR函数

函数功能：HOUR函数表示返回时间值的小时数。

函数语法：HOUR(serial_number)

参数解释：

- Serial_number：必需。一个时间值，其中包含要查找的小时。

HYPERLINK函数

函数功能： HYPERLINK函数用于创建快捷方式或跳转，用以打开存储在网络服务器、Intranet 或 Internet 中的文档。

函数语法：HYPERLINK(link_location, [friendly_name])

参数解释：

- Link_location：必需。要打开的文档的路径和文件名。
- Friendly_name：可选。单元格中显示的跳转文本或数字值。

I

IFERROR函数

函数功能：IFERROR函数是公式的计算结果为错误，则返回您指定的值；否则将返回公式的结果。使用 IFERROR 函数来捕获和处理公式（公式：单元格中的一系列值、单元格引用、名称或运算符的组合，可生成新的值。公式总是以等号 (=) 开始。）中的错误。

函数语法：IFERROR(value, value_if_error)

参数解释：

- Value：必需。检查是否存在错误的参数。
- Value_if_error：必需。公式的计算结果为错误时要返回的值。计算得到的错误类型有：#N/A、#VALUE!、#REF!、#DIV/0!、#NUM!、#NAME? 或 #NULL!。

IF函数

函数功能：IF函数是根据指定的条件来判断其“真”（TRUE）、“假”（FALSE），从而返回其相对应的内容。

函数语法：IF(logical_test,value_if_true,value_if_false)

参数解释：

- Logical_test：表示逻辑判决表达式。
- Value_if_true：表示当判断条件为逻辑“真”（TRUE）时，显示该处给定的内容。如果忽略，返回“TRUE”。
- Value_if_false：表示当判断条件为逻辑“假”（FALSE）时，显示该处给定的内容。如果忽略，返回“FALSE”。

IF函数可以嵌套7层关系式，这样可以构造复杂的判断条件，从而进行综合评测。

IMABS函数

函数功能：IMABS函数用于返回以x+yi或x+yj文本格式表示的复数的绝对值（模）。

函数语法：IMABS(inumber)

参数解释：

- Inumber：必需。需要计算其绝对值的复数。

IMAGINARY函数

函数功能：IMAGINARY函数用于返回以x+yi或x+yj文本格式表示的复数的虚系数。

函数语法：IMAGINARY(inumber)

参数解释：

- Inumber：必需。需要计算其虚系数的复数。

IMARGUMENT函数

函数功能：IMARGUMENT函数用于返回以弧度表示的角。

函数语法：IMARGUMENT(inumber)

参数解释：

- Inumber：必需。需要计算其幅角的复数。

IMCONJUGATE函数

函数功能：IMCONJUGATE函数用于返回以x+yi或x+yj文本格式表示的复数的共轭复数。

函数语法：IMCONJUGATE(inumber)

参数解释：

- Inumber：必需。需要计算其共轭数的复数。

IMCOS函数

函数功能：IMCOS函数用于返回以x+yi或x+yj文本格式表示的复数的余弦。

函数语法：IMCOS(inumber)

参数解释：

- Inumber：必需。需要计算其余弦的复数。

IMDIV函数

函数功能：IMDIV函数用于返回以x+yi或x+yj文本格式表示的两个复数的商。

函数语法：IMDIV(inumber1, inumber2)

参数解释：

- Inumber1：必需。复数分子（被除数）。
- Inumber2：必需。复数分母（除数）。

IMEXP函数

函数功能：IMEXP函数用于返回以x+yi或x+yj文本格式表示的复数的指数。

函数语法：IMEXP(inumber)

参数解释：

- Inumber：必需。需要计算其指数的复数。

IMLN函数

函数功能：IMLN函数用于返回以x+yi或x+yj文本格式表示的复数的自然对数。

函数语法：IMLN(inumber)

参数解释：

- Inumber：必需。需要计算其自然对数的复数

IMLOG10函数

函数功能：IMLOG10函数用于返回以x+yi或x+yj文本格式表示的复数的常用对数（以10为底数）。

函数语法：IMLOG10(inumber)

参数解释：

- Inumber：必需。需要计算其常用对数的复数。

IMLOG2函数

函数功能： IMLOG2函数用于返回以x+yi或x+yj文本格式表示的复数的以 2 为底数的对数。

函数语法： IMLOG2(inumber)

参数解释：

- Inumber：必需。需要计算以2为底数的对数值的复数。

IMPOWER函数

函数功能： IMPOWER函数用于返回以x+yi或x+yj文本格式表示的复数的n次幂。

函数语法： IMPOWER(inumber, number)

参数解释：

- Inumber：必需。需要计算其幂值的复数。
- Number：必需。需要对复数应用的幂次。

IMPRODUCT函数

函数功能： IMPRODUCT函数用于返回以x+yi或x+yj文本格式表示的1~255个复数的乘积。

函数语法： IMPRODUCT(inumber1, [inumber2], ...)

参数解释：

- Inumber1, [inumber2], ...：Inumber1是必需的，后面的inumber不是必需的。这些是 1 ~ 255 个要相乘的复数。

IMREAL函数

函数功能： IMREAL函数用于返回以x+yi或x+yj文本格式表示的复数的实系数。

函数语法： IMREAL(inumber)

参数解释：

- Inumber：必需。需要计算其实系数的复数。

IMSIN函数

函数功能： IMSIN函数用于返回以x+yi或x+yj文本格式表示的复数的正弦值。

函数语法： IMSIN(inumber)

参数解释：

- Inumber：必需。需要计算其正弦的复数。

IMSQRT函数

函数功能： IMSQRT函数用于返回以x+yi或x+yj文本格式表示的复数的平方根。

函数语法： IMSQRT(inumber)

参数解释：

- Inumber：必需。需要计算其平方根的复数。

IMSUB函数

函数功能： IMSUB函数用于返回以x+yi或x+yj文本格式表示的两个复数的差。

函数语法： IMSUB(inumber1, inumber2)

参数解释：

- Inumber1：必需。被减（复）数。
- Inumber2：必需。减（复）数。

IMSUM函数

函数功能： IMSUM函数用于返回以x+yi或x+yj文本格式表示的两个或多个复数的和。

函数语法： IMSUM(inumber1, inumber2)

参数解释：

- Inumber1, [inumber2], ...：Inumber1是必需的，后续数字不是必需的。这些是1～255个要相加的复数。

INDEX函数（数组型）

函数功能： INDEX函数的数组形式通常返回数值或数值数组。当函数INDEX的第一个参数为数组常数时，使用数组形式。

函数语法： INDEX(array, row_num, [column_num])

参数解释：

- Array：必需。单元格区域或数组常量。
- Row_num：必需。选择数组中的某行，函数从该行返回数值。
- Column_num：可选。选择数组中的某列，函数从该列返回数值。

INDEX函数（引用型）

函数功能： INDEX函数返回表格或区域中的值或值的引用。函数INDEX有两种形式：数组形式和引用形式。INDEX函数引用形式通常返回引用。

函数语法： INDEX(reference, row_num, [column_num], [area_num])

参数解释：

- Reference：必需。对一个或多个单元格区域的引用。
- Row_num：必需。引用中某行的行号，函数从该行返回一个引用。
- Column_num：可选。引用中某列的列标，函数从该列返回一个引用。
- Area_num：可选。选择引用中的一个区域，以从中返回row_num和column_num的交叉区域。选中或输入的第一个区域序号为1，第二个为2，依此类推。如果省略area_num，则函数INDEX使用区域1。

INDIRECT函数

函数功能： INDIRECT函数表示返回由文本字符串指定的引用。

函数语法： INDIRECT(ref_text, [a1])

参数解释：

- Ref_text：必需。对单元格的引用，此单元格包含A1样式的引用、R1C1样式的引用、定义为引用的名称或对作为文本字符串的单元格的引用。
- A1：可选。一个逻辑值，用于指定包含在单元格ref_text中的引用的类型。

INFO函数

函数功能： INFO函数用于返回有关当前操作环境的信息。

函数语法： INFO(type_text)

参数解释：

- Type_text：必需。用于指定要返回的信息类型的文本。

INTERCEPT函数

函数功能： INTERCEPT函数利用现有的x值与y值计算直线与y轴的截距。截距为穿过已知的known_x's和known_y's数据点的线性回归线与y轴的交点。当自变量为0（零）时，使用INTERCEPT函数可以决定因变量的值。

函数语法： INTERCEPT(known_y's, known_x's)

参数解释：

- Known_y's：必需。因变的观察值或数据的集合。
- Known_x's: 必需。自变的观察值或数据的集合。

INTRATE函数

函数功能： INTRATE函数用于返回完全投资型证券的利率。

函数语法： INTRATE(settlement, maturity, investment, redemption, [basis])

参数解释：

- Settlement：必需。有价证券的结算日。有价证券结算日是在发行日之后，有价证券卖给购买者的日期。
- Maturity：必需。有价证券的到期日。到期日是有价证券有效期截止时的日期。
- Investment：必需。有价证券的投资额。
- Redemption：必需。有价证券到期时的兑换值。
- Basis：可选。要使用的日计数基准类型。

INT函数

函数功能： INT函数用于将指定数值向下取整为最接近的整数。

函数语法： INT(number)

参数解释：

- Number：表示要进行计算的数值。

IPMT函数

函数功能： IPMT函数是基于固定利率及等额分期付款方式，返回给定期数内对投资的利息偿还额。

函数语法： IPMT(rate, per, nper, pv, [fv], [type])

参数解释：

- Rate：必需。各期利率。
- Per：必需。用于计算其利息数额的期数，必须在1到nper之间。
- Nper：必需。年金的付款总期数。
- Pv：必需。现值，或一系列未来付款的当前值的累积和。
- Fv：可选。未来值，或在最后一次付款后希望得到的现金余额。如果省略 fv，则假设其值为0（例如，一笔贷款的未来值即为0）。
- Type：可选。数字0或1，用以指定各期的付款时间是在期初还是期末。如果省略type，则假设其值为零。

IRR函数

函数功能： IRR函数用于返回由数值代表的一组现金流的内部收益率。这些现金流不必为均衡的，但作为年金，它们必须按固定的间隔产生，如按月或按年。内部收益率为投资的回收利率，其中包含定期支付（负值）和定期收入（正值）。

函数语法：IRR(values, [guess])

参数解释：

- Values：必需。数组或单元格的引用，这些单元格包含用来计算内部收益率的数字。Values必须包含至少一个正值和一个负值，以计算返回的内部收益率。 函数IRR根据数值的顺序来解释现金流的顺序。故应确定按需要的顺序输入了支付和收入的数值。 如果数组或引用包含文本、逻辑值或空白单元格，这些数值将被忽略。
- Guess：可选。对函数IRR计算结果的估计值。Microsoft Excel使用迭代法计算函数IRR。从guess开始，函数IRR进行循环计算，直至结果的精度达到0.00001%。如果函数IRR经过20次迭代，仍未找到结果，则返回错误值#NUM!。在大多数情况下，并不需要为函数IRR的计算提供 guess 值。如果省略guess，假设它为0.1 (10%)。 如果函数IRR返回错误值#NUM!，或结果没有靠近期望值，可用另一个guess值再试一次。

ISBLANK函数

函数功能：ISBLANK函数用于判断指定值是否为空值。

函数语法：ISBLANK(value)

参数解释：

- Value：必需。要检验的值。参数value可以是空白（空单元格）、错误值、逻辑值、文本、数字、引用值，或者引用要检验的以上任意值的名称。

ISERROR函数

函数功能：ISERROR函数用于判断指定数据是否为任何错误值。

函数语法：ISERROR(value)

参数解释：

- Value：必需。要检验的值。参数value可以是空白（空单元格）、错误值、逻辑值、文本、数字、引用值，或者引用要检验的以上任意值的名称。

ISERR函数

函数功能：ISERR函数用于判断指定数据是否为错误值#N/A之外的任何错

误值。

函数语法： ISERR(value)

参数解释：

- Value：必需。要检验的值。参数value可以是空白（空单元格）、错误值、逻辑值、文本、数字、引用值，或者引用要检验的以上任意值的名称。

ISEVEN函数

函数功能： ISEVEN函数用于判断指定值是否为偶数。

函数语法： ISEVEN(number)

参数解释：

- Number：为指定的数值，如果number为偶数，返回TRUE，否则返回FALSE。

ISLOGICAL函数

函数功能： ISLOGICAL函数用于判断指定数据是否为逻辑值。

函数语法： ISLOGICAL(value)

参数解释：

- Value：必需。要检验的值。参数value可以是空白（空单元格）、错误值、逻辑值、文本、数字、引用值，或者引用要检验的以上任意值的名称。

ISNA函数

函数功能： ISNA函数用于判断指定数据是否为错误值#N/A。

函数语法： ISNA(value)

参数解释：

- Value：必需。要检验的值。参数value可以是空白（空单元格）、错误值、逻辑值、文本、数字、引用值，或者引用要检验的以上任意值的名称。

ISNONTEXT函数

函数功能： ISNONTEXT函数用于判断指定数据是否为非文本。

函数语法： ISNONTEXT(value)

参数解释：

- Value：必需。要检验的值。参数value可以是空白（空单元格）、错误值、逻辑值、文本、数字、引用值，或者引用要检验的以上任意值的名称。

ISNUMBER函数

函数功能： ISNUMBER函数用于判断指定数据是否为数字。

函数语法： ISNUMBER(value)

参数解释：

- Value：必需。要检验的值。参数value可以是空白（空单元格）、错误值、逻辑值、文本、数字、引用值，或者引用要检验的以上任意值的名称。

ISODD函数

函数功能： ISODD函数用于判断指定值是否为奇数。

函数语法： ISODD(number)

参数解释：

- Number：必需。待检验的数值。如果number不是整数，则截尾取整。如果参数number不是数值型，函数ISODD返回错误值#VALUE!。

ISPMT函数

函数功能： ISPMT函数是计算特定投资期内要支付的利息。提供此函数是为了与Lotus 1-2-3兼容。

函数语法： ISPMT(rate, per, nper, pv)

参数解释：

- Rate：必需。投资的利率。
- Per：必需。要计算利息的期数，此值必须在1到nper之间。
- Nper：必需。投资的总支付期数。
- Pv：必需。投资的现值。对于贷款，pv为贷款数额。

ISREF函数

函数功能： ISREF函数用于判断指定数据是否为引用。

函数语法： ISREF(value)

参数解释：

- Value：必需。要检验的值。参数value可以是空白（空单元格）、错误值、逻辑值、文本、数字、引用值，或者引用要检验的以上任意值的名称。

ISTEXT函数

函数功能： ISTEXT函数用于判断指定数据是否为文本。

函数语法： ISTEXT(value)

参数解释：

- Value：必需。要检验的值。参数value可以是空白（空单元格）、错误值、逻辑值、文本、数字、引用值，或者引用要检验的以上任意值的名称。

K

KURT函数

函数功能： KURT函数表示返回数据集的峰值。峰值反映与正态分布相比某一分布的尖锐度或平坦度。正峰值表示相对尖锐的分布。负峰值表示相对平坦的分布。

函数语法： KURT(number1, [number2], ...)

参数解释：

- Number1,number2, ...：Number1是必需的，后续数值是可选的。这是用于计算峰值的一组参数，参数的个数可以为1～255个。也可以用单一数组或对某个数组的引用来代替用逗号分隔的参数。

L

LARGE函数

函数功能： LARGE函数表示返回数据集中第k个最大值。使用此函数可以根据相对标准来选择数值。

函数语法： LARGE(array, k)

参数解释：

- Array：必需。需要确定第k个最大值的数组或数据区域。
- K：必需。返回值在数组或数据单元格区域中的位置（从大到小排）。

LCM函数

函数功能： LCM函数用于求两个或多个整数的最小公倍数。最小公倍数是所有整数参数number1、number2等等的最小正整数倍数。

函数语法：LCM(number1, [number2], ...)number

参数解释：

- Number1, number2,...：Number1是必需的，后续数值是可选的。
- Number：必需。要舍入的数值。

LEFT函数

函数功能：LEFT函数是返回文本字符串中第一个字符或前几个字符。

函数语法：LEFT(text,num_chars)

参数解释：

- Text：是包含要提取的字符的文本字符串。
- Num_chars：指定要由LEFT提取的字符的数量。Num_chars必须大于或等于零。如果num_chars大于文本长度，则LEFT返回全部文本；如果省略num_chars，则假设其值为1。

LENB函数

函数功能：LENB函数是返回文本字符串中用于代表字符的字节数。

函数语法：LENB(text)

参数解释：

- Text：是要查找其长度的文本。空格将作为字符进行计数。

LEN函数

函数功能：LEN函数返回文本字符串中的字符数。

函数语法：LEN(text)

参数解释：

- Text：必需。要查找其长度的文本。空格将作为字符进行计数。

LINEST函数

函数功能：LINEST函数可通过使用最小二乘法计算与现有数据最佳拟合的直线，来计算某直线的统计值，然后返回描述此直线的数组。

函数语法：LINEST(known_y's, [known_x's], [const], [stats])

参数解释：

- Known_y's：必需。关系表达式y=mx+b中已知的y值集合。
- Known_x's：可选。关系表达式y=mx+b中已知的x值集合。
- Const: 可选。一个逻辑值，用于指定是否将常量b强制设为0。
- Stats: 可选。一个逻辑值，用于指定是否返回附加回归统计值。

LOGEST函数

函数功能：LOGEST函数在回归分析中，计算最符合数据的指数回归拟合曲线，并返回描述该曲线的数值数组。因为此函数返回数值数组，所以必须以数组公式的形式输入。

函数语法：LOGEST(known_y's, [known_x's], [const], [stats])

参数解释：

- Known_y's：必需。关系表达式y = b*m^x中已知的y值集合。
- Known_x's: 可选。关系表达式y=b*m^x中已知的x值集合，为可选参数。
- Const: 可选。一个逻辑值，用于指定是否将常量b强制设为0。
- Stats: 可选。一个逻辑值，用于指定是否返回附加回归统计值。

LOGEST函数

函数功能：LOGEST函数在回归分析中，计算最符合数据的指数回归拟合曲线，并返回描述该曲线的数值数组。因为此函数返回数值数组，所以必须以数组公式的形式输入。

函数语法：LOGEST(known_y's, [known_x's], [const], [stats])

参数解释：

- Known_y's：必需。关系表达式y = b*m^x中已知的y值集合。
- Known_x's: 可选。关系表达式y=b*m^x中已知的x值集合，为可选参数。
- Const: 可选。一个逻辑值，用于指定是否将常量b强制设为0。
- Stats: 可选。一个逻辑值，用于指定是否返回附加回归统计值。

LOGNORM.INV函数

函数功能：LOGNORM.INV函数表示返回x的对数累积分布函数的反函数，此处的ln(x)是含有Mean与Standard_dev参数的正态分布 。

函数语法：LOGNORM.INV(probability, mean, standard_dev)s

参数解释：

- Probability：必需。与对数分布相关的概率。
- Mean：必需。ln(x) 的平均值。
- Standard_dev：必需。ln(x) 的标准偏差。

LOGNORMDIST函数

函数功能：LOGNORMDIST函数是返回x的对数累积分布函数，其中ln(x)是服从参数为mean和standard_dev的正态分布。

函数语法：LOGNORMDIST(x,mean,standard_dev)

参数解释：

- X：表示用来计算的数值。
- Mean：表示ln(x)的平均值。
- Standard_dev：表示ln(x)的标准偏差。

LOOKUP函数（数组型）

函数功能： LOOKUP 函数可从单行或单列区域或者从一个数组返回值。LOOKUP 函数具有两种语法形式：向量形式和数组形式。向量是只含一行或一列的区域。LOOKUP 的向量形式在单行区域或单列区域（称为“向量”）中查找值，然后返回第二个单行区域或单列区域中相同位置的值。

函数语法： LOOKUP(lookup_value, lookup_vector, [result_vector])

参数解释：

- Lookup_value：必需。LOOKUP在第一个向量中搜索的值。Lookup_value可以是数字、文本、逻辑值、名称或对值的引用；
- Lookup_vector：必需。只包含一行或一列的区域。lookup_vector中的值可以是文本、数字或逻辑值；
- Result_vector：可选。只包含一行或一列的区域。result_vector参数必须与 lookup_vector：大小相同。

LOOKUP函数（向量型）

函数功能： LOOKUP 的数组形式在数组的第一行或第一列中查找指定的值，并返回数组最后一行或最后一列内同一位置的值。

函数语法： LOOKUP(lookup_value, array)

参数解释：

- Lookup_value：必需。LOOKUP在数组中搜索的值。lookup_value参数可以是数字、文本、逻辑值、名称或对值的引用；
- Array：必需。包含要与lookup_value进行比较的文本、数字或逻辑值的单元格区域。

LOWER函数

函数功能： LOWER函数是将一个文本字符串中的所有大写字母转换为小写字母。

函数语法： LOWER(text)

参数解释：

- Text：必需。要转换为小写字母的文本。函数LOWER不改变文本中的非字母的字符。

M

MATCH函数

函数功能： MATCH函数可在单元格区域中搜索指定项，然后返回该项在单元格区域中的相对位置。

函数语法： MATCH(lookup_value, lookup_array, [match_type])

参数解释：

- Lookup_value：必需。需要在lookup_array中查找的值。
- Lookup_array：必需。要搜索的单元格区域。
- Match_type：可选。数字-1、0或1。

MAX函数

函数功能： MAX函数表示返回一组值中的最大值；MIN函数表示返回一组值中的最小值。

函数语法： MAX(number1, [number2], ...)

参数解释：

- Number1, number2, ...: Number1是必需的，后续数值是可选的。这些是要从中找出最大（小）值的1~255个数字参数。

MDURATION函数

函数功能： MDURATION函数用于返回假设面值￥100的有价证券的Macauley修正期限。

函数语法： MDURATION(settlement, maturity, coupon, yld, frequency, [basis])

参数解释：

- Settlement：必需。有价证券的结算日。有价证券结算日是在发行日之后，有价证券卖给购买者的日期。
- Maturity：必需。有价证券的到期日。到期日是有价证券有效期截止时的日期。
- Coupon：必需。有价证券的年息票利率。
- Yld：必需。有价证券的年收益率。
- Frequency：必需。年付息次数。如果按年支付，frequency=1；按半年期支付，frequency=2；按季支付，frequency=4。
- Basis：可选。要使用的日计数基准类型。

MEDIAN函数

函数功能：MEDIAN函数表示返回给定数值的中值。中值是在一组数值中居于中间的数值。

函数语法：MEDIAN(number1, [number2], ...)

参数解释：

- Number1, number2, ...：Number1是必需的，后续数值是可选的。这些是要计算中值的1～255个数字。

MID函数

函数功能：MID函数是返回文本字符串中从指定位置开始的特定数目的字符，该数目由用户指定。

函数语法：MID(text,start_num,num_chars)

参数解释：

- Text：是包含要提取字符的文本字符串。
- Start_num：是文本中要提取的第一个字符的位置。文本中第一个字符的start_num为1，以此类推。
- Num_chars：指定希望MID从文本中返回字符的个数。

MINUTE函数

函数功能：MINUTE函数表示返回时间值的小时数。

函数语法：MINUTE(serial_number)

参数解释：

- Serial_number：必需。一个时间值，其中包含要查找的分钟。

MINVERSE函数

函数功能：MINVERSE函数返回数组中存储的矩阵的逆距阵。

函数语法：MINVERSE(array)

参数解释：

- Array：必需。行数和列数相等的数值数组。

MIN函数

函数功能：MAX函数表示返回一组值中的最大值；而MIN函数表示返回一组值中的最小值。

函数语法：MIN(number1, [number2], ...)

参数解释：

- Number1, number2, ...：Number1是必需的，后续数值是可选的。这些是要从中找出最大（小）值的1~255个数字参数。

MIRR函数

函数功能： MIRR函数用于返回某一连续期间内现金流的修正内部收益率。函数 MIRR 同时考虑了投资的成本和现金再投资的收益率。

函数语法： MIRR(values, finance_rate, reinvest_rate)

参数解释：

- Values：必需。一个数组或对包含数字的单元格的引用。这些数值代表各期的一系列支出（负值）及收入（正值）。参数Values中必须至少包含一个正值和一个负值，才能计算修正后的内部收益率，否则函数 MIRR 会返回错误值#DIV/0!。如果数组或引用参数包含文本、逻辑值或空白单元格，则这些值将被忽略；但包含零值的单元格将计算在内。
- Finance_rate：必需。现金流中使用的资金支付的利率。

MOD函数

函数功能： MOD函数是返回两数相除的余数。结果的正负号与除数相同。

函数语法： MOD(number, divisor)

参数解释：

- Number：必需。被除数。
- Divisor：必需。除数。

MONTH函数

函数功能： MONTH函数表示返回以序列号表示的日期中的月份。月份是介于 1（1月）到 12（12月）之间的整数。

函数语法： MONTH(serial_number)

参数解释：

- Serial_number：必需。要查找的那个月的日期。应使用DATE函数输入日期，或者将日期作为其他公式或函数的结果输入。

N

NA函数

函数功能： NA函数返回错误值#N/A。错误值#N/A表示“无法得到有效值”。

函数语法：NA( )

参数解释：

该函数语法没有参数。

NETWORKDAYS函数

函数功能：NETWORKDAYS函数表示返回参数start_date和end_date之间完整的工作日数值。工作日不包括周末和专门指定的假期。

函数语法：NETWORKDAYS(start_date, end_date, [holidays])

参数解释：

- Start_date：必需。一个代表开始日期的日期。
- End_date：必需。一个代表终止日期的日期。
- Holidays：可选。不在工作日历中的一个或多个日期所构成的可选区域。

NOMINAL函数

函数功能：NOMINAL函数是基于给定的实际利率和年复利期数，返回名义年利率。

函数语法：NOMINAL(effect_rate, npery)

参数解释：

- Effect_rate：必需。实际利率。
- Npery：必需。每年的复利期数。

NOW函数

函数功能：NOW函数表示返回当前日期和时间的序列号。

函数语法：NOW()

参数解释：

该函数语法没有参数。

NPER函数

函数功能：NPER函数是基于固定利率及等额分期付款方式，返回某项投资的总期数。

函数语法：NPER(rate,pmt,pv,[fv],[type])

参数解释：

- Rate：必需。各期利率。
- Pmt：必需。各期所应支付的金额，其数值在整个年金期间保持不变。

通常，pmt包括本金和利息，但不包括其他费用或税款。

- Pv：必需。现值，或一系列未来付款的当前值的累积和。
- Fv：可选。未来值，或在最后一次付款后希望得到的现金余额。如果省略 fv，则假设其值为0（例如，一笔贷款的未来值即为0）。
- Type：可选。数字0或1，用以指定各期的付款时间是在期初还是期末。

NPV函数

函数功能： NPV函数是通过使用贴现率以及一系列未来支出（负值）和收入（正值），返回一项投资的净现值。

函数语法： NPV(rate,value1,[value2],...)

参数解释：

- Rate：必需。某一期间的贴现率。
- Value1, value2, ...：是必需的，后续值是可选的。这些是代表支出及收入的1~254个参数。 Value1, value2, ...在时间上必须具有相等间隔，并且都发生在期末。

NPV使用Value1,Value2, ...的顺序来解释现金流的顺序，所以务必保证支出和收入的数额按正确的顺序输入。忽略以下类型的参数：参数为空白单元格、逻辑值、数字的文本表示形式、错误值或不能转化为数值的文本。如果参数是一个数组或引用，则只计算其中的数字。数组或引用中的空白单元格、逻辑值、文本或错误值将被忽略。

N函数

函数功能： N函数用于返回转化为数值后的值。

函数语法： N(value)

参数解释：

- Value：必需。要检验的值。参数value可以是空白（空单元格）、错误值、逻辑值、文本、数字、引用值，或者引用要检验的以上任意值的名称。

O

OCT2BIN函数

函数功能： OCT2BIN函数是将八进制数转换为二进制数。

函数语法： OCT2BIN(number, [places])

参数解释：

- Number：必需。待转换的八进制数。参数Number不能多于10位，最高位（二进制位）是符号位，其余29位是数字位。负数用二进制数的补码表示。
- Places：可选。要使用的字符数。如果省略places，函数OCT2BIN用能表示此数的最少字符来表示。当需要在返回的值前置0（零）时，places尤其有用。

OCT2DEC函数

函数功能： OCT2DEC函数是将八进制数转换为十进制数。

函数语法： OCT2DEC(number)

参数解释：

- Number：必需。待转换的八进制数。参数number的位数不能多于10位（30个二进制位），最高位（二进制位）是符号位，其余29位是数字位，负数用二进制数的补码表示。

OCT2HEX函数

函数功能： OCT2HEX函数是将八进制数转换为十六进制数。

函数语法： OCT2HEX(number, [places])

参数解释：

- Number：必需。待转换的八进制数。参数Number的位数不能多于10位（30个二进制位），最高位（二进制位）是符号位，其余29位是数字位，负数用二进制数的补码表示。
- Places：可选。要使用的字符数。如果省略places，函数OCT2HEX用能表示此数的最少字符来表示。当需要在返回的值前置0（零）时，places尤其有用。

ODDFPRICE函数

函数功能： ODDFPRICE函数用于返回首期付息日不固定（长期或短期）的面值 ¥100 的有价证券价格。

函数语法： ODDFPRICE(settlement, maturity, issue, first_coupon, rate, yld, redemption, frequency, [basis])

参数解释：

- Settlement：必需。有价证券的结算日。有价证券结算日是在发行日之后，有价证券卖给购买者的日期。

- Maturity：必需。有价证券的到期日。到期日是有价证券有效期截止时的日期。
- Issue：必需。有价证券的发行日。
- First_coupon：必需。有价证券的首期付息日。
- Rate：必需。有价证券的利率。
- Yld：必需。有价证券的年收益率。
- Redemption：必需。面值 ¥100 的有价证券的清偿价值。
- Frequency：必需。年付息次数。如果按年支付，frequency=1；按半年期支付，frequency=2；按季支付，frequency=4。
- Basis：可选。要使用的日计数基准类型。

ODDFYIELD函数

函数功能： ODDFYIELD函数用于返回首期付息日不固定的有价证券（长期或短期）的收益率。

函数语法： ODDFYIELD(settlement, maturity, issue, first_coupon, rate, pr, redemption, frequency, [basis])

参数解释：

- Settlement：必需。有价证券的结算日。有价证券结算日是在发行日之后，有价证券卖给购买者的日期。
- Maturity：必需。有价证券的到期日。到期日是有价证券有效期截止时的日期。
- Issue：必需。有价证券的发行日。
- First_coupon：必需。有价证券的首期付息日。
- Rate：必需。有价证券的利率。
- Pr：必需。有价证券的价格。
- Redemption：必需。面值¥100的有价证券的清偿价值。
- Frequency：必需。年付息次数。如果按年支付，frequency=1；按半年期支付，frequency=2；按季支付，frequency=4。
- Basis：可选。要使用的日计数基准类型。

ODDLPRICE函数

函数功能： ODDLPRICE函数用于返回末期付息日不固定的面值¥100的有价证券（长期或短期）的价格。

函数语法： ODDLPRICE(settlement, maturity, last_interest, rate, yld, redemption, frequency, [basis])

参数解释：

- Settlement：必需。有价证券的结算日。有价证券结算日是在发行日之后，有价证券卖给购买者的日期。
- Maturity：必需。有价证券的到期日。到期日是有价证券有效期截止时的日期。
- Last_interest：必需。有价证券的末期付息日。
- Rate：必需。有价证券的利率。
- Yld：必需。有价证券的年收益率。
- Redemption：必需。面值￥100的有价证券的清偿价值。
- Frequency：必需。年付息次数。如果按年支付，frequency=1；按半年期支付，frequency=2；按季支付，frequency=4。
- Basis：可选。要使用的日计数基准类型。

ODDLYIELD函数

函数功能：ODDLYIELD函数用于返回末期付息日不固定的有价证券（长期或短期）的收益率。

函数语法：ODDLYIELD(settlement, maturity, last_interest, rate, pr, redemption, frequency, [basis])

参数解释：

- Settlement：必需。有价证券的结算日。有价证券结算日是在发行日之后，有价证券卖给购买者的日期。
- Maturity：必需。有价证券的到期日。到期日是有价证券有效期截止时的日期。
- Last_interest：必需。有价证券的末期付息日。
- Rate：必需。有价证券的利率
- Pr：必需。有价证券的价格。
- Redemption：必需。面值￥100的有价证券的清偿价值。
- Frequency：必需。年付息次数。如果按年支付，frequency=1；按半年期支付，frequency=2；按季支付，frequency=4。
- Basis：可选。要使用的日计数基准类型。

ODD函数

函数功能：ODD 函数用于返回对指定数值进行向上舍入后的奇数。

函数语法：ODD(number)

参数解释：

- Number：必需。要舍入的值。

OFFSET函数

函数功能：OFFSET函数以指定的引用为参照系，通过给定偏移量得到新的引用。返回的引用可以为一个单元格或单元格区域。并可以指定返回的行数或列数。

函数语法：OFFSET(reference, rows, cols, [height], [width])

参数解释：

- Reference：必需。作为偏移量参照系的引用区域。
- Rows： 必需。相对于偏移量参照系的左上角单元格，上（下）偏移的行数。
- Cols：必需。相对于偏移量参照系的左上角单元格，左（右）偏移的列数。
- Height：可选。高度，即所要返回的引用区域的行数。Height必须为正数。
- Width：可选。宽度，即所要返回的引用区域的列数。Width必须为正数。

PEARSON函数

函数功能：PEARSON函数表示返回Pearson（皮尔生）乘积矩相关系数 r，这是一个范围在-1.0~1.0之间（包括-1.0和1.0在内）的无量纲指数，反映了两个数据集合之间的线性相关程度。

函数语法：PEARSON(array1, array2)

参数解释：

- Array1: 必需。自变量集合。
- Array2: 必需。因变量集合。

PERCENTILE函数

函数功能：PERCENTILE函数用于返回数值区域的K百分比数值点。

函数语法：PERCENTILE(array,k)

参数解释：

- Array：表示为定义相对位置的数值数组或数值区域。

● K：0~1之间的百分点值，包含0和1。

PERCENTRANK函数

函数功能： PERCENTRANK函数用于返回特定数值在一个数据集中的百分比排位。

函数语法： PERCENTRANK(array,x,significance)

参数解释：

● Array：表示为定义相对位置的数组或数字区域。

● X：表示为数组中需要得到其排位的值。

● Significance：表示返回的百分数值的有效位数。若省略，函数保留3位小数。

PERMUT函数

函数功能： PERMUT函数用于返回从给定数目的元素集合中选取的若干元素的排列数。

函数语法： PERMUT(number,number_chosen)

参数解释：

● Number：表示为元素总数。

● Number_chosen：表示每个排列中的元素数目。

PI函数

函数功能： PI函数用于返回数字3.14159265358979，即数学常量pi，精确到小数点后14位。

函数语法： PI()

参数解释：

该函数没有参数。

PMT函数

函数功能： PMT函数是基于固定利率及等额分期付款方式，返回贷款的每期付款额。

函数语法： PMT(rate, nper, pv, [fv], [type])

参数解释：

● Rate：必需。贷款利率。

● Nper：必需。该项贷款的付款总数。

● Pv：必需。现值，或一系列未来付款的当前值的累积和，也称为本金。

- Fv：可选。未来值，或在最后一次付款后希望得到的现金余额，如果省略 fv，则假设其值为0（零），也就是一笔贷款的未来值为0。
- Type：可选。数字0（零）或1，用以指示各期的付款时间是在期初还是期末。

POISSON.DIST函数

函数功能： POISSON.DIST函数表示返回泊松分布。

函数语法： POISSON.DIST(x,mean,cumulative)

参数解释：

- X: 必需。事件数。
- Mean：必需。期望值。
- Cumulative: 必需。一逻辑值，确定所返回的概率分布的形式。如果cumulative为TRUE，函数POISSON.DIST返回泊松累积分布概率，即，随机事件发生的次数在0到x之间（包含0和x）；如果为FALSE，则返回泊松概率密度函数，即随机事件发生的次数恰好为x。

POWER函数

函数功能： POWER函数用于返回给定数字的乘幂。

函数语法： POWER(number, power)

参数解释：

- Number：必需。底数，可以为任意实数。
- Power：必需。指数，底数按该指数次幂乘方。

PPMT函数

函数功能： PPMT函数是基于固定利率及等额分期付款方式，返回投资在某一给定期间内的本金偿还额。

函数语法： PPMT(rate, per, nper, pv, [fv], [type])

参数解释：

- Rate：必需。各期利率。
- Per：必需。用于指定期间，且必须介于1到nper之间。
- Nper：必需。年金的付款总期数。
- Pv：必需。现值，即一系列未来付款现在所值的总金额。
- Fv：可选。未来值，或在最后一次付款后希望得到的现金余额，如果省略 fv，则假设其值为0（零），也就是一笔贷款的未来值为0。
- Type：可选。数字0或1，用以指定各期的付款时间是在期初还是期末。

PRICEDISC函数

函数功能： PRICEDISC函数用于返回折价发行的面值￥100的有价证券的价格。

函数语法： PRICEDISC(settlement, maturity, discount, redemption, [basis])

参数解释：

- Settlement：必需。有价证券的结算日。有价证券结算日是在发行日之后，有价证券卖给购买者的日期。
- Maturity：必需。有价证券的到期日。到期日是有价证券有效期截止时的日期。
- Discount：必需。有价证券的贴现率。
- Redemption：必需。面值￥100的有价证券的清偿价值。
- Basis：可选。要使用的日计数基准类型。

PRICEMAT函数

函数功能： PRICEMAT函数用于返回到期付息的面值￥100的有价证券的价格。

函数语法： PRICEMAT(settlement, maturity, issue, rate, yld, [basis])

参数解释：

- Settlement：必需。有价证券的结算日。有价证券结算日是在发行日之后，有价证券卖给购买者的日期。
- Maturity：必需。有价证券的到期日。到期日是有价证券有效期截止时的日期。
- Issue：必需。有价证券的发行日，以时间序列号表示。
- Rate：必需。有价证券在发行日的利率。
- Yld：必需。有价证券的年收益率。
- Basis：可选。要使用的日计数基准类型。

PRICE函数

函数功能： PRICE函数用于返回定期付息的面值￥100的有价证券的价格。

函数语法： PRICE(settlement, maturity, rate, yld, redemption, frequency, [basis])

参数解释：

- Settlement：必需。证券的结算日。证券结算日是在发行日期之后，证券卖给购买者的日期。

- Maturity：必需。证券的到期日。到期日是证券有效期截止时的日期。
- Rate：必需。证券的年息票利率。
- Yld：必需。证券的年收益率。
- Redemption：必需。面值 ￥100 的证券的清偿价值。
- Frequency：必需。年付息次数。如果按年支付，frequency=1；按半年期支付，frequency=2；按季支付，frequency=4。
- Basis：可选。要使用的日计数基准类型。

PROB函数

函数功能： PROB函数表示返回区域中的数值落在指定区间内的概率。

函数语法： PROB(x_range, prob_range, [lower_limit], [upper_limit])

参数解释：

- X_range: 必需。具有各自相关概率值的 x 数值区域。
- Prob_range：必需。与x_range中的值相关的一组概率值。
- Lower_limit：可选。用于计算概率的数值下限。
- Upper_limit：可选。用于计算概率的可选数值上限。

PROPER函数

函数功能： PROPER函数是将文本字符串的首字母及任何非字母字符之后的首字母转换成大写。将其余的字母转换成小写。

函数语法： PROPER(text)

参数解释：

- Text：必需。用引号括起来的文本、返回文本值的公式或是对包含文本（要进行部分大写转换）的单元格的引用。

PV函数

函数功能： PV函数用于返回投资的现值。现值为一系列未来付款的当前值的累积和。

函数语法： PV(rate, nper, pmt, [fv], [type])

参数解释：

- Rate：必需。各期利率。例如，如果按10%的年利率借入一笔贷款来购买汽车，并按月偿还贷款，则月利率为10%/12（即0.83%）。可以在公式中输入10%/12、0.83%或0.0083作为rate的值。
- Nper：必需。年金的付款总期数。例如，对于一笔4年期按月偿还的汽车贷款，共有4*12（即48）个偿款期。可以在公式中输入48作为nper的值。

- Pmt：必需。各期所应支付的金额，其数值在整个年金期间保持不变。通常，pmt 包括本金和利息，但不包括其他费用或税款。例如，￥10 000的年利率为12%的4年期汽车贷款的月偿还额为￥263.33。可以在公式中输入-263.33作为pmt的值。如果省略pmt，则必须包含fv参数。
- Fv：可选。未来值，或在最后一次支付后希望得到的现金余额，如果省略fv，则假设其值为0（例如，一笔贷款的未来值即为0）。例如，如果需要存￥50 000 以便在18年后为特殊项目付款，则￥50 000就是未来值。可以根据保守估计的利率来决定每月的存款额。如果省略fv，则必须包含 pmt 参数。
- Type：可选。数字0或1，用以指定各期的付款时间是在期初还是期末。

Q

QUARTILE.EXC函数

函数功能： QUARTILE.EXC函数基于0～1之间（不包括0和1）的百分点值返回数据集的4分位数。

函数语法： QUARTILE.EXC(array, quart)

参数解释：

- Array：必需。想要求得其4分位数值的数值数组或数值单元格区域;
- Quart：必需。指示要返回哪一个值。

QUARTILE. INC函数

函数功能： QUARTILE.INC函数表示根据0～1之间的百分点值（包含0和1）返回数据集的4分位数。

函数语法： QUARTILE.INC(array,quart)

参数解释：

- Array：必需。想要求得其4分位数值的数值数组或数值单元格区域。
- Quart：必需。指示要返回哪一个值。

QUOTIENT函数

函数功能： QUOTIENT函数是指返回商的整数部分，该函数可用于舍掉商的小数部分。

函数语法： QUOTIENT(numerator, denominator)

参数解释：

- Numerator：必需。被除数。
- Denominator：必需。除数。

R

RADIANS函数

函数功能：RADIANS函数用于将角度转换为弧度。

函数语法：RADIANS(angle)

参数解释：

- Angle：表示为需要转换成弧度的角度。

RANDBETWEEN函数

函数功能：返回位于指定的两个数之间的一个随机整数。每次计算工作表时都将返回一个新的随机整数。

函数语法：RANDBETWEEN(bottom, top)

参数解释：

- Bottom：必需。函数RANDBETWEEN将返回的最小整数。
- Top：必需。函数RANDBETWEEN将返回的最大整数。

RAND函数

函数功能：RAND函数返回大于等于 0 及小于 1 的均匀分布随机实数，每次计算工作表时都将返回一个新的随机实数。

函数语法：RAND()

参数解释：

该函数语法没有参数。

RANK函数

函数功能：RANK函数表示返回一个数字在数字列表中的排位，数字的排位是其大小与列表中其他值的比值；如果多个值具有相同的排位，则将返回平均排位。

函数语法：RANK(number,ref,[order])

参数解释：

- Number：必需。要查找其排位的数字。
- Ref：必需。数字列表数组或对数字列表的引用。ref 中的非数值型值将被忽略。

- Order: 可选。一个指定数字的排位方式的数字。

RATE函数

函数功能： RATE函数用于返回年金的各期利率。函数 RATE 通过迭代法计算得出，并且可能无解或有多个解。如果在进行20次迭代计算后，函数RATE的相邻两次结果没有收敛于0.0000001，函数RATE将返回错误值#NUM!。

函数语法： RATE(nper, pmt, pv, [fv], [type], [guess])

参数解释：

- Nper：必需。年金的付款总期数。
- Pmt：必需。各期所应支付的金额，其数值在整个年金期间保持不变。通常，pmt包括本金和利息，但不包括其他费用或税款。如果省略pmt，则必须包含fv参数。
- Pv：必需。现值，即一系列未来付款现在所值的总金额。
- Fv：可选。未来值，或在最后一次付款后希望得到的现金余额。如果省略 fv，则假设其值为0（例如，一笔贷款的未来值即为0）。
- Type：可选。数字0或1，用以指定各期的付款时间是在期初还是期末。

RECEIVED函数

函数功能： RECEIVED函数用于返回一次性付息的有价证券到期收回的金额。

函数语法： RECEIVED(settlement, maturity, investment, discount, [basis])

参数解释：

- Settlement：必需。证券的结算日。证券结算日是在发行日期之后，证券卖给购买者的日期。
- Maturity：必需。证券的到期日。到期日是证券有效期截止时的日期。
- Investment：必需。证券的投资额。
- Discount：必需。证券的贴现率。
- Basis：可选。要使用的日计数基准类型。

REPLACE函数

函数功能： REPLACE函数是使用其他文本字符串并根据所指定的字符数替换某文本字符串中的部分文本。

函数语法： REPLACE(old_text,start_num,num_chars,new_text)

参数解释：

- Old_text：是要替换其部分字符的文本。
- Start_num：是要用new_text替换的old_text中字符的位置。
- Num_chars：是希望REPLACE使用new_text替换old_text中字符的个数。
- New_text：是要用于替换old_text中字符的文本。

REPT函数

函数功能：按照给定的次数重复显示文本。可以通过函数REPT来不断地重复显示某一文本字符串，对单元格进行填充，不过结果不能超过255个字符。

函数语法：REPT(text, number_times)

参数解释：

- Text：必需。需要重复显示的文本。
- Number_times：必需。用于指定文本重复次数的正数。

RIGHTB函数

函数功能：RIGHTB函数是根据所指定的字节数返回文本字符串中最后一个或多个字符。

函数语法：RIGHTB(text,num_bytes)

参数解释：

- Text：是包含要提取字符的文本字符串。
- Num_bytes：按字节指定要由RIGHTB提取的字符的数量。Num_bytes必须大于或等于零。如果Num_bytes大于文本长度，则RIGHT返回所有文本；如果省略Num_bytes，则假设其值为1。

RIGHT函数

函数功能：RIGHT函数是根据所指定的字符数返回文本字符串中最后一个或多个字符。

函数语法：RIGHT(text,num_chars)

参数解释：

- Text：是包含要提取字符的文本字符串。
- Num_chars：指定要由RIGHT提取的字符的数量。Num_chars必须大于或等于零。如果num_chars大于文本长度，则RIGHT返回所有文本；如果省略num_chars，则假设其值为1。

RMB函数

函数功能： RMB函数是依照货币格式将小数四舍五入到指定的位数并转换成文本。使用的格式为 (￥#,##0.00_);(￥#,##0.00)。

函数语法： RMB(number, [decimals])

参数解释：

- Number：必需。数字、对包含数字的单元格的引用或是计算结果为数字的公式。
- Decimals：可选。小数点右边的位数。如果decimals为负数，则number从小数点往左按相应位数四舍五入。如果省略decimals，则假设其值为2。

ROUNDDOWN函数

函数功能： ROUNDDOWN函数是靠近零值，向下（绝对值减小的方向）舍入数字。

函数语法： ROUNDDOWN(number, num_digits)

参数解释：

- Number：必需。需要向下舍入的任意实数。
- Num_digits：必需。四舍五入后的数字的位数。

ROUNDUP函数

函数功能： ROUNDUP函数是远离零值，向上（绝对值增大的方向）舍入数字。

函数语法： ROUNDUP(number, num_digits)

参数解释：

- Number：必需。需要向上舍入的任意实数。
- Num_digits：必需。四舍五入后的数字的位数。

ROUND函数

函数功能： ROUND 函数可将某个数字四舍五入为指定的位数。

函数语法： ROUND(number, num_digits)

参数解释：

- Number：必需。要四舍五入的数字。
- Num_digits：必需。位数，按此位数对number参数进行四舍五入。

ROWS函数

函数功能： ROWS函数表示返回引用或数组的行数。

函数语法： ROWS(array)

参数解释：

- Array：必需。需要得到其行数的数组、数组公式或对单元格区域的引用。

ROW函数

函数功能： ROW函数用来表示返回引用的行号。

函数语法： ROW([reference])

参数解释：

- Reference：可选。需要得到其行号的单元格或单元格区域。

RSQ函数

函数功能： RSQ函数表示返回根据known_y's和known_x's中数据点计算得出的 Pearson 乘积矩相关系数的平方。

函数语法： RSQ(known_y's,known_x's)

参数解释：

- Known_y's：必需。数组或数据点区域。
- Known_x's：必需。数组或数据点区域。

S

SEARCHB函数

函数功能： SEARCHB函数是用于在第二个文本串中定位第一个文本串，并返回第一个文本串的起始位置的值，该值从第二个文本串的第一个字符算起。

函数语法： SEARCHB(find_text,within_text,start_num)

参数解释：

- Find_text：要查找的文本。
- Within_text：是要在其中搜索find_text的文本。
- Start_num：是 within_text 中从之开始搜索的字符编号。

SEARCH函数

函数功能： SEARCH可在第二个文本字符串中查找第一个文本字符串，并返回第一个文本字符串的起始位置的编号，该编号从第二个文本字符串的第一个字符算起。

函数语法： SEARCH(find_text,within_text,[start_num])

参数解释：

- Find_text：必需。要查找的文本。
- Within_text：必需。要在其中搜索find_text参数的值的文本。
- Start_num：可选。within_text参数中从之开始搜索的字符编号。

SECOND函数

函数功能： SECOND函数表示返回时间值的秒数。

函数语法： SECOND(serial_number)

参数解释：

- Serial_number：必需。表示一个时间值，其中包含要查找的秒数。

SINH函数

函数功能： SINH函数用于返回某一数字的双曲正弦值。

函数语法： SINH(number)

参数解释：

- Number：必需。任意实数。

SIN函数

函数功能： SIN函数用于返回给定角度的正弦值。

函数语法： SIN(number)

参数解释：

- Number：必需。需要求正弦的角度，以弧度表示。如果参数的单位是度，则可以乘以PI()/180或使用RADIANS函数将其转换为弧度。

SKEW函数

函数功能： SKEW函数表示返回分布的不对称度。不对称度反映以平均值为中心的分布的不对称程度。正不对称度表示不对称部分的分布更趋向正值。负不对称度表示不对称部分的分布更趋向负值。

函数语法： SKEW(number1, [number2], ...)

参数解释：

- Number1, number2, ...：Number1 是必需的，后续数值是可选的。这是用于计算不对称度的一组参数，参数的个数可以为1～255个。也可以用单一数组或对某个数组的引用来代替用逗号分隔的参数。

SLN函数

函数功能： SLN函数用于返回某项资产在一个期间中的线性折旧值。

函数语法： SLN(cost, salvage, life)

参数解释：

- Cost：必需。资产原值。
- Salvage：必需。资产在折旧期末的价值（有时也称为资产残值）。
- Life：必需。资产的折旧期数（有时也称作资产的使用寿命）。

SLOPE函数

函数功能： SLOPE函数返回根据known_y's和known_x's中的数据点拟合的线性回归直线的斜率。斜率为直线上任意两点的重直距离与水平距离的比值，也就是回归直线的变化率。

函数语法： SLOPE(known_y's, known_x's)

参数解释：

- Known_y's：必需。数字型因变量数据点数组或单元格区域。
- Known_x's：必需。自变量数据点集合。

SMALL函数

函数功能： SMALL函数表示返回数据集中第k个最小值。使用此函数可以返回数据集中特定位置上的数值。

函数语法： SMALL(array, k)

参数解释：

- Array： 必需。需要找到第k个最小值的数组或数字型数据区域。
- K: 必需。要返回的数据在数组或数据区域里的位置（从小到大）。

STANDARDIZE函数

函数功能： STANDARDIZE函数表示返回以mean为平均值，以standard_dev为标准偏差的分布的正态化数值。

函数语法： STANDARDIZE(x, mean, standard_dev)

参数解释：

- X: 必需。需要进行正态化的数值。
- Mean: 必需。分布的算术平均值。
- Standard_dev: 必需。分布的标准偏差

STDEVA函数

函数功能：STDEVA函数用于估算基于样本的标准偏差。标准偏差反映数值相对于平均值 (mean) 的离散程度。

函数语法：STDEVA(value1, [value2], ...)

参数解释：

- Value1,value2,...：Value1 是必需的，后续值是可选的。这是对应于总体样本的一组值，数值的个数可以为1～255个。也可以用单一数组或对某个数组的引用来代替用逗号分隔的参数。

STDEVPA函数

函数功能：STDEVPA函数用于返回以参数形式给出的整个样本总体的标准偏差，包含文本和逻辑值。标准偏差反映数值相对于平均值 (mean) 的离散程度。

函数语法：STDEVPA(value1, [value2], ...)

参数解释：

- Value1,value2,...：Value1是必需的，后续值是可选的。这是对应于样本总体的一组值，数值的个数可以为1～255个。也可以用单一数组或对某个数组的引用来代替用逗号分隔的参数。

STDEVP函数

函数功能：STDEVP函数返回整个样本总体的标准偏差，它反映了样本总体相对于平均值（mean）的离散程度。

函数语法：STDEVP(number1,number2,...)

参数解释：

- Number1,number2,...：表示为对应于样本总体的1～30个参数。其中的逻辑值（TRUE和FALSE）和文本将被忽略。

STDEV函数

函数功能：STDEV函数估算样本的标准偏差，即反映数据相对于平均值（mean）的离散程度。

函数语法：STDEV(number1,number2,...)

参数解释：

- Number1,number2,...：表示对应于与总体样本的1～30个参数。其中的逻辑值（TRUE和FALSE）和文本将被忽略。

STEYX函数

函数功能：STEYX函数返回通过线性回归法计算每个x的y预测值时所产生的标准误差。标准误差用来度量根据单个x变量计算出的y预测值的误差量。

函数语法：STEYX(known_y's, known_x's)

参数解释：

- Known_y's：必需。因变量数据点数组或区域。
- Known_x's：必需。自变量数据点数组或区域。

SUBTOTAL函数

函数功能：SUBTOTAL函数是返回列表或数据库中的分类汇总。通常，使用“数据”选项卡上“大纲”组中的“分类汇总”命令更便于创建带有分类汇总的列表。一旦创建了分类汇总，就可以通过编辑 SUBTOTAL 函数对该列表进行修改。

函数语法：SUBTOTAL(function_num, ref1, ref2, ...)

参数解释：

- Function_num：表示为1~11（包含隐藏值）或101~111（忽略隐藏值）之间的数字，指定使用何种函数在列表中进行分类汇总计算。
- Ref1、ref2：表示为要进行分类汇总计算的1~254个区域或引用。

SUMIFS函数

函数功能：对区域（区域:工作表上的两个或多个单元格。区域中的单元格可以相邻或不相邻）中满足多个条件的单元格求和。

函数语法：SUMIFS(sum_range, criteria_range1, criteria1, [criteria_range2, criteria2], ...)

参数解释：

- Sum_range：必需。对一个或多个单元格求和，包括数字或包含数字的名称、区域或单元格引用（单元格引用:用于表示单元格在工作表上所处位置的坐标集。例如，显示在第 B 列和第 3 行交叉处的单元格，其引用形式为“B3”）。忽略空白和文本值。
- Criteria_range1：必需。在其中计算关联条件的第一个区域。
- Criteria1：必需。条件的形式为数字、表达式、单元格引用或文本，可用来定义将对 criteria_range1 参数中的哪些单元格求和。例如，条件可以表示为 32、">32"、B4、"苹果" 或 "32"。
- Criteria_range2, criteria2, ...：可选。附加的区域及其关联条件。最多允

许127个区域/条件对。

SUMIF函数

函数功能： SUMIF 函数可以对区域（区域：工作表上的两个或多个单元格。区域中的单元格可以相邻或不相邻。）中符合指定条件的值求和。

函数语法： SUMIF(range, criteria, [sum_range])

参数解释：

- Range：必需。用于条件计算的单元格区域。每个区域中的单元格都必须是数字或名称、数组或包含数字的引用。空值和文本值将被忽略。
- Criteria：必需。用于确定对哪些单元格求和的条件，其形式可以为数字、表达式、单元格引用、文本或函数。
- Sum_range：可选。要求和的实际单元格（如果要对未在range参数中指定的单元格求和）。如果sum_range参数被省略，Excel会对在range参数中指定的单元格（即应用条件的单元格）求和。

SUMPRODUCT函数

函数功能： SUMPRODUCT函数是指在给定的几组数组中，将数组间对应的元素相乘，并返回乘积之和。

函数语法： SUMPRODUCT(array1, [array2], [array3], ...)

参数解释：

- Array1：必需。其相应元素需要进行相乘并求和的第一个数组参数。
- Array2, array3,...：可选。2到255个数组参数，其相应元素需要进行相乘并求和。

SUMSQ函数

函数功能： SUMSQ 函数用于返回参数的平方和。

函数语法： SUMSQ(number1, [number2], ...)

参数解释：

- Number1, number2, ...：Number1是必需的，后续数值是可选的。这是用于计算平方和的一组参数，参数的个数可以为1~255个。也可以用单一数组或对某个数组的引用来代替用逗号分隔的参数。

SUMX2MY2函数

函数功能： SUMX2MY2函数用于返回2数组中对应数值的平方差之和。

函数语法： SUMX2MY2(array_x,array_y)

参数解释：

- array_x：表示为第一个数组或数值区域。
- array_y：表示为第二个数组或数值区域。

SUMX2PY2函数

函数功能： SUMX2PY2函数用于返回两数组中对应数值的平方和之和，平方和之和总在统计计算中经常使用。

函数语法： SUMX2PY2(array_x, array_y)

参数解释：

- Array_x：必需。第一个数组或数值区域。
- Array_y：必需。第二个数组或数值区域。

SUMXMY2函数

函数功能： SUMXMY2函数用于返回两数组中对应数值之差的平方和。

函数语法： SUMXMY2(array_x, array_y)

参数解释：

- Array_x：必需。第一个数组或数值区域。
- Array_y：必需。第二个数组或数值区域。

SUM函数

函数功能： SUM函数用于返回某一单元格区域中所有数字之和。

函数语法： SUM(number1,number2，...)

参数解释：

- Number1，number2，...：表示为参加计算的1～30个参数，包括逻辑值、文本表达式、区域和区域引用。

SYD函数

函数功能： SYD函数用于返回某项资产按年限总和折旧法计算的指定期间的折旧值。

函数语法： SYD(cost, salvage, life, per)

参数解释：

- Cost：必需。资产原值。
- Salvage：必需。资产在折旧期末的价值（有时也称为资产残值）。
- Life：必需。资产的折旧期数（有时也称作资产的使用寿命）。
- Per：必需。期间，其单位与 life 相同。

T

TANH函数

函数功能： TANH函数用于返回某一数字的双曲正切。

函数语法： TANH(number)

参数解释：

- Number：必需。任意实数。

TAN函数

函数功能： TAN函数用于返回给定角度的正切值。

函数语法： TAN(number)

参数解释：

- Number：必需。想要求正切的角度，以弧度表示。如果参数的单位是度，则可以乘以PI()/180或使用RADIANS函数将其转换为弧度。

TBILLEQ函数

函数功能： TBILLEQ函数用于返回国库券的等效收益率。

函数语法： TBILLEQ(settlement, maturity, discount)

参数解释：

- Settlement：必需。国库券的结算日。即在发行日之后，国库券卖给购买者的日期。
- Maturity：必需。国库券的到期日。到期日是国库券有效期截止时的日期。
- Discount：必需。国库券的贴现率。

TBILLPRICE函数

函数功能： TBILLPRICE函数用于返回面值￥100的国库券的价格。

函数语法： TBILLPRICE(settlement, maturity, discount)

参数解释：

- Settlement：必需。国库券的结算日。即在发行日之后，国库券卖给购买者的日期。
- Maturity：必需。国库券的到期日。到期日是国库券有效期截止时的日期。
- Discount：必需。国库券的贴现率。

TBILLYIELD函数

函数功能： TBILLYIELD函数用于返回国库券的收益率。

函数语法： TBILLYIELD(settlement, maturity, pr)

参数解释：

- Settlement：必需。国库券的结算日。即在发行日之后，国库券卖给购买者的日期。
- Maturity：必需。国库券的到期日。到期日是国库券有效期截止时的日期。
- Pr：必需。面值￥100的国库券的价格。

TEXT函数

函数功能： TEXT 函数可将数值转换为文本，并可使用户通过使用特殊格式字符串来指定显示格式。需要以可读性更高的格式显示数字或需要合并数字、文本或符号时，此函数很有用。

函数语法： TEXT(value, format_text)

参数解释：

- Value：必需。数值、计算结果为数值的公式，或对包含数值的单元格的引用。
- Format_text：必需。使用双引号括起来作为文本字符串的数字格式，例如，“m/d/yyyy”或“#,##0.00”。

TIMEVALUE函数

函数功能： TIMEVALUE函数是返回由文本字符串所代表的时间的小数值。该小数值为0～0.99999999之间的数值，代表从0:00:00 (12:00:00 AM)～23:59:59 (11:59:59 PM)之间的时间。

函数语法： TIMEVALUE(time_text)

参数解释：

- time_text：表示指定的时间文本。

TIME函数

函数功能： TIME函数表示返回某一特定时间的小数值。

函数语法： TIME(hour, minute, second)

参数解释：

- Hour：必需。0～32767之间的数值，代表小时。
- Minute：必需。0～32767之间的数值，代表分钟。
- Second：必需。0～32767之间的数值，代表秒。

TODAY函数

函数功能：TODAY函数返回当前日期的序列号。

函数语法：TODAY()

参数解释：

该函数没有参数。

TRANSPOSE函数

函数功能：TRANSPOSE函数可返回转置单元格区域，即将行单元格区域转置成列单元格区域，反之亦然。

函数语法：TRANSPOSE(array)

参数解释：

- Array：必需。需要进行转置的数组或工作表上的单元格区域。

TREND函数

函数功能：TREND函数返回一条线性回归拟合线的值。即找到适合已知数组known_y's和known_x's的直线（用最小二乘法），并返回指定数组new_x's在直线上对应的 y 值。

函数语法：TREND(known_y's, [known_x's], [new_x's], [const])

参数解释：

- Known_y's：必需。关系表达式y=mx+b中已知的y值集合。
- Known_x's：必需。关系表达式y=mx+b中已知的可选x值集合。
- New_x's：必需。需要函数TREND返回对应y值的新x值。
- Const：可选。一个逻辑值，用于指定是否将常量b强制设为0。

TRIMMEAN函数

函数功能：TRIMMEAN函数返回数据集的内部平均值。函数 TRIMMEAN 先从数据集的头部和尾部除去一定百分比的数据点，然后再求平均值。

函数语法：TRIMMEAN(array,percent)

参数解释：

- Array：必需。需要进行整理并求平均值的数组或数值区域。
- Percent：必需。计算时所要除去的数据点的比例，例如，如果percent =0.2，在20个数据点的集合中，就要除去4个数据点 (20x0.2)：头部除去2个，尾部除去2个。

TRIM函数

函数功能：除了单词之间的单个空格外，清除文本中所有的空格。在从其他应用程序中获取带有不规则空格的文本时，可以使用函数TRIM。其设计用于清除文本中的7位ASCII空格字符（值32）。在Unicode字符集中，有一个称为不间断空格字符的额外空格字符，其十进制值为160。该字符通常在网页中用作HTML实体 。TRIM函数本身不删除此不间断空格字符。

函数语法：TRIM(text)

参数解释：

- Text：必需。需要删除其中空格的文本。

TRUE函数

函数功能：TRUE函数用于返回参数的逻辑值，也可以直接在单元格或公式中使用，一般配合其他函数来运用。

函数语法：TRUE()

参数解释：

该函数没有参数，并且可以在其他函数中被当做参数来使用。

TYPE函数

函数功能：TYPE函数用于返回数值的类型。

函数语法：TYPE(value)

参数解释：

- Value：必需。可以为任意Microsoft Excel数值，如数字、文本以及逻辑值等。

T函数

函数功能：T函数用于返回值引用的文本。

函数语法：T(value)

参数解释：

- Value：必需。需要进行测试的数值。

UPPER函数

函数功能：UPPER函数是将文本转换成大写形式。

函数语法：UPPER(text)

参数解释：

- Text：必需。需要转换成大写形式的文本。Text可以为引用或文本字符串。

VALUE函数

函数功能：VALUE函数是将代表数字的文本字符串转换成数字。

函数语法：VALUE(text)

参数解释：

- Text：必需。带引号的文本，或对包含要转换文本的单元格的引用。

VARA函数

函数功能：VARA函数用于计算基于给定样本的方差。

函数语法：VARA(value1, [value2], ...)

参数解释：

- Value1, value2, ...：Value1 是必需的，后续值是可选的。这些是对应于总体样本的 1~255 个数值参数。

VARPA函数

函数功能：VARPA函数用于计算基于整个样本总体的方差。

函数语法：VARPA(value1, [value2], ...)

参数解释：

- Value1, value2,...：Value1是必需的，后续值是可选的。这些是对应于样本总体的1~255个数值参数。

VARP函数

函数功能：VARP函数计算样本总体的方差。

函数语法：VARP(number1,number2,...)

参数解释：

- Number1,number2,...：表示为对应于样本总体的1~30个参数。其中的逻辑值（TRUE和FALSE）和文本将被忽略。

VAR函数

函数功能：VAR函数用于估算样本方差。

函数语法：VAR(number1,number2,...)

参数解释：

- Number1,number2,...：表示对应于与总体样本的1～30个参数。其中的逻辑值（TRUE和FALSE）和文本将被忽略。

VDB函数

函数功能：VDB函数是使用双倍余额递减法或其他指定的方法，返回指定的任何期间内（包括部分期间）的资产折旧值。函数 VDB 代表可变余额递减法。

函数语法：VDB(cost, salvage, life, start_period, end_period, [factor], [no_switch])

参数解释：

- Cost：必需。资产原值。
- Salvage：必需。资产在折旧期末的价值（有时也称为资产残值）。此值可以是 0。
- Life：必需。资产的折旧期数（有时也称作资产的使用寿命）。
- Start_period：必需。进行折旧计算的起始期间，Start_period必须使用与 life 相同的单位。
- End_period：必需。进行折旧计算的截止期间，End_period必须使用与life 相同的单位。
- Factor：可选。余额递减速率。如果factor被省略，则假设为2（双倍余额递减法）。如果不想使用双倍余额递减法，可更改参数factor的值。有关双倍余额递减法的说明，请参阅函数DDB。
- No_switch：可选。一个逻辑值，指定当折旧值大于余额递减计算值时，是否转用直线折旧法。 如果no_switch为TRUE，即使折旧值大于余额递减计算值，Microsoft Excel也不转用直线折旧法。 如果no_switch为 FALSE或被忽略，且折旧值大于余额递减计算值时，Excel将转用线性折旧法。

VLOOKUP函数

函数功能：VLOOKUP函数在表格或数值数组的首行查找指定的数值，并由此返回表格或数组当前行中指定列处的值。

函数语法：VLOOKUP(lookup_value, table_array, col_index_num, [range_lookup])

参数解释：

- Lookup_value：必需。要在表格或区域的第一列中搜索的值。lookup_

value 参数可以是值或引用。

- Table_array：必需。包含数据的单元格区域。可以使用对区域或区域名称的引用。
- Col_index_num：必需。table_array 参数中必须返回的匹配值的列号。
- Range_lookup：可选。一个逻辑值，指定希望VLOOKUP查找精确匹配值还是近似匹配值。

WEEKDAY函数

函数功能： WEEKDAY函数表示返回某日期为星期几。默认情况下，其值为1（星期天）~7（星期六）之间的整数。

函数语法： WEEKDAY(serial_number,[return_type])

参数解释：

- Serial_number：必需。一个序列号，代表尝试查找的那一天的日期。应使用 DATE 函数输入日期，或者将日期作为其他公式或函数的结果输入。
- Return_type：用于确定返回值类型的数字。

WEEKNUM函数

函数功能： WEEKNUM函数是返回一个数字，该数字代表一年中的第几周。

函数语法： WEEKNUM(serial_number,[return_type])

参数解释：

- Serial_number：必需。代表一周中的日期。应使用DATE函数输入日期，或者将日期作为其他公式或函数的结果输入。
- Return_type：可选。任数字，确定星期从哪一天开始。

WEIBULL.DIST函数

函数功能： WEIBULL.DIST函数表示返回韦伯分布。

函数语法： WEIBULL.DIST(x,alpha,beta,cumulative)

参数解释：

- X：必需。用来进行函数计算的数值。
- Alpha：必需。分布参数。
- Beta：必需。分布参数。
- Cumulative：必需。确定函数的形式。

WIDECHAR函数

函数功能： 将字符串中的半角（单字节）字母转换为全角（双字节）字符。函数的名称及其转换的字符取决于您的语言设置。对于日文，该函数将字符串中的半角（单字节）英文字母或片假名更改为全角（双字节）字符。

函数语法： WIDECHAR(text) 或 JIS(text)

参数解释：

- Text：必需。文本或对包含要更改文本的单元格的引用。如果文本中不包含任何半角英文字母或片假名，则文本不会更改。

WORKDAY函数

函数功能： WORKDAY函数表示返回在某日期（起始日期）之前或之后、与该日期相隔指定工作日的某一日期的日期值。工作日不包括周末和专门指定的假日。在计算发票到期日、预期交货时间或工作天数时，可以使用函数WORKDAY 来扣除周末或假日。

函数语法： WORKDAY(start_date, days, [holidays])

参数解释：

- Start_date：必需。一个代表开始日期的日期。
- Days：必需。start_date之前或之后不含周末及节假日的天数。Days为正值将生成未来日期；为负值生成过去日期。
- Holidays：可选。一个可选列表，其中包含需要从工作日历中排除的一个或多个日期。

XIRR函数

函数功能： XIRR函数用于返回一组不一定定期发生的现金流的内部收益率。

函数语法： XIRR(values, dates, [guess])

参数解释：

- Values：必需。与dates中的支付时间相对应的一系列现金流。首期支付是可选的，并与投资开始时的成本或支付有关。如果第一个值是成本或支付，则它必须是负值。所有后续支付都基于365天/年贴现。值系列中必须至少包含一个正值和一个负值。
- Dates：必需。与现金流支付相对应的支付日期表。日期可按任何顺序排列。应使用DATE函数输入日期，或者将日期作为其他公式或函数的结果输入。例如，使用函数DATE(2008,5,23) 输入2008年5月23日。如果日期以文本形式输入，则会出现问题。

- Guess：可选。对函数XIRR计算结果的估计值。

XNPV函数

函数功能： XNPV函数用于返回一组现金流的净现值，这些现金流不一定定期发生。若要计算一组定期现金流的净现值，请使用函数NPV。

函数语法： XNPV(rate, values, dates)

参数解释：

- Rate：必需。应用于现金流的贴现率。
- Values：必需。与dates中的支付时间相对应的一系列现金流。首期支付是可选的，并与投资开始时的成本或支付有关。如果第一个值是成本或支付，则它必须是负值。所有后续支付都基于365天/年贴现。数值系列必须至少要包含一个正数和一个负数。
- Dates：必需。与现金流支付相对应的支付日期表。第一个支付日期代表支付表的开始日期。其他所有日期应迟于该日期，但可按任何顺序排列。

YEARFRAC函数

函数功能： 占全年天数的百分比。

函数语法： YEARFRAC(start_date, end_date, [basis])

参数解释：

- Start_date: 必需。一个代表开始日期的日期。
- End_date : 必需。一个代表终止日期的日期。
- Basis : 可选。要使用的日计数基准类型。

YEAR函数

函数功能： YEAR函数表示某日期对应的年份。返回值为1900到9999之间的整数。

函数语法： YEAR(serial_number)

参数解释：

- Serial_number：必需。为一个日期值，其中包含要查找年份的日期。

应使用DATE函数输入日期，或者将日期作为其他公式或函数的结果输入。

- DAYS360 按照一年360天的算法（每个月以30天计，一年共计12个月），返回两日期间相差的天数，这在一些会计计算中将会用到。

YIELDDISC函数

函数功能： YIELDDISC函数用于返回折价发行的有价证券的年收益率。

函数语法： YIELDDISC(settlement, maturity, pr, redemption, [basis])

参数解释：

- Settlement：必需。有价证券的结算日。有价证券结算日是在发行日之后，有价证券卖给购买者的日期。
- Maturity：必需。有价证券的到期日。到期日是有价证券有效期截止时的日期。
- Pr：必需。有价证券的价格（按面值为￥100计算）。
- Redemption：必需。面值￥100的有价证券的清偿价值。
- Basis：可选。要使用的日计数基准类型。

YIELDMAT函数

函数功能： YIELDMAT函数用于返回到期付息的有价证券的年收益率。

函数语法： YIELDMAT(settlement, maturity, issue, rate, pr, [basis])

参数解释：

- Settlement：必需。有价证券的结算日。有价证券结算日是在发行日之后，有价证券卖给购买者的日期。
- Maturity：必需。有价证券的到期日。到期日是有价证券有效期截止时的日期。
- Issue：必需。有价证券的发行日，以时间序列号表示。
- Rate：必需。有价证券在发行日的利率。
- Pr：必需。有价证券的价格（按面值为￥100计算）。
- Basis：可选。要使用的日计数基准类型。

YIELD函数

函数功能： YIELD函数用于返回定期付息有价证券的收益率。

函数语法： YIELD(settlement, maturity, rate, pr, redemption, frequency, [basis])

参数解释：

- Settlement：必需。有价证券的结算日。有价证券结算日是在发行日之后，有价证券卖给购买者的日期。
- Maturity：必需。有价证券的到期日。到期日是有价证券有效期截止时的日期。
- Rate：必需。有价证券的年息票利率。
- Pr：必需。有价证券的价格（按面值为￥100 计算）。
- Redemption：必需。面值￥100的有价证券的清偿价值。
- Frequency：必需。年付息次数。如果按年支付，frequency=1；按半年期支付，frequency=2；按季支付，frequency=4。
- Basis：可选。要使用的日计数基准类型。

Z

ZTEST函数

函数功能：ZTEST函数返回z检验的单尾概率值。对于给定的假设总体平均值μ0，ZTEST返回样本平均值大于数据集（数组）中观察平均值的概率，即观察样本平均值。

函数语法：ZTEST(array, μ0,sigma)

参数解释：

- Array：为用来检验μ0的数组或数据区域。
- μ0：为被检验的值。
- Sigma：为样本总体（已知）的标准偏差，如果省略，则使用样本标准偏差。